新形态教材

全国优秀教材
二等奖

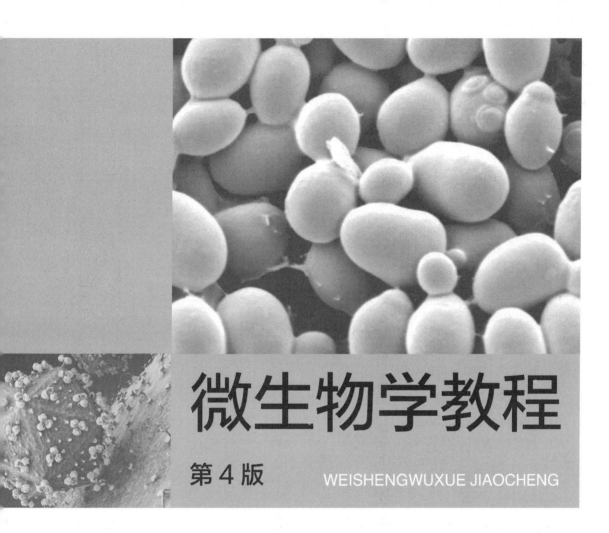

微生物学教程

第 4 版

WEISHENGWUXUE JIAOCHENG

周德庆 编著

U0347845

高等教育出版社·北京

内容提要

本书作为"十二五"普通高等教育本科国家级规划教材,在保持第3版体系的基础上,与时俱进,充实了本学科近年来进展较快的一些前沿热点,如耐药菌、基因编辑、人体微生物组和免疫应答机理等新内容。

全书以微生物的形态构造、生理代谢、遗传变异、生态特性和进化分类五大生物学规律为主线,从细胞、分子和群体水平上,分10章全面、系统地讲清概念、阐明规律、充实知识、联系实际。

本书具有内容丰富、条理清晰、表达简明等特点。书中提供了大量自创的直观、形象的表解和图、表,易读利记。此外,各章后的复习思考题、书后的附录(有关教学评估的八项指标),以及配套的网上数字课程资源等内容,都有利于教学质量和效果的提高。

本书可用作综合性大学、师范院校以及理工、农林、环境、医药等相关专业本科生的教材,也可供从事微生物学研究以及相关管理、生产和应用领域的科技人员参考。

图书在版编目（ＣＩＰ）数据

微生物学教程 / 周德庆编著 . --4 版 . -- 北京：高等教育出版社，2020.4(2024.12 重印)

ISBN 978-7-04-052197-9

Ⅰ. ①微　Ⅱ. ①周　Ⅲ. ①微生物学 - 高等学校 - 教材　Ⅳ. ① Q93

中国版本图书馆 CIP 数据核字（2019）第 133903 号

策划编辑　王　莉　　责任编辑　赵晓玉　王　莉　　封面设计　张志奇　　责任印制　刘弘远

出版发行	高等教育出版社	网　　址	http://www.hep.edu.cn
社　　址	北京市西城区德外大街4号		http://www.hep.com.cn
邮政编码	100120	网上订购	http://www.hepmall.com.cn
印　　刷	北京宏伟双华印刷有限公司		http://www.hepmall.com
开　　本	889mm×1194mm　1/16		http://www.hepmall.cn
印　　张	24	版　　次	1993 年 5 月第 1 版
字　　数	750 千字		2020 年 4 月第 4 版
购书热线	010-58581118	印　　次	2024 年 12 月第 11 次印刷
咨询电话	400-810-0598	定　　价	52.00 元

本书如有缺页、倒页、脱页等质量问题,请到所购图书销售部门联系调换
版权所有　侵权必究
物 料 号　52197-A0

数字课程（基础版）

微生物学教程

（第4版）

周德庆　编著

登录方法：

1. 电脑访问 http://abook.hep.com.cn/52197，或手机扫描下方二维码、下载并安装 Abook 应用。
2. 注册并登录，进入"我的课程"。
3. 输入封底数字课程账号（20 位密码，刮开涂层可见），或通过 Abook 应用扫描封底数字课程账号二维码，完成课程绑定。
4. 点击"进入学习"，开始本数字课程的学习。

课程绑定后一年为数字课程使用有效期。如有使用问题，请点击页面右下角的"自动答疑"按钮。

Abook

微生物学教程（第4版）

微生物学教程（第4版）数字课程与纸质教材一体化设计，紧密配合。数字课程内容包括各章小结、重要名词、常见微生物的学名及其音标等，有利于拓展学习，为学生提供了思维与探索的空间，进而提升教学效果。

用户名：　　　　　密码：　　　　　验证码：　　　　　5360　忘记密码？　　登录　　注册　

http://abook.hep.com.cn/52197

扫描二维码，下载Abook应用

第4版前言

　　本书的第3版曾有幸以"十一五"普通高等教育本科国家级规划教材出版。该版自2011年问世后不久，又获"上海市普通高校优秀教材一等奖"的荣誉。在此后的8年时间里，蒙广大同行和青年学生等的厚爱，至今已加印19次，总印数超40万册，由此，更令笔者深感责任之重。为紧跟学科发展的步伐，并更好满足广大师生的教学需要，在高等教育出版社的领导和王莉副编审等的关心和鼓励下，通过一段时间的努力，今天总算完成了新版的修订、补充和更新的任务。

　　本版是在前三版的基础上，继续遵循和拓展原有的编写宗旨，努力做好一人独撰，体系稳定，概念清晰，重视基础，紧跟前沿，数据翔实，阐述简炼，易学助记，教学两宜和力创特色等。相信初学者只要通过常规的学习，必能更好地熟记一大批常用的微生物学专业名词和名称，获得较全面和丰富的知识，掌握一些重要的基本规律和理论，并能了解主要的前沿研究方向和热点问题。在此基础上，还望能对本学科的轮廓和架构——教学大纲和学科体系有良好的理解，进而产生后续学习的兴趣和动手的热情。

　　笔者认为，一套科学性较强且结构稳定的学科体系，对教学双方都极其重要。故从早年起，笔者就对国内外有关教材作了些调查和比较。通过半个多世纪来的教学和教材编写等实践，更进一步加深了认识。相信这对于长期使用本教材的师生而言，还会带来较多的方便。

　　基础课教材在保持较高稳定性的同时，也应与时俱进，注意其先进性。笔者尽其所能，努力跟踪。书中反映的耐药菌及其对策，CRISPR/Cas9基因编辑技术及其原理，人体正常菌群与健康，免疫细胞与免疫反应研究的进展，以及合成生物学的动向等，都是有关的实例。此外，在书后的结束语"微生物学的展望"中，还对学科的发展趋势和重要方向作了综述，借以开阔读者的思路和视野。

　　鉴于科学数据的重要性，笔者在书中汇集了较丰富的本学科基本数据、重要数据、最新数据和珍稀数据，以能引起读者的关注、兴趣和应用。

　　面对当前全球范围内出现的，并将会愈演愈烈的，不利于学生们基础课学习的"信息爆炸"和"信息碎片化"形势，作者感到自己有责任探索一些相应的对策和具体的方法。几十年来，考虑最多的是如何能把"多而杂"的信息，通过归纳、抽提和升华，使之尽可能转化成"少而精"的知识、规律甚至理论，以达到能让初学者"看得懂、悟得深、记得牢、用得来"的效果。通过简明化、醒目化、通俗化、情趣化、图像化、表格化、表解化、类比化或系统化等方式，不但起到了信息的减量提质等效果，还可让我们从"两脚书柜"或"硬盘人""U盘人"的记忆重压下解放出来。书中有关实例极多，例如，微生物的定义（表解），微生物的五大共性（标题醒目化，内容系统化），细菌细胞的模式构造（设计模式图），四大类微生物细胞与菌落形态的比较（归纳，升华），病毒各个大类的区分（表解），设计培养基的四原则和四方法（归纳，升华），生物氧化的三形式、三功能和三阶段（归纳，升华），微生物培养法概貌（归纳），诱变育种五环节（表解），菌种保藏法大观（表解，升华），以及生物间相互关系的九种排列组合（系统化，易记），等等。

本书自1993年正式出版（此前曾以讲义形式与同行交流了20年）以来，已连续发行了3版，其间曾获得过国家教委的高校优秀教材一等奖、科技进步二等奖和上海市高校优秀教材一等奖等多项荣誉。饮水思源，作者始终心怀一份感恩之情，深切感谢成书和选用过程中所有给予过关心、支持、鼓励和帮助的领导、师长、读者和亲友，包括高等教育出版社的历届领导，特别是程名芬、林金安和吴雪梅编审，历任编校人员；广大使用本教材的同行、朋友和学生；最后，还要感谢我的家人——徐士菊、周韧稜和周韧刚的一贯支持和帮助。

我从小自感禀赋平平，唯有专注、勤奋和坚守才可能在某一事业上略有所成。故对"终生掘一井"和"板凳要坐十年冷"之类的说教甚感合拍。自1953年秋进入复旦大学生物系，并有幸选择当时国内刚设置一年的微生物学专业（当年还称"专门化"）后，微生物学就成了我终生的"伴侣"和至爱，并愿矢志不渝地坚守常人所不太愿意的微生物学基础课教学岗位，以致直到退休二十余年后的今天，仍乐此不疲，似乎已可称得上同行中为数不多的"铁杆教书匠"了！与此同时，这一甜蜜的事业也不时为我带来"无心插柳柳成荫"之类的意外惊喜和许多"副产品"。

光阴荏苒，岁月如流。今天，年逾八旬的我，已到了应向广大同行、朋友、学生和读者们作告辞的时候了！我想，留下这本"第4版"，或许就是献给大家的一份最合适的告别礼物了。笔者确信，我们共同挚爱的微生物学及相关事业，必将随着伟大祖国"中国梦"的实现而不断向前，其发展前景将越来越宽广、灿烂、辉煌！

周德庆

2019年6月25日于道德苑寓所

第3版前言

第2版前言

第1版前言

目录

 # 绪论　微生物与人类

一、什么是微生物

　　微生物（microorganism，microbe）是一切肉眼看不见或看不清的微小生物的总称。它们都是一些个体微小（一般 <0.1 mm）、构造简单的低等生物，由于划分微生物的标准仅按其形态大小，故其成员十分庞杂，粗分起来，可包括属于原核类的细菌（真细菌和古菌）、放线菌、蓝细菌（旧称"蓝绿藻"或"蓝藻"）、枝原体（又称支原体）、立克次氏体和衣原体；属于真核类的真菌（酵母菌、霉菌和蕈菌）、原生动物和显微藻类，以及属于非细胞类的病毒和亚病毒（类病毒、拟病毒和朊病毒）。现表解如下：

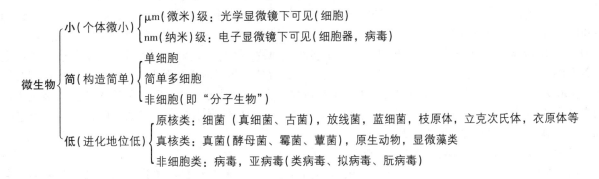

二、人类对微生物世界的认识史

　　认识世界是科学（science）的根本任务，而改造世界则是技术（technology）的根本任务，两者是源与流的关系，密不可分，共同组成了"第一生产力"。那么，微生物学这门科学是何时、何地、何人，又是如何发展起来的呢？

（一）一个难以认识的微生物世界

　　人类对动、植物的认识，可以追溯到人类的出现。可是，对数量无比庞大、分布极其广泛并始终包围在人体内外的微生物却长期缺乏认识。例如，你是否会想到一个刚离开娘肚的新生儿，在其呱呱坠地的瞬间，就有多种微生物尤其是各种乳酸菌、肠道细菌从其四周趁机赶上，争先恐后地前来"圈地"、"瓜分"和"占领"这一无菌"动物"的口腔、消化管、呼吸道、泌尿生殖道和皮肤等"风水宝地"，并从此发展成两者须臾不可分离的人体正常菌群或终生伴生微生物？又如，你是否想到过，在我们每天的食物和饮料

中，竟有这么多的微生物及其产物在默默地为我们提供可口的滋味、丰富的营养和健康的保障？原来，我们面前琳琅满目的食品——酸奶、酒类、馒头、面包、蛋糕、干酪、酱油、味精、食醋、泡菜、腐乳和各种食用菌等都是由微生物加工而成的或本身就是微生物！再如，你是否想到过，在人体肠道中竟生活着多达 1 000 种左右、数量达数百万亿的肠道微生物？它们与人类健康的关系为何很快成了当今学术界的研究热点（参见第八章第一节）？此外，当我们偶遇病原菌侵袭而不幸染上传染病时，你是否意识到我们体内正在与微生物进行一场悄然无声的战争？而在治疗过程中，又是否知道那些疗效最好的药物，大多数都是由微生物产生的抗生素？至于包围着整个地球表层的土壤圈、水圈和大气圈，其中包含着的难以计数的微生物与地球生态平衡、地球化学循环、农牧渔业生产以及与人类和动植物传染病的关系，更是常人所难以感知的。因此，在微生物学创建之前，人类曾长期处于"身在菌中不知菌"或"微盲"（微生物知识盲）的无知状态，而即使在微生物学十分发达的今天，也还有相当数量的人群仍处于"身在菌中不知菌"的迷惘状态。

处于"微盲"状态的人类，对其身边万分活跃的微生物世界只能表现出"视而不见，嗅而不闻，触而不觉，食而不察，得其益而不感其恩，受其害而不知其恶"的愚昧状态。这从人类历史上曾遭遇过多次严重瘟疫而大批死亡的惨痛事实就可充分说明，例如鼠疫（黑死病）、天花、肺结核（白疫）、流感、疟疾和梅毒等的大流行。直到今天，多种新发传染病（emerging infectious disease）和再现传染病（re-emerging infectious disease）还在疯狂地侵扰和残害人类，例如艾滋病、萨斯（severe acute respiratory syndrome，SARS，严重急性呼吸综合征）、禽流感、疯牛病、乙型肝炎和结核病等。在人类历史上，因传染病的大流行而造成的死亡人数要大大地超过两次世界大战的死亡人数。例如，6 世纪、14 世纪（始于 1347 年夏）和 20 世纪初的 3 次鼠疫流行共殃及近 2 亿人口，而第一、二次世界大战的死亡人数共约 7 350 万（分别为 1 850 万和 5 500 万）；16 世纪初，由西班牙人带入美洲的天花病毒，曾夺走了墨西哥半数人口，也使美洲原有的 2 000 万印第安人锐减了 95%；发生于 1918—1919 年的"西班牙流感"曾导致 5 000 万以上人口的死亡；有人估计，在过去的 200 年中，结核病在全球就夺去约 1 亿人的生命；被称为"世纪瘟疫"或"黄色妖魔"的艾滋病，自 1981 年在美国发现后，迅速向全世界各处蔓延，至今已导致约 4 000 万人的死亡（2008 年）；此外，在 19 世纪中叶，由于欧洲过分偏重种植高产且品种单一的马铃薯，在 1845—1846 年的收获季节恰遇气候异常、潮湿多雨，导致马铃薯晚疫病大面积流行，最终造成了历史上著名的"爱尔兰大饥荒"，毁灭了当地 5/6 的马铃薯，致使爱尔兰的 800 万人口中，直接饿死或间接病死了 150 万人，另有 164 万人逃往北美谋生。由此可见，作为生物圈中最高级物种的人类，若因微生物的个体渺小和行为的变幻莫测而对其不加研究，则当遇到这些自然界中最小、最低等的物种对人类进行肆虐时，就会显得极其虚弱甚至不堪一击！

微生物难以认识的主要原因有以下 4 个：

（1）个体微小 细菌是一类典型的微生物，其细胞的直径一般只有 0.5 ~ 1.0 μm，是人发直径的 1/60 ~ 1/120；一个杆菌的长度通常为 2.0 μm，仅相当于一颗芝麻长度的 1/1 500；无细胞构造的病毒颗粒，其直径仅约为细菌的 1/10。因此，必须用光学显微镜来观察细菌，而病毒则只能借助电子显微镜来观察了。在人类历史上迈开可喜第一步即用自己的肉眼观察到微生物细胞（尤其是细菌）的人是荷兰业余科学爱好者安东尼·列文虎克（Antoni van Leeuwenhoek，1632—1723）。他将自己制作的放大率约 200 倍的一个透镜装在金属附件中，组成一架单式显微镜，于 1676 年首次看到了细菌，并作图记录了这一划时代的结果（图绪 – 1）。由于列文虎克首次克服了人类认识微生物世界的第一个难关——"个体微小"，使人类初步踏进了微生物世界的大门，所以被称为"微生物学的先驱者"。

（2）外貌不显 对于高等生物特别是动物，从其外貌特征往往就可判断其生活习性。微生物的个体因其微小而为人眼所不可见，但其群体形态则可以长得很大，形成特征鲜明、人眼易见的菌落、菌苔或子实体，可是在微生物学创建之前，这些形态仍属平淡无奇，无法激起人们去深入研究它的好奇心。

（3）杂居混生 在自然条件下，微生物一般都是许多种相互杂居混生在一起的，如果对这类"乌合之众"的群落不进行纯种分离，人们就无法了解某一微生物的具体生命活动及其对人类的影响（如引起人类或动、植物病害，器材霉腐，食品酿造等）。在微生物学发展史上，德国医生罗伯特·科赫（Robert Koch，

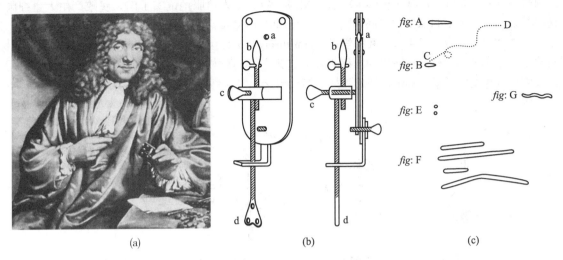

图绪-1 列文虎克及其单式显微镜

(a) 列文虎克像;(b) 单式显微镜(a 为透镜,b 为装样针,c 和 d 为调焦螺旋);(c) 各种口腔细菌

1843—1910)及其学派在对"杂居混生"微生物进行纯种分离方面的贡献最为突出。他们用琼脂配制对分离细菌十分有效的固体培养基(须预先灭菌),以画线方式进行样品稀释,从而可轻而易举地在琼脂平板上获得某一微生物的纯种菌落。由此解决了阻碍研究微生物的"杂居混生"难题,此后,大批"微生物猎人"才有可能把多种长期与人作恶的病原微生物尤其是细菌一一揪出来示众,并在 19 世纪后期开创了一个发现大批病原细菌的"黄金时期"。科赫是其中的杰出代表,他于 1882 年 3 月 24 日宣布发现了结核病的病原菌——结核杆菌(从 1982 年起,每年的 3 月 24 日被定为"世界结核病日"),因此,科赫可当之无愧地被称为是细菌学(实为医学微生物学)的奠基人(图绪-2)。

图绪-2 细菌学的奠基人——科赫

(4) 因果难联 在微生物学创立之前,要从诸多表面现象中判断其原始动因是否由微生物所引起,实是一件绝不可能办到的事。例如食物为何腐败?酒类何以酿成?鼠疫为何流行?即使在微生物学已十分发达的今天,当遇到教科书上还未记载过的新现象时,由于"因果难联"的存在,总会令无数学者煞费苦心,他们往往经过无数艰难曲折,最终才有极少数幸运者赢得了成功。这方面的故事特别多,对我们的启迪也特别大,而且相信今后将有无数的这类重大问题在等待着一代代青年微生物学家去解决。以下只选择一个最经典的和几个最新的例子来说明。

在 19 世纪中叶,虽然经过数世纪的争论和若干实验,但不论在东方或西方,对生命起源仍盛行古老的自然发生说(spontaneous generation theory,又称无生源论),如"腐肉生蛆"、"腐草化萤"或"谷仓生鼠"等的说法,特别认为煮沸后的肉汤仍会很快腐败并产生细菌更是这类学说的"最有力例证"。当时,只有极少数学者确信一切生命都以其特有的"种子"(germ,胚种)而代代相传。法国科学家路易·巴斯德(Louis Pasteur,1822—1895,图绪-3)就是其中最杰出的代表。巴斯德针对前人煮沸肉汤后必须将容器长期密封才能防止"自然发生",从而认为空气是自然发生的关键因素的论点,设计了一个既可允许空气自由进入容器又可阻止容器内无菌肉汤不能"自然发生"生命(腐败)的简便、巧

图绪-3 微生物学的奠基人——巴斯德

妙的曲颈瓶(swan neck flask，Pasteur flask)试验(图绪-4)，令人信服地证实了肉汤腐败产生大量细菌的原因只是接种了来自空气中的微生物"胚种"，从而于1861年发表论文和推翻了历史上流传已久的顽固的自然发生说，并确立了生命来自生命的**胚种学说**(germ theory，又称生源论)。以巴斯德的曲颈瓶试验为标志，一门新的富有生命力的学科——微生物学终于建立起来了；与此相伴的一项具有微生物学特色、应用广泛的消毒灭菌技术也奠定了坚实的理论基础，故巴斯德当之无愧地可称为微生物学的奠基人。

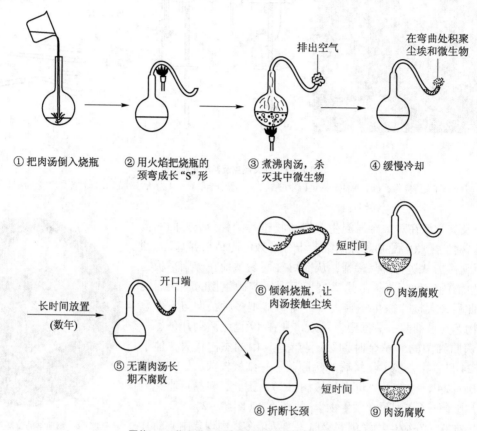

图绪-4　奠定微生物学基础的巴斯德曲颈瓶试验
①~③对烧瓶内的肉汤进行煮沸灭菌；④⑤若让烧瓶保持正位，肉汤不会腐败；⑥⑦若使烧瓶倾斜，
让无菌肉汤与颈部尘埃接触，或⑧⑨折断颈部而让空气直接进入瓶内，则肉汤迅速腐败

在微生物学发展史上，因这类因果问题的解决而作出重大创新进而获得诺贝尔奖的例子很多，近年来尤为明显，如美国学者S. B. Prusiner因深究绵羊瘙痒病的病因而发现朊病毒(获1997年诺贝尔奖)，澳大利亚学者B. Marshall和R. Warren因探索胃炎、胃溃疡等胃病的原因而发现了幽门螺杆菌(*Helicobacter pylori*，Hp)(获2005年诺贝尔奖)，德国学者哈拉尔德·楚尔·豪森(Harald zur Hausen)因研究子宫颈癌的病因而发现了人乳头瘤病毒(HPV)的致癌作用(获2008年诺贝尔奖)，以及法国学者Barré-Sinoussi和Luc Montagnier因研究艾滋病的病因而发现了人类免疫缺陷病毒(HIV)(获2008年诺贝尔奖)，等等。由此可知，这些学者们执着的科学精神、创造性的思维方法和独特的实践能力，的确值得我们认真思考和好好学习。

（二）微生物学发展史

整个微生物学发展史是一部逐步克服上述认识微生物的4个障碍(如显微镜的发明、灭菌技术的运用、纯种分离和培养技术的建立等)，不断探究它们的生命活动规律，并开发、利用有益微生物以及控制、消灭有害微生物的历史。现扼要地将它分为5个时期(表绪-1)。

分　期	史前期	初创期	奠基期	发展期	成熟期
年　代	约8000年前—1676	1676—1861	1861—1897	1897—1953	1953—至今
实　质	朦胧阶段	形态描述阶段	生理水平研究阶段	生化水平研究阶段	分子生物学水平研究阶段
开创者	各国劳动人民。其中尤以我国的制曲、酿酒技术著称	列文虎克——微生物学的先驱者	①巴斯德——微生物学奠基人。②科赫——细菌学奠基人（图绪-4）	E. Büchner——生物化学奠基人	J. Watson和F. Crick——分子生物学奠基人
特　点	①未见细菌等微生物的个体。②凭实践经验利用微生物的有益活动（进行酿酒、发面、制酱、酿醋、沤肥、轮作、治病等）	①自制单式显微镜，观察到细菌等微生物的个体。②出于个人爱好对一些微生物进行形态描述	①微生物学开始建立。②创立了一整套独特的微生物学基本研究方法。③开始运用"实践－理论－实践"的思想方法开展研究。④建立了许多应用性分支学科。⑤进入寻找人类和动物病原菌的黄金时期	①对无细胞酵母菌"酒化酶"进行生化研究。②发现微生物的代谢统一性。③普通微生物学开始形成。④开展广泛寻找微生物的有益代谢产物。⑤青霉素的发现推动了微生物工业化培养技术的猛进	①广泛运用分子生物学理论和现代研究方法，深刻揭示微生物的各种生命活动规律。②以基因工程为主导，把传统的工业发酵提高到发酵工程新水平。③大量理论性、交叉性、应用性和实验性分支学科飞速发展。④微生物学的基础理论和独特实验技术推动了生命科学各领域飞速发展。⑤微生物基因组的研究促进了生物信息学和合成生物学时代的到来

三、　微生物学的发展促进了人类的进步

自从以巴斯德为代表的一批早期微生物学家开创微生物学的一个多世纪以来，由于人们对微生物生命活动规律研究的不断扩大和深入，使人类逐步能自觉地驾驭微生物为自己服务，并能让微生物这把"双刃剑"从以前的害大于利的"敌人"方向迅速转变为利大于害的"朋友"方向。有一个微生物学家曾对有益微生物作过幽默而生动的描写，人们称它为"Perlman氏应用微生物学定律"（Perlman's law of applied microbiology）："微生物总没有错，它是你的朋友和微妙的伙伴。愚蠢的微生物是没有的。微生物善于做和乐于做任何事情。微生物比化学家、工程师和其他人更机灵、聪明和精力充沛。如果你会照顾这些小朋友，那么它们也会照顾你的未来。"因此，在Perlman的眼里，微生物就是人类尤其应是微生物学家心目中的既聪明又能干、赛过专家又懂报恩的好朋友。这就要求我们在学习微生物学课程时，要学会懂得微生物的共性、个性、需求和擅长，多倾听它们的"呼声"，学会与它们"对话"、相处，以让它们更好地为人类服务。

现从以下5个方面来简述微生物学的发展促进了人类的进步。

（一）微生物与医疗保健

英国哲学家和教育家斯宾塞在其名著《教育论》（1861年）中早就提出过"人体健康是一切幸福的要素"的精辟论点。日本学者尾形学在其《家畜微生物学》（1977年）一书中，第一句话就是"在近代科学中，对人类福利贡献最大的一门科学，要算是微生物学了。"微生物学自建立起，就与人类和动物传染病的防治产生了不解之缘，如巴斯德对蚕病、鸡霍乱、牛羊炭疽病和人类狂犬病的研究，科赫对炭疽、结核病和霍乱的研究等。一个半世纪来，微生物学家通过在医疗保健战线发起的"六大战役"，即外科尤其是产科消毒术的建立，寻找人畜严重传染病的病原菌，免疫防治法的发明和广泛应用，化学治疗剂（磺胺药等）的

普及，多种抗生素的筛选及其大规模生产和应用，以及利用基因工程菌生产各种多肽类生物药物等，使原先猖獗一时的细菌性传染病得到了较好的控制，烈性传染病天花成了地球上第一个被人类消灭的传染病（1979年10月26日由WHO宣布），脊髓灰质炎和麻疹也即将成为在地球上第二、第三种被消灭的传染病。生活在文明社会中的每一个人，几乎毫无例外地都受到过微生物药物尤其是抗生素的治疗，从而使人类的平均寿命有了大幅度（大于15年）的提高。据统计，20世纪初，全世界约有1/3的人口死于肺炎、结核、肠炎和腹泻4种传染病，自从使用抗生素以后，情况已完全改观了。

（二）微生物与工业生产

微生物在工业生产上的应用，大大促进了新型生产工艺和许多新产业部门的形成。从历史角度来看，通过食品的罐藏以防霉腐、酿造技术的革新改造、纯种厌氧发酵技术的建立、大规模液体深层通气培养工艺的创建，以及代谢调控发酵技术的发明，不但使一些古老的酿造工艺获得了全新的生命力，还催生了大规模工业发酵的新技术。紧接着，在基因工程等高新技术的强有力推动下，原有的工业微生物学又上升到一个新的台阶，发展到发酵工程学的新阶段，并与基因工程、细胞工程、酶工程和生物反应器工程一起，共同形成一个崭新的高科技学科——**生物工程学**（biotechnology，又称生物技术）。

当前，由微生物产生的工业产品种类越来越多，除传统的食品、饮料、调味品、化工产品外，又催生大量新的生物基化学品（长链二元酸、聚乳酸等）以及生物质能源、生物催化（酶制剂）、生物转化（bioconversion）、生物质炼制（biomass-refinary）、石油开采和细菌冶金等全新的工业技术分支。

（三）微生物与农业生产

微生物在现代农业特别是生态农业中有着十分重要的作用。现代农业是以高新技术为依托，以生态农业、绿色农业、集约化农业为特征的综合性大农业，它具有高经济效益、社会效益和生态效益。微生物在现代农业中的作用极其重要但又易被忽略。例如，以菌（含病毒）治害虫和以菌治植病的生物防治技术，以菌增肥效（如根瘤菌接种剂）和以菌促生长（如赤霉素）的微生物增产技术，以菌作饲料（饵料）和以菌作蔬菜（各种食用菌）的单细胞蛋白和食用菌生产技术，以及以菌产能源的沼气发酵技术等，都是现代农业中的闪光点，尤其在食用菌生产、沼气技术的大规模推广和病毒杀菌剂的实用化方面，更是我国农业微生物应用领域的几朵鲜艳的奇葩。

（四）微生物与环境保护

由于微生物在整个地球生态系统中处于"分解者"（decomposer）或"还原者"（reductor）的地位，因此在环境保护和生态平衡中的地位是其他生物所无法取代的，从而越来越受到人们的重视。自从18世纪中叶英国开始工业革命以来，人类由于过分掠夺和破坏自然环境和各种资源，最终导致越来越严重的气候变暖、生态破坏和环境恶化等生态灾难。当前许多有识之士普遍认为，21世纪应是人类向大自然母亲偿还生态债以重新恢复良好生态平衡的世纪。在此过程中，微生物工作者必须充分发挥微生物所蕴藏的巨大优势和作用。这是因为，微生物是地球上重要元素循环中的主要推动者，是占地球面积70%以上的海洋和其他水体中光合生产力的基础，是一切食物链的重要环节，是污水和有机废物处理中的关键角色，是生态农业中既重要却处于隐形态的环节，以及是环境污染和监察中的重要指示生物等。

（五）微生物与生命科学基础研究

最后介绍一下微生物对生命科学基础理论研究的重大贡献。微生物由于其"五大共性"（详后）加上培养条件简便，因此是生命科学工作者在研究基础理论问题时最乐于选用的研究对象（即**模式生物**，model organism）。历史上自然发生说的否定，糖酵解机制的认识，基因与酶关系的发现，突变本质的阐明，核酸是一切生物遗传变异的物质基础的证实，操纵子学说的提出，遗传密码的揭示，基因工程的开创，PCR（DNA聚合酶链反应）技术的建立，真核细胞内共生学说的提出，以及近年来生物三域（Three Domains）理论的创建等,都是因选用微生物作为研究对象而结出的硕果。为此,大量研究者还获得了诺贝尔奖的殊荣。微生物学还是代表当代生物学最高峰的分子生物学三大来源之一。在经典遗传学的发展过程中,由于先驱者们意识到微生物具有繁殖周期短、培养条件简单、表型性状丰富、容易诱发变异和多数是单倍体等种种特别适合作遗传学研究对象的优点,纷纷选用 *Neurospora crassa*(粗糙脉孢菌,俗称"红色面包霉"),*Escherichia coli*(大肠埃希氏菌,俗称大肠杆菌),*Saccharomyces cerevisiae*(酿酒酵母)和 *E. coli* 的 T 系噬菌体作研究对象,很快揭示了许多遗传变异的规律,并使经典遗传学迅速发展成为分子遗传学。从 20 世纪 70 年代起,由于微生物既可作为外源基因供体和基因载体,也可作为基因受体菌等的优点,加上又是基因工程操作中的各种"工具酶"的提供者,故迅速成为基因工程中的主角。由于小体积大面积系统的微生物在体制和培养等方面的优越性,还促进了高等动、植物的组织培养和细胞培养技术的发展,这种**"微生物化"**(microorganismization)或单细胞化的高等动、植物单细胞或细胞集团,也获得了原来仅属微生物所专有的优越体制,从而可以十分方便地在试管和培养皿中进行研究,并能在发酵罐或其他生物反应器中进行大规模培养和产生有益代谢产物。

此外,这一趋势还使原来局限于微生物学实验室使用的一整套独特的研究方法、技术,急剧向生命科学和生物工程各领域横向扩散,从而对整个生命科学的发展,作出了方法学上的贡献。例如显微镜和有关制片染色技术,消毒灭菌技术,无菌操作技术,纯种分离、培养技术,合成培养基技术,选择性和鉴别性培养技术,突变型标记和筛选技术,深层液体培养技术以及菌种冷冻保藏技术等。

当前,微生物学工作者可以自豪地说,微生物学不仅在 20 世纪生命科学发展的四大里程碑(DNA 功能的阐明、中心法则的提出、遗传工程的成功和人类基因组计划的实施)中发挥了无可争辩的关键作用,而且将在新世纪中继续发挥重大的作用。

四、 微生物的五大共性

在整个生物界中,各种生物体形的大小相差悬殊。植物界的北美红杉(*Sequoia sempervirens*)可高达 120 m,动物界中的蓝鲸可达 34 m 长,而微生物体的长度一般都在数微米(μm)甚至纳米(nm)范围内。

微生物由于其体形都极其微小,因而导致了一系列与之密切相关的 5 个重要共性,即:体积小,面积大;吸收多,转化快;生长旺,繁殖快;适应强,易变异;分布广,种类多。这五大共性不论在理论上还是在实践上都极其重要,现简单阐述如下。

(一) 体积小,面积大

任何固定体积的物体,如对其进行三维切割,则切割的次数越多,其所产生的颗粒数就越多,每个颗粒的体积也就越小。这时,如把所有小颗粒的面积相加,其总数将极其可观(表绪-2)。

表绪-2 对 1 cm³ 固体作 10 倍系列三维分割后的比面值变化

边长	立方体数	总表面积	比面值	近似对象	边长	立方体数	总表面积	比面值	近似对象
1.0 cm	1	6 cm²	6	豌豆	1.0 μm	10^{12}	6 m²	60 000	球菌
1.0 mm	10^3	60 cm²	60	细小药丸	0.1 μm	10^{15}	60 m²	600 000	大胶粒
0.1 mm	10^6	600 cm²	600	滑石粉粒	0.01 μm	10^{18}	600 m²	6 000 000	大分子
0.01 mm	10^9	6 000 cm²	6 000	变形虫	1.0 nm	10^{21}	6 000 m²	60 000 000	分子

若把某一物体单位体积所占有的表面积称为**比面值**(surface to volume ratio),则物体的体积越小,其比面值就越大,现以球体的比面值为例,即:

$$比面值 = \frac{表面积}{体积} = \frac{4\pi r^2}{4/3\pi r^3} = \frac{3}{r}$$

由上述公式可以推算出，细胞半径(r)为 1 μm 的球菌，其比面值为 3；半径为 2 μm 者，比面值为 1.5；而半径为 3 μm 者，则比面值仅为 1。表绪 -3 列举了典型细菌与典型真核细胞(含人细胞)的直径和比面值的比较。

表绪 -3　典型细菌和真核细胞的直径和比面值的比较

比较项目	细菌	真核细胞	比值
直径	1 μm	10 μm	1 : 10
表面积	3.1 μm^2	1 257 μm^2	1 : 405
体积	0.52 μm^3	4 190 μm^3	1 : 8 057
比面值	6	0.3	20 : 1

由于微生物是一个如此突出的小体积大面积系统，从而赋予它们具有不同于一切大生物的五大共性，因为一个小体积大面积系统，必然有一个巨大的营养物质吸收面、代谢废物的排泄面和环境信息的交换面，并由此而产生其余 4 个共性。

(二)吸收多,转化快

有资料表明，*Escherichia coli* 在 1 h 内可分解其自重 1 000 ~ 10 000 倍的乳糖；*Candida utilis*(产朊假丝酵母)合成蛋白质的能力比大豆强 100 倍，比食用牛(公牛)强 10 万倍；一些微生物的呼吸速率也比高等动、植物的组织强数十至数百倍。

这个特性为微生物的高速生长繁殖和合成大量代谢产物提供了充分的物质基础，从而使微生物能在自然界和人类实践中更好地发挥其超小型"活的化工厂"的作用。

(三)生长旺,繁殖快

微生物具有极高的生长和繁殖速度。一种至今被人类研究得最透彻的生物 *E. coli*，在合适的生长条件下，细胞分裂 1 次仅需 12.5 ~ 20 min。若按平均 20 min 分裂 1 次计，则 1 h 可分裂 3 次，每昼夜可分裂 72 次，这时，原初的一个细菌已产生了 4 722 366 500 万亿个后代，总重约可达 4 722 t。如果再经过一天的繁殖，则可达到 2.2 × 10^{43} 个，其总重超过地球!

事实上，由于营养、空间和代谢产物等条件的限制，微生物的几何级数分裂速度充其量只能维持数小时而已。因而在液体培养过程中，细菌细胞的浓度一般仅达 10^8 ~ 10^9 个/mL。

微生物的这一特性在发酵工业中具有重要的实践意义，主要体现在它的生产效率高、发酵周期短上。例如，用作发面剂的 *Saccharomyces cerevisiae*(酿酒酵母)，其繁殖速率虽为 2 h 分裂 1 次(比上述 *E. coli* 低 6 倍)，但在单罐发酵时，仍可为 12 h "收获" 1 次，每年可"收获"数百次，这是其他任何农作物所不可能达到的"复种指数"。它对缓解当前全球面临的人口剧增与粮食匮乏也有重大的现实意义。有人统计，一头 500 kg 重的食用公牛，每昼夜只能从食物中"浓缩" 0.5 kg 蛋白质，同等重的大豆，在合适的栽培条件下，24 h 可生产 50 kg 蛋白质；而同样重的酵母菌，只要以糖蜜(糖厂下脚料)和氨水作主要养料，在 24 h 内便可真正合成 50 000 kg 的优良蛋白质。据计算，一个年产 10^5 t 酵母菌的工厂，如以酵母菌的蛋白质含量为 45% 计，则相当于在 37 500 公顷农田上所生产的大豆蛋白质的量，此外，酵母菌的生长还有不受气候和季节影响等优点。

微生物的生长旺、繁殖快的特性对生物学基本理论的研究也带来极大的优越性，它使科学研究周期大为缩短、空间减少、经费降低、效率提高。当然，若是一些危害人、畜和农作物的病原微生物或会使物品霉腐变质的有害微生物，它们的这一特性就会给人类带来极大的损失或祸害，因而必须认真对待。

(四) 适应强,易变异

微生物具有极其灵活的适应性或代谢调节机制,这是任何高等动、植物所无法比拟的。其主要原因也是因为它们体积小、面积大的特点。试想,一个只能容纳20万~30万个蛋白质分子的 *E. coli* 细胞,却存在着2 000~3 000种执行不同生理功能的蛋白质,若每种功能平均分配约100个蛋白质分子且互不替代或协作,则它们如何保证这一物种在如此复杂的外界环境中长期生存和进化呢?

微生物对环境条件尤其是地球上那些恶劣的"极端环境",例如对高温、高酸、高盐、高辐射、高压、低温、高碱或高毒等的惊人适应力,堪称生物界之最(详见第八章)。

微生物的个体一般都是单细胞、简单多细胞甚至是非细胞的,它们通常都是单倍体,加之具有繁殖快、数量多以及与外界环境直接接触等特点,因此即使其变异频率十分低(一般为$10^{-10} \sim 10^{-5}$),也可在短时间内产生出大量变异的后代。有益的变异可为人类创造巨大的经济和社会效益。如产青霉素的菌种 *Penicillium chrysogenum*(产黄青霉),1943年时每毫升发酵液仅分泌约20单位的青霉素,至今早已超过5万单位了;有害的变异则是人类各项事业中的大敌,如各种致病菌的耐药性变异使原本已得到控制的相应传染病变得无药可治,而各种优良菌种生产性状的退化则会使生产无法正常维持等。例如,有一种称为 *Staphylococcus aureus*(金黄色葡萄球菌)的致病菌,在20世纪40年代青霉素刚问世时,其耐药菌株仅占1%,而到世纪末时已超过90%。其中一株被称为"超级病菌"的 MRSA(耐甲氧西林金黄色葡萄球菌),自1961年在英国首次发现后,从1974年占正常菌的2%至20世纪80年代末已发展成全球最严重的医院内感染菌之一。2003年,MRSA 已高达64%。2005年,仅美国感染 MRSA 者就达9.4万人,其中1.9万人死亡,超过当年全国死于艾滋病的人数(1.6万人)。又如,在20世纪80年代初出现的 HIV,经过30余年的传播,已在新加坡发现第51个新变种"CRF-51-01B",等等。

(五) 分布广,种类多

微生物因其体积小、质量轻和数量多等原因,可以到处传播以致达到"无孔不入"的地步,只要条件合适,它们就可"随遇而安"。地球上除了火山的中心区域等少数地方外,从土壤圈、水圈、大气圈至岩石圈,到处都有它们的踪迹。例如,2006年 *SCIENCE* 就报道了在南非一金矿的2.8 km深水层中分离到一种以硫酸盐为主要营养物的硫细菌。可以认为,微生物将永远是生物圈上下限的开拓者和各项生存纪录的保持者。不论在动、植物体内外,还是土壤、河流、空气,平原、高山、深海,污水、垃圾、海底淤泥和热液区,冰川、盐湖和沙漠,甚至油井、酸性矿水和岩层下,都有大量与其相适应的各类微生物在活动着(详见第八章)。

微生物的种类多即微生物多样性(microbiodiversity)主要体现在以下5个方面:

(1)物种的多样性 迄今为止,人类已描述过的生物总数约200万种。据估计,**微生物的总数**约在50万至600万种之间,其中已记载过的仅约20万种(1995年),包括原核生物3 500种、病毒4 000种、真菌9万种、原生动物和藻类10万种,且这些数字还在急剧增长,例如,在微生物中较易培养和观察的大型微生物——真菌,至今每年还可发现约1 500个新种。

(2)生理代谢类型的多样性 微生物的生理代谢类型之多,是动、植物所远远不及的。例如:①分解地球上储量最丰富的初级有机物——天然气、石油、纤维素、木质素的能力为微生物所垄断;②微生物有着最多样的产能方式,诸如细菌的光合作用,嗜盐菌的紫膜光合作用,自养细菌的化能合成作用,以及各种厌氧产能途径等;③生物固氮作用;④合成次生代谢产物等各种复杂有机物的能力;⑤对复杂有机分子基团的**生物转化**(bioconversion,biotransformation)能力;⑥分解氰、酚、多氯联苯等有毒和剧毒物质的能力;⑦抵抗极端环境(热、冷、酸、碱、渗、压和辐射等)的能力;等等。

(3)代谢产物的多样性 微生物究竟能产生多少种代谢产物,是一个不容易准确回答的问题。20世纪80年代末曾有人统计为"7 890种",后来(1992年)又有人报道仅微生物产生的次生代谢产物就有16 500种,且每年还在以500种新化合物的数目增长着。目前,已知微生物产生的次生代谢产物数约5万种(陈代杰《微生物药物学》，2008 年)。

（4）遗传基因的多样性　从基因水平看微生物的多样性，内容更为丰富，这是近年来分子微生物学家正在积极探索的热点领域。在全球性的"人类基因组计划"(HGP)的有力推动下，**微生物基因组测序**工作正在迅速开展，并取得了巨大的成就。截至 2010 年 11 月的资料，公布已完成测序和装配基因组的细菌多达1 214 种(株)，古菌有 93 种(株)，真菌有 17 种(株)，另有大量的微生物正在测序和装配过程中。从而充分显示了微生物基因组种类的多样性和基因库资源的丰富性(见第七章表 7 - 2、表 7 - 3)。

（5）生态系统类型的多样性　微生物广泛分布于地球表层的生物圈(包括土壤圈、水圈、大气圈、岩石圈和冰雪圈)；对于那些极端微生物即**嗜极菌**(extremophile)而言，则更易生活在极热、极冷、极酸、极碱、极盐、极压和极旱等极端环境中；此外，微生物与微生物或与其他生物间还存在着众多的相互依存关系，如互生、共生、寄生、抗生和猎食等(详见第八章)，如此众多的生态系统类型就会产生出各种相应生态型的微生物。

微生物的分布广、种类多这一特点，为人类在新世纪中进一步开发利用**微生物资源**提供了无限广阔的前景。

总之，微生物五大共性这一客观规律对人类来说，是既有利又有弊的一把"双刃剑"，只有用正确的科学发展观和价值观去驾驭这些规律，才能让微生物更好地为人类服务。

五、　微生物学及其分科

微生物学(microbiology)是一门在分子、细胞或群体水平上研究微生物的形态构造、生理代谢、遗传变异、生态分布和分类进化等生命活动基本规律，并将其应用于工业发酵、医药卫生、生物工程和环境保护等实践领域的科学，其根本任务是发掘、利用、改善和保护有益微生物，控制、消灭或改造有害微生物，为人类社会的进步服务。

微生物学经历了一个多世纪的发展，已分化出大量的分支学科，仅据不完全统计，就达 181 门之多。现根据其性质简单归纳成下列表解：

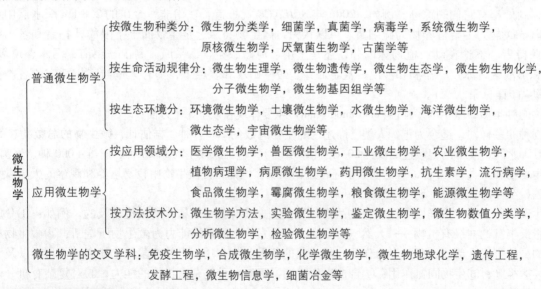

10

复习思考题

1. 什么是微生物？习惯上它包括哪几大类群？
2. 人类迟至 19 世纪中叶才真正认识微生物世界，其中的障碍有哪些？它们是如何被克服的？各举例说明之。

3. 为什么说"因果难联"的解决是微生物学发展过程中取得重大创新的不竭动力？试举一例加以说明。

4. 举例说明在人类历史上因对致病微生物的无知而遭传染病大流行之害。

5. 微生物学发展史如何分期？各期的时间、实质、创始人和特点是什么？我国人民在微生物学发展史上占有什么地位？有什么值得反思的地方？

6. 微生物学的发展为何始终紧紧围绕着医、药、保健这个主题？其中经历过的"六大战役"指什么？

7. 简述微生物与工业生产关系的几个主要发展轨迹。

8. 简述微生物在现代农业发展中的作用。

9. 简述微生物在当代环境保护中的作用。

10. 举例说明微生物在推动生命科学基础理论研究中的历史贡献，并分析其中的原因。

11. 为什么说微生物的"体积小、面积大"是决定其他4个共性的关键？

12. 试讨论微生物的多样性。

13. 为什么可以认为"微生物学是生命科学中第一个有一系列自己独特方法和技术的学科"？

14. 微生物学的任务是什么？现有的大量微生物学分支学科如何对它进行科学分类？

15. 为什么可把列文虎克称为"微生物学先驱者"，把巴斯德称为"微生物学奠基人"，把科赫称为"细菌学奠基人"？

16. 试列举两例，说明自己在接触微生物学知识前，确曾是一个"身在菌中不知菌"者。

数字课程资源

📖 本章小结　　📋 重要名词

第一章　原核生物的形态、构造和功能

根据微生物的进化水平和各种性状上的明显差别，可把它分为原核生物（prokaryote，包括真细菌和古菌）、真核微生物（eukaryotic microorganism）和非细胞微生物（acellular microorganism）三大类群。从本章起，将分 3 章分别介绍它们的形态、构造和功能。

原核生物（prokaryote）即广义的细菌，指一大类细胞核无核膜包裹，只存在称作核区（nuclear region）的裸露 DNA 的原始单细胞生物，包括真细菌（bacteria）和古菌（archaea）两大类群。其中除少数属古菌外，多数的原核生物都是真细菌。在本章的介绍中，我们先根据外表特征把原核生物粗分为 6 种类型，即细菌（狭义的）、放线菌、蓝细菌、枝原体、立克次氏体和衣原体（较详细的系统分类，将在第十章中介绍）。

第一节　细　菌

狭义的**细菌**（bacteria）是指一类细胞细短（直径约 0.5 μm，长度 0.5～5 μm）、结构简单、胞壁坚韧、多以二分裂方式繁殖和水生性较强的原核生物；广义的细菌则是指所有原核生物。

在人体内外部和我们的四周，到处都有大量的细菌集居着。凡在温暖、潮湿和富含有机物质的地方，都是各种细菌活动之处，在那里常会散发出一股特殊的臭味或酸败味。在夏天，固体食品表面时而会出现一些水珠状、鼻涕状、糨糊状等色彩多样的小突起，这就是细菌的集团，称作菌落（单独的）或菌苔（成片的）。如果用小棒去挑动一下，往往会拉出丝状物来；用手去抚摸一下，常有黏、滑的感觉。如果在液体中出现混浊、沉淀或液面飘浮"白花"，并伴有小气泡冒出，也说明其中可能长有大量细菌。

当人类还未研究和认识细菌时，少数病原菌曾猖獗一时，夺走无数生灵；不少腐败菌也常常引起各种食物和工、农业产品腐烂变质；另有一些细菌还会引起作物病害。随着人类对细菌的研究和对它们认识的深入，情况发生了根本的变化。目前，由细菌引起的人类和动、植物传染病已得到较好的控制。越来越多的有益细菌被发掘并应用于工、农、医、药和环保等生产实践中，给人类带来极其巨大的经济效益、社会效益和生态效益，例如，在工业上，各种氨基酸、核苷酸、酶制剂、丙酮、丁醇、有机酸和抗生素等重要产品的发酵生产；在农业上，杀虫菌剂、细菌肥料的生产，沼气发酵，污水处理，饲料的青贮加工；在医药上，各种菌苗、类毒素、代血浆、微生态制剂和医用酶类的生产等；在冶金领域的细菌浸矿、探矿、金属富集；在石油开采中钻井液添加剂（黄原胶）的生产；此外，在许多重大基础研究领域中，细菌还被用作重要的研究对象（或称模式生物），其中被誉为"生物界超级明星"的 *Escherichia coli*（大肠埃希氏菌，俗称大肠杆菌）所做出的特殊贡献，更是生命科学研究中的突出例证。

一、 细胞的形态、 构造及其功能

（一）形态和染色

细菌细胞的外表特征可从形态、大小和细胞间排列方式3方面加以描述。细菌的形态极其简单，基本上只有球状、杆状和螺旋状三大类，仅少数为其他形状，如丝状、三角形、方形和圆盘形等。

球状的细菌称为**球菌**（coccus），根据其分裂的方向及随后相互间的连接方式又可分为单球菌、双球菌、四联球菌、八叠球菌、链球菌和葡萄球菌等。杆状的细菌称为**杆菌**（bacillus），其细胞外形较球菌复杂，常有短杆（球杆）状、棒杆状、梭状、梭杆状、分枝状、螺杆状、竹节状（两端平截）和弯月状等；按杆菌细胞的排列方式则有链状、栅状、"八"字状以及由鞘衣包裹在一起的丝状等。螺旋状的细菌称**螺旋菌**（spirilla）；若螺旋不足一环者则称为**弧菌**（vibrio），满2～6环的小型、坚硬的螺旋状细菌可称为**螺菌**（spirillum），而旋转周数多（通常超过6环）、体长而柔软的螺旋状细菌则专称**螺旋体**（spirochaeta）。在自然界所存在的细菌中，以杆菌为最常见，球菌次之，而螺旋状的则最少。

量度细菌大小的单位是 μm（微米，即 $10^{-6}m$），而量度其亚细胞构造则要用 nm（纳米，即 $10^{-9}m$）作单位。一般球菌的直径为 $0.5\sim1.0$ μm，杆菌为 $(0.5\sim1.0)$ $\mu m\times(1.0\sim3.0)$ μm，一个典型细菌的大小可用 *E. coli* 作代表。它的细胞平均长度约 2 μm，宽度约 0.5 μm。形象地说，若把 1 500 个细胞的长径相连，仅等于一颗芝麻的长度（3 mm）；如把 120 个细胞横向紧挨在一起，其总宽度才抵得上一根人发的粗细（60 μm）。至于它的质量则更是微乎其微，若以每个细胞湿重约 $10^{-12}g$ 计，则大约 10^9 个 *E. coli* 细胞才达 1 mg 重。

当然，近年来也发现了个别大型细菌的实例，例如，1985 年以来，科学家先后在红海和澳大利亚海域生活的刺尾鱼肠道中，发现了一种巨型的共生细菌，称 *Epulopiscium fishelsoni*（费氏刺尾鱼菌），其细胞长度竟达 $200\sim600$ μm，宽约 75 μm，其体积是典型 *E. coli* 细胞的 10^6 倍；1997 年，德国等国的科学家又在非洲西部大陆架土壤中发现了一种迄今为止的最大细菌——*Thiomargarita namibiensis*（纳米比亚嗜硫珠菌），它的细胞呈球状，直径为 $400\sim750$ μm，肉眼清楚可见，它们以海底散发的硫化氢为生，属于硫细菌类。此后，芬兰学者E. O. Kajander等又在 1998 年报道了一种最小细菌——**"纳米细菌"**（nanobacteria）。据称，这是一种可引起人和牛等动物肾结石的细菌（在细胞外膜上有碳酸钙磷灰石沉淀），其细胞直径为 $0.2\sim0.5$ μm，最小的仅为 *E. coli* 的 1/10（50 nm 或 0.05 μm）。可是，后来研究已证实（*PNAS USA*，Vol. 105，No. 14，2008），所谓的"纳米细菌"并不是生物体，它仅是广泛存在于动物血液、尿液或细胞培养物中的纳米级矿物质（碳酸钙，羟基磷灰石）颗粒自然地吸收周围的蛋白质成分而形成的细菌状晶体颗粒。

现将若干原核细胞的大小和体积列在表 1－1 中。

表 1-1　若干原核细胞的大小和体积

菌　　名	大小或直径/μm	体积/μm^3
Thiomargarita namibiensis（纳米比亚嗜硫珠菌）	750	200 000 000
Epulopiscium fishelsoni（费氏刺尾鱼菌）	80 × 600	3 000 000
Baggiatoa sp.（一种贝日阿托氏菌）	50 × 160	1 000 000
Achromatium oxaliferum（草酸无色菌）	35 × 95	80 000
Lyngbya majuscula（巨大鞘丝蓝细菌）	8 × 80	40 000
Prochloron sp.（一种原绿蓝细菌）	30	14 000
Thiovulum majus（大卵硫菌）	18	3 000
Staphylothermus marinus（海葡萄嗜热菌）	15	1 800
Titanospirillum volex	5 × 30	600
Magnetobacterium bavaricum（巴伐利亚磁杆菌）	2 × 10	30

菌　　名	大小或直径/μm	体积/μm³
Escherichia coli(大肠埃希氏菌)	1×2	2
Nanoarchaeum equitans(套折纳米古菌)	0.4	0.02
Mycoplasma pneumoniae(肺炎枝原体)	0.2	0.005

由于细菌细胞既微小又透明，故一般先要经过染色才能作显微镜观察。染色的方法很多，这里仅把一些主要类型作一表解。

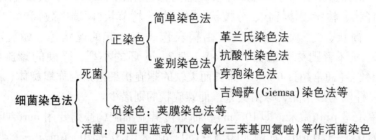

在上述各种染色法中，尤以**革兰氏染色法**(Gram stain)最为重要(此法由丹麦医生 C. Gram 于 1884 年发明，故名)。各种细菌经革兰氏染色法染色后，能区分成两大类，一类最终染成紫色，称**革兰氏阳性细菌**(Gram positive bacteria，G⁺)，另一类被染成红色，称**革兰氏阴性细菌**(Gram negative bacteria，G⁻)。有关革兰氏染色法的机制和此法的重要意义将在介绍细胞壁构造后予以阐明。

（二）构造

细菌细胞的模式构造可见图 1-1。图中把一般细菌都具有的构造称一般构造，包括细胞壁、细胞膜、细胞质和核区等，而把仅在部分细菌中才有的或在特殊环境条件下才形成的构造称为特殊构造，主要是鞭毛、菌毛、性菌毛、糖被(包括荚膜和黏液层)和芽孢等。

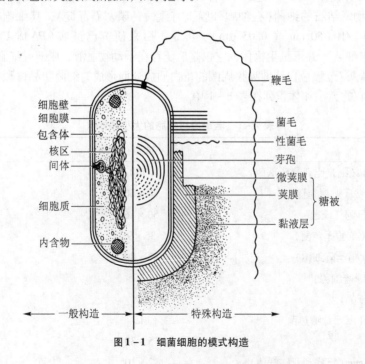

图 1-1　细菌细胞的模式构造

1. 细菌细胞的一般构造

（1）**细胞壁**（cell wall）　是位于细胞膜外的一层厚实、坚韧的外被，主要成分为肽聚糖，具有固定细胞外形和保护细胞不受损伤等多种生理功能。通过染色、质壁分离（plasmolysis）或制成原生质体后再在光学显微镜（简称光镜）下观察，均可证实细胞壁的存在；若用电子显微镜（简称电镜）直接观察细菌的超薄切片，则可以更清楚地证明细胞壁的存在。

细胞壁的主要功能有：①固定细胞外形和提高机械强度，使其免受渗透压等外力的损伤；②为细胞的生长、分裂和鞭毛运动所必需；③阻拦大分子有害物质（某些抗生素和水解酶）进入细胞；④赋予细菌特定的抗原性以及对抗生素和噬菌体的敏感性。

细菌细胞壁除了绝大多数的真细菌以肽聚糖为基本成分外，在 G^+ 细菌、G^- 细菌、抗酸细菌和古菌中还各有自己的特点。这可以看作细胞壁成分的多样性（图 1 – 2 和表 1 – 2）。

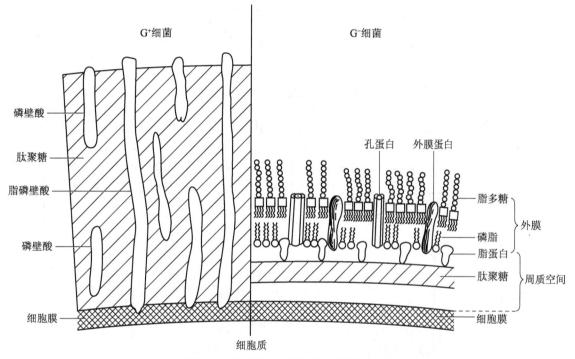

图 1 – 2　G^+ 细菌与 G^- 细菌细胞壁构造的比较

表 1 – 2　G^+ 细菌与 G^- 细菌细胞壁成分的比较

成　　分	占细胞壁干重的比例/%	
	G^+ 细菌	G^- 细菌
肽聚糖	含量很高（一般为 90%）	含量很低（5%~20%）
磷壁酸	含量较高（<30%）	0
脂质	一般无（<2%）	含量较高（约 20%）
蛋白质	0~少量	含量较高

以下分别对 G^+ 细菌、G^- 细菌、抗酸细菌和古菌的细胞壁以及缺壁细菌和革兰氏染色的机制作一介绍。

1）G^+ 细菌的细胞壁：G^+ 细菌细胞壁的特点是厚度大（20~80 nm，从几层至 25 层分子）和化学组分简单，一般含 60%~95% 的肽聚糖和 10%~30% 的磷壁酸。现分别叙述如下：

肽聚糖（peptidoglycan）又称黏肽（mucopeptide）、胞壁质（murein）或黏质复合物（mucocomplex），是真细

菌细胞壁中的特有成分。现以 G⁺ 细菌 *Staphylococcus aureus*（金黄色葡萄球菌）的肽聚糖作一介绍。肽聚糖分子由肽和聚糖两部分组成，其中的肽包括四肽尾和肽桥两种，而聚糖则是由 *N*-乙酰葡糖胺和 *N*-乙酰胞壁酸两种单糖相互间隔连接成的长链。这种肽聚糖网格状分子交织成一个多层次（几层至 25 层分子）致密的网套覆盖在整个细胞上（图 1-3）。

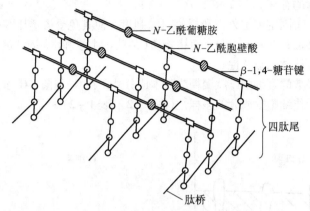

图 1-3 G⁺ 细菌肽聚糖的立体结构（片段）

看似十分复杂的肽聚糖分子，若把它的基本组成单位剖析一下，就显得十分简单了（图 1-4）。

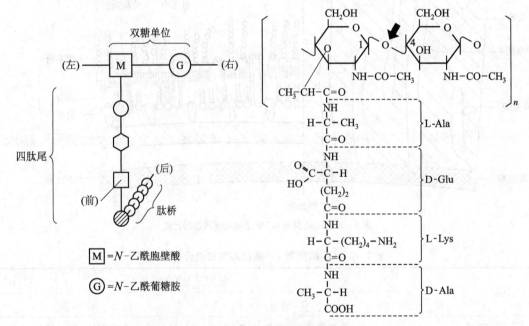

图 1-4 G⁺ 细菌肽聚糖的单体图解
左：简化的单体分子；右：单体的分子构造。箭头示溶菌酶的水解点

从图 1-4 可知，每一肽聚糖单体由 3 部分组成：①双糖单位：由一个 *N*-乙酰葡糖胺通过 β-1,4-糖苷键与另一个 *N*-乙酰胞壁酸相连。这一双糖单位中的 β-1,4-糖苷键很易被一种广泛分布于卵清、人泪和鼻涕以及部分细菌和噬菌体中的**溶菌酶**（lysozyme）所水解，从而导致细菌因细胞壁肽聚糖的"散架"（裂解）而死亡。②四肽尾（或四肽侧链，tetrapeptide side chain）：是由 4 个氨基酸分子按 L 型与 D 型交替的方式连接而成。在 *S. aureus* 中，接在 *N*-乙酰胞壁酸上的四肽尾为 L-Ala→D-Glu→L-Lys→D-Ala，其中两种 D 型氨基酸一般仅在细菌细胞壁上见到。③肽桥（或肽间桥，peptide interbridge）：在 *S. aureus* 中，肽桥为甘氨酸五肽，它起着连接前后两个四肽尾分子的"桥梁"作用。肽桥的变化甚多，由此形成了"肽聚糖的多样性"

微生物学教程

（目前已超过 100 种）。肽桥中的氨基酸种类很多，除可与四肽尾中氨基酸重复外，还可出现甘氨酸、苏氨酸、丝氨酸和天冬氨酸，但从未发现过支链氨基酸、芳香氨基酸、含硫氨基酸和精氨酸、组氨酸、脯氨酸，这种特性可用于细菌的分类鉴定中。现把 G⁺ 细菌的 3 种肽聚糖代表列在表 1-3 中，同时列出 G⁻ 细菌 *E. coli* 的肽桥以作比较。

表 1-3　肽聚糖分子中的 4 种主要肽桥类型

类型	甲肽尾上连接点	肽桥	乙肽尾上连接点	实例
Ⅰ	第四氨基酸	- CO·NH -	第三氨基酸	*E. coli*(G⁻)
Ⅱ	第四氨基酸	- (Gly)₅ -	第三氨基酸	*S. aureus*(G⁺)
Ⅲ	第四氨基酸	- (肽尾)₁₋₂ -	第三氨基酸	*M. luteus*(G⁺)*
Ⅳ	第四氨基酸	- D-Lys -	第二氨基酸	*C. poinsettiae*(G⁺)**

* *Micrococcus luteus*(藤黄微球菌)。

** *Corynebacterium poinsettiae*(星星木棒杆菌)。

磷壁酸(teichoic acid)是结合在 G⁺ 细菌细胞壁上的一种酸性多糖，主要成分为甘油磷酸或核糖醇磷酸。磷壁酸可分为两类，一类是与肽聚糖分子进行共价结合的，称壁磷壁酸，其含量会随培养基成分而改变；另一类是跨越肽聚糖层并与细胞膜的脂质层共价结合，称为膜磷壁酸或脂磷壁酸(lipoteichoic acid)。

磷壁酸的主要生理功能为：①通过分子上的大量负电荷浓缩细胞周围的 Mg²⁺、Ca²⁺ 等两价阳离子，以提高细胞膜上一些合成酶的活力；②贮藏元素；③调节细胞内**自溶素**(autolysin)的活力，借以防止细胞因自溶而死亡；④作为噬菌体的特异性吸附受体；⑤赋予 G⁺ 细菌特异的表面抗原，因而可用于菌种鉴定；⑥增强某些致病菌(如 A 族链球菌)对宿主细胞的粘连，避免被白细胞吞噬，并有抗补体的作用。

磷壁酸有 5 种类型，主要为甘油磷壁酸(图 1-5)和核糖醇磷壁酸两类。

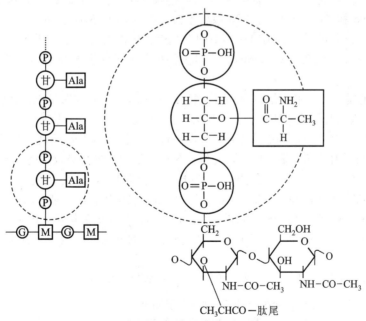

图 1-5　甘油磷壁酸的结构模式(左)及其单体(虚线范围内)的分子结构(右)

2）G⁻ 细菌的细胞壁：G⁻ 细菌细胞壁的特点是厚度较 G⁺ 细菌薄，层次较多，成分较复杂，肽聚糖层很薄(仅 2~3 nm)，故机械强度较 G⁺ 细菌弱。

G⁻ 细菌肽聚糖的构造可以 *E. coli* 为典型代表。其肽聚糖层埋藏在外膜脂多糖(LPS)层之内。G⁻ 细菌肽聚糖单体结构与 G$^+$ 细菌基本相同，差别仅在于：①四肽尾的第三个氨基酸分子不是 L-Lys，而是被一种只存在于原核生物细胞壁上的特殊氨基酸——内消旋二氨基庚二酸（m-DAP）所代替；②没有特殊的肽桥，故前后两单体间的连接仅通过甲四肽尾的第四个氨基酸（D-Ala）的羧基与乙四肽尾的第三个氨基酸（m-DAP）的氨基直接相连，因而只形成较稀疏、机械强度较差的肽聚糖网套（图 1-6）。

图 1-6 G$^-$ 细菌——*E. coli* 肽聚糖结构
左：肽桥的连接方式；右：网套的一部分

外膜（outer membrane，又称"外壁"）是 G$^-$ 细菌细胞壁所特有的结构，它位于壁的最外层，化学成分为脂多糖、磷脂和若干种外膜蛋白。现分别介绍其中的脂多糖和外膜蛋白：①**脂多糖**（lipopolysaccharide，LPS），是位于 G$^-$ 细菌细胞壁最外层的一层较厚（8~10 nm）的类脂多糖类物质，由**类脂 A、核心多糖**（core polysaccharide）和 *O* **－特异侧链**（*O*-specific side chain，或称 *O* － 多糖或 *O* － 抗原）3 部分组成。外膜具有控制细胞的透性、提高 Mg^{2+} 浓度、决定细胞壁抗原多样性等作用，因而可用于传染病的诊断和病原的地理定位，其中的类脂 A 更是 G$^-$ 病原菌致病物质内毒素的物质基础；②**外膜蛋白**（outer membrane protein），指嵌合在 LPS 和磷脂层外膜上的 20 余种蛋白，多数功能还不清楚。其中的脂蛋白具有使外膜层与内壁肽聚糖层紧密连接的功能；另有一类中间有孔道、可控制分子量大于 600 物质（如抗生素等）进入外膜的三聚体跨膜蛋白，称**孔蛋白**（porin），它是多种小分子成分进入细胞的通道，有特异性与非特异性两种。

脂多糖的主要功能是：①类脂 A 是 G$^-$ 细菌致病物质——内毒素的物质基础；②脂多糖的负电荷较强，故与 G$^+$ 菌的磷壁酸相似，也有吸附 Mg^{2+}、Ca^{2+} 等两价阳离子以提高其在细胞表面浓度的作用；③由于 LPS 的结构多变，使 G$^-$ 细菌细胞表面的抗原决定簇呈现多样性，例如 *Salmonella*（沙门氏菌属）就有 2 107 种（1983 年）；④是许多噬菌体在细胞表面的吸附受体；⑤具有某种选择性吸收功能，如可透过水、气体和嘌呤、嘧啶、双糖、肽类和氨基酸等小分子营养物的功能，但能阻拦溶菌酶、青霉素、去污剂和若干染料等大分子进入细胞。G$^-$ 细菌因存在 LPS 外膜，故比 G$^+$ 菌更能抵抗毒物和抗生素的毒害。例如，利福平虽可抑制 G$^+$ 和 G$^-$ 细菌的 RNA 聚合酶，但因前者缺乏 LPS，故对利福平比后者敏感 1 000 倍。LPS 结构须借 Ca^{2+} 维持，经 EDTA 去除 Ca^{2+} 后，就可使 LPS 解体，从而暴露了内壁层的肽聚糖，这时，G$^-$ 菌就易被溶菌酶破坏。

LPS 的结构可见以下表解，其分子模型、内毒素和 3 种独特糖的构造可见图 1-7。

LPS $\Big\{$
类脂 A：2 个 *N* － 乙酰葡糖胺 +5 个不同的长链脂肪酸
核心多糖 $\Big\{$ 内核心区 $\Big\{$ 3 个 2 － 酮 － 3 － 脱氧辛糖酸（KDO） / 3 个 L － 甘油 － D － 甘露庚糖（Hep）
外核心区：5 个己糖（Hex），包括葡糖胺、半乳糖、葡萄糖
O － 特异侧链：多个 4Hex 单位，内含葡萄糖、半乳糖、鼠李糖、甘露糖、阿比可糖（abequose）、大肠杆菌糖（colitose）、副伤寒菌糖（paratose）或泰威糖（tavelose）等

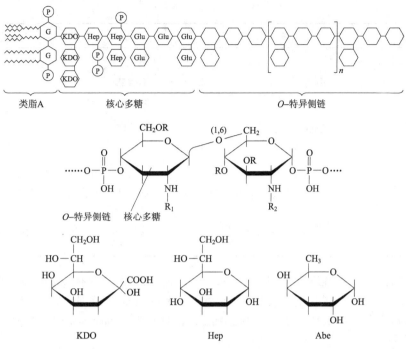

图 1-7 LPS 的模式结构(上)以及类脂 A(中)和 3 种独特糖(下)的分子结构

Ⓖ: N-乙酰葡糖胺; Ⓟ: 磷酸; Ⓖⓛⓤ: 葡萄糖; R_1、R_2: 一般为 3-羟基豆蔻酸基;
R: 月桂酸基、棕榈酸基或豆蔻酰豆蔻酸基,其余见正文和表解

在 G^- 细菌中,其外膜与细胞膜间的狭窄胶质空间(12~15 nm)称**周质空间**(periplasmic space, periplasm),其中存在着多种周质蛋白,包括水解酶类、合成酶类和运输蛋白等。

G^+ 和 G^- 细菌的细胞壁结构和成分间的显著差别不仅反映在染色反应上,更反映在一系列形态、构造、化学组分、生理生化和致病性等的差别上(表 1-4),从而对生命科学的基础理论研究和实际应用产生了巨大的影响。

表 1-4 G^+ 细菌与 G^- 细菌一系列生物学特性的比较

比较项目	G^+ 细菌	G^- 细菌
1. 革兰氏染色反应	能阻留结晶紫而染成紫色	可经脱色而复染成红色
2. 肽聚糖层	厚,层次多	薄,一般单层
3. 磷壁酸	多数含有	无
4. 外膜	无	有
5. 脂多糖(LPS)	无	有
6. 类脂和脂蛋白含量	低(仅抗酸性细菌含类脂)	高
7. 鞭毛结构	基体上着生两个环	基体上着生 4 个环
8. 产毒素	以外毒素为主	以内毒素为主
9. 对机械力的抗性	强	弱
10. 细胞壁抗溶菌酶	弱	强
11. 对青霉素和磺胺	敏感	不敏感
12. 对链霉素、氯霉素、四环素	不敏感	敏感

比较项目	G⁺细菌	G⁻细菌
13. 碱性染料的抑菌作用	强	弱
14. 对阴离子去污剂	敏感	不敏感
15. 对叠氮化钠	敏感	不敏感
16. 对干燥	抗性强	抗性弱
17. 产芽孢	有的产	不产
18. 细胞附器	通常无	种类多，如菌毛、性毛、柄
19. 运动性	大多不运动，运动用周毛	运动或不运动，运动方式多（极毛、周毛、轴丝、滑行）
20. 代谢	多为化能有机营养型	类型多，如光能自养、化能无机营养、化能有机营养

3）抗酸细菌的细胞壁：**抗酸细菌**（acid-fast bacteria）是一类细胞壁中含有大量分枝菌酸（mycolic acid）等蜡质的特殊 G⁺细菌。因它们被酸性复红染上色后，就不能像其他 G⁺细菌那样被盐酸乙醇脱色，故称抗酸细菌。*Mycobacterium*（分枝杆菌属）的细菌属于抗酸细菌，常见的有 *M. tuberculosis*（结核分枝杆菌）和 *M. leprae*（麻风分枝杆菌）两种。

在抗酸细菌细胞壁的外层，是一层厚实、无定形的蜡质，它可使营养物、染料和抗菌药物难以透入，从而造成抗酸细菌的生长极其缓慢（数星期才能形成一微小菌落）和对药物的高度抵抗力。为适应物质运送，在这层透性极差的蜡质膜上，嵌埋有许多可透水的有孔蛋白质。

抗酸细菌细胞壁的类脂（包括分枝菌酸和索状因子等）含量可达 60%，而肽聚糖的含量则很低，故反映在染色反应上虽呈 G⁺特性，但在壁的构造上却类似于 G⁻细菌（其类脂外壁层相当于 G⁻细菌的 LPS 层）（图 1-8）。

分枝菌酸是一类含 60~90 个碳原子的分支长链 β-羟基脂肪酸；它连接在由阿拉伯糖（Ara）和半乳糖（Gal）交替连接形成的杂多糖链上，并通过磷酯键与肽聚糖链相连接（图 1-9）。

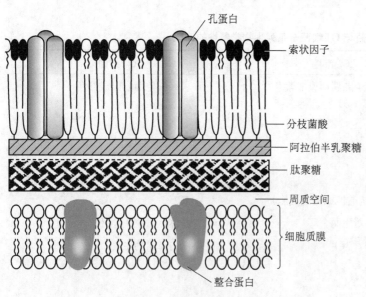

图 1-8　抗酸细菌细胞壁的构造

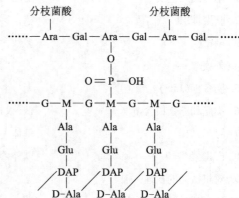

图 1-9　分枝菌酸的结构及其与肽聚糖的连接

G: N-乙酰葡糖胺；M: N-乙酰胞壁酸；
DAP: m-二氨基庚二酸

索状因子(cord factor，funicular factor)是分枝杆菌细胞表层的一种糖脂，即6,6 - 二分枝菌酸海藻糖(6,6-dimycolyl treha-lose)。结核分枝杆菌在液体培养基中培养时，菌体可因索状因子的存在而引起"肩并肩"的聚集和使大量菌体呈长链状缠绕，从而使它们沿器壁出现索状生长，以致直达培养液表面而形成菌膜。索状因子与结核分枝杆菌的致病性密切相关，其分子结构见图1 - 10。

4)**古菌**(Archaea)的细胞壁：古菌又称古细菌(Archaebacte-ria)，是一类在进化途径上很早就与真细菌和真核生物相互独立的生物类群，主要包括一些独特生态类型的原核生物，如产甲烷菌及大多数**嗜极菌**(extremophile)，包括极端嗜盐菌、极端嗜热菌和 *Thermoplasma*(热原体属)等(详见第十章)。

在古菌中，除 *Thermoplasma* 没有细胞壁外，其余都具有与真细菌功能相似的细胞壁。然而，从化学成分来看，真细菌与古菌的差别甚大。据已被研究过的一些古菌而言，其细胞壁中都不含真正的肽聚糖，有些含假肽聚糖，如 *Methanobacterium*(甲烷杆菌属)；有些含多糖，如 *Methanosarcina*(甲烷八叠球菌属)；也有含糖蛋白或蛋白质的。以下仅选 *Methanobacterium*(甲烷杆菌属)的假肽聚糖为例加以说明。

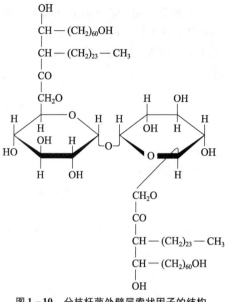

图1 - 10 分枝杆菌外壁层索状因子的结构

假肽聚糖(pseudopeptidoglycan)的结构虽与肽聚糖相似，但其多糖骨架则是由 N - 乙酰葡糖胺和 N - 乙酰塔罗糖胺糖醛酸(N-acetyltalosaminouronic acid)以 β - 1,3 - 糖苷键(不被溶菌酶水解)交替连接而成，连在后一氨基糖上的肽尾由 L-Glu、L-Ala 和 L-Lys 3 个 L 型氨基酸组成，肽桥则由 L-Glu 一个氨基酸组成(图1 - 11)。

几乎所有古菌的细胞壁表面都以 S 层的形态存在，这是一层类结晶形式的表面层，由蛋白质和糖蛋白组成，一般由六角对称的小单体拼接而成。

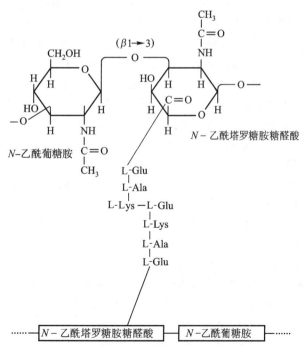

图1 - 11 *Methanobacterium* 细胞壁中假肽聚糖的结构(单体)

5）**缺壁细菌**(cell wall deficient bacteria)：虽然细胞壁是一切原核生物的最基本构造，但在自然界长期进化中和在实验室菌种的自发突变中都会产生少数缺细胞壁的种类；此外，在实验室中，还可用人为方法通过抑制新生细胞壁的合成或对现成细胞壁进行酶解而获得人工缺壁细菌。现将 4 类缺壁细菌表解如下。

$$
\text{缺壁细菌}
\begin{cases}
\text{实验室中形成}
\begin{cases}
\text{自发缺壁突变：L 型细菌} \\
\text{人工方法去壁}
\begin{cases}
\text{彻底除尽：原生质体} \\
\text{部分去除：球状体}
\end{cases}
\end{cases} \\
\text{自然界长期进化中形成：枝原体}
\end{cases}
$$

① **L 型细菌**(L-form of bacteria)：由英国李斯特(Lister)研究所的学者于 1935 年发现，故称"L"型细菌。当时发现一株杆状细菌 *Streptobacillus moniliformis*(念珠状链杆菌)发生自发突变，成为细胞膨大、对渗透敏感、在固体培养基上形成"油煎蛋"似的小菌落，经研究，它是一种细胞壁缺损细菌。后来发现，许多 G⁺ 或 G⁻ 细菌在实验室或宿主体内都可产生 L 型突变。严格地说，L 型细菌应专指稳定的 L 型(stable L-form)即那些实验室或宿主体内通过自发突变而形成的遗传性稳定的细胞壁缺损菌株。② **原生质体**(protoplast)：指在人为条件下，用溶菌酶除尽原有细胞壁或用青霉素抑制新生细胞壁合成后，所得到的仅有一层细胞膜包裹的圆球状渗透敏感细胞，它们只能用等渗或高渗培养液保存或维持生长。G⁺ 细菌最易形成原生质体，这种原生质体除对相应的噬菌体缺乏敏感性(若在形成原生质体前已感染噬菌体的细胞仍可正常复制)、不能进行正常的鞭毛运动和细胞不能分裂外，仍保留着正常细胞所具有的其他正常功能。不同菌种或菌株的原生质体间易发生细胞融合，因而可用于杂交育种；另外，原生质体比正常细菌更易导入外源遗传物质，故有利于遗传学基本原理的研究。③ **球状体**(sphaeroplast)：又称原生质球，指还残留了部分细胞壁(尤其是 G⁻ 细菌外膜层)的圆球形原生质体。④ **枝原体**(Mycoplasma)：是在长期进化过程中形成的、适应自然生活条件的无细胞壁的原核生物，因为它的细胞膜中含有一般原核生物所没有的甾醇，故即使缺乏细胞壁，其细胞膜仍有较高的机械强度。有关枝原体的详细内容，可见本章第四节。

6）**革兰氏染色的机制**(Gram stain mechanism)：这一微生物学中最重要的染色方法，其机制直至在该法发明 100 年后才得到了确切的证明。1983 年，T. Beveridge 等人用铂代替革兰氏染色中原有媒染剂碘的作用，再用电镜观察到结晶紫与铂复合物可被细胞壁阻留，从而证明了 G⁺ 和 G⁻ 细菌主要由于其细胞壁化学成分的差异而引起了物理特性(脱色能力)的不同，正由于这一物理特性的不同才决定了最终染色反应的不同。其中细节为：通过结晶紫液初染和碘液媒染后，在细菌的细胞壁以内可形成不溶于水的结晶紫与碘的复合物(CVI dye complex)。G⁺ 细菌由于其细胞壁较厚、肽聚糖网层次多和交联致密，故遇脱色剂乙醇(或丙酮)处理时，因失水而使网孔缩小，再加上它不含类脂，故乙醇的处理不会溶出缝隙，因此能把结晶紫与碘的复合物牢牢留在壁内，使其保持紫色。反之，G⁻ 细菌因其细胞壁薄、外膜层类脂含量高、肽聚糖层薄和交联度差，遇脱色剂乙醇后，以类脂为主的外膜迅速溶解，这时薄而松散的肽聚糖网不能阻挡结晶紫与碘复合物的溶出，因此细胞褪成无色。这时，再经沙黄等红色染料复染，就使 G⁻ 细菌呈现红色，而 G⁺ 细菌则仍保留最初的紫色(实为紫加红色)了。

（2）**细胞膜**(cell membrane)　又称细胞质膜(cytoplasmic membrane)、质膜(plasma membrane)或内膜(inner membrane)，是一层紧贴在细胞壁内侧，包围着细胞质的柔软、脆弱、富有弹性的半透性薄膜，厚 7～8 nm，由磷脂(占 20%～30%)和蛋白质(占 50%～70%)组成。通过质壁分离、鉴别性染色或原生质体破裂等方法可在光镜下观察到；若用电镜观察细菌的超薄切片，则可更清楚地观察到它的存在。

用电镜观察到的细胞膜，是在内外两暗色层之间夹着一浅色中间层的一种双层膜结构。这是因为，组成细胞膜的主要成分是**磷脂**，而膜是由两层磷脂分子整齐地对称排列而成的。其中每一个磷脂分子由一个带正电荷且能溶于水的极性头(磷酸端)和一个不带电荷、不溶于水的非极性端(烃端)所构成。两个极性头分别朝向内外两表面，呈亲水性，而两个非极性端的疏水尾则埋入膜的内层，于是形成了一个磷脂双分子层。在极性头的甘油分子 C3 位上，不同种类微生物具有不同的 R 基团，如磷脂酸、磷脂酰甘油、磷脂酰乙醇胺、磷脂酰胆碱、磷脂酰丝氨酸或磷脂酰肌醇等(图 1-12)。所有细菌的细胞膜上都含磷脂酰甘油；而在

G⁻细菌中，通常还富含磷脂酰乙醇胺；在 *Mycobacterium* spp.（若干分枝杆菌）中，则可发现磷脂酰肌醇；磷脂酰胆碱偶尔存在于 G⁻细菌中，而未见于 G⁺细菌中。在常见细菌 *E. coli* 中，其细胞膜主要含磷脂酰乙醇胺，还含少量磷脂酰甘油和罕见的二磷脂酰甘油成分。而非极性尾则由长链脂肪酸通过酯键连接在甘油分子的 C1 和 C2 位上组成，其链长与饱和度因细菌种类和生长温度而异，通常生长温度要求较高的种，其饱和度就越高，反之则低。

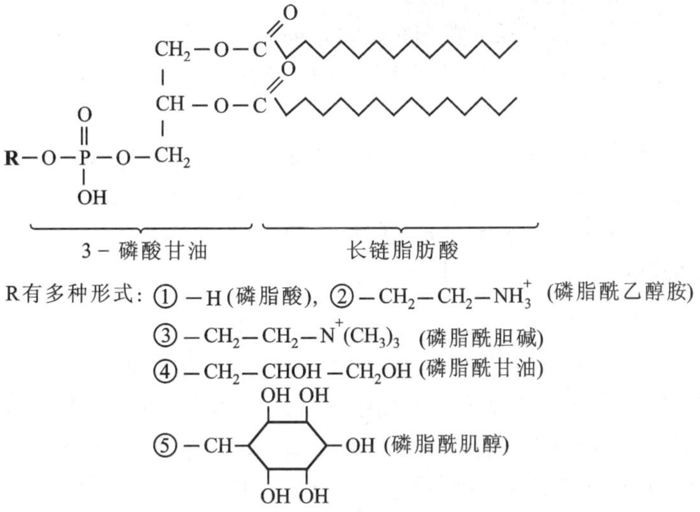

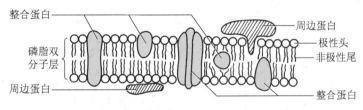

图 1-12 磷脂的分子结构

在常温下，磷脂双分子层呈液态，其中嵌埋着许多具运输功能、有时分子内还存在运输通道的**整合蛋白**（integral protein）或**膜内在蛋白**（intrinsic protein），而在磷脂双分子层的外表面则"漂浮着"许多具有酶促作用的**周边蛋白**（peripheral protein）或**膜外在蛋白**（extrinsic protein）。它们都可在磷脂表层或内层作侧向运动，以执行其相应的生理功能。

有关细胞膜的结构与功能的解释，较多的学者仍倾向于 1972 年由 J. S. Singer 和 G. L. Nicolson 所提出的**液态镶嵌模型**（fluid mosaic model），其要点为：①膜的主体是脂质双分子层；②脂质双分子层具有流动性；③整合蛋白因其表面呈疏水性，故可"溶"于脂质双分子层的疏水性内层中；④周边蛋白表面含有亲水基团，故可通过静电引力与脂质双分子层表面的极性头相连；⑤脂质分子间或脂质与蛋白质分子间无共价结合；⑥脂质双分子层犹如"海洋"，周边蛋白可在其上作"漂浮"运动，而整合蛋白则似"冰山"沉浸在其中作横向移动。有关细胞膜的模式构造见图 1-13。

图 1-13 细胞膜的模式构造图

细胞膜具有以下生理功能：①能选择性地控制细胞内、外的营养物质和代谢产物的运送；②是维持细胞内正常渗透压的结构屏障；③是合成细胞壁和糖被有关成分（如肽聚糖、磷壁酸、LPS 和荚膜多糖等）的重要场所；④膜上含有与氧化磷酸化或光合磷酸化等能量代谢有关的酶系，可使膜的内外两侧间形成一电位差，此即质子动势（proton motive force），故是细胞的产能基地；⑤是鞭毛基体的着生部位，并可提供鞭毛旋转运动所需的能量，质膜上还存在着若干特定的受体分子，它们可探测环境中的化学物质，以便作出相应的反应。总之，膜是包围细胞质的最佳"容器"，由它把细胞与周围环境相隔开了。

原核生物的细胞膜上一般不含胆固醇等甾醇，因此与真核生物恰恰相反。只有缺乏细胞壁的原核生物——枝原体(mycoplasma)是个例外，原因是含甾醇的细胞膜具有较坚韧的物理强度，在进化过程中，在一定程度上弥补了因缺壁而带来的不足。

在讨论细胞膜时，还应介绍与此相关的结构——**间体**(mesosome，或中体)，它是一种由细胞膜内褶而形成的囊状构造，其内充满着层状或管状的泡囊。多见于 G⁺细菌。每个细胞含一至数个间体。间体的着生部位可在表层或深层，前者可能与某些酶如青霉素酶的分泌有关，后者可能与 DNA 复制、分配及细胞分裂有关。近年来也有学者提出不同观点，认为"间体"仅是电镜制片时因脱水操作而引起的一种赝像。总之，对于间体还缺乏深入的研究。

在介绍原核生物细胞膜的同时，不能忽略近年来新发现的一些古菌细胞膜所具有的某些独特性和多样性：①其磷脂的亲水头仍由甘油组成，但疏水尾却由长链烃组成，一般都是异戊二烯的重复单位(如四聚体植烷、六聚体鲨烯等)；②亲水头与疏水尾间通过特殊的醚键(—C—O—C—)连接成甘油二醚或二甘油四醚，而在其他原核生物或真核生物中则是通过酯键(—C—O—C—)把甘油与脂肪酸连在一起的；③古菌的
$$\overset{\|}{\underset{O}{}}$$
细胞膜中存在着独特的单分子层或单、双分子层混合膜。例如，当磷脂为二甘油四醚时，连接两端两个甘油分子间的两个植烷侧链间会发生共价结合，形成了二植烷，从而出现了独特的**单分子层膜**(图 1-14)。目前发现，这类单分子层膜多存在于嗜高温的古菌中，原因可能是这种膜有较双分子层膜更高的机械强度；④在甘油分子的 C3 位上，可连接多种与真细菌和真核生物细胞膜上不同的基团，如磷酸酯基、硫酸酯基以及多种糖基等；⑤细胞膜上含有多种独特脂质，仅在各种嗜盐菌中就已发现有细菌红素、α 和 β 胡萝卜素、番茄红素、视黄醛(可与蛋白质结合成视紫红质)和萘醌等。

(a) 古菌细胞膜上的醚键

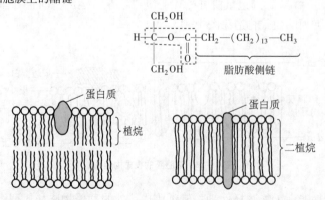

(b) 细菌、真核生物细胞膜上的酯键

图 1-14 甘油二醚和二甘油四醚的分子构造及由其形成的双层和单层膜

(3) 细胞质和包含体 **细胞质**(cytoplasm)是指被细胞膜包围的除核区以外的一切半透明、胶体状、颗粒状物质的总称。其含水量约为 80%。与真核生物明显不同的是，原核生物的细胞质是不流动的。细胞质的主要成分为核糖体(由 50S 大亚基和 30S 小亚基组成)、贮藏物、酶类、中间代谢物、质粒、各

种营养物质和大分子的单体等，少数细菌还含类囊体、羧酶体、气泡或伴孢晶体等有特定功能的细胞组分。

细胞包含体(inclusion body)指细胞质内一些显微镜下可见、形状较大的有机或无机的颗粒状构造，主要有以下几种。

① **贮藏物**(reserve material)：一类由不同化学成分累积而成的不溶性颗粒，主要功能是储存营养物，种类很多，现表解如下：

$$
\text{贮藏物}\begin{cases}
\text{碳源及能源类}\begin{cases}
\text{糖原：大肠埃希氏菌、克雷伯氏菌、芽孢杆菌和蓝细菌等}\\
\text{聚}-\beta-\text{羟丁酸}(PHB)\text{：固氮菌、产碱菌和肠杆菌等}\\
\text{硫粒：紫硫细菌、丝硫细菌、贝日阿托氏菌等}
\end{cases}\\
\text{氮源类}\begin{cases}
\text{藻青素：蓝细菌}\\
\text{藻青蛋白：蓝细菌}
\end{cases}\\
\text{磷源(异染粒)：迂回螺菌、白喉棒杆菌、结核分枝杆菌}
\end{cases}
$$

例1：聚-β-羟丁酸(或聚羟基丁酸酯，poly-β-hydroxybutyrate，PHB)，是一种存在于许多细菌细胞质内属于脂质的碳源类贮藏物，不溶于水，而溶于氯仿，可用尼罗蓝或苏丹黑染色，具有贮藏能量、碳源和降低细胞内渗透压等作用。当 *Bacillus megaterium*(巨大芽孢杆菌)生长在含乙酸或丁酸的培养基中时，其 PHB 含量可达干重的 60% 左右。*Azotobacter vinelandii*(棕色固氮菌)的孢囊中也含有 PHB。其化学结构式(式中的 n 一般大于 10^6)为：

$$
H-\left[O-\underset{\underset{CH_3}{|}}{\overset{\overset{H}{|}}{C}}-\underset{\underset{H}{|}}{\overset{\overset{H}{|}}{C}}-\overset{\overset{O}{\|}}{C}\right]_n-O-H
$$

PHB 自 1925 年在 *B. megaterium* 中被发现以来，至今已在 60 属以上的细菌中确定其存在，产量较高的如 *Alcaligenes*(产碱菌属)、*Azotobacter*(固氮菌属)和 *Pseudomonas*(假单胞菌属)的某些菌种等，2013 年，西班牙学者报道了在玻利维亚乌尤尼盐沼中分离到一株 PHB 高产菌种，称为 *Bacillus megaterium*(巨大芽孢杆菌) Uyuni S29。近年来，在一些 G$^+$ 和 G$^-$ 细菌以及某些光合厌氧菌和化能自养的 *Rastonia eutropha*(真养拉斯通氏菌)中，也发现有多种与 PHB 类似的化合物，统称为**聚羟链烷酸**(或聚羟基烷酸酯、聚羟基脂肪酸酯，polyhydroxyalkanoate，PHA)，它们与 PHB 的差异仅在甲基上，若甲基用"R"(radical 的简称，指某基团)取代，就成了 PHA，因它具有单体多样性(超过 150 种)，故可制成多种产品，如纤维、塑料、橡胶和热熔胶等。由于 PHB 和 PHA 是由生物合成的高聚物，具有无毒、可塑和易降解等特点，因此已用作制造医用塑料、快餐盒、药品和化妆品等的优质原料，以克服当前危害严重的"白色污染"(指由大量不可降解的塑料包装材料和制品所引起的环境污染)。

我国在 PHA 等生物聚酯的研究、生产和应用方面，都已步入国际前列。特别在选用嗜盐菌以"蓝水生物技术"(用塑料生物反应器、不灭菌的海水培养液进行开放式的连续培养)进行生产方面，更显示了高产和低成本的优势。近期，以色列学者更报道了他们使用海水中的多细胞海藻作原料，既节省耕地，也不需要淡水，将为生物塑料的生产带来革命性的影响。

例2：异染粒(metachromatic granule)，又称**迂回体**或**捩转菌素**(volutin granule)。因最初是在 *Spirillum volutans*(迂回螺菌)中被发现，并可用亚甲蓝或甲苯胺蓝染成红紫色，故名。颗粒大小为 0.5 ~ 1.0 μm，是无机偏磷酸的聚合物，分子呈线状。一般在含磷丰富的环境中形成。具有贮藏磷元素和能量以及降低细胞渗透压等作用。在 *Corynebacterium diphtheriae*(白喉棒杆菌)和 *Mycobacterium tuberculosis*(结核分枝杆菌)中极易见到，故可用于这类细菌的鉴定。它的化学结构式为(n 值在 2 ~ 10^6 间)：

$$
H-\left[O-\underset{\underset{O}{\|}}{\overset{\overset{OH}{|}}{P}}\right]_n-O-H
$$

② 磁小体(magnetosome)：存在于少数 G⁻ 细菌如 *Aquaspirillum*（水生螺菌属）和 *Bilophococcus*（嗜胆球菌属）等趋磁细菌中，是一种纳米级、高纯度、高均匀度、有独特结构的链状单磁畴磁晶体，大小均匀（20～100 nm），数目不等（2～20 颗），形状为平截八面体、平行六面体或六棱柱体等，成分为 Fe_3O_4，外有一层磷脂、蛋白质或糖蛋白膜包裹，无毒，一般沿细胞长轴排列成链，具有导向功能，即借鞭毛引导细菌游向最有利的泥、水界面微氧环境处生活。趋磁细菌还有一定的实用前景，包括用作磁性定向药物和抗体，以及制造生物传感器等。

③ 羧酶体(carboxysome)：又称羧化体，是存在于一些自养细菌细胞内的多角形或六角形内含物，大小与噬菌体相仿（约 10 nm），内含 1,5 - 二磷酸核酮糖羧化酶，在自养细菌的 CO_2 固定中起着关键作用。存在于化能自养的 *Thiobacillus*（硫杆菌属）、*Beggiatoa*（贝日阿托氏菌属）和一些光能自养的蓝细菌中。

④ 气泡(gas vacuole)：是存在于许多光能营养型、无鞭毛运动水生细菌中的泡囊状内含物，内中充满气体，大小为 0.2～1.0 μm×75 nm，内有数排柱形小空泡，外由 2 nm 厚的蛋白质膜包裹。具有调节细胞相对密度，以使其漂浮在最适水层中的作用，借以获取光能、氧和营养物质。每个细胞含数个至数百个气泡，它主要存在于多种蓝细菌中。

（4）**核区**(nuclear region or area)　又称**核质体**(nuclear body)、原核(prokaryon)、拟核(nucleoid)。指原核生物所特有的无核膜包裹、无固定形态的原始细胞核。用富尔根(Feulgen)染色法可见到呈紫色、形态不定的核区。

核区的化学成分是一个大型的环状双链 DNA 分子，一般不含蛋白质，长度 0.25～3.00 mm，例如 *E. coli* 的核区 1.1～1.4 mm，已测得其基因组大小为 4.64 Mb（百万碱基对），共由 4 300 个基因组成（1997 年）；*Bacillus subtilis*（枯草芽孢杆菌）的核区约 1.7 mm，已测得其基因组大小为 4.21 Mb，含 4 100 个基因（1997年）。每个细胞所含的核区数目与该细菌的生长速度密切相关，一般为 1～4 个。在快速生长的细菌中，核区 DNA 可占细胞总体积的 20%。核区除在染色体复制的短时间内呈双倍体外，一般均为单倍体。核区是细菌等原核生物负载遗传信息的主要物质基础，其详细功能见第七章。

2. 细菌细胞的特殊构造

这里把不是所有细菌细胞都具有的构造，称作特殊构造，一般指糖被（包括荚膜和黏液层）、鞭毛、菌毛和芽孢等（图 1－1）。

（1）**糖被**(glycocalyx)　包被于某些细菌细胞壁外的一层厚度不定的透明胶状物质。糖被的有无、厚薄除与菌种的遗传性相关外，还与环境尤其是营养条件密切相关。糖被按其有无固定层次、层次厚薄又可细分为**荚膜**(capsule 或 macrocapsule，即大荚膜)、**微荚膜**(microcapsule)、**黏液层**(slime layer)和**菌胶团**(zoogloea)等数种。

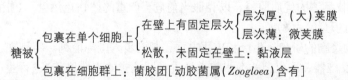

荚膜的含水量很高，经脱水和特殊染色后可在光镜下看到。在实验室中，若用炭黑墨水对产荚膜细菌进行负染色（即背景染色），也可方便地在光镜下观察到荚膜，而黏液层则无此特性。

糖被的成分一般是多糖，少数是蛋白质或多肽，也有多糖与多肽复合型的。例如 *Xanthobacter*（黄色杆菌属）的菌种，既有含 α - 聚谷氨酰胺的荚膜，又有含大量多糖的黏液层。这种黏液层无法通过离心沉淀，有时甚至将液体培养的容器倒置时，整个呈凝胶状态的**培养物**(culture，菌体和培养液的总称)仍不会流出。现将糖被的主要成分及其代表菌表解如下：

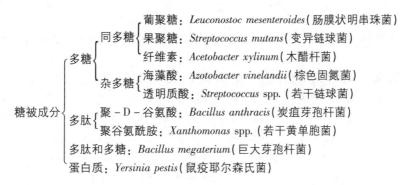

$$
\text{糖被成分}\begin{cases}
\text{多糖}\begin{cases}
\text{同多糖}\begin{cases}
\text{葡聚糖：} \textit{Leuconostoc mesenteroides}(\text{肠膜状明串珠菌})\\
\text{果聚糖：} \textit{Streptococcus mutans}(\text{变异链球菌})\\
\text{纤维素：} \textit{Acetobacter xylinum}(\text{木醋杆菌})
\end{cases}\\
\text{杂多糖}\begin{cases}
\text{海藻酸：} \textit{Azotobacter vinelandii}(\text{棕色固氮菌})\\
\text{透明质酸：} \textit{Streptococcus} \text{ spp. (若干链球菌)}
\end{cases}
\end{cases}\\
\text{多肽}\begin{cases}
\text{聚-D-谷氨酸：} \textit{Bacillus anthracis}(\text{炭疽芽孢杆菌})\\
\text{聚谷氨酰胺：} \textit{Xanthomonas} \text{ spp. (若干黄单胞菌)}
\end{cases}\\
\text{多肽和多糖：} \textit{Bacillus megaterium}(\text{巨大芽孢杆菌})\\
\text{蛋白质：} \textit{Yersinia pestis}(\text{鼠疫耶尔森氏菌})
\end{cases}
$$

糖被的功能为：①保护作用，其上大量极性基团可保护菌体免受干旱损伤；可防止噬菌体的吸附和裂解；一些动物致病菌的荚膜还可保护它们免受宿主白细胞的吞噬，例如，有荚膜的 *Streptococcus pneumoniae* (肺炎链球菌)就更易引起人的肺炎；又如，*Klebsiella pneumoniae* (肺炎克雷伯氏菌)的荚膜既可使其黏附于人体呼吸道并定植，又可防止白细胞的吞噬，故有人称致病细菌的糖被为"糖衣炮弹"。②贮藏养料，以备营养缺乏时重新利用，如 *Xanthobacter* spp. 的糖被等。③作为透性屏障和离子交换系统，以保护细菌免受重金属离子的毒害。④表面附着作用，例如可引起龋齿的 *Streptococcus salivarius* (唾液链球菌)、*S. mutans* (变异链球菌)和 *S. sobrinus* (表兄链球菌)就会分泌一种己糖基转移酶，使蔗糖转变成果聚糖，由它把细菌牢牢黏附于齿表，这时细菌发酵糖类所产生的乳酸在局部发生累积，严重腐蚀齿表珐琅质层，引起龋齿。据2008年统计，我国老年人的龋齿发病率为98.4%，中年人为88.1%，而据1998年统计，我国5岁儿童的龋齿发病率在农村为78.28%，城市为75.69%。某些水生丝状细菌的鞘衣状荚膜也有附着作用，而植物致病细菌则可牢牢黏附于寄主体表。⑤细菌间的信息识别作用，如 *Rhizobium* (根瘤菌属)。⑥堆积代谢废物。

糖被在科学研究和生产实践中都有较多的应用：①用于菌种鉴定。②用作药物和生化试剂。如 *Leuconostoc mesenteroides* 的糖被可提取葡聚糖以制备生化试剂和"代血浆"，例如，我国学者在1958年从桃皮上分离的1226优良菌株就用于长期生产代血浆(右旋糖酐注射液)。③用作工业原料，如 *Xanthomonas campestris* (野油菜黄单胞菌)的糖被(黏液层)可提取一种用途极广的胞外多糖——**黄原胶**(xanthan)，已被用于石油开采中的钻井液添加剂以及印染和食品等工业中。④用于污水的生物处理，例如形成菌胶团的细菌，有助于污水中有害物质的吸附和沉降，等等。当然，若管理不当，有些细菌的糖被也会给人类带来有害作用，除了上述几种致病作用外，还会影响制糖厂和食品厂的生产，并影响食糖、酒类、面包或牛奶等的质量。

(2) **S层**(S layer)　是一层包围在原核微生物细胞壁外、由大量蛋白质或糖蛋白亚基以方块形或六角形方式排列的连续层，类似于建筑物中的地砖。有的学者认为S层是糖被的一种。在 G⁺、G⁻ 细菌和古菌中都可找到S层的存在。常见有S层的细菌有 *Bacillus* (芽孢杆菌属)、*Clostridium* (梭菌属)、*Lactobacillus* (乳杆菌属)、*Corynebacterium* (棒杆菌属)、*Campylobacter* (弯曲杆菌属)、*Deinococcus* (异常球菌属)、*Aeromonas* (气单胞菌属)、*Pseudomonas* (假单胞菌属)、*Treponema* (密螺旋体属)、*Aquaspirillum* (水螺菌属)和一些蓝细菌等，古菌有 *Desulfurococcus* (脱硫球菌属)、*Halobacterium* (盐杆菌属)、*Methanococcus* (甲烷球菌属)和 *Sulfolobus* (硫化叶菌属)等。

S层在细胞表面结合的方式也有不同。在 G⁺ 细菌中，S层一般结合在肽聚糖层表面，且有些菌还具有两层S层(由相同或不同亚基构成)，如 *Bacillus* 和 *Corynebacterium* 等。在 G⁻ 细菌中，S层一般黏合在细胞壁的外膜上。而在许多古菌中，S层可直接紧贴在细胞膜外，由它取代了细胞壁。

(3) **鞭毛**(flagellum，复数 flagella)　生长在某些细菌表面的长丝状、波曲的蛋白质附属物，称为鞭毛，其数目为一至数十条，具有运动功能。鞭毛长 15~20 μm，直径为 0.01~0.02 μm。由于鞭毛过细，通常只能用电镜进行观察；但通过特殊的鞭毛染色法使染料沉积到鞭毛表面上后，这种加粗的鞭毛能在光镜下观察；另外，在暗视野中，通过对细菌的悬滴标本或水浸片的观察，也能视其中的细菌是否作有规则的运动，来判断有否鞭毛；最后，通过琼脂平板培养基上的菌落形态或在半固体直立柱穿刺线上群体扩散的情况，也可推测某菌是否长有鞭毛。

原核生物(包括古菌)的鞭毛都有共同的构造,它由基体、钩形鞘和鞭毛丝 3 部分组成,G⁺ 和 G⁻ 细菌的鞭毛构造稍有区别。

现以典型的 G⁻ 细菌 *E. coli* 的鞭毛为例作一介绍(图 1-15)。

鞭毛的**基体**(basal body)的构造既复杂又精密。由以鞭毛杆为中心的 4 个称作环(ring)的盘状物组成,最外层为 L 环,它连接在细胞壁的外膜上,接着为连在细胞壁内壁层肽聚糖上的 P 环,第三个是靠近周质空间的 S 环和 M 环连在一起合称 S-M 环(或内环),共同嵌埋在细胞质膜和周质空间上。S-M 环被十余个 Mot 蛋白围成一圈,由它驱动 S-M 环的快速旋转。在 S-M 环的基部还存在一种 Fli 蛋白,起着键钮的作用,它可根据细胞提供的信号令鞭毛进行正转或逆转。第四环为近年来发现的 C 环,它连接在细胞膜和细胞质的交界处,其功能与 S-M 环相同。已有大量证据表明,鞭毛基体实为一个精致、巧妙的超微型马达,其能量来自细胞膜上的质子动势(proton motive potential)。按质子叶轮模型(proton turbine model)的解释,当质子流过马达的"定子"即 Mot 蛋白亚基中的孔道时,会产生静电,由它作用于"转子"S-M 环和 C 环上按螺旋状排列的电荷,当大量质子不断流经 Mot 蛋白时,通过正负电荷间的吸引,就使基体带动鞭毛丝发生快速的旋转。据计算,鞭毛旋转一周约消耗 1 000 个质子。把鞭毛基体与鞭毛丝连在一起的构造称为**钩形鞘**或**鞭毛钩**(hook),直径约 17 nm,其上着生一条长 15~20 μm 的**鞭毛丝**(filament)。鞭毛丝是由许多直径为 4.5 nm 的**鞭毛蛋白**(flagellin)亚基沿着中央孔道(直径为 20 nm)作螺旋状缠绕而成,每周有 8~10 个亚基。鞭毛蛋白是一种呈球状或卵圆状的蛋白质,分子量为 $3 \times 10^4 \sim 6 \times 10^4$,它在细胞质内合成后,由鞭毛基部通过中央孔道不断输送至鞭毛的游离端进行自装配(不需酶或其他因子协助)。因此,鞭毛的生长是靠其顶部延伸而非基部延伸。

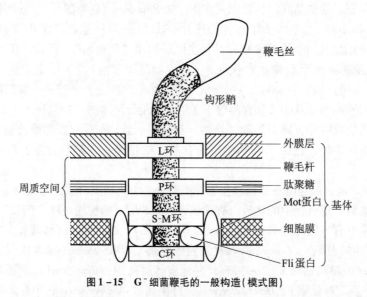

图 1-15 G⁻ 细菌鞭毛的一般构造(模式图)

G⁺ 细菌如 *Bacillus subtilis*(枯草芽孢杆菌)的鞭毛结构较简单,除其基体仅有相互分离的 S 和 M 两环外,其他均与 G⁻ 细菌相同。少数细菌的鞭毛外有鞘包裹,如 *Bdellovibrio*(蛭弧菌属)和 *Vibrio cholerae*(霍乱弧菌)。

鞭毛的生理功能是运动,这是原核生物实现其**趋性**(taxis)的最有效方式。生物体对其环境中的不同物理、化学或生物因子作有方向性的应答运动称为趋性。这些因子往往以梯度差的形式存在。若生物向着高梯度方向运动,就称正趋性,反之则称负趋性。按环境因子性质的不同,趋性又可细分为趋化性(chemotaxis)、趋光性(phototaxis)、趋氧性(oxygentaxis)和趋磁性(magnetotaxis)等多种。

有关鞭毛运动的机制曾有过"旋转论"(rotation theory)和"挥鞭论"(bending theory)的争议。1974 年,美国学者 M. Silverman 和 M. Simon 曾通过"逆向思维"方式创造性地设计了一个巧妙的**"拴菌"**试验

（tethered-cell experiment），即设法把单毛菌鞭毛的游离端用相应抗体牢固地"拴"在载玻片上，然后在光镜下观察该细胞的行为，结果发现，该菌只能在载玻片上不断打转而未作伸缩"挥动"，因而肯定了"旋转论"的正确性。

鞭毛菌的运动速度极高，一般每秒达 20 ~ 80 μm，最高时高达 100 μm；端生鞭毛菌的速度超过周生鞭毛菌；有的螺菌（*Spirillum sp.*）鞭毛的转速每秒可达 40 转（已超过了一般电动机的转速），*E. coli* 鞭毛的转速每秒为 270 转，而 *Vibrio alginolyticus*（解藻酸弧菌）则可达每秒 1 100 转。

在各类细菌中，弧菌、螺菌类普遍着生鞭毛；在杆菌中，假单胞菌都长有端生鞭毛，其余的有周生鞭毛或不长鞭毛的；球菌一般无鞭毛，仅个别属如 *Planococcus*（动球菌属）才长有鞭毛。鞭毛在细胞表面的着生方式多样，主要有**单端鞭毛菌**（monotricha）、**端生丛毛菌**（lophotricha）、**两端鞭毛菌**（amphitricha）和**周毛菌**（peritricha）等，现表解并举例如下：

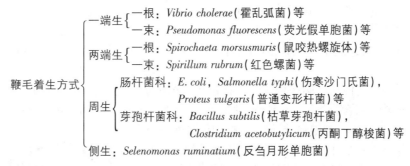

周生鞭毛菌一般作直线运动，运动速度慢；端生鞭毛菌则多作翻滚运动，方向多变，运动速度快。

鞭毛的有无和着生方式在细菌的分类和鉴定工作中，是一项有用的形态学指标。

在细菌的鞭毛中，还有一类特殊的形态和运动方式的鞭毛，这就是螺旋体的周质鞭毛。与上述大多数细菌的游离型鞭毛不同，在螺旋体细胞（又称原生质柱）的表面，长有独特的固定型鞭毛称为**周质鞭毛**（periplasmic flagella）、内鞭毛（endoflagella）或称轴丝（axial filament）。一般每个细胞上长两条，例如，*Treponema denticola*（齿密螺旋体）等，另也有少数种长着近百条周质鞭毛的。这两条成对着生的鞭毛，其一端都着生在细胞的相应端上，随后以螺旋方式缠绕在细胞表面，一般仅达细胞长度的 2/3，细胞的另一端长有另一对鞭毛，并沿着细胞表面向另一端延伸，长度亦只达细胞的 2/3 左右。这两对鞭毛都被细胞壁的外膜包裹着（图 1 - 16）。

周质鞭毛的运动机制可能是通过快速旋转，使细胞表面的螺旋凸纹不断伸缩移动，由此推动细胞作拔塞钻状快速前进。这一独特的运动方式，使生活在污泥或动物黏膜表面等半固态环境中的螺旋体具有良好的适应功能。

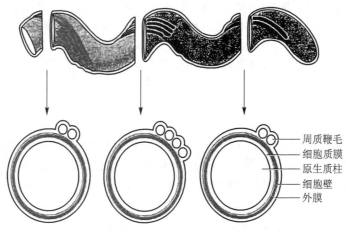

周质鞭毛
细胞质膜
原生质柱
细胞壁
外膜

图 1 - 16　螺旋体的周质鞭毛及其 3 处横切面示意图

（4）**菌毛**（fimbria，复数 fimbriae）　又称纤毛、伞毛、线毛或须毛，是一种长在细菌体表的纤细、中空、短直且数量较多的蛋白质类附属物，具有使菌体附着于物体表面上和向宿主细胞注入毒素等功能。比鞭毛简单，无基体等构造，直接着生于细胞质膜上。直径一般为 3～10 nm，每菌一般有 250～300 条。菌毛多数存在于 G⁻ 致病菌中。它们借助菌毛可使自己牢固地黏附在宿主的呼吸道、消化管或泌尿生殖道等黏膜上，如 *Neisseria gonorhoeae*（淋病奈氏球菌）就可借其菌毛黏附于人体泌尿生殖道的上皮细胞上，引起严重的性病。日本学者（*PNAS*，2012）发现，*Shigella dysenteriae*（痢疾志贺氏菌）的菌毛（约 100 根，长 50 nm，直径 7 nm，中空，内径 1.3 nm）具有向宿主肠壁细胞注入毒素的作用。口腔中的细菌，也可通过菌毛黏附于牙面并形成菌斑。

（5）**性毛**（pilus，复数 pili）　又称**性菌毛**、**性丝**（sex-pili 或 F-pili），构造和成分与菌毛相同，但比菌毛长，且每个细胞仅一至少数几根。一般见于 G⁻ 细菌的雄性菌株（供体菌）中，具有向雌性菌株（受体菌）传递遗传物质的作用，有的还是 RNA 噬菌体的特异性吸附受体。

（6）**芽孢和其他休眠构造**　某些细菌在其生长发育后期，在细胞内形成的一个圆形或椭圆形、厚壁、含水量低、抗逆性强的休眠构造，称为**芽孢**（endospore，spore）①。由于每一营养细胞内仅形成一个芽孢，故芽孢并无繁殖功能。

芽孢是生命世界中抗逆性最强的一种构造，在抗热、抗化学药物和抗辐射等方面，十分突出。例如，*Clostridium botulinum*（肉毒梭菌）的芽孢在沸水中要经 5.0～9.5 h 才被杀死；*Bacillus magaterium*（巨大芽孢杆菌）芽孢的抗辐射能力比 *E. coli* 细胞强 36 倍。芽孢的休眠能力更为突出，在常规条件下，一般可保持几年至几十年而不死亡。据文献记载，有的芽孢甚至可休眠数百至数千年，最极端的例子是在美国的一块有 2 500 万～4 000 万年历史的琥珀，至今从其中蜜蜂的肠道内还可分离到有生命力的芽孢，经过鉴定，属于 *Bacillus sphaericus*（球形芽孢杆菌）。

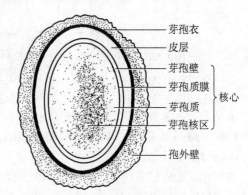

图 1 - 17　细菌芽孢构造模式图

能产芽孢的细菌种类较少，主要是属于 G⁺ 细菌的两个属——好氧性的 *Bacillus*（芽孢杆菌属）和厌氧性的 *Clostridium*（梭菌属）。其他还有十余属细菌产生芽孢，如 *Paenibacillus*（类芽孢杆菌属）、*Sporolactobacillus*（芽孢乳杆菌属）、*Thermoanaerobacter*（热厌氧杆菌属）和 *Sporohalobacter*（芽孢盐杆菌属）等。

芽孢的结构较为复杂，可从图 1 - 17 和表解中得知。

产芽孢细菌
- 芽孢囊：是产芽孢菌的营养细胞外壳
- 芽孢
  - 孢外壁：主要含脂蛋白，透性差（有的芽孢无此层）
  - 芽孢衣：主要含疏水性角蛋白，抗酶解、抗药物，多价阳离子难通过
  - 皮层：主要含芽孢肽聚糖及 DPA-Ca，体积较大，渗透压高，含水量大
  - 核心
    - 芽孢壁：含肽聚糖，可发展成新细胞的壁
    - 芽孢质膜：含磷脂、蛋白质，可发展成新细胞的膜
    - 芽孢质：含 DPA-Ca、核糖体、RNA 和酶类
    - 核区：含 DNA

芽孢形成（sporulation）：当产芽孢的细菌所处的环境中营养物缺乏和代谢产物浓度过高时，就会引起细胞生长停止，进而形成芽孢。其形态变化过程分 7 个时期：①DNA 浓缩，形成束状染色质；②细胞膜内陷，细胞发生不对称分裂，其中小体积部分即为前芽孢（forespore）；③前芽孢的双层隔膜形成，这时芽孢的抗热性提高；④在上述两层隔膜间充填芽孢肽聚糖后，合成 DPA-Ca（吡啶 2,6 - 二羧酸钙），开始形成皮层，再

---

① 芽孢又称"芽胞"。在 1988 年全国自然科学名词审定委员会公布的《微生物学名词》（科学出版社）中，曾用"芽胞"，后因读者反映，重印时已改成"芽孢"。

经脱水，使折光率提高；⑤芽孢衣合成结束；⑥皮层合成完成，芽孢成熟，抗热性出现；⑦芽孢囊裂解，芽孢游离出来。以 *Bacillus subtilis*（枯草芽孢杆菌）为例，芽孢形成过程约为 8 h，其中约有 200 个基因参与。芽孢形成过程可见图 1-18。

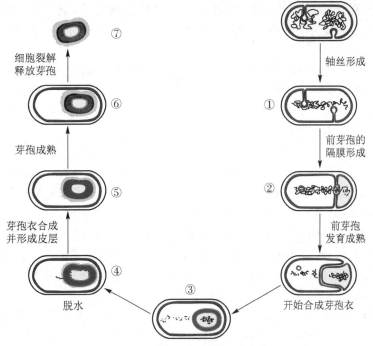

图 1-18 芽孢形成过程的形态变化

芽孢萌发（germination）：由休眠状态的芽孢变成营养状态细菌的过程，称为芽孢萌发，包括活化（activation）、出芽（germination）和生长（outgrowth）3 个具体阶段。在人为条件下，活化作用可由短期热处理或用低 pH、强氧化剂的处理而引起。例如，*Bacillus subtilis* 的芽孢经 7 d 休眠后，在 60 ℃ 下处理 5 min 即可促进其发芽。有的菌种的芽孢要用 100 ℃ 加热 10 min 才能促使其发芽。因活化作用是可逆的，故经活化处理后的芽孢必须及时接种到培养基中去。有些化学物质可显著促进芽孢的萌发，称作萌发剂（germinant），如 L - 丙氨酸、Mn^{2+}、表面活性剂（n - 十二烷胺等）和葡萄糖等。相反，D - 丙氨酸和碳酸氢钠等则会抑制某些细菌芽孢的发芽。芽孢萌发的速度很快，一般仅需几分钟。其过程为：芽孢衣中富含半胱氨酸的蛋白质的三维空间结构发生可逆性变化，增加了芽孢的透性，促进了与发芽相关的蛋白酶的活动；接着，芽孢衣上的蛋白质逐步降解，外界阳离子不断进入芽孢的核心，并使其膨胀和促使各种酶类活化，以利于合成细胞壁。在芽孢萌发过程中，芽孢所特有的一些特性，包括耐热性、光密度和折射率等都逐渐下降，DPA-Ca、氨基酸和多肽逐步释放，核心中含量较高的可防止 DNA 损伤的小酸溶性芽孢蛋白（SASP, small acid-soluble spore protein）迅速下降，接着就开始其生长阶段。于是，芽孢核心部分开始快速合成新的 DNA、RNA 和蛋白质，从而完成了萌发过程并很快转变成新的营养细胞。当芽孢萌发时，其芽管可从极向或侧向伸出，这时，其细胞壁还是很薄甚至是不完整的，因此就出现了很强的感受态（competence）——接受外来 DNA 而发生遗传转化的可能性增强了。这一特性有利于某些研究或遗传育种工作。

芽孢具有高度耐热性，但是关于其耐热机制还了解得很少。较新的**渗透调节皮层膨胀学说**（osmoregulatory expanded cortex theory）认为：芽孢的耐热性在于芽孢衣对多价阳离子和水分的透性很差以及皮层的离子强度很高，这就使皮层产生了极高的渗透压去夺取芽孢核心中的水分，其结果造成皮层的充分膨胀和核心的高度失水，正是这种失水的核心才赋予了芽孢极强的耐热性。另一种学说则认为，芽孢皮层中含有营养细胞所没有的 DPA-Ca，它能稳定芽孢中的生物大分子，从而增强了芽孢的耐热性。

研究细菌的芽孢有着重要的理论和实践意义。芽孢的有无、形态、大小和着生位置是细菌分类和鉴定

第一章 原核生物的形态、构造和功能

中的重要形态学指标。在实践上，芽孢的存在有利于提高菌种的筛选效率，有利于菌种的长期保藏，有利于对各种消毒、杀菌措施优劣的判断，等等。当然，芽孢菌的存在，也增加了医疗器材使用上以及食品生产、传染病防治和发酵生产中的种种困难。由于 DPA 仅存在于芽孢中，且发现它与铽(Tb)结合后可在紫外线照射下发出明亮的绿色荧光，因此，已被国外学者开发出一种利用铽试剂检测细菌芽孢的简便、快速、灵敏、廉价的方法(2009 年)。此法在医疗、制药、环保、军事和公安反恐(如快速检出炭疽芽孢杆菌生物战剂)等领域已有广泛的应用。

细菌的休眠构造除芽孢外，还有数种其他形式，主要的如**孢囊**(cyst)。孢囊是 *Azotobacter vinelandii*(棕色固氮菌)等一些固氮菌在外界缺乏营养的条件下，由整个营养细胞外壁加厚、细胞失水而形成的一种抗干旱但不抗热的圆形休眠体。因为一个营养细胞仅形成一个孢囊，因此与芽孢一样，孢囊也不具繁殖功能。孢囊在适宜条件下，可发芽并重新进行营养生长。

（7）**伴孢晶体**(parasporal crystal) 又称 δ 内毒素，是少数芽孢杆菌产生的糖蛋白昆虫毒素。例如 *Bacillus thuringiensis*(苏云金芽孢杆菌，简称"Bt")在形成芽孢的同时，会在芽孢旁形成一颗菱形、方形或不规则形的碱溶性蛋白质晶体。其干重可达芽孢囊重的 30% 左右。伴孢晶体对鳞翅目、双翅目和鞘翅目等 200 多种昆虫和动、植物线虫有毒杀作用，因此可将这类细菌制成对人畜安全、对害虫的天敌和植物无害，有利于环境保护的**生物农药**(biopesticide,如"Bt"细菌杀虫剂)。当害虫吞食伴孢晶体后，先被虫体中肠内的碱性消化液分解并释放出蛋白质原毒素亚基，再由它特异地结合在中肠上皮细胞的蛋白受体上，使细胞膜上产生一小孔(直径为 1~2 nm)，并引起细胞膨胀、死亡，进而使中肠里的碱性内含物以及菌体、芽孢都进入血管腔，并很快使昆虫患败血症而死亡。

不同菌株产生的伴孢晶体，有不同的对宿主致毒范围，如产 A 组毒素的苏云金杆菌 kurstaki 亚种可杀死鳞翅目昆虫，产 B 组毒素的 israelensis 亚种可杀死双翅目如蚊子的幼虫，而 tenebrionis 亚种则可杀死鞘翅目类昆虫(甲虫)的幼虫。由我国学者自行分离研制成功的"C3-41"杀蚊幼剂，是由 *Bacillus sphaericus*(球形芽孢杆菌)C3-41 菌株的芽孢和伴孢晶体组成，具有杀蚊子幼虫效率高，对人、畜、禽、水生动物无毒、无污染和无异味等优点。

（三）细菌的繁殖

当一个细菌生活在合适条件下时，通过其连续的生物合成和平衡生长，细胞体积、质量不断增大，最终导致了繁殖。细菌的繁殖方式主要为裂殖，只有少数种类进行芽殖。

1. 裂殖(fission)

裂殖指一个细胞通过分裂而形成两个子细胞的过程。对杆状细胞来说，有横分裂和纵分裂两种方式，前者指分裂时细胞间形成的隔膜与细胞长轴呈垂直状态，后者则指呈平行状态。一般细菌均进行横分裂。

（1）**二分裂**(binary fission) 典型的二分裂是一种对称的二分裂方式，即一个细胞在其对称中心形成一隔膜，进而分裂成两个形态、大小和构造完全相同的子细胞。绝大多数的细菌都借这种分裂方式进行繁殖(图 1–19)。

在少数细菌中，还存在着不等二分裂(unequal binary fission)的繁殖方式，其结果产生了两个在外形、构造上有明显差别的子细胞，例如 *Caulobacter*(柄细菌属)的细菌，通过不等二分裂产生了一个有柄、不运动的子细胞和另一个无柄、有鞭毛、能运动的子细胞。近年来，美国学者在 *Mycobacterium smegmatis*(耻垢分枝杆菌)中也发现了不对称分裂(*SCIENCE*，2012)。

（2）**三分裂**(trinary fission) 有一属进行厌氧光合作用的绿色硫细菌称为 *Pelodictyon*(暗网菌属)，它能形成松散、不规则、三维构造并由细胞链组成的网状体。其原因是除大部分细胞进行常规的二分裂繁殖外，还有部分细胞进行成对地"一分为三"方式的三分裂，形成一对"Y"形细胞，随后仍进行二分裂，其结果就形成了特殊的网眼状菌丝体(图 1–20)。

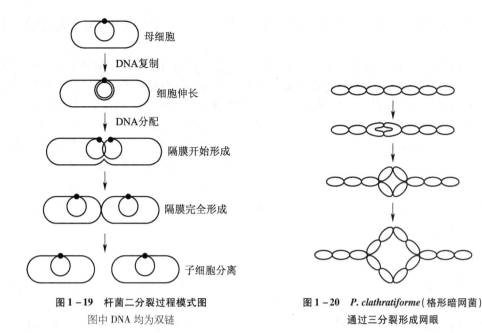

图 1-19 杆菌二分裂过程模式图
图中 DNA 均为双链

图 1-20 *P. clathratiforme*（格形暗网菌）
通过三分裂形成网眼

（3）**复分裂**（multiple fission）　这是一种寄生于细菌细胞中，具有端生单鞭毛，称作**蛭弧菌**（*Bdellovibrio*）的小型弧状细菌所具有的繁殖方式（详见第八章）。当它在宿主细菌体内生长时，会形成不规则的、盘曲的长细胞，然后细胞多处同时发生均等长度的分裂，形成多个弧形子细胞。

2. 芽殖（budding）

芽殖是指在母细胞表面（尤其在其一端）先形成一个小突起，待其长大到与母细胞相仿后再相互分离并独立生活的一种繁殖方式。凡以这类方式繁殖的细菌，统称**芽生细菌**（budding bacteria），包括 *Blastobacter*（芽生杆菌属）、*Hyphomicrobium*（生丝微菌属）、*Hyphomonas*（生丝单胞菌属）、*Nitrobacter*（硝化杆菌属）、*Rhodomicrobium*（红微菌属）和 *Rhodopseudomonas*（红假单胞菌属）等十余属细菌。

二、 细菌的群体形态

（一）在固体培养基上（内）的群体形态

将单个细菌（或其他微生物）细胞或一小堆同种细胞接种到固体培养基表面（有时为内层），当它占有一定的发展空间并处于适宜的培养条件下，该细胞就会迅速生长繁殖并形成细胞堆，此即**菌落**（colony）。因此，菌落就是在固体培养基上（内）以母细胞为中心的一堆肉眼可见的，有一定形态、构造等特征的子细胞集团。如果菌落是由一个单细胞繁殖形成的，则它就是一个纯种细胞群或克隆（clone）。如果把大量分散的纯种细胞密集地接种在固体培养基的较大表面上，结果长出的大量"菌落"已相互连成一片，这就是**菌苔**（bacterial lawn）。

细菌的菌落有其自己的特征，一般呈现湿润、较光滑、较透明、较黏稠、易挑取、质地均匀以及菌落正反面或边缘与中央部位的颜色一致等。其原因是细菌属单细胞生物，一个菌落内无数细胞并没有形态、功能上的分化，细胞间充满着毛细管状态的水，等等。当然，不同形态、生理类型的细菌，在其菌落形态、构造等特征上也有许多明显的反映，例如，无鞭毛、不能运动的细菌尤其是球菌通常都形成较小、较厚、边缘圆整的半球状菌落；长有鞭毛、运动能力强的细菌一般形成大而平坦、边缘多缺刻（甚至成树根状）、不规则形的菌落；有糖被的细菌，会长出大型、透明、蛋清状的菌落；有芽孢的细菌往往长出外观粗糙、"干燥"、不透明且表面多褶的菌落等。这类在个体（细胞）形态与群体（菌落）形态之间存在明显相关性的现象，对许多微生物学实验、研究和其他实际工作很有参考价值。

菌落对微生物学工作有很大作用，例如，可用于微生物的分离、纯化、鉴定、计数和选种、育种等一系列工作中。

近年来，细菌在自然界固形物表面形成的一种类似于菌落的特殊群体引起了学者们的兴趣，这就是**生物被膜**(biofilm)。生物被膜是指由细菌分泌胞外多糖附着于自然物体表面而形成的一种由细菌群体组成的膜状构造，主要有两类，其一为纯种生物被膜，由单一菌种形成，如常引起医院内感染的病原菌 *Pseudomonas aeruginosa*(铜绿假单胞菌)和 *Staphylococcus epidermidis*(表皮葡萄球菌)等，另一种为由多种细菌构成的生物被膜，在污水处理装置中出现最多(见第八章)。生物被膜的生理功能有：①保护作用：保护动物病原菌与宿主黏膜间的黏附，防止被免疫细胞吞噬，以及阻拦抗生素等药物的渗入；②为群体创造一个条件合适的小生境；③使细菌个体间的物质和信息交换更为便利；④为生活在自然条件下的细菌获得浓度较高的营养物提供条件。病原细菌生物被膜的存在，是临床治疗中出现抗生素、抗体失效和某些疾病久治不愈的原因之一。

（二）在半固体培养基上(内)的群体形态

纯种细菌在半固体培养基上生长时，会出现许多特有的培养性状，因此对菌种鉴定十分重要。半固体培养法通常把培养基灌注在试管中，形成高层直立柱，然后用穿刺接种法接入试验菌种。若用明胶半固体培养基做试验，还可根据明胶柱液化层中呈现的不同形状来判断某细菌有否蛋白酶产生和某些其他特征；若使用的是半固体琼脂培养基，则可从直立柱表面和穿刺线上细菌群体的生长状态以及有否扩散现象来判断该菌的运动能力和其他特性。

（三）在液体培养基上(内)的群体形态

细菌在液体培养基中生长时，会因其细胞特征、相对密度、运动能力和对氧气等关系的不同，而形成几种不同的群体形态：多数表现为混浊，部分表现为沉淀，一些好氧性细菌则在液面上大量生长，形成有特征性的、厚薄有差异的**菌醭**(pellicle)或环状、小片状不连续的菌膜等。

第二节　放　线　菌

放线菌(actinomycetes)是一类主要呈菌丝状生长和以孢子繁殖的陆生性较强的原核生物。由于它与细菌十分接近，加上至今已发现的 80 余属(1992 年)放线菌几乎都呈革兰氏染色阳性，因此，也可将放线菌定义为一类主要呈丝状生长和以孢子繁殖的革兰氏阳性细菌。

放线菌广泛分布在含水量较低、有机物较丰富和呈微碱性的土壤中。泥土所特有的泥腥味，主要由放线菌产生的土腥味素(geosmin)所引起。研究发现，骆驼寻找水源的主要线索就是嗅到土腥味素。每克土壤中放线菌的孢子数一般可达 10^7 个。

放线菌与人类的关系极其密切，绝大多数属有益菌，对人类健康的贡献尤为突出。至今已报道过的逾万种抗生素中，约半数由放线菌产生；近年来筛选到的许多新的生化药物多数是放线菌的次生代谢产物，包括抗癌剂、酶抑制剂、抗寄生虫剂、免疫抑制剂和农用杀虫(杀)剂等。放线菌还是许多酶、维生素等的产生菌。*Frankia*(弗兰克氏菌属)对非豆科植物的共生固氮具有重大的作用。此外，放线菌在甾体转化、石油脱蜡和污水处理中也有重要应用。由于许多放线菌有极强的分解纤维素、石蜡、角蛋白、琼脂和橡胶等的能力，故它们在环境保护、提高土壤肥力和自然界物质循环中起着重大作用。只有极少数放线菌能引起人和动、植物病害。据资料报道(2008 年)，目前已知的微生物代谢产物总数已达 5 万种左右，其中近一半为抗生素和其他生理活性物质(另一半则功能尚不清楚)，内有 3 800 种由细菌产生(占 17%)，10 000 余种由放线菌产生(占 45%，其中链霉菌产 7 500 种，其他稀有放线菌产 2 500 种)，约 8 600 种由真菌产生(占 38%)；由藻类和高等植物产生的次生代谢产物约 13 000 种；而由各种动物产生的生理活性物质则为 7 000

种。由此可知放线菌特别是其中的链霉菌属对人类的重要性了。

一、 放线菌的形态和构造

（一）典型放线菌——链霉菌的形态和构造

放线菌的种类很多，形态、构造和生理、生态类型多样。这里先以分布最广、种类最多［在2001—2007年《伯杰氏系统细菌学手册》（第2版，第1～5卷）中记载的有509种］、形态特征最典型以及与人类关系最密切的 *Streptomyces*（链霉菌属）为例来阐明放线菌的一般形态、构造和繁殖方式。

通过载片培养等方法可清楚地观察到**链霉菌**（streptomycete）细胞呈丝状分枝，菌丝很细（直径 < 1 μm，与细菌相似）。在营养生长阶段，菌丝内无隔，故一般呈多核的单细胞状态。

当其孢子落在固体基质表面并发芽后，就不断伸长、分枝并以放射状向基质表面和内层扩展，形成大量色浅、较细的具有吸收营养和排泄代谢废物功能的**基内菌丝体**（substrate mycelium，又称基质菌丝、营养菌丝或一级菌丝），同时在其上又不断向空间方向分化出颜色较深、较粗的分枝菌丝，这就是**气生菌丝体**（aerial mycelium，或称二级菌丝）。不久，大部分气生菌丝体成熟，分化成**孢子丝**（spore-bearing mycelium），并通过横割分裂方式，产生成串的**分生孢子**（conidium，conidiospore）（图1–21）。

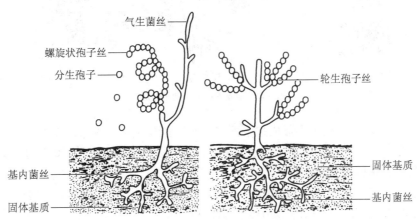

气生菌丝
螺旋状孢子丝
分生孢子
轮生孢子丝
基内菌丝
固体基质
固体基质
基内菌丝

图1–21　链霉菌的形态、构造模式图

链霉菌孢子丝的形态多样，有直、波曲、钩状、螺旋状和轮生（一级轮生或二级轮生）等多种（图1–22）。螺旋状的孢子丝较常见，其螺旋的松紧、大小、转数和转向都较稳定。转数在1～20周间（多数为5～10周），转向多数为左旋。孢子形态多样，有球、椭圆、杆、圆柱、瓜子、梭或半月等形状，其颜色十分丰富，且与其表面纹饰相关。孢子表面纹饰在电镜下清晰可见，表面有光滑、褶皱、疣、刺、毛发或鳞片状，刺又有粗细、大小、长短和疏密之分。一般凡属直或波曲的孢子丝，其孢子表面均呈光滑状，若为螺旋状的孢子丝，则孢子表面会因种而异，有光滑、刺状或毛发状的。

（二）其他放线菌所特有的形态和构造

1. 基内菌丝会断裂成大量杆菌状体的放线菌

以 *Nocardia*（诺卡氏菌属）为代表的原始放线菌具有分枝状、发达的营养菌丝，但多数无气生菌丝。当营养菌丝成熟后，会以横割分裂方式突然产生形状、大小较一致的杆菌状、球菌状或分枝杆菌状的分生孢子。

2. 菌丝顶端形成少量孢子的放线菌

有几属放线菌会在菌丝顶端形成一至数个或较多的孢子。如 *Micromonospora*（小单孢菌属）放线菌多数不形成气生菌丝，但它会在分枝的基内菌丝顶端产一个孢子；*Microbispora*（小双孢菌属）和 *Microtetraspora*（小四

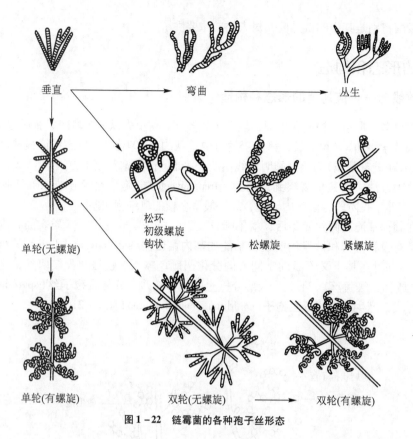

垂直　　　　　　　　弯曲　　　　　　丛生

松环
初级螺旋
钩状　　　　　　松螺旋　　　　紧螺旋

单轮(无螺旋)

单轮(有螺旋)　　　双轮(无螺旋)　　双轮(有螺旋)

图1－22　链霉菌的各种孢子丝形态

孢菌属)的放线菌都是在基内菌丝上不形成孢子而仅在气生菌丝顶端分别形成2个和4个孢子的放线菌；*Micropolyspora*(小多孢菌属)的放线菌则既在气生菌丝又在基内菌丝顶端形成2~10个孢子。

3. 具有孢囊并产孢囊孢子的放线菌

Streptosporangium(孢囊链霉菌属)的放线菌具有由气生菌丝的孢子丝盘卷而成的孢囊，它生长在气生菌丝的主丝或侧丝的顶端，内部产生多个孢囊孢子(无鞭毛)。

4. 具有孢囊并产游动孢子的放线菌

Actinoplanes(游动放线菌属)放线菌的气生菌丝不发达，在基内菌丝上形成孢囊，内含许多呈盘曲或直行排列的球形或近球形的孢囊孢子，其上着生一至数根端生或周生鞭毛，可运动。

以上介绍了各典型放线菌的一般和特殊形态构造，它们都是分类鉴定时的重要形态学指标(图1－23)(另见第十章)。

二、　放线菌的繁殖

在自然条件下，多数放线菌通常是借形成各种孢子进行繁殖的，仅少数种类是以基内菌丝分裂形成孢子状细胞进行繁殖的。放线菌处于液体培养时很少形成孢子，但其各种菌丝片段都有繁殖功能，这一特性对于在实验室进行摇瓶培养和工厂的大型发酵罐中进行深层液体搅拌培养来说，就显得十分重要。

以往曾认为放线菌的孢子形成有**横割分裂**和凝聚分裂两种方式。后来根据电镜下的超薄切片观察，发现仅有横割分裂一种，并通过两种途径进行：①细胞膜内陷，再由外向内逐渐收缩，最后形成一完整的横割膜，从而把孢子丝分割成许多分生孢子；②细胞壁和细胞膜同时内陷，再逐步向内缢缩，最终将孢子丝缢裂成一串分生孢子。

现将各种繁殖方式归结在以下表解中：

微生物学教程

$$
放线菌繁殖方式
\begin{cases}
借孢子
\begin{cases}
分生孢子：最常见，如 \textit{Streptomyces} 等大多数种类 \\
孢囊孢子
\begin{cases}
无鞭毛：如 \textit{Streptosporangium} \\
有鞭毛：如 \textit{Actinoplanes}
\end{cases}
\end{cases} \\
借菌丝
\begin{cases}
基内菌丝断裂：如 \textit{Nocardia} 等 \\
任何菌丝片段：各种放线菌
\end{cases}
\end{cases}
$$

Nocardia(Trevisan,1889)

Micromonospora(φrskov,1923)

Microbispora(Nonomura and Ohara,1957)

Microtetraspora(Thiemann *et al*,1968)

Micropolyspora nomenconservandum

Streptosporangium(Couch,1955)

Actinoplanes(Couch,1950,1955)

Spirillospora(Couch,1963)

图 1-23 若干有代表性形态构造的放线菌

三、 放线菌的群体特征

（一）在固体培养基上

多数放线菌有基内菌丝和气生菌丝的分化，气生菌丝成熟时又会进一步分化成孢子丝并产生成串的干粉状孢子，它们伸展在空间，菌丝间没有毛细管水存积，于是就使放线菌产生与细菌有明显差别的**菌落**：小型、干燥、不透明、表面呈致密的丝绒状，上有一薄层彩色的"干粉"；菌落和培养基的连接紧密，难以挑取；菌落的正反面颜色常不一致，以及在菌落边缘的琼脂平面有变形的现象；等等。

少数原始的放线菌如 *Nocardia* 等缺乏气生菌丝或气生菌丝不发达，因此其菌落外形就必然与细菌接近。

（二）在液体培养基上（内）

在实验室对放线菌进行摇瓶培养时，常可见到在液面与瓶壁交界处黏附着一圈菌苔，培养液清而不混，其中悬浮着许多珠状菌丝团，一些大型菌丝团则沉在瓶底等现象。产生这些特征的原因，都可从放线菌细胞所特有的形态构造上找到答案。

第三节　蓝　细　菌

蓝细菌（Cyanobacteria）旧名**蓝藻**（blue algae）或**蓝绿藻**（blue-green algae），是一类进化历史悠久、革兰氏染色阴性、无鞭毛、含叶绿素a（但不形成叶绿体）、能进行产氧性光合作用的大型原核生物。蓝细菌与属于真核生物类的藻类的最大区别在于前者无叶绿体、无真细胞核、有70S核糖体以及细胞壁含肽聚糖等。

蓝细菌在地球上已生存了约35亿年，是最早的光合产氧生物，由此而使地球大气环境从缺氧转为富氧状态，并导致地球上生物类型和多样性的彻底改变。

蓝细菌广泛分布于自然界，包括各种水体、土壤中和部分生物体内外，甚至在岩石表面和其他恶劣环境（高温、低温、盐湖、荒漠和冻原等）中都可找到它们的踪迹，尤其在荒漠地区十分重要的土壤结皮中起着关键作用，因此有"先锋生物"之美称。

蓝细菌的细胞体积一般比细菌大，通常直径为3～10 μm，最大的可达60 μm，如 *Oscillatoria princeps*（巨颤蓝细菌）。细胞形态多样，大体可分5群（图1－24）：

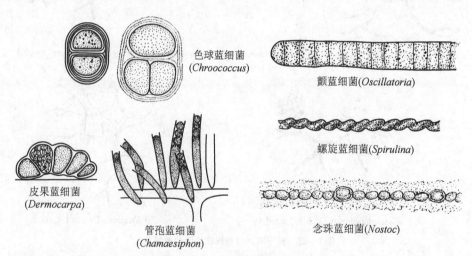

色球蓝细菌（*Chroococcus*）

颤蓝细菌（*Oscillatoria*）

螺旋蓝细菌（*Spirulina*）

皮果蓝细菌（*Dermocarpa*）

管孢蓝细菌（*Chamaesiphon*）

念珠蓝细菌（*Nostoc*）

图1－24　几类蓝细菌的典型形态

群Ⅰ：色球蓝细菌群（Chroococcacean）　单细胞（球状、杆状）或细胞聚合体，二等分裂或芽殖。（G＋C）mol% 为35～71。如 *Chroococcus*（色球蓝细菌属）、*Gloeothece*（黏杆蓝细菌属）、*Gloeobacter*（黏杆菌属）、*Synechococcus*（聚球蓝细菌属）、*Cyanothece*（蓝丝菌属）、*Gloeocapsa*（黏球蓝细菌属）和 *Cynechocystis*（集胞蓝细菌属）等。

群Ⅱ：宽球蓝细菌群（Pleurocapsalean）　在鞘套内排成丝状的杆状单细胞，借复分裂形成小球状细胞（baeocyte）进行繁殖。（G＋C）mol% 为40～46。如 *Dermocarpa*（皮果蓝细菌属）、*Xenococcus*（异球蓝细菌属）、*Pleurocapsa*（宽球蓝细菌属）和 *Chroococcidiopsis*（拟色球蓝细菌属）等。

群Ⅲ：颤蓝细菌群（Oscillatorian）　在丝状鞘套内的球状单细胞，借二等分裂和菌丝断裂而繁殖。（G＋C）mol% 为40～47。如 *Oscillaloria*（颤蓝细菌属）、*Spirulina*（螺旋蓝细菌属）、*Lyngbya*（鞘丝蓝细菌属）和 *Arthrospira*（节螺蓝细菌属）等。

群Ⅳ：**念珠蓝细菌群**（Nostocalean）　具有异形胞的不分枝丝状细胞串，以菌丝断裂和静息孢子萌发进行繁殖。（G＋C）mol% 为 38～46。如 *Anabaena*（鱼腥蓝细菌属）、*Nostoc*（念珠蓝细菌属）、*Calothrix*（眉蓝细菌属）、*Cylindrospermum*（筒胞蓝细菌属）和 *Scytonema*（伪枝蓝细菌属）等。

群Ⅴ：**分枝异形胞蓝细菌群**（branching heterocystous）　细胞分裂后会形成分枝的丝状体，借链丝段和静息孢子进行繁殖。（G＋C）mol% 为 42～46。如 *Fischerella*（飞氏蓝细菌属）、*Stigonema*（真枝蓝细菌属）、*Chlorogloeopsis*（拟绿胶蓝细菌属）和 *Hapalosiphon*（软管蓝细菌属）等。

蓝细菌的构造与 G⁻ 细菌相似：细胞壁双层，含肽聚糖。不少种类，尤其是水生种类在其壁外还有黏质糖被或鞘，它不但可把各单细胞集合在一起，而且还可进行滑行运动。细胞质周围有复杂的光合色素层，通常以**类囊体**（thylakoid）的形式出现，其中含叶绿素 a 和**藻胆素**（phycopilin，一类辅助光合色素）。细胞内还有能固定 CO_2 的羧酶体。在水生性种类的细胞中，常有气泡构造。细胞中的内含物有可用作碳源营养的糖原、PHB，可用作氮源营养的**藻青素**（cyanophycin）和储存磷的聚磷酸盐等。蓝细菌细胞内的脂肪酸较为特殊，含有两至多个双键的不饱和脂肪酸，而其他原核生物通常只含饱和脂肪酸和单个双键的不饱和脂肪酸。

蓝细菌的细胞有几种特化形式：①**异形胞**（heterocyst），是存在于丝状生长类中的形大、壁厚、专司固氮功能的细胞，数目少而不定，位于细胞链的中间或末端，如 *Anabaena* 和 *Nostoc*（念珠蓝细菌属）等；②**静息孢子**（akinete），是一种长在细胞链中间或末端的形大、壁厚、色深的休眠细胞，富含贮藏物，能抵御干旱等不良环境，可见于 *Anabaena* 和 *Nostoc* 属的种类；③**链丝段**（hormogonium），又称连锁体或藻殖段，是由长细胞链断裂而成的短链段，具有繁殖功能；④内孢子，少数种类如 *Chamaesiphon*（管孢蓝细菌属）能在细胞内形成许多球形或三角形的内孢子，待成熟后即可释放，具有繁殖作用。

蓝细菌是一类较古老的原核生物，在 21 亿～17 亿年前已形成，它的发展使整个地球大气从无氧状态发展到有氧状态，从而孕育了一切好氧生物的进化和发展。在人类生活中，蓝细菌有着重大的经济价值和生态价值，它构成了海洋和江、河、湖等水体光合生产力的重要部分，包括许多食用种类如 *Nostoc flagelliforme*（发菜念珠蓝细菌）、*N. commune*（普通木耳念珠蓝细菌，即葛仙米，俗称地耳）、*Spirulina platensis*（盘状螺旋蓝细菌）、*S. maxima*（最大螺旋蓝细菌）等，后两种分别产于中非的乍得和中美洲的墨西哥，自 1962 年法国学者在非洲发现后，因富含蛋白质、钙、铁和 β-类胡萝卜素，故已被开发成有一定经济价值的"**螺旋藻**"产品。至今已知有 120 多种蓝细菌具有固氮能力，特别是与 *Anabaena azollae*（满江红鱼腥蓝细菌）共生的水生蕨类满江红，是一种良好的绿肥。有的蓝细菌是在受氮、磷等元素污染后发生富营养化的海水"**赤潮**"（red tide）和湖泊中"**水华**"（water bloom）的元凶，给渔业和养殖业带来严重危害。此外，还有不少水生种类如 *Microcystis*（微囊蓝细菌属）和 *Cylindrospormopsis*（拟柱胞蓝细菌属）等的一些菌种会产生可引起人和脊椎动物肝、肾疾病和诱发肝癌的蓝细菌毒素。

第四节　枝原体、立克次氏体和衣原体

枝原体、立克次氏体和衣原体是 3 类同属 G⁻ 的代谢能力差、主要营细胞内寄生的小型原核生物。从枝原体、立克次氏体至衣原体，其寄生性逐步增强，因此，它们是介于细菌与病毒间的一类原核生物（表 1－5）。

表 1－5　枝原体、立克次氏体、衣原体和病毒的比较

比较项目	枝原体	立克次氏体	衣原体	病毒
细胞构造	有	有	有	无
直径大于 300 nm	不一定	是	不一定	否
含核酸类型	DNA 和 RNA	DNA 和 RNA	DNA 和 RNA	DNA 或 RNA

比较项目	枝原体	立克次氏体	衣原体	病毒
核糖体	有	有	有	无
细胞壁	无	有(含肽聚糖)	有(不含肽聚糖)	无
细胞膜	有(含甾醇)	有(无甾醇)	有(无甾醇)	无
在无生命培养基上	生长	不能生长	不能生长	不能生长
细胞二分裂繁殖	有	有	有	无
繁殖时个体完整性	保持	保持	保持	不保持
大分子合成能力	有	有	有	无
产ATP系统	有	有	无	无
氧化谷氨酰胺能力	有	有	无	无
对抑制细菌抗生素的反应	敏感(对抑制细胞壁合成者例外)	敏感	敏感(青霉素例外)	有抗性

一、 枝原体

枝原体(mycoplasma,又称支原体)是一类无细胞壁、介于独立生活和细胞内寄生生活间的最小型原核生物。许多种类是人和动物的致病菌[如"牛胸膜肺炎微生物"(PPLO)引起的牛胸膜肺炎症等],有些腐生种类生活在污水、土壤或堆肥中,少数种类可污染实验室的组织培养物。1967年后,发现在患"丛枝病"的桑、马铃薯等许多植物的韧皮部中也有枝原体存在,为了与感染动物的枝原体相区分,一般称侵染植物的枝原体为**类枝原体**(mycoplasma-like organism,MLO)或**植原体**(phytoplasma),它们可引起桑、稻、竹和玉米等的矮缩病、黄化病或丛枝病。我国已知有植物枝原体病害100余种,如泡桐丛枝病、枣疯病、桑树萎缩病以及板栗黄化皱缩病等。

枝原体的特点有:①细胞很小,直径一般为150~300 nm,多数为250 nm左右,故光镜下勉强可见;②细胞膜含甾醇,比其他原核生物的膜更坚韧;③因无细胞壁,故呈 G^- 且形态易变,对渗透压较敏感,对抑制细胞壁合成的抗生素不敏感等;④菌落小(直径0.1~1.0 mm),在固体培养基表面呈特有的"油煎蛋"状;⑤以二分裂和出芽等方式繁殖;⑥能在含血清、酵母膏和甾醇等营养丰富的培养基上生长;⑦多数能以糖类作能源,能在有氧或无氧条件下进行氧化型或发酵型产能代谢;⑧基因组很小,仅为0.6~1.1 Mb(为 *E. coli* 的1/5~1/4),例如 *Mycoplasma pneumoniae*(肺炎枝原体)的基因组为0.81 Mb(1996年),*M. genitalium*(生殖道枝原体)的基因组为0.58 Mb,含470个基因(1995年);⑨对能抑制蛋白质生物合成的抗生素(四环素、红霉素等)和破坏含甾体的细胞膜结构的抗生素(两性霉素、制霉菌素等)都很敏感。

二、 立克次氏体

1909年,美国医生H. T. Ricketts(1871—1910年)首次发现落基山斑疹伤寒的独特病原体并被它夺去生命,故名。**立克次氏体**(rickettsia)是一类专性寄生于真核细胞内的 G^- 原核生物。它与枝原体的区别是有细胞壁和不能独立生活;与衣原体的区别在于其细胞较大、无滤过性和存在产能代谢系统。

从1972年起,因陆续在某些患病植物韧皮部中也发现了类似立克次氏体的微生物,为与寄生在动物细胞中的立克次氏体相区别,特被称作**类立克次氏体细菌**(rickettsia-like bacteria,RLB)。

立克次氏体的特点有:①细胞较大,大小在(0.3~0.6)μm×(0.8~2.0)μm间,光镜下清晰可见;②细胞形态多样,自球状、双球状、杆状至丝状等均有;③有细胞壁,G^-;④除少数外,均在真核细胞内营细胞内专性寄生,宿主为虱、蚤等节肢动物和人、鼠等脊椎动物;⑤以二分裂方式繁殖(每分裂一次约需8 h);⑥存在不完整的产能代谢途径,不能利用葡萄糖或有机酸,只能利用谷氨酸和谷氨酰胺产能;⑦对四环素和青霉素等抗生素敏感；⑧对热敏感，一般在 56 ℃以上经 30 min 即被杀死；⑨一般可培养在鸡胚、敏感动物或 HeLa 细胞株(子宫颈癌细胞)的组织培养物上；⑩基因组很小，如 1998 年 11 月公布基因组大小的 *Rickettsia prowazekii*(普氏立克次氏体，其中的"普氏"为前捷克斯洛伐克学者 S. von Prowazek，也因研究斑疹伤寒而于 1915 年献身)，其基因组为 1.1 Mb，含 834 个基因。

立克次氏体是人类斑疹伤寒、恙虫热和 Q 热等严重传染病的病原体。一般寄生于虱、蚤等节肢动物消化道的上皮细胞，并在其中大量繁殖，细胞破裂后所释放的大量个体随粪便排出。当虱、蚤叮咬人体时，乘机排粪，在人体抓痒之际，粪中立克次氏体便随即从伤口进入血流，在血细胞中大量繁殖并产生**内毒素**，置人于死地。引起人类发病的主要种类是 *R. prowazekii*、*R. typhi*(斑疹伤寒立克次氏体)和 *R. tsutsugamushi*(恙虫病立克次氏体)。

三、 衣原体

衣原体(chlamydia)是一类在真核细胞内营专性能量寄生的小型 G⁻ 原核生物。曾长期被误认为"大型病毒"，直至 1956 年由我国著名微生物学家汤飞凡等自沙眼中首次分离到病原体后，才逐步证实它是一类独特的原核生物。

衣原体的特点有：①有细胞构造；②细胞内同时含有 RNA 和 DNA 两种核酸；③有细胞壁(但缺肽聚糖)，G⁻；④有核糖体；⑤缺乏产生能量的酶系，须严格细胞内寄生；⑥以二分裂方式繁殖；⑦对抑制细菌的抗生素和药物敏感；⑧只能用鸡胚卵黄囊膜、小鼠腹腔或 HeLa 细胞组织培养物等活体进行培养。

衣原体的生活史十分独特。具有感染力的细胞称作**原体**(elementory body)，呈小球状(直径小于 0.4 μm)，细胞厚壁、致密，不能运动，不生长(RNA∶DNA = 1∶1)，抗干旱，有传染性。原体经空气传播，一旦遇到合适的新宿主，就可通过吞噬作用进入细胞，在其中生长，转化成无感染力的细胞，称为**始体**(initial body)或网状体(reticulate body)，它呈大型球状(直径 1 ~ 1.5 μm)，细胞壁薄而脆弱，易变形，无传染性，生长较快(RNA∶DNA = 3∶1)，通过二分裂可在细胞内繁殖成一个微菌落即"包含体"，随后每个始体细胞又重新转化成原体，待释放出细胞后，重新通过气流传播并伺机感染新的宿主(图 1 - 25)。整个生活史约需 48 h。

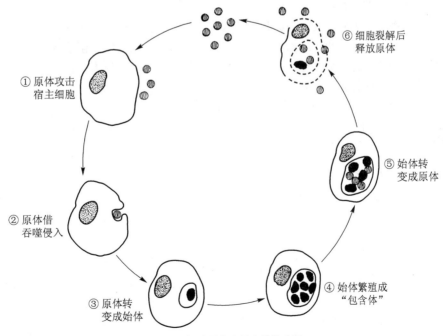

图 1 - 25　衣原体生活史的模式图

目前被承认的衣原体有3个种，即引起**鹦鹉热**等**人兽共患病**的 *Chlamydia psittaci*（鹦鹉热衣原体，最新属名已改为 *Chlamydophila*）、引起人体**沙眼**的 *C. trachomatis*（沙眼衣原体）和引起非典型肺炎的 *C. pneumoniae*（肺炎衣原体，最新属名已改为 *Chlamydophila*）。*C. trachomatis* 两个菌株的基因组已测定，分别为 1.05 Mb（1998 年）和 1.07 Mb（2000 年）；*C. pneumoniae* 的基因组则为 1.23 Mb（1999 年）。

复习思考题

1. 试对真细菌、古菌和真核生物的 10 项主要形态、构造和生理功能等特点列表进行比较。
2. 典型细菌的大小和质量是多少？试设想几种形象化的比喻以用于科普宣传。
3. 试对细菌细胞的一般构造和特殊构造设计一简明的表解。
4. 试图示 G⁺ 细菌和 G⁻ 细菌细胞壁的主要构造，并简要说明其异同。
5. 试对 G⁻ 细菌细胞壁的结构作一表解。
6. 试图示肽聚糖单体的模式构造，并指出 G⁺ 细菌与 G⁻ 细菌在肽聚糖的成分和结构上的差别。
7. 在 G⁻ 细菌细胞壁外膜和细胞膜（内膜）上各有哪些蛋白？其功能如何？
8. G⁻ 细菌细胞壁与抗酸细菌的细胞壁有何异同（从成分、构造、染色反应和功能方面加以比较）？
9. 试列表比较真细菌与古菌在细胞膜结构上的不同点。
10. 试述革兰氏染色的机制。
11. 试列表比较 G⁺ 细菌和 G⁻ 细菌间的 10 种主要差别。
12. 什么是缺壁细菌？试列表比较 4 类缺壁细菌的形成、特点和实践意义。
13. 何谓"拴菌"试验？它的创新思维在何处？
14. 试对 G⁻ 细菌的鞭毛和螺旋体的周质鞭毛在结构、着生方式和运动特点等方面作一比较。
15. 试用表解法对细菌芽孢的构造及各部分成分作一介绍。
16. 试对细菌营养细胞和芽孢的 10 项主要指标作一比较表。
17. 渗透调节皮层膨胀学说是如何解释芽孢耐热机制的？你对此有何评价？
18. 研究细菌芽孢有何理论和实际意义？
19. 试列表比较细菌鞭毛、菌毛和性毛的异同。
20. 如何初步判断并进一步验证某一细菌是否长有鞭毛、长有何种鞭毛以及鞭毛是如何着生的？
21. 什么是菌落？试讨论微生物的细胞形态与菌落形态间的相关性及其内在原因。
22. 试以链霉菌为例，描述这类典型放线菌的菌丝、孢子和菌落的一般特征。
23. 试对五大群蓝细菌的特征作一表解。

数字课程资源

📖 本章小结　　📑 重要名词

第二章　真核微生物的形态、构造和功能

真核生物(eukaryote)是一大类细胞核具有核膜，能进行有丝分裂，细胞质中存在线粒体或同时存在叶绿体等多种细胞器的生物。真菌、显微藻类和原生动物等是属于真核生物类的微生物，故称为**真核微生物**(eukaryotic microorganism)。

典型真核生物的细胞构造可见图2－1(a，b)。由图可知，真核细胞与原核细胞相比，其形态更大，结

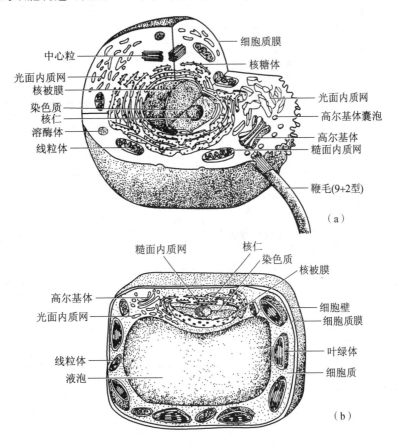

图2－1　典型真核细胞构造的模式图

(a) 动物细胞；(b) 植物细胞

构更为复杂，细胞器的功能更为专一。其中最重要的是在真核生物的细胞内发展了一套完善而精巧的膜系统，通过它使细胞内各种生理功能单元做到既有分隔又可协调，以达到高效的分工合作水平。例如它们已发展出许多由膜包围着的**细胞器**(organelle)，如内质网、高尔基体、溶酶体、微体、线粒体和叶绿体等，更重要的是，它们已进化出有核膜包裹着的完整细胞核，其中存在着构造极其精巧的染色体，染色体的双链DNA长链与组蛋白等蛋白质密切结合，以更完善地执行生物的遗传功能。

一、 真核生物与原核生物的比较

这两类生物在细胞结构和功能等方面都有显著的差别，其比较如表 2-1。

表 2-1　真核生物与原核生物的比较

比 较 项 目		真 核 生 物	原 核 生 物
细胞大小		较大(通常直径 >2 μm)	较小(通常直径 <2 μm)
若有壁，其主要成分		纤维素、几丁质等	多数为肽聚糖
细胞膜中甾醇		有	无(仅枝原体例外)
细胞膜含呼吸或光合组分		无	有
细胞器		有	无
鞭毛结构		如有，则粗而复杂(9+2型)	如有，则细而简单
细胞质	线粒体	有	无
	溶酶体	有	无
	叶绿体	光合自养生物中有	无
	液泡	有些有	无
	高尔基体	有	无
	微管系统	有	无
	流动性	有	无
	核糖体	80S(指细胞质核糖体)	70S
	间体	无	部分有
	贮藏物	淀粉、糖原等	PHB 等
细胞核	核膜	有	无
	DNA 含量	低(约5%)	高(约10%)
	组蛋白	有	无
	核仁	有	无
	染色体数	一般 >1	一般为 1
	有丝分裂	有	无
	减数分裂	有	无

比较项目		真核生物	原核生物
生理特性	氧化磷酸化部位	线粒体	细胞膜
	光合作用部位	叶绿体	细胞膜
	生物固氮能力	无	有些有
	专性厌氧生活	罕见	常见
	化能合成作用	无	有些有
鞭毛运动方式		挥鞭式	旋转马达式
遗传重组方式		有性生殖、准性生殖等	转化、转导、接合等
繁殖方式		有性、无性等多种	一般为无性(二等分裂)

二、 真核微生物的主要类群

真核微生物主要包括**菌物界**(Mycetalia 或广义的"Fungi")中的真菌(Eumycota 或狭义的"Fungi",即 True Fungi)、黏菌(Myxomycota 或 Fungi-like Protozoa)、假菌(Chromista 或 Pseudofungi),植物界(Plantae)中的显微藻类(Algae)和动物界(Animalia)中的原生动物(Protozoa),即:

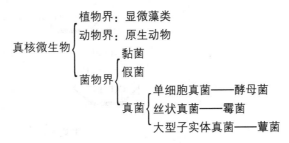

"**菌物界**"这个名词是我国学者裘维蕃等于 1990 年提出的,早已得到国内学术界的认可。在第 18 届国际植物学大会(2011 年 7 月,墨尔本)上,著名的《国际植物命名法规》已改名为《国际藻类、真菌、植物命名法规》。所以,菌物界是指与动物界、植物界相并列的一大群真核微生物,它们无叶绿素,依靠细胞表面吸收有机养料,细胞壁一般含有几丁质。一般包括真菌、黏菌和假菌(卵菌等)3 类。菌物的种类繁多,在自然界中是仅次于昆虫的第二大类生物,已记载的有 10 万种(估计全球有 500 万种),内有食用真菌约 2 000 种,药用真菌约 700 种。

真菌(fungi)是最重要的真核微生物,故是本章的重点,它们的特点是:①无叶绿素,不能进行光合作用;②一般具有发达的菌丝体;③细胞壁多数含几丁质;④营养方式为异养吸收型;⑤以产生大量无性和(或)有性孢子的方式进行繁殖;⑥陆生性较强。

三、 真核微生物的细胞构造

(一) 细胞壁

1. 真菌的细胞壁

真菌**细胞壁**(cell wall)的主要成分是多糖,另有少量的蛋白质和脂质。多糖构成了细胞壁中有形的微纤维和无定形基质的成分。微纤维部分可比作建筑物中的钢筋,可使细胞壁保持坚韧性,它们都是单糖的 $\beta(1\to4)$ 聚合物,如纤维素和几丁质,而基质犹如混凝土等填充物,包括甘露聚糖、葡聚糖和少量蛋白质。

低等真菌的细胞壁成分以**纤维素**为主，酵母菌以**葡聚糖**为主，而高等陆生真菌则以**几丁质**为主（图2-2）。即使同一真菌，在其不同生长阶段中，细胞壁的成分也有明显不同（表2-2）。细胞壁具有固定细胞外形和保护细胞免受外界不良因子的损伤等功能。

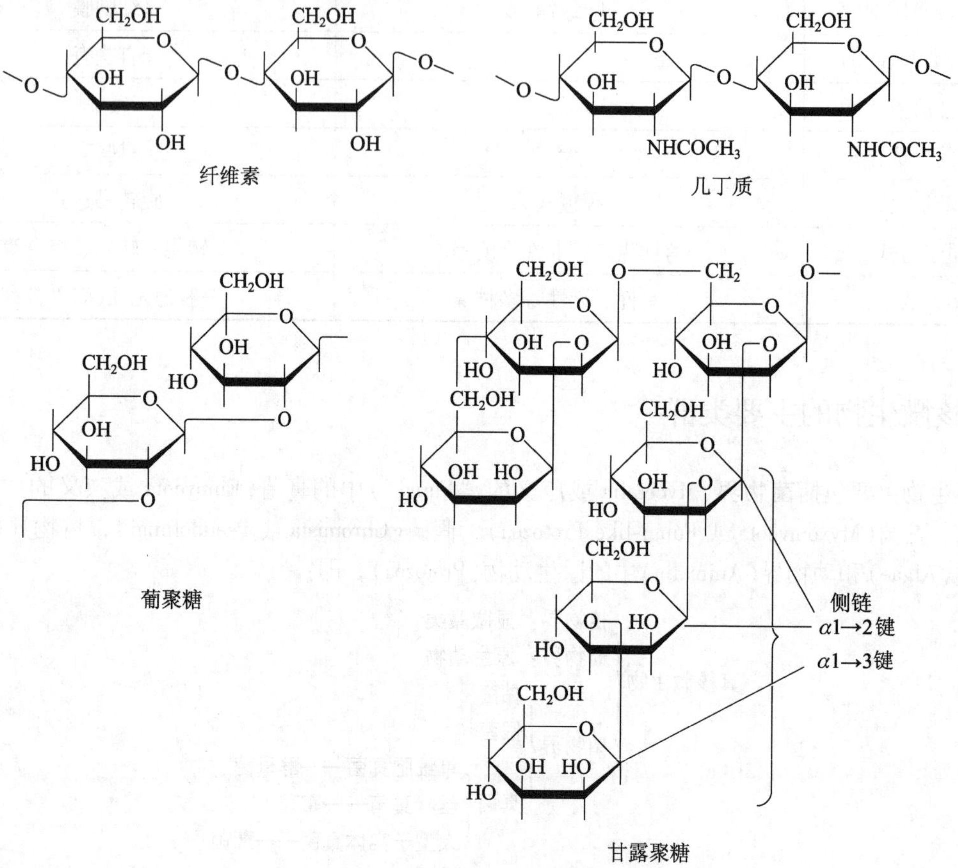

图2-2　纤维素、几丁质、葡聚糖和甘露聚糖的结构

表2-2　不同分类地位真菌的细胞壁多糖

细胞壁多糖	真菌的分类地位	代表菌
纤维素，糖原	集孢黏菌目	*Dictyostelium discoideum*（盘基网柄菌）
纤维素，葡聚糖	卵菌亚纲	*Pythium debaryanum*（德巴利腐霉）
纤维素，几丁质	丝壶菌纲	*Rhizidiomyces* sp.（一种根前毛菌）
几丁质，壳多糖	接合菌亚纲	*Mucor rouxianus*（鲁氏毛霉）
葡聚糖，甘露聚糖	子囊菌纲	*Saccharomyces cerevisiae*（酿酒酵母）
	半知菌纲	*Candida utilis*（产朊假丝酵母）
几丁质，甘露聚糖	担子菌纲	*Sporobolomyces roseus*（红掷孢酵母）
半乳聚糖，聚半乳糖胺	毛菌纲	*Amoebidium parasiticum*（寄生变形毛菌）
几丁质，葡聚糖	子囊菌纲	*Neurospora crassa*（粗糙脉孢菌）
	担子菌纲	*Schizophyllum commune*（群集裂褶菌）
	半知菌纲	*Aspergillus niger*（黑曲霉）
	壶菌纲	*Allomyces* sp.（一种异水霉）

2. 藻类的细胞壁

藻类的细胞壁厚度一般为 10 ~ 20 nm，有的仅为 3 ~ 5 nm，如 *Chlorella pyrenoidis*（蛋白核小球藻）。其结构骨架多由纤维素组成，以微纤丝的方式层状排列，含量占干重的 50% ~ 80%，其余部分为间质多糖。间质多糖主要是杂多糖，其成分随种类而异，主要存在于大型藻类（不属于微生物）中，如褐藻酸、岩藻素或琼脂等。

（二）鞭毛与纤毛

某些真核微生物细胞表面长有或长或短的毛发状、具有运动功能的细胞器，其中形态较长（150 ~ 200 μm）、数量较少者称**鞭毛**（flagellum），而形态较短（5 ~ 10 μm）、数量较多者则称**纤毛**（cilia，单数 cillum）。它们在运动功能上虽与原核生物的鞭毛相同，但在构造、运动机制等方面却差别极大。

鞭毛与纤毛的构造基本相同，都由伸出细胞外的**鞭杆**（shaft）、嵌埋在细胞质膜上的基体以及把这两者相连的过渡区共 3 部分组成。真核微生物的鞭毛又称"9 + 2"型鞭毛，原因是其鞭杆的横切面呈"9 + 2"型，即中心有一对包在中央鞘中的相互平行的中央微管，其外被 9 个微管二联体围绕一圈，整个微管由细胞质膜包裹。每条微管二联体由 A、B 两条中空的亚纤维组成，其中 A 亚纤维是一完全微管，即每圈由 13 个球形**微管蛋白**（tubulin）亚基环绕而成，而 B 亚纤维则是由 10 个亚基围成，所缺的 3 个亚基与 A 亚纤维共用。A 亚纤维上伸出内外两条**动力蛋白臂**（dynein arm），它是一种能被 Ca^{2+} 和 Mg^{2+} 激活的 ATP 酶，可水解 ATP 以释放供鞭毛运动的能量。通过动力蛋白臂与相邻的微管二联体的作用，可使鞭毛作弯曲运动。在相邻的微管二联体间有**微管连丝蛋白**（nexin）相连。此外，在每条微管二联体上还有伸向中央微管的**放射辐条**（radial spoke）（图 2 – 3）。基体的结构与鞭杆接近，直径 120 ~ 170 nm，长 200 ~ 500 nm，但在电镜下其横切面却呈"9 + 0"型，且其外围是 9 个三联体，中央则没有微管和鞘。

具有鞭毛的真核微生物有**鞭毛纲**（Flagellata）的原生动物以及藻类和低等水生真菌的游动孢子或配子等；具有纤毛的真核微生物主要是属于**纤毛纲**（Ciliata）的各种原生动物，例如常见的 *Paramecium*（草履虫属）等。

（三）细胞质膜

细胞质膜（cytoplasmic membrane）简称细胞膜，是细胞与外界环境间的一道机械和渗透屏障，具有选择性运送内外物质、调控细胞间相互关系以及表面吸附、合成和分泌等功能；是镶嵌有蛋白质、有流动性的磷脂双分子层。因真核细胞与原核细胞在其质膜的构造和功能上十分相似，故这里仅以表格形式指出其间的差别（表 2 – 3）。

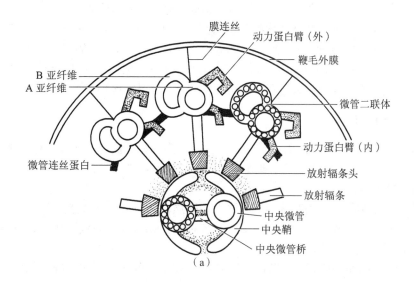

（a）

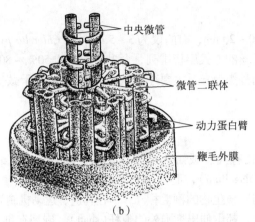

中央微管

微管二联体

动力蛋白臂

鞭毛外膜

(b)

图 2-3　真核微生物的 "9+2" 型鞭毛
(a) 鞭杆横切面；(b) 鞭杆的立体模型

表 2-3　真核生物与原核生物细胞质膜的差别

项　目	原 核 生 物	真 核 生 物
甾醇	无(枝原体例外)	有(胆甾醇、麦角甾醇等)
磷脂种类	磷脂酰甘油和磷脂酰乙醇胺等	磷脂酰胆碱和磷脂酰乙醇胺等
脂肪酸种类	直链或分支、饱和或不含饱和脂肪酸；每一磷脂分子常含饱和与不饱和脂肪酸各一	高等真菌：含偶数碳原子的饱和或不饱和脂肪酸 低等真菌：含奇数碳原子的不饱和脂肪酸
糖脂	无	有(具有细胞间识别受体功能)
电子传递链	有	无
基团转移运输	有	无
胞吞作用*	无	有

* 胞吞作用(endocytosis)，包括吞噬作用(phagocytosis)和胞饮作用(pinocytosis)。

(四) 细胞核

细胞核(nucleus)是细胞用以控制其一切生命活动的遗传信息(DNA)的储存、复制和转录的主要部位，它以染色质为载体储存了细胞内绝大部分的遗传信息。一切真核细胞都有外形固定(呈球状或椭圆体状)、有核膜包裹的细胞核。每个细胞一般只含一个细胞核，有的含两或多个，例如 *Phycomyces*(须霉属)和 *Penicillium*(青霉属)的真菌等。在真菌的菌丝顶端细胞中，常常找不到细胞核。

真核生物的细胞核由核被膜、染色质、核仁和核基质等构成。在真菌的细胞核中，染色体的形状较小。根据遗传学的研究，得知不同真菌的染色体数别很大，如 *Aspergillus nidulans*(构巢曲霉)为 8，*Neurospora crassa*(粗糙脉孢菌，俗称"红色面包霉")为 7，*Saccharomyces cerevisiae*(酿酒酵母)为 17，*Agaricus bisporus*(双孢蘑菇)为 13，以及 *Trichoderma reesei*(里氏木霉)为 6，等等。核仁是存在于细胞核中的一个颗粒状构造，表面无膜，富含蛋白质和 RNA，具有合成核糖体 RNA 和装配核糖体的功能。

(五) 细胞质和细胞器

位于细胞质膜和细胞核间的透明、黏稠、不断流动并充满各种细胞器的溶胶，称为**细胞质**(cytoplasm)。以下拟对组成真核生物细胞质的细胞基质、细胞骨架和各种细胞器作一简介。

1. 细胞基质和细胞骨架

在真核细胞中，除细胞器以外的胶状溶液，称**细胞基质**(cytomatrix)或细胞溶胶(cytosol)，内含赋予细胞以一定机械强度的细胞骨架和丰富的酶等蛋白质、各种内含物以及中间代谢物等，是各种细胞器存在的必要环境和细胞代谢活动的重要基地。

细胞骨架(cytoskeleton)是由微管、肌动蛋白丝(微丝)和中间丝 3 种蛋白质纤维构成的细胞支架，呈立体网状结构,具有支持、运输和运动等功能,以维持细胞的正常形态构造和保证内部活动的有序进行。肌动蛋白有"分子发动机"之称,它与细胞的运动或分裂有关,存在于细胞质和细胞核中。

2. 内质网和核糖体

内质网(endoplasmic reticulum,ER)指细胞质中一个与细胞基质相隔离但彼此相通的囊腔和细管系统,它由脂质双分子层围成,同时,它还与细胞内的其他膜结构相连。其内侧与核被膜的外膜相通。内质网有两类,它们间相互连通。其一是在膜上附有核糖体颗粒,称糙面内质网,具有合成和运送胞外分泌蛋白的功能;另一为膜上不含核糖体的光面内质网,它与脂质和钙代谢等密切相关,主要存在于某些动物细胞中。

核糖体(ribosome)又称核蛋白体,是存在于一切细胞中的少数无膜包裹的颗粒状细胞器,具有蛋白质合成功能,直径 25 nm,由约 40% 的蛋白质和 60% 的 RNA 共价结合而成。蛋白质位于表层,RNA 则位于内层。每个细胞中核糖体数量差异很大($10^2 \sim 10^7$),不但与生物种类有关,更与其生长状态有关。真核细胞的核糖体比原核细胞的大,其沉降系数一般为 80S,由 60S 和 40S 的两个小亚基组成。核糖体除分布在内质网和细胞质中外,还存在于线粒体和叶绿体中,但在那里都是一些与原核生物相同的 70S 核糖体。

3. 高尔基体(Golgi apparatus,Golgi body)

高尔基体又称高尔基复合体(Golgi complex),系由意大利学者高尔基(C. Golgi)于 1898 年首先在神经细胞中发现,故名。这是一种由 4~8 个平行堆叠的扁平膜囊和大小不等的囊泡所组成的膜聚合体,其上无核糖体。功能是将糙面内质网合成的蛋白质进行浓缩,并与自身合成的糖类、脂质结合,经它加工、包装后形成糖蛋白、脂蛋白分泌泡,通过外排作用分泌到细胞外,因此高尔基体是协调细胞生化功能和沟通细胞内外环境的重要细胞器。在真菌中,仅 *Pythium*(腐霉属)等少数低等种类中发现有高尔基体。

4. 溶酶体(lysosome)

溶酶体是一种由单层膜包裹、内含多种酸性水解酶的小球形(直径 0.2~0.5 μm)、囊泡状细胞器,主要功能是细胞内的消化作用,消化自身死亡的蛋白质和外来异物。其中常含 40 种以上的酸性水解酶,因其最适 pH 均在 5 左右,故消化作用仅在溶酶体内部发生。

5. 微体(microbody)

微体是一种由单层膜包裹的、与溶酶体相似的小球形细胞器,但其内所含的酶与溶酶体所含的不同,微体主要含过氧化酶和过氧化氢酶,又称**过氧化物酶体**(peroxisome),可使细胞免受 H_2O_2 毒害,并能氧化分解脂肪酸等。与溶酶体相似,在不同生物、不同个体和不同内外条件下,微体的数目、形态、大小和功能均有所不同,例如:生长在糖液中的酵母菌,其微体很小,而生长在含甲醇的培养基中时就变得较大,当生长在含脂肪酸培养基中时,微体会非常发达。

6. 线粒体(mitochondrion)

线粒体是进行氧化磷酸化反应的重要细胞器,其功能是把蕴藏在有机物中的化学潜能转化成生命活动所需能量(ATP),故是一切真核细胞的"动力车间"。此外,它还参与调控细胞的分化、生长、凋亡和信息传递等活动。

在光镜下,典型线粒体的外形和大小酷似一个杆菌,直径一般为 0.5~1.0 μm,长度 1.5~3.0 μm。每个细胞所含线粒体数目通常为数百至数千个,也有更多的。其独特之处是含有自身特有的 DNA 和 RNA,并以自己的方式复制、繁衍,故似一与其宿主细胞共生的小生命。

线粒体的外形呈囊状,构造十分复杂,由内外两层膜包裹,囊内充满液态的**基质**(matrix)。外膜平整,内膜则向基质内伸展,从而形成了大量由双层内膜构成的**嵴**(cristae)(图 2-4)。

在低等真菌中,含有与高等植物和藻类的线粒体相似的管状嵴;在较高等的真菌(接合菌、子囊菌、担子菌)中,则多为板状嵴。嵴的存在,极大地扩展了内膜进行生物化学反应的面积。

在线粒体的内膜表面着生许多**基粒**(elementary particle)或 F_1 颗粒,此为一个带柄的、直径约为 8.5 nm 的球形小体,即 ATP 合酶复合体,每个线粒体内含 $10^4 \sim 10^5$ 个。每个基粒由头(F_1)、柄和嵌入内膜的基部(F_0)3 部分组成。内膜上还有 4 种脂蛋白复合物,它们都是**电子传递链(呼吸链)**的组成部分。位于内外膜间的空间即膜间隙,内中充满着含各种可溶性酶、底物和辅助因子的液体。由内膜和嵴包围的空间即基质,

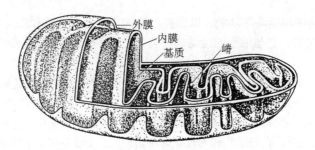

图 2-4 线粒体构造的模式图

内含三羧酸循环的酶系，并含有一套为线粒体所特有的闭环状 DNA 链（在真菌中长 19～26 μm）和 70S 核糖体，用以合成一小部分（约 10%）专供线粒体自身所需的蛋白质。最近（2017），德国学者已绘制出世界首份关于 *Saccharomyces cerevisiae*（酿酒酵母）的高清线粒体蛋白分布图，确定了其内包含的 986 种蛋白中的 818 种的功能区位置，并发现了 206 种新蛋白（已知人类的线粒体内含有 1 500 余种蛋白）。线粒体在不同细胞或同一细胞的不同生理状态下有很大的数量变动，其数目的多少与细胞代谢活动的强弱呈正比。

7. 叶绿体（chloroplast）

叶绿体是一种由双层膜包裹、能转化光能为化学能的绿色颗粒状细胞器，只存在于绿色植物（包括藻类）的细胞中，具有进行光合作用——把 CO_2 和 H_2O 合成葡萄糖并释放 O_2 的重要功能，形象地说，叶绿体是自养型真核生物的"炊事房"。

叶绿体的外形多为扁平的圆形或椭圆形，略呈凸透镜状。但在藻类中叶绿体的形态变化很大，有的呈螺旋带状，如 *Spirogyra*（水绵属）；有的呈杯状，如 *Chlamydomonas*（衣藻属）；也有呈板状或星状的。叶绿体的平均直径 4～6 μm，厚度 2～3 μm。

叶绿体的构造由 3 部分组成，包括**叶绿体膜**（chloroplast membrane，或称外被 outerenvelope）、**类囊体**（thylakoid）和**基质**（stroma）。叶绿体膜又分外膜、内膜和类囊体膜 3 种，并由此而使内部空间分隔为膜间隙（外膜与内膜间）、基质和类囊体腔 3 个彼此独立的区域（图 2-5）。

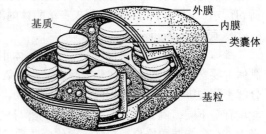

图 2-5 叶绿体构造的模式图

叶绿体膜是控制代谢物质进出叶绿体的渗透屏障。在叶绿体的胶状基质中，含有独特的 70S 核糖体、双链环状 DNA 以及 RNA、淀粉粒和核酮糖二磷酸羧化酶等蛋白质成分。类囊体是位于基质中由单位膜封闭而成的扁平小囊，数量很多，彼此连通，类似生产车间中的一个个作业小组。在高等植物中类囊体已发展成基粒（granum）的形式，它是由许多类囊体层层相叠而成。在类囊体的膜上，分布着大量的光合色素（叶绿素和若干辅助色素）和电子传递体。

叶绿体在形态、构造和进化上都与线粒体有许多惊人相似之处，尤其是在基质内还含有自身特有的环状 DNA 和本为原核生物才有的 70S 核糖体，从而能合成自身所需的部分蛋白质。因此，与线粒体一样，叶绿体是真核细胞中的半自主性复制的细胞器。对叶绿体基因组进行分析后，发现其中含有许多与 *E. coli*、蓝细菌和其他细菌相同的基因，包括编码蛋白质、运送蛋白质和促使细胞分裂的基因，因此，为 L. Margulis（1938—2011）提出的真核生物起源的连续内共生学说（SET）提供了必要的佐证（详见第十章第二节）。

8. 液泡（vacuole）

液泡是存在于真菌和藻类等真核微生物细胞中的细胞器，由单位膜分隔，其形态、大小因细胞年龄和生理状态而变化，一般在老龄细胞中的液泡大而明显。在真菌的液泡中，主要含糖原、脂肪和多磷酸盐等贮藏物，精氨酸、鸟氨酸和谷氨酰胺等碱性氨基酸，以及蛋白酶、酸性和碱性磷酸酯酶、纤维素酶和核酸酶等各种酶类。液泡不仅有维持细胞的渗透压和储存营养物的功能，而且还有溶酶体的功能。

9. 膜边体(lomasome)

膜边体又称须边体或质膜外泡,为许多真菌所特有。它是一种位于菌丝细胞四周的质膜与细胞壁间、由单层膜包裹的细胞器。形态呈管状、囊状、球状、卵圆状或多层折叠膜状,其内含泡状物或颗粒状物。膜边体可由高尔基体或内质网的特定部位形成,各个膜边体能互相结合,也可与别的细胞器或膜相结合,功能可能与分泌水解酶或合成细胞壁有关。

10. 几丁质酶体(chitosome)

几丁质酶体又称壳体,是一种活跃于各种真菌菌丝体顶端细胞中的微小泡囊,直径 40 ~ 70 nm,内含几丁质合成酶,其功能是把其中所含的酶源源不断地运送到菌丝尖端细胞壁表面,使该处不断合成几丁质微纤维,从而保证菌丝不断向前延伸。

11. 氢化酶体(hydrogenosome)

氢化酶体是一种由单层膜包裹的球状细胞器,内含氢化酶、氧化还原酶、铁氧还蛋白和丙酮酸。通常存在于鞭毛基体附近,为其运动提供能量。氢化酶体只存在于厌氧性的原生动物和近年来才发现的厌氧性真菌(已有20余种)中,它们一般只存在于反刍动物的瘤胃中,如可产生游动孢子的 *Neocallimastix huricyensis*(胡里希新考玛脂霉)等。

现把7种主要细胞器的特点及其比较列在表 2-4 中。

表 2-4　各种细胞器的特点及其比较

比较项目	内质网	核糖体	高尔基体	溶酶体	微体	线粒体	叶绿体
形态	囊腔细管系	小颗粒状	扁平膜囊和小囊泡	球形小囊泡	球形小囊泡	杆菌状或囊状	扁球状或扁椭圆球状
构造	有膜,分两种:糙面内质网的膜上有核糖体颗粒,光面内质网的膜上则无	无膜,表层为蛋白质,内芯为RNA	有膜,由数个扁平膜囊和大小不等的囊泡组成	有膜,在小囊泡内含数十种酸性水解酶	有膜,在小囊泡内含氧化酶和过氧化氢酶	有内外两层膜,内膜可形成嵴,其上有大量的基粒——ATP合酶复合体,基质内含TCA酶系、70S核糖体和双链环状DNA	由内外两层膜以及类囊体和基质构成,基质内含 70S 核糖体和双链环状 DNA等,类囊体数量多,常叠成基粒
数量	数量少	数量多且变化大	数量少	数量较多且变化大	数量较多且变化大	数量多且变化大	仅存在于光合生物中,不同生物细胞中的数量变化大
功能	糙面内质网合成和运送蛋白质,光面内质网合成磷脂	合成蛋白质	浓缩蛋白质,合成糖蛋白和脂蛋白,协调细胞内环境,有包装、分泌功能	执行细胞内的消化功能	对脂肪酸进行氧化	对葡萄糖等能源物质进行氧化磷酸化以产生ATP等能量	利用 CO_2 和 H_2O 进行光合作用,以合成葡萄糖和释放 O_2

以上介绍了以真菌为主的各种真核生物细胞的构造和功能,而藻类和原生动物因分别在植物学和动物学中有详细的介绍,因此这里从略。以下将分3节分别介绍三大类主要真菌的形态构造及其功能。

第二节　酵　母　菌

酵母菌(yeast)是一个通俗名称，一般泛指能发酵糖类的各种单细胞真菌。由于不同的酵母菌在进化和分类地位上的异源性，因此很难对酵母菌下一个确切的定义，通常认为，酵母菌具有以下 5 个特点：①个体一般以单细胞非菌丝状态存在；②多数营出芽繁殖；③兼性厌氧，能发酵糖类产能；④细胞壁常含甘露聚糖；⑤常生活在含糖量较高、酸度较大的水生环境中。

一、 酵母菌分布及与人类的关系

在自然界酵母菌分布很广，主要生长在偏酸的含糖环境中，在水果、蜜饯的表面和果园土壤中最为常见。我国学者经大规模调查后，发现树皮、森林土壤和腐木等样品中，也存在大量的酿酒酵母。由于不少酵母菌可以利用烃类物质，故在油田和炼油厂附近的土层中也可找到这类可利用石油的酵母菌。

酵母菌的研究，起始于丹麦。1875 年，嘉士伯啤酒厂建立了全球首个酵母生物学实验室，1883 年，E. C. Hansen 首次获得酿酒酵母纯种。

酵母菌约有 500 种(1982 年)，与人类关系密切。可认为它是人类的"第一种家养微生物"。千百年来，人类几乎天天离不开酵母菌，例如酒类的生产，面包的制作，乙醇和甘油发酵，石油及油品的脱蜡，饲用、药用和食用**单细胞蛋白**(single-cell protein, SCP)的生产，从菌体中提取核酸、麦角甾醇、辅酶 A、细胞色素 c、凝血质和维生素等生化药物和试剂，制成的酵母膏用作培养基等原料；此外，近年来在基因工程中酵母菌还以最好的模式真核微生物而被用作表达外源蛋白功能的优良"工程菌"。只有少数酵母菌才能引起人或一些动物的疾病，例如 *Candida albicans*(白假丝酵母，旧称"白色念珠菌")和 *Cryptococcus neoformans*(新型隐球菌)等一些条件致病菌可引起鹅口疮、阴道炎、肺炎或脑膜炎等疾病。

二、 酵母菌细胞的形态和构造

酵母菌的细胞直径约为细菌的 10 倍，是典型的真核微生物。细胞形态通常有球状、卵圆状、椭圆状、柱状和香肠状等。最典型和重要的酵母菌是 *Saccharomyces cerevisiae*(酿酒酵母)，细胞大小为(2.5 ~ 10) μm ×(4.5 ~ 21) μm。它的形态、构造见图 2 - 6。

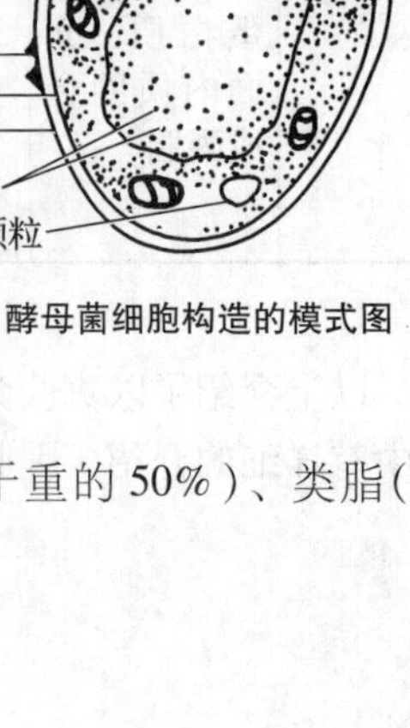

(一) 细胞壁

酵母菌的**细胞壁**厚约 25 nm，质量达细胞干重的 25%，主要成分为"酵母纤维素"，它呈"三明治"状——外层为**甘露聚糖**(mannan)，内层为**葡聚糖**(glucan)，都是分支状聚合物，中间夹着一层蛋白质(包括多种酶，如葡聚糖酶、甘露聚糖酶等)。葡聚糖是赋予细胞壁以机械强度的主要成分。在芽痕周围还有少量几丁质成分。酵母菌的细胞壁可用由 *Helix pomatia*(玛瑙螺)胃液制成的**蜗牛消化酶**水解，从而形成酵母原生质体；此外，这一酶还可用于水解酵母菌的子囊壁，以释放其中的子囊孢子。

(二) 细胞膜

酵母菌的**细胞膜**也是由 3 层结构组成(图 2 - 7)，主要成分为蛋白质(约占干重的 50%)、类脂(约40%)和少量糖类。

线粒体
芽体液泡
芽体
1 μm
细胞核
核膜孔
液泡
液泡膜
芽痕
细胞膜
细胞壁
液泡颗粒
贮藏颗粒

图 2 - 6　酵母菌细胞构造的模式图

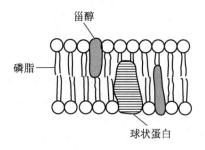

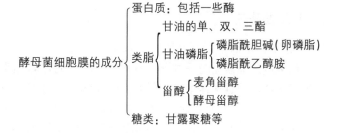

图 2-7 酵母菌细胞膜的 3 层结构

由于酵母菌细胞膜上含有丰富的维生素 D 的前体——**麦角甾醇**(ergosterol),它经紫外线照射后能转化成维生素 D_2,故可作为维生素 D 的来源,例如 *Saccharomyces fermentati*(发酵性酵母)的麦角甾醇含量可达细胞干重的 9.66%。

(三)细胞核

酵母菌具有由多孔核膜包裹起来的定形**细胞核**。用相差显微镜可见到活细胞内的核;如用碱性品红或**吉姆萨染色法**(Giemsa staining)对固定后的酵母菌细胞染色,还可以观察到核内的染色体。酵母菌细胞核是其遗传信息的主要储存库。*S. cerevisiae* 的基因组共由 17 条染色体组成,其全序列已于 1996 年公布,大小为 12.052 Mb,共有 6 500 个基因,这是第一个测出的真核生物基因组序列。

除细胞核含 DNA 外,在酵母菌线粒体、"2 μm 质粒"及少数酵母菌线状质粒中,也含有 DNA。酵母菌线粒体 DNA 呈环状,分子量为 5.0×10^7,比高等动物的大 5 倍,占细胞 DNA 总量的 15% ~ 23%。**2 μm 质粒**(2 μm plasmid)是 1967 年后才在 *S. cerevisiae* 中被发现,是一个位于细胞核内的闭合环状超螺旋 DNA 分子,长约 2 μm(6 kb),故名。一般每个细胞含 60 ~ 100 个,占 DNA 总量的 3%。它的复制受核基因组控制。2 μm 质粒的生物学功能虽不清楚,但却可作为研究基因调控、染色体复制的理想系统,也可作为酵母菌转化的有效**载体**,并由此组建"工程菌"。

(四)其他构造

在成熟的酵母菌细胞中,有一个大型的液泡。在有氧条件下,细胞内会形成许多杆状或球状的线粒体。若生长在缺氧条件下,则只能形成无嵴的、没有氧化磷酸化功能的线粒体。此外,在 *Candida albicans* 等少数酵母菌中还存在微体等细胞器。

三、酵母菌的繁殖方式和生活史

酵母菌繁殖方式多样,它对科学研究、菌种鉴定和菌种选育工作十分重要。现把代表性的繁殖方式表解如下:

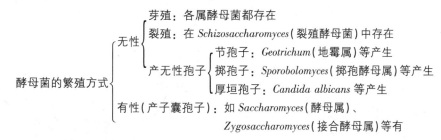

有人把只进行无性繁殖的酵母菌称为"假酵母"或"拟酵母"(pseudo-yeast),而把具有有性生殖的酵母菌称为"真酵母"(euyeast)。

第二章　真核微生物的形态、构造和功能

（一）无性繁殖

1. 芽殖（budding）

芽殖是酵母菌最常见的一种繁殖方式。在良好的营养和生长条件下，酵母菌生长迅速，几乎所有的细胞上都长出芽体，而且芽体上还可形成新的芽体，于是就形成了呈簇状的细胞团。当它们进行一连串的芽殖后，如果长大的子细胞与母细胞不立即分离，其间仅以狭小的面积相连，则这种藕节状的细胞串就称为**假菌丝**（pseudohyphae）；相反，如果细胞相连，且其间的横隔面积与细胞直径一致，则这种竹节状的细胞串就称为**真菌丝**（euhyphae）。

芽体又称**芽孢子**（budding spore），在其形成时，先在母细胞将要形成芽体的部位，通过水解酶的作用使细胞壁变薄，大量新细胞物质包括核物质在内的细胞质堆积在芽体的起始部位上，待逐步长大后，就在与母细胞的交界处形成一块由葡聚糖、甘露聚糖和几丁质组成的隔壁。成熟后，两者分离，于是在母细胞上留下一个**芽痕**（bud scar），而在子细胞上相应地留下了一个**蒂痕**（birth scar）。任何细胞上的蒂痕仅一个，而芽痕有一至十余个，根据芽痕的多少还可测定该细胞的年龄。

2. 裂殖（fission）

少数酵母菌如 *Schizosaccharomyces*（裂殖酵母属）的种类具有与细菌相似的二分裂繁殖方式。

3. 产生无性孢子

少数酵母菌如 *Sporobolomyces*（掷孢酵母属）可在卵圆形营养细胞上长出小梗，其上产生肾形的**掷孢子**（ballistospore）。孢子成熟后，通过一种特有的喷射机制将孢子射出。因此如果用倒置培养皿培养掷孢酵母，待其形成菌落后，可在皿盖上见到由射出的掷孢子组成的模糊菌落"镜像"。有的酵母菌如 *Candida albicans* 等能在假菌丝的顶端产生具有厚壁的**厚垣孢子**（chlamydospore）。还有一些酵母菌如 *Geotrichum*（地霉属）则可让成熟菌丝作竹节状断裂，产生大量的**节孢子**（arthrospore）。

（二）有性繁殖

酵母菌是以形成**子囊**（ascus）和**子囊孢子**（ascospore）的方式进行有性繁殖的。它们一般通过邻近的两个形态相同而性别不同的细胞各自伸出一根管状的原生质突起相互接触、局部融合并形成一条通道，再通过**质配**（plasmogamy）、**核配**（karyogamy）和**减数分裂**（meiosis）形成 4 或 8 个子核，然后它们各自与周围的原生质结合在一起，再在其表面形成一层孢子壁，这样，一个个子囊孢子就成熟了，而原有的营养细胞则成了子囊。

（三）酵母菌的生活史

生活史（life history）又称**生命周期**（life cycle），指上一代生物个体经一系列生长、发育阶段而产生下一代个体的全部过程。存在有性生殖的不同酵母菌的生活史可分为以下 3 类。

1. 营养体既能以单倍体也能以二倍体形式存在

S. cerevisiae 是这类生活史的代表。其特点为：①一般情况下都以营养体状态进行出芽繁殖；②营养体既能以单倍体（*n*）形式存在，也能以二倍体（*2n*）形式存在；③在特定的条件下才进行有性繁殖（图2-8）。

从图2-8中可以见其生活史为：①子囊孢子在合适的条件下发芽产生单倍体营养细胞；②单倍体营养细胞不断地进行出芽繁殖；③两个性别不同的营养细胞彼此接合，在质配后即发生核配，形成二

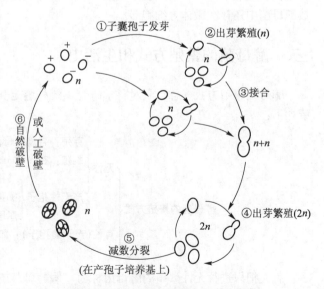

图2-8 *S. cerevisiae*（酿酒酵母）的生活史

倍体营养细胞；④二倍体营养细胞不进行核分裂，而是不断进行出芽繁殖；⑤在以乙酸盐为唯一或主要碳源同时又缺乏氮源等特定条件下，例如在 McClary 培养基、Gorodkowa 培养基、Kleyn 培养基上，或是在石膏块、胡萝卜条上时，二倍体营养细胞最易转变成子囊，这时细胞核才进行减数分裂，并随即形成 4 个子囊孢子；⑥子囊经自然或人工破壁（例如加入**蜗牛消化酶**溶壁或加硅藻土石蜡油进行研磨破壁）后，可释放出其中的子囊孢子。

S. cerevisiae 的二倍体营养细胞因其体积大、生活力强，故可广泛应用于工业生产、科学研究或遗传工程实践中（见第七章）。

2. 营养体只能以单倍体形式存在

Schizosaccharomyces octosporus（八孢裂殖酵母）是这一类型生活史的代表。特点为：①营养细胞为单倍体；②无性繁殖为裂殖；③二倍体细胞不能独立生活，故此期极短。整个生活史可分为 5 个阶段（图 2 – 9）：①单倍体营养细胞借裂殖方式进行无性繁殖；②两个不同性别的营养细胞接触后形成接合管，质配后即发生核配，于是两个细胞连成一体；③二倍体的核分裂 3 次，第一次为减数分裂；④形成 8 个单倍体的子囊孢子；⑤子囊破裂，释放子囊孢子。

3. 营养体只能以二倍体形式存在

Saccharomycodes ludwigii（路德类酵母）是这类生活史的典型。其特点为：①营养体为二倍体，不断进行芽殖，此阶段较长；②单倍体阶段仅以子囊孢子的形式存在，不能进行独立生活；③单倍体的子囊孢子在子囊内发生接合。生活史的具体过程为：①两个不同性别的单倍体子囊孢子在子囊内成对接合，并发生质配和核配；②接合后的二倍体细胞萌发，穿破子囊壁；③二倍体的营养细胞可独立生活，通过芽殖方式进行无性繁殖；④在二倍体营养细胞内的核发生减数分裂，故营养细胞成为子囊，其中形成 4 个单倍体子囊孢子（图 2 – 10）。

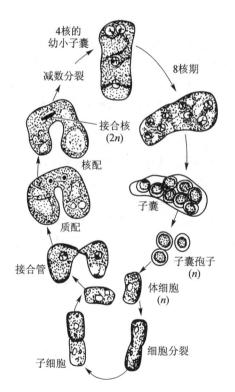

图 2 – 9 *Schizosaccharomyces octosporus*
（八孢裂殖酵母）的生活史

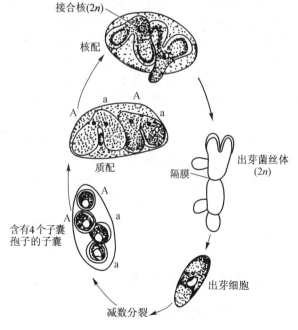

图 2 – 10 *Saccharomycodes ludwigii*（路德类酵母）的生活史

四、 酵母菌的菌落

典型的酵母菌都是单细胞真核微生物，细胞间没有分化。与细菌相比，它们的细胞是属于粗而短的，在固体培养基表面，细胞间也充满着毛细管水，故其**菌落**(colony)与细菌的相仿，一般呈现较湿润、较透明、表面较光滑，容易挑起，菌落质地均匀，正面与反面以及边缘与中央部位的颜色较一致等特点。但由于酵母菌的细胞比细菌的大，细胞内有许多分化的细胞器，细胞间隙含水量相对较少，以及不能运动等特点，故反映在宏观上就产生了较大、较厚、外观较稠和较不透明等有别于细菌的菌落。酵母菌菌落的颜色也有别于细菌，前者颜色比较单调，多以乳白色或矿烛色为主，只有少数为红色，个别为黑色。另外，凡不产假菌丝的酵母菌，其菌落更为隆起，边缘极为圆整；然而，会产生大量假菌丝的酵母菌，则其菌落较扁平，表面和边缘较粗糙。此外，酵母菌的菌落，由于存在乙醇发酵，一般还会散发出一股悦人的酒香味。

第三节　丝状真菌——霉菌

霉菌(mould, mold)是**丝状真菌**(filamentous fungi)的一个俗称，意即"会引起物品霉变的真菌"，通常指那些菌丝体较发达又不产生大型肉质子实体结构的真菌。在潮湿的气候下，它们往往在有机物上大量生长繁殖，从而引起食物、工农业产品的霉变或植物的真菌病害。

一、 霉菌分布及与人类的关系

霉菌分布极其广泛，只要存在有机物的地方就能找到它们的踪迹。它们在自然界中扮演着最重要的有机物分解者的角色，从而把其他生物难以分解利用的数量巨大的复杂有机物如纤维素和木质素等彻底分解转化，成为绿色植物可以重新利用的养料，促进了整个地球上生物圈的繁荣发展。

霉菌与工农业生产、医疗实践、环境保护和生物学基础理论研究等方面都有着密切的关系：①工业上的柠檬酸、葡萄糖酸、L-乳酸等有机酸，淀粉酶、蛋白酶等酶制剂，青霉素、头孢霉素、灰黄霉素等抗生素，核黄素等维生素，麦角碱等生物碱，真菌多糖、γ-亚麻酸或赤霉素等产物的发酵生产；利用 *Absidia*(犁头霉)等对甾体化合物的生物转化以生产甾体激素类药物；利用霉菌在生物防治、污水处理和生物测定等方面的应用等；②在食品制造方面，如酱油、豆豉、腐乳的酿造和干酪的制造等；③在基础理论研究方面，霉菌是良好的实验材料，如 *Neurospora crassa*(粗糙脉孢菌)和 *Aspergillus nidulans*(构巢曲霉)在微生物遗传学研究中的应用等；④大量真菌可引起工农业产品霉变，如食品、纺织品、皮革、木材、纸张、光学仪器、电工器材和照相材料等；⑤是植物最主要的病原菌，引起各种植物的传染性病害，最严重影响作物产量的如马铃薯晚疫病(曾引起 19 世纪中叶爱尔兰的"马铃薯大饥荒")、稻瘟病、玉米黑粉病、大豆锈病和小麦秆锈病等；⑥引起动物和人体传染病，如各种指(趾)甲和皮肤癣症等，据最新报道(2007 年)，以头皮上脂肪为营养的 *Malassezia globosa*(球状鳞斑霉)是造成人类头皮屑症的病原体；另有少部分霉菌可产生毒性很强的真菌毒素，如**黄曲霉毒素**(aflatoxin)等。

二、 霉菌细胞的形态和构造

（一）菌丝及其延伸过程

霉菌营养体的基本单位是**菌丝**(hypha, 复数 hyphae)，其直径通常为 3~10 μm，与酵母菌相似，但比细菌或放线菌的细胞约粗 10 倍。根据菌丝中是否存在隔膜，可把霉菌的菌丝分为无隔菌丝和有隔菌丝两大类，前者为一些 *Mucor*(毛霉属)和 *Rhizopus*(根霉属)等低等真菌所具有，后者为 *Aspergillus*(曲霉属)和 *Peni-*

cillium（青霉属）等高等真菌所具有。通过载片培养等技术，可以较清楚地观察菌丝的形态和构造。

霉菌菌丝细胞的构造与酵母菌类似。但其生长都是由菌丝顶端细胞的不断延伸而实现的。随着顶端不断向前伸展，细胞壁和细胞质的形态、成分都逐渐变化、加厚并趋向成熟（图 2 – 11）。

从图 2 – 11 中可以看出，在菌丝顶端的延伸区和硬化区中，细胞壁的内层是几丁质，外层为蛋白质；在亚顶端部位即次生壁形成区，由内至外分别为几丁质层、蛋白质层和葡聚糖蛋白网层；在成熟区，由内至外相应地为几丁质层、蛋白质层、葡聚糖蛋白网层和葡聚糖层；最后就是隔膜区，它是由菌丝内壁向内延伸而成的环片状构造。但在其他真菌中，有的隔膜环呈封闭状，多为低等真菌在形成繁殖器官或受伤时形成；有的呈单孔状，如各种子囊菌（包括上述的 *N. crassa*）；有的呈多孔状，如 *Geotricum candidum*（白地霉）；等等。

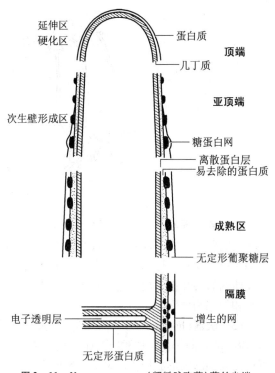

图 2 – 11 *Neurospora crassa*（粗糙脉孢菌）菌丝尖端的成熟过程及细胞壁成分的变化

（二）菌丝体及其各种分化形式

当霉菌孢子落在适宜的基质上后，就发芽生长并产生菌丝。由许多菌丝相互交织而成的一个菌丝集团称**菌丝体**（mycelium，复数 mycelia）。菌丝体分两类：密布在固体营养基质内部，主要执行吸取营养物功能的菌丝体，称**营养菌丝体**（vegetative mycelium）；而伸展到空间的菌丝体，则称**气生菌丝体**（aerial mycelium）。这两类菌丝体在长期的进化中，因其自身的生理功能和对不同环境的高度适应，已明显地发展出各种特化的构造（见表解）。

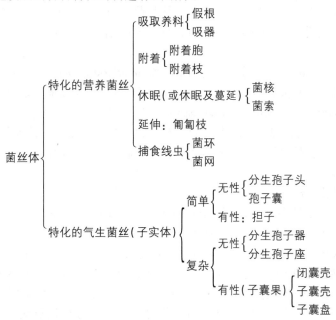

1. 营养菌丝体的特化形态

（1）**假根**（rhizoid） 是 *Rhizopus*（根霉属）等低等真菌匍匐菌丝与固体基质接触处分化出来的根状结构，具有固着和吸取养料等功能（图 2 – 12）。

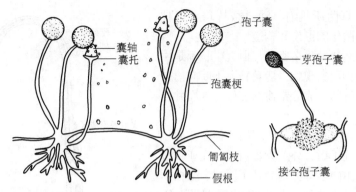

图 2-12 根霉的形态和构造

（2）**匍匐菌丝**（stolon） 又称匍匐枝。毛霉目（Mucorales）真菌在固体基质上常形成与表面平行、具有延伸功能的菌丝，称匍匐菌丝。最典型的可在 *Rhizopus* 中见到（图 2-12）：在固体基质表面的营养菌丝分化为匍匐菌丝，在其上每隔一段距离可长出伸入基质的假根和伸向空间的孢囊梗，随着匍匐菌丝的延伸，不断形成新的假根和孢囊梗，这类真菌会随基质的存在而向四处快速蔓延，不会形成其他真菌中常见的有固定大小和形态的菌落。

（3）**吸器**（haustorium） 由几类专性寄生的真菌如锈菌目（Uredinales）、霜霉目（Peronosporales）和白粉菌目（Erysiphales）等的一些种所产生。吸器是一种只在宿主细胞间隙间蔓延的营养菌丝上分化出来的短枝，它可在侵入细胞内形成指状、球状或丝状的构造，用以吸收宿主细胞内的养料而不使其致死。

（4）**附着胞**（adhesive cell） 许多寄生于植物的真菌在其芽管或老菌丝顶端会发生膨大，分泌黏状物，借以牢固地黏附在宿主的表面，此即附着胞。在其上再形成纤细的针状感染菌丝，以侵入宿主的角质表皮而吸取养料。

（5）**附着枝**（adhesive branch） 若干寄生真菌如 *Asteridiella homalii-angustifolii*（小光壳炱）和 *Irenina*（秃壳炱属）等，由菌丝细胞生出 1~2 个细胞的短枝，将菌丝附着于宿主体上，此即附着枝。

（6）**菌核**（sclerotium） 是一种形状、大小不一的休眠菌丝组织，在不良外界条件下，生命力可保存数年。菌核形状有大有小，大的如茯苓（大如小孩头），小的如油菜菌核（形如鼠粪）。菌核的外层色深、坚硬，内层疏松，大多呈白色。

（7）**菌索**（rhizomorph, funiculus） 菌索一般由伞菌如 *Armillaria mellea*（蜜环菌）等产生，为白色根状菌丝组织，功能为促进菌体蔓延和抵御不良环境。通常可在腐朽的树皮下或地下发现。

（8）**菌环**（ring）和**菌网**（net） 捕虫菌目（Zoopagales）和一些半知菌的菌丝常会分化成圈环或网状的特化菌丝组织，用以捕捉线虫或其他微小动物，然后进一步从这类环或网上生出菌丝侵入线虫等体内，吸收养料。线虫是生存于土壤中危害植物根部并影响作物生长和产量的有害动物，种类很多（约有 2.5 万种），用真菌防治线虫将有良好前景。

2. 气生菌丝体的特化形态

气生菌丝体主要特化成各种形态的**子实体**（fruiting body，sporocarp，fructification）。子实体是指在其里面或上面可产无性或有性孢子，有一定形状和构造的任何菌丝体组织。

（1）结构简单的子实体 产生无性孢子的简单子实体有几种类型。常见的如 *Aspergillus*（曲霉属）或 *Penicillium*（青霉属）等的**分生孢子头**（或分生孢子穗，conidial head，图 2-13），*Rhizopus* 和 *Mucor* 等的**孢子囊**（sporangium）等（见图 2-12）。产生有性孢子——担孢子的简单子实体如担子菌的**担子**（basidium）。

（2）结构复杂的子实体 产无性孢子的结构复杂的子实体有**分生孢子器**（pycnidium）、**分生孢子座**（sporodochium）和**分生孢子盘**（acervulus）等结构。分生孢子器是一个球形或瓶形结构，在其内壁表面或底部长有极短的分生孢子梗，梗上产分生孢子（图 2-14a）。另有很多真菌，其分生孢子梗紧密聚集成簇，分生孢子长在梗的顶端，形成垫状，称分生孢子座（2-14b），它是瘤座孢科（Tuberculariaceae）真菌的共同特征。

而分生孢子盘则是一种在宿主的角质层或表皮下，由分生孢子梗簇生在一起而形成的盘状结构，有时其中还夹杂着刚毛（图2-14c）。

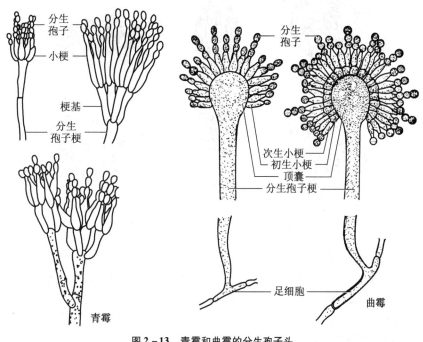

图2-13 青霉和曲霉的分生孢子头

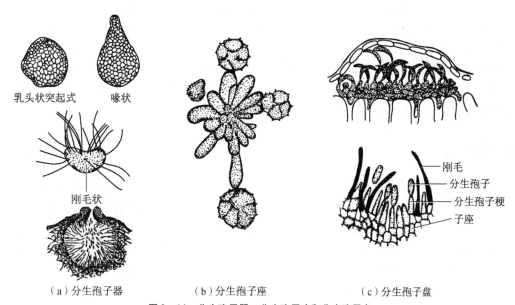

（a）分生孢子器　　　（b）分生孢子座　　　（c）分生孢子盘

图2-14 分生孢子器、分生孢子座和分生孢子盘

在子囊菌中，能产有性孢子的、结构复杂的子实体，称为**子囊果**（ascocarp）。在子囊和子囊孢子发育过程中，从原来的雌器和雄器下面的细胞上生出许多菌丝，它们有规律地将产囊菌丝包围，于是就形成了有一定结构的子囊果。子囊果按其外形可分3类（图2-15）：①**闭囊壳**（cleistothecium），为完全封闭式，呈圆球形，它是不整囊菌纲（Plectomycetes），例如部分 *Aspergillus* 和 *Penicillium* 所具有的特征；②**子囊壳**（perithecium），其子囊果似烧瓶形，有孔口，它是核菌纲（Pyrenomycetes）真菌的典型特征；③**子囊盘**（apothecium），指开口的、盘状的子囊果，它是盘菌纲（Discomycetes）真菌的特有构造。

第二章 真核微生物的形态、构造和功能

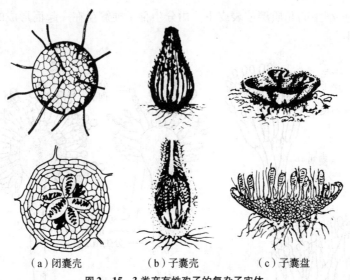

|（a）闭囊壳|（b）子囊壳|（c）子囊盘|

图2-15 3类产有性孢子的复杂子实体

担子菌的子实体称担子果，它是高等担子菌产生子实层（担子及担孢子等）的一种高度组织化结构。形状多样，可分三型：①裸果型，子实层暴露在外，如非褶菌目（Aphyllophorales）；②半被果型，子实层先是封闭，后因子实体开裂而暴露于外，如伞菌目（Agaricales）；③被果型，子实层包在子实体内，孢子只有在担子果分解或破裂才释放，如马勃目（Lycoperdales）。这三类真菌即常见的多孔菌类、伞菌类和腹菌类。

3. 菌丝体在液体培养时的特化形态

真菌在液体培养基中进行通气搅拌或振荡培养时，往往会产生**菌丝球**（mycelium pellet）的特殊构造。这时，菌丝体相互紧密纠缠形成颗粒，均匀地悬浮于培养液中，有利于氧的传递以及营养物和代谢产物的输送，对菌丝的生长和代谢产物形成有利。例如，用 *A. niger*（黑曲霉）的高产菌株进行柠檬酸发酵或对 *Agaricus bisporus*（双孢蘑菇）进行液体培养时最易见到菌丝球。又如，在青霉素产生菌 *Penicillium chrysogenum*（产黄青霉）进行深层液体培养时，发现菌丝形态对青霉素产量有明显的影响：当细胞壁几丁质酶（CHS4）活力高时，会促使菌丝体变短、膨胀、分支增多，随之出现青霉素产量的提高。

三、 真菌的孢子

真菌的繁殖能力极强，主要通过产生大量的无性孢子或有性孢子来完成。真菌**孢子**（spore）的特点是小、轻、干、多，以及形态色泽各异，休眠期长和有较强的抗逆性。孢子的形态有球形、卵形、椭圆形、肾形、线形、礼帽形、土星形、针形和镰刀形等。每个个体产生的孢子数极多，从数百个至数千亿个都有。孢子的这些特点，都有助于它们在自然界中的散播和生存。但对人类来说，既有造成杂菌污染，工农业产品霉变和传播动、植物病害等的不利影响，也有有利于接种、扩大培养，以及菌种的选育、鉴定和保藏等的作用。

现将真菌孢子的类型和特点列在表2-5中。

四、 霉菌的菌落

霉菌的**菌落**（colony）有明显的特征，外观上很易辨认。它们的菌落形态较大，质地疏松，外观干燥，不透明，呈现或松或紧的蛛网状、绒毛状、棉絮状或毡状；菌落与培养基间的连接紧密，不易挑取，菌落正面与反面的颜色、构造，以及边缘与中心的颜色、构造常不一致等。菌落的这些特征都是细胞（菌丝）特征在宏观上的反映。由于霉菌的细胞呈丝状，在固体培养基上生长时又有营养菌丝和气生菌丝的分化，而气生菌丝间没有毛细管水，故它们的菌落必然与细菌或酵母菌的不同，较接近放线菌。

表 2-5　真菌孢子的类型、主要特点和代表种属

孢子名称		染色体倍数*	外形	数量	外或内生	其他特点	实例
无性孢子	游动孢子	n	圆、梨、肾形	多	内	有鞭毛，能游动	壶菌
	孢囊孢子	n	近圆形	多	内	水生型有鞭毛	根霉，毛霉
	分生孢子	n	极多样	极多	外	少数为多细胞	曲霉，青霉
	节孢子	n	柱形	多	外	各孢子同时形成	白地霉
	厚垣孢子	n	近圆形	少	外	在菌丝顶或中间形成	总状毛霉
	芽孢子	n	近圆形	较多	外	在酵母细胞上出芽形成	假丝酵母
	掷孢子	n	镰、豆、肾形	少	外	成熟时从母细胞射出	掷孢酵母
有性孢子	卵孢子	$2n$	近圆形	1 至几	内	厚壁，休眠	德氏腐霉
	接合孢子	$2n$	近圆形	1	内**	厚壁，休眠，大，深色	根霉，毛霉
	子囊孢子	n	多样	一般 8	内	长在各种子囊内	脉孢菌，红曲
	担孢子	n	近圆形	一般 4	外	长在特有的担子上	蘑菇，香菇

* n 为单倍体，$2n$ 为二倍体。
** 根据近代超微结构的研究，发现接合孢子是在接合孢子囊中形成的，应属内生孢子。

菌落正反面颜色呈现明显差别，其原因是由气生菌丝分化出来的子实体和孢子的颜色往往比深入在固体基质内的营养菌丝的颜色深；而菌落中心与边缘的颜色、结构不同，则是因为越接近菌落中心的气生菌丝其生理年龄越大，发育分化和成熟也越早，故颜色比菌落边缘尚未分化的气生菌丝要深，结构也更为复杂了。

菌落的特征是鉴定霉菌等各类微生物的重要形态学指标，在实验室和生产实践中有着重要的意义。现将细菌、放线菌、酵母菌和霉菌这四大类微生物的细胞和菌落形态等特征作一比较，以利识别和应用（表 2-6）。

表 2-6　四大类微生物的细胞形态和菌落特征的比较

菌落特征			单细胞微生物		菌丝状微生物	
			细菌	酵母菌	放线菌	霉菌
主要特征	菌落	含水状态	很湿或较湿	较湿	干燥或较干燥	干燥
		外观形态	小而凸起或大而平坦	大而凸起	小而紧密	大而疏松或大而致密
	细胞	相互关系	单个分散或有一定排列方式	单个分散或假丝状	丝状交织	丝状交织
		形态特征	小而均匀*，个别有芽孢	大而分化	细而均匀	粗而分化
参考特征		菌落透明度	透明或稍透明	稍透明	不透明	不透明
		菌落与培养基结合程度	不结合	不结合	牢固结合	较牢固结合
		菌落颜色	多样	单调，一般呈乳脂或矿烛色，少数红色或黑色	十分多样	十分多样
		菌落正反面颜色的差别	相同	相同	一般不同	一般不同
		菌落边缘**	一般看不到细胞	可见球状、卵圆状或假丝状细胞	有时可见细丝状细胞	可见粗丝状细胞
		细胞生长速度	一般很快	较快	慢	一般较快
		气味	一般有臭味	多带酒香味	常有泥腥味	往往有霉味

* "均匀"指在高倍镜下看到的细胞只是均匀一团；而"分化"指可看到细胞内部的一些模糊结构。
** 用低倍镜观察。

第四节　产大型子实体的真菌——蕈菌

　　蕈菌（mushroom）又称伞菌，也是一个通俗名称，通常是指那些能形成大型肉质子实体的真菌，包括大多数担子菌类和极少数的子囊菌类。从外表来看，蕈菌不像微生物，因此过去一直是植物学的研究对象，但从其进化历史、细胞构造、早期发育特点、各种生物学特性和研究方法等多方面来考察，都可证明它们与其他典型的微生物——显微真菌却完全一致。事实上，若将其大型子实体理解为一般真菌菌落在陆生条件下的特化与高度发展形式，则蕈菌就与其他真菌无异了。

　　蕈菌广泛分布于地球各处，在森林落叶地带更为丰富。它们与人类的关系密切，全球可供食用的种类就有2 000多种（我国有1 500余种），目前已鉴定的**食用菌**（edible mushroom）已有981种，其中92种已驯化，62种已能进行人工栽培（2006年），如常见的双孢蘑菇、木耳、银耳、香菇、平菇、草菇、金针菇和竹荪等；新品种有杏鲍菇、珍香红菇、柳松菇、茶树菇、阿魏菇、榆黄蘑、真姬菇、蟹味菇、白玉菇、白灵菇、大球盖菇（赤松茸）、松露、黑鸡枞和羊肝菌等；还有许多种可供药用，例如灵芝、云芝、马勃、茯苓和猴头等；少数有毒或引起木材朽烂的种类则对人类有害。毒蕈在我国有100多种，其中20种威胁生命，10种有剧毒，如有"四大剧毒蘑菇"之称的致命白毒伞、灰花纹鹅膏、黄盖鹅膏（百色变种）和毒鹅膏，以及红网牛肝、凤梨小牛肝、柠檬黄伞、黄褐丝盖伞、死帽菇和毒蝇蕈等。概括地说，世界上最毒的蕈菌都隐藏在3个属，即鹅膏属、盔孢属和环柄菇属中。我国的真菌资源虽很丰富，但若不严加保护，滥伐（森林）、滥采，将使某些种类濒临绝迹的危险，如冬虫夏草、蒙古口蘑和松茸等。

　　蕈菌一直被认为是"化腐朽为神奇"的生物，食用菌产业已被证明是"五不争"的产业（不与人争粮，不与粮争地，不与地争肥，不与农争时，不与其他行业争资源），从而使食用菌成了我国继粮、棉、油、果、菜后的第六大农产品，并使我国一跃成为全球第一食用菌生产和出口大国（2015年产量超过3 476万t，约占世界产量的70%）。

　　在蕈菌的发育过程中，其菌丝的分化可明显地分成5个阶段。①形成一级菌丝：担孢子（basidiospore）萌发，形成由许多单核细胞构成的菌丝，称一级菌丝。②形成二级菌丝：不同性别的一级菌丝发生接合后，通过质配形成了由双核细胞构成的二级菌丝，它通过独特的**"锁状联合"**（clamp connection，图2-16a），即形成喙状突起而连合两个细胞的方式不断使双核细胞分裂，从而使菌丝尖端不断向前延伸。③形成三级

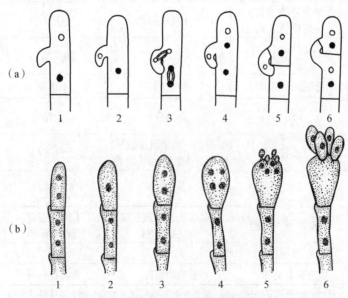

图2-16　锁状联合（a）和担孢子的形成（b）

菌丝：到条件合适时，大量的二级菌丝分化为多种菌丝束，即为三级菌丝。④形成子实体：菌丝束在适宜条件下会形成菌蕾，然后再分化、膨大成大型子实体。⑤产生担孢子：子实体成熟后，双核菌丝的顶端膨大，其中的两个核融合成一个新核，此过程称核配。新核经两次分裂（其中有一次为减数分裂），产生 4 个单倍体子核，最后在担子细胞的顶端形成 4 个独特的有性孢子，即担孢子（图 2－16b）。

锁状联合过程可见图 2－16a：①双核菌丝的顶端细胞开始分裂时，在其两个细胞核间的菌丝壁向外侧生一喙状突起，并逐步伸长和向下弯曲；②两核之一进入突起中；③两核同时进行一次有丝分裂，结果产生 4 个子核；④在 4 个子核中，来自突起中的两核，其一仍留在突起中，另一则进入菌丝尖端；⑤在喙状突起的后部与菌丝细胞交界处形成一个横隔，在第二、三核间也形成一横隔，于是形成了 3 个细胞——一个位于菌丝顶端的双核细胞、接着它的另一个单核细胞和由喙状突起形成的第三个单核细胞；⑥喙状突起细胞的前端与另一单核细胞接触，进而发生融合，接着喙状突起细胞内的一个单核顺道进入，最终在菌丝上就增加了一个双核细胞。

蕈菌的最大特征是形成形状、大小、颜色各异的大型肉质、革质或木栓质等子实体。有的蕈菌有超大的子实体，例如，2003 年 8 月，在我国江西萍乡武功山上发现一株硕大的南方灵芝（*Ganoderma australe*），其子实体的湿重达 115 kg。典型的蕈菌，其子实体是由顶部的菌盖（包括表皮、菌肉和菌褶）、中部的菌柄（常有菌环和菌托）和基部的菌丝体 3 部分组成（图 2－17）。有一类毒性极强，仅一个小个体就足以置人死地的毒鹅膏（*Amanita* sp.），因它们的菌盖、菌柄和基部菌丝特征明显，故一句顺口溜——"头上戴帽子、腰上系裙子、脚上穿靴子"有助于人们的识别，避免误食。

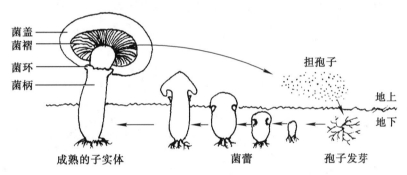

图 2－17 蕈菌的典型构造

复习思考题

1. 试列表比较真核生物和原核生物的 10 个主要差别。
2. 试对"9＋2"型鞭毛的构造和功能作一表解。
3. 试列表比较真核生物的各种细胞器在形态、构造、数量和功能方面的差别。
4. 试总结酵母菌的 5 个特点，并列出各个特点的例外。
5. 试图示并用文字说明酵母菌的模式构造。
6. 试用表解法比较酵母菌细胞壁与细胞膜成分的不同。
7. 试对酵母菌的繁殖方式作一表解。
8. 试图示酿酒酵母的生活史，并对其中各主要过程作一简述。
9. 以粗糙脉孢菌为例，简述菌丝延伸及其成熟过程中细胞壁成分的变化。
10. 试以表解法介绍霉菌的营养菌丝和气生菌丝各可分化成哪些特化构造，并简要说明它们的功能。
11. 试列表比较真菌孢子的类型、主要特点和代表种属。
12. 试列表比较四大类微生物的细胞形态和菌落特征。

13. 为何现代学术界总是把蕈菌作为微生物学的研究对象，而不是植物学的研究对象？

14. 什么是锁状联合？其生理意义如何？试图示其过程。

15. 试列表比较细菌、放线菌、酵母菌和霉菌细胞壁成分的异同，并提出制备相应原生质体的酶或试剂。

16. 请简单综述一下蕈菌的分类地位、已记载种数、食用和药用种类的数目、食用菌产业的优势和我国有关研究生产概况等信息。

数字课程资源

📖 本章小结　　📋 重要名词

第三章 病毒和亚病毒因子

病毒(virus)是在19世纪末才被发现的一类微小的具有部分生命特征的分子病原体。随着研究的深入，现代病毒学家已把病毒这类非细胞生物分成真病毒(euvirus，简称病毒)和亚病毒因子(subviral agent)两大类。

非细胞生物 { 真病毒：至少含有核酸和蛋白质两种组分
亚病毒因子 { 类病毒：只含具有独立侵染性的RNA组分
拟病毒：只含不具独立侵染性的RNA组分
卫星病毒：与真病毒伴生的缺陷病毒
卫星RNA：只含与侵染无关的RNA组分
朊病毒：只含单一蛋白质组分

第一节 病 毒

病毒(virus)是一类由核酸和蛋白质等少数几种成分组成的超显微"非细胞生物"，其本质是一类含DNA或RNA的特殊遗传因子。与质粒等一般遗传因子不同的是，病毒是一类能以感染态和非感染态两种形式存在的病原体，它们既可通过感染宿主并借助其代谢系统大量复制自己，又可在离体条件下，以生物大分子状态长期保持其感染活性。

具体地说，病毒的特性有：①形体极其微小，一般都能通过细菌滤器，故必须在电镜下才能观察；②没有细胞构造，其主要成分仅为核酸和蛋白质两种，故又称"分子生物"；③每一种病毒只含一种核酸，不是DNA就是RNA；④既无产能酶系，也无蛋白质和核酸合成酶系，只能利用宿主活细胞内已有的代谢系统合成自身的核酸和蛋白质组分；⑤以核酸和蛋白质等"元件"的装配实现其大量增殖；⑥在离体条件下，能以无生命的生物大分子状态存在，并可长期保持其侵染活力；⑦对一般抗生素不敏感，但对干扰素敏感；⑧有些病毒的核酸还能整合到宿主的基因组中，并诱发潜伏性感染。

由于病毒是专性活细胞内的寄生物，因此，凡在有细胞的生物生存之处，都有与其相对应的病毒存在，这就是病毒种类多样性的原因。至今，从人类、脊椎动物、昆虫和其他无脊椎动物、植物，直至真菌、细菌、古菌、放线菌和蓝细菌等各种生物中，都发现有不同种相应的病毒存在。至今已记载过的病毒数，估计已有7 000种(株)左右。

病毒与人类的关系密切，至今人类和许多有益动物的疑难疾病和威胁性最大的传染病几乎都是病毒病，近年来还发现多种致癌病毒(如引起人宫颈癌的人乳头瘤病毒HPV)；发酵工业中的噬菌体(细菌病毒)污染会严重危及生产；许多侵染有害生物的病毒则可制成生物防治剂而用于生产实践；此外，许多病毒还是生物学基础研究和基因工程中的重要材料或工具(见本章第三节)。

一、病毒的形态、构造和化学成分

（一）病毒的大小

绝大多数的病毒都是能通过细菌滤器的微小颗粒，它们的直径多数在100 nm(20～200 nm)上下，因此，可粗略地记住病毒、细菌和真菌这3类微生物个体直径比约为1∶10∶100。观察病毒的形态和精确测定其大小，必须借助电镜。过去认为最大的病毒是直径为200 nm的牛痘苗病毒(smallpox)，后陆续被直径达400 nm的似菌病毒(mimivirus，2003年法国学者在变形虫体内发现，DNA为80万bp)和另一种海洋原生动物病毒(2010年加拿大学者发现，含73万bp)所取代；2011年10月，《美国科学院院报》(*PNAS*)又报道在智利近海中，发现了迄今为止世界上最大的病毒——*Megavirus chilensis*(智利巨病毒)，球形，直径680 nm，属DNA病毒(126万bp)。最小病毒之一是环形病毒科的猪圆环病毒(PCV)和长尾鹦鹉喙羽病毒(PBFDV)，直径均仅17 nm，与其同科的鸡贫血病毒的直径为22 nm，此外，还有脊髓灰质炎病毒(polio virus)，其直径为28 nm。

（二）病毒的形态

1. 典型病毒粒的构造

由于病毒是一类非细胞生物体，故单个病毒不能称作"单细胞"，这样就产生了**病毒粒**或**病毒体**(virion)这个名词。病毒粒有时也称病毒颗粒或**病毒粒子**(virus particle)，专指成熟的、结构完整的和有感染性的单个病毒。病毒粒的基本成分是核酸和蛋白质。核酸位于它的中心，称为**核心**(core)或**基因组**(genome)，蛋白质包围在核心周围，形成了**衣壳**(capsid)。衣壳是病毒粒的主要支架结构和抗原成分，有保护核酸等作用。衣壳是由许多在电镜下可辨别的形态学亚单位(subunit)——**衣壳粒**(capsomere或capsomer)所构成。核心和衣壳合称**核衣壳**(nucleocapsid)，它是任何病毒(指"真病毒")都具有的基本结构。有些较复杂的病毒(一般为动物病毒，如流感病毒)，其核衣壳外还被一层含蛋白质或糖蛋白的类脂双层膜覆盖着，这层膜称为**包膜**(envelope)。包膜中的类脂来自宿主的细胞膜。有的包膜上还长有**刺突**(spike)等附属物。包膜的有无及其性质与该病毒的宿主专一性和侵入等功能有关。病毒粒的模式构造见图3-1。

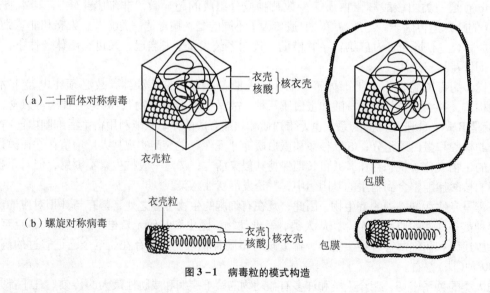

（a）二十面体对称病毒

（b）螺旋对称病毒

图3-1　病毒粒的模式构造

2. 病毒粒的对称体制

病毒粒的对称体制只有两种，即螺旋对称和二十面体对称(等轴对称)。另一些结构较复杂的病毒，实质上是上述两种对称相结合的结果，故称作复合对称。若干代表性病毒的对称体制可见以下表解：

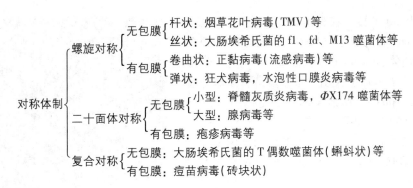

$$
\text{对称体制}
\begin{cases}
\text{螺旋对称}
\begin{cases}
\text{无包膜}
\begin{cases}
\text{杆状：烟草花叶病毒（TMV）等} \\
\text{丝状：大肠埃希氏菌的 f1、fd、M13 噬菌体等}
\end{cases} \\
\text{有包膜}
\begin{cases}
\text{卷曲状：正黏病毒（流感病毒）等} \\
\text{弹状：狂犬病毒，水泡性口膜炎病毒等}
\end{cases}
\end{cases} \\
\text{二十面体对称}
\begin{cases}
\text{无包膜}
\begin{cases}
\text{小型：脊髓灰质炎病毒，} \Phi\text{X174 噬菌体等} \\
\text{大型：腺病毒等}
\end{cases} \\
\text{有包膜：疱疹病毒等}
\end{cases} \\
\text{复合对称}
\begin{cases}
\text{无包膜：大肠埃希氏菌的 T 偶数噬菌体（蝌蚪状）等} \\
\text{有包膜：痘苗病毒（砖块状）}
\end{cases}
\end{cases}
$$

3. 病毒的群体形态

病毒粒虽是无法用光镜观察的亚显微颗粒，但当它们大量聚集并使宿主细胞发生病变时，就形成了具有一定形态、构造并能用光镜加以观察和识别的特殊"群体"，例如动、植物细胞中的病毒**包含体**（inclusion body）；有的还可用肉眼观察，例如由噬菌体在菌苔上形成的"负菌落"即**噬菌斑**（plaque），由动物病毒在宿主单层细胞培养物上形成的**空斑**（plaque），由植物病毒在植物叶片上形成的**枯斑**（lesion，病斑），以及昆虫病毒在宿主细胞内形成的多角体等。病毒的这类"群体形态"有助于对病毒的分离、纯化、鉴别和计数等许多实际工作。

（三）3 类典型形态的病毒及其代表

1. 螺旋对称的代表——烟草花叶病毒

烟草花叶病毒简称 TMV（tobaco mosaic virus），是一种在病毒学发展史各阶段都有重要影响的模式植物病毒，例如，1892 年，俄国植物病理学家 D. Ivanovsky 最先研究烟草花叶病的病原体，认为它是一种能通过细菌滤器的"活的液体"；1898 年，荷兰学者 M. W. Bcijerinck 认为它是一种"传染性的活性液体"或称 virus（病毒）；1935 年，美国学者 W. Stanley 获得了 TMV 的结晶（核蛋白），由此大大推动了病毒学、病毒生物化学和分子生物学的发展。从形态和构造来看，它可作为螺旋对称的典型代表（图 3 – 2）。

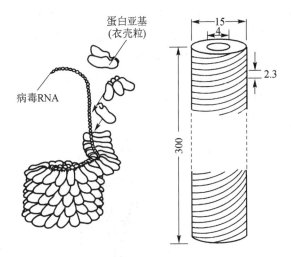

图 3 – 2　烟草花叶病毒的模式构造（单位为 nm）

TMV 外形呈直杆状，长 300 nm，宽 15 nm，中空（内径为 4 nm）。由 95% 衣壳蛋白和 5% 单链 RNA（ssRNA）组成。衣壳含 2 130 个皮鞋状的蛋白亚基即衣壳粒。每个亚基含 158 个氨基酸，分子量为 1.75×10^4。亚基以逆时针方向作螺旋状排列，共围 130 圈（每圈长 2.3 nm，有 16.33 个亚基）。ssRNA 由 6 390 个核苷酸构成，分子量为 2×10^6，它位于距轴中心 4 nm 处以相等的螺距盘绕于蛋白质外壳内，每 3 个核苷酸与 1 个蛋白亚基相结合，因此，每圈为 49 个核苷酸。

由于其核酸有合适的蛋白质衣壳包裹和保护，故结构十分稳定，甚至在室温下放置 50 年后仍不丧失其侵染力。

2. 二十面体对称的代表——腺病毒

腺病毒（Adenovirus）是一类动物病毒，1953 年首次从手术切除的小儿扁桃体中分离到，至今已发现有 100 余种，能侵染哺乳动物或禽类等动物。主要侵染呼吸道、眼结膜和淋巴组织，是急性咽炎、眼结膜炎、流行性角膜结膜炎和病毒性肺炎等的病原体。

腺病毒的外形呈球状，实质上却是一典型的二十面体。没有包膜，直径为 70～80 nm（图 3 – 3）。它有

12 个角、20 个面和 30 条棱。衣壳由 252 个衣壳粒组成，包括称作**五邻体**（penton）的衣壳粒 12 个（分布在 12 个顶角上），以及称作**六邻体**（hexon）的衣壳粒 240 个（均匀分布在 20 个面上）。每个五邻体上突出一根末端带有**顶球**的蛋白纤维，称为**刺突**（spike）。腺病毒的核心是由 36 500 bp（碱基对）的线状双链 DNA（dsDNA）构成。

在实验室中，腺病毒只能培养在人的组织细胞上，如羊膜细胞和 **HeLa 细胞**[①]上，尤其适宜生长于人胎肾组织细胞上。腺病毒在宿主的细胞核中进行增殖和装配，并可在宿主细胞内形成包含体。

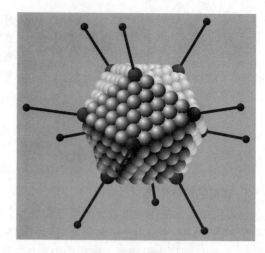

图 3-3　腺病毒的结构模型

3. 复合对称的代表——T 偶数噬菌体

E. coli 的 **T 偶数**（even type）噬菌体共有 3 种，即 T2、T4 和 T6。它们是病毒学和分子遗传学基础理论研究中的极好材料。由于它们的结构极其简单，因此是人类研究得最为透彻的生命对象之一。

由图 3-4 可知，T4 由**头部**（head）、**颈部**（neck）和**尾部**（tail）3 部分构成。由于头部呈二十面体对称而尾部呈螺旋对称，故是一种复合对称结构。其头部长 95 nm，宽 65 nm，在电镜下呈椭圆形二十面体，衣壳由 8 种蛋白质组成，总含量占 76%~81%，它们由 212 个直径为 6 nm 的衣壳粒组成。头部内藏有由线状 dsDNA 构成的核心，长度约 50 μm，为其头长的 650 倍，由 1.7×10^5 bp 构成。头、尾相连处有一构造简单的颈部，包括颈环和颈须 2 部分。颈环为一六角形的盘状构造，直径 37.5 nm，其上长有 6 根颈须，用以裹住吸附前的尾丝。尾部由**尾鞘**（tail shealth）、**尾管**（tail tube）、**基板**（base plate）、**刺突**（tail pin）和**尾丝**（tail fiber）5 部分组成。尾鞘长 95 nm，是一个由 144 个分子量各为 5.5×10^4 的衣壳粒缠绕而成的 24 环螺旋。尾管长 95 nm，直径为 8 nm，其中央孔道直径为 2.5~3.5 nm，是头部核酸（基因组）注入宿主细胞时的必经之

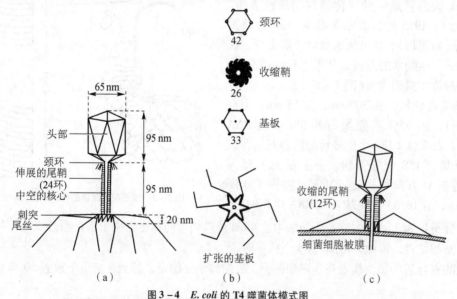

图 3-4　*E. coli* 的 T4 噬菌体模式图

（a）游离的噬菌体粒子；（b）尾部的 4 处横切面；（c）尾鞘收缩和尾管穿入细菌细胞壁

---

①　HeLa 细胞：由美国学者于 1951 年从该国一患宫颈癌并于 31 岁去世的黑人妇女 Henrietta Lacks 的病理部位分离到，它不仅容易培养，且生长速度快（20 h 分裂 1 次），故不仅是一个良好的癌细胞模型，也被广泛用于病毒的培养中（至今发表有关论文超过 6 万篇，培养细胞超过 5 000 万 t）。

路。尾管亦由24环螺旋组成，恰与尾鞘上的24个螺旋环相对应。基板与颈环一样，为一有中央孔的六角形盘状物，直径为3.5 nm，上长6个刺突和6根尾丝。刺突长为20 nm，有吸附功能。尾丝长140 nm，折成等长的两段，直径仅2 nm。它由两种分子量较大的蛋白质和4种分子量较小的蛋白质分子构成，能专一地吸附在敏感宿主细胞表面的相应受体上。

T4通过尾丝吸附于宿主 *E. coli* 表面。吸附后，由于基板受到构象上的刺激，中央孔道开放，释放**溶菌酶**并水解部分细胞壁，接着尾鞘蛋白收缩，把尾管插入宿主细胞中。

（四）病毒的核酸

核酸构成了病毒的**基因组**(genome)，它是病毒粒中最重要的成分，具有遗传信息的载体和传递体的作用。病毒核酸的种类很多，是病毒系统分类中最可靠的分子基础，主要有以下几个指标：①是DNA还是RNA；②是单链(single strand，ss，或称单股)还是双链(double strand，ds，或称双股)；③呈线状还是环状；④是闭环还是缺口环；⑤基因组是单分子、双分子、三分子还是多分子；⑥核酸的碱基(b，base)或碱基对(base pair，bp)数；⑦核苷酸序列等。现将若干有代表性病毒的核酸类型列在表3-1中。

表3-1　若干有代表性病毒的核酸类型

核酸类型			病毒代表		
			动物病毒	植物病毒	微生物病毒
DNA	ssDNA	线状	细小病毒 H-1(5 176 bp)等	玉米条纹病毒等	核盘菌 SsHADV-1 病毒
		环状	待发现	待发现	*E. coli* 的 φX174 (3 586 b)、fd 和 M13 噬菌体等
	dsDNA	线状	单纯疱疹病毒(1 型，152 260 bp)和腺病毒等	待发现	*E. coli* 的 T 系(T4 为 168 903 bp)和 λ(48 514 bp)噬菌体等
		环状	猿猴病毒40(SV40，5 243 bp)等	花椰菜花叶病毒(8 025 bp)等	铜绿假单胞菌的 PM2 噬菌体等
RNA	ssRNA	线状	脊髓灰质炎病毒(7 433 bp)、人类免疫缺陷病毒（HIV）等	豇豆花叶病毒(两个不同分子共 9 370 bp)和 TMV 等	*E. coli* 的 MS2、RNA 噬菌体和 Qβ 噬菌体等
	dsRNA	线状	呼肠孤病毒(3 型，10 个不同分子共 23 549 bp)和昆虫质型多角体病毒等	玉米矮缩病毒和植物伤流病毒等	各种真菌病毒及假单胞菌的 φ6 噬菌体等

由表3-1可知，病毒的核酸类型也是呈多样性的。历史证明，表中暂时还属空缺的核酸类型，有可能在不久的将来得到一一填补，这种情况，有点类似于元素周期表被发现的前夕。总的说来，动物病毒以线状的dsDNA和ssRNA为多，植物病毒以线状ssRNA为主，噬菌体以线状的dsDNA居多，已往已详细研究过的33种真菌病毒虽都属线状dsRNA病毒，但我国学者的最新研究却发现，在 *Sclerotinia sclerotiorum*（核盘菌）中已首次找到了ssDNA病毒(SsHADV-1，见2010年5月 *PNAS*)。

二、病毒的分类

病毒的种类繁多，但却结构简单。20世纪50年代前，主要以其宿主(包括不同组织、器官)和引起疾病的症状进行粗浅分类，命名也十分混乱。1961年，Looper建议按病毒的核酸特性作为主要分类指标。1966年，各国病毒分类学者共同建立了国际病毒命名委员会(ICNV)，1973年更名为国际病毒分类委员会(ICTV)，一致商定以此作为国际公认的病毒的分类和命名的权威机构。该委员会自1971年发布第一次报告起，至2012年共出版了9个报告。在其第9次报告中，把病毒分为6目、87科、19亚科、

349 属、2 284 种(含类病毒)。其中 6 目分别为：①有尾噬菌体目(*Candovirales*)；②单组分负义 RNA 病毒目(*Mononegavirales*)；③成套病毒目(*Nidovirales*)；④小 RNA 病毒目(*Picornavirales*)；⑤芜菁黄化叶病毒目(*Tymovirales*)；⑥疱疹病毒目(*Herpesvirales*)。此外，在亚病毒因子中，除类病毒外，其他的亚病毒侵染因子均不设科和属。

病毒的命名规则由 ICTV 于 1998 年制订，其命名的规则与细菌不同，例如病毒的学名不再采用拉丁文双名法，而是采用英文或英文化的拉丁词(种加词在前，属名在后)，只用单名，用斜体字母书写(如用通俗名称则仍用正体)；目、科、亚科和属名也用斜体字母书写，其后缀分别用拉丁词"-*virales*"、"-*viridae*"、"-*virinae*"和"-*virus*"表示；类病毒的科名和属名的词尾则分别为"*viroidae*"和"*viroid*"。凡作为某科或某属的"暂定成员"，则其英文名称只能用正体字书写。

现把在病毒分类鉴定中的一些常用指标表解如下。

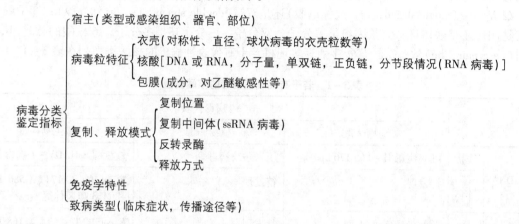

以下对若干主要病毒(30 科 1 属)按其核酸类型、单双链、包膜有无、衣壳对称方式和宿主类型作一简明表解。

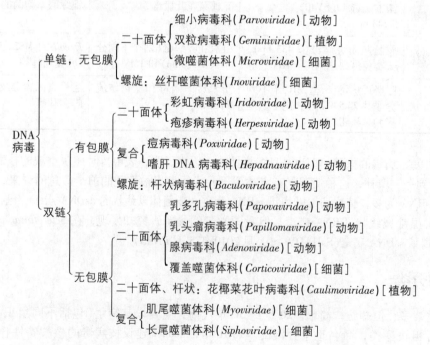

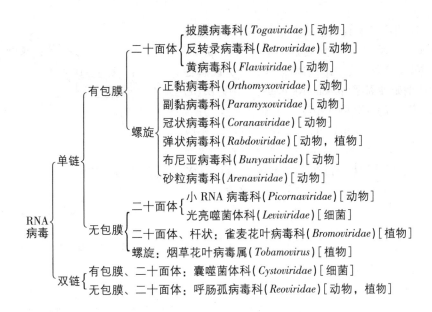

RNA
病毒
├ 单链
│ ├ 有包膜
│ │ ├ 二十面体
│ │ │ ├ 披膜病毒科(*Togaviridae*)[动物]
│ │ │ ├ 反转录病毒科(*Retroviridae*)[动物]
│ │ │ └ 黄病毒科(*Flaviviridae*)[动物]
│ │ └ 螺旋
│ │   ├ 正黏病毒科(*Orthomyxoviridae*)[动物]
│ │   ├ 副黏病毒科(*Paramyxoviridae*)[动物]
│ │   ├ 冠状病毒科(*Coranaviridae*)[动物]
│ │   ├ 弹状病毒科(*Rabdoviridae*)[动物,植物]
│ │   ├ 布尼亚病毒科(*Bunyaviridae*)[动物]
│ │   └ 砂粒病毒科(*Arenaviridae*)[动物]
│ └ 无包膜
│   ├ 二十面体
│   │ ├ 小RNA病毒科(*Picornaviridae*)[动物]
│   │ └ 光亮噬菌体科(*Leviviridae*)[细菌]
│   ├ 二十面体、杆状：雀麦花叶病毒科(*Bromoviridae*)[植物]
│   └ 螺旋：烟草花叶病毒属(*Tobamovirus*)[植物]
└ 双链
   ├ 有包膜、二十面体：囊噬菌体科(*Cystoviridae*)[细菌]
   └ 无包膜、二十面体：呼肠孤病毒科(*Reoviridae*)[动物,植物]

三、4类病毒及其增殖方式

病毒的种类很多，它们的增殖方式既有共性又有各自的特点，这里以研究得最为深入的 *E. coli* T偶数噬菌体为代表，系统地阐述其增殖过程，然后再简单地介绍一下其他病毒的增殖特点。

（一）原核生物的病毒——噬菌体

噬菌体(phage, bacteriophage)即原核生物的病毒，包括**噬细菌体**(bacteriophage)、**噬放线菌体**(actinophage)和**噬蓝细菌体**(cyanophage)等，它们广泛地存在于自然界，凡有原核生物活动之处几乎都发现有相应噬菌体的存在。据 Ackerman(1987年)的统计，已作过电镜观察的噬菌体至少已有2 850株，其中有2 700株是属于蝌蚪状的。噬菌体种类很多，Bradley(1967年)把它归纳成6种主要形态：①A型，dsDNA，蝌蚪状，收缩性尾；②B型，dsDNA，蝌蚪状，非收缩性长尾；③C型，dsDNA，非收缩性短尾；④D型，ssDNA，球状，大顶衣壳粒；⑤E型，ssRNA和dsRNA，球状，小顶衣壳粒；⑥F型，ssDNA，丝状，无头尾(图3-5)。

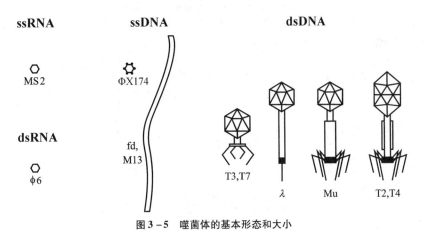

图3-5 噬菌体的基本形态和大小

1. 噬菌体的增殖

与其他细胞型的微生物不同，噬菌体和一切病毒粒并不存在个体的生长过程，而只有其两种基本成分的合成和进一步的装配过程，所以同种病毒粒间并没有年龄和大小之别。

噬菌体的增殖一般分为5个阶段，即吸附、侵入、复制、成熟(装配)和裂解(释放)。凡在短时间内能连续完成以上 5 个阶段而实现其增殖的噬菌体，称为**烈性噬菌体**（virulent phage），反之则称为温和噬菌体（temperate phage，详后）。烈性噬菌体所经历的增殖过程，称为**裂解性周期**（lytic cycle）或**增殖性周期**（productive cycle）。现以 *E. coli* T 偶数噬菌体为代表加以介绍（图 3-6）。

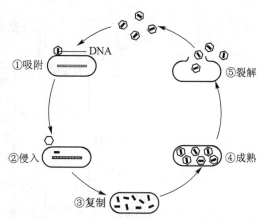

图 3-6　烈性噬菌体增殖的裂解性周期

　　（1）**吸附**（adsorption，attachment）　当噬菌体与其相应的特异宿主在水环境中发生偶然碰撞后，如果尾丝尖端与宿主细胞表面的特异性受体（蛋白质、多糖或脂蛋白 - 多糖复合物等）接触，就可触发颈须把卷紧的尾丝散开，随即就附着在受体上，从而把刺突、基板固着于宿主细胞表面。

　　吸附作用受许多内外因素的影响，如噬菌体的数量、阳离子浓度、温度和辅助因子（色氨酸、生物素）等。

　　（2）**侵入**（penetration，injection）　吸附后尾丝收缩，基板从尾丝中获得一个构象刺激，促使尾鞘中的 144 个蛋白亚基发生复杂的移位，并紧缩成原长的一半，由此把尾管推出并插入细胞壁和膜中。此时尾管端所携带的少量溶菌酶可把细胞壁上的肽聚糖水解，以利侵入。头部的核酸迅即通过尾管及其末端小孔注入宿主细胞中，并将蛋白质躯壳留在壁外。从吸附到侵入的时间极短，例如 T4 只需 15 s。

　　（3）**复制**（replication）　包括核酸的复制和蛋白质的生物合成。首先，噬菌体以其核酸中的遗传信息向宿主细胞发出指令并提供"蓝图"，使宿主细胞的代谢系统按严密程序、有条不紊地逐一转向或适度改造，从而转变成能有效合成噬菌体所特有的组分和"部件"，其中所需"原料"可通过宿主细胞原有核酸等的降解、代谢库内的储存物或从外界环境中取得。一旦大批成套的"部件"已合成，就在细胞"工厂"里进行突击装配，于是就产生了一大群形状、大小完全相同的子代噬菌体。

　　由于烈性噬菌体的核酸类型多样，故其复制和生物合成的方式也截然不同。*E. coli* 的 T 偶数双链 DNA 噬菌体是按早期（early，immediate early）、次早期（delayed early）和晚期（late）基因的顺序来进行转录、翻译和复制的（图 3-7）。

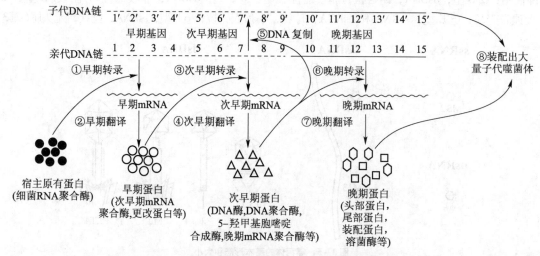

图 3-7　双链 DNA 噬菌体通过 3 阶段转录的增殖过程示意图

　　由图 3-7 可知，当噬菌体的 dsDNA 注入宿主细胞后，首先是设法利用宿主细胞内原有的 RNA 聚合酶转录出噬菌体的 mRNA（①），再由这些 mRNA 进行翻译，以合成噬菌体特有的蛋白质（②）。这一过程称为**早期转录**（early transcription），由此产生的 mRNA 称早期 mRNA，其后的翻译称**早期翻译**（early translation），而产生的蛋白质则称**早期蛋白**(early protein)。早期蛋白的种类很多，最重要的是一种只能转录噬菌体次早期基因的次早期 mRNA 聚合酶(如 T7 噬菌体)；而在 T4 等噬菌体中，其早期蛋白则称更改蛋白，特点是它本身并无 RNA 聚合酶的功能，却可与宿主细胞内原有的 RNA 聚合酶结合以改变后者的性质，把后者改造成只能转录噬菌体次早期基因的酶。至此，噬菌体已能大量合成其自身所需的 mRNA 了。

利用早期蛋白中新合成的或更改后的 RNA 聚合酶来转录噬菌体的次早期基因，借以产生次早期 mRNA 的过程，称为次早期转录(③)，由此合成的 mRNA 称为次早期 mRNA，进一步的翻译即为次早期翻译(④)，其结果产生了多种次早期蛋白，例如分解宿主细胞 DNA 的 DNA 酶、复制噬菌体 DNA 的 DNA 聚合酶、HMC(5 – 羟甲基胞嘧啶)合成酶以及供晚期基因转录用的晚期 mRNA 聚合酶等。

晚期转录是指在新的噬菌体 DNA 复制(⑤)完成后对晚期基因所进行的转录作用(⑥)，其结果产生了晚期 mRNA，由它再经晚期翻译(⑦)后，就产生了一大批可用于子代噬菌体装配用的"部件"——晚期蛋白，包括头部蛋白、尾部蛋白、各种装配蛋白(约 30 种)和溶菌酶等。至此，噬菌体核酸的复制和各种蛋白质的生物合成就完成了。

(4) **成熟**(装配，assembly)　噬菌体的**成熟**(maturity)过程事实上就是把已合成的各种"部件"进行自装配(self assembly)的过程。在 T4 噬菌体的装配过程中，约需 30 种不同蛋白和至少 47 个基因参与，其装配过程可见图 3 – 8。主要步骤有：DNA 分子的缩合，通过衣壳包裹 DNA 而形成完整的头部，尾丝和尾部的其他"部件"独立装配完成，头部和尾部相结合后，最后再装配上尾丝。

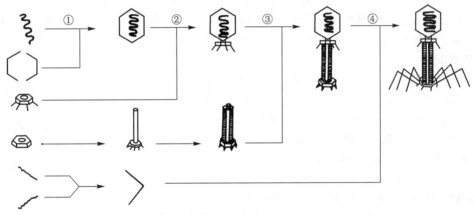

图 3 – 8　T 偶数噬菌体装配过程模式图

(5) **裂解**(释放)　当宿主细胞内的大量子代噬菌体成熟后，由于水解细胞膜的脂肪酶和水解细胞壁的溶菌酶等的作用，促进了细胞的**裂解**(lysis)，从而完成了子代噬菌体的释放(release)。另一种表面上与此相似的现象为一种**自外裂解**(lysis from without)，是指大量噬菌体吸附在同一宿主细胞表面并释放众多的溶菌酶，最终因外在的原因而导致细胞裂解。可以想象，这种自外裂解仅是一种单纯的溶菌作用，它是决不可能导致大量子代噬菌体产生的。

上述增殖的全过程是很快的，例如，*E. coli* T 系噬菌体在合适温度等条件下仅为 15 ~ 25 min。平均每一宿主细胞裂解后产生的子代噬菌体数称作**裂解量**(burst size)，不同的噬菌体有所不同，例如 T2 的为 150 左右(5 ~ 447)，T4 的约为 100。

2. 噬菌体效价的测定

在涂布有敏感宿主细胞的固体培养基表面，若接种上相应噬菌体的稀释液，其中每一噬菌体粒子由于先侵染和裂解一个细胞，然后以此为中心，再反复侵染和裂解周围大量的细胞，结果就会在菌苔上形成一个具有一定形状、大小、边缘和透明度的**噬菌斑**(plaque)。因每种噬菌体的噬菌斑有一定的形态，故可作为该噬菌体的鉴定指标，也可用于纯种分离和计数。这种情况与利用菌落进行其他微生物的分离、计数和鉴定类似，所不同的是噬菌体只形成"负菌落"而已。据测定，一个直径仅 2 mm 的噬菌斑，其所含的噬菌体

粒子数高达 $10^7 \sim 10^9$ 个。

效价（titre，titer）这一名词在不同场合有不同的含义。在这里，效价表示每毫升试样中所含有的具侵染性的噬菌体粒子数，又称**噬菌斑形成单位数**（plaque-forming unit，pfu）或**感染中心数**（infective centre）。测定效价的方法很多，如液体稀释法、玻片快速测定法和单层平板法等，较常用且较精确的方法称为**双层平板法**（two layer plating method）。

$$
\text{双层平板法}
\begin{cases}
\text{底层平板（~2\% 琼脂培养基 7～8 mL）} \\
\text{上层平板}
\begin{cases}
\text{上层培养基（~1.0\% 琼脂培养基 3 mL）} \\
\text{宿主菌悬液（对数期菌液 0.2 mL）} \\
\text{噬菌体试样（合适稀释液 0.1 mL）}
\end{cases}
\end{cases}
\left.\begin{array}{c}\\ \\ \\ \end{array}\right\}
\xrightarrow[\text{混匀}]{\begin{array}{c}37\ ℃\\ \text{10 余小时}\end{array}}
\text{计数噬菌斑}
$$

主要操作步骤为：预先分别配制含 2% 和 1% 琼脂的底层培养基和上层培养基。先用底层培养基在培养皿上浇一层平板，待凝固后，再把预先融化并冷却到 45 ℃ 以下、加有较浓的敏感宿主和一定体积待测噬菌体样品的上层培养基，在试管中摇匀后，立即倒在底层培养基上铺平待凝，然后在 37 ℃ 下保温。一般经 10 余小时后即可对噬菌斑计数。此法有许多优点，如加了底层培养基后，可弥补培养皿底部不平的缺陷；可使所有的噬菌斑都位于近乎同一平面上，因而大小一致、边缘清晰且无重叠现象；又因上层培养基中琼脂较稀，故可形成形态较大、特征较明显以及便于观察和计数的噬菌斑。

用双层平板法计算出来的噬菌体效价总是比用电镜直接计数得到的效价低。这是因为前者是计有感染力的噬菌体粒子，后者是计噬菌体的总数（包括有或无感染力的全部个体）。同一样品根据噬菌斑计算出来的效价与用电镜计算出来的效价之比，称**成斑率**（efficiency of plating，EOP）。噬菌体的成斑率一般均 >50%，而动物病毒或植物病毒用类似的方法（如单层细胞空斑法或叶片枯斑法）所得的成斑率一般仅 10%。

3. 一步生长曲线

1939 年，Ellis 和 Delbrück 设计了一种实验，它可定量描述烈性噬菌体生长规律的实验曲线，称作**一步生长曲线**或一级生长曲线（one-step growth curve）。因它可反映每种噬菌体（或病毒）的 3 个最重要的特征参数——潜伏期（latent phase）和裂解期（rise phase）的长短以及裂解量（burst size）的大小，故十分重要（图 3 – 9）。

（1）**潜伏期** 指噬菌体的核酸侵入宿主细胞后至第一个成熟噬菌体粒子释放前的一段时间。它又可分为两段：①**隐晦期**（eclipse phase），指在潜伏期前期人为地（用氯仿等）裂解宿主细胞后，此裂解液仍无侵染性的一段时间，这时细胞内正处于形成早期蛋白、复制噬菌体核酸和合成其蛋白质衣壳的阶段；②**成熟期**（maturation phase），又称**胞内累积期**（intracellular accumulation phase）或潜伏后期，指在隐晦期后，若人为地裂解细胞，其裂解液已呈现侵染性的一段时间，这意味着细胞内已开始装配噬菌体粒子，并可用电镜观察到。

（2）**裂解期** 指紧接在潜伏期后的宿主细胞迅速裂解、溶液中噬菌体粒子急剧增多的一段时间。噬菌体或其他病毒粒因只有个体装配而不存在个体生长，再加上其宿主细胞裂解的突发性，因此，从理论上来分析，其裂解期应是瞬间出现的。但事实上因为宿主群体中各个细胞的裂解不可能是同步的，故出现了较长的裂解期。

（3）**平稳期**（plateau phase） 指感染后的宿主细胞已全部裂解，溶液中噬菌体效价达到最高点的时期。在本时期中，每一宿主细胞所释放的平均噬菌体粒子数，即称裂解量。

一步生长曲线的基本实验步骤为：用噬菌体的稀释液去感染高浓度的宿主细胞，以保证每个细胞所吸

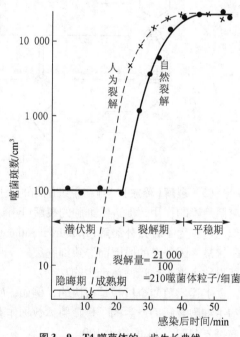

图 3 – 9 T4 噬菌体的一步生长曲线

微生物学教程

附的噬菌体至多只有一个。经数分钟吸附后，在混合液中加入适量的相应抗血清，借以中和尚未吸附的噬菌体。然后用保温的培养液稀释此混合液，同时终止抗血清的作用，随即置于适宜的温度下培养。其间每隔数分钟取样，连续测定其效价，再把结果绘制成图即可。

4. 溶原性（lysogeny）

温和噬菌体（temperate phage）侵入相应宿主细胞后，由于前者的基因组整合到后者的基因组上，并随后者的复制而进行同步复制，因此，这种温和噬菌体的侵入并不引起宿主细胞裂解，称**溶原性**或溶原现象。凡能引起溶原性的噬菌体即称温和噬菌体，而其宿主就称**溶原菌**（lysogen 或 lysogenic bacteria）。溶原菌是一类被温和噬菌体感染后能相互长期共存，一般不会出现迅速裂解的宿主细菌。

温和噬菌体的存在形式有 3 种：①游离态，指成熟后被释放并有侵染性的游离噬菌体粒子；②整合态，指已整合到宿主基因组上的**前噬菌体**（prophage）状态；③营养态，指前噬菌体因自发或经外界理化因子诱导后，脱离宿主核基因组而处于积极复制、合成和装配的状态。

温和噬菌体十分常见，例如 *E. coli* 的 λ、Mu-1、P1 和 P2 等。其中的 **λ 噬菌体**（lambda bacteriophage）是迄今研究得最清楚的一种温和噬菌体，其头呈二十面体（直径为 55 nm），有一可弯曲、中空、非收缩性长尾（150 nm×10 nm），头、尾间由"颈"连接。核心为线状 dsDNA（长度为 48 514 bp，约含 61 个基因），其两端各有一由 12 个碱基组成的黏性末端"cos"位点（cohesive-end site）。当其通过尾部感染宿主时，此线状 dsDNA 通过两端黏性末端间的配对并在宿主的连接酶作用下发生环化。接着可进入**裂解性周期**（lytic cycle，即经20 min后可释放约 100 个子代 λ 噬菌体）或溶原性周期（lysogenic cycle，即整合到宿主的核基因组上，以前噬菌体形式长期潜伏），这两种循环的相互关系可见图 3-10。

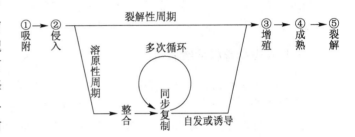

图 3-10　裂解性循环与溶原性循环的相互关系

在自然界中，各种细菌、放线菌等都有溶原菌存在，例如"*E. coli* K12（λ）"就是表示一株带有 λ 前噬菌体的大肠埃希氏菌 K12 溶原菌株。此外，由亚病毒因子中的卫星病毒或卫星噬菌体的感染，也可导致其宿主细胞的溶原化（详见本章第二节）。

检验某菌株是否为溶原菌的方法，是将少量菌株与大量的敏感性指示菌（遇溶原菌裂解后所释放的温和噬菌体会发生裂解循环者）相混合，然后与琼脂培养基混匀后倒一个平板，经培养后溶原菌就一一长成菌落。由于溶原菌在细胞分裂过程中有极少数个体会引起自发裂解，其释放的噬菌体可不断侵染溶原菌菌落周围的指示菌菌苔，于是就形成了一个个中央有溶原菌的小菌落，四周有透明圈围着的这种独特噬菌斑（图 3-11）。

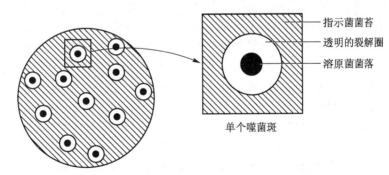

图 3-11　溶原菌及其独特噬菌斑的形态（模式图）

（二）植物病毒

植物病毒（plant virus）大多为 ssRNA 病毒，基本形态为杆状、丝状和球状（二十面体），一般无包膜。植物病毒对宿主的专一性通常较差，如 TMV 就可侵染 36 科、500 余种草本和木本植物。已知的植物病毒有 700 余种(1989 年)，绝大多数的种子植物，尤其是禾本科、葫芦科、豆科、十字花科和蔷薇科植物都易患病毒病。其症状为：①因叶绿体被破坏或不能合成叶绿素，而使叶片发生花叶、黄化或红化；②植株发生矮化、丛枝或畸形；③形成枯斑或坏死。

植物病毒的增殖过程与噬菌体相似，但在具体细节中有许多差别。因植物病毒一般无特殊吸附结构，故只能以被动方式侵入，例如可借昆虫(蚜虫、叶蝉、飞虱等)刺吸式口器刺破植物表面侵入，借植物的天然创口或人工嫁接时的创口而侵入等。在植物组织中，则可借胞间连丝实现病毒粒的扩散和传播。与噬菌体不同的是，植物病毒必须在侵入宿主细胞后才脱去衣壳即**脱壳**(uncoating)。

植物病毒在其核酸复制和衣壳蛋白合成的基础上，即可进行病毒粒的装配。TMV 等杆状病毒是先初装成许多双层盘，然后因 RNA 嵌入和 pH 降低等因素而变成双圈螺旋，最后再由它聚合成完整的杆状病毒(图 3 – 12)。球状病毒则是靠一种非专一的离子相互作用而进行的自体装配体系来完成的。它们的核酸能催化蛋白亚基的聚合和装配，并决定其准确的二十面体对称的球状外形。

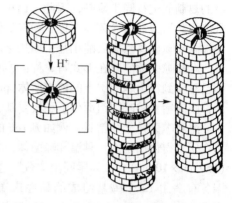

图 3 – 12　TMV 病毒的装配模式

(三) 人类和脊椎动物病毒

在人类、哺乳动物、禽类、爬行类、两栖类和鱼类等各种脊椎动物中，广泛寄生着相应的病毒。目前研究得较深入的仅是一些与人类健康和经济利益有重大关系的少数脊椎动物病毒。已知与人类健康有关的病毒超过 300 种，与其他脊椎动物有关的病毒超过 900 种，估计还不到自然界存在数的 1‰(*Science*，2018)。目前，人类的传染病有 70% ~ 80% 是由病毒引起的，且至今对其中的大多数还缺乏有效的应对手段。常见的病毒病如流行性感冒、肝炎、疱疹、流行性乙型脑炎、狂犬病、萨斯(SARS)、禽流感、疯牛病和艾滋病等。此外，在人类的恶性肿瘤中，约有 15% 是由于病毒的感染而诱发的。例如，我国妇女有 85% 的宫颈癌就是由人乳头瘤病毒(HPV)16 型和 18 型所诱发的，乙肝病毒和丙肝病毒可引起肝癌，EB 病毒引起鼻咽癌等。畜、禽等动物的病毒病也极其普遍，且危害严重，如猪瘟、牛瘟、口蹄疫、鸡瘟、鸡新城疫和劳氏肉瘤等。值得注意的是，许多病毒病是**人畜共患病**(zoonosis)，应防止相互传染。此外，在中间宿主中，蝙蝠携带的人畜共患病毒最多，其次是灵长类和啮齿类动物；最近又发现爬行类、两栖类等低等脊椎动物也不可忽视。

脊椎动物病毒(vertebrate virus)的种类很多，根据其核酸类型可分为 dsDNA 和 ssDNA 病毒以及 dsRNA 和 ssRNA 病毒，其衣壳外有的有包膜，有的无包膜。它们的增殖过程也与上述的噬菌体和植物病毒相似，只是在一些细节上有所不同。大多数动物病毒无吸附结构的分化。少数病毒如流感病毒在其包膜表面长有柱状或蘑菇状的刺突，可吸附在宿主细胞表面的黏蛋白受体上，腺病毒则可通过五邻体上的刺突行使吸附功能。吸附之后，病毒粒可通过胞饮、包膜融入细胞膜或特异受体的转移等作用，侵入细胞中，接着就发生脱壳、核酸复制和衣壳蛋白的生物合成，再通过装配、成熟和释放，就形成大量有侵染力的子代病毒。

在人类的病毒病中，最严重的当属自 1981 年在美国出现，接着很快开始在全球流行、被称作"世纪瘟疫"或"黄色妖魔"的**获得性免疫缺陷综合征**(acquired immune deficiency syndrome，AIDS)，即**艾滋病**(AIDS disease)。据联合国有关部门的统计(2017 年底)，2017 年全球感染者达 3 700 万人，非洲和亚洲尤为严重。引起艾滋病的病毒称**人类免疫缺陷病毒**(human immunodeficiency virus，HIV)，其构造见图 3 – 13。

在分类学上，HIV 属于反转病毒科(*Ritroviridae*)的慢病毒属(*Lentivirus*)。外形为球状(二十面体对称)，直径 100 ~ 140 nm，外有脂质包膜，核心为 ssRNA。它起源于非洲喀麦隆野生黑猩猩身上的猿类免疫缺陷病毒(SIV)。1982 年，法国学者 L. Montagnier 等人最先从淋巴结综合征患者的淋巴结细胞和晚期患者的血液中分离到 HIV，并以此获得了 2008 年的诺贝尔奖。HIV 专攻人体的免疫细胞并导致免疫功能衰竭和易被其他条件性感染和次生疾病(如带状疱疹、口腔霉菌感染、肺结核、恶性肿瘤等)致死。其潜伏期很长，一般为8～15年。当HIV从人体的皮肤创口或黏膜进入血流后，它们攻击的靶细胞是淋巴细胞T-CD4，其细节已由法国学者报道(2007年)：在血液中，HIV先被巨噬细胞吞噬，但HIV能改变巨噬细胞溶酶体赖以消化病毒的酸性环境，从而使溶酶体内许多种酸性水解酶失活，为HIV创造一个有利的生存和复制环境，随后再侵入至T-CD4中大量增殖，最终导致T-CD4大批死亡。

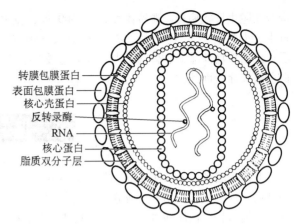

图3-13　艾滋病的病原体——人类免疫缺陷病毒的构造

（转膜包膜蛋白、表面包膜蛋白、核心壳蛋白、反转录酶、RNA、核心蛋白、脂质双分子层）

　　近年来，多种高致病性的动物病毒陆续出现，如埃博拉病毒和尼巴病毒等，它们都必须在极其严格的P4(Protection 4)级的实验室中才能进行研究。脊椎动物RNA病毒的研究，近期获得了重大突破(*Nature*, 2018)：利用宏转录组技术，学者们研究了以往很少关注的爬行类、两栖类和鱼类等低等脊椎动物的病毒。仅在我国采集的186种标本中，就发现了214种全新的RNA病毒，其中还不乏新的科属。

（四）昆虫病毒

　　已知的**昆虫病毒**(insect virus)有1 671种(1990年)，其中80%以上都是农、林业中常见的鳞翅目害虫的病原体，因此是害虫生物防治中的巨大资源库。目前已有近百种病毒杀虫剂在进行大田试验，有40多种已实现了商品化。

　　多数昆虫病毒可在宿主细胞内形成光镜下呈多角形的包含体，称为**多角体**(polyhedron)，其直径一般为3 μm(0.5～10 μm)，成分为碱溶性结晶蛋白，其内包裹着数目不等的病毒粒。多角体可在细胞核或细胞质内形成，功能是保护病毒粒免受外界不良环境的破坏。

　　昆虫病毒主要有以下3种：

　　（1）**核型多角体病毒**(nuclear polyhedrosis virus，NPV)　这是一类在昆虫细胞核内增殖的、具有蛋白质包含体的杆状病毒，数量最多。在分类地位上属于杆状病毒科(*Baculoviridae*)A亚群。例如棉铃虫、黏虫和桑毛虫的核型多角体病毒等。其杀虫过程一般为：病毒粒→侵入宿主的中肠上皮细胞→进入体腔→吸附并进入血细胞、脂肪细胞、气管上皮细胞、真皮细胞、腺细胞和神经节细胞→大量增殖、重复感染→宿主生理功能紊乱→组织破坏→死亡。2001年5月，我国和荷兰科学家合作完成了中国棉铃虫单核衣壳核型多角体病毒(HaSNPV)的基因组全序列测定(全长为131 403 bp)。该病毒是我国自主研究并应用于农业实践中的第一个病毒杀虫剂，目前年产已达2 000 t(2012年)；此外，甘蓝夜蛾核型多角体病毒(悬浮剂)也在江西大量生产。

　　（2）**质型多角体病毒**(cytoplasmic polyhedrosis virus，CPV)　这是一类在昆虫细胞质内增殖的、可形成蛋白质包含体的球状病毒，例如家蚕、马尾松松毛虫、茶毛虫、棉铃虫、舞毒蛾、小地老虎和黄地老虎等昆虫，都有相应的质型多角体病毒。

　　CPV群的病毒属于呼肠孤病毒科的质形多角体病毒属(*Cypovirus*)。CPV多角体的大小为0.5～10 μm，形态不一。一般在pH>10.5时即发生溶解。CPV的病毒粒呈球状，为二十面体，直径48～69 nm，无脂蛋白包膜存在，有双层蛋白质构成的衣壳，其核心有转录酶活性，在其12个顶角上各有一条突起；病毒粒的分子量为$6.5 \times 10^7 \sim 2.0 \times 10^8$；核酸为线状dsRNA，由10～12个片段构成，占病毒总量的14%～22%。

　　CPV先通过昆虫的口腔进入消化道，在碱性胃液作用下，多角体蛋白溶解，释放出病毒粒，它们侵入中肠上皮细胞，在细胞核内合成RNA，然后经核膜而进入细胞质，并与这里合成的蛋白质一起装配成完整的病毒粒，最后再包埋入多角体蛋白中。

　　（3）**颗粒体病毒**(granulosis virus，GV)　这是一类具有蛋白质包含体，而每个包含体内通常仅含一个病毒粒的昆虫杆状病毒。颗粒体长 200～500 nm，宽 100～350 nm，形态多为椭圆形。病毒核酸为 dsDNA。菜青虫、小菜蛾、茶小卷叶蛾、赤松松毛虫、稻纵卷叶螟和大菜粉蝶等均易受颗粒体病毒侵染。幼虫被感染后，会出现食欲减退、体弱无力、行动迟缓、腹部肿胀变色，随即因发生表皮破裂，流出腥臭、混浊、乳白色脓等症状而死亡。

第二节　亚病毒因子

亚病毒因子（subviral agent）是一类在构造、成分和功能上不符合典型病毒定义的分子病原体，分两类，一是只含核酸或蛋白质一种成分，如只含 RNA 的类病毒和拟病毒，以及只含蛋白质的朊病毒；另一是虽同时含有核酸和蛋白质两种成分，因其功能不全而成为缺陷病毒，如卫星病毒和卫星 RNA 等。

亚病毒（subvirus）这一名词最早由 Lwoff 提出（1981 年），并于 1983 年在意大利召开的"植物和动物的亚病毒病原——类病毒和朊病毒"国际学术讨论会上得到正式承认。

一、类病毒

类病毒（viroid）是一类只含 RNA 一种成分、专性寄生在活细胞内的分子病原体。它是目前已知的最小可传染致病因子，只在植物体中发现。其所含核酸为裸露的环状 ssRNA，但形成的二级结构却像一段末端封闭的短 dsRNA 分子，通常由 246～399 个核苷酸分子组成，分子量很小（$0.5 \times 10^5 ～ 1.2 \times 10^5$），还不足以编码一个蛋白质分子；（G + C）mol% 值为 53～60；抗热性较强；抗脂溶剂；依赖宿主的酶系进行复制。

类病毒自 20 世纪 70 年代在**马铃薯纺锤形块茎病**（potato spindle tuber disease，PSTD）中发现以来，已在 20 余种（1982 年）植物病害中找到踪迹，例如番茄簇顶病、柑橘裂皮病、菊花矮化病、黄瓜白果病、椰子死亡病和酒花矮化病等，并使它们叶子褪绿、畸形、减产或死亡。类病毒一般存在于宿主细胞核上，与核仁相结合。其传播方式多样，包括机械损伤、昆虫刺吸、营养繁殖（嫁接等）以及种子和花粉传播等。

典型的类病毒是 PSTD 类病毒（PSTV），它是由 T. O. Diener 于 1971 年发现的。PSTV 呈棒形，是一裸露的闭合环状 ssRNA 分子，其分子量为 1.2×10^5。整个环由两个互补的半体组成，其一含 179 个核苷酸，另一含 180 个核苷酸，两者间有 70% 的碱基以氢键方式结合，共形成 122 个碱基对，整个结构中形成了 27 个内环（图 3 – 14）。

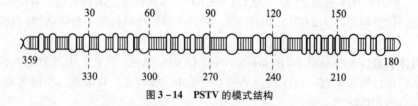

图 3 – 14　PSTV 的模式结构

类病毒的发现是生命科学中的一个重大事件，因为它可为生物学家探索生命起源提供一个新的低层次上的好对象；可为分子生物学家研究功能生物大分子提供一个绝佳的材料；可为病理学家揭开人类和动、植物各种传染性疑难杂症的病因带来一个新的视角；也可为哲学家对生命本质问题的认识提供一个新的革命性的例证。

二、拟病毒

拟病毒（virusoid）又称类类病毒（viroid-like）或壳内类病毒，是指一类包裹在真病毒粒中的有缺陷的类病毒。拟病毒极其微小，一般仅由裸露的 RNA(300~400 个核苷酸)组成。与拟病毒"共生"的真病毒又称**辅助病毒**(helper virus)，拟病毒则成了它的"卫星"。拟病毒的复制必须依赖辅助病毒的协助。同时，拟病毒也可干扰辅助病毒的复制和减轻其对宿主的病害，因此，可将它们用于生物防治中。

拟病毒首次在绒毛烟(*Nicotiana velutina*)的斑驳病毒(velvet tobacco mottle virus，VTMoV)中分离到(Randles，1981)。VTMoV 是一种直径为 30 nm 的二十面体病毒，在其核心中除含有大分子线状 ssRNA(RNA-1)外，还含有环状 ssRNA(RNA-2)及其线状形式(RNA-3)，后两者即为拟病毒。实验证明，只有当 RNA-1(辅助病毒)与 RNA-2 或 RNA-3(拟病毒)合在一起时才能感染宿主。

目前已在许多植物病毒中发现了拟病毒，例如苜蓿暂时性条斑病毒(LTSV)、莨菪斑驳病毒(SNMV)和地下三叶草驳斑病毒(SCMoV)等。

三、 卫星病毒

卫星病毒(satellite virus)是一类基因组缺损、必须依赖某形态较大的专一辅助病毒才能复制和表达的小型伴生病毒。Kassanis 和 Nixon(1960 年)首先发现烟草坏死病毒(TNV)与其卫星病毒(STNV)间的伴生现象。它们是一大、一小两个二十面体病毒，但两者的衣壳蛋白和核酸成分都无同源性。TNV 的直径为 28 nm，ssRNA 的分子量为 $1.3 \times 10^6 \sim 1.6 \times 10^6$，衣壳蛋白的分子量为 2.26×10^4，有独立感染能力；STNV 的直径为 17 nm，ssRNA 的分子量为 0.4×10^6，其所含遗传信息仅够编码自身衣壳蛋白，无独立感染能力。

后来又在动物病毒和噬菌体中陆续发现了多种卫星病毒。例如，在细小病毒科(*Parvoviridae*)的依赖病毒属(*Dependovirus*)中，有一类称为腺联病毒(adeno-associated viruse，AAV)的卫星病毒，如 AAV-2，其基因组长度为 3 675 个核苷酸的线形 ssDNA，在其侵染宿主(人体)细胞的起始阶段(包括病毒粒吸附、进入细胞核并在其中脱壳)是不必依赖辅助病毒的，这时若有辅助病毒同时感染宿主，则 AAV-2 的 DNA 就可复制和转录，然后其 mRNA 发生翻译，于是产生有感染力的卫星病毒；相反，若当时无辅助病毒存在，则 AAV-2 只能整合到宿主基因组上并以**前病毒**(provirus)形式进入潜伏期(这时对其宿主无致病性)。

在原核微生物中，*E. coli* 的 P4 噬菌体是一种较熟知的卫星噬菌体。它有一条线状 dsDNA(约 11 400 个核苷酸)构成的基因组，当缺乏专一的辅助噬菌体 P2 时，它虽可复制自身的 DNA 和通过与宿主基因组整合并以前噬菌体(prophage)形式使宿主细胞发生溶原化，但若缺乏辅助噬菌体与其发生共感染借以提供全套编码衣壳蛋白等的晚期基因，则无法完成自己的生活周期，因而不能产生子代卫星噬菌体。

四、 卫星 RNA

卫星 RNA(satellite RNA)是一类存在于某专一病毒粒(辅助病毒)的衣壳内，并完全依赖后者才能复制自己的小分子 RNA 病原因子。因后来又发现少数种类是 DNA，故有人把卫星 RNA 改称为卫星核酸。Schneider(1969 年)在烟草环斑病毒(TRV 或 TobRSV)中首次发现了卫星 RNA，它们通常有以下几个特点：①多个卫星 RNA 分子可与辅助病毒基因组存在于同一衣壳中；②对宿主植物无独立的侵染性；③其复制和包装全部依赖辅助病毒，而后者则不依赖前者；④不具有 mRNA 活性；⑤与辅助病毒的 RNA 无同源性；⑥能干扰辅助病毒的复制从而降低其增殖量；⑦可改变辅助病毒所引起的植物病害程度和症状；⑧它对辅助病毒侵染宿主不是必要条件。

例如黄瓜花叶病毒(CMV)通常含有 4 个 RNA 分子，其分子量为 $0.3 \times 10^6 \sim 1.1 \times 10^6$。在 CMV 的某些毒株内存在卫星 RNA，即 CMV 伴随 RNA(CARNA，CMV associated RNA)或 CMV 卫星 RNA(CSRNA，CMV satellite RNA)，这种 ssRNA 的分子量仅为 0.12×10^6(含 335 个核苷酸)，且与 CMV 的其余 4 个 RNA 分子无同源性。卫星 RNA 的种类较多，常见的如上述两种外，还有花生矮化病毒卫星 RNA 和番茄黑环病毒卫星 RNA(含 1 370~1 376 个核苷酸)等。

由于卫星RNA可减轻由辅助病毒引起的植物病害，故可将它的cDNA转入植物，培育抗相应病毒的转基因植物，以预防其病毒病害。

现将拟病毒、卫星病毒和卫星RNA 3类亚病毒因子的比较列在表3-2中。

表3-2　3类亚病毒因子的比较

特　点	拟　病　毒	卫星病毒	卫星RNA
核酸种类	小分子环状或线状 ssRNA	小分子线状 ssRNA 或线状 dsDNA	小分子线状或环状 ssRNA
衣壳	无	有	无
存在状态	包装在专一的辅助病毒粒内	与专一的植物病毒、动物病毒或噬菌体伴生	包装在专一的辅助病毒粒内
核酸复制对辅助病毒的依赖	依赖	不依赖	依赖
基因组与辅助病毒的整合	是	否	否
与辅助病毒基因组的同源性	有	无	无
对侵染的必要性	必要	不必要	不必要
编码自身衣壳蛋白	不能	能	不能
对辅助病毒的影响	干扰其复制，降低其复制量	干扰其复制，降低其复制量	干扰其复制，降低其复制量
对宿主的影响	改变辅助病毒引起的症状，加重或减弱病害	改变辅助病毒引起的症状，加重或减弱病害；若单独感染宿主，可使其溶原化	改变辅助病毒引起的症状，加重或减弱病害
辅助病毒种类	植物病毒	植物病毒、动物病毒或噬菌体	植物病毒

五、 朊病毒

朊病毒（prion）又称"普里昂"或**蛋白侵染子**（prion，是 proteinaceous infectious particle 的缩写），是一类不含核酸的传染性蛋白质分子，因能引起宿主体内现有的同类蛋白质分子（PrP^c，其中的"c"指 cellular）发生与其相似的感应性构象变化，从而可使宿主致病。由于朊病毒与以往任何病毒有完全不同的成分和致病机制，故它的发现是20世纪生命科学包括生物化学、病原学、病理学和医学中的一件大事。

朊病毒由美国学者 S. B. Prusiner 于1982年研究羊瘙痒病时发现。由于其意义重大，故他于1997年获得了诺贝尔奖。至今已发现与哺乳动物脑部相关的10余种中枢神经系统疾病都是由朊病毒所引起，诸如**羊瘙痒病**（scrapie in sheep，病原体为羊瘙痒病朊病毒蛋白"PrP^{Sc}"）、**牛海绵状脑病**（bovine spongiform encephalitis，BSE；俗称"**疯牛病**"即 mad cow disease；其病原体为"PrP^{BSE}"），以及人的克-雅氏病（Creutzfeldt-Jakob disease，一种早老性痴呆病）、**库鲁病**（Kuru，一种震颤病）和 G-S 综合征等。这类疾病的共同特征是潜伏期长，对中枢神经的功能有严重影响，包括引起脑细胞减少、大脑海绵状变性、神经胶质细胞和异常淀粉样蛋白质增多，从而引起神经退化性疾病。近年来，在 *Saccharomyces*（酵母属）等真核微生物细胞中，也找到了朊病毒的踪迹。

朊病毒是一类小型蛋白质颗粒，约由250个氨基酸组成，大小仅为最小病毒的1%，例如，PrP^{Sc}的分子量仅为 $3.3 \times 10^4 \sim 3.5 \times 10^4$。据报道，其毒性很强，1 g 含朊病毒的鼠脑可感染1亿只小鼠。它与真病毒的主要区别为：①呈淀粉样颗粒状；②无免疫原性；③无核酸成分；④由宿主细胞内的基因编码；⑤抗逆性强，能耐紫外线辐射、杀菌剂(甲醛)和高温(经120~130 ℃处理4 h后仍具感染性)。

初步研究表明，朊病毒侵入人体大脑的过程为：借食物进入消化管，再经淋巴系统侵入大脑。由此可以说明为何患者的扁桃体中总可找到朊病毒颗粒。

目前已知，朊病毒的发病机制都是因存在于宿主细胞内的一些正常形式的细胞朊蛋白(PrP^c)发生错误折叠后变成了致病朊蛋白(PrP^{Sc})而引起的。翻译后的PrP^{c}受PrP^{Sc}的作用而发生相应的构象变化，从而转变成大量的PrP^{Sc}。有人曾形象地把它比喻为"把一只霉烂苹果投入到一筐好苹果中央所产生的后果"。所以，PrP^{c}和PrP^{Sc}均来源于宿主中同一编码基因并具有相同的氨基酸序列，所不同的只是其间三维结构相差甚远。不同种类或株、系的朊病毒，其一级结构和三维结构是不同的，这种差异是造成朊病毒病传播中宿主种属特异性和病毒株、系特异性的原因。近期有国外学者发现，在自然界分离到的700种酵母中，有1/3存在着"天然的"朊病毒，并能赋予宿主某些有益的特性。

第三节　病毒与应用

病毒与人类实践的关系极为密切。由它们引起的宿主病害既可危害人类健康并对畜牧业、栽培业和发酵工业带来不利的影响，又可利用它们进行生物防治，此外，还可利用病毒进行疫苗生产和作为遗传工程中的外源基因载体，直接或间接地为人类创造出巨大的经济效益、社会效益和生态效益。

一、　噬菌体与发酵工业

噬菌体(phage，bacteriophage)对发酵工业的危害很大。大罐液体发酵若受噬菌体严重污染时，轻则引起发酵周期延长、发酵液变清和发酵产物难以形成等事故，重则造成倒罐、停产甚至危及工厂命运，这种情况在谷氨酸发酵、细菌淀粉酶或蛋白酶发酵、丙酮丁醇发酵以及若干抗生素发酵中司空见惯。

要防止噬菌体的污染，必须确立防重于治的观念，例如决不使用可疑菌种，严格保持环境卫生，决不任意丢弃和排放有生产菌种的菌液，注意通气质量(选用30~40 m高空的空气再经严格过滤)，加强发酵罐和管道灭菌，不断筛选抗噬菌体菌种，经常轮换生产菌种，以及严格会客制度等。

二、　昆虫病毒用于生物防治

在动物界中，昆虫是种类最多、数量最大、分布最广并与人类关系极其密切的一个大群。其中一部分对人类有益，而大量的则对人类有害。长期以来，人类在与害虫做斗争过程中，曾创造过物理治虫、化学治虫、绝育治虫、信息素引诱治虫和**生物治虫**(biological pest control，包括动物治虫、以虫治虫、细菌治虫、真菌治虫和病毒治虫)等手段，其中利用病毒制剂进行生物治虫由于具有资源丰富(已发现的病毒近2 000种)、致病力强、专一性高、不害天敌、药效持久和环境友好等优点，故发展势头很旺，前景诱人。当然，在现阶段其杀虫速度慢、不易大规模生产、保藏期短、在野外易失活和杀虫范围窄等缺点，有待研究解决。目前正在利用遗传工程等高科技手段对其进行改造。

目前，国际上已有100种左右的病毒杀虫剂进入大田试验，约有40多种已进行商品化生产。我国学者在此领域的研究和应用方面也取得了许多重要进展。例如，对棉铃虫核型多角体病毒基因组的测定，棉铃虫群养技术的突破，独特的病毒分离纯化技术的发明，以及用赤眼蜂作"运载工具"的"病毒导弹"的成功等，都推动了我国在昆虫的工厂化饲养、病毒杀虫剂的高效生产和产品质量的大幅度提高等方面的巨大进步，由此使我国的病毒杀虫剂真正走向了大规模应用的道路，并逐步实现安全、高效、环保和廉价的目标。据报道，我国生产的棉铃虫核型多角体商品的质量已在全球领先(每克产品含病毒粒达5 000亿个)，2006年在新疆3.3万公顷棉田试验中，每公顷仅用30~45 g产品即可达到80%以上的杀虫效果，受到广大棉农的欢迎，甘蓝夜蛾核型多角体病毒制剂"康邦"，2013年已在多地大规模应用，效果良好。

三、 病毒在基因工程中的应用

在**基因工程**操作中，把外源目的基因导入受体细胞并使之表达的中介体，称为**载体**(vector)。除原核生物的**质粒**(plasmid)外，病毒是最好的载体。

（一）噬菌体作为原核生物基因工程的载体

前面已提到过的 *E. coli* 的 **λ噬菌体**(λ phage)，是一种研究得十分详尽的含线状 dsDNA 的温和噬菌体。在其基因组中，约有一半是对自身生命活动十分必要的"必要基因"，另一半则是对其自身生命活动无重大影响的"非必要基因"，因此可被外源基因取代而构建成良好的基因工程载体。这类载体有很多优点：①遗传背景清楚；②载有外源基因时，仍可与宿主的核染色体整合并同步复制；③宿主范围狭窄，使用安全；④由于其两端各具 12 个核苷酸组成的黏性末端，故可组成**科斯质粒**(cosmid，又称黏端质粒或黏粒)；⑤感染率极高(近 100%)，比一般质粒载体的转化率高出千倍。

由 λ 噬菌体构建的载体如：①**卡隆载体**(Charon vector)，是一种用内切酶改造后所构建成的特殊 λ 噬菌体载体，在其上可插入小至数 kb(千碱基对)、大至 23 kb 的外源 DNA 片段；②科斯质粒，是一种由含黏性末端的 λDNA 和质粒 DNA 组建成的重组体，优点是具有质粒载体和噬菌体载体两者的长处，其本身分子虽小(6 kb)，却可插入各种来源的较大(35~53 kb)的外源 DNA 片段，当把它在体外包装成 λ 噬菌体后，即可高效地感染其 *E. coli* 宿主，并进行整合、复制和表达。

（二）动物 DNA 病毒作为动物基因工程的载体

动物病毒可作为基因工程载体的很多，主要为 **SV40**(simian virus 40，即**猴病毒 40**)，其次为人的腺病毒、牛乳头瘤病毒、痘苗病毒以及 RNA 病毒等。SV40 是一种寄生在猴细胞中的 DNA 病毒，能使实验动物致癌。其生活周期包括引起宿主细胞裂解和转化成癌细胞两个阶段。其 cccDNA(共价闭环 DNA)的分子量为 3×10^6。SV-DNA 是一个复制子，当侵染其宿主细胞后，既能自我复制，也能整合在宿主的染色体组上。若在野生型 SV-DNA 上直接接一外源 DNA，会因其分子量太大而无法正常包装，故须使用缺失了编码衣壳蛋白后期基因的突变株作载体。为补偿这一功能缺陷，这种突变株还须与其**辅助病毒**(helper virus，如 SV40-tsA)一起感染，才能在宿主体内正常增殖。利用这一系统，已将家兔或小鼠的 β-珠蛋白或人生长激素的基因在猴肾细胞中获得了表达。

（三）植物 DNA 病毒作为植物基因工程的载体

因含 DNA 的植物病毒种类较少，故病毒载体在植物基因工程中的应用起步较晚。**花椰菜花叶病毒**(CaMV)是一种由昆虫传播的侵染十字花科植物的病毒，含 8 kb 的环状 dsDNA，存在多种限制性内切酶的切点。在其非必要基因区内插入外源 DNA 后，所形成的重组体仍具侵染性。但由于它不能与宿主核染色体组发生整合，因此还无法获得遗传稳定的转基因植株。此外，一些真核藻类的 DNA 病毒也有发展前景。

（四）昆虫 DNA 病毒作为真核生物基因工程的载体

杆状病毒(*Baculovirus*)在昆虫中具有广泛的宿主，包括鳞翅目、膜翅目、脉翅目、鞘翅目和半翅目等昆虫以及蜘蛛和蜱螨等节肢动物。病毒体呈杆状，大小(40~60) nm×(200~400) nm，外有包膜，含 8%~15% 环状 dsDNA。它们作为外源基因载体的优点是：①具有在宿主细胞核内复制的 cccDNA；②不侵染脊椎动物，对人畜十分安全；③核型多角体蛋白基因是病毒的非必要基因区，它带有强启动子，可使此基因表达产物达到宿主细胞总蛋白量的 20% 或虫体干重的 10%；④可作为重组病毒的选择性标记，原因是外源 DNA 的插入并不影响病毒的增殖，却丧失了形成多角体的能力；⑤对外源基因有很大容量(可插入 100 kb

的 DNA 片段）；⑥有强启动子作病毒的晚期启动子，故任何外源基因产物，甚至对病毒有毒性的产物也不影响病毒的增殖与传代。目前，利用杆状病毒作载体已成功地获得了产生人 β-干扰素和 α-干扰素的昆虫细胞株；国内已报道利用重组了毒素基因的杆状病毒作生物防治剂，可使害虫既受病毒侵染又受毒素侵害，双重地杀灭害虫，达到快速、高效、对人畜无害且不产生抗药性害虫的良好效果。

复习思考题

1. 病毒的一般大小如何？与原核生物和真核生物细胞有何大小上的差别？最大的病毒和最小的病毒（不计亚病毒因子）是什么？

2. 试图示并简介病毒的典型构造。

3. 病毒粒有哪几种对称体制？各种对称体制又有几种特殊外形？试各举一例。

4. 试列表比较病毒的包含体、多角体、噬菌斑、空斑和枯斑的异同。

5. 试以烟草花叶病毒为代表，图示并简述螺旋对称型杆状病毒的典型构造。

6. 试以腺病毒为例，图示并简述二十面体对称型病毒的典型构造。

7. 试以 *E. coli* T 偶数噬菌体为例，图示并简述复合对称型病毒的典型构造，并指出其各部分构造的特点和功能。

8. 病毒的核酸有哪些类型？试举例并列表比较之。其中还有哪几种类型目前还未找到代表性病毒？今后前景如何？

9. 病毒的命名和分类的权威机构是什么？由它规定的病毒的命名和学名书写规则与其他微生物有何不同？试举例说明之。

10. 试设计一个对 6 类噬菌体进行简明分类的表解。

11. 什么是烈性噬菌体？试简述其裂解性增殖周期。

12. 同种病毒的病毒粒之间是否与细菌、酵母菌等微生物那样，存在着因年龄、营养条件和生活条件影响而产生的形态和大小上的差别？为什么？

13. 什么是效价，测定噬菌体效价的方法有几种？最常用的是什么方法，其优点如何？

14. 简述用双层琼脂平板法测定噬菌体效价的基本原理和主要操作步骤。

15. 何谓一步生长曲线？它分几期，各期有何特点？

16. 什么是溶原菌，它有何特点？如何检出溶原菌？

17. 试列表比较动物病毒、植物病毒和 T 偶数噬菌体在增殖过程中的差别。

18. 试列表比较拟病毒、卫星病毒和卫星 RNA 这 3 种亚病毒因子。

19. 什么是病毒多角体？试列表比较 NPV 与 CPV。

20. 某微生物发酵厂的发酵液和发酵状态出现疑似感染噬菌体的异常情况，试讨论这些异常现象有哪些？并设计一个简便易行的方法去证实之。

21. 如何防止噬菌体对发酵工业的危害？

22. 何谓病毒杀虫剂，它有何优缺点？其改进策略有哪些？

23. 病毒在基因工程中有何应用？试对其在动物、植物和微生物育种中的作用各举一例，并加以简单的说明。

数字课程资源

📖 本章小结　　📋 重要名词

第四章　微生物的营养和培养基

营养(nutrition)是指生物体从外部环境中摄取对其生命活动必需的能量和物质,以满足正常生长和繁殖需要的一种最基本的生理功能。所以,营养是生命活动的起始点,它为一切生命活动提供了必需的物质基础。有了营养,才可以进一步进行代谢、生长和繁殖,并可能为人们提供种种有益的代谢产物和特殊的服务。**营养物**(nutrient)则指具有营养功能的物质,在微生物学中,它还包括非常规物质形式的光辐射能。总之,微生物的营养物可为它们的正常生命活动提供所需要的结构物质、能量、代谢调节物质和必要的生理环境。

学习微生物的营养知识并掌握其中的规律,是认识、利用和深入研究微生物的必要基础,尤其对更自觉和有目的地选用、改造和设计符合微生物生理要求的培养基,以便进行科学研究或用于生产实践,具有极其重要的作用。

第一节　微生物的 6 类营养要素

微生物培养基的配方犹如人们的菜谱,新的种类总是层出不穷的。仅据1930年的一本汇编(*A Compilation of Culture Media*)就已记载了 2 500 种培养基之多。任何一个微生物学工作者,必须在这浩如烟海的无数配方中寻求其中的要素或内在的本质,才能掌握微生物的营养规律,举一反三、得心应手地选用或设计自己所需要的最适培养基。

目前知道,不论从元素的水平或营养要素的水平来分析,微生物的营养要求与摄食型的动物(包括人类)和光合自养型的绿色植物十分接近,它们之间存在着"营养需求上的统一性"。在元素水平上都需20种左右,且以碳、氢、氧、氮、硫、磷6种元素为主(约占细胞干重的97%);在营养要素水平上则都在 6 大类的范围内,即碳源、氮源、能源、生长因子、无机盐和水。

一、碳源

一切能满足微生物生长繁殖所需碳元素的营养源,称为**碳源**(carbon source)。微生物细胞含碳量约占干重的50%,故除水分外,碳源是需要量最大的营养物,又称**大量营养物**(macronutrient)。若把所有微生物当作一整体来考察,其可利用的碳源范围即**碳源谱**(spectrum of carbon source)是极其广泛的(表4-1)。

表 4 - 1　微生物的碳源谱

类型	元素水平	化合物水平	培养基原料水平
有机碳	$C \cdot H \cdot O \cdot N \cdot X^*$	复杂蛋白质、核酸等	牛肉膏、蛋白胨、花生饼粉等
	$C \cdot H \cdot O \cdot N$	多数氨基酸、简单蛋白质等	一般氨基酸、明胶等
	$\boxed{C \cdot H \cdot O}$	糖、有机酸、醇、脂质等	葡萄糖、蔗糖、各种淀粉、糖蜜和乳清等
	$C \cdot H$	烃类	天然气、石油及其不同馏分、石蜡油等
无机碳	$C(?)$	—	—
	$C \cdot O$	CO_2	CO_2
	$C \cdot O \cdot X$	$NaHCO_3$、$CaCO_3$ 等	$NaHCO_3$、$CaCO_3$、白垩等

* X 指除 C、H、O、N 外的其他任何一种或几种元素。

　　从表中可以看出，碳源谱可分为有机碳与无机碳两个大类。凡必须利用有机碳源的微生物，就是为数众多的**异养微生物**（heterotrophic microorganism）；反之，凡以无机碳源作唯一或主要碳源的微生物，则是种类较少的**自养微生物**（autotrophic microorganism）。从元素水平、化合物水平直至培养基原料水平来考察碳源，可见其数目是逐级扩大的甚至可多到无法计算。在元素水平上，碳源可归为 7 类，其中第五类的 "C" 是假设的，至少目前还未发现纯碳也可作为微生物的碳源。从其余 6 类来看，微生物能利用的碳源已大大超过了动物界或植物界。至 2015 年，人类已发现或合成的有机物已达 1 亿种，可是，对微生物而言，它们几乎都能被分解或利用！

　　微生物的碳源谱虽广，但异养微生物在元素水平上的最适碳源则是 "$C \cdot H \cdot O$" 型。具体地说，"$C \cdot H \cdot O$" 型中的糖类是最广泛利用的碳源，其次是有机酸类、醇类和脂质等。在糖类中，单糖优于双糖和多糖，己糖优于戊糖，葡萄糖、果糖优于甘露糖、半乳糖；在多糖中，淀粉明显优于纤维素或几丁质等同多糖，同多糖则优于琼脂等杂多糖。在有机碳源中，"$C \cdot H \cdot O \cdot N$" 和 "$C \cdot H \cdot O \cdot N \cdot X$" 类虽也可被利用，但在设计培养基时，还应尽量避免把这两类主要用作宝贵氮源的化合物当作廉价的碳源使用。

　　上述碳源谱的广度是将微生物界作一整体来考察的，如果针对某一具体物种来看，其碳源差异则极大，例如，*Burkholderia cepacia*〔洋葱伯克氏菌（旧称 *Pseudomonas cepacia*，即洋葱假单胞菌）〕可利用的碳源化合物竟有 100 余种之多，而产甲烷菌仅能利用 CO_2 和少数 1C 或 2C 化合物，一些甲烷氧化菌则仅局限于甲烷、甲酸和甲醇几种。

　　对一切异养微生物来说，其碳源同时又兼作能源，因此，这种碳源又称**双功能营养物**（difunctional nutrient）。

　　必须指明的是，异养微生物虽然要利用各种有机碳源，但有些种类尤其是生长在动物血液、组织和肠道中的致病细菌，还需要提供少量 CO_2 作碳源才能满足其正常生长。

　　再有，在选用一种具体培养基原料时，切莫简单地认为它就是一种纯粹的 "营养要素"，例如，**糖蜜**（molasses，原是制糖工业中的一种当作废液处理的副产品，内含丰富的糖类、氨基酸、有机酸、维生素、无机盐和色素等）、甜薯干、马铃薯、玉米粉或红糖等都是发酵工业中的常用原料，习惯上把它们都当作 "碳源" 使用，而事实上它们却几乎包含了微生物所需要的全部营养要素，只是各要素间的比例不一定合适而已。

二、氮源

　　凡能提供微生物生长繁殖所需氮元素的营养源，称为**氮源**（nitrogen source）。氮是构成重要生命物质蛋白质和核酸等的主要元素,氮占细菌干重的12% ~15%,故与碳源相似,氮源也是微生物的主要营养物。若把微生物作为一个整体来考察,则它们能利用的氮源范围即**氮源谱**(spectrum of nitrogen source)也是十分广泛的(表4-2)。

表4-2　微生物的氮源谱

类型	元素水平	化合物水平	培养基原料水平
有机氮	N·C·H·O·X	复杂蛋白质、核酸及其水解物等	牛肉膏、酵母膏、饼粕粉、蚕蛹粉等
	N·C·H·O	尿素、一般氨基酸、简单蛋白质等	尿素、蛋白胨、明胶等
无机氮	N·H	NH_3、铵盐等	$(NH_4)_2SO_4$、NH_4Cl 等
	N·O	硝酸盐等	KNO_3 等
	N	N_2	空气

微生物的氮源谱有许多特点。与碳源谱类似,微生物的氮源谱也明显比动物或植物的广。一般地说,异养微生物对氮源的利用顺序是:"N·C·H·O"或"N·C·H·O·X"类优于"N·H"类,更优于"N·O"类,而最不易利用的则是"N"类(只有少数固氮菌、根瘤菌和蓝细菌等可利用它)。在微生物培养基成分中,最常用的有机氮源是牛肉浸出物(**牛肉膏**)、**酵母膏**、植物的饼粕粉和蚕蛹粉等,由动、植物蛋白质经酶消化后的各种**蛋白胨**(peptone)尤为广泛使用。

从微生物所能利用的氮源种类来看,存在着一个明显的界限:一部分微生物是不需要利用氨基酸作氮源的,它们能把尿素、铵盐、硝酸盐甚至氮气等简单氮源自行合成所需要的一切氨基酸,因而可称为"**氨基酸自养型生物**"(amino acid autotroph);反之,凡需要从外界吸收现成的氨基酸作氮源的微生物,就是"**氨基酸异养型生物**"(amino acid heterotroph)。所有的动物和大量的异养微生物属于氨基酸异养型生物,而所有的绿色植物和不少微生物[如 *E. coli*、*Saccharomyces cerevisiae*(酿酒酵母)、多数放线菌和真菌]都是氨基酸自养型生物。对微生物氮源作这种分类具有重要的实践意义。因为人类和大量直接、间接地为人类服务的动物都需要外界提供现成的氨基酸和蛋白质,而这些营养成分往往又是在它们的食物或饲料、饵料中较缺少的。为了充实人和动物的氨基酸营养,除了继续向绿色植物索取外,还应更多地利用氨基酸自养型微生物,让它们将人或动物原先无法利用的廉价氮源,包括尿素、铵盐、硝酸盐或氮气等转化成菌体蛋白(SCP 或食用菌等)或含氮的代谢产物(谷氨酸等氨基酸),以丰富人类的营养和扩大食物资源,这对于21世纪的人类生存和发展来说,更有十分积极的意义。

三、 能源

能为微生物生命活动提供最初能量来源的营养物或辐射能,称为**能源**(energy source)。由于各种异养微生物的能源就是其碳源,因此,它们的能源谱就显得十分简单。微生物的能源谱为:

能源谱 $\begin{cases} \text{化学物质(化能营养型)} \begin{cases} \text{有机物:化能异养微生物的能源(同碳源)} \\ \text{无机物:化能自养微生物的能源(不同于碳源)} \end{cases} \\ \text{辐射能(光能营养型):光能自养和光能异养微生物的能源} \end{cases}$

化能自养微生物的能源十分独特,它们都是一些还原态的无机物质,例如 NH_4^+、NO_2^-、S、H_2S、H_2 和 Fe^{2+} 等。能利用这种能源的微生物都是一些原核生物,包括亚硝酸细菌、硝酸细菌、硫化细菌、硫细菌、氢细菌和铁细菌等。由于化能自养型微生物的存在,使人们扩大了对生物圈能源的认识,改变了以往认为生物界是直接或间接利用太阳能的旧观念。例如,2006 年在南非一金矿的 2.8 km 处的水层中,就发现了以硫化物为能源的自养细菌;20 世纪70 年代末,在东太平洋深海热液口,也发现过以化能自养细菌为基础的"黑暗食物链"。因此,学者们已认识到当今地球上存在着两个巨型生物圈——其一是人们熟知的由光合作用维持的地表生物圈，另一便是存在于深海底部，由化能自养微生物支持的黑暗深部生物圈。

在能源中，更容易理解前面已提到过的某一具体营养物可同时兼有几种营养要素功能的观点。例如，光辐射能是**单功能营养"物"**（能源），还原态的无机物 NH_4^+ 是**双功能营养物**（能源、氮源），而氨基酸类则是**三功能营养物**（碳源、氮源、能源）。

四、 生长因子

生长因子（growth factor）是一类对调节微生物正常代谢所必需，但不能用简单的碳源、氮源自行合成的微量有机物。由于它没有作为能源和碳源、氮源等结构材料的功能，因此需要量一般很少。广义的生长因子除了维生素外，还包括碱基、卟啉及其衍生物、甾醇、胺类、$C_4 \sim C_6$ 的分支或直链脂肪酸，有时还包括氨基酸营养缺陷突变株所需要的氨基酸；而狭义的生长因子一般仅指维生素。

生长因子虽属一重要营养要素，但它与碳源、氮源和能源有所区别，即并非任一具体微生物都需要外界为它提供生长因子。现按微生物对生长因子的需要与否，把它们分成3种类型。

（1）**生长因子自养型微生物**（auxoautotroph）　它们不需要从外界吸收任何生长因子，多数真菌、放线菌和不少细菌，如 *E. coli* 等都属这类。

（2）**生长因子异养型微生物**（auxoheterotroph）　它们需要从外界吸收多种生长因子才能维持正常生长，如各种乳酸菌、动物致病菌、枝原体和原生动物等。例如，一般的乳酸菌都需要多种维生素，许多微生物及其营养缺陷突变株需要碱基；*Haemophilus influenzae*（流感嗜血杆菌）需要卟啉及其衍生物，枝原体常需要甾醇，*Haemophilus parahaemolyticus*（副溶血嗜血杆菌）需要胺类，一些瘤胃微生物需要 $C_4 \sim C_6$ 分支或直链脂肪酸，某些厌氧菌如 *Bacteroides melaninogenicus*（产黑素拟杆菌）需要维生素 K 和氯高铁血红素（蛋白），而对微藻来说，也有约一半的种类需要吸收外界的维生素 B_1；等等。

在各种层析分析方法还未普及前，生长因子异养型微生物如一些乳酸菌等曾被用于维生素等生长因子的**生物测定**（bioassay）中。

（3）**生长因子过量合成型微生物**　少数微生物在其代谢活动中，能合成并大量分泌某些维生素等生长因子，因此，可作为有关维生素的生产菌种。例如，可用 *Eremothecium ashbya*（阿舒假囊酵母）或 *Ashbya gossypii*（棉阿舒囊霉）生产维生素 B_2；可用 *Propionibacterium shermanii*（谢氏丙酸杆菌）、*Streptomyces* spp.（若干链霉菌）和产甲烷菌生产维生素 B_{12}，以及 *Dunaliella*（杜氏盐藻属）可生产 β - 胡萝卜素等。

在配制培养基时，一般可用生长因子含量丰富的天然物质做原料以保证微生物对它们的需要，例如**酵母膏**（yeast extract）、**玉米浆**（corn steep liquor，一种浸制玉米已制取淀粉后产生的副产品）、**肝浸液**（liver infusion）、**麦芽汁**（malt extract）、米糠浸液或其他新鲜动、植物的汁液等。

各种生长因子在微生物新陈代谢过程中有着至关重要的作用，有关知识可见生物化学教科书。

五、 无机盐

无机盐（mineral salt）或矿质元素主要可为微生物提供除碳源、氮源以外的各种重要元素。凡生长所需浓度在 $10^{-4} \sim 10^{-3}$ mol/L 范围内的元素，可称为**大量元素**（macroelement），如 P、S、K、Mg、Na、Ca 和 Fe 等；凡所需浓度在 $10^{-8} \sim 10^{-6}$ mol/L 范围内的元素，则称**微量元素**（microelement，trace element），如 Cu、Zn、Mn、Mo、Co、Ni、Sn、Se、B、Cr、W 和 V 等。当然，这是为工作方便而人为地划分的，不同种微生物所需的无机元素浓度有时差别很大，例如，G^- 细菌所需 Mg 就比 G^+ 细菌约高 10 倍。

无机盐的营养功能十分重要，现表解如下：

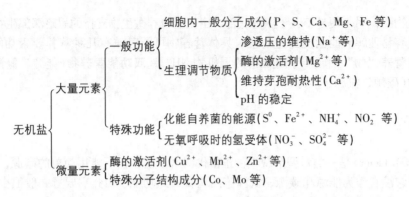

在配制微生物培养基时，对大量元素来说，只要加入相应化学试剂即可，但其中首选的应是 K_2HPO_4 和 $MgSO_4$，因为它们可同时提供 4 种需要量最大的元素。对其他需要量较少的元素而言，因在其他天然成分、一般化学试剂、天然水或玻璃器皿中都以杂质状态普遍存在，故除非做特别精密的营养、代谢研究，一般就没有专门添加的必要了。

六、水

除蓝细菌等少数光能自养型微生物能利用水中的氢来还原 CO_2 以合成糖类外，其他微生物并非真正把水当作营养物。即使如此，由于水在微生物代谢活动中的不可缺少性，故仍应作为营养要素来考虑。

水是地球上整个生命系统存在和发展的必要条件。首先它是一种最优良的溶剂，可保证几乎一切生物化学反应的进行；其次它可维持各种生物大分子结构的稳定性，并参与某些重要的生物化学反应；此外，它还有许多优良的物理性质，诸如高比热容、高汽化热、高沸点以及固态时密度小于液态等，都是保证生命活动十分重要的特性。

微生物细胞的含水量很高，细菌、酵母菌和霉菌的营养体分别含水 80%、75% 和 85% 左右，霉菌孢子约含 39% 的水，而细菌芽孢核心部分的含水量则低于 30%。

第二节　微生物的营养类型

营养类型是指根据微生物生长所需要的主要营养要素即能源和碳源的不同，而划分的微生物类型。微生物营养类型的划分方法很多（表 4-3），较多的是按它们对能源、氢供体和基本碳源的需要来区分的 4 种类型，具体内容见表 4-4。

表 4-3　微生物营养类型的分类

分类标准	营养类型
1. 以能源分	**光能营养型**（phototroph）
	化能营养型（chemotroph）
2. 以氢供体分	**无机营养型**（lithotroph）
	有机营养型（organotroph）
3. 以碳源分	**自养型**（autotroph）
	异养型（heterotroph）
4. 以合成氨基酸能力分	**氨基酸自养型**（amino acid autotroph）
	氨基酸异养型（amino acid heterotroph）

分类标准	营养类型
5. 以生长因子的需求分 *	**原养型**(prototroph)或**野生型**(wild type)
	营养缺陷型(auxotroph)
6. 以取食方式分	**渗透营养型**(osmotroph)
	吞噬营养型(phagotroph)
7. 以取得死或活有机物分	**腐生**(saprophytism)
	寄生(parasitism)
8. 以所需营养物浓度分	**贫养菌**(oligotroph)
	富养菌(eutroph)

 * 详见第七章。

表 4-4 微生物的营养类型

营养类型	能源	氢供体	基本碳源	实例
光能无机营养型 (光能自养型)	光	无机物	CO_2	蓝细菌、紫硫细菌、绿硫细菌、藻类
光能有机营养型 (光能异养型)	光	有机物	CO_2 及简单有机物	红螺菌科的细菌(即紫色非硫细菌)
化能无机营养型 (化能自养型)	无机物 *	无机物	CO_2	硝化细菌、硫化细菌、铁细菌、氢细菌、硫黄细菌等
化能有机营养型 (化能异养型)	有机物	有机物	有机物	绝大多数原核生物、全部真菌和原生动物

 * NH_4^+、NO_2^-、S^0、H_2S、H_2、Fe^{2+} 等。

必须说明的是，上述营养类型的划分完全是人们为认识事物的方便而作的归纳，它使复杂的自然现象简明化、条理化和便于学习、记忆的同时，也带来简单化、机械性的缺点。在概括微生物丰富多样性营养方式时，极易忽略事物从量变到质变发展过程中存在的许多中间类型、过渡类型和兼性类型。在微生物营养类型中存在大量的各种**兼养型微生物**(mixotroph)，例如，*Beggiatoa*(贝日阿托氏菌属)的菌种既是可利用无机硫作能源的化能自养菌，又是可利用有机物作能源和碳源的化能异养菌；又如，有些紫色非硫细菌在光照和无氧条件下，可利用光能，故属光能自养菌，而在黑暗和有氧条件下，则可利用氧化有机物产能，因此属于化能异养菌等。

第三节 营养物质进入细胞的方式

除原生动物可通过胞吞作用和胞饮作用摄取营养物质外，其他各大类有细胞的微生物都是通过细胞膜的渗透和选择吸收作用而从外界吸取营养的。细胞膜运送营养物质有 4 种方式，即单纯扩散、促进扩散、主动转运和基团转位，它们的特点可概括为：

运送方式 { 不通过膜上载体蛋白：单纯扩散 / 通过膜上载体蛋白 { 不耗能：促进扩散 / 耗能 { 运送前后溶质分子不变：主动转运 / 运送前后溶质分子改变：基团转位 } }

一、 单纯扩散

单纯扩散(simple diffusion)属于被动运送(passive transport)，指疏水性双分子层细胞膜(包括孔蛋白在内)在无载体蛋白参与下，单纯依靠物理扩散方式让许多小分子、非电离分子尤其是亲水性分子被动通过的一种物质运送方式[图4-1，①]。通过这种方式运送的物质种类不多，主要是O_2、CO_2、乙醇、甘油和某些氨基酸分子。由于单纯扩散对营养物的运送缺乏选择能力和逆浓度梯度的"浓缩"能力，因此不是细胞获取营养物的主要方式。

二、 促进扩散

促进扩散(facilitated diffusion)指溶质在运送过程中，必须借助存在于细胞膜上的底物特异**载体蛋白**(carrier protein)的协助，但不消耗能量的一类扩散性运送方式[图4-1，②]。载体蛋白有时称作**渗透酶**(permease)、移位酶(translocase)或移位蛋白(translocator protein)，一般通过诱导产生，它借助自身构象的变化，在不耗能的条件下可加速把膜外高浓度的溶质扩散到膜内，直至膜内外该溶质浓度相等为止。例如 *Saccharomyces cerevisiae*(酿酒酵母)对各种糖类、氨基酸和维生素的吸收，以及 *E. coli*、*Bacillus*(芽孢杆菌属)和 *Pseudomonas*(假单胞菌属)等对甘油的吸收等。促进扩散是可逆的，它也可以把细胞内浓度较高的某些营养物运至胞外。一般地说，促进扩散在真核细胞中要比原核细胞中更为普遍。

三、 主动转运

主动转运(active transport)指一类须提供能量(包括 ATP、**质子动势**①或"离子泵"等)并通过细胞膜上特异性载体蛋白构象的变化，而使膜外环境中低浓度的溶质运入膜内的一种运送方式[图4-1，③]。由于它可以逆浓度梯度运送营养物，所以对许多生存于低浓度营养环境中的**贫养菌**(oligophyte，或称**寡养菌**)的生存极为重要。主动转运的例子很多，主要有无机离子、有机离子(某些氨基酸、有机酸等)和一些糖类(乳糖、葡萄糖、麦芽糖、半乳糖、蜜二糖以及阿拉伯糖、核糖)等。在 *E. coli* 中，主动转运一分子乳糖约消耗 0.5 分子 ATP，而主动转运一分子麦芽糖则要消耗 1.0 ~ 1.2 分子 ATP。

四、 基团转位

基团转位(group translocation)指一类既需特异性载体蛋白的参与，又耗能的一种物质运送方式，其特点是溶质在运送前后会发生分子结构的变化，因此不同于一般的主动转运。基团转位广泛存在于原核生物中，尤其是一些兼性厌氧菌和专性厌氧菌，如 *E. coli*、*Salmonella*(沙门氏菌属)、*Bacillus*(芽孢杆菌属)、*Staphylococcus*(葡萄球菌属)和 *Clostridium*(梭菌属)等。

基团转位主要用于运送各种糖类(葡萄糖、果糖、甘露糖和 *N* - 乙酰葡糖胺等)、核苷酸、丁酸和腺嘌呤等物质。其运送机制在 *E. coli* 中研究得较为清楚，主要靠**磷酸转移酶系统**(phosphotransferase system, PTS)即磷酸烯醇丙酮酸 - 己糖磷酸转移酶系统进行。此系统由 24 种蛋白质组成，运送某一具体糖至少有 4 种蛋白质参与。其特点是每输入一个葡萄糖分子，就要消耗 1 分子 ATP 的能量。具体运送分两步进行：

(1) **热稳载体蛋白**(heat-stable carrier protein，HPr)的激活　细胞内高能化合物——磷酸烯醇丙酮酸(PEP)的磷酸基团通过酶Ⅰ的作用而把 HPr 激活：

---

① 质子动势又称质子动力(proton motive force，Pmf)，指因细胞膜外表面聚集质子而引起的膜两侧电位差。

$$PEP + HPr \xrightarrow{\text{酶 I}} Pyr(\text{丙酮酸}) + P \sim HPr$$

HPr 是一种低分子量的可溶性蛋白，结合在细胞膜上，起着高能磷酸载体的作用。酶 I 是一种可溶性细胞质蛋白。HPr 和酶 I 在磷酸转移酶系统中，均无底物特异性。

（2）糖经磷酸化而运入细胞膜内　膜外环境中的糖分子先与细胞膜外表面上的底物特异膜蛋白——酶Ⅱ$_c$结合，接着糖分子被由 P $\sim$ HPr→酶Ⅱ$_a$→酶Ⅱ$_b$逐级传递来的磷酸基团激活，最后通过酶Ⅱ$_c$再把这一磷酸糖释放到细胞质中[图 4 - 1，④]。

由上可知，酶Ⅱ共有 3 种，其中Ⅱ$_a$为细胞质蛋白，无底物特异性，而Ⅱ$_b$和Ⅱ$_c$均为膜蛋白，它们对底物具有特异性，可通过诱导产生，因此种类很多。

在 *E. coli*、*Staphylococcus aureus*（金黄色葡萄球菌）、*Bacillus subtilis*（枯草芽孢杆菌）和 *Clostridium pasteurianum*（巴氏梭菌）中，葡萄糖就是通过基团转位方式自外环境运送入细胞内的。此外 *E. coli* 利用基团转位还

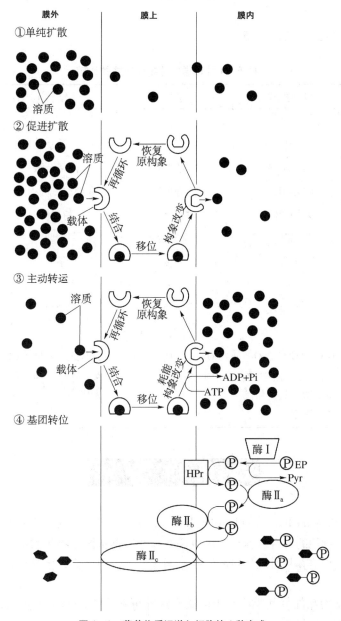

图 4 - 1　营养物质运送入细胞的 4 种方式

可运送果糖、甘露糖、蔗糖、N–乙酰葡糖胺和纤维二糖等。

现把葡萄糖分子借磷酸化酶系运送入细胞内的基团转位过程分成 5 步来图示(图 4 – 2)。

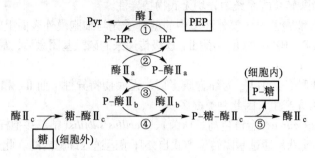

图 4 – 2 糖分子经基团转位进入细胞内

有关这 4 种运送方式的比较见表 4 – 5。

表 4 – 5 4 种运送营养物质方式的比较

比较项目	单纯扩散	促进扩散	主动转运	基团转位
特异载体蛋白	无	有	有	有
运送速度	慢	快	快	快
溶质运送方向	由浓至稀	由浓至稀	由稀至浓	由稀至浓
平衡时内外浓度	内外相等	内外相等	内部浓度高得多	内部浓度高得多
运送分子	无特异性	特异性	特异性	特异性
能量消耗	不需要	不需要	需要	需要
运送前后溶质分子	不变	不变	不变	改变
载体饱和效应	无	有	有	有
与溶质类似物	无竞争性	有竞争性	有竞争性	有竞争性
运送抑制剂	无	有	有	有
运送对象举例	H_2O、CO_2、O_2、甘油、乙醇、少数氨基酸、盐类和代谢抑制剂	SO_4^{2-}、PO_4^{3-}、糖(真核生物)	氨基酸、乳糖等糖类，Na^+、Ca^{2+} 等无机离子	葡萄糖、果糖、甘露糖、嘌呤、核苷和脂肪酸等

第四节 培养基

培养基(medium，复数为 media；或 culture medium)是指由人工配制的、含有六大营养要素、适合微生物生长繁殖或产生代谢产物用的混合营养料。任何培养基都应具备微生物生长所需要的六大营养要素，且其间的比例是合适的。制作培养基时应尽快配制并立即灭菌，否则就会杂菌丛生，并破坏其固有的成分和性质。

绝大多数腐生性微生物和部分共生或寄生性微生物都可在人工培养基上生长，只有少数称作**难养菌**(fastidious microorganism)的寄生或共生微生物，例如**类枝原体**(mycoplasma-like organism，MLO)、**类立克次**

氏体(rickettsia-like organism，RLO)和少数寄生真菌等，至今还不能在人工培养基上生长。

一、 选用和设计培养基的原则和方法

综合文献资料和实践经验，作者认为，在选用和设计培养基时，应遵循以下4个原则和4种方法。

(一) 4 个原则

1. 目的明确

在设计新培养基前，先要明确拟培养何菌；获何产物；是用作实验室研究还是大生产用；是进行一般研究还是作精密的生理、生化或遗传学研究；是用作"种子"培养基还是发酵培养基；是生产含氮量低的发酵产物(如乙醇、乳酸、丙酮、丁醇和柠檬酸等)还是生产含氮量高的产物(如氨基酸、酶制剂、SCP 等)。根据不同的工作目的，运用自己丰富的生物化学和微生物学知识，可为提出最佳试验方案打下良好的基础。

2. 营养协调

对微生物细胞组成元素的调查或分析，是设计培养基时的重要参考依据，表4-6 和表4-7 是两份有价值的参考数据。

表4-6 原核细胞的化学成分

分子名称	占干重的比例/%	每一细胞所含分子数	种类
1. 水	—		1
2. 大分子总数	96	24 609 802	~2 500
蛋白质	55	2 350 000	~1850
多糖	5	4 300	2
脂质	9.1	22 000 000	4
脂多糖	3.4	1 430 000	1
DNA	3.1	2.1	1
RNA	20.5	255 500	~660
3. 单体总数	3.0		~350
氨基酸及其前体	0.5		~100
糖类及其前体	2		~50
核苷酸及其前体	0.5		~200
4. 无机离子	1		18

表4-7 三大类微生物细胞中各种成分的含量/%干重

成分	细菌	酵母菌	真菌
碳	48(46~52)	48(46~52)	48(45~55)
氮	12.5(10~14)	7.5(6~8.5)	6(4~7)
蛋白质	55(50~60)	40(35~45)	32(25~40)
糖类	9(6~15)	38(30~45)	49(40~55)
脂质	7(5~10)	8(5~10)	8(5~10)
核酸	23*(15~25)	8(5~10)	5(2~8)
灰分	6(4~10)	6(4~10)	6(4~10)
磷		1.0~2.5	

成分	细菌	酵母菌	真菌
硫、镁		0.3~1.0	
钾、钙		0.1~0.5	
钠、铁		0.01~0.1	
锌、铜、锰		0.001~0.01	

* 只有用快速生长的细胞进行分析才可取得这一高值。

从表4-7可知，微生物细胞内各种成分间有一较稳定的比例。因此，在大多数为化能异养微生物配制的培养基中，除水外，碳源(兼能源)的含量最高，其后依次是氮源、大量元素和生长因子。为便于记忆，可以认为，它们间大体上存在着10倍序列的递减趋势，即：

要素：H_2O > C源+能源 > N源 > P、S > K、Mg > 生长因子

含量：$\sim 10^{-1}$ $\sim 10^{-2}$ $\sim 10^{-3}$ $\sim 10^{-4}$ $\sim 10^{-5}$ $\sim 10^{-6}$

在上述序列中，碳源与氮源含量之比即称**碳氮比**(C/N比)，严格讲来，C/N比应是指在微生物培养基中所含的碳源中的碳原子摩尔数与氮源中的氮原子摩尔数之比。这是因为，在不同种类的碳源或氮源分子中，其实际含碳量或含氮量差别很大，从以下5种常用氮源化合物的含氮量占其总质量的百分比，即可明白其中的道理：

氮源：NH_3 $CO(NH_2)_2$ NH_4NO_3 $(NH_4)_2CO_3$ $(NH_4)_2SO_4$ 氨基酸 蛋白质

含氮量/%： 82 46 35 29.2 21 8~27 ~16

一般地讲，真菌需C/N比较高的培养基(似动物的"素食")，细菌尤其是动物病原菌需C/N比较低的培养基(似动物的"荤食")。

3. 理化适宜

理化适宜指培养基的**pH**、渗透压、水活度和氧化还原电势等物理化学条件较为适宜。

(1) pH 从整体上来看，各大类微生物都有其生长适宜的pH范围，如细菌为6.5~7.5，放线菌为7.5~8.5，酵母菌为3.8~6.0，霉菌为4.0~5.8，藻类为6.0~7.0，原生动物为6.0~8.0。但对某一具体微生物的物种来说，其生长的最适pH范围常可大大突破上述界限(见第六章)，其中一些**嗜极菌**(extremophile)更为突出(详见第八章)。现把3类微生物的生长pH范围列在表4-8中。

表4-8 3类微生物的生长pH

微生物	最低pH	最适pH	最高pH
细菌	2~5	6.5~7.5	8~11
酵母菌	2~3	3.8~6.0	7~8
霉菌	1~2	4.0~5.8	7~8

由于在微生物(尤其是一些产酸菌)的生长、代谢过程中会产生引起培养基pH改变的代谢产物，如不及时调节，就会抑制甚至杀死其自身，因而在设计此类培养基时，就要考虑培养基成分对pH的调节能力，这种通过培养基内在成分所起的调节作用，可称作**pH的内源调节**。内源调节方式主要有两种。

① 借磷酸缓冲液进行调节：例如，调节K_2HPO_4和KH_2PO_4两者浓度比即可得pH为6.0~7.6的一系列稳定的pH，当两者为等浓度比时，溶液的pH可稳定在6.8。其反应原理为：

$$K_2HPO_4 + HCl \longrightarrow KH_2PO_4 + KCl$$

$$KH_2PO_4 + KOH \longrightarrow K_2HPO_4 + H_2O$$

② 以 $CaCO_3$ 作"备用碱"进行调节：$CaCO_3$ 在水溶液中溶解度极低，故将它加入至液体或固体培养基中时，并不会提高培养基的 pH。但当微生物生长过程中不断产酸时，却可溶解 $CaCO_3$，从而发挥其调节培养基 pH 的作用，反应是：

$$CO_3^{2-} \xrightleftharpoons[-H^+]{+H^+} HCO_3^- \xrightleftharpoons[-H^+]{+H^+} H_2CO_3 \rightleftharpoons CO_2 + H_2O$$

因为 $CaCO_3$ 既不溶于水又是沉淀性的，故配制培养基时很难使它分布均匀。为方便起见，有时可用 $NaHCO_3$ 来调节。

与内源调节相对应的是**外源调节**，这是一类按实际需要不断从外界流加酸或碱液，以调整培养液 pH 的方法，内容可见第六章。

（2）渗透压和水活度　渗透压（osmotic pressure）是某水溶液中一个可用压力来量度的物化指标，它表示两种不同浓度的溶液间若被一个半透性薄膜隔开时，稀溶液中的水分子会因水势（water potential）的推动而透过隔膜流向浓溶液，直至浓溶液所产生的机械压力足以使两边水分子的进出达到平衡为止，这时由浓溶液中的溶质所产生的机械压力，即为它的渗透压值。渗透压的大小是由溶液中所含有的分子或离子的质点数所决定的，等重的物质，其分子或离子越小，则质点数越多，因而产生的渗透压就越大。与微生物细胞渗透压相等的等渗溶液最适宜微生物的生长，高渗溶液则会使细胞发生质壁分离，而低渗溶液则会使细胞吸水膨胀，形成很高的膨压（例如 *E. coli* 细胞的膨压可达 2 个大气压或与汽车胎压相当），这对细胞壁脆弱或丧失的各种缺壁细胞，例如原生质体、球状体或枝原体来说，则是致命的。当然，微生物在其长期进化过程中，已进化出一套高度适应渗透压的特性，例如可通过体内糖原、PHB 等大分子贮藏物的合成或分解来调节细胞内的渗透压。据测定，G^+ 细菌的渗透压可达 20 个大气压[①]，G^- 细菌的则可达到 5 ~ 10 个大气压。能在高渗透压或低水活度下生长的微生物，称为耐渗微生物（osmotolerant microorganism），如 *Saccharomyces rouxii*（鲁氏酵母）和 *Staphylococcus aureus*（金黄色葡萄球菌）等。

水活度即 a_w（water activity），是一个比渗透压更有生理意义的物理化学指标，它表示在天然或人为环境中，微生物可实际利用的自由水或游离水的含量。其定量含义为：在同温同压下，某溶液的蒸汽压（P）与纯水蒸汽压（P_0）之比。因此，a_w 也等于该溶液的百分**相对湿度值**（equilibrium relative humidity，ERH），即：

$$a_w = \frac{P}{P_0} = \frac{ERH}{100}$$

各种微生物生长繁殖范围的 a_w 在 0.998 ~ 0.60 之间，例如：

生长最低 a_w
- 细菌
  - 一般：0.90 ~ 0.98
  - 嗜盐菌：0.75（约 5.5 mol/L NaCl）
- 酵母菌
  - 一般：0.87 ~ 0.91
  - 高渗酵母：0.61 ~ 0.65（低于饱和蔗糖液）
  - *Saccharomyces rouxii*（鲁氏酵母）：0.60
- 霉菌
  - 一般：0.80 ~ 0.87
  - 耐旱菌：0.65 ~ 0.75
  - *Xeromyces bisporus*（双孢旱霉）：0.60

知道了各类微生物生长的 a_w 后，不仅有利于设计它们的培养基，而且还对防止食物的霉腐具有指导意义。现将若干食物等的 a_w 值列举在表 4 – 9 中。

---

① 1 个大气压 = 760 mmHg = 101.325 kPa。

表 4 – 9　若干食品和其他物料的 a_w 值和适宜生长的微生物

物品名	a_w	适宜生长的微生物
纯水	1.000	*Caulobacter*(柄细菌)，*Spirillum*(螺菌)
一般农业土壤	1.0～0.9	大多数微生物
人血	0.995	*Streptococcus*(链球菌)，*E. coli*
新鲜水果、蔬菜	0.97～0.98	淡水蓝细菌
海水	0.98	*Pseudomonas*(假单胞菌)，*Vibrio*(弧菌)
面包	0.95	多数 G^+ 杆菌，担子菌
糖酱，火腿	0.90	一些 G^+ 球菌，*Rhizopus*(根霉)，*Mucor*(毛霉)，*Fusarium*(镰孢霉)
香肠	0.85	*Saccharomyces rouxii*(鲁氏酵母，在盐中)，*Staphylococcus*(葡萄球菌)
果酱，蜜饯	0.80	*Saccharomyces bailii*(拜耳酵母)，*Penicillium*(青霉菌)等一般霉菌
饱和蔗糖液	0.76	—
咸鱼，盐湖水	0.75	*Helobacterium*(盐杆菌)，*Halococcus*(盐球菌)，*Actinosporangium*(孢囊放线菌)，*Dunaliella*(杜氏盐藻)和 *Aspergillus*(曲霉)
糖果，干果	0.70	曲霉，多种旱生酵母
谷物，面粉	0.65	*Xeromyces bisporus*(双孢旱生酵母)等多种旱生霉菌
奶粉，巧克力，蜂蜜	0.60	鲁氏酵母(在糖中)

（3）**氧化还原电势**(redox potential)　又称氧化还原电位，是量度某氧化还原系统中还原剂释放电子或氧化剂接受电子趋势的一种指标。氧化还原电势一般以 E_h 表示，它是指以氢电极为标准时某氧化还原系统的电极电位值，单位是 V(伏)或 mV(毫伏)。

就像微生物与 pH 的关系那样，各种微生物对其培养基的氧化还原电势也有不同的要求。一般好氧菌生长的 E_h 为 +0.3～ +0.4 V；兼性厌氧菌在 +0.1 V 以上时进行好氧呼吸产能，在 +0.1 V 以下时则进行发酵产能；而厌氧菌只能生长在 +0.1 V 以下的环境中。在实验室中，为了培养严格厌氧菌，除应驱走空气中的氧气外，还应在培养基中加入适量的还原剂，包括巯基乙酸、抗坏血酸(维生素 C)、硫化钠、半胱氨酸、铁屑、谷胱甘肽或庖肉(瘦牛肉粒)等，以降低培养基的氧化还原电势。例如，加有铁屑的培养基，其 E_h 值可降至 -0.40 V 的低水平。

测定氧化还原电势值除用电位计外，还可使用化学指示剂，例如**刃天青**(resazurin)等。刃天青在无氧条件下呈无色(E_h 相当于 -40 mV)；在有氧条件下，其颜色与溶液的 pH 相关，一般在中性时呈紫色，碱性时呈蓝色，酸性时为红色；在微含氧溶液中，则呈现粉红色。

4. 经济节约

在设计大生产用的培养基时，经济节约的原则显得十分重要，在生产实践中，大体可从以下几方面去实施这一原则。

（1）**以粗代精**　指以粗制的培养基原料代替纯净的原料，例如用糖蜜取代蔗糖，以红薯粉代淀粉，以屠宰场废料、废液代蛋白胨或牛肉膏，以工业用无机盐代试剂级原料，以及以白垩代碳酸钙等。

（2）**以"野"代"家"**　指以野生植物原料代替栽培植物原料，例如用粗的木薯粉代替优质淀粉等。

（3）**以废代好**　指将生产中营养丰富的废弃物作为培养基的原料，如造纸厂的亚硫酸废液(含戊糖)可培养酵母菌，豆制品厂的黄浆水可培养 *Geotrichum candidum*(白地霉)等。

（4）**以简代繁**　生产上改进培养基成分时，一般存在着愈是改进、其成分愈是丰富和复杂的趋向，故有时应转换一下思维方式，去尝试一下"减法"。这在链霉素发酵过程中曾发挥过良好效果。

（5）**以氮代朊**　即尽量利用氨基酸自养微生物的生物合成能力，以廉价的大气氮、铵盐、硝酸盐或尿素等来代替氨基酸或蛋白质，作为配制培养基的原料。

（6）**以纤代糖**　指在微生物碳源中，在可能的条件下，尽量以可再生的纤维素代替淀粉或糖类原料，设法降低生产成本。

（7）以烃代粮　指以石油或天然气作碳源培养某些石油微生物，从而节约宝贵的粮食原料。在微生物中，已知有 40 属细菌、12 属酵母菌和 30 属丝状真菌，共超过 200 种的微生物能降解石油或利用天然气。如果让这类"石油微生物"利用石油或天然气生产一些不易用粮食原料生产的特殊化工原料(高级醇、脂肪酸和环烷酸等)以及副产品——**单细胞蛋白**，应是十分有价值的工作。

（8）以"国"代"进"　即以国产原料代替进口原料，这实为"以粗代精"原则的另一特殊形式。典型实例是 20 世纪 50 年代初，当时我国抗生素工业刚开始建立，由于国内还缺乏乳糖和玉米浆这两种青霉素发酵中的主要原料而严重影响生产的发展。当时我国学者根据以国产代进口的原则，终于找到用廉价的棉籽饼或花生饼粉代替玉米浆，以白玉米粉代替乳糖等富有中国特色的培养基配方，推动了新生的**青霉素发酵**(penicillin fermentation)工业的快速发展。

（二）4 种方法

1. 生态模拟

在自然条件下，凡有某种微生物大量生长繁殖着的环境，就必存在着该微生物所必要的营养和其他条件。若直接取用这类自然基质(经过灭菌)或模拟这类自然条件，就可获得一个"初级的"天然培养基，例如可用肉汤、鱼汁培养细菌，用果汁培养酵母菌，用牛奶培养乳酸菌，用润湿的麸皮、米糠培养霉菌以及用米饭或面包培养根霉等。

2. 借鉴文献

任何科技工作者决不能事事都靠直接经验。多查阅、分析和利用文献资料中一切对自己研究对象直接或间接有关的信息，对设计新培养基有着重要的参考价值，因此，要时时注意和收集这类文献资料。

3. 精心设计

在设计、试验新配方时，常常要对多种因子进行比较和反复试验，工作量极大。借助于优选法或正交试验设计等行之有效的数学工具，可明显提高工作效率。

4. 试验比较

要设计一种优化的培养基，在上述 3 项工作的基础上，还得经过具体试验和比较才能最后予以确定。试验的规模一般都遵循由定性到定量、由小到大、由实验室到工厂等逐步扩大的原则。例如，可先在培养**皿琼脂平板**上测试某微生物的营养要求，然后作**摇瓶培养**(shake culture)或**台式发酵罐**(benchtop fermentor)培养试验，最后才扩大到试验型并进一步放大到生产型**发酵罐**(fermenter)中进行试验。

二、培养基的种类

培养基的名目繁多、种类各异，以下按 3 个大类予以介绍，并各举几个实例，从而可获得较系统化的培养基知识。

（一）按对培养基成分的了解分类

1. 天然培养基(natural medium, chemically undefined medium)

天然培养基是指一类利用动、植物或微生物体包括用其提取物制成的培养基，这是一类营养成分既复杂又丰富、难以说出其确切化学组成的培养基。例如培养多种细菌所用的**牛肉膏蛋白胨培养基**，培养酵母菌的**麦芽汁培养基**等。天然培养基的优点是营养丰富、种类多样、配制方便、价格低廉；缺点是成分不清楚、不稳定。因此，这类培养基只适合于一般实验室中的菌种培养、发酵工业中生产菌种的培养和某些发酵产物的生产等。

在实验室中配制这类培养基时，除利用天然的动植物成分，如动物肉类、植物组织或其浸出物，以及牛奶、血清或土壤浸液外，还常用商品化形式的天然材料，包括酪蛋白、大豆蛋白、牛肉膏、酵母粉以及它们的酶解或酸解产物(如各种蛋白胨)等。

2. 组合培养基（chemically defined medium）

组合培养基又称**合成培养基**或综合培养基（synthetic medium），是一类按微生物的营养要求精确设计后用多种高纯化学试剂配制成的培养基。例如培养 *E. coli* 等细菌用的**葡萄糖铵盐培养基**，培养 *Streptomyces* spp.（一些链霉菌）的**淀粉硝酸盐培养基**（常称"高氏Ⅰ号培养基"），培养真菌的**蔗糖硝酸盐培养基**（即**察氏培养基**）等。组合培养基的优点是成分精确、重演性高，缺点是价格较贵、配制麻烦，且微生物生长比较一般，因此，通常仅适用于营养、代谢、生理、生化、遗传、育种、菌种鉴定或生物测定等对定量要求较高的研究工作中。

例一：大肠埃希氏菌的葡萄糖铵盐组合培养基之一

葡萄糖 4~10 g，$(NH_4)_2SO_4$ 1 g，K_2HPO_4 7 g，KH_2PO_4 2 g，$MgSO_4$ 0.1 g，$CaCl_2$ 0.02 g，微量元素（Fe、Co、Mn、Zn、Cu、Ni、Mo）各 2~10 μg，蒸馏水 1 000 mL，pH 7.2

例二：大肠埃希氏菌的组合培养基之二——Davis 培养基

葡萄糖 2 g，$(NH_4)_2SO_4$ 2 g，柠檬酸钠·$2H_2O$ 0.5 g，K_2HPO_4 7 g，KH_2PO_4 2 g，$MgSO_4·7H_2O$ 0.1 g，蒸馏水 1 000 mL，pH 7.2

3. 半组合培养基（semi-defined medium）

半组合培养基又称**半合成培养基**（semi-synthetic medium），指一类主要以化学试剂配制，同时还加有某种或某些天然成分的培养基，例如，培养真菌的**马铃薯蔗糖培养基**等。严格地讲，凡含有未经特殊处理的琼脂的任何组合培养基，因其中含有一些未知的天然成分，故实质上也只能看作是一种半组合培养基。

（二）按培养基外观的物理状态分类

1. 液体培养基（liquid medium）

一类呈液体状态的培养基，在实验室和生产实践中用途广泛，尤其适用于大规模地培养微生物。

2. 固体培养基（solid medium）

一类外观呈固体状态的培养基。根据固态的性质又可分为：

（1）**固化培养基**（solidified medium）　常称"固体培养基"，由液体培养基中加入适量**凝固剂**（gelling agent）而成，例如加有 15~20 g/L **琼脂**（agar）或 50~120 g/L **明胶**（gelatin）的液体培养基，就可制成遇热可融化、冷却后则呈凝固态的用途最广的固化培养基。除琼脂和明胶外，**海藻酸胶**（alginate）、脱乙酰吉兰糖胶（gelrite）和多聚醇 F127（pluronic polyol F127）也可以用作凝固剂，但是，琼脂是最优良的凝固剂，它自 1882 年（科赫听取了其助手 W. Hesse 的夫人 Fannie 的建议）开始用于配制微生物培养基以来，至今久盛不衰。现把琼脂与明胶两种凝固剂的特性列在表 4-10 中。

表 4-10　琼脂与明胶若干特性的比较

比较项目	化学成分	营养价值	分解性	融化温度	凝固温度	常用浓度	透明度	黏着力	耐加压灭菌
琼脂	聚半乳糖的硫酸酯	无	罕见	~96℃	~40℃	15~20 g/L	高	强	强
明胶	蛋白质	作氮源	极易	~25℃	~20℃	50~120 g/L	高	强	弱

（2）**非可逆性固化培养基**　指一类一旦凝固后不能再重新融化的固化培养基，如血清培养基或无机**硅胶**（silica gel）培养基等，后者专门用于化能自养细菌的分离和纯化等方面。

（3）**天然固态培养基**　由天然固态基质直接配制成的培养基，例如培养真菌用的由麸皮、米糠、木屑、纤维或稻草粉配制成的培养基；由马铃薯片，胡萝卜条，大米，麦粒，大豆，面包或动、植物组织直接制备的培养基等。

（4）**滤膜**（membrane filter）　是一种坚韧且带有无数微孔（孔径为 0.22~0.45 μm）的乙酸纤维素、硝酸纤维素、尼龙、聚碳酸酯、聚四氟乙烯或聚偏二氯乙烯等的薄膜，一般放在合适的漏斗中在加压条件下进行过滤。若把滤膜制成圆片覆盖在营养琼脂或浸有液体培养基的纤维素衬垫上，就形成具有固化培养基性质的培养条件。滤膜主要用于对含菌量很少的水中微生物进行过滤、浓缩，然后揭下滤膜，把它放在含有适当液体培养基的衬垫上培养，待长出菌落后，就可计算单位水样中的实际含菌量。

固体培养基在科学研究和生产实践上的用途很广，例如，可用于菌种分离、鉴定、菌落计数、检验杂菌、选种、育种、菌种保藏、生物活性物质的生物测定、获取大量真菌孢子，以及用于微生物的固体培养和大规模生产等。

3. 半固体培养基(semi-solid medium)

半固体培养基是指在液体培养基中加入少量的凝固剂而配制成的半固体状态培养基，例如"稀琼脂"(sloppy agar)，它们在小型容器倒置时不会流出，但在剧烈振荡后则呈破散状态。一般可在液体培养基中加入 5 g/L 左右的琼脂制成。半固体培养基可放入试管中形成"直立柱"(agar butt)，把它用于细菌的动力观察，趋化性研究，厌氧菌的培养、分离和计数，以及细菌和酵母菌的菌种保藏等；若用于双层平板法中，还可测定噬菌体的效价(见第三章)。

4. 脱水培养基(dehydrated culture medium)

脱水培养基又称脱水商品培养基(dehydrated commercial medium)或预制干燥培养基(pre-fabricated dried culture medium)，指含有除水以外的一切营养成分的商品化培养基，使用时只要加入适量水分并加以灭菌、分装即可，是一类成分精确、使用方便的现代化培养基。

（三）按培养基对微生物的功能分类

1. 选择培养基(selected medium)

一类根据某微生物的特殊营养要求或其对某化学、物理因素抗性的原理而设计的培养基，具有使混合菌样中的劣势菌变成优势菌的功能，广泛用于菌种筛选等领域。选择培养基是 19 世纪末由荷兰的 M. W. Beijerinck 和俄国的 S. N. Vinogradsky 所发明。我国人民在 12 世纪的宋代，就已根据 *Monascus sp.* (红曲霉)耐酸和耐高温的特性，采用明矾调节酸度和用酸米抑制杂菌的高温培养法，获得了纯度很高的**红曲**，这实际上就是应用选择培养基的先例；我国民间流传至今的**泡菜**(pickles)制作，也是利用选择培养基和厌氧培养法的一个实例。

原始混合试样中微生物数量很少时，如按常规直接用平板画线或稀释法进行分离，必难奏效。这时，第一种办法是可利用该分离对象对某种营养物有一特殊"嗜好"的原理，专门在培养基中加入该营养物，从而把它制成一种**加富性选择培养基**(enriched selected medium)，采用了这类"投其所好"的策略后，就可使原先极少量的筛选对象很快在数量上接近或超过原试样中其他占优势的微生物，因而达到**富集**(enrichment)或增殖的目的。第二种办法则是利用该分离对象对某种制菌物质所特有的抗性，在筛选的培养基中加入这种制菌物质，经培养后，使原有试样中对此抑制剂表现敏感的优势菌的生长大受抑制，而原先处于劣势的分离对象却趁机大量增殖，最终在数量上反而占了优势。通过这种"取其所抗"的办法，也可达到富集培养的目的。因此，后一种培养基实为一种**抑制性选择培养基**(inhibited selected medium)。在实际应用时，所设计的选择培养基通常都兼有上述两种功能，以充分提高其选择效率。

用作加富的营养物主要是一些特殊的碳源或氮源，如甘露醇可富集自生固氮菌，纤维素可富集纤维分解菌，石蜡油可富集分解石油的微生物，较浓的糖液可用来富集酵母菌等；用作抑制其他微生物的选择性抑菌剂有染料(结晶紫等)、抗生素、脱氧胆酸钠和叠氮化钠等；用于选择性的其他理化因素还有温度、氧、pH 和渗透压等。

现举 4 种常用的选择培养基，从中可以体会上述原理的实用情况。

（1）**酵母菌富集培养基**　50 g/L 葡萄糖，1 g/L 尿素，1 g/L（NH_4）$_2SO_4$，2.5 g/L KH_2PO_4，0.5 g/L Na_2HPO_4，1 g/L $MgSO_4 \cdot 7H_2O$，0.1 g/L $FeSO_4 \cdot 7H_2O$，0.5 g/L 酵母膏，0.03 g/L 孟加拉红，pH 4.5。

（2）**Ashby 无氮培养基**(富集好氧性自生固氮菌用)　10 g/L 甘露醇，0.2 g/L KH_2PO_4，0.2 g/L $MgSO_4 \cdot 7H_2O$，0.2 g/L NaCl，0.1 g/L $CaSO_4 \cdot 2H_2O$，5 g/L $CaCO_3$。

（3）**Martin 培养基**(富集土壤真菌用)　10 g/L 葡萄糖，5 g/L 蛋白胨，1 g/L KH_2PO_4，0.5 g/L $MgSO_4 \cdot$

$7H_2O$，20 g/L 琼脂，0.03 g/L 孟加拉红，30 μg/mL 链霉素，2 μg/mL 金霉素。

（4）含糖酵母膏培养基（在厌氧条件下富集乳酸菌用） 20 g/L 葡萄糖，10 g/L 酵母膏，1 g/L KH_2PO_4，0.2 g/L $MgSO_4 \cdot 7H_2O$，pH 6.5。

2. 鉴别培养基（differential medium）

一类添加有能与目的菌的无色代谢产物（或酶）发生显色反应（或水解圈）的指示剂，从而达到只需用肉眼辨别颜色就能方便地从近似菌落中找出目的菌菌落的培养基。最常见的鉴别培养基是**伊红 – 亚甲蓝培养基**，即 EMB（eosin-methylene blue）培养基。它在饮用水、牛奶的**大肠菌群**①（coliform）数等细菌学检查和在 *E. coli* 的遗传学研究工作中有着重要的用途。EMB 培养基成分见表 4 – 11。

表 4 – 11　EMB 培养基的成分

成分	蛋白胨	乳糖	K_2HPO_4	伊红 Y	亚甲蓝	蒸馏水	最终 pH
含量/g	10	10	2	0.4	0.065	1 000	7.2

EMB 培养基（EMB medium）中的伊红和亚甲蓝两种苯胺染料可抑制 G^+ 细菌和一些难培养的 G^- 细菌。在低酸度下，这两种染料会结合并形成沉淀，起着产酸指示剂的作用。因此，试样中多种肠道细菌会在 EMB 培养基平板上产生易于用肉眼识别的多种特征性菌落，尤其是 *E. coli*，因其能强烈分解乳糖而产生大量混合酸，菌体表面带 H^+，故可染上酸性染料伊红，又因伊红与亚甲蓝结合，故使菌落染上深紫色，且从菌落表面的反射光中还可看到绿色金属闪光（似金龟子色），其他几种产酸力弱的肠道菌的菌落也有相应的棕色，现表解如下：

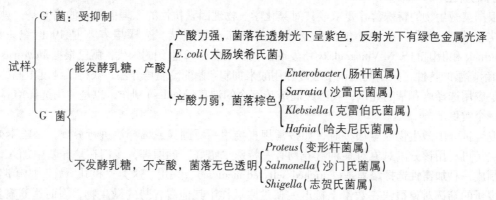

鉴别培养基在临床病原菌的检验和其他领域有着十分重要的应用，现把在临床检验中最常用的 5 种鉴别培养基及其对 7 种病原菌的鉴别特征列在表 4 – 12 中。

表 4 – 12　用于临床致病细菌检验的 5 种鉴别培养基

菌名	在不同培养基上的菌落特征				
	EMB	MC	SS	BS	HE
Escherichia coli（大肠埃希氏菌）	绿色金属光泽，中心深色	红或粉红色	红或粉红色	生长受抑制	黄 – 粉红色
Enterobacter（肠杆菌属）	与 *E. coli* 相似，但稍大	红或粉红色	白或米色	银灰色，黏性	黄 – 粉红色
Klebsiella（克雷伯氏菌属）	大形，黏性，褐色	粉红色	红至粉红色	生长受抑制	黄 – 粉红色

---

① 大肠菌群：包括 *E. coli*、*Enterobacter aerogenes*（产气肠杆菌）和 *Citrobacter*（柠檬酸杆菌属）等一些 G^-、无芽孢、能发酵乳糖产酸产气的兼性厌氧杆菌。

菌名	在不同培养基上的菌落特征				
	EMB	MC	SS	BS	HE
Proteus (变形杆菌属)	半透明，无色	透明，无色	中央黑色，边缘透明	绿色	透明
Pseudomonas (假单胞菌属)	半透明，无色至金色	透明，无色	生长受抑制	生长受抑制	透明
Salmonella (沙门氏菌属)	半透明，无色至金色	半透明，无色	灰暗色	黑色至深绿	绿色或透明有黑心
Shigella (志贺氏菌属)	半透明，无色至金色	透明，无色	灰暗色	褐色或受抑制	绿色或透明

注：EMB，伊红－亚甲蓝培养基；MC，麦康凯琼脂培养基；SS，沙门氏菌、志贺氏菌琼脂培养基；BS，亚硫酸铋琼脂培养基；HE，Hektoen 肠道细菌琼脂培养基。

需要特别说明的是，以上关于选择培养基和鉴别培养基的划分只是人为的、为理解方便而定的理论标准。在实际应用时，这两种功能常常有机地结合在一起，例如，EMB 培养基除有鉴别不同菌落特征的作用外，同时兼有抑制 G^+ 细菌和促进 G^- 肠道菌生长的作用。因此，切不可只顾培养基的"名"而机械地去思其"义"。

复习思考题

1. 试从元素水平、分子水平和培养基原料水平列出微生物的碳源谱，并说出微生物利用碳源的一般规律。
2. 试从元素水平、分子水平和培养基原料水平列出微生物的氮源谱，并讨论微生物利用氮源的一般规律。
3. 氨基酸自养微生物在实践上有何重要性？试举两例分析说明之。
4. 试以能源为主、碳源为辅对微生物的营养方式进行分类，并举例说明之。
5. 什么是自养微生物？它有几种类型？试举例说明。
6. 生长因子包括哪些化合物？微生物与生长因子的关系可分为几类？举例说明之。
7. 什么是水活度？它对微生物的生命活动有何影响？对人类的生产和生活实践有何关系？
8. 试述通过基团转移运送营养物质的机制。
9. 培养基中各营养要素的含量间一般遵循何种数量关系？试分析其中的原因。
10. 何谓碳氮比？不同的微生物为何有不同的碳氮比要求？试举例说明之。
11. 设计培养基的 4 个原则、4 个方法是什么？你能提出一个更好的原则和方法吗？
12. 固体培养基有何用途？试列一表对书中介绍的 4 种固体培养基作一比较。
13. 什么是半固体培养基？它在微生物学研究中有何应用？
14. 什么是选择培养基？试举一实例并分析其中为何有选择功能。
15. 什么叫鉴别培养基？试以 EMB 为例分析其具有鉴别功能的原因。
16. 为什么说地球上存在着两个巨型生物圈？它们分别有何特点？

数字课程资源

📖 本章小结   📋 重要名词

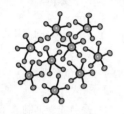

第五章　微生物的新陈代谢

新陈代谢(metabolism)简称代谢，是推动生物一切生命活动的动力源和各种生命物质的"加工厂"，是活细胞中一切有序化学反应的总和，通常分成分解代谢(catabolism)和合成代谢(anabolism)两部分。**分解代谢**又称异化作用，是指复杂的有机分子通过分解代谢酶系的催化产生简单分子、能量(一般以腺苷三磷酸即ATP形式存在)和**还原力**(reducing power，或称**还原当量**，一般以[H]来表示)的作用；**合成代谢**又称同化作用，它的功能与分解代谢正好相反，是指在合成酶系的催化下，由简单小分子、ATP形式的能量和[H]形式的还原力一起，共同合成复杂的生物大分子的过程。两者间的关系为：

$$\text{复杂分子(有机物)} \xrightarrow[\text{合成代谢酶系}]{\text{分解代谢酶系}} \text{简单分子} + \text{ATP} + [\text{H}]$$

酶是大自然进化的杰作，是一切生物进行新陈代谢的特效、高速的蛋白质工具。一切生物，在其新陈代谢的本质上既存在着高度的统一性，又存在着明显的多样性。前者主要在普通生物化学课程中介绍，后者即微生物代谢的多样性或特殊性问题，则是本章讨论的重点。

第一节　微生物的能量代谢

由于一切生命活动都是耗能反应，因此，能量代谢就成了新陈代谢中的核心问题。研究能量代谢的根本目的，是要追踪生物体如何把外界环境中多种形式的**最初能源**(primary energy source)逐步转换成对一切生命活动都能利用的**通用能源**(universal energy source)——ATP[①]的过程。对微生物而言，它们可利用的能源不外乎是有机物、日光辐射能和还原态无机物三大类，因此，研究其能量代谢机制，实质上就是追踪这三大类最初能源是如何一步步地转化并释放出ATP的具体生化反应过程，即：

$$
\text{最初能源}
\begin{cases}
\text{有机物} \xrightarrow{\text{化能异养菌}} \\
\text{日光辐射能} \xrightarrow{\text{光能营养菌}} \\
\text{还原态无机物} \xrightarrow{\text{化能自养菌}}
\end{cases}
\longrightarrow \text{通用能源（ATP）}
$$

一、化能异养微生物的生物氧化和产能

生物氧化(biological oxidation)就是发生在活细胞内的一系列产能性氧化反应的总称。生物氧化与有机物

---

① 按化学渗透学说，除ATP外，合成ATP的能量即跨膜质子电化学梯度($\Delta \tilde{\mu}_{H^+}$)或质子动势(proton motive force)，在不少生理活动中也起着通用能源的作用。

的非生物氧化即燃烧有着若干相同点和不同点，相同点是两者的总效应都是通过底物的氧化反应而释放其中的化学能，不同点很多，见表 5 - 1。

表 5 - 1　有机物 * 生物氧化与燃烧的比较

比较项目	燃　烧	生物氧化
反应方式	$C_6H_{12}O_6 \xrightarrow{3O_2} 6H_2O$ $\downarrow 3O_2$ $6CO_2$	$C_6H_{12}O_6 \xrightarrow[\text{(电子流)}]{3O_2} 6H_2O$ 碳流 $\downarrow 3O_2$ $6CO_2$
步骤	一步式快速反应	多步式梯级反应
条件	激烈(高温下)	温和(常温下)
催化剂	无	酶系(酶在细胞内有一定位置)
产能形式	热、光	大部分为 ATP
能量利用率	低	高

* 本表以葡萄糖作为有机物的代表。

概括地说，生物氧化的形式包括某物质与氧结合、脱氢和失去电子 3 种；生物氧化的过程可分脱氢(或电子)、递氢(或电子)和受氢(或电子) 3 个阶段；生物氧化的功能有产能(ATP)、产还原力[H]和产小分子中间代谢物 3 种；而生物氧化的类型则包括了呼吸、无氧呼吸和发酵 3 种。

(一) 底物脱氢的 4 条途径

这里以葡萄糖作为生物氧化的典型底物。若底物为双糖或其他己糖，则必须先通过水解或转化，使之成为葡萄糖后再进入 EMP 途径(图 5 - 1)。葡萄糖在生物氧化的脱氢阶段中，可通过 4 条代谢途径完成其脱氢反应，并伴随还原力[H]和能量的产生。若在兼用代谢途径(见第二节)的协助下，这 4 条代谢途径还有小分子中间代谢物的产生。现把底物脱氢的 4 条途径以及脱氢、递氢、受氢 3 阶段间的联系图示在图 5 - 2 中。

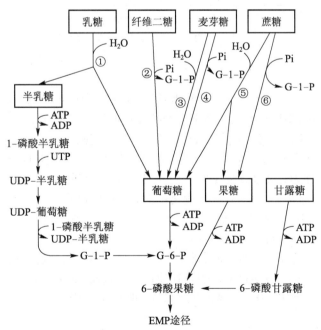

图 5 - 1　各种糖类在进入 EMP 途径前转化成葡萄糖的反应

①β - 半乳糖苷酶；②纤维二糖磷酸化酶；③麦芽糖酶；④麦芽糖磷酸化酶；⑤蔗糖酶；⑥蔗糖磷酸化酶；
UDP：尿苷二磷酸；G - 1 - P：1 - 磷酸葡糖；G - 6 - P：6 - 磷酸葡糖

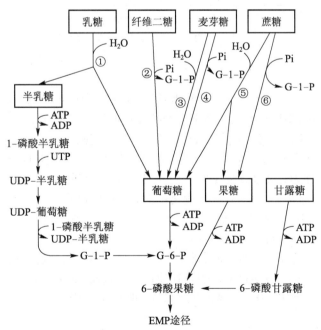

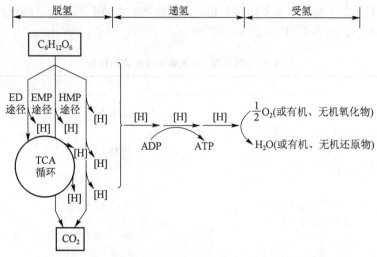

图5-2 底物脱氢的4条途径及其与递氢、受氢的联系

1. EMP 途径(Embden-Meyerhof-Parnas pathway)

EMP 途径又称**糖酵解途径**(glycolysis)或已糖二磷酸途径(hexose diphosphate pathway),是绝大多数生物所共有的一条主流代谢途径。它是以1分子葡萄糖为底物,约经10步反应而产生2分子丙酮酸、2分子 NADH + H[1] 和2分子 ATP 的过程。因此,EMP 途径可概括为两个阶段(耗能和产能)、3种产物和10个反应(图5-3)。

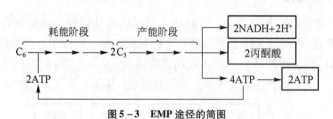

图5-3 EMP 途径的简图

C_6 为葡萄糖, C_3 为3-磷酸甘油醛,方框内为终产物

EMP 途径的总反应式为:

$$C_6H_{12}O_6 + 2NAD^+ + 2ADP + 2Pi \longrightarrow 2CH_3COCOOH + 2NADH + 2H^+ + 2ATP + 2H_2O$$

在其终产物中,$2NADH + 2H^+$ 在有氧条件下可经呼吸链的氧化磷酸化反应产生6ATP,而在无氧条件下,则可把丙酮酸还原成乳酸,或把丙酮酸的脱羧产物——乙醛还原成乙醇。

EMP 途径是多种微生物所具有的代谢途径,其产能效率虽低,但生理功能极其重要:①供应 ATP 形式的能量和 $NADH_2$ 形式的还原力;②是连接其他几个重要代谢途径的桥梁,包括三羧酸循环(TCA)、HMP 途径和 ED 途径等;③为生物合成提供多种中间代谢物;④通过逆向反应可进行多糖合成。若从 EMP 途径与人类生产实践的关系来看,则它与乙醇、乳酸、甘油、丙酮和丁醇等的发酵生产关系密切。

2. HMP 途径(hexose monophosphate pathway)

HMP 途径又称磷酸已糖途径、磷酸已糖支路(HM shunt)、**磷酸戊糖途径**(pentose phosphate pathway)、**磷酸葡萄糖酸途径**(phosphogluconate pathway)或 WD 途径(Warburg-Dickens pathway)。其特点是葡萄糖不经 EMP 途径和 TCA 循环而得到彻底氧化,并能产生大量 $NADPH + H^+$[2] 形式的还原力以及多种重要中间代谢产

---

① NADH + H[+] 即还原型烟酰胺腺嘌呤二核苷酸,又称还原型辅酶 I 或还原型 DPN,为简便起见,有时用 $NADH_2$ 表示。

② NADPH + H[+] 为还原型烟酰胺腺嘌呤二核苷酸磷酸,又称还原型辅酶 II 或还原型 TPN,为简便起见,有时用 $NADPH_2$ 表示。

物。其总反应可简要地用图 5 - 4 表示。

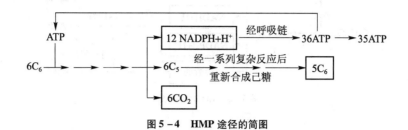

图 5 - 4　HMP 途径的简图

C_6 为己糖或磷酸己糖，C_5 为 5 - 磷酸核酮糖，方框内为本途径中的直接产物；$NADPH + H^+$
必须先由转氢酶将其上的氢转到 NAD^+ 上并变成 $NADH + H^+$ 后，才能进入呼吸链产 ATP

HMP 途径的总反应式为：

6 6 - 磷酸葡糖 $+ 12NADP^+ + 7H_2O \longrightarrow$ 5 6 - 磷酸葡糖 $+ 12NADPH + 12H^+ + 6CO_2 + Pi$

HMP 途径可概括为 3 个阶段：①葡萄糖分子通过几步氧化反应产生 5 - 磷酸核酮糖和 CO_2；②5 - 磷酸核酮糖发生结构变化形成 5 - 磷酸核糖和 5 - 磷酸木酮糖；③几种戊糖磷酸在无氧参与的条件下发生碳架重排，产生了己糖磷酸和丙糖磷酸，后者既可通过 EMP 途径转化成丙酮酸而进入 TCA 循环进行彻底氧化，也可通过果糖二磷酸醛缩酶和果糖二磷酸酶的作用而转化为己糖磷酸。

HMP 途径在微生物生命活动中意义重大，主要有：

① 供应合成原料：为核酸、核苷酸、$NAD(P)^+$、FAD(FMN) 和 CoA 等的生物合成提供戊糖磷酸；HMP 途径中的 4 - 磷酸赤藓糖是合成芳香族、杂环族氨基酸 (苯丙氨酸、酪氨酸、色氨酸和组氨酸) 的原料。

② 产还原力：产生大量 $NADPH_2$ 形式的还原力，不仅可供脂肪酸、固醇等生物合成之需，还可供通过呼吸链产生大量能量之需。

③ 作为固定 CO_2 的中介：HMP 途径是光能自养微生物和化能自养微生物固定 CO_2 的重要中介，即 HMP 途径中的 5 - 磷酸核酮糖在磷酸核酮糖激酶的催化下先形成 1,5 - 二磷酸核酮糖，然后在羧化酶的催化下固定 CO_2。(详见本章第三节中的 Calvin 循环)

④ 扩大碳源利用范围：HMP 途径为微生物利用 $C_3 \sim C_7$ 多种碳源提供了必要的代谢途径。

⑤ 连接 EMP 途径：通过与 EMP 途径的连接 (在 1,6 - 二磷酸果糖和 3 - 磷酸甘油醛处)，可为生物合成提供更多的戊糖。

若从人类的生产实践来说，通过 HMP 途径可提供许多重要的发酵产物，如核苷酸、氨基酸、辅酶和乳酸 (通过异型乳酸发酵) 等。

在多数好氧菌和兼性厌氧菌中都存在 HMP 途径，而且通常还与 EMP 途径同时存在。只有 HMP 途径而无 EMP 途径的微生物很少，例如 *Acetobacter suboxydans* (弱氧化醋杆菌)、*Gluconobacter oxydans* (氧化葡糖杆菌) 和 *Acetomonas oxydans* (氧化醋单胞菌)。

3. ED 途径 (Entner-Doudoroff pathway)

ED 途径又称 **2 - 酮 - 3 - 脱氧 - 6 - 磷酸葡糖酸 (KDPG) 途径**。因最初由 N. Entner 和 M. Doudoroff 两人 (1952 年) 在 *Pseudomonas saccharophila* (嗜糖假单胞菌) 中发现，故名。这是存在于某些缺乏完整 EMP 途径的微生物中的一种替代途径，为微生物所特有。特点是葡萄糖只经过 4 步反应即可快速获得由 EMP 途径须经 10 步反应才能形成的丙酮酸。ED 途径的简介见图 5 - 5。

ED 途径的总反应式为：

$C_6H_{12}O_6 + ADP + Pi + NADP^+ + NAD^+ \longrightarrow 2CH_3COCOOH + ATP + NADPH + H^+ + NADH + H^+$

有关 ED 途径概貌及其中的关键反应步骤见图 5 - 6、图 5 - 7。

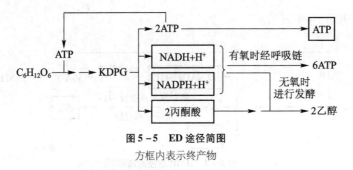

图 5 – 5　ED 途径简图
方框内表示终产物

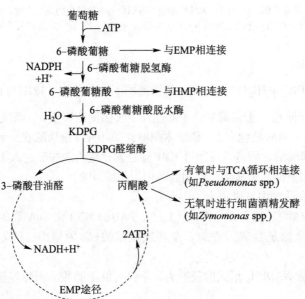

图 5 – 6　ED 途径的概貌

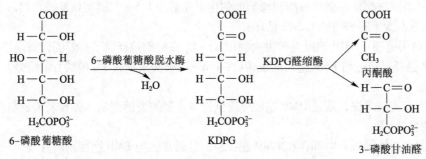

图 5 – 7　ED 途径中的关键反应——KDPG 的裂解

ED 途径的特点是：①具有一特征性反应——KDPG 裂解为丙酮酸和 3 – 磷酸甘油醛；②存在一特征性酶——**KDPG 醛缩酶**；③其终产物 2 分子丙酮酸的来源不同，其一由 KDPG 直接裂解形成，另一则由 3 – 磷酸甘油醛经 EMP 途径转化而来；④产能效率低(1 mol ATP/1 mol 葡萄糖)。

ED 途径是少数 EMP 途径不完整的细菌所特有的利用葡萄糖的替代途径。由于它可与 EMP 途径、HMP 途径和 TCA 循环等代谢途径相连，故可相互协调，满足微生物对能量、还原力和不同中间代谢产物的需要。此外，本途径中所产生的丙酮酸对 *Zymomonas mobilis*(运动发酵单胞菌)这类**微好氧菌**(microaerobe)来说，可脱羧成乙醛，乙醛又可进一步被 NADH₂ 还原为乙醇。这种经 ED 途径发酵生产乙醇的方法称为**细菌乙醇发酵**(bacterial alcoholic fermentation)，它与酵母菌通过 EMP 途径形成乙醇的机制不同。近年来，细菌乙醇发酵已可用于工业生产，并比传统的酵母乙醇发酵有较多的优点，包括代谢速率高、产物转化率高、菌体生成少、代谢副产物少、发酵温度较高以及不必定期供氧等。其缺点则是生长 pH 较高(细菌的 pH 约为 5,酵母菌为 3),较易染杂菌,并且对乙醇的耐受力较酵母菌低(细菌约耐 7%乙醇,酵母菌为 8% ~ 10%)。

具有 ED 途径的细菌有 *Pseudomonas saccharophila*(嗜糖假单胞菌)、*Ps. aeruginosa*(铜绿假单胞菌)、*Ps. fluorescens*(荧光假单胞菌)、*Ps. lindneri*(林氏假单胞菌)、*Z. mobilis* 和 *Alcaligenes eutrophus*(真养产碱菌)等。在 1521 年西班牙人进入中美洲前,墨西哥先民阿兹特克人就一直饮用龙舌兰酒,经研究,这就是一种龙舌兰汁经 *Z. mobilis* 的细菌乙醇发酵而成的营养酒。

4. TCA 循环(tricarboxylic acid cycle)

TCA 循环即**三羧酸循环**,又称 **Krebs 循环**或**柠檬酸循环**(citric acid cycle,CAC),由诺贝尔奖获得者(1953 年)、德国学者 H. A. Krebs 于 1937 年提出。是指由丙酮酸经过一系列环节作循环式反应而被彻底氧化、脱羧,形成 CO_2、H_2O 和 $NADH_2$ 的过程。这是一个广泛存在于各种生物体中的重要生物化学反应,在各种好氧微生物中普遍存在。在真核微生物中,TCA 循环的反应在线粒体内进行,其中的大多数酶定位于线粒体的基质中;在原核生物中,大多数酶位于细胞质内。只有琥珀酸脱氢酶属于例外,它在线粒体或原核细胞中都是结合在膜上的。

TCA 循环的主要反应产物见图 5 − 8。

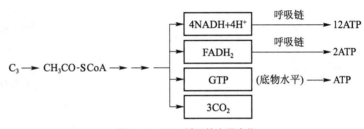

图 5 − 8 TCA 循环的主要产物

C_3 为丙酮酸,方框内为终产物

一般认为真正的 TCA 循环起始于 2C 化合物乙酰 − CoA 与 4C 化合物草酰乙酸间的缩合。但从产能的角度来看,通常都把丙酮酸进入 TCA 循环前的"入门反应"(gateway step)——脱羧作用所产生的 NADH + H$^+$ 也计入,这时,若每个丙酮酸分子经本循环彻底氧化并与呼吸链的氧化磷酸化相偶联,就可高效地产生 15 分子 ATP。有关 TCA 循环的详细反应过程见图 5 − 9。

从图 5 − 9 可知,TCA 循环共分 10 步:3C 化合物丙酮酸脱羧后,形成 NADH + H$^+$,并产生 2C 化合物乙酰 − CoA,由它与 4C 化合物草酰乙酸缩合形成 6C 化合物柠檬酸。通过一系列氧化和转化反应,6C 化合物经过 5C 化合物阶段又重新回到 4C 化合物——草酰乙酸,再由它接受来自下一个循环的乙酰 − CoA 分子。整个 TCA 循环的总反应式为:

$$丙酮酸 + 4NAD^+ + FAD + GDP + Pi + 3H_2O \longrightarrow 3CO_2 + 4(NADH + H^+) + FADH_2 + GTP$$

若认为 TCA 循环起始于乙酰 − CoA,则总反应式为:

$$乙酰 − CoA + 3NAD^+ + FAD + GDP + Pi + 2H_2O \longrightarrow 2CO_2 + 3(NADH + H^+) + FADH_2 + CoA + GTP$$

TCA 循环的特点有:①氧虽不直接参与其中反应,但 TCA 循环必须在有氧条件下运转(因 NAD^+ 和 FAD 再生时需氧);②每分子丙酮酸可产 4 分子 NADH + H$^+$、1 分子 $FADH_2$ 和 1 分子 GTP,共相当于 15 分子 ATP,因此产能效率极高;③TCA 位于一切分解代谢和合成代谢中的枢纽地位,不仅可为微生物的生物合成提供各种碳架原料,而且还与人类的发酵生产(如柠檬酸、苹果酸、谷氨酸、延胡索酸和琥珀酸等)紧密相关(图 5 − 10)。

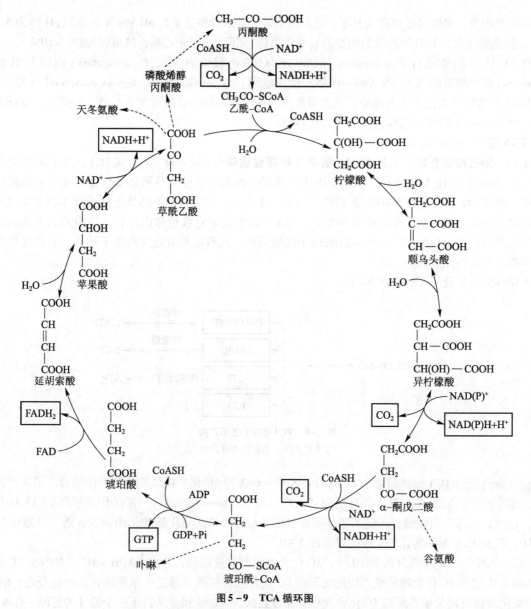

图 5 - 9　TCA 循环图

虚线表示可为生物合成提供原材料的中间代谢物，方框内表示产物

柠檬酸是葡萄糖经 TCA 循环而形成的最有代表性的代谢产物，早已发展成大规模的商业生产。常用的菌种是 *Aspergillus niger*（黑曲霉），在每升发酵液中产酸 >150 g。柠檬酸的产生途径见图 5 - 11。按理论计算，每分子葡萄糖只产生 2/3 分子柠檬酸（相当于每 100 g 葡萄糖产生 71.1 g 柠檬酸），可是在生产实践中却常可获得 75 ~ 87 g 柠檬酸。用同位素 $^{14}CO_2$ 做实验后证实，在柠檬酸合成过程中，还伴随有大量 CO_2 的固定，从而解释了上述现象。

以上介绍了以葡萄糖为代表的底物在生物氧化中的 4 条主要脱氢途径，并简要地叙述了它们在产能、产还原力以及在分解或合成代谢、生产发酵产物中的重要作用。现将它们在产能效率方面的特点和区别列在表 5 - 2 中。

这里还要说明的是，原先在葡萄糖分子（$C_6H_{12}O_6$）中只有 12 个氢原子，可是，在通过 EMP 和 TCA 反应后，却增加了 1 倍（变成了 12 对[H]），从图 5 - 12 可知其中的原因是 H_2O 分子的参与。

微生物学教程

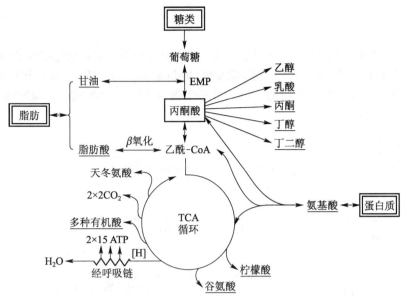

图 5 – 10   TCA 循环在微生物分解代谢和合成代谢中的枢纽地位

双框内为主要营养物，单框内为主要中间代谢物，划底线者为重要发酵产物

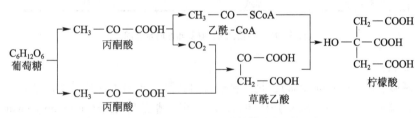

图 5 – 11   *Aspergillus niger* 产柠檬酸的生化反应

表 5 – 2   葡萄糖经不同脱氢途径后的产能效率

产能形式		EMP	HMP	ED	EMP + TCA
底物水平 {	ATP	2		1	2
	GTP				2(相当于 2ATP)
NADH + H⁺		2(相当于 6ATP)		1(相当于 3ATP)	2 + 8 *(相当于 30ATP)
NADPH + H⁺			12(相当于 36ATP)	1(相当于 3ATP)	
FADH₂					2(相当于 4ATP)
净产 ATP		8	35 **	7	36 ~ 38 ***

* 在 TCA 循环的异柠檬酸至 α – 酮戊二酸反应中，有的微生物(如细菌)产生的是 NADPH + H⁺。

** 因为在葡萄糖变成 6 – 磷酸葡糖过程中消耗 1 分子 ATP，故净产 35 分子 ATP。

*** 在原核生物中，因呼吸链组分在细胞膜上，故产 38 分子 ATP；而真核微生物的呼吸链组分在线粒体膜上，NADH + H⁺ 进入线粒体时要消耗 2 分子 ATP，故最终只产生 36 分子 ATP。

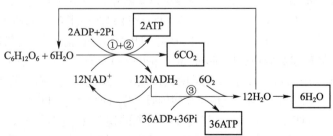

图 5 – 12   1 分子葡萄糖经 EMP 和 TCA 后产生 38 分子 ATP 的分析

①为 EMP，②为 TCA，③为呼吸链；有方框内为终产物

（二）递氢和受氢

储存在生物体内葡萄糖等有机物中的化学能，经上述 4 条途径脱氢后，通过呼吸链（或称电子传递链）等方式传递，最终可与氧、无机或有机氧化物等**氢受体**（hydrogen acceptor 或 receptor）相结合而释放出其中的能量。根据递氢特点尤其是氢受体性质的不同，可把生物氧化区分为呼吸、无氧呼吸和发酵 3 种类型（图 5 – 13），现分别加以说明。

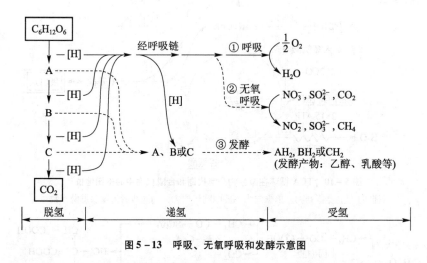

图 5 – 13　呼吸、无氧呼吸和发酵示意图

1. 呼吸（respiration）

呼吸又称**有氧呼吸**（aerobic respiration），是一种最普遍又最重要的生物氧化或产能方式，其特点是底物按常规方式脱氢后，脱下的氢（常以还原力 [H] 形式存在）经完整的**呼吸链**（respiratory chain，RC）又称**电子传递链**（electron transport chain，ETC）传递，最终被外源分子氧接受，产生水并释放 ATP 形式的能量。这是一种递氢和受氢都必须在有氧条件下完成的生物氧化作用，是一种高效的产能方式。

呼吸链是指位于原核生物细胞膜上或真核生物线粒体膜上的、由一系列氧化还原电势呈梯度差的、链状排列的一组氢（或电子）传递体，其功能是把氢或电子从低氧化还原电势的化合物处逐级传递到高氧化还原电势的分子氧或其他无机、有机氧化物，并使它们还原。在氢或电子的传递过程中，通过与氧化磷酸化反应相偶联，造成一个**跨膜质子动势**，进而推动了 ATP 的合成。

组成呼吸链中传递氢或电子载体的物质，除醌类和铁硫蛋白外，其余都是一些含有辅酶或辅基的酶，其中的辅酶如 NAD^+ 或 $NADP^+$，辅基如 FAD、FMN 和血红素等。

不论在真核生物或是原核生物中，呼吸链的主要组分都是类似的（图 5 – 15），氢或电子的传递顺序一般为：

$$NAD(P) \rightarrow FP(黄素蛋白) \rightarrow Fe - S(铁硫蛋白) \rightarrow CoQ(辅酶\ Q) \rightarrow Cyt\ b \rightarrow Cyt\ c \rightarrow Cyt\ a \rightarrow Cyt\ a_3$$

氧化磷酸化（oxidative phosphorylation）又称**电子传递链磷酸化**，是指呼吸链的递氢（或电子）和受氢过程与磷酸化反应相偶联并产生 ATP 的作用。递氢、受氢即氧化过程造成了跨膜的质子梯度差即质子动势，进而质子动势再推动 ATP 合酶合成 ATP。氧化磷酸化形成 ATP 的机制目前已研究得较清楚，其中成就最大并获得学术界普遍认同的是**化学渗透学说**（chemiosmotic hypothesis），它由英国学者 P. Mitchell（1978 年诺贝尔奖获得者）于 1961 年提出。该学说认为，在氧化磷酸化过程中，通过呼吸链有关酶系的作用，可将底物分子上的质子从膜的内侧传递到膜的外侧，从而造成了膜两侧质子分布不均匀，此即质子动势（或质子动力，pH 梯度）$\Delta\tilde{\mu}_H$ 的由来，也是合成 ATP 的能量来源。通过 ATP 合酶的逆反应可把质子从膜的外侧重新输回到膜的内侧，于是在消除质子动势的同时合成了 ATP。因此，可把质子梯度差理解为一个高水位的水源，而把 ATP 合酶比喻为一台水轮发电机，由此产生的电流被立即贮入蓄电池中，这种充足了电的"蓄电池"就是 ATP。

上述比喻已得到分子水平上的证明。在 20 世纪 70 年代，学者们已发现 **ATP 合酶**（ATP synthase）是由镶嵌在原核生物细胞膜上或真核生物线粒体内膜上的基部 F_0 和伸展在膜外的头部 F_1 所组成（图 5-14）。F_1 是 ATP 合酶的催化中心，为一种五肽复合物——$\alpha_3\beta_3\gamma\varepsilon\delta$，其中的 3 个 β 亚基类似 3 片水轮叶，催化 ADP + Pi $\rightleftharpoons$ ATP 的分子内转化反应。β 亚基可发生 3 种构象变化：一种有利于使 ADP 与 Pi 相结合，第二种可使 ADP 与 Pi 合成 ATP，第三种则可使 ATP 释放。F_0 是一个 3 肽复合物（ab_2c_{12}），其中 a 亚基有质子跨膜通道，而 b 亚基则从膜上延伸到膜外，并沿着 2 个 b 亚基和 1 个 δ 亚基构成一个类似马达定子的构造。γ、ε 亚基起着马达转子轴心的作用，而 12 个 c 亚基则似乎起轴承的作用。当质子从膜外流入 F_0 的 a 亚基中后，通过消耗质子动势可合成

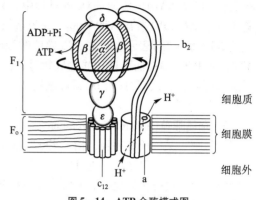

图 5-14 ATP 合酶模式图

ATP。ATP 合酶的功能是可逆的，故当 ATP 水解时，也可通过同种酶产生质子动势。

因此 ATP 合酶就像一架精巧的分子水轮发电机，其 3 个 β 亚基即为 3 个水轮叶片。这就是美国学者 P. Boyer 提出的有关 ATP 合酶合成 ATP 的**构象假说**或**旋转催化假说**的基本内容。上述假说已获英国学者 J. Walker 等人的有力支持（1994 年），他们对 ATP 合酶晶体进行 X 射线衍射试验，获得了高分辨率的 β 亚基三维结构的不同构象。Boyer 和 Walker 因此于 1997 年获得了诺贝尔化学奖。

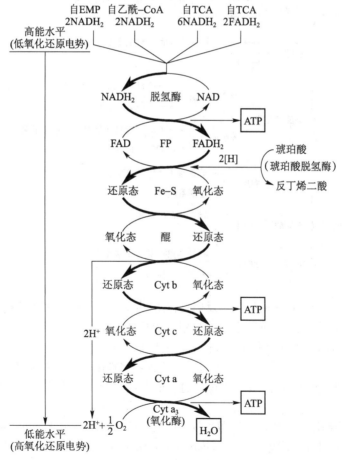

图 5-15 典型的呼吸链

粗线表示氢或电子通路；注意：在琥珀酸脱氢酶催化琥珀酸为反丁烯二酸的过程中，由于该酶的辅基是 FAD，故可直接越过 FP 进入呼吸链氧化

111

从图 5-15 中可以看出，在典型的呼吸链中，只有 3 处能提供合成 ATP 所需的足够能量。因此，在 2 分子[H]从 $NADH_2$ 传递至 O_2 的过程中，只有 3 处能与磷酸化反应（ADP + Pi→ATP）发生偶联，亦即只有 3 分子磷酸（Pi）参与 ATP 合成。呼吸链氧化磷酸化效率的高低可用 P/O 比（即每消耗1 mol氧原子所产生的 ATP 摩尔数）表示。例如，以异柠檬酸或苹果酸为底物时，动物线粒体能由 2 分子[H]产生 3 分子 ATP，故 P/O = 3；而以琥珀酸为底物时，由于琥珀酸脱氢酶的辅基是黄素蛋白（FP），因此只能从 FP 水平进入呼吸链，故 2 分子[H]只能获得 2 分子 ATP，其 P/O = 2。原核生物呼吸链的 P/O 比一般较真核细胞线粒体的低。

2. 无氧呼吸（anaerobic respiration）

无氧呼吸又称**厌氧呼吸**，指一类呼吸链末端的氢受体为外源无机氧化物（少数为有机氧化物）的生物氧化。这是一类在无氧条件下进行的、产能效率较低的特殊呼吸。其特点是底物按常规途径脱氢后，经部分呼吸链递氢，最终由氧化态的无机物或有机物受氢，并完成氧化磷酸化产能反应。根据呼吸链末端氢受体的不同，可把无氧呼吸分成以下多种类型。

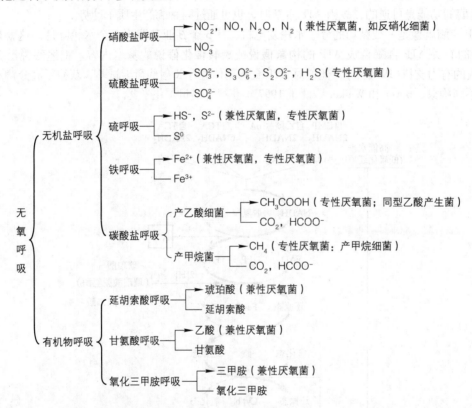

（1）**硝酸盐呼吸**（nitrate respiration） 又称**反硝化作用**（denitrification）。硝酸盐在微生物生命活动中具有两种功能，其一是在有氧或无氧条件下所进行的利用硝酸盐作为氮源营养物，称为**同化性硝酸盐还原作用**（assimilative nitrate reduction）；另一是在无氧条件下，某些兼性厌氧微生物利用硝酸盐作为呼吸链的最终氢受体，把它还原成亚硝酸盐、NO、N_2O 直至 N_2 的过程，称为**异化性硝酸盐还原作用**（dissimilative nitrate reduction），又称硝酸盐呼吸或反硝化作用。这两个还原过程的共同特点是硝酸盐都要通过一种含钼的硝酸盐还原酶将其还原为亚硝酸盐。

能进行硝酸盐呼吸的都是一些兼性厌氧微生物——反硝化细菌，例如 *Bacillus licheniformis*（地衣芽孢杆菌）、*Paracoccus denitrificans*（脱氮副球菌）、*Pseudomonas aeruginosa*（铜绿假单胞菌）和 *Thiobacillus denitrificans*（脱氮硫杆菌）等。在通气不良的土壤中，反硝化作用会造成氮肥的损失，其中间产物 NO 和 N_2O 还会污染环境，故应设法防止。最近发现（2006 年），在严重缺氧的海底沉积物中，有些原生动物如多孔虫也能进行

微生物学教程

硝酸盐呼吸。

（2）**硫酸盐呼吸**（sulfate respiration）　是一类称作硫酸盐还原细菌（或反硫化细菌）的严格厌氧菌在无氧条件下获取能量的方式，其特点是底物脱氢后，经呼吸链递氢，最终由末端氢受体硫酸盐受氢，在递氢过程中与氧化磷酸化作用相偶联而获得 ATP。硫酸盐呼吸的最终还原产物是 H_2S。能进行硫酸盐呼吸的严格厌氧菌有 *Desulfovibrio desulfuricans*（脱硫脱硫弧菌），*D. gigas*（巨大脱硫弧菌）和 *Desulfotomaculum nigrificans*（致黑脱硫肠状菌）等。在浸水或通气不良的土壤中，厌氧微生物的硫酸盐呼吸及其有害产物对植物根系生长十分不利（例如引起水稻秧苗的烂根等），故应设法防止。

（3）**硫呼吸**（sulphur respiration）　指以无机硫作为呼吸链的最终氢受体并产生 H_2S 的生物氧化作用。能进行硫呼吸的都是一些兼性或专性厌氧菌，例如 *Desulfuromonas acetoxidans*（氧化乙酸脱硫单胞菌）。此外，有些古菌也有硫呼吸，如 *Desulfurococcus*（脱硫球菌属）和 *Thermoproteus*（热变形菌属）等。

（4）**铁呼吸**（iron respiration）　在某些专性厌氧菌和兼性厌氧菌（包括化能异养细菌、化能自养细菌和某些真菌）中，其呼吸链末端的氢受体是 Fe^{3+}，如 *Pseudomonas*（假单胞菌属）和 *Bacillus*（芽孢杆菌属）等。

（5）**碳酸盐呼吸**（carbonate respiration）　是一类以 CO_2 或重碳酸盐作为呼吸链末端氢受体的无氧呼吸。根据其还原产物不同而分两类：其一是产甲烷菌产生甲烷的碳酸盐呼吸，其二是产乙酸细菌产生乙酸的碳酸盐呼吸（详见第八章）。它们都是一些专性厌氧菌。

（6）**延胡索酸呼吸**（fumarate respiration）　以往都把琥珀酸的形成看作是微生物所产生的一般中间代谢物，可是在延胡索酸呼吸中，琥珀酸却是末端氢受体延胡索酸的还原产物。能进行延胡索酸呼吸的微生物都是一些兼性厌氧菌，如 *Escherichia*（埃希氏菌属）、*Proteus*（变形杆菌属）、*Salmonella*（沙门氏菌属）和 *Klebsiella*（克氏杆菌属）等肠杆菌；一些厌氧菌如 *Bacteroides*（拟杆菌属）、*Propionibacterium*（丙酸杆菌属）和 *Vibrio succinogenes*（产琥珀酸弧菌）等也能进行延胡索酸呼吸。

近年来，又发现了几种类似于延胡索酸呼吸的无氧呼吸，它们都以有机氧化物作无氧环境下呼吸链的末端氢受体，包括甘氨酸（还原成乙酸）、二甲基亚砜[DMSO，还原成二甲基硫化物（dimethyl sulfide，DMS）]，以及氧化三甲胺[trimethylamine oxide，还原成三甲胺（trimethylamine）]等。

3. 发酵（fermentation）

"发酵"有 3 个含义——通俗的、工业微生物学的和生物化学的：广义的发酵，最早是从水果汁等会不断冒泡并产生有益产品的一些自然现象开始的；目前已泛指任何利用好氧性或厌氧性微生物来生产有用代谢产物或食品、饮料的一类生产方式。这里要介绍的仅是用于生物体能量代谢中的狭义发酵概念，它指在无氧等外源氢受体的条件下，底物脱氢后所产生的还原力[H]未经呼吸链传递而直接交由某一内源性中间代谢物接受，以实现底物水平磷酸化产能的一类生物氧化反应，即：

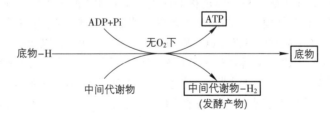

发酵的类型很多，以下拟从与 EMP、HMP、ED 途径有关的和称为 Stickland 反应的 4 类重要发酵来加以说明。

（1）**由 EMP 途径中丙酮酸出发的发酵**　丙酮酸是 EMP 途径的关键产物，由它出发，在不同微生物中可进入不同发酵途径，例如由 *Saccharomyces cerevisiae*（酿酒酵母）进行的酵母菌**同型乙醇发酵**（homoalcoholic fermentation），由 *Lactobacillus delbruckii*（德氏乳杆菌）、*L. acidophilus*（嗜酸乳杆菌）、*Lactococcus lactis*（乳酸乳球菌）和 *Enterococcus faecalis*（粪肠球菌）进行的**同型乳酸发酵**（homolactic fermentation），由 *Propionibacterium shermanii*（谢氏丙酸杆菌）等进行的**丙酸发酵**，由 *E. coli* 等多种肠杆菌进行的**混合酸发酵**，由 *Enterobacter* *aerogenes*(产气肠杆菌)等进行的 **2,3 - 丁二醇发酵**，以及由多种厌氧梭菌如 *Clostridium butyricum*(丁酸梭菌)、*C. butylicum*(丁醇梭菌)和 *C. acetobutylicum*(丙酮丁醇梭菌)等所进行的**丁酸型发酵**等。通过这些发酵，微生物可获取其生命活动所需能量，而对人类实践来说，就可通过工业发酵手段大规模生产这些代谢产物。此外，发酵中的某些独特代谢产物还是鉴定相应菌种时的重要生化指标。例如，**V. P. 试验**(Vogos-Prouskauer test)就是利用上述 *E. aerogenes* 能产生 3 - 羟基丁酮(乙酰甲基甲醇)的原理，因为它在碱性条件下可被氧化成二乙酰，若用有胍基的精氨酸与二乙酰反应，就可产生特征性的红色反应(即 V. P. 阳性)，而与 *E. aerogenes* 近缘的 *E. coli* 呈 V. P. 阴性，故极易区别两菌。

现把从 EMP 途径中关键中间产物丙酮酸出发的 6 条发酵途径概貌及其相互联系总结在图 5 - 16 中。

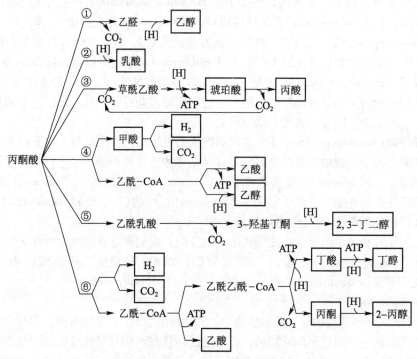

图 5 - 16 自丙酮酸出发的 6 条发酵途径及其相应产物
方框内为最终发酵产物

在以上 6 条发酵途径中，由丙酮丁醇梭菌进行的丙酮、丁醇和乙醇的发酵，是发酵工业史上迄今为止由严格厌氧菌所进行的唯一能大规模生产的发酵。若以玉米粉为原料，其发酵液中的溶剂比例大致是丙酮∶丁醇∶乙醇为 3∶6∶1。该菌最初由魏茨曼(C. Weizmann, 1874—1952, 以色列首任总统，是"一个发明换来一个国家"式的学者)于 1912 年从谷物种子表面分离到，后因第一次世界大战时制造火药、合成橡胶等的迫切需求，使这一发酵工业获得了飞速发展的机会。直至 20 世纪中叶才被以石油为原料的化学合成法所取代。进入 21 世纪后，由于溶剂特别是丁醇需求量持续增长，而石油原料则日益紧俏，使丙酮丁醇发酵这一利用可再生资源的传统发酵工业开始重新活跃起来，在与当今的基因工程、代谢工程和发酵工程等高新技术的结合下，又迎来了一个新的、富有生命力的历史时期。

现把丙酮丁醇梭菌等一些厌氧梭菌产生丙酮、丁醇、乙醇、乙酸、丁酸和异丙醇的代谢途径列在图 5 - 17 中。

(2) 通过 HMP 途径的发酵——**异型乳酸发酵**(heterolactic fermentation) 凡葡萄糖经发酵后除主要产生乳酸外，还产生乙醇、乙酸和 CO_2 等多种产物的发酵，称异型乳酸发酵；与此相对应的是同型乳酸发酵，因它通过 EMP 途径，并且只单纯产生 2 分子乳酸，故称"同型"。

有些乳酸菌因缺乏 EMP 途径中的醛缩酶和异构酶等若干重要酶，故其葡萄糖降解须完全依赖 HMP 途径。能进行异型乳酸发酵的乳酸菌有 *Leuconostoc mesenteroides*（肠膜明串珠菌）、*L. cremoris*（乳脂明串珠菌）、*Lactobacillus brevis*（短乳杆菌）、*L. fermentum*（发酵乳杆菌）和 *Bifidobacterium bifidum*（两歧双歧杆菌）等，它们虽都进行异型乳酸发酵，但其途径和产物仍稍有差异，因此又被细分为两条发酵途径。

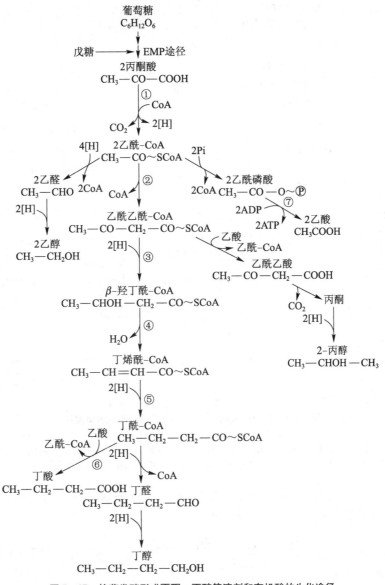

图 5 – 17　梭菌发酵形成丙酮、丁醇等溶剂和有机酸的生化途径

①丙酮酸：铁氧还蛋白氧化还原酶；②硫解酶；③β – 羟丁酰 – CoA 脱氢酶；
④烯酰 – CoA 水解酶；⑤丁酰 – CoA 脱氢酶；⑥CoA 转移酶；⑦乙酸激酶

① **异型乳酸发酵的"经典"途径**（"classical" pathway）：常以 *L. mesenteroides* 为代表，它在利用葡萄糖时，发酵产物为乳酸、乙醇和 CO_2，并产生 $1H_2O$ 和 1ATP；利用核糖时的产物为乳酸、乙酸、$2H_2O$ 和 2ATP；而利用果糖时则为乳酸、乙酸、CO_2 和甘露醇（3 果糖→乳酸 + 乙酸 + CO_2 + 2 甘露醇）。具体反应见图 5 – 18。

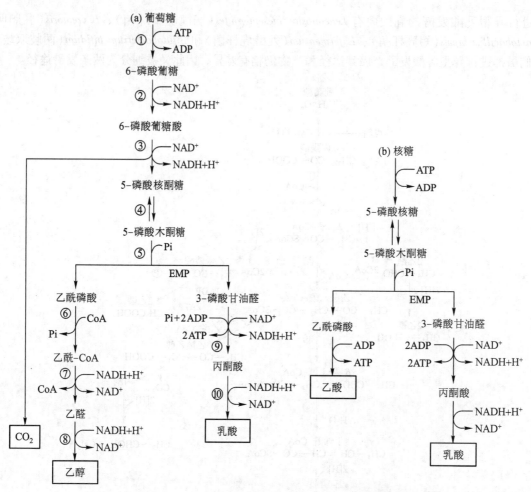

图 5 – 18　*L. mesenteroides* 的"经典"异型乳酸发酵途径

　　(a) 为利用葡萄糖，(b) 为利用核糖。图中由 3 – 磷酸甘油醛至丙酮酸的 5 步反应仍沿 EMP 途径。①己糖激酶；
②6 – 磷酸葡糖脱氢酶；③6 – 磷酸葡糖酸脱氢酶；④5 – 磷酸核酮糖 – 3 – 表异构酶；⑤磷酸转酮酶；
⑥磷酸转乙酰酶；⑦乙醛脱氢酶；⑧乙醇脱氢酶；⑨同 EMP 途径相应；⑩乳酸脱氢酶

　　在异型乳酸发酵途径中，由 5 – 磷酸木酮糖经磷酸转酮酶 (phosphoketolase) 产生乙酰磷酸和 3 – 磷酸甘油醛后，再分别产生乙醇和乳酸。其反应细节见图 5 – 19。

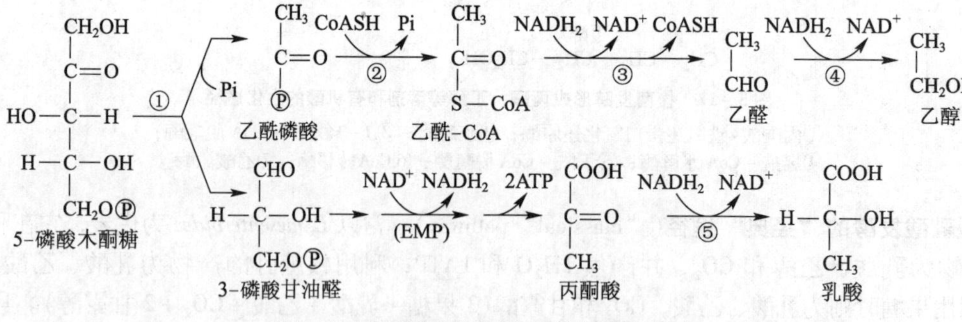

图 5 – 19　异型乳酸发酵途径中的部分反应细节

①磷酸转酮酶；②磷酸转乙酰酶；③乙醛脱氢酶；④乙醇脱氢酶；⑤乳酸脱氢酶

　　② **异型乳酸发酵的双歧杆菌途径**：这是一条在 20 世纪 60 年代中后期才发现的双歧杆菌 (bifidobacteria) 通过 HMP 发酵葡萄糖的新途径。特点是 2 分子葡萄糖可产 3 分子乙酸、2 分子乳酸和 5 分子 ATP。

由上可知，每分子葡萄糖产 ATP 数在不同乳酸发酵途径中是不同的(表 5 – 3)。

表 5 – 3　同型乳酸发酵与两种异型乳酸发酵的比较

类型	途径	产物(1 葡萄糖)	产能(1 葡萄糖)	菌 种 代 表
同型	EMP	2 乳酸	2ATP	*Lactobacillus delbruckii*(德氏乳杆菌) *Enterococcus faecalis*(粪肠球菌)
异型	HMP	1 乳酸 1 乙醇 $1CO_2$	1ATP	*Leuconostoc mesenteroides*(肠膜明串珠菌) *L. fermentun*(发酵乳杆菌)
		1 乳酸 1 乙酸* $1CO_2$	2ATP	*Lactobacillus brevis*(短乳杆菌)
		1 乳酸 1.5 乙酸	2.5ATP	*Bifidobacterium bifidum*(两歧双歧杆菌)

* 由乙酰磷酸与 ADP 反应后直接产生乙酸和 ATP。

有关异型乳酸发酵的双歧杆菌途径细节见图 5 – 20。

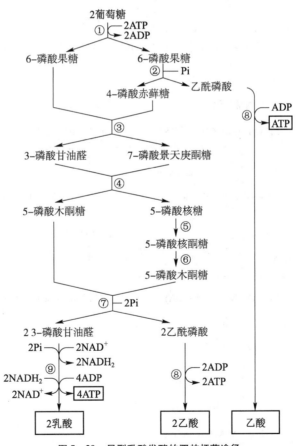

图 5 – 20　异型乳酸发酵的双歧杆菌途径

①己糖激酶和6 - 磷酸葡糖异构酶；②6 - 磷酸果糖磷酸转酮酶；③转醛醇酶；④转羟乙醛酶(转酮醇酶)；⑤5 - 磷酸核糖异构酶；⑥5 - 磷酸核酮糖 - 3 - 表异构酶；⑦5 - 磷酸木酮糖磷酸转酮酶；⑧乙酸激酶；⑨同 EMP 途径相应酶

（3）通过 ED 途径进行的发酵　通过 ED 途径的发酵就是指细菌乙醇发酵（详见前述 ED 途径）。

（4）由氨基酸发酵产能——**Stickland 反应**（Stickland reaction）　1934 年 L. H. Stickland 发现少数厌氧梭菌例如 *Clostridium sporogenes*（生孢梭菌）能利用一些氨基酸兼作碳源、氮源和能源，经深入研究，发现其产能机制是通过部分氨基酸（如丙氨酸等）的氧化与一些氨基酸（如甘氨酸等）的还原相偶联的独特发酵方式。这种以一种氨基酸作底物脱氢（即氢供体），以另一种氨基酸作氢受体而实现生物氧化产能的独特发酵类型，称为 Stickland 反应。此反应的产能效率很低，每分子氨基酸仅产 1 分子 ATP。

在 Stickland 反应中，氢供体有丙氨酸、亮氨酸、异亮氨酸、缬氨酸、苯丙氨酸、丝氨酸、组氨酸和色氨酸等，氢受体主要有甘氨酸、脯氨酸、羟脯氨酸、鸟氨酸、精氨酸和色氨酸等。现以丙氨酸和甘氨酸间的发酵反应为例，来说明 Stickland 反应的生化机制（图 5–21）。它们的总反应是：

$$R_1CH_2NH_2COOH + R_2CH_2NH_2COOH + H_2O + ADP + Pi \longrightarrow R_1CH_2COOH + R_2COCH_2COOH + 2NH_3 + ATP$$

例 1：
$$\underset{\text{（丙氨酸）}}{\overset{\displaystyle CH_3}{\underset{\displaystyle COOH}{|\ CHNH_2\ |}}} + 2\ \underset{\text{（甘氨酸）}}{\overset{\displaystyle CH_2NH_2}{\underset{\displaystyle COOH}{|}}} + ADP + Pi \longrightarrow \underset{\text{（乙酸）}}{3CH_3COOH} + 3NH_3 + CO_2 + ATP$$

例 2：
$$\underset{\text{（甘氨酸）}}{\overset{\displaystyle CH_2NH_2}{\underset{\displaystyle COOH}{|}}} + \underset{\text{（丙氨酸）}}{\overset{\displaystyle CH_3}{\underset{\displaystyle COOH}{|\ CHNH_2\ |}}} + H_2O + ADP + Pi \longrightarrow \underset{\text{（乙酸）}}{CH_3COOH} + \underset{\text{（丙酮酸）}}{CH_3COCOOH} + 2NH_3 + ATP$$

除上述 *C. sporogenes* 外，还发现一些其他梭菌如 *C. botulinum*（肉毒梭菌）和 *C. sticklandii*（斯氏梭菌）也能进行 Stickland 反应。

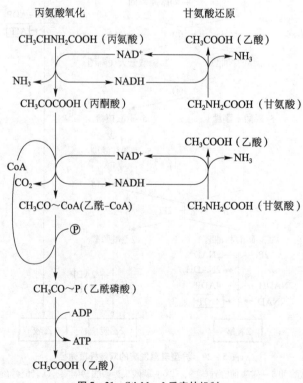

图 5–21　Stickland 反应的机制
图中 1 分子丙氨酸作为氢供体，2 分子甘氨酸作为氢受体

（5）发酵中的产能反应 发酵仅是专性厌氧菌或兼性厌氧菌在无氧条件下的一种生物氧化形式，其产能机制都是底物水平的磷酸化反应，因而产能效率极低。

底物水平磷酸化（substrate lever phosphorylation）可形成多种含高能磷酸键的产物，诸如 EMP 途径中的 1,3 - 二磷酸甘油酸和磷酸烯醇丙酮酸、异型乳酸发酵中的乙酰磷酸以及 TCA 循环中的琥珀酰 - CoA 等（表 5 - 4）。在厌氧菌的发酵过程中，有很多反应可形成乙酰磷酸，例如，在 *Lactobacillus delbrückii* 中，可由丙酮酸产生，在 *B. bifidum* 中可由 6 - 磷酸果糖产生，在 *L. mesenteroides* 中可由 5 - 磷酸木酮糖产生，还有一些厌氧细菌，其乙酰磷酸可由乙酰 - CoA 产生。有了乙酰磷酸后，只要经乙酸激酶的催化，就能完成底物水平磷酸化产能：

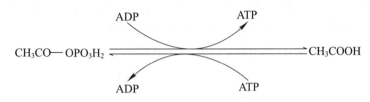

表 5 - 4　底物水平磷酸化中的 11 种高能磷酸化合物

名　　称	水解自由能/kJ·mol^{-1}
乙酰 - CoA	35.7
丙酰 - CoA	35.6
丁酰 - CoA	35.6
琥珀酰 - CoA	35.1
乙酰磷酸	44.8
丁酰磷酸	44.8
1,3 - 二磷酸甘油酸	51.9
氨甲酰磷酸	39.3
磷酸烯醇丙酮酸	51.6
腺苷酰硫酸	88.0
N^{10} - 甲酰四氢叶酸	23.4

在本节第一部分结束前，让我们用表格的形式把生物氧化的 3 种类型作一归纳（表 5 - 5）。

表 5 - 5　呼吸、无氧呼吸和发酵的比较

比较项目	呼　　吸	无氧呼吸	发　　酵
递氢体	呼吸链（电子传递链）	呼吸链（电子传递链）	无
氢受体	O_2	无机或有机氧化物（NO_3^-、SO_4^{2-}、延胡索酸等）	中间代谢物（乙醛，丙酮酸等）
终产物	H_2O	还原后的无机或有机氧化物（NO_2^-、SO_3^{2-} 或琥珀酸等）	还原后的中间代谢物（乙醇，乳酸等）
产能机制	氧化磷酸化	氧化磷酸化	底物水平磷酸化
产能效率	高	中	低

二、 自养微生物产 ATP 和产还原力

自养微生物按其最初能源的不同，可分为两大类：一类是能对无机物进行氧化而获得能量的微生物，称作**化能无机自养微生物**(chemolithoautotroph，简称化能自养微生物)；另一类是能利用日光辐射能的微生物，称作**光能自养微生物**(photoautotroph)。这两类自养微生物与前述的异养微生物在生物化学合成能力上有一个根本的区别：前者生物合成的起始点是建立在对氧化程度极高的 CO_2 进行还原(即 CO_2 的固定)的基础上，而后者的起始点则建立在对氧化还原水平适中的有机碳源直接利用的基础上。为此，化能自养微生物必须从氧化磷酸化所获得的能量中，消耗一大部分 ATP 以逆呼吸链传递的方式把无机氢($H^+ + e^-$)转变成还原力[H]；在光能自养微生物中，ATP 是通过循环光合磷酸化、非循环光合磷酸化或紫膜光合磷酸化产生的，而还原力[H]则是直接或间接利用这些途径产生的(图 5-22)。

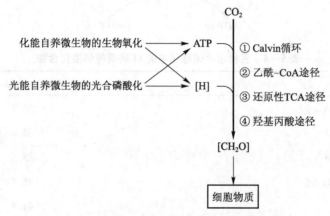

图 5-22 两类自养微生物固定 CO_2 的条件和途径

(一)化能自养微生物(chemoautotroph)

化能自养微生物还原 CO_2 所需的 ATP 和[H]是通过氧化无机底物，例如 NH_4^+、NO_2^-、H_2S、S^0、H_2 和 Fe^{2+} 等而获得的。与化能有机营养菌相比(葡萄糖完全氧化时的 $\Delta G^{0'}$ 是 -686 kcal/mol)，化能自养菌的产能效率是很低的(表 5-6)。其产能的途径主要也是借助于经过呼吸链的氧化磷酸化反应，因此，化能自养菌一般都是好氧菌。上述几类无机底物不仅可作为最初能源产生 ATP，而且其中有些底物(如 NH_4^+、H_2S 和 H_2)还可作为无机氢供体。当这些无机氢在充分提供 ATP 能量的条件下，可通过逆呼吸链传递的方式形成还原 CO_2 用的还原力[H](图 5-23)。这种情况，可以理解成用抽水机把低水位的水重新回灌到高水位蓄水库时，要耗费大量电能作比喻来解释。

表 5-6 化能无机营养细菌氧化无机底物产能

反 应	$\Delta G^{0'}/(\text{kcal} \cdot \text{mol}^{-1})$
$H_2 + 1/2 O_2 \longrightarrow H_2O$	-56.6
$NO_2^- + 1/2 O_2 \longrightarrow NO_3^-$	-17.4
$NH_4^+ + 1\frac{1}{2} O_2 \longrightarrow NO_2^- + H_2O + 2H^+$	-65.0
$S^0 + 1\frac{1}{2} O_2 + H_2O \longrightarrow H_2SO_4$	-118.5
$S_2O_3^{2-} + 2O_2 + H_2O \longrightarrow 2SO_4^{2-} + 2H^+$	-223.7
$2Fe^{2+} + 2H^+ + \frac{1}{2}O_2 \longrightarrow 2Fe^{3+} + H_2O$	-11.2

注：1 kcal = 4.18 kJ。

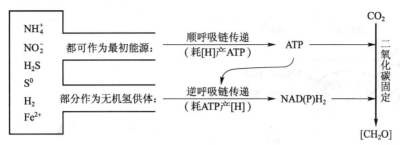

图 5 - 23 化能自养微生物还原 CO_2 时 ATP 和[H]的来源

在所有还原态的无机物中，除了 H_2 的氧化还原电势比 $NAD^+/NADH$ 对稍低些外，其余都明显高于它，因此，在各种无机底物进行氧化时，都必须按其相应的氧化还原电势的位置进入呼吸链（图5 - 24），由此必然造成化能自养微生物呼吸链只具有很低的氧化磷酸化效率（P/O 比为 1 左右）。

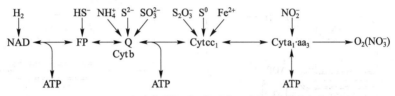

图 5 - 24 无机底物脱氢后，氢或电子进入呼吸链的部位

正向传递产 ATP，逆向传递则耗 ATP 并产还原力[H]

由于化能自养微生物产能机制效率低以及固定 CO_2 要大量耗能等，因此其产能效率、**生长速率**（growth rate）和**生长得率**（growth yield）都很低，这就增加了对它们研究的难度。与异养微生物相比，化能自养微生物的能量代谢主要有 3 个特点：①无机底物的氧化直接与呼吸链发生联系，即由脱氢酶或氧化还原酶催化的无机底物脱氢或脱电子后，可直接进入呼吸链传递，这与异养微生物对葡萄糖等有机底物的氧化要经过多条途径逐级脱氢明显不同；②呼吸链的组分更为多样化，氢或电子可以从任一组分直接进入呼吸链；③产能效率即 P/O 比一般要低于化能异养微生物。

化能自养微生物的种类甚多，现以研究得较多的硝化细菌为例加以说明。

硝化细菌（nitrifying bacteria）是广泛分布于各种土壤和水体中的化能自养微生物。从生理类型来看，硝化细菌分为两类，其一称**亚硝化细菌**（nitrosifer）或氨氧化细菌，可把 NH_3 氧化成 NO_2^-，包括 *Nitrosomonas*（亚硝化单胞菌属）等；另一则称**硝酸化细菌**（nitrobacter）或亚硝酸氧化细菌，可把 NO_2^- 氧化为 NO_3^-，包括 *Nitrobacter*（硝化杆菌属）。

由亚硝化细菌引起的反应为：

$$① \quad NH_3 + O_2 + 2H^+ + 2e^- \xrightarrow[\text{(在细胞膜上)}]{\text{氨单加氧酶}} NH_2OH + H_2O$$

$$② \quad NH_2OH + H_2O \xrightarrow[\text{(在周质上)}]{\text{羟胺氧还酶}} HNO_2 + 4H^+ + 4e^-$$

从反应①、②和图5 - 25看出，O_2 中的 1 个原子还原成 H_2O 时，须消耗 2 个由羟胺氧化时产生的外源电子，然后从羟胺氧化还原酶（hydroxylamine oxidoreductase）流经细胞色素 c 再供应给氨单加氧酶（ammonia monooxygenase）。同时还可看到，由 NH_3 氧化为 NO_2^- 的过程中，共产生 $4e^-$，其中仅 $2e^-$ 到达细胞色素 aa_3 这一末端氧化酶。在整个反应过程中，共产生 1 分子 ATP。

硝化细菌可利用亚硝酸氧化酶（nitrite oxidase）和来自 H_2O 的氧把 NO_2^- 氧化为 NO_3^-，并引起电子流经过一段很短的呼吸链而产生少量 ATP（图5 - 26），其反应式为：

$$NO_2^- + H_2O \xrightarrow[\text{(在细胞膜上)}]{\text{亚硝酸氧化酶}} NO_3^- + 2H^+ + 2e^-$$

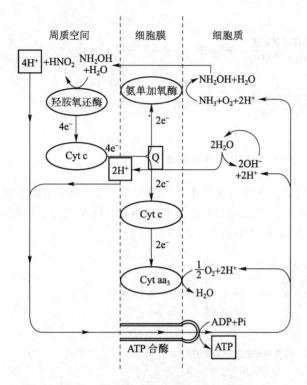

图 5 - 25 亚硝化细菌在氧化氨时的质子、
电子流向和 ATP 合成

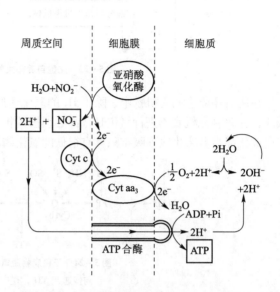

图 5 - 26 硝化细菌把亚硝酸氧化成硝酸时的
质子、电子流向和 ATP 合成

（二）光能营养微生物（phototroph）

光能营养微生物又称光能自养微生物（photoautotroph）。光合作用大约在 12.5 亿年前已在地球上出现。在自然界中，能进行光能营养的生物及其光合作用特点是：

$$
光能营养型生物
\begin{cases}
产氧
\begin{cases}
真核生物：藻类及其他绿色植物\\
原核生物：蓝细菌
\end{cases}\\
不产氧
\begin{cases}
真细菌：光合细菌（厌氧菌）\\
古菌：嗜盐菌
\end{cases}
\end{cases}
$$

1. 循环光合磷酸化（cyclic photophosphorylation）

一种存在于厌氧性**光合细菌**（photosynthetic bacteria）中的原始光合作用机制，因可在光能驱动下通过电子的循环式传递而完成磷酸化产能反应，故名。其特点是：①电子传递途径属循环方式，即在光能驱动下，电子从菌绿素分子上逐出，通过类似呼吸链的循环，又回到菌绿素，其间产生了 ATP；②产能（ATP）与产还原力[H]分别进行；③还原力来自 H_2S 等无机氢供体；④不产生氧。其基本原理见图 5 - 27，而具体反应途径则见图 5 - 28。**菌绿素**（bacteriochlorophyll，Bchl）受日光照射后形成激发态（电位从 + 0.5 V 变为 - 0.7 V），由它逐出的电子通过类似呼吸链的传递，即经**脱镁菌绿素**（bacteriopheophytin，Bph）、辅酶 Q、细胞色素 bc_1、铁硫蛋白和细胞色素 c_2 的循环式传递，重新被菌绿素接受，其间建立了质子动势和产生了 1 分子 ATP。此循环还有另一功能，即在供应 ATP 条件下，能使外源氢供体（H_2S、H_2、有机物）逆电子流产还原力，并由此使光合磷酸化与固定 CO_2 的 Calvin 循环相连接。

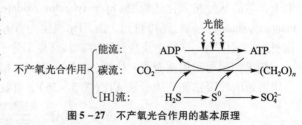

图 5 - 27 不产氧光合作用的基本原理

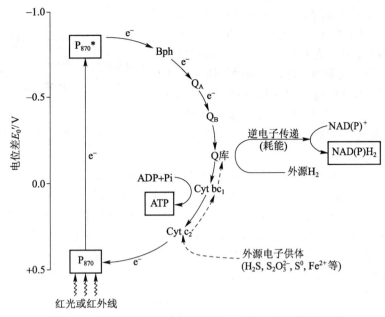

图 5 - 28　光合细菌的不产氧光合作用——循环式光合磷酸化反应

P_{870}^* 表示激发态菌绿素，虚线表示外源氢或电子通过耗能的逆电子传递产生还原力[H]

具有循环光合磷酸化的生物，分别属于原核生物细菌域不同门中的光合细菌。它们都是厌氧菌，在《伯杰氏系统细菌分类手册》（第 2 版）上被归类于绿屈挠菌门、绿菌门和变形细菌门中（表 5 - 7）。特点是进行**不产氧光合作用**（anoxygenic photosynthesis），即不能利用 H_2O 作为还原 CO_2 时的氢供体，而能利用还原态无机物（H_2S，H_2）或有机物作还原 CO_2 的氢供体。由于其细胞内所含的菌绿素和类胡萝卜素的量和比例的不同，使菌体呈现出红、橙、蓝绿、紫红、紫或褐等不同颜色。这是一群典型的水生细菌，广泛分布于缺氧的深层淡水或海水中。由于光合细菌在厌氧条件下所进行的不产氧光合作用可利用有毒的 H_2S 或污水中的有机物（脂肪酸、醇类等）作还原 CO_2 时的氢供体，因此可用于污水净化，所产生的菌体还可作饵料、饲料或食品添加剂等。

表 5 - 7　若干常见的不产氧光合细菌的分类地位 *

门	纲	目	科	代表属
Ⅵ．绿屈挠菌门 （Chloroflexi）	绿屈挠菌纲 （Chloroflexi）	绿屈挠菌目 （Chloroflexales）	绿屈挠菌科 （Chloroflexaceae）	绿屈挠菌属 （*Chloroflexus*）
Ⅺ．绿菌门 （Chlorobi）	绿菌纲 （Chlorobia）	绿菌目 （Chlorobiales）	绿菌科 （Chlorobiaceae）	绿菌属 （*Chlorobium*）
Ⅻ．变形细菌门 （Proteobacteria）	α - 变形细菌纲 （α-Proteobacteria）	红螺菌目 （Rhodospirillales） 鞘氨醇单胞菌目 （Sphingomonadales）	红螺菌科 （Rhodospirillaceae） 慢生根瘤菌科 （Bradyrhizobiaceae）	红螺菌属 （*Rhodospirillum*） 红假单胞菌属 （*Rhodopseudomonas*）
	γ - 变形细菌纲 （γ-Proteobacteria）	着色菌目 （Chromatiales）	着色菌科 （Chromatiaceae） 外硫红螺菌科 （Ectothiorhodospiraceae）	着色菌属 （*Chromatium*） 外硫红螺菌属 （*Ectothiorhodospira*）

* 参考 *Bergey's Manual of Systematic Bacteriology*（2nd ed）Vol. 1 ~ 5，2001 - 2007。

2. 非循环光合磷酸化（non-cyclic photophosphorylation）

这是各种绿色植物、藻类和蓝细菌所共有的利用光能产生 ATP 的磷酸化反应。其特点为：①电子的传递途径属非循环式的；②在有氧条件下进行；③有 PS I 和 PS II 两个光合系统，PS I 含叶绿素 a，反应中心的吸收光波为"P_{700}"，有利于红光吸收，PS II 含叶绿素 b，反应中心的吸收光波为"P_{680}"，有利于蓝光吸收；④反应中可同时产 ATP（产自 PS II）、还原力[H]（产自 PS I）和 O_2（产自 PS II）；⑤还原力 $NADPH_2$ 中的[H]来自 H_2O 分子的光解产物 H^+ 和电子。非循环光合磷酸化的原理见图 5 - 29，其详细途径则可见图 5 - 30。

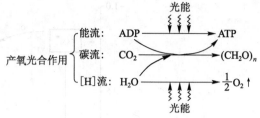

图 5 - 29 产氧光合作用的基本原理

从图 5 - 30 可知，在产氧光合作用中，由 H_2O 经光解产生的 $1/2O_2$ 可及时释放，而电子则须经 PS II 和 PS I 两个系统接力传递，其中具体的传递体有 PS II 中的 Ph(褐藻素 pheophytin)、Q(醌)、Cyt bf、Pc(质体蓝素 plastocyanin)，在 Cyt bf 和 Pc 间产生 1 个 ATP；在 PS I 中，电子经 Chl a_0、Q_A、Fe-S(一种非血红素铁硫蛋白)、Fd(铁氧还蛋白 ferredoxin)和 Fp(黄素蛋白)的传递，最终由 $NADP^+$ 接受，于是产生了可用于还原 CO_2 的还原力——$NADPH + H^+$。此外，若系统中具有充足的还原力(NADPH)时，还可由 PS I 系统让电子以循环流方式(图中的虚线)产生质子动势或 ATP。

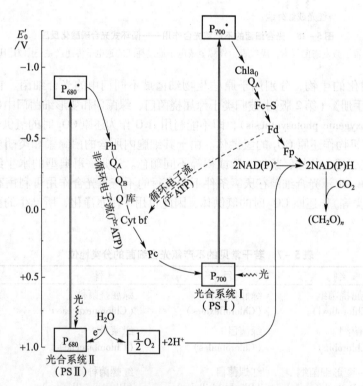

图 5 - 30 蓝细菌等产氧光合作用中的电子流（"Z 图式"）

有 PS II 和 PS I 两个光合系统同时存在；P_{680}^* 和 P_{700}^* 为两种叶绿素的激发态；Ph 为褐藻素，Q 为醌，Chla 为叶绿素 a，Cyt 为细胞色素，Pc 为质体蓝素，Fe - S 为非血红素铁硫蛋白，Fd 为铁氧还蛋白，Fp 为黄素蛋白；虚线表示当 NAD(P)H 充足时，可由 PS I 通过循环电子流方式产 ATP

3. 嗜盐菌紫膜的光介导 ATP 合成

嗜盐菌(halophile 或 halophilic bacteria)在无氧条件下，利用光能所造成的**紫膜蛋白**(purple membrane protein)上**视黄醛**(retinal)辅基构象的变化，可使质子不断驱至膜外，从而在膜两侧建立一个质子动势，再由它来推动 ATP 合酶合成 ATP，此即**光介导 ATP 合成**(light-mediated ATP synthesis)或紫膜光合磷酸化。这是一种直至 20 世纪 70 年代才发现的、只在嗜盐菌中才有的无叶绿素或菌绿素参与的独特光合作用。嗜盐菌是一类必须在高盐(3.5 ~ 5.0 mol/L NaCl)环境中才能正常生长的**古菌**，广泛分布在盐湖、晒盐场或盐腌海

微生物学教程

产品上，常见的咸鱼上的红紫斑块就是嗜盐菌的细胞堆。主要代表有 *Halobacterium halobium*（盐生盐杆菌）、*H. salinarium*（盐沼盐杆菌）和 *H. cutirubrum*（红皮盐杆菌）等。

  H. halobium 是一种能运动的杆菌，被称为"没有叶绿素的光合细菌"，因在细胞内富含类胡萝卜素而使其呈红色、橘黄色或黄色。从该菌细胞膜的制备物中可分离出红色与紫色两种组分，前者主要含红色类胡萝卜素、细胞色素和黄素蛋白等用于氧化磷酸化反应的呼吸链载体成分，一般称"红膜"；后者则在膜上呈斑片状独立分布，每斑直径约 0.5 μm，其总面积约占细胞膜的 50%，这就是能进行独特光合作用的**紫膜**（purple membrane）。紫膜由称作**细菌视紫红质**（或细菌紫膜质，bacteriorhodopsin）的蛋白质（占 75%）和类脂（占 25%）组成，前者与人眼视网膜上柱状细胞中所含的一种功能相似的蛋白——**视紫红质**（rhodopsin）十分相似，两者都以紫色的视黄醛作辅基。

  目前认为，细菌的视紫红质的功能与叶绿素相似，能吸收光能，并在光量子的驱动下起着质子泵作用。这时，它将反应中产生的质子——逐出细胞膜外，从而使紫膜内外形成一个质子梯度差。根据化学渗透学说，这一梯度差（即质子动势）在驱使 H^+ 通过 ATP 合酶的孔道进入膜内以达到质子平衡时，就会产生 ATP（图 5-31）。当环境中 O_2 浓度很低时，嗜盐菌无法利用氧化磷酸化来满足其正常的能量需要，这时，若光照条件适宜，它就能合成紫膜，并利用紫膜的光介导 ATP 合成机制获得必要的能量。

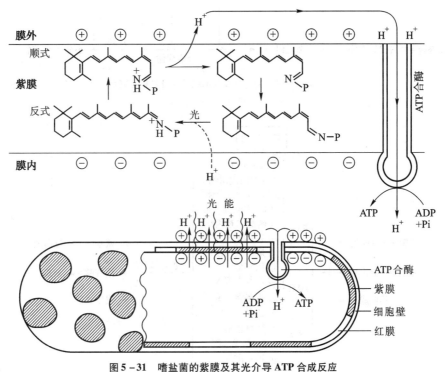

图 5-31　嗜盐菌的紫膜及其光介导 ATP 合成反应
上图为紫膜上视黄醛分子的反应式，图中的 P 为蛋白；下图为紫膜及其膜内外质子动势图示

  嗜盐菌**紫膜光合磷酸化**（photophosphorylation by purple membrane）的发现，使人们对光合作用类型的了解增添了新的内容，对光合作用机制的认识也进入了一个更深的层次。紫膜的光合磷酸化是迄今所知道的最简单的光合磷酸化反应，这是验证化学渗透学说的绝好实验模型。对其机制的深刻揭示，发现视紫红质具有光致变色、光电响应和质子传递等功能，是生命科学基础理论中的又一重大突破，并无疑将会对人类的生产实践包括太阳能的高效利用、海水的淡化、疾病诊断以及生物芯片、生物电池和光敏元件的制作等事业带来革命性的影响。

第二节　分解代谢和合成代谢的联系

分解代谢与**合成代谢**两者联系紧密，互不可分(图5-32)。

连接分解代谢与合成代谢的**中间代谢物**有12种(图5-33)。如果生物体中只进行能量代谢，则有机能源的最终结局只是被彻底氧化成 H_2O、CO_2 和产生ATP，在这种情况下就没有任何中间代谢物累积，因而合成代谢根本无从进行，微生物也无法生长和繁殖。反之，如果要保证正常合成代谢的进行，又须抽掉大量为分解代谢正常进行所必需的中间代谢物，其结果也势必影响以循环方式进行的分解代谢的正常运转。微生物和其他生物在它们的长期进化过程中，通过两用代谢途径和代谢回补顺序的方式，早已既巧妙又圆满地解决了这个矛盾。

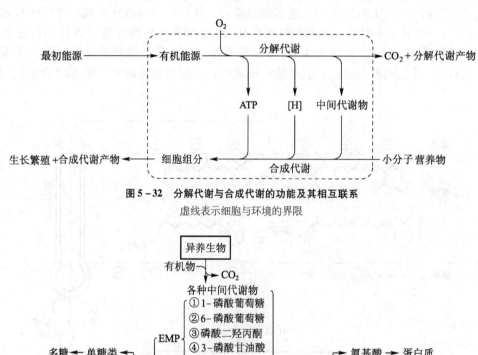

图5-32　分解代谢与合成代谢的功能及其相互联系

虚线表示细胞与环境的界限

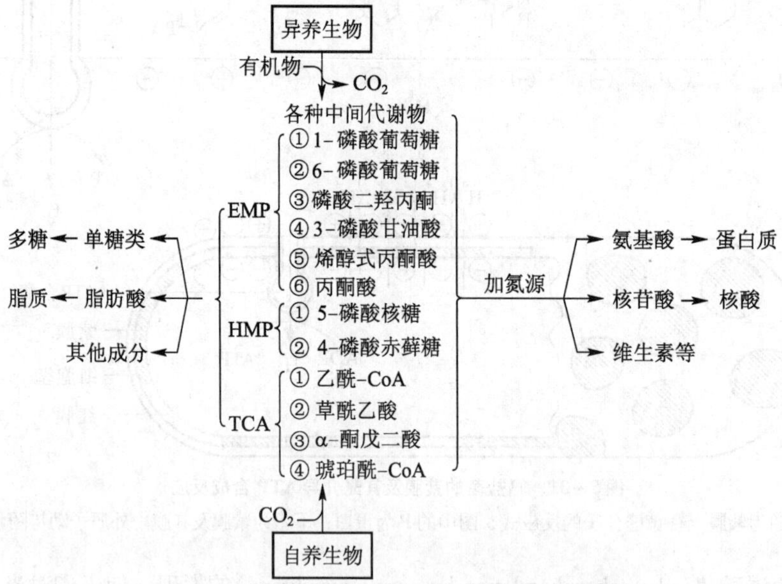

图5-33　连接分解代谢和合成代谢的重要中间代谢物

一、两用代谢途径

凡在分解代谢和合成代谢中均具有功能的代谢途径，称为**两用代谢途径**(amphibolic pathway)。EMP、HMP和TCA循环等都是重要的两用代谢途径。例如，葡萄糖通过EMP途径可分解为2个丙酮酸，反之，2个丙酮酸也可通过EMP途径的逆转而合成1个葡萄糖，此即**糖异生**(gluconeogenesis)；又如，TCA循环(见

图 5 -9)不仅包含了丙酮酸和乙酰 – CoA 的氧化，而且还包含了琥珀酰 – CoA、草酰乙酸和 α – 酮戊二酸等的产生，它们是合成氨基酸和卟啉等化合物的重要中间代谢物。必须指出：①在两用代谢途径中，合成途径并非分解途径的完全逆转，即某一反应的逆反应并不总是由同样的酶进行催化的。例如，在糖异生的合成代谢中，有两个酶与进行分解代谢时不同，即由二磷酸果糖酯酶（而不是磷酸果糖激酶）来催化 1,6 – 二磷酸果糖至 6 – 磷酸果糖的反应，以及由 6 – 磷酸葡萄糖酯酶（而不是己糖激酶）来催化 6 – 磷酸葡萄糖至葡萄糖的反应。②在分解代谢与合成代谢途径的相应代谢步骤中，往往还包含了完全不同的中间代谢物。③在真核生物中，分解代谢和合成代谢一般在不同的分隔区域内分别进行，即分解代谢一般在线粒体、微体或溶酶体中进行，而合成代谢一般在细胞质中进行，从而有利于两者同时有条不紊地运转。原核生物因其细胞微小、结构的间隔程度低，故反应的控制大多在简单的酶分子水平上进行。

二、 代谢物回补顺序

微生物在正常情况下，为进行生长、繁殖的需要，必须从各分解代谢途径中抽取大量中间代谢物以满足其合成细胞基本物质——糖类、氨基酸、嘌呤、嘧啶、脂肪酸和维生素等的需要。这样一来，势必又造成了分解代谢不能正常运转并进而影响产能功能的严重后果，例如，在 TCA 循环中，若因合成谷氨酸的需要而抽走了 α – 酮戊二酸，就会使 TCA 循环中断。为解决这一矛盾，生物在其长期进化过程中就发展了一套完善的中间代谢物的回补顺序。所谓**代谢物回补顺序**（anaplerotic sequence），又称**代谢物补偿途径**或**添补途径**（replenishment pathway），是指能补充两用代谢途径中因合成代谢而消耗的中间代谢物的那些反应。通过这种机制，一旦重要产能途径中的某种关键中间代谢物必须被大量用作生物合成原料而抽走时，仍可保证能量代谢的正常进行。在生物体中，这种情况是十分普遍的，例如，在 TCA 循环中，通常就约有一半的中间代谢物被抽作合成氨基酸和嘧啶的原料。

不同的微生物种类或同种微生物在不同的碳源下，有不同的代谢物回补顺序。与 EMP 途径和 TCA 循环有关的代谢物回补顺序约有 10 条，它们都围绕着回补 EMP 途径中的磷酸烯醇丙酮酸（phosphoenolpyruvate，PEP）和 TCA 循环中的草酰乙酸（oxaloacetate）这两种关键性中间代谢物来进行。这些反应的简明表示可见图 5 – 34。

图 5 – 34 中的 8 条回补顺序在生物化学教材中已有详细阐述，这里仅以某些微生物所特有的**乙醛酸循环**（glyoxylate cycle）为例来作一典型介绍。

乙醛酸循环又称乙醛酸支路（glyoxylate shunt），因循环中存在乙醛酸这一关键中间代谢物而得名。它是 TCA 循环的一条回补途径，可使 TCA 循环不仅具有高效产能功能，而且还兼有可为许多重要生物合成反应提供有关中间代谢物的功能，例如，草酰乙酸可合成天冬氨酸，α – 酮戊二酸可合成谷氨酸，琥珀酸可合成叶卟啉等。

在乙醛酸循环中有两个关键酶——异柠檬酸裂合酶（isocitrate lyase，ICL）和苹果酸合酶（malate synthase，MS），它们可使丙酮酸和乙酸等化合物源源不断地合成 4C 二羧酸，以保证微生物正常生物合成的需要，同时对某些生长在以乙酸为唯一碳源的环境中的微生物来说，更有至关重要的作用。

乙醛酸循环的总反应为：2 丙酮酸──→琥珀酸 +2CO₂。具体过程见图 5 – 35。

从图 5 – 35 中可知，在乙醛酸循环中，异柠檬酸可通过 ICL 分解为乙醛酸和琥珀酸；其中的乙醛酸又可通过 MS 的催化使之与乙酰 – CoA 一起形成苹果酸，于是异柠檬酸跳过了 TCA 循环中的 3 步，直接形成了琥珀酸，且效率比 TCA 高（TCA 中 1 分子异柠檬酸只产生 1 分子 4C 化合物，而乙醛酸循环则可产生 1.5 分子 4C 化合物）。现将乙醛酸循环中的两个关键反应表述如下：

$$\begin{array}{c} CH_2—COOH \\ | \\ CH—COOH \\ | \\ HO—CH—COOH \end{array} \xrightarrow{ICL} \begin{array}{c} CH_2—COOH \\ | \\ CH_2—COOH \end{array} + \begin{array}{c} CHO \\ | \\ COOH \end{array}$$

异柠檬酸　　　　　　　　　　琥珀酸　　　乙醛酸

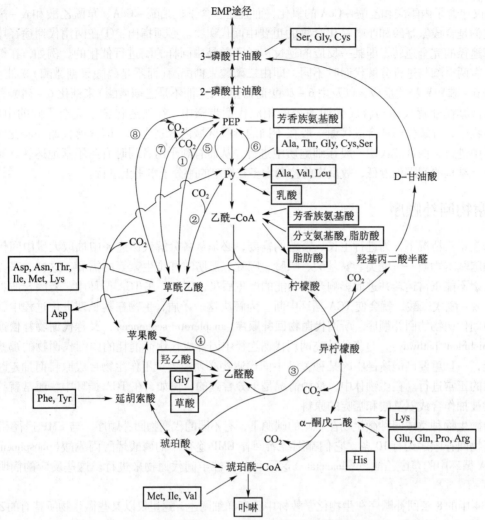

图 5-34 以 EMP 和 TCA 循环为中心的若干重要中间代谢物的回补顺序

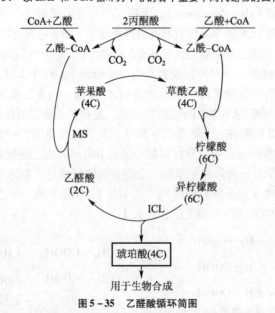

图 5-35 乙醛酸循环简图

MS 为苹果酸合酶，ICL 为异柠檬酸裂合酶，方框内为终产物

$$\begin{array}{c} CHO \\ | \\ COOH \end{array} + CH_3\!-\!CO\!\sim\!SCoA + H_2O \xrightarrow{\ MS\ } \begin{array}{c} HO\!-\!CH\!-\!COOH \\ | \\ CH_2\!-\!COOH \end{array} + CoA$$

乙醛酸　　　乙酰 – CoA　　　　　　　　　　苹果酸

具有乙醛酸循环的微生物，普遍是好氧菌，例如可用乙酸作唯一碳源生长的一些细菌，包括 *Acetobacter*（醋杆菌属）、*Azotobacter*（固氮菌属）、*E. coli*、*Enterobacter aerogenes*（产气肠杆菌）、*Paracoccus denitrificans*（脱氮副球菌）、*Pseudomonas fluorescens*（荧光假单胞菌）和 *Rhodospirillum*（红螺菌属）等；真菌中有 *Saccharomyces*（酵母属）、*Penicillium*（青霉属）和 *Aspergillus niger*（黑曲霉）等。

第三节　微生物独特合成代谢途径举例

对一切生物所共有的重要物质（糖类、蛋白质、核酸、脂质和维生素等）的合成代谢知识，是生物化学课程的重点内容，这里不作重复介绍。在本章有限的篇幅里，只能择要介绍微生物所特有的、重要的和有代表性的合成代谢途径，包括自养微生物的 CO_2 固定以及生物固氮、细胞壁肽聚糖的合成和微生物次生代谢物的合成等。

一、自养微生物的 CO_2 固定

各种自养微生物在其生物氧化包括氧化磷酸化、发酵和光合磷酸化中获取的能量主要用于 CO_2 的固定。在微生物中，至今已了解的 CO_2 固定的途径有 4 条，即 Calvin 循环、厌氧乙酰 – CoA 途径、逆向 TCA 循环途径和羟基丙酸途径。现逐一简介如下。

（一）Calvin 循环（Calvin cycle）

Calvin 循环 又称 Calvin-Benson 循环、Calvin-Bassham 循环、二磷酸核酮糖途径或还原性磷酸戊糖循环。这一循环是光能自养生物和化能自养生物固定 CO_2 的主要途径。**二磷酸核酮糖羧化酶 – 加氧酶**（ribulose-1,5-bisphosphate carboxylase-oxygenase 或 ribulose bisphosphate carboxylase 或 carboxydismutase，简称 RuBisCO）和**磷酸核酮糖激酶**（phosphoribulokinase）是本途径的两种特有的酶。利用 Calvin 循环进行 CO_2 固定的生物，除了绿色植物、蓝细菌和多数光合细菌外（在一切光能自养生物中，此反应不需光，可在黑暗条件下进行，故称暗反应），还包括硫细菌、铁细菌和硝化细菌等许多化能自养菌，因此十分重要。

本循环可分 3 个阶段：

（1）羧化反应　3 个 1,5 – 二磷酸核酮糖（Ru-1,5-P）通过二磷酸核酮糖羧化酶（RuBisCO）将 3 分子 CO_2 固定，并形成 6 个 3 – 磷酸甘油酸（PGA）分子，即：

1,5-二磷酸核酮糖　　　　　不稳定中间代谢物　　　　2×3-磷酸甘油酸

（2）还原反应　紧接在羧化反应后，立即发生 3 – 磷酸甘油酸上的羧基还原成醛基的反应（通过逆 EMP 途径进行），此两步反应需消耗 ATP 和［H］。

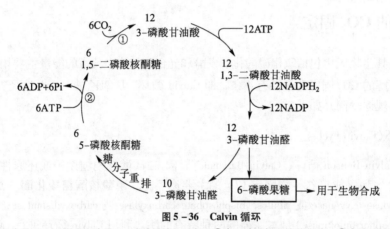

3-磷酸甘油酸　　　1,3-二磷酸甘油酸　　　　3-磷酸甘油醛　　→用于生物合成

（3）CO_2 受体的再生　指 5 – 磷酸核酮糖在磷酸核酮糖激酶的催化下转变成 1,5 – 二磷酸核酮糖的生化反应，即：

5-磷酸核酮糖　　磷酸核酮糖激酶　　1,5-二磷酸核酮糖

如果以产生 1 个葡萄糖分子来计算，则 Calvin 循环的总式为：

$$6CO_2 + 12NAD(P)H_2 + 18ATP \longrightarrow C_6H_{12}O_6 + 12NAD(P) + 18ADP + 18Pi + 6H_2O$$

现把 Calvin 循环的简化过程列在图 5 – 36 中。

图 5 – 36　Calvin 循环

由 6 分子 CO_2 还原成 1 分子 6 – 磷酸果糖的过程；①为二磷酸核酮糖羧化酶，②为磷酸核酮糖激酶；
图中 18ATP 来自光反应或氧化磷酸化，12NADPH₂ 来自光反应或逆电子流传递

在图 5 – 36 所示的 Calvin 循环中，通过反应由 6 分子 CO_2 实际产生了 2 分子 3 – 磷酸甘油醛，然后可根据生物合成的需要进一步生成细胞的各种其他成分，即：

3 – 磷酸甘油醛
　缩合→己糖　聚合→双糖（蔗糖等）
　　　　　　　　→多糖（淀粉、纤维素等）
　还原→甘油　酯化→磷脂, 脂肪, 油
　氧化→乙酰 – CoA →羧酸　氨基化→氨基酸　聚合→蛋白质

（二）厌氧乙酰 – CoA 途径（anaerobic acytyl-CoA pathway）

厌氧乙酰 – CoA 途径 又称 **活性乙酸途径**（activated acetic acid pathway）。这种非循环式的 CO_2 固定机制（图 5 – 37）主要存在于一些产乙酸菌、硫酸盐还原菌和产甲烷菌等化能自养细菌中，如 *Acetobacterium woodii*（伍氏醋酸杆菌）、*Clostridium aceticum*（醋酸梭菌）、*Cl. thermaceticum*（热醋酸梭菌）、*Cl. formicaceticum*（甲酸乙酸梭菌）和 *Eubacterium limosum*（黏液真杆菌）等。

微生物学教程

总反应为：$2CO_2 + 4H_2 \longrightarrow CH_3COOH + 2H_2O$

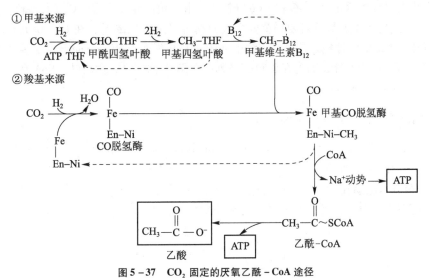

图 5 – 37　CO_2 固定的厌氧乙酰 – CoA 途径

En：CO 脱氢酶的酶蛋白，其上的 Fe 原子可与 CO 结合，Ni 原子可与—CH_3 结合

从图 5 – 37 中可以看出，以 H_2 作电子供体，先分别把 $2CO_2$ 还原成乙酸的甲基和羧基。整个反应中的关键酶是 CO 脱氢酶，由它催化 CO_2 还原为 CO 的反应（$CO_2 + H_2 \rightleftharpoons CO + H_2O$）。在反应①中，$CO_2$ 先被还原为 CHO—THF（甲酰四氢叶酸，THF 是一种转移一碳基的重要辅酶）、CH_3—THF（甲基四氢叶酸），再转变成 CH_3—B_{12}（甲基维生素 B_{12}），反应②中的另一个 CO_2 在 CO 脱氢酶的催化下，形成 CO 与该酶的复合物 CO—X，然后与 CH_3—B_{12} 一起形成 CH_3—CO—X（乙酰 X），由它进一步转变成乙酰 – CoA 后，既可产生乙酸，也可在丙酮酸合成酶的催化下，与第三个 CO_2 分子结合，形成分解代谢和合成代谢中的关键中间代谢物——丙酮酸。

（三）逆向 TCA 循环（reverse TCA cycle）

逆向 TCA 循环又称**还原性 TCA 循环**（reductive TCA cycle）。在 *Chlorobium*（绿菌属）的一些绿色硫细菌（green sulfur bacteria）中，CO_2 固定是通过逆向 TCA 循环（图 5 – 38）进行的。其总反应为：$3CO_2 + 12[H] + 5ATP \longrightarrow$ 磷酸丙糖。

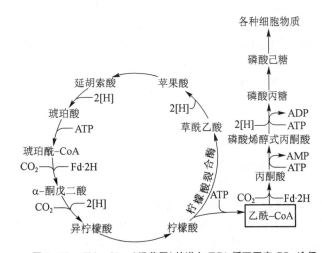

图 5 – 38　*Chlorobium*（绿菌属）的逆向 TCA 循环固定 CO_2 途径

Fd·2H 为还原态铁氧还蛋白，其功能是催化还原性 CO_2 固定以进入 TCA 循环

本循环起始于柠檬酸(6C 化合物)的裂解产物草酰乙酸(4C)，以它作 CO_2 受体，每循环一周掺入 2 个 CO_2，并还原成可供各种生物合成用的乙酰 - CoA(2C)，由它再固定 1 分子 CO_2 后，就可进一步形成丙酮酸、丙糖、己糖等一系列构成细胞所需要的重要合成原料。必须指出的是，在 *Chlorobium* 中，逆向 TCA 循环中的多数酶与正向 TCA 循环时相同，只有依赖于 ATP 的柠檬酸裂合酶(citrate lyase，它可把柠檬酸裂解为乙酰 - CoA 和草酰乙酸)是个例外，因为在正向进行氧化性 TCA 循环时，由乙酰 - CoA 和草酰乙酸合成柠檬酸是利用柠檬酸合酶(citrate synthase)。

（四）羟基丙酸途径(hydroxypropionate pathway)

羟基丙酸途径只是少数绿色非硫细菌(green nonsulfur bacteria) *Chloroflexus*(绿弯菌属)在以 H_2 或 H_2S 作电子供体进行自养生活时所特有的一种 CO_2 固定机制。这类细菌既无 Calvin 循环、也无逆向 TCA 循环途径，而是采用一种称作**羟基丙酸途径**的独特途径，把 2 个 CO_2 分子转变为乙醛酸。本途径的总反应是：$2CO_2 + 4[H] + 3ATP \longrightarrow$ 乙醛酸 $+ H_2O$，而关键步骤是羟基丙酸的产生(图 5 - 39)。

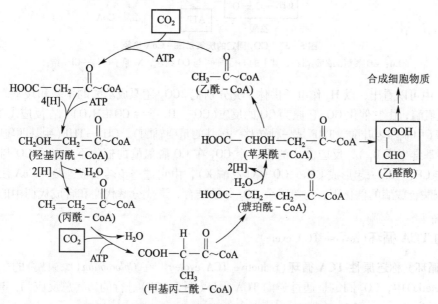

图 5 - 39 *Chloroflexus*(绿弯菌属) 固定 CO_2 的羟基丙酸途径

从图 5 - 39 可以看出，在 CO_2 固定的羟基丙酸途径中，从乙酰 - CoA 开始先后经历 2 次羧化，第一次先形成羟基丙酰 - CoA，第二次则产生甲基丙二酰 - CoA，后者再经分子重排变成苹果酰 - CoA，最后裂解成乙酰 - CoA 和乙醛酸。其中的乙酰 - CoA 重新进入固定 CO_2 的反应循环，而乙醛酸则通过丝氨酸或甘氨酸中间代谢物形式为细胞合成提供必要的原料。

二、 生物固氮

生物固氮(biological nitrogen fixation)是指大气中的分子氮通过微生物固氮酶的催化而还原成氨的过程，生物界中只有原核生物才具有固氮能力。生物固氮反应是一种极其温和且零污染排放的生化反应，相对于由人类发明的化学固氮有着无比优越性，因后者需要消耗大量的石油原料和特殊催化剂，并须在高温(~300 ℃)、高压(~300 个大气压)下进行。此外，若不合理地使用氮肥，还会降低农产品的质量、破坏土壤结构和降低肥力，以及造成环境污染(如湖泊的水华和海洋的赤潮)等。我国从 20 世纪 50 年代以来，化肥产量猛增，2016 年年产量已达 6 000 万 t，占全球的 1/3，但利用率较低（氮、磷、钾的利用率分别约为 35% 、20% 、40%），其有害影响已不断出现。因此，我们应深刻认识到，只有深入研究、开发和利用固氮

微生物学教程

微生物，才能更好地发展生态农业和达到土地可持续利用的战略目标。在自然界，固氮酶及生物固氮作用至少出现在 32 亿年前。如果把光合作用看作是地球上最重要的生物化学反应，则生物固氮作用便是地球上仅次于光合作用的生物化学反应，因为它为整个生物圈中一切生物的生存和繁荣发展提供了不可或缺和可持续供应的还原态氮化物的源泉。

（一）固氮微生物（nitrogen-fixing organism，diazotroph）

最早发现的**固氮微生物**是共生的 *Rhizobium*（根瘤菌属）和自生的 *Azotobacter*（固氮菌属），它们分别于 1886 年和 1901 年由荷兰著名学者、微生物学中 **Delft 学派**①的奠基人 M. Beijerinck 所分离。目前已知的所有固氮微生物即固氮菌都属原核生物和古菌类，在分类地位上主要隶属于**固氮菌科**（Azotobacteraceae）、**根瘤菌科**（Rhizobiaceae）、**红螺菌目**（Rhodospirillales）、**甲基球菌科**（Methylococcaceae）、**蓝细菌**（Cyanobacteria）以及 *Bacillus*（芽孢杆菌属）和 *Clostridium*（梭菌属）中的部分菌种。自 1886 年首次分离共生固氮的根瘤菌起，至 2006 年已发现的固氮微生物已多达 200 余属，其中尤以根瘤菌与豆科植物所形成共生体的固氮效率最高。据估计，全球每年的生物固氮量约为 2 亿 t（相当于工业氮肥总量），而上述共生体的固氮量就占其中的 65% ~ 70%。豆科植物 – 根瘤菌所固定的氮可占其所需氮素的 50% ~ 80%（有的甚至可达 100%）。据研究，每亩豆科植物年固氮量为 6 ~ 16 kg（大气氮），相当于施用 30 ~ 80 kg 硫酸铵。有人认为，在农、牧业生产中，利用根瘤菌与豆科植物共生固氮，其投入与产出比高达 1∶15 以上。所以，这种共生体系可认为是一个没有污染、高效的"微型氮肥厂"。根据固氮微生物的生态类型可将它们分成以下 3 类：

1. 自生固氮菌（free-living nitrogen-fixer）

自生固氮菌指一类不依赖与他种生物共生而能独立进行固氮的微生物。

$$
\text{自生固氮菌}\begin{cases}
\text{好氧}\begin{cases}
\text{化能异养：}Azotobacter（固氮菌属），Beijerinckia（拜叶林克氏菌属）等\\
\text{化能自养：}Thiobacillus\ ferrooxidans（氧化亚铁硫杆菌），Alcaligenes（产碱菌属）等\\
\text{光能自养：多种蓝细菌，如 }Nostoc（念珠蓝细菌属）、Anabaena（鱼腥蓝细菌属）等
\end{cases}\\
\text{兼性厌氧}\begin{cases}
\text{化能异养：}Klebsiella（克雷伯氏菌属），Bacillus\ polymyxa（多黏芽孢杆菌）等\\
\text{光能异养：}Rhodospirillum（红螺菌属），Rhodopseudomonas（红假单胞菌属）等
\end{cases}\\
\text{厌氧}\begin{cases}
\text{化能异养：}Clostridium\ pasteurianum（巴氏梭菌），Methanosarcina（甲烷八叠球菌属）等\\
\text{光能自养：}Chromatium（着色菌属），Chloropseudomonas（绿假单胞菌属）等
\end{cases}
\end{cases}
$$

2. 共生固氮菌（symbiotic nitrogen-fixer）

共生固氮菌指必须与他种生物共生才能进行固氮的微生物。

$$
\text{共生固氮菌}\begin{cases}
\text{根瘤}\begin{cases}
\text{豆科植物：}Rhizobium（根瘤菌属），Azorhizobium（固氮根瘤菌属），Bradyrhizobium\\
\quad（慢生根瘤菌属），Sinorhizobium（中华根瘤菌属）等\\
\text{非豆科被子植物：}Frankia（弗兰克氏菌属）
\end{cases}\\
\text{植物}\begin{cases}
\text{地衣：}Nostoc（念珠蓝细菌属），Anabaena（鱼腥蓝细菌属）等\\
\text{满江红：}Anabaena\ azollae（满江红鱼腥蓝细菌）
\end{cases}
\end{cases}
$$

3. 联合固氮菌（associative nitrogen-fixer）

联合固氮菌指必须生活在植物根际、叶面或动物肠道等处才能进行固氮的微生物。联合固氮的名词是由巴西的 Dobereiner 实验室于 1976 年最先提出的。

$$
\text{联合固氮菌}\begin{cases}
\text{根际}\begin{cases}
\text{热带：}Azospirillum\ lipoferum（生脂固氮螺菌），Beijerinckia\ 等\\
\text{温带：}Bacillus，Klebsiella\ 等
\end{cases}\\
\text{叶面：}Beijerinkia，Klebsiella，Azotobacter\ 等\\
\text{动物肠道：}Enterobacter（肠杆菌属），Klebsiella\ 等
\end{cases}
$$

---

① Delft 是荷兰一城市。因当地于 17 世纪出了一个微生物学奠基人列文虎克，于 19、20 世纪之交又出了普通微生物学界 3 位国际名人，即 M. Beijerinck、A. J. Kluyver 和 C. B. van Niel，世称"Delft 学派"。

（二）固氮的生化机制

生物固氮是一个具有重大理论意义和实用价值的生化反应过程，因此历来受研究者的高度重视。可是，长期以来由于对固氮酶这一生物催化剂的高度氧敏感性未予认识，因此始终无法入门。直至1960年，由于 J. E. Carnahan 等人从 *Clostridium pasteurianum*（巴氏梭菌）这一厌氧固氮菌中提取到具有固氮活性的无细胞抽提液，并以此实现了分子氮还原为氨后，才开始有了实质性的突破。此后，L. Mortenson 等（1966年）又从 *C. pasteurianum* 和 *Azotobacter venelandii*（维涅兰德固氮菌）的细胞抽提液中，分离到两种半纯的固氮蛋白——钼铁蛋白和铁蛋白。1970年，R. C. Burns 等终于获得了固氮钼铁蛋白的白色针状结晶。从此，固氮的生化和遗传机制的研究才得以蓬勃开展。

1. 生物固氮反应的6要素

（1）ATP的供应　由于 N≡N 分子中存在3个共价键，故要把这种极端稳固的分子打开需要消耗巨大的能量。固氮过程中把 N_2 还原成 $2NH_3$ 时消耗的大量 ATP[N_2: ATP = 1: (18~24)]是由呼吸、厌氧呼吸、发酵或光合磷酸化作用提供的。

（2）还原力[H]及其传递载体　固氮反应中所需大量还原力(N_2:[H] = 1:8)必须以 NAD(P)H + H^+ 的形式提供。[H]由低电势的电子载体**铁氧还蛋白**(ferredoxin, Fd, 一种铁硫蛋白)或**黄素氧还蛋白**(flavodoxin, Fld, 一种黄素蛋白)传递至固氮酶上。

（3）**固氮酶**(nitrogenase)　固氮酶是一种复合蛋白，由**固二氮酶**[1](dinitrogenase)和**固二氮酶还原酶**[2](dinitrogenase reductase)两种相互分离的蛋白构成，它们对氧都高度敏感。固二氮酶是一种含铁和钼的蛋白，铁和钼组成一个称为"FeMoCo"的辅因子，它是还原 N_2 的活性中心。而固二氮酶还原酶则是一种只含铁的蛋白。某些固氮菌处于不同生长条件下时，还可合成其他不含钼的固氮酶，称作"替补固氮酶"(alternative nitrogenase)，具有在极度缺钼环境下还能正常进行生物固氮的功能。有关固氮酶的两种组分的特点可见表5-8。

表5-8　固氮酶两种组分的比较

比较项目	固二氮酶(组分Ⅰ)	固二氮酶还原酶(组分Ⅱ)
蛋白亚基数	4(2大2小)	2(相同)
分子量	约 2.2×10^5	约 6×10^4
Fe 原子数	30(24~32)	4
不稳态 S 原子数	28(20~32)	4
Mo 原子数	2	0
Cys 的 SH 基	32~34	12
活性中心	铁钼辅因子(FeMoCo)	电子活化中心(Fe_4S_4)
功能	络合、活化和还原 N_2	传递电子到组分Ⅰ上
对 O_2 敏感性	较敏感	极敏感

（4）还原底物——N_2

（5）镁离子

（6）严格的厌氧微环境（详后）

2. 测定固氮酶活力的乙炔还原法

测定固氮酶活力的经典方法曾有过粗放的微量克氏定氮法和烦琐的同位素法等。1966年，M. J. Dilworth

---

[1]　固二氮酶：一般书上译为"固氮酶"，但实际上仅是真正的固氮酶(nitrogenase)的组分之一，又称组分Ⅰ(P1)、钼铁蛋白(MoFe protein, azofermo, MF)或钼铁氧还蛋白(molebdo ferredoxin, MoFd)。为避免混淆，这里按英文原意译为"固二氮酶"。

[2]　固二氮酶还原酶：是真正固氮酶的另一组分，又称组分Ⅱ(P2)、铁蛋白(Fe protein, F)或固氮铁氧还蛋白(azoferredoxin, AzoFd)。

和 R. Scholhorn 等人分别发表了既灵敏又简便的利用气相色谱仪测定固氮酶活性的**乙炔还原法**(acetylene reduction test),大大推动了固氮生化的研究。

已知固氮酶除了能催化 $N_2 \longrightarrow NH_3$ 的反应外,还可催化许多反应,包括 $2H^+ + 2e^- \longrightarrow H_2$ 和 C_2H_2(乙炔)$\longrightarrow C_2H_4$(乙烯)等反应,在后一反应中,这两种气体量的微小变化也能用气相色谱仪检测出来。测定时,只要把待测细菌制成悬浮液,放在含有 10% C_2H_2 空气(对好氧菌)或 10% C_2H_2 的氮气(对厌氧菌)的密闭容器中,经适当培养后,按不同时间用针筒抽取少量气体至气相色谱仪测定,即可获得是否固氮及固氮强度等准确数据。由于乙炔还原法的灵敏度高、设备较简单、成本低廉和操作方便,故很快成为研究固氮实验室中的常规方法。

3. 固氮的生化途径

目前所知道的生物固氮总反应是:

$$N_2 + 8[H] + 16 \sim 24 ATP \longrightarrow 2NH_3 + H_2 + 16 \sim 24 ADP + 16 \sim 24 Pi$$

固氮反应的具体细节见图 5 - 40。

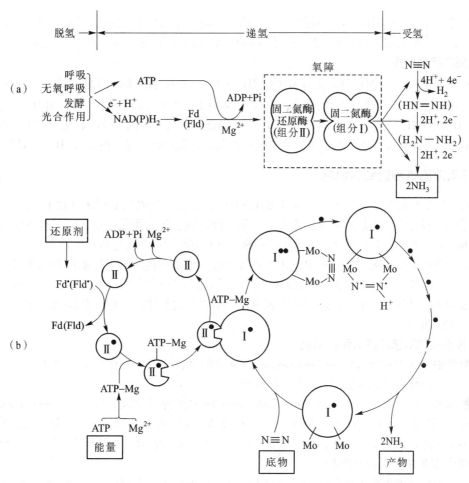

图 5 - 40　自生固氮菌固氮的生化途径(a)及其细节(b)

从图 5 - 40 可以看到,整个固氮过程主要经历以下几个环节:①由 Fd 或 Fld 向氧化型固二氮酶还原酶的铁原子提供 1 个电子,使其还原;②还原型的固二氮酶还原酶与 ATP-Mg 结合,改变了构象;③固二氮酶在"FeMoCo"的 Mo 位点上与分子氮结合,并与固二氮酶还原酶-Mg-ATP 复合物反应,形成一个 1∶1 复合物,即完整的固氮酶;④在固氮酶分子上,有 1 个电子从固二氮酶还原酶 – Mg-ATP 复合物转移到固二氮酶的铁原子上,这时固二氮酶还原酶重新转变成氧化态,同时 ATP 水解成 ADP + Pi;⑤通过上述过程连续 6

次(用打点子的箭头表示)的运转,才可使固二氮酶释放出 2 个 NH_3 分子;⑥还原 1 个 N_2 分子,理论上仅需 6 个电子,而实际测定却需 8 个电子,其中 2 个消耗在产 H_2 上(有关原因尚待进一步研究)。

必须强调指出的是,上述一切生化反应都必须受活细胞中各种"氧障"的严密保护,以使固氮酶免遭失活。

N_2 分子经固氮酶的催化而还原成 NH_3 后,就可通过图 5-41 的生化反应途径与相应的酮酸结合,以形成各种氨基酸。

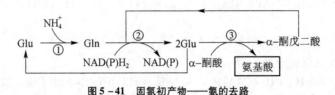

图 5-41　固氮初产物——氨的去路
Glu:谷氨酸;Gln:谷氨酰胺;①为 Gln 合成酶,②为 Glu 合成酶,③为转氨酶

图 5-41 的总反应为: $NH_4^+ + \alpha$-酮酸──→相应的氨基酸。例如,由丙酮酸形成丙氨酸,由 α-酮戊二酸形成谷氨酸,由草酰乙酸形成天冬氨酸等。有了各种氨基酸,就可进一步合成蛋白质和其他有关成分了。

4. 固氮酶的产氢反应

固氮酶除能催化 N_2──→NH_3 外,还具有催化 $2H^+ + 2e^-$──→H_2 反应的氢化酶活性。当固氮菌在缺 N_2 环境下,其固氮酶可将 H^+ 全部还原为 H_2 释放;在有 N_2 环境下,也只是把75%的还原力[H]去还原 N_2,而把另外25%的[H]以产 H_2 方式浪费掉了(图 5-40 上)。然而,在大多数固氮菌中,还存在另一种经典的**氢化酶**(hydrogenase),它能将被固氮酶浪费了的分子氢重新激活,以回收一部分还原力[H]和 ATP。

(三) 好氧菌固氮酶避氧害机制

前已述及,固氮酶的两个蛋白组分对氧是极其敏感的,它们一旦遇氧就很快导致不可逆的失活,例如,固二氮酶还原酶一般在空气中暴露 45 s 后即丧失一半活性;固二氮酶稍稳定些,但一般在空气中的活性半衰期也只有 10 min。当然,来自不同微生物的固氮酶,其对氧的敏感性还是有较大差别的。

已知的大多数固氮微生物都是好氧菌,其生命活动包括生物固氮所需大量能量都是来自好氧呼吸和非循环光合磷酸化。因此,在它们身上都存在着好氧生化反应(呼吸)和厌氧生化反应(固氮)这两种表面上似乎水火不相容的矛盾过程。事实上,好氧性固氮菌在长期进化过程中,早已进化出适合在不同条件下保护固氮酶免受氧害的机制。

1. 好氧性自生固氮菌的抗氧保护机制

(1) **呼吸保护**　指固氮菌科(Azotobacteraceae)的菌种能以极强的呼吸作用迅速将周围环境中的氧消耗掉,使细胞周围微环境处于低氧状态,借此保护固氮酶。

(2) **构象保护**　在高氧分压条件下,*Azotobacter vinelandii*(维涅兰德固氮菌)和 *A. chroococcum*(褐球固氮菌)等的固氮酶能形成一个无固氮活性但能防止氧害的特殊构象,称为构象保护。目前知道,构象保护的原因是存在一种耐氧蛋白即铁硫蛋白 II,它在高氧条件下可与固氮酶的两种组分形成耐氧的复合物。

2. 蓝细菌固氮酶的抗氧保护机制

蓝细菌是一类**放氧性光合生物**(oxygenic phototroph),在光照下,会因光合作用放出的氧而使细胞内氧浓度急剧增高,对此,它们进化出若干固氮酶的特殊保护系统,主要有以下两类:

(1) **分化出特殊的还原性异形胞**　在第一章第三节中,已初步介绍过蓝细菌异形胞的结构和功能。在具有**异形胞**分化的蓝细菌如 *Anabaena* 和 *Nostoc* 等属中,固氮作用只局限在异形胞中进行。异形胞的体积较一般营养细胞大,细胞外有一层由糖脂组成的片层式的较厚外膜,它具有阻止氧气进入细胞的屏障作用;异形胞内缺乏产氧光合系统 II,加上脱氢酶和氢化酶的活性高,使异形胞能维持很强的还原态;其中**超氧化物歧化酶**(superoxide dismutase,SOD,详见第六章第三节)的活性很高,有解除氧毒害的功能;此外,异形胞还有比邻近营养细胞高出 2 倍的呼吸强度，借此可消耗过多的氧并产生对固氮必需的 ATP。

（2）非异形胞蓝细菌固氮酶的保护　它们一般缺乏独特保护机制，但却有相应的弥补方法，如 *Plecto-mena*（织线蓝细菌属）和 *Synechococcus*（聚球蓝细菌属）能通过将固氮作用与光合作用进行时间上的分隔（白天光照下进行光合作用，夜晚黑暗下固氮）来达到；*Trichodesmium*（束毛蓝细菌属）通过束状群体中央处于厌氧环境下的细胞失去能产气的光合系统 II，以便于进行固氮反应；而 *Gloeocapsa*（黏球蓝细菌属）则通过提高过氧化物酶和 SOD 的活性来除去有毒过氧化合物；等等。

3. 豆科植物根瘤菌固氮酶的抗氧保护机制

根瘤菌在纯培养情况下，一般不固氮，只有当严格控制在微好氧（microaerophilic）条件下时，才能固氮。另外，当它们侵入根毛并形成侵入线再到达根部皮层后，会刺激内皮层细胞分裂繁殖，这时根瘤菌也在皮层细胞内迅速分裂繁殖，随后分化为膨大而形状各异（梨、棒、杆、T 或 Y 状）、不能繁殖、但有很强固氮活性的**类菌体**（bacteroid）。许多类菌体被包在一层**类菌体周膜**（peribacteroid membrane，pbm）中，维持着一个良好的氧、氮和营养环境。最重要的是此层膜的内外都存在着一种独特的**豆血红蛋白**（leghaemoglobin）。它是一种红色的含铁蛋白，在根瘤菌和豆科植物两者共生时，由双方诱导合成。血红蛋白和球蛋白两种成分由根瘤菌和植物分别合成。豆血红蛋白通过氧化态（Fe^{3+}）和还原态（Fe^{2+}）间的变化可发挥"缓冲剂"作用，借以使游离 O_2 维持在低而恒定的水平上，使根瘤中的豆血红蛋白结合 O_2 与游离氧的比值一般维持在 10 000 : 1 的水平上。

三、 微生物结构大分子——肽聚糖的生物合成

微生物所特有的结构大分子种类很多，例如原核生物细胞壁中的肽聚糖、磷壁酸、脂多糖以及壁外的糖被等，古菌细胞壁中的假肽聚糖等，以及真核微生物细胞壁中的葡聚糖、甘露聚糖、纤维素和几丁质等。限于篇幅，这里仅举既有代表性、又有重要意义的肽聚糖为例，作比较详细的介绍。

肽聚糖（peptidoglycan）是绝大多数原核生物细胞壁所含有的独特成分；它在真细菌的生命活动中有着重要的功能（见第一章），尤其是许多重要抗生素例如青霉素、头孢霉素、万古霉素、环丝氨酸和杆菌肽等呈现其**选择毒力**（selective toxicity）的物质基础；加之它的合成机制复杂，并必须运送至细胞膜外进行最终装配等，因此是可以作为典型介绍的内容。

整个肽聚糖的合成过程约有 20 步，研究对象主要是采用 G^+ 细菌——*Staphylococcus aureus*（金黄色葡萄球菌）。这里根据它们反应部位的不同，可分成在细胞质中、细胞膜上和细胞膜外 3 个合成阶段。图 5 – 42 即为了解 3 阶段各主要反应而设计的"导游图"。

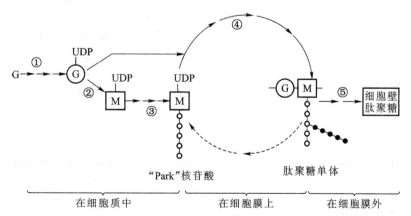

图 5 – 42　肽聚糖生物合成的 3 个阶段及其主要中间代谢物

G 为葡萄糖，Ⓖ 为 *N* – 乙酰葡糖胺，Ⓜ 为 *N* – 乙酰胞壁酸，"Park"核苷酸即 UDP – *N* – 乙酰胞壁酸五肽，UDP 为尿苷二磷酸

（一）在细胞质中的合成

1. 由葡萄糖合成 *N*－乙酰葡糖胺和 *N*－乙酰胞壁酸

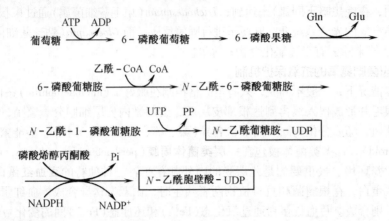

2. 由 *N*－乙酰胞壁酸合成"Park"核苷酸

"Park"核苷酸（Park nucleotide）即 UDP－*N*－乙酰胞壁酸五肽，它的合成过程共分 4 步，都需 UDP（尿苷二磷酸）作糖载体；另外，还有合成 D－丙氨酰－D－丙氨酸的 2 步反应，且它们都可被**环丝氨酸**（cycloserine，恶唑霉素）所抑制（图 5－43）。

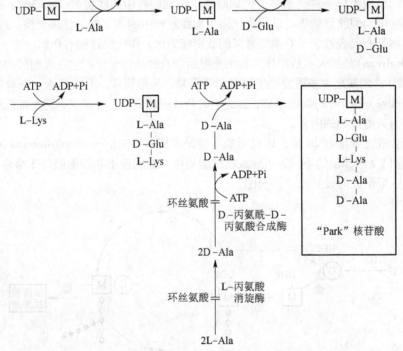

图 5－43 *Staphylococcus aureus*（金黄色葡萄球菌）由 *N*－乙酰胞壁酸合成"Park"核苷酸的过程

M 表示 *N*－乙酰胞壁酸；注意：若在 *E. coli* 中，则由 mDAP 取代 L-Lys

（二）在细胞膜中的合成

由"Park"核苷酸合成肽聚糖单体是在细胞膜上进行的。因细胞膜属疏水性，故要把在细胞质中合成的亲水性分子——"Park"核苷酸掺入细胞膜并进一步接上 *N*－乙酰葡糖胺和甘氨酸五肽"桥"，最后把肽聚糖单体(双糖肽亚单位)插入细胞膜外的细胞壁生长点处，必须通过一种称作**细菌萜醇**(bactoprenol)的**类脂载体**的运送。

细菌萜醇是一种含 11 个异戊二烯单位的 C_{55} 类异戊二烯醇，它可通过 2 个磷酸基与 N-乙酰胞壁酸分子相接，使糖的中间代谢物呈现出很强的疏水性，从而使它能顺利通过疏水性很强的细胞膜而转移到膜外。细菌萜醇的结构为：

$$\underset{}{CH_3C}\overset{\overset{\displaystyle CH_3}{|}}{C}=CHCH_2(CH_2\overset{\overset{\displaystyle CH_3}{|}}{C}=CHCH_2)_9CH_2\overset{\overset{\displaystyle CH_3}{|}}{C}=CHCH_2-OH$$

类脂载体除在细菌肽聚糖的合成中具有重要作用外，还可参与各类微生物多种胞外多糖和脂多糖的生物合成，包括细菌的磷壁酸、脂多糖，细菌和真菌的纤维素，以及真菌的几丁质和甘露聚糖等，故十分重要。

在细胞膜中，由"Park"核苷酸合成肽聚糖单体可分 3 步进行，再加上有关步骤总计为 5 步，其细节见图 5-44。

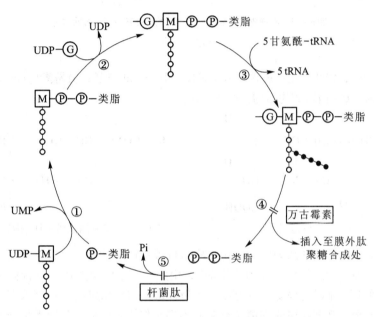

图 5-44 在细胞膜上进行的由"Park"核苷酸合成肽聚糖单体的反应
"类脂"指类脂载体——细菌萜醇；反应④和⑤可分别被**万古霉素**和**杆菌肽**所抑制

(三) 在细胞膜外的合成

就像装运到建筑工地上的一个个"预制件"，被逐个安装到大厦上的适当部位就可装配成一座雄伟壮丽的大厦那样，从焦磷酸类脂载体上卸下来的肽聚糖单体，会被运送到细胞膜外正在活跃合成肽聚糖的部位。在那里，一般都是因细胞分裂而促使一种称为**自溶素**(autolysin)的酶解开细胞壁上的肽聚糖网套，于是，原有的肽聚糖分子成了新合成分子的引物。接着，肽聚糖单体这一"预制件"与引物分子间先发生**转糖基作用**(transglycosylation)，使多糖链在横向上延伸一个双糖单位，然后再通过**转肽酶**(transpeptidase)的**转肽作用**(transpeptidation)，最终使前后 2 条多糖链间形成甘氨酸五肽"桥"而发生纵向交联。甲乙两肽尾间的五甘氨酸肽桥是这样形成的：通过转肽酶的作用，在甲肽尾五甘氨酸肽的游离氨基端与乙肽尾的第四个氨基酸——D-Ala 的游离羧基间形成一个肽键，于是两者交联。这时，乙肽尾从原有的五肽已变成正常肽聚糖分子中的四肽尾了。必须注意的是，以上反应细节都是通过以 G$^+$ 细菌 *S. aureus* 为模式菌种研究出来的，而在其他原核生物中还有别的肽桥类型或根本不存在肽桥(见第二章)。有关在细胞膜外进行的转糖基作用和转肽作用的反应可见图 5-45。

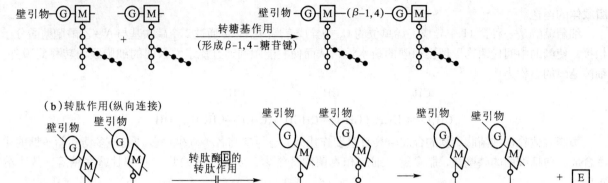

（a）转糖基化作用(横向连接)

壁引物—Ⓖ Ⓜ— ᐧ —Ⓖ Ⓜ—   转糖基作用   壁引物—Ⓖ Ⓜ—(β-1,4)—Ⓖ Ⓜ—
＋   (形成β-1,4-糖苷键)

（b）转肽作用(纵向连接)

图5-45　在细胞膜外合成肽聚糖时的转糖基作用和转肽作用

Ⓔ指转肽酶

从图5-45可以看出，转肽作用可被青霉素所抑制。其作用机制是：**青霉素**（penicillin）是肽聚糖单体五肽尾末端的D-丙氨酰-D-丙氨酸的结构类似物，即：

青霉素

D-丙氨酰-D-丙氨酸

它们两者可相互竞争转肽酶的活力中心。转肽酶一旦被青霉素结合，前后2个肽聚糖单体间不能形成肽桥，因此合成的肽聚糖是缺乏机械强度的"次品"，由此产生了原生质体或球状体之类的细胞壁缺损细菌，当它们处于不利的环境下时，极易裂解死亡。因为青霉素的作用机制是抑制肽聚糖分子中肽桥的生物合成，因此对处于生长繁殖旺盛阶段的细菌具有明显的抑制作用，相反，对处于生长停滞状态的**休止细胞**（rest cell），却无抑制作用。

四、 微生物次生代谢物的合成

次生代谢物（secondary metabolite）的概念最初产生于植物学领域中（1958年，Kohland），1960年，Bu'Lock把它引入微生物学中。微生物的次生代谢物是指某些微生物生长到稳定期前后，以结构简单、代谢途径明确、产量较大的初生代谢物作前体，通过复杂的次生代谢途径所合成的各种结构复杂的化合物。与初生代谢物不同的是，次生代谢物往往具有分子结构复杂、代谢途径独特、参与的酶数量多（如四环素有72种以上，红霉素为25种以上）、在生长后期合成、产量较低、生理功能不很明确（尤其是抗生素）以及其合成一般受质粒控制等特点。一般地说，形态构造和生活史越复杂的微生物（如放线菌和丝状真菌），其次生代谢物的种类也就越多。

目前所知，由微生物产生的次生代谢产物约有5万种（2008年），其中主要的是抗生素（约1.65万种）和生理活性物质（约0.6万种），产生菌主要为放线菌（1.01万种）、真菌（0.86万种）和细菌（0.38万种）。

次生代谢物的种类极多，与人类的医药生产和保健工作关系密切，如抗生素、色素、毒素、生物碱、**信息素**（pheromone），动、植物生长促进剂以及**生物药物素**（biopharmaceutin，指一些非抗生素类的、有治疗作用的生理活性物质）等。

次生代谢物的种类繁多、化学结构复杂，分属多种类型如内酯、大环内酯、多烯类、多炔类、多肽类、四环类和氨基糖类等，其合成途径也十分复杂，但各种**初生代谢途径**（primary metabolic pathway），如糖代谢、TCA 循环、脂肪代谢、氨基酸代谢以及萜烯、甾体化合物代谢等仍是**次生代谢途径**（secondary metabolic pathway）的基础。现把次生代谢与初生代谢途径的联系列在图 5 – 46 中。

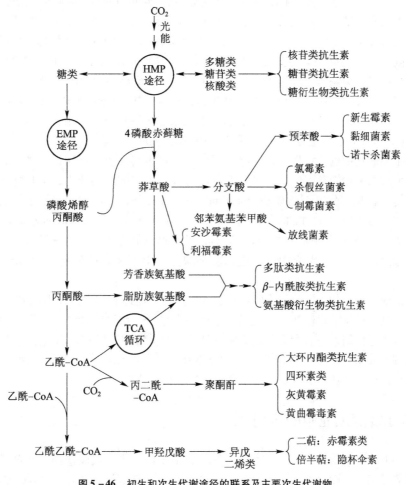

图 5 – 46　初生和次生代谢途径的联系及主要次生代谢物

从图 5 – 46 可知，微生物次生代谢物合成途径主要有 4 条：①糖代谢延伸途径，由糖类转化、聚合产生的多糖类、糖苷类和核酸类化合物进一步转化而形成核苷类、糖苷类和糖衍生物类抗生素；②莽草酸延伸途径，由莽草酸及其分支途径可产生氯霉素等多种重要的抗生素；③氨基酸延伸途径，由各种氨基酸衍生、聚合形成多种含氨基酸的抗生素，如多肽类抗生素、β – 内酰胺类抗生素、D – 环丝氨酸和杀腺癌菌素等；④乙酸延伸途径，又可分 2 条支路，其一是乙酸经缩合后形成聚酮酐，进而合成大环内酯类、四环素类、灰黄霉素类抗生素和**黄曲霉毒素**（aflatoxin）；另一分支是经甲羟戊酸而合成异戊二烯类，进一步合成重要的植物生长刺激素——**赤霉素**（gibberellin）或真菌毒素——隐杯伞素等。

第四节　微生物的代谢调节与发酵生产

一、微生物的代谢调节

微生物细胞有着一整套可塑性极强和极精确的**代谢调节**（regulation of metabolism）系统，以确保上千种酶能准确无误、有条不紊和高度协调地进行极其复杂和有序的新陈代谢反应。从细胞水平上来看，微生物的代谢调节能力要明显超过结构上比其复杂的高等动、植物细胞。这是因为，微生物细胞的体积极小，而所处的环境条件却比高等生物的细胞更为多变，每个细胞要在这样复杂的环境条件下求得独立生存和发展，就必须具备一整套发达的代谢调节系统。有的学者估计，在一个 $E.\ coli$ 细胞中，同时存在着多达 2 500 种的蛋白质（总数约 10^6 个分子，其中有上千种是催化正常代谢反应的酶）和 60 种 tRNA（数量约 10^6 个分子）。如果细胞对这么多的蛋白质作平均使用，由于每个细菌细胞只能容纳几百万个蛋白质分子，所以每种酶平均还不到 1 000 个分子，因而无法保证各种复杂、精巧的生命活动的正常运转。

事实上，在微生物的长期进化过程中，早已发展出一整套极其高效的代谢调节能力，巧妙地解决了上述矛盾。例如，在每种微生物的基因组上，虽然潜藏着合成各种分解酶的能力，但是除了一部分是属于经常以较高浓度存在的"常规部队"即**组成酶**（constitutive enzyme）外，大量的都是属于只有当其分解底物或有关诱导物存在时才会合成的"机动部队"即**诱导酶**（induced enzyme 或 inducible enzyme）。据估计，诱导酶的总量约占细胞总蛋白质含量的 10%。通过代谢调节，微生物可最经济地利用其营养物，合成出能满足自己生长、繁殖所需要的一切中间代谢物，并做到既不缺乏、也不剩余或浪费任何代谢物的高效"经济核算"。

代谢调节的方式很多，例如可调节细胞膜对营养物的透性，通过酶的定位以限制它与相应底物的接触，以及调节代谢流等。其中以调节代谢流的方式最为重要，它包括"粗调"和"细调"两个方面，前者指调节酶合成量的诱导或阻遏机制，后者指调节现成酶催化活力的反馈抑制机制，通过上述两者的配合与协调，可达到最佳的代谢调节效果。由于代谢调节的各种类型及其调节机制已在生物化学课程中作了详细介绍，故这里仅简介微生物代谢调节在发酵工业上的一些重要应用的基本原理。

二、代谢调节在发酵工业中的应用

在发酵工业中，调节微生物生命活动的方法很多，包括生理水平、代谢途径水平和基因调控水平上的各种调节。**代谢调节**是指在代谢途径水平上对酶活性的调节和在基因调控水平上对酶合成的调节，目的是使微生物累积更多的为人类所需的有益代谢产物。以下列举 3 类通过调节初生代谢途径而提高发酵生产效率的实例。

（一）应用营养缺陷型菌株解除正常的反馈调节

在直线式的生物合成途径中，营养缺陷型突变株只能累积中间代谢物，而不能累积最终代谢物，但在分支代谢途径中，通过解除某种反馈调节，就可使某一分支途径的末端代谢物得到累积。

1. 赖氨酸发酵（lysine fermentation）

在许多微生物中，可用天冬氨酸作原料，通过分支代谢途径合成出赖氨酸、苏氨酸和甲硫氨酸（图 5 – 47）。赖氨酸在人类和动物营养上是一种十分重要的必需氨基酸，因此，在食品、医药和畜牧业上需求量很大。但在代谢过程中，一方面由于赖氨酸对天冬氨酸激酶（AK）有反馈抑制作用；另一方面，由于天冬氨酸除用于合成赖氨酸外，还要作为合成甲硫氨酸和苏氨酸的原料。因此，在正常细胞内，就难以

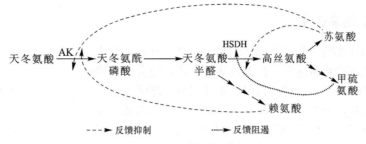

━ ━ ▶ 反馈抑制   ······▶ 反馈阻遏

图 5 – 47   *C. glutamicum* 的代谢调节与赖氨酸生产

累积较高浓度的赖氨酸。

为了解除正常的代谢调节以获得赖氨酸的高产菌株，工业上选育了 *Corynebacterium glutamicum* (谷氨酸棒杆菌)的高丝氨酸缺陷型菌株作为赖氨酸的发酵菌种。由于它不能合成高丝氨酸脱氢酶(HSDH)，故不能合成高丝氨酸，也不能产生苏氨酸和甲硫氨酸，在补给适量高丝氨酸(或苏氨酸和甲硫氨酸)的条件下，可在含较高糖浓度和铵盐的培养基上，产生大量的赖氨酸。

2. 肌苷酸(IMP)的生产

肌苷酸是一种重要的呈味核苷酸，是嘌呤核苷酸生物合成过程中的一个中间代谢物。只有选育一个发生在 IMP 转化为 AMP 或 GMP 的几步反应中的营养缺陷型菌株，才有可能累积 IMP。*C. glutamicum* 的 IMP 合成途径及其代谢调节机制见图 5–48。由图可知，该菌的一个腺苷酸琥珀酸合成酶(酶⑫)缺失的腺嘌呤缺陷型，如果在其培养基中补充少量 AMP 就可正常生长并累积 IMP。当然，补充量也不宜太大，否则反而会引起对 5 – 磷酸核糖焦磷酸转氨酶 (酶②) 的反馈抑制，从而影响产量。

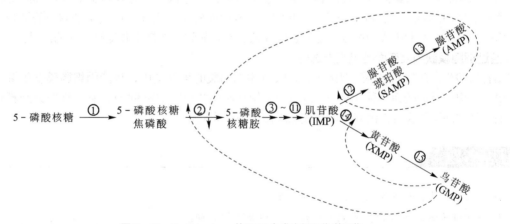

图 5 –48   *C. glutamicum* 的 IMP 合成途径和代谢调节

①5 – 磷酸核糖焦磷酸激酶，②5 – 磷酸核糖焦磷酸转氨酶，③ ~⑪为 9 步常规反应酶 (此处省略)，⑫腺苷酸琥珀酸合成酶，⑬腺苷酸琥珀酸分解酶，⑭ IMP 脱氢酶，⑮ XMP 转氨酶；虚线箭头表示反馈抑制

(二) 应用抗反馈调节突变株解除反馈调节

抗反馈调节突变株(antifeedback mutant)，是指一种对反馈抑制不敏感或对阻遏有抗性的组成型菌株，或兼而有之的菌株。因其反馈抑制或阻遏已解除，或两者同时解除，所以能累积大量末端代谢物。例如，*Brevibacterium flavum* (黄色短杆菌)的抗 α – 氨基 – β – 羟基戊酸 (AHV) 菌株能累积**苏氨酸**。其原理如图 5–49：抗性突变株的高丝氨酸脱氢酶(HSDH)已不再受苏氨酸的反馈抑制，从而可使发酵液中苏氨酸的含量达到 13 g/L；通过对此突变株的进一步诱变而获得的甲硫氨酸缺陷株，由于它已解除了甲硫氨酸对合成途径中的两个反馈阻遏点，因此其发酵液中苏氨酸含量可达 18 g/L。

（三）控制细胞膜的渗透性

微生物的**细胞膜**对于细胞内外物质的运输具有高度选择性。在人为条件下，细胞内的代谢产物常常以很高浓度累积起来，但会自然地通过反馈阻遏限制它们的进一步合成。这时，如能采取生理学或遗传学方法，设法改变细胞膜的透性，就可使细胞内的代谢产物迅速渗漏到细胞外，同时也解除了末端代谢物的反馈抑制和阻遏，因而提高了发酵产物的产量。

1. 通过生理学手段控制细胞膜的渗透性

在**谷氨酸发酵**（glutamic acid fermentation）生产中，**生物素**（biotin）的浓度对谷氨酸的累积量有着明显的影响，只有把生物素浓度控制在亚适量的情况下，才能分泌出大量的谷氨酸。例如，对 *C. glutamicum* 来说，在生物素含量为 0、2.5 μg/mL、10 μg/mL 和 50 μg/mL（培养基）时，其谷氨酸产量分别为 1.0 mg/mL、30.8 mg/mL、6.7 mg/mL 和 5.1 mg/mL（发酵液）。其原因是：生物素是脂肪酸生物合成中乙酰 – CoA 羧化酶的辅基，此酶可催化乙酰 – CoA 的羧化并生成丙二酸单酰 – CoA，进而合成细胞膜磷脂的主要成分——脂肪酸。因此，控制生物素的含量就可改变细胞膜的成分，进而改变膜的透性、谷氨酸的分泌和反馈调节。

当培养液内生物素含量很高时，细胞膜的结构十分致密，它阻碍了谷氨酸的分泌，并引起反馈抑制。这时，只要添加适量的**青霉素**也有提高谷氨酸产量的效果。其原因是青霉素可抑制细菌细胞壁肽聚糖合成中的转肽酶活性（见本章第三节），结果引起肽聚糖结构中肽桥无法交联，造成了细胞壁的缺损。这时，在细胞膨压的作用下，有利于代谢产物外渗，进而降低了谷氨酸的反馈抑制并提高了它的产量。

2. 通过细胞膜缺损突变而控制其渗透性

应用谷氨酸生产菌的油酸缺陷型菌株，在限量添加油酸的培养基中，也能因**细胞膜**发生渗漏而提高谷氨酸产量。其原因是油酸为一种含有一个双键的不饱和脂肪酸（十八碳烯酸），它是细菌细胞膜磷脂中的重要脂肪酸。油酸缺陷型突变株因其不能合成油酸而使细胞膜缺损。

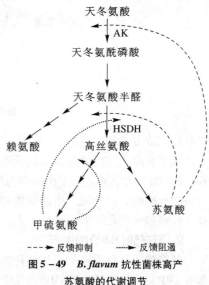

---➤ 反馈抑制 ⋯⋯➤ 反馈阻遏

图 5 – 49 *B. flavum* 抗性菌株高产苏氨酸的代谢调节

复习思考题

1. 试图示分解代谢和合成代谢间的差别和联系。

2. 试分析葡萄糖的非生物性氧化即燃烧与生物氧化的异同。

3. 在化能异养微生物的生物氧化过程中，其基质的脱氢和产能的途径主要有几条？试列表比较各途径的主要特点。

4. 试述 EMP 途径在微生物生命活动中的重要性及其与人类生产实践的关系。

5. 试述 HMP 途径在微生物生命活动中的重要性，并说出它与人类生产实践的关系。

6. 试述 ED 途径在微生物生命活动中的功能，并说出它与人类生产实践的关系。

7. 试述 TCA 循环在微生物生命活动和人类生产实践中的重要性。

8. 组成呼吸链（电子传递链）的载体有哪些？它们分别如何执行其生理功能？

9. 试图示 ATP 合酶的模式构造，并简述各组分的生理功能。

10. 试对各种无机盐呼吸以及延胡索酸呼吸作一表解。

11. 试列表比较呼吸、无氧呼吸和发酵的特点。

12. 试列表比较由 EMP 途径中的丙酮酸出发的 6 条发酵途径、产物和代表菌。

13. 丙酮丁醇梭菌形成丙酮、丁醇和乙醇的代谢途径如何？这些发酵产品有何重要用途？这种发酵方式在应对当前能源、资源危机方面有何积极意义？

14. 试列表比较同型乳酸发酵和异型乳酸发酵间的差别。

15. 试比较经典异型乳酸发酵与双歧杆菌异型乳酸发酵间的异同。

16. 试列表比较细菌乙醇发酵与酵母菌乙醇发酵的特点和优缺点。

17. Stickland 反应存在于哪些微生物中？反应的生化机制是什么？

18. 在化能自养细菌中，亚硝化细菌与硝化细菌是如何获得其生命活动所需的 ATP 和[H]的？

19. 能进行循环光合磷酸化的光合细菌有哪几个代表属？其分类地位如何？

20. 试图示不产氧光合细菌所特有的循环光合磷酸化反应途径。

21. 试图示产氧光合细菌和其他绿色植物所特有的非循环光合磷酸化的生化途径。

22. 什么是乙醛酸循环？试述它在微生物生命活动中的重要生理功能。

23. 试图示乙醛酸循环的主要生化途径。

24. 试图示 Calvin 循环在自养生物固定 CO_2 中的功能，并作简要说明。

25. 试图示目前所认识的生物固氮生化途径。

26. 试列表比较固氮酶两个组分的特点。

27. 试写出在生物固氮过程中从氮经氨至各种氨基酸的生化反应。

28. 试简述各种类型好氧性固氮菌保护固氮酶避免受氧损害的机制。

29. 试用简图（不用分子式）描绘肽聚糖合成的 3 个阶段，并指出其中有哪些代谢抑制剂及其作用部位。

30. 青霉素为何只能抑制代谢旺盛的细菌？其抑制机制如何？

31. 什么叫次生代谢物？有哪几条次生代谢物合成途径，各自产生何类重要次生代谢物？

32. 微生物的代谢调节显示哪些特点？有哪两类方式可调控代谢流？请举例说明之。

33. 微生物的代谢调节在发酵工业中有何重要意义？试举一例说明。

数字课程资源

📖 本章小结 　　📄 重要名词

 # 第六章 微生物的生长及其控制

微生物不论其在自然条件下还是在人为条件下发挥作用，都是通过"以数取胜"或"以量取胜"的。生长和繁殖就是保证微生物获得巨大数量或**生物量**(biomass)的必要前提。可以说，没有一定数量的微生物就等于没有它们的存在。

一个微生物细胞在合适的外界环境条件下，会不断地吸收营养物质，并按其自身的代谢方式不断进行新陈代谢。如果同化(合成)作用的速度超过了异化(分解)作用，则其原生质的总量(质量、体积、大小)就不断增加，于是出现了个体细胞的**生长**(growth)；如果这是一种平衡生长，即各种细胞组分是按恰当比例增长时，则达到一定程度后就会引起个体数目的增加，对单细胞的微生物来说，这就是**繁殖**(reproduction)，不久，原有的个体已发展成一个群体。随着群体中各个个体的进一步生长、繁殖，就引起了这一群体的生长。群体的生长可用其质量、体积、个体浓度或密度等作指标来测定。所以个体和群体间有以下关系：

个体生长 ⟶ 个体繁殖 ⟶ 群体生长

群体生长 = 个体生长 + 个体繁殖

除了特定的目的以外，在微生物的研究和应用中，只有群体的生长才有意义，因此，在微生物学中，凡提到"生长"时，一般均指**群体生长**(culture growth，population growth)，这一点与研究大型生物时有所不同。

微生物的生长繁殖是其在内外各种环境因素相互作用下生理、代谢等状态的综合反映，因此，有关生长繁殖的数据就可作为研究多种生理、生化和遗传等问题的重要指标；同时，微生物在生产实践上的各种应用或是人类对致病、霉腐等有害微生物的防治，也都与它们的生长繁殖或抑制紧密相关。这就是研究微生物生长繁殖规律的重要意义。

第一节 测定生长繁殖的方法

既然生长意味着原生质含量的增加，所以测定生长的方法也都直接或间接地依此为根据，而测定繁殖则都要建立在计算个体数目这一原理上。

一、测生长量

测定生长量的方法很多，它们适用于一切微生物。

(一) 直接法

有粗放的测体积法(在刻度离心管中测沉降量)和精确的**称干重法**(dry mass weighing)。微生物的干重一般为其湿重的 10% ~ 20%。据测定，每个 *E. coli* 细胞的干重为 2.8×10^{-13} g，故 1 颗芝麻重(近 3 mg)的大肠

杆菌团块，其中所含的细胞数目竟可达到 100 亿个！仍以 *E. coli* 为例，它在一般液体**培养物**(culture)中，细胞含量通常为每毫升 2×10^9 个，用 100 mL 培养物可得 10 ~ 90 mg 干重的细胞。在现代**高密度培养**(high cell-density culture，HCDC)中，有的 *E. coli* 菌株的细胞产量最高纪录已可达到 174 g/L(见第二节四)。

(二) 间接法

1. 比浊法(turbidimetry)

可用分光光度法对无色的微生物悬浮液进行测定，一般选用 450 ~ 650 nm 波段。若要连续跟踪某一培养物的生长动态，可用带有侧臂的三角瓶作原位测定(不必取样)。

2. 生理指标法

与微生物生长量相平行的生理指标很多，可以根据实验目的和条件适当选用。最重要的如**测含氮量法** (nitrogen content measurement)，一般细菌的含氮量为其干重的 12.5%，酵母菌为 7.5%，霉菌为 6.5%，含氮量乘以 6.25 即为粗蛋白含量；另有测含碳量以及测磷、DNA、RNA、ATP、DAP(二氨基庚二酸)、几丁质或 *N* – 乙酰胞壁酸等含量的；此外，产酸、产气、耗氧、黏度和产热等指标，有时也应用于生长量的测定。

二、计繁殖数

与测生长量不同，对测定繁殖来说，一定要一一计算各个体的数目。所以，计繁殖数只适宜于测定处于单细胞状态的细菌和酵母菌，而对放线菌和霉菌等丝状生长的微生物而言，则只能计算其孢子数。

(一) 直接法

直接法指用计数板(例如血细胞计数板)在光学显微镜下直接观察细胞并进行计数的方法。此法十分常用，但得到的数目是包括死细胞在内的总菌数。为解决这一矛盾，已有用特殊染料作**活菌染色**(vital staining)后再用光学显微镜计数的方法，例如用亚甲蓝液对酵母菌染色后，其活细胞为无色，而死细胞则为蓝色，故可作分别计数；又如，细菌经吖啶橙染色后，在紫外光显微镜下可观察到活细胞发出橙色荧光，而死细胞则发出绿色荧光，因而也可作活菌和总菌计数。

(二) 间接法

间接法是一种**活菌计数法**(viable cell counting)，是依据活菌在液体培养基中会使其变混浊或在固体培养基上(内)形成菌落的原理而设计的。方法很多，最常用的是利用固体培养基上(内)形成菌落的**菌落计数法** (colony-counting method)。

1. 平板菌落计数法(plate colony counting)

可用**浇注平板**(pour plate)、**涂布平板**(spread plate)或**滚管法**(roll-tube technique)等方法进行。此法适用于各种好氧菌或厌氧菌。其主要操作是把稀释后的一定量菌样通过浇注琼脂培养基或在琼脂平板上涂布的方法，让其内的微生物单细胞一一分散在琼脂平板上(内)，待培养后，每一活细胞就形成一个单菌落，此即"菌落形成单位"(colony forming unit，CFU)，根据每皿上形成的 CFU 数乘上稀释度就可推算出菌样的含菌数。此法最为常用，但操作较烦琐且要求操作者技术熟练。为克服此缺点，国外已出现多种微型、快速、商品化的用于菌落计数的小型纸片或密封琼脂板。其主要原理是利用加在培养基中的活菌指示剂 TTC (2,3,5 – 氯化三苯基四氮唑)，它可使菌落在很微小时就染成易于辨认的玫瑰红色。

2. 厌氧菌的菌落计数法

一般可用**亨盖特滚管培养法**(Hungate roll-tube technique)进行(见本章第四节)。但此法设备较复杂，技术难度很高。为此，作者等曾设计了一种简便快速的测定**双歧杆菌**(bifidobacteria)和**乳酸菌**(lactic acid bacteria)等厌氧菌活菌数的**半固体深层琼脂法**(《微生物学报》，1997 年第 37 卷第 1 期)。其主要原理是试管中的深层半固体琼脂有良好的厌氧性能，并利用其凝固前可作稀释用、凝固后又可代替琼脂平板作菌落计数用的良好性能。此法兼有省工、省料、省设备和菌落易辨认等优点。

第二节　微生物的生长规律

一、微生物的个体生长和同步生长

微生物的细胞是极其微小的，但是，它与一切其他细胞和个体（病毒例外）一样，也有一个自小到大的生长过程。在整个生长过程中，微小的细胞内同样发生着阶段性的极其复杂的生物化学变化和细胞学变化。可是，要研究某一细胞的这类变化，在技术上是极为困难的。目前能使用的方法，一是用电子显微镜观察细胞的超薄切片；二是使用**同步培养**（synchronous culture）技术，即设法使某一群体中的所有个体细胞尽可能都处于同样的细胞生长和分裂周期中，然后通过分析此群体在各阶段的生物化学特性变化，来间接了解单个细胞的相应变化规律。这种通过同步培养的手段而使细胞群体中各个体处于分裂步调一致的生长状态，称为**同步生长**（synchronous growth）。

获得微生物同步生长的方法主要有两类：①环境条件诱导法——用氯霉素抑制细菌蛋白质合成；细菌芽孢诱导发芽；藻类细胞的光照、黑暗控制；用 EDTA 或离子载体处理酵母菌；以及短期热休克（40℃）法［用于原生动物 *Tetrahymena pyriformis*（梨形四膜虫）］；等等。②机械筛选法——利用处于同一生长阶段细胞的体积、大小的一致性，用过滤法、密度梯度离心法或膜洗脱法收集同步生长的细胞。其中以 Helmstetter-Cummigs 的膜洗脱法较有效和常用，此法是根据某些滤膜可吸附与该滤膜（如硝酸纤维素）相反电荷细胞的原理，让非同步细胞的悬液流经此膜，于是一大群细胞被牢牢吸附。然后将滤膜翻转并置于滤器中，其上慢速流下新鲜培养液，最初流出的是未吸附的细胞，不久，吸附的细胞开始分裂，在分裂后的两个子细胞中，一个仍吸附在滤膜上，另一个则被培养液洗脱。若滤膜面积足够大，只要收集刚滴下的子细胞培养液即可获得满意的同步生长的细胞。当然，这种细胞在培养过程中，一般经 2～3 个分裂周期就会很快丧失其同步性。

二、单细胞微生物的典型生长曲线

定量描述液体培养基中微生物群体生长规律的实验曲线，称为**生长曲线**（growth curve）。当把少量纯种单细胞微生物接种到恒容积的液体培养基中进行批式培养（batch culture）后，在适宜的温度、通气等条件下，该群体就会由小到大，发生有规律的增长。如以细胞数目的对数值作纵坐标，以培养时间作横坐标，就可画出一条由延滞期、指数期、稳定期和衰亡期 4 个阶段组成的曲线，这就是微生物的典型生长曲线。说其"典型"，是因为它只适合单细胞微生物如细菌和酵母菌，而对丝状生长的真菌或放线菌而言，只能画出一条非"典型"的生长曲线，例如，真菌的生长曲线大致可分 3 个时期，即生长延滞期、快速生长期和生长衰退期。典型生长曲线与非典型的丝状菌生长曲线两者的差别是后者缺乏指数生长期，与此期相当的只是培养时间与菌丝体干重的立方根成直线关系的一段快速生长时期。

根据微生物的**生长速率常数**（growth rate constant），即每小时分裂次数（R）的不同，一般可把典型生长曲线粗分为延滞期、指数期、稳定期和衰亡期 4 个时期（图 6-1）。

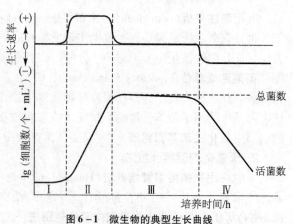

图 6-1　微生物的典型生长曲线

Ⅰ. 延滞期，Ⅱ. 指数期，Ⅲ. 稳定期，Ⅳ. 衰亡期

(一) 延滞期(lag phase)

延滞期又称停滞期、调整期或适应期。指少量单细胞微生物接种到新鲜培养液中后，在开始培养的一段时间内，因代谢系统适应新环境的需要，细胞数目没有增加的一段时期。该期的特点为：①生长速率常数为零；②细胞形态变大或增长，许多杆菌可长成丝状，如 *Bacillus megaterium*(巨大芽孢杆菌)在接种时，细胞仅长 3.4 μm，而培养至 3 h 时，其长为 9.1 μm，至 5.5 h 时，竟可达 19.8 μm；③细胞内的 RNA 尤其是 rRNA 含量增高，原生质呈嗜碱性；④合成代谢十分活跃，核糖体、酶类和 ATP 的合成加速，易产生各种诱导酶；⑤对外界不良条件如 NaCl 溶液浓度、温度和抗生素等理化因素反应敏感。

影响延滞期长短的因素很多，除菌种外，主要有 4 种：

(1) **接种龄** 指**接种物**或**种子**(inoculum，复数 inocula)的生长年龄，亦即它生长到生长曲线上哪一阶段时用来作种子的。这是指某一群体的生理年龄。实验证明，如果以指数期接种龄的种子接种，则子代培养物的延滞期就短；反之，如果以延滞期或衰亡期的种子接种，则子代培养物的延滞期就长；如果以稳定期的种子接种，则延滞期居中。

(2) **接种量** 接种量的大小明显影响延滞期的长短。一般说来，接种量大，则延滞期短，反之则长(图 6 - 2)。因此，在发酵工业上，为缩短延滞期以缩短生产周期，通常都采用较大的接种量(种子：发酵培养基 = 1:10，体积分数)。

(3) **培养基成分** 接种到营养丰富的天然培养基中的微生物，要比接种到营养单一的组合培养基中的微生物延滞期短。所以，一般要求发酵培养基的成分与种子培养基的成分尽量接近，且应适当丰富些。

(4) **种子损伤度** 若用于接种的细胞曾被加热、辐射或被有毒物质损伤过，就会因修复损伤而延长延滞期。

出现延滞期的原因，是由于接种到新鲜培养液的种子细胞中，一时还缺乏分解或催化有关底物的酶或辅酶，或是缺乏充足的中间代谢物。为产生诱导酶或合成有关的中间代谢物，就需要有一段用于适应的时间，此即延滞期。

(二) 指数期(exponential phase)

指数期又称**对数期**(logarithmic phase，log phase)，指在生长曲线中，紧接着延滞期的一段细胞数目以几何级数增长的时期(图 6 - 3)。

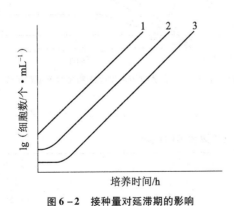

图 6 - 2 接种量对延滞期的影响
1. 大接种量, 2. 中等接种量, 3. 小接种量

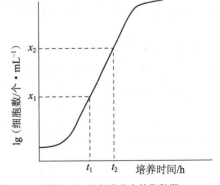

图 6 - 3 生长曲线中的指数期

指数期的特点是：①生长速率常数 R 最大，因而细胞每分裂一次所需的时间——**代时**(generation time，G，又称世代时间或增代时间)或原生质增加一倍所需的**倍增时间**(doubling time)最短；②细胞进行平衡生长(balanced growth)，故菌体各部分的成分十分均匀；③酶系活跃，代谢旺盛。

在指数期中，有 3 个重要参数，其相互关系及计算方法如下。

(1) **繁殖代数(n)** 从图6-3可以得出：

$$x_2 = x_1 \cdot 2^n$$

以对数表示：$\lg x_2 = \lg x_1 + n\lg 2$

$$\therefore n = \frac{\lg x_2 - \lg x_1}{\lg 2} = 3.322(\lg x_2 - \lg x_1)$$

(2) **生长速率常数(R)** 按前述生长速率常数的定义可知：

$$R = \frac{n}{t_2 - t_1} = \frac{3.322(\lg x_2 - \lg x_1)}{t_2 - t_1}$$

(3) **代时(G)** 按前述平均代时的定义可知：

$$G = \frac{1}{R} = \frac{t_2 - t_1}{3.322(\lg x_2 - \lg x_1)}$$

影响指数期微生物代时长短的因素很多，主要有以下4类。

① 菌种：不同菌种其代时差别极大。例如，几种最常见的微生物的代时为：*Escherichia coli*（大肠埃希氏菌）12.5～17 min，*Bacillus subtilis*（枯草芽孢杆菌）26～32 min，*Lactobacillus acidophilus*（嗜酸乳杆菌）66～87 min，*Streptococcus lactis*（乳酸链球菌）26～48 min，*Staphylococcus aureus*（金黄色葡萄球菌）27～30 min，*Mycobacterium tuberculosis*（结核分枝杆菌）792～932 min，*Nitrobacter agilis*（活跃硝化杆菌）1 200 min，*Azotobacter chroococcum*（褐球固氮菌）240 min，*Rhizobium japonicum*（大豆根瘤菌）344～461 min，*Anabaena cylindrica*（柱孢鱼腥蓝细菌）636 min，*Treponema pallidum*（梅毒密螺旋体）1980 min，*Saccharomyces cerevisiae*（酿酒酵母）120 min，尾状核草履虫10.4 h，以及蛋白核小球藻7.75 h，等等。

② 营养成分：同一种微生物，在营养丰富的培养基上生长时，其代时较短，反之则长。例如，同在37 ℃下，*E. coli* 在牛奶中代时为12.5 min，而在肉汤培养基中为17.0 min。

③ 营养物浓度：营养物的含量既可影响微生物的生长速率，又可影响它的生长总量。如图6-4所示，只有在营养物含量很低（0.1～2.0 mg/mL）时，才会影响微生物的生长速率。随着营养物含量的逐步提高（2.0～8.0 mg/mL），生长速率不受影响，而仅影响到最终的菌体产量。如进一步提高营养物浓度，则已不再影响生长速率和菌体产量了。凡处于较低浓度范围内可影响生长速率和菌体产量的某营养物，就称**生长限制因子**（growth-limited factor）。

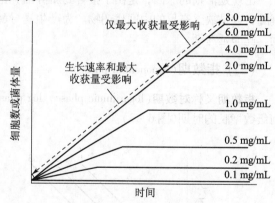

图6-4 营养物浓度对微生物生长速率和菌体产量的影响

④ 培养温度：温度对微生物的生长速率有明显的影响（表6-1）。这一规律对发酵实践、食品保藏和夏天防止食物变质和食物中毒等都有重要的参考价值。

表6-1 *E. coli* 在不同培养温度下的代时

温度/℃	代时/min	温度/℃	代时/min
10	860	35	22
15	120	40	17.5
20	90	45	20
25	40	47.5	77
30	29		

处于指数期尤其是指数期中期的微生物因其具有整个群体的生理特性较一致、细胞各成分平衡增长和生长速率恒定等优点，故是用作代谢、生理和酶学等研究的良好材料，是增殖噬菌体的最适宿主，也是发

酵工业中用作种子的最佳材料。

（三）稳定期（stationary phase）

稳定期又称恒定期或最高生长期。其特点是生长速率常数 R 等于零，即处于新繁殖的细胞数与衰亡的细胞数相等，或正生长与负生长相等的动态平衡之中。这时的菌体产量达到了最高点（如细菌含量一般每毫升可达 10^9 个，原生动物或藻类为 10^6 个），而且菌体产量与营养物质的消耗间呈现出有规律的比例关系，这一关系可用**生长产量常数** Y（或称**生长得率**，growth yield）来表示：

$$Y = \frac{x - x_0}{C_0 - C} = \frac{x - x_0}{C_0}$$

上式中，x 为稳定期的细胞干重（g/mL 培养液），x_0 为刚接种时的细胞干重，C_0 为限制性营养物的最初含量（g/mL），C 为稳定期时限制性营养物的含量（由于计算 Y 时必须有一限制性营养物耗尽，所以 C 应等于零）。例如，据实验和计算，*Penicillium chrysogenum*（产黄青霉）在以葡萄糖为限制性营养物的组合培养基上生长时，其 Y 值为 1∶2.56，说明这时每 2.56 g 葡萄糖可合成 1 g 菌丝体（干重）。为更精确计算 Y 值，又提出 Y_{subst}（即每摩尔底物产生的菌体干重）和 Y_{ATP}（即每摩尔 ATP 所产生的菌体干重）等指标（表 6 – 2）。

表 6 – 2　某些厌氧菌利用葡萄糖时的摩尔生长产量常数

菌　　种	Y_{subst} [*]	ATP 产率 [**]	Y_{ATP} [***]
Escherichia coli（大肠埃希氏菌）	26	3	8.6
Klebsiella pneumoniae（肺炎克氏杆菌）	29	3	9.6
Enterococcus faecalis（粪肠球菌）	20	2	10.0
Lactobacillus lactis（乳酸乳杆菌）	19.5	2	9.8
Lactobacillus plantarum（植物乳杆菌）	18.8	2	9.4
Zymomonas mobilis（运动发酵单胞菌）	9	1	9.0
Saccharomyces cerevisiae（酿酒酵母）	18.8	2	9.4

[*] Y_{subst} = g（菌体干重）/mol 底物；
[**] ATP 产率 = mol ATP/mol 底物（发酵途径理论计算值）；
[***] Y_{ATP} = g（菌体干重）/mol ATP。

进入稳定期时，细胞内开始积聚糖原、异染颗粒和脂肪等内含物；芽孢杆菌一般在这时开始形成芽孢；有的微生物在这时开始以**初生代谢物**（primary metabolite）为前体，通过复杂的次生代谢途径合成抗生素等对人类有用的各种**次生代谢物**（secondary metabolite）。所以，次生代谢物又称**稳定期产物**（idiolite）。由此还可对生长期进行另一种分类，即以指数期为主的**菌体生长期**（trophophase）和以稳定期为主的**代谢产物合成期**（idiophase）。

稳定期到来的原因是：①营养物尤其是生长限制因子的耗尽；②营养物的比例失调，例如 C/N 比不合适等；③酸、醇、毒素或 H_2O_2 等有害代谢产物的累积；④pH、氧化还原电势等物理化学条件越来越不适宜；等等。

稳定期的生长规律对生产实践有着重要的指导意义，例如，对以生产菌体或与菌体生长相平行的代谢产物（SCP、乳酸等）为目的的某些发酵生产来说，稳定期是产物的最佳收获期；对维生素、碱基、氨基酸等物质进行**生物测定**（bioassay）来说，稳定期是最佳测定时期；此外，通过对稳定期到来原因的研究，还促进了连续培养原理的提出和工艺、技术的创建。

（四）衰亡期（decline phase 或 death phase）

在**衰亡期**中，微生物的个体死亡速度超过新生速度，整个群体呈现负生长状态（R 为负值）。这时，细胞形态发生多形化，例如会发生膨大或不规则的退化；有的微生物因蛋白水解酶活力的增强而发生**自溶**

(autolysis)；有的微生物在此期会进一步合成或释放对人类有益的抗生素等次生代谢物；而在芽孢杆菌中，往往在此期释放芽孢；等等。

产生衰亡期的原因主要是外界环境对微生物继续生长越来越不利，从而引起细胞内的分解代谢明显超过合成代谢，继而导致大量菌体死亡。

三、 微生物的连续培养

连续培养(continuous culture)是指向培养容器中连续流加新鲜培养液，使微生物的液体培养物长期维持稳定、高速生长状态的一种溢流培养技术，故它又称**开放培养**(open culture)，是相对于上述绘制典型生长曲线时所采用的**单批培养**(即批式培养，batch culture)或**密闭培养**(closed culture)而言的。

连续培养是在研究典型生长曲线的基础上，通过深刻认识稳定期到来的原因，并采取相应的防止措施而实现的。具体地说，当微生物以单批培养的方式培养到指数期的后期时，一方面以一定速度连续流入新鲜培养基和通入无菌空气(厌氧菌例外)，并立即搅拌均匀；另一方面，利用溢流的方式，以同样的流速不断流出培养物。于是容器内的培养物就可达到动态平衡，其中的微生物可长期保持在指数期的平衡生长状态和恒定的生长速率上，于是形成了**连续生长**(continuous growth)(图 6 – 5，图 6 – 6)。

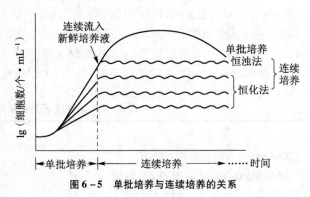

图 6 – 5 单批培养与连续培养的关系

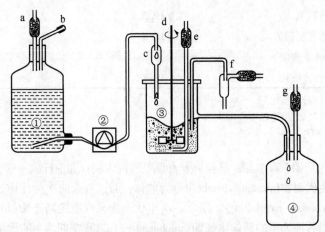

图 6 – 6 连续培养装置结构示意图

①培养液贮备瓶，其上有过滤器(a)和培养基进口(b)；②蠕动泵；③恒化器，其上有培养基入口(c)、搅拌器(d)、空气过滤装置(e)和取样口(f)；④收集瓶，其上有过滤器(g)

连续培养器的类型很多，可用以下表解来说明：

连续培养器
- 按控制方式分{ 内控制(控制菌体密度)：恒浊器 / 外控制(控制培养液流速及 R)：恒化器 }
- 按培养器串联级数分{ 单级连续培养器 / 多级连续培养器 }
- 按细胞状态分{ 一般连续培养器 / 固定化细胞连续培养器 }
- 按用途分{ 实验室科研用：连续培养器 / 发酵生产用：大型连续发酵罐 }

微生物学教程

以下仅对控制方式和培养器级数不同的两种连续培养器的原理及应用范围作一简单介绍。

（1）按控制方式分

① **恒浊器**（turbidostat）：这是一种根据培养器内微生物的生长密度，并借光电控制系统来控制培养液流速，以取得菌体密度高、生长速率恒定的微生物细胞的连续培养器。在这一系统中，当培养基的流速低于微生物生长速率时，菌体密度增高，这时通过光电控制系统的调节，可促使培养液流速加快，反之亦然，并以此来达到恒密度的目的。因此，这类培养器的工作精度是由光电控制系统的灵敏度决定的。在恒浊器中的微生物始终能以最高生长速率进行生长，并可在允许范围内控制不同的菌体密度。在生产实践上，为了获得大量菌体或与菌体生长相平行的某些代谢产物（如乳酸、乙醇）时，都可以利用恒浊器类型的连续发酵器。

② **恒化器**（chemostat 或 bactogen）：与恒浊器相反，恒化器是一种设法使培养液的流速保持不变，并使微生物始终在低于其最高生长速率的条件下进行生长繁殖的连续培养装置。这是一种通过控制某一营养物的浓度，使其始终成为生长限制因子的条件下达到的，因而可称为外控制式的连续培养装置。可以设想，在恒化器中，一方面菌体密度会随时间的延长而增高；另一方面，限制因子的浓度又会随时间的延长而降低，两者相互作用，使微生物的生长速率正好与恒速流入的新鲜培养基流速相平衡。这样，既可获得一定生长速率的均一菌体，又可获得虽低于最高菌体产量，却能保持稳定菌体密度的菌体。在恒化器中，营养物质的更新速度以**稀释率**（dilution rate，D）表示，即培养基流速（mL/h）与培养器的容积（mL）的比值：

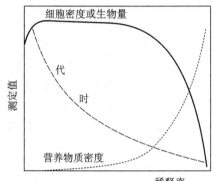

图 6-7　在恒化器中微生物的生长与稀释率的关系

$$D = \frac{f(\text{流速})}{V(\text{容积})}$$

例如，当流速为 30 mL/h，培养器容积为 100 mL 时，$D = 0.3/h$，即每小时有 30% 的培养液被更新。在恒化器中，微生物的生长与稀释率之间的关系见图 6-7。恒化器主要用于实验室的科学研究工作中，尤其适用于与生长速率相关的各种理论研究中。现将恒浊器与恒化器的比较列在表 6-3 中。

表 6-3　恒浊器与恒化器的比较

装置	控制对象	培养基	培养基流速	生长速率	产　物	应用范围
恒浊器	菌体密度（内控制）	无限制生长因子	不恒定	最高速率	大量菌体或与菌体相平行的代谢产物	生产为主
恒化器	培养基流速（外控制）	有限制生长因子	恒定	低于最高速率	不同生长速率的菌体	实验室为主

（2）按培养器级数分　按此法把连续培养器分成**单级连续培养器**（one-step continuous fermentor）和**多级连续培养器**（multi-step continuous fermentor）两类。如上所述，若某微生物代谢产物的产生速率与菌体生长速率相平行，就可采用单级恒浊式连续发酵器来进行研究或生产。相反，若要生产的产物恰与菌体生长不平行，例如生产丙酮、丁醇或某些次生代谢物时，就应根据两者的产生规律，设计与其相适应的多级连续培养装置。

以丙酮、丁醇发酵为例：*Clostridium acetobutylicum*（丙酮丁醇梭菌）的生长可分两个阶段，前期较短，以生产菌体为主，生长温度以 37 ℃为宜，是**菌体生长期**（trophophase）；后期较长，以产溶剂（丙酮、丁醇）为主，温度以 33 ℃为宜，为**产物合成期**（idiophase）。根据这种特点，国外曾有人设计了一个两级连续发酵罐：第一级罐保持 37 ℃、pH 4.3、培养液的**稀释率** D（dilution rate）为 0.125/h（即控制在 8 h 可以对容器内培养液更换一次的流速），第二级罐为 33 ℃、pH 4.3、稀释率为 0.04/h（即 25 h 才更换培养液一次），并把第一、二级罐串联起来进行连续培养。这一装置不仅溶剂的产量高，效益好，而且可在一年多时间内连

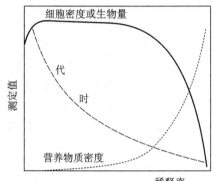（图内文字：细胞密度或生物量　测定值　代时值　营养物质密度　稀释率）

153

续运转。在我国上海，早在 20 世纪 60 年代就采用多级连续发酵技术大规模地生产丙酮、丁醇等溶剂了。

连续培养如用于生产实践，就称为**连续发酵**（continuous fermentation）。连续发酵与单批发酵相比，有许多优点：①高效，它简化了装料、灭菌、出料、清洗发酵罐等许多单元操作，从而减少了非生产时间并提高了设备的利用率；②自控，即便于利用各种传感器和仪表进行自动控制；③产品质量较稳定；④节约了大量动力、人力、水和蒸汽，且使水、气、电的负荷均衡合理。当然，连续培养也存在着明显的缺点：①菌种易退化——由于长期让微生物处于高速率的细胞分裂中，故即使其自发突变概率极低，仍无法避免突变的发生，尤其当发生比原生产菌株营养要求降低、生长速率增高、代谢产物减少的负变类型时；②易污染杂菌——在长时期连续运转中，存在着因设备渗漏、通气过滤失灵等而造成的污染；③营养物的利用率一般低于单批培养。因此，连续发酵中的"连续"还是有限的，一般可达数月至一两年。

在生产实践上，连续培养技术已较广泛应用于酵母菌**单细胞蛋白**（single cell protein，SCP）的生产，乙醇、乳酸、丙酮和丁醇的发酵，用 *Candida lipolytica*（解脂假丝酵母）等进行**石油脱蜡**，以及用自然菌种或混合菌种进行**污水处理**等各领域中。国外还报道了把微生物连续培养的原理运用于提高浮游生物饵料产量的实践中，并收到了良好的效果。

四、微生物的高密度培养

微生物的**高密度培养**（high cell-density culture，HCDC）有时也称高密度发酵，一般是指微生物在液体培养条件下细胞群体密度超过常规培养 10 倍以上时的生长状态或培养技术。现代高密度培养技术主要是在用基因工程菌（尤其是 *E. coli*）生产**多肽类药物**的实践中逐步发展起来的。*E. coli* 在生产各种多肽类药物中具有极其重要的地位，其产品都是高产值的贵重药品，例如人生长激素、胰岛素、白细胞介素类和人干扰素等。若能提高菌体培养密度，提高产物的**比生产率**（单位体积单位时间内产物的产量），不仅可减少培养容器的体积、培养基的消耗和提高"**下游工程**"（down-stream processing）中分离、提取的效率，而且还可缩短生产周期、减少设备投入和降低生产成本，因此具有重要的实践价值。

不同菌种和同种不同菌株间，在达到高密度的水平上差别极大。有人曾计算过在理想条件下，*E. coli* 的理论高密度值可达 200 g（湿重）/L，还有人甚至认为可达 400 g/L。在前一情况下，几乎 1/4 的发酵液中都充满 *E. coli* 细胞，引起培养液的高黏度，其流动性也几近丧失。至今已报道过的高密度生长的实际最高纪录为 *E. coli* W3110 的 174 g（湿重）/L 和 *E. coli* 用于生产 PHB 的"工程菌"的 175.4 g（湿重）/L。当然，由于微生物高密度生长的研究时间尚短，理论研究还待深入，因此，被研究过的微生物种类还很有限，主要局限于 *E. coli* 和 *Saccharomyces cerevisiae*（酿酒酵母）等少数兼性厌氧菌上。若进一步加强对其他好氧菌和厌氧菌高密度生长的研究，并扩大对各大类、各种生理类型微生物的深入研究，则对微生物学基础理论和有关生产实践都有很大的意义。

进行高密度培养的具体方法很多，应综合考虑和充分运用这些规律，以获得最佳效果。

① 选取最佳培养基成分和各成分含量：以 *E. coli* 为例，每升培养基产 1g 菌体所需无机盐量为 NH_4Cl 0.77 g/L，KH_2PO_4 0.125 g/L，$MgSO_4 \cdot 7H_2O$ 17.5 mg/L，K_2SO_4 7.5 mg/L，$FeSO_4 \cdot 7H_2O$ 0.64 mg/L，$CaCl_2$ 0.4 mg/L；而在 *E. coli* 培养基中一些主要营养物的抑制浓度则为葡萄糖 50 g/L，氨 3 g/L，Fe^{2+} 1.15 g/L，Mg^{2+} 8.7 g/L，PO_4^{3-} 10 g/L，Zn^{2+} 0.038 g/L。此外，合适的 C/N **比**也是 *E. coli* 高密度培养的基础。

② 适时补料：是 *E. coli* 工程菌高密度培养的重要手段之一。若在供氧不足时，过量葡萄糖会引起"葡萄糖效应"，并导致有机酸过量积累，从而使生长受到抑制。因此，补料一般应采用逐量流加的方式进行。

③ 提高溶解氧的浓度：实验指出，提高好氧菌和兼性厌氧菌培养时的溶氧量也是进行高密度培养的重要手段之一。大气中仅含 21% 的氧，若提高氧浓度甚至用纯氧或加压氧去培养微生物，就可大大提高高密度培养的水平，例如，有人用纯氧培养酵母菌，就可使菌体密度达到 100 g（湿重）/L。

④ 防止有害代谢产物的生成：乙酸是 *E. coli* 产生的对自身的生长代谢有抑制作用的产物。为防止它的

生成，可采用诸如选用天然培养基、降低培养基的 pH，以甘油代替葡萄糖作碳源，加入甘氨酸、甲硫氨酸，降低培养温度（从 37 ℃ 下降至 26 ~ 30 ℃），以及采用**透析培养法**（dialysis culture）去除乙酸等。

⑤ 保持合适 pH：主要通过使培养液保持良好的缓冲性能来维持合适的 pH。例如，在 *Lactobacillus plantarum*（植物乳杆菌）培养液中，使乙酸钠与 CaCO$_3$ 的比例保持 1∶3（0.5%∶1.5%）时，就可实现高密度生长（2.75 × 10^{10} CFU/mL）。

<h2>第三节   影响微生物生长的主要因素</h2>

影响微生物生长的外界因素很多，除第四章已介绍过的营养条件外，还有许多物理因素。限于篇幅，以下仅阐述其中最主要的温度、氧气和 pH 3 项。

一、温度

由于微生物的生命活动都是由一系列生物化学反应组成的，而这些反应受温度影响又极其明显，同时，温度还影响生物大分子的物理状态，例如，低温可导致细胞膜凝固，引起物质运送困难，而高温则可使蛋白质变性，故温度成了影响微生物生长繁殖的最重要因素之一。这里专门讨论在微生物生长范围内的各种温度（生长范围外的温度影响可见本章第五节，而极端生长温度下的嗜热菌、嗜冷菌则可见第八章第一节）。

与其他生物一样，任何微生物的生长温度尽管有宽有窄，但总有**最低生长温度**、**最适生长温度**和**最高生长温度**这 3 个重要指标，这就是**生长温度三基点**（three cardinal point）。如果把微生物作为一个整体来看，其温度的三基点是极其宽的，堪称"生物界之最"，这可以从以下表解中看到：

生长温度三基点
- 最低：一般为 -10 ~ -5 ℃，极端为 -30 ℃
- 最适
  - 嗜冷菌：< 20 ℃（一般为 15 ℃）
  - 中温菌（20 ~ 45 ℃）
    - 室温菌：约 25 ℃
    - 体温菌：约 37 ℃
  - 嗜热菌：> 45 ℃（一般为 50 ~ 60 ℃）
- 最高：一般为 80 ~ 95 ℃，极端为 105 ~ 150 ℃

对某一具体微生物而言，其生长温度有的很宽，有的则很窄，这与它们长期进化过程中所处的生存环境温度有关。例如，一些生活在土壤中的芽孢杆菌，它们属**宽温微生物**（15 ~ 65 ℃）；*E. coli* 既可在人或动物体的肠道中生活，也可在体外环境中生活，故也是宽温微生物（10 ~ 47.5 ℃）；而专性寄生在人体泌尿生殖道中的致病菌——*Neisseria gonorrhoeae*（淋病奈瑟氏球菌）则是**窄温微生物**（36 ~ 40 ℃）。

现把若干微生物的生长温度三基点列在表 6 - 4 中。

表 6 - 4 若干微生物的生长温度三基点

类型	菌名	温度三基点/℃		
		最低	最适	最高
嗜冷菌	*Polaromonas vacuolata*（液泡极地单胞菌）	-4	4	12
中温菌	*Escherichia coli*（大肠埃希氏菌）	8	39	48
嗜热菌	*Geobacillus stearothermophilus*（嗜热脂肪地芽孢杆菌）	42	60	68
超嗜热菌	*Thermococcus celer*（速生热球菌）	65	88	97
极端超嗜热菌	*Pyrolobus fumarii*（烟孔火叶菌）	90	106	114

最适生长温度（optimum growth temperature）经常简称为"最适温度"，其含义为某菌分裂代时最短或生

长速率最高时的培养温度。必须强调指出，对同一种微生物来说，最适生长温度并非是其一切生理过程的最适温度，也就是说，最适温度并不等于生长得率最高时的培养温度，也不等于发酵速率或累积代谢产物最高时的培养温度，更不等于累积某一代谢产物最高时的培养温度，例如，*Serratia marcescens*（黏质沙雷氏菌）的生长最适温度为 37 ℃，而其合成灵杆菌素的最适温度为 20 ~ 25 ℃；*Aspergillus niger*（黑曲霉）的生长最适温度为 28 ℃，而产糖化酶的最适温度则为 32 ~ 34 ℃。其他菌种都有类似情况（表 6 – 5）。这一规律对指导发酵生产有着重要的意义。例如，国外曾报道在 *Penicillium chrysogenum*（产黄青霉）总共 165 h 的**青霉素发酵**（penicillin fermentation）过程中，运用了上述规律，即根据其不同生理代谢过程有不同最适温度的特点，分成 4 段进行不同温度培养，即：

$$0\ h \xrightarrow{30℃} 5\ h \xrightarrow{25℃} 40\ h \xrightarrow{20℃} 125\ h \xrightarrow{25℃} 165\ h$$

结果，其青霉素产量比常规的自始至终进行 30 ℃ 恒温培养的对照组竟提高了 14.7%。

表 6 – 5 微生物各生理过程的不同最适温度

菌名	生长温度/℃	发酵温度/℃	累积产物温度/℃
Streptococcus thermophilus（嗜热链球菌）	37	47	37
Streptococcus lactis（乳酸链球菌）	34	40	产细胞：25 ~ 30 产乳酸：30
Streptomyces griseus（灰色链霉菌）	37	28	—
Corynebacterium pekinense（北京棒杆菌）	32	33 ~ 35	—
Clostridium acetobutylicum（丙酮丁醇梭菌）	37	33	—
Penicillium chrysogenum（产黄青霉）	30	25	20

二、氧气

地球上的整个生物圈都被大气层牢牢包围着。以体积计，氧约占空气的 1/5、氮约占 4/5，因此，氧对微生物的生命活动有着极其重要的影响；同时，也应考虑到在地球上又有许多缺氧的环境，诸如水底污泥、沼泽地、水田、堆肥、污水处理池和动物肠道等处也同样存在着种类繁多、数量庞大、与人类关系密切的厌氧微生物，它们中绝大多数是细菌、放线菌等原核生物，只有极少数是真菌和原生动物等真核生物。最近发现，高等哺乳动物中的裸鼹鼠，能在无氧环境下生存 18 min，在低氧条件下，利用果糖代替葡萄糖产能，存活 5 h 以上（*Science*，2017）。

按照微生物与氧的关系，可把它们粗分成**好氧微生物**（好氧菌，aerobe）和**厌氧微生物**（厌氧菌，anaerobe）两大类，并可进一步细分为 5 类，现表解如下：

微生物与氧的关系 {
好氧菌 {
专性好氧菌：需氧，在正常大气压下通过呼吸产能
兼性厌氧菌 {
以呼吸为主，兼营发酵产能
以呼吸为主，兼营厌氧呼吸产能
}
微好氧菌：需在微量氧（1.01 ~ 3.04 kPa）下生活
}
厌氧菌 {
耐氧菌：不需氧，只以发酵产能，氧无毒害
（严格）厌氧菌：氧有害或致死，以发酵或无氧呼吸产能
}
}

（1）**专性好氧菌**（obligate or strict aerobe） 必须在较高的氧分压（~ 20.2 kPa）的条件下才能生长，它们有完整的呼吸链，以分子氧作为最终氢受体，具有**超氧化物歧化酶**（superoxide dismutase，SOD）和过氧化氢酶（catalase）。绝大多数真菌和多数细菌、放线菌都是专性好氧菌，例如 *Acetobacter*（醋杆菌属）、*Azotobacter*（固氮菌属）、*Pseudomonas aeruginosa*（铜绿假单胞菌，俗称"绿脓杆菌"）、*Corynebacterium diphtheriae*（白喉

棒杆菌)和 *Micrococcus luteus*(藤黄微球菌)等。

（2）**兼性厌氧菌**（facultative anaerobe）　顾名思义，它是以在有氧条件下的生长为主也可兼在厌氧条件下生长的微生物，有时也称"兼性好氧菌"（facultative aerobe）。它们在有氧时靠呼吸产能，无氧时则借发酵或无氧呼吸产能；细胞内含 SOD 和过氧化氢酶。许多酵母菌和不少细菌都是兼性厌氧菌。例如 *Saccharomyces cerevisiae*（酿酒酵母）、*Bacillus licheniformis*（地衣芽孢杆菌）、*Paracoccus denitrificans*（脱氮副球菌）以及肠杆菌科（Enterobacteriaceae）的各种常见细菌，包括 *E. coli*、*Enterobacter aerogenes*（产气肠杆菌，旧称"产气气杆菌"或"产气杆菌"）和 *Proteus vulgaris*（普通变形杆菌）等。

（3）**微好氧菌**（microaerophilic bacteria）　只能在较低的氧分压（1.01～3.04 kPa，正常大气中的氧分压为 20.2 kPa）下才能正常生长的微生物[①]。也是通过呼吸链并以氧为最终氢受体而产能。例如 *Vibrio cholerae*（霍乱弧菌）、*Helicobacter*（螺杆菌属）、*Hydrogenomonas*（氢单胞菌属）、*Zymomonas*（发酵单胞菌属）、*Campylobacter*（弯曲菌属）和 *Spirillum volutans*（迂回螺菌）等。

（4）**耐氧菌**（aerotolerant anaerobe）　即耐氧性厌氧菌的简称。是一类可在分子氧存在下进行发酵性厌氧生活的厌氧菌。它们的生长不需要任何氧，但分子氧对它们也无害。它们不具有呼吸链，仅依靠专性发酵和底物水平磷酸化而获得能量。耐氧的机制是细胞内存在 SOD 和过氧化物酶（但缺乏过氧化氢酶）。通常的乳酸菌多为耐氧菌，例如 *Lactobacillus lactis*（乳酸乳杆菌）、*Leuconostoc mesenteroides*（肠膜明串珠菌）、*Streptococcus lactis*（乳链球菌）、*S. pyogenes*（酿脓链球菌）和 *Enterococcus faecalis*（粪肠球菌）等；非乳酸菌类耐氧菌如 *Butyribacterium rettgeri*（雷氏丁酸杆菌）等。

（5）**厌氧菌**（anaerobe）　有一般厌氧菌与**严格厌氧菌**（**专性厌氧菌**，strict or obligate anaerobe）之分。特点是：①分子氧对它们有毒害，即使短期接触也会抑制生长甚至致死；②在空气或含 10% CO_2 的空气中，它们在固体或半固体培养基表面不能生长，只有在其深层无氧处或在低氧化还原电势的环境下才能生长；③生命活动所需能量是通过发酵、无氧呼吸、循环光合磷酸化或甲烷发酵等提供；④细胞内缺乏 SOD 和细胞色素氧化酶，大多数还缺乏**过氧化氢酶**。常见的厌氧菌有 *Clostridium*（梭菌属）、*Bacteroides*（拟杆菌属）、*Fusobacterium*（梭杆菌属）、*Bifidobacterium*（双歧杆菌属）以及各种光合细菌和**产甲烷菌**（methanogens）等。其中产甲烷菌属于**古菌类**，如 *Methanobacterium formicum*（甲酸甲烷杆菌），它们都属于极端厌氧菌。现对一些重要的厌氧菌归纳在以下表解中：

有关厌氧菌的培养方法见本章第四节。现把一些微生物与氧的关系及其在深层半固体琼脂柱中的生长状态列在图 6-8、图 6-9 中。

关于厌氧菌的氧毒害机制问题从 20 世纪初起已陆续提出过几种假说，但直到 1971 年在 J. M. McCord 和 I. Fridovich 提出关于专性厌氧生活的**超氧化物歧化酶**（SOD）学说后，才有了重大的进展。他们在广泛调查了

---

① 有的作者也把微好氧菌归入厌氧菌或耐氧菌中。

不同微生物中 SOD 和过氧化氢酶的分布状况后发现：凡严格厌氧菌就无 SOD 活力，一般也无过氧化氢酶活力；所有具细胞色素系统的好氧菌都有 SOD 和**过氧化氢酶**；耐氧性厌氧菌不含**细胞色素系统**，但具有 SOD 活力而无过氧化氢酶活力。在此基础上，他们认为，SOD 的功能是保护好氧菌免受**超氧化物阴离子自由基**的毒害，从而提出了缺乏 SOD 的微生物必然只能进行专性厌氧生活的学说。

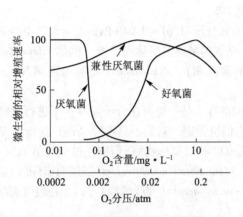

图 6-8 分子氧含量和分压对 3 类微生物
生长的影响

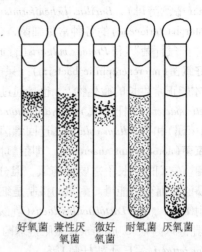

图 6-9 5 类对氧关系不同的微生物在半固体
琼脂柱中的生长状态模式图

现在先来复习一下化学中有关自由基的知识。

当 A、B 两分子或原子间形成共价单键时，会相互共享一对电子。这两个电子既可由 A 单方提供，也可由 A 和 B 双方共同提供，若是前者称配位作用（其逆过程称异裂，heterolysis），若是后者则称共价结合（其逆过程称均裂，homolysis），即：

$$① \ A:^- + B^+ \underset{异裂}{\overset{配位作用}{\rightleftharpoons}} A:B$$

$$② \ A\cdot + B\cdot \underset{均裂}{\overset{共价结合}{\rightleftharpoons}} A:B$$

由均裂所产生的分子或原子中，含有一个不配对电子，它具有高度化学活性，寿命短暂。故凡由均裂产生、可单独存在、具有一个或几个不配对电子的分子或原子称为**自由基**（free radical），用分子式右上角加一黑点表示，以说明其中存在不对称的奇数电子。概括地说，凡含有一个不成对电子的分子或原子就称为自由基，例如，超氧阴离子自由基（superoxid anion radical）、羟自由基、一氧化氮自由基和脂质自由基等。有人曾把自由基形象地比喻为"寂寞的单身汉"。

在生物体内，超氧阴离子自由基（O_2^-）普遍存在，它是由酶促（如黄嘌呤氧化酶、醛氧化酶、二氢乳清酸脱氢酶或黄素蛋白脱氢酶等）方式形成或非酶促方式形成：

$$O_2 + e^- \longrightarrow O_2^- \ (或 \cdot O_2^-, \ O_2^-)$$

超氧阴离子自由基是活性氧的形式之一，因有奇数电子，故带负电荷；它既有分子性质，又有离子性质；其性质极不稳定，化学反应力极强，在细胞内可破坏各种重要生物大分子和膜结构，还可形成其他活性氧化物，故对生物体极其有害。

生物在其长期进化历史中，早就发展出去除超氧阴离子自由基等各种有害活性氧分子的机制。一切好氧生物都存在 SOD 就是明证。好氧生物因有了 SOD，故剧毒的 O_2^- 就被歧化成毒性较低的 H_2O_2，在过氧化氢酶的作用下，H_2O_2 又进一步变成无毒的 H_2O。实验室中常用简便方法测定微生物是否存在过氧化氢酶：在待检菌落或浓悬液上滴上一滴 30% H_2O_2 溶液，若立即有大量 O_2 小泡产生，即为此酶阳性。厌氧菌因不

微生物学教程

能合成 SOD，所以根本无法使 O_2^- 歧化成 H_2O_2，因此，在有氧存在时，细胞内形成的 O_2^- 就使自身受到毒害。绝大多数的耐氧菌都能合成 SOD，且有**过氧化物酶**（peroxidase），因此剧毒的 O_2^- 可先歧化成有毒的 H_2O_2，然后还原成无毒的 H_2O。即：

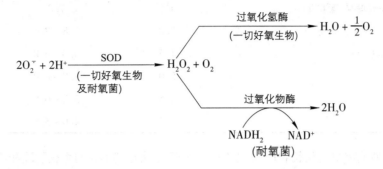

已有实验证明，原为兼性厌氧菌的 *E. coli*，如果使它突变成 SOD 缺陷株，则它也转变成一株短期接触氧就能被杀死的"严格厌氧菌"了。

按 SOD 分子中所含金属辅基的不同，可把它分为 3 类：①含 Cu、Zn 的 SOD，存在于几乎所有真核生物的细胞质中；②含 Fe 的 SOD，主要存在于原核生物中；③含 Mn 的 SOD，主要存在于真核生物的线粒体中。SOD 除可清除超氧阴离子自由基外，还发现在防治人体衰老、治疗自身免疫性疾病、抗癌、防白内障、治疗放射病和肺气肿以及解除苯中毒等方面有一系列疗效，故在利用微生物[如人苍白杆菌（*Ochrobactrum anthropi*）等]等生物对 SOD 进行生产以及进行化学修饰等方面正在作进一步研究，以期降低其免疫原性和提高在体内的半衰期，尽快达到在医疗保健中应用的目的。

三、 pH

pH 表示某水溶液中**氢离子浓度**（hydrogen ion concentration）的负对数值，它源于法文 "puissance hudrogene"（氢的强度）。纯水呈中性，其氢离子浓度为 10^{-7} mol/L，因此定其 pH 为 7。凡 pH 小于 7 者，呈酸性，大于 7 者呈碱性，每差一级，其离子浓度就相差 10 倍。

微生物作为一个整体来说，其生长的 pH 范围极广（<2 ~ >10），有少数种类还可超出这一范围（见第八章第一节）。但绝大多数微生物的生长 pH 都在 5~9 之间。与温度的三基点相似，不同微生物的生长 pH 也存在最低、最适与最高 3 个数值（表 6-6）。

表 6-6　不同微生物的生长 pH 范围

微生物名称	pH		
	最低	最适	最高
Thiobacillus thiooxidans（氧化硫硫杆菌）	0.5	2.0~3.5	6.0
Lactobacillus acidophilus（嗜酸乳杆菌）	4.0~4.6	5.8~6.6	6.8
Acetobacter aceti（醋化醋杆菌）	4.0~4.5	5.4~6.3	7.0~8.0
Rhizobium japonicum（大豆根瘤菌）	4.2	6.8~7.0	11.0
Bacillus subtilis（枯草芽孢杆菌）	4.5	6.0~7.5	8.5
Escherichia coli（大肠埃希氏菌）	4.3	6.0~8.0	9.5
Staphylococcus aureus（金黄色葡萄球菌）	4.2	7.0~7.5	9.3
Azotobacter chroococcum（褐球固氮菌）	4.5	7.4~7.6	9.0

微生物名称	pH		
	最低	最适	最高
Streptococcus pyogenes(酿脓链球菌)	4.5	7.8	9.2
Nitrosomonas sp(一种亚硝化单胞菌)	7.0	7.8~8.6	9.4
Aspergillus niger(黑曲霉)	1.5	5.0~6.0	9.0
一般放线菌	5.0	7.0~8.0	10.0
一般酵母菌	2.5	3.8~6.0	8.0
一般霉菌	1.5	4.0~5.8	7.0~11.0

除不同种类微生物有其最适生长 pH 外，即使同一种微生物在其不同的生长阶段和不同的生理、生化过程中，也有不同的最适 pH 要求。研究其中的规律，对发酵生产中 pH 的控制尤为重要。例如，*Aspergillus niger*(黑曲霉)在 pH = 2.0~2.5 时，有利于合成柠檬酸；在 pH = 2.5~6.5 范围内时，就以菌体生长为主；而在 pH = 7 左右时，则大量合成草酸。又如，*Clostridium acetobutylicum*(丙酮丁醇梭菌)在 pH = 5.5~7.0 时，以菌体的生长繁殖为主，而在 pH = 4.3~5.3 范围内才进行丙酮、丁醇发酵。此外，许多抗生素的生产菌也有同样情况(表 6-7)。利用上述规律对提高发酵生产效率十分重要。

虽然微生物外环境的 pH 变化很大，但细胞内环境中的 pH 却相当稳定，一般都接近中性。这就免除了 DNA、ATP、菌绿素和叶绿素等重要成分被酸破坏，或 RNA、磷脂类等被碱破坏的可能性。与细胞内环境的中性 pH 相适应的是，胞内酶的最适 pH 一般也接近中性，而位于周质空间的酶和分泌到细胞外的胞外酶的最适 pH 则接近环境的 pH。pH 除了对细胞发生直接影响之外，还对细胞产生种种间接的影响。例如，可影响培养基中营养物质的离子化程度，从而影响微生物对营养物质的吸收，影响环境中有害物质对微生物的毒性，以及影响代谢反应中各种酶的活性等。

表 6-7 几种抗生素产生菌的生长与发酵的最适 pH

抗生素产生菌	生长最适 pH	合成抗生素最适 pH
Streptomyces griseus(灰色链霉菌)	6.3~6.9	6.7~7.3
S. erythraeus(红霉素链霉菌)	6.6~7.0	6.8~7.3
Penicillium chrysogenum(产黄青霉)	6.5~7.2	6.2~6.8
S. aureofaciens(金霉素链霉菌)	6.1~6.6	5.9~6.3
S. rimosus(龟裂链霉菌)	6.0~6.6	5.8~6.1
P. griseofulvum(灰黄青霉)	6.4~7.0	6.2~6.5

微生物的生命活动过程也会能动地改变外界环境的 pH，这就是通常遇到的培养基的原始 pH 在培养微生物的过程中会时时发生改变的原因。其中发生 pH 改变的可能反应有以下数种：

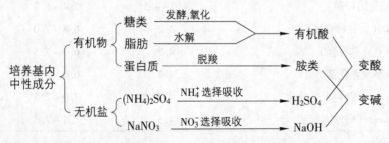

上述变酸与变碱两种过程，在一般微生物的培养中往往以变酸占优势，因此，随着培养时间的延长，培养基的 pH 会逐渐下降。当然，pH 的变化还与培养基的组分尤其是**碳氮比**（carbon-nitrogen ratio）有很大的关系，碳氮比高的培养基，例如培养各种真菌的培养基，经培养后其 pH 常会显著下降；相反，碳氮比低的培养基，例如培养一般细菌的培养基，经培养后，其 pH 常会明显上升。

在微生物培养过程中 pH 的变化往往对该微生物本身及发酵生产均有不利的影响，因此，如何及时调整 pH 就成了微生物培养和发酵生产中的一项重要措施。通过总结实践中的经验，这里把人工调节 pH 的措施分成"治标"和"治本"两大类，前者指根据表面现象而进行直接、及时、快速但不持久的表面化调节，后者则是指根据内在机制而采用的间接、缓效但可发挥持久作用的调节。现将这两类措施表解如下：

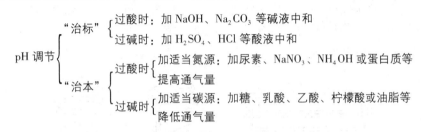

本章一开始就强调微生物各种功能的发挥是靠"以数取胜"或"以量取胜"的。这里，将从历史与现状的角度，让读者在很短的时间内，能较全面了解微生物生长规律是如何被运用于保证微生物大量生长繁殖以产生菌体和有益代谢产物的。

一个良好的**微生物培养装置**的基本条件是：按微生物的生长规律进行科学的设计，能在提供丰富而均匀营养物质的基础上，保证微生物获得适宜的温度和良好的通气条件(只有厌氧菌例外)，此外，还要为微生物提供一个适宜的物理化学条件和严防杂菌的污染等。

从历史发展的角度(纵向)来看，**微生物培养技术**(microorganism cultivation)发展的轨迹有以下特点：①从实验室少量培养到生产性大规模培养；②从浅层培养发展到厚层(固体制曲)或深层(液体搅拌)培养；③从以固体培养技术为主到以液体培养技术为主；④从静止式液体培养发展到通气搅拌式的液体培养；⑤从单批培养发展到连续培养以至多级连续培养；⑥从利用游离的微生物细胞发展到利用固定化细胞；⑦从单纯利用微生物细胞到利用动物、植物细胞进行大规模培养；⑧从利用野生型菌种发展到利用变异株直至遗传工程菌株；⑨从单菌纯种发酵发展到混菌发酵；⑩从低密度培养发展到高密度培养(high cell-density culture，HCDC)；⑪从人工控制的发酵罐到多传感器、计算机在线控制的自动化发酵罐；⑫能为特定微生物或高等动植物细胞的培养或产生特种次生代谢物提供必要的光、声、磁条件的生物反应器等。

以下就实验室和生产实践中一些较有代表性的微生物培养法作一简要介绍。

一、实验室培养法

（一）固体培养法

1. 好氧菌的固体培养

主要用**试管斜面**（test-tube slant，slope）、培养皿**琼脂平板**（agar plate）及较大型的克氏扁瓶（Kolle flask）、茄子瓶等进行平板培养。

2. 厌氧菌的固体培养

实验室中培养厌氧菌除了需要特殊的培养装置或器皿外，首先应配制特殊的培养基。在厌氧菌培养基中，除保证提供 6 种营养要素外，还得加入适当的还原剂，必要时，还要加入**刃天青**（resazurin）等氧化还原电势指示剂。具体培养方法有：

（1）**高层琼脂柱**（anaerobic agar column） 把含有还原剂的固体或半固体培养基装入试管中，经灭菌后，除表层尚有一些溶解氧外，越是深层，其氧化还原电势越低，故有利于厌氧菌的生长。例如，**韦荣氏管**（Veillon tube）就是由一根长 25 cm、内径 1 cm，两端可用橡皮塞封闭的玻璃管，可作稀释、分离厌氧菌并对其进行菌落计数。

（2）**厌氧培养皿**（anaerobic Petri dish） 用于培养厌氧菌的培养皿有几种，有的是利用特制皿盖去创造一个狭窄空间，再加上还原性培养基的配合使用而达到厌氧培养的目的，如 Brewer 皿（图 6 – 10）；有的利用特制皿底——有两个相互隔开的空间，其一是放焦性没食子酸，另一则放 NaOH 溶液，待在皿盖的平板上接入待培养的厌氧菌后，立即密闭之，经摇动，上述两试剂因接触而发生反应，于是造成了无氧环境，例如图 6 – 10 中的 Spray 皿或 Bray 皿。

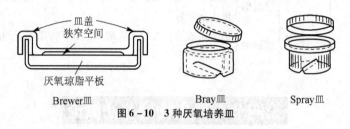

图 6 – 10　3 种厌氧培养皿

（3）**亨盖特滚管技术**（Hungate roll-tube technique） 一种集制备高纯氮、以氮驱氧和全过程实现无氧操作、无氧培养、无氧检测于一体，用于研究严格厌氧菌的技术和装置。此法由著名美国微生物学家 R. E. Hungate 于 1950 年设计，故名。这是厌氧菌微生物学发展历史中的一项具有划时代意义的创造，由此推动了**严格厌氧菌**（如瘤胃微生物区系和产甲烷菌）的分离和研究。其主要原理是：利用除氧铜柱（玻璃柱内装有密集铜丝，加温至 350℃ 时，可使通过柱体的不纯氮中的 O_2 与铜反应而被除去）来制备高纯氮，再用此高纯氮去驱除培养基配制、分装过程中各种容器和小环境中的空气，使培养基的配制、分装、灭菌和贮存，以及菌种的接种、稀释、培养、观察、分离、移种和保藏等操作的全过程始终处于高度无氧条件下，从而保证了各类严格厌氧菌的存活。用严格厌氧方法配制、分装、灭菌后的厌氧菌培养基，称为**预还原无氧灭菌培养基**即 **"PRAS 培养基"**（pre-reduced anaerobically sterilized medium）。在进行产甲烷菌等严格厌氧菌的分离时，可先用 Hungate 的这种"无氧操作"把菌液稀释，并用注射器接种到装有融化后的 PRAS 琼脂培养基试管（图 6 – 11）中，该试管用密封性极好的丁基橡胶塞严密塞住后平放，置冰浴中均匀滚动，使含菌培养基布满在试管内表面上（犹如将好氧菌浇注或涂布在培养皿平板上那样），经培养后，会长出许多单菌落。滚管技术的优点是：试管内壁上的琼脂层有很大的表面积可供厌氧菌长出单菌落，但试管口的面积和试管腔体积都极小，因而特别有利于阻止氧与厌氧菌接触。

（4）**厌氧罐**（anaerobic jar）技术 这是一种经常使用的但不是很严格的厌氧菌培养技术，原因是它除能保证厌氧菌在培养过程中处于良好无氧环境外，无法使培养基配制、接种、观察、分离、保藏等操作也不接触氧气。其装置如图 6 – 12 所示：厌氧罐的类型和大小不一，一般都有一个用聚碳酸酯制成的圆柱形透明罐体（内可放 10 个常规培养皿），其上有一个可用螺旋夹紧密夹牢的罐盖，盖内的中央有一个用不锈钢丝织成的催化剂室，内放钯催化剂，罐内还放一种含有亚甲蓝溶液的氧化还原指示剂。使用时，先装入接种后的培养皿或试管菌样，然后封闭罐盖，接着可采用**抽气换气法**彻底驱除罐内原有空气，一般操作步骤为：抽真空 → 灌 N_2 → 抽真空 → 灌 N_2 → 抽真空 → 灌混合气体（$N_2 : CO_2 : H_2 = 80 : 10 : 10$，体积比）。最后，罐内少量剩余氧又在钯催化剂的催化下，与灌入混合气体中的 H_2 还原成 H_2O 而被除去，从而形成良好的无氧状态（这时亚甲蓝指示剂从蓝色变为无色）。

微生物学教程

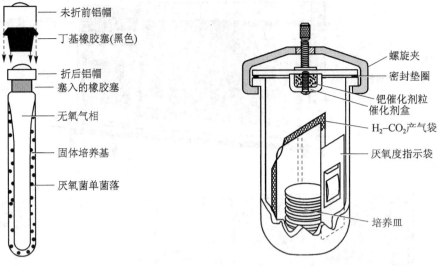

图6–11 用于 Hungate 滚管技术中的厌氧试管剖面图	图6–12 厌氧罐的一般构造剖面图

国际上早已盛行方便的 **"GasPak" 内源性产气袋**商品来取代上述烦琐的抽气换气法。只要把这种产气袋剪去一角并注入适量水后投入厌氧罐，并立即封闭罐盖，它就会自动缓缓放出足够的 CO_2 和 H_2。其原理如下。

① 产 H_2 反应：

$$NaBH_4 + 2H_2O \xrightarrow{Ni^{2+} 或 Co^{2+}} NaBO_2 + 4H_2$$

一般用 0.6 g 硼氢化钠与 40 mL 的水即可产 1 250 mL H_2。

② 产 CO_2 反应：

$$\begin{matrix} CH_2—COOH \\ | \\ HO—C—COOH \\ | \\ CH_2—COOH \end{matrix} + 3NaHCO_3 \longrightarrow \begin{matrix} CH_2—COONa \\ | \\ HO—C—COONa \\ | \\ CH_2—COONa \end{matrix} + 3CO_2 + 3H_2O$$

柠檬酸　　　　　　　　　　　　　　柠檬酸钠

（5）**厌氧手套箱**（anaerobic glove box or chamber）技术　这是 20 世纪 50 年代末问世的一种用于培养、研究严格厌氧菌用的箱形装置和相关的技术方法。厌氧手套箱是一种用于无氧操作和培养严格厌氧菌的箱形密闭装置。箱体结构严密、不透气，其内始终充满成分为 $N_2 : CO_2 : H_2 = 85 : 5 : 10$（体积比）的惰性气体，并有钯催化剂保证箱内处于高度无氧状态。通过两个塑料手套可对箱内进行种种操作，此外箱内还设有接种装置和恒温培养箱，以随时进行厌氧菌的接种和培养。外界物件进出箱体可通过有密闭和有抽气换气装置的交换室（由计算机自控）进行。厌氧手套箱的外观见图 6–13。

上述的厌氧罐技术、厌氧手套箱技术和亨盖特滚管技术已成为现代实验室中研究厌氧菌最有效的"三大件"技术，因此每一位微生物学工作者应熟悉它们。

现把这 3 项基本技术的比较列在表 6–8 中。

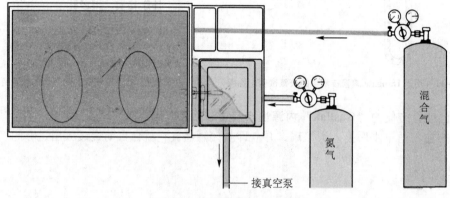

图 6-13　厌氧手套箱外观图

表 6-8　3 种现代常用厌氧培养技术的比较

比较项目	厌氧罐技术	亨盖特滚管技术	厌氧手套箱技术
除氧原理	以氮取代空气，残氧用氢去除	用高纯氮驱除各小环境中的空气	以氮取代空气，残氧用氢去除
基本构造	透明可密闭罐体；钯催化剂盒；亚甲蓝指示剂；外源或内源法供 N_2、CO_2 和 H_2	制纯氮的铜柱；专用试管；"滚管"装置	附有 2 个操作手套和交换室的大型密闭箱体；箱内有恒温培养箱和钯催化剂盒等；另有供 N_2、H_2 和 CO_2 等附件
操作要点	放入物件——紧闭罐盖——抽气换气（或内源产气袋供气）——恒温培养	用铜柱制高纯氮——配 PRAS 培养基——接种——制"滚管"——恒温培养	物体经交换室入箱——自动抽气换气——接种——培养
优缺点	设备价廉，操作较简便；除培养时为无氧外，其余过程无法避氧	各环节能达到严格驱氧；操作烦琐；技术要求极高	各环节能达到严格除氧；设备昂贵；操作、维护较烦琐

（二）液体培养法

1. 好氧菌的液体培养

　　由于大多数微生物都是好氧菌，且微生物一般只能利用溶于水中的氧，故如何保证在培养液中始终有较高的溶解氧浓度就显得特别重要。在一般情况（1 个大气压，20 ℃）下，氧在水中的溶解度仅为 6.2 mL/L（0.28 mmol），这些氧仅能保证氧化 8.3 mg 即 0.046 mmol 的葡萄糖（相当于培养基中常用葡萄糖浓度的千分之一）。除葡萄糖外，培养基中的其他有机或无机养料一般都可保证微生物使用几小时至几天。因此，氧的供应始终是好氧菌生长、繁殖中的限制因子。为解决这一矛盾，必须设法增加培养液与氧的接触面积或提高氧的分压来提高溶氧速率，具体措施如：①浅层液体静止培养；②将三角瓶内培养物放在摇床（shaker）上作**摇瓶培养**（shake culture）；③在深层液体底部通入加压空气，并用气体分布器使其形成均匀、密集的微小气泡；④对培养液进行机械搅拌，并在培养器的壁上设置阻挡装置；等等。

实验室中常用的好氧菌培养法有以下几类：

（1）试管液体培养　装液量可多可少。此法通气效果不够理想，仅适合培养兼性厌氧菌。

（2）三角瓶浅层液体培养　在静止状态下，其通气量与装液量和通气塞的状态关系密切。此法一般仅适用于兼性厌氧菌的培养。

（3）**摇瓶培养**　又称振荡培养。一般将三角瓶内培养液的瓶口用 8 层纱布包扎，以利通气和防止杂菌污染，同时减少瓶内装液量，把它放在往复式或旋转式摇床上作有节奏的振荡，以达到提高溶氧量的目的。此法最早由著名荷兰学者 A. J. Kluyver 发明（1933 年），目前仍广泛用于菌种筛选以及生理、生化、发酵和生命科学多领域的研究工作中。

（4）**台式发酵罐**（benchtop fermentor）　这是一种利用现代高科技制成的实验室研究用的发酵罐，体积一般为数升至数十升（1 ~ 150 L），有良好的通气、搅拌及其他各种必要装置，并有多种**传感器**（sensor）、自动记录和用计算机的调控装置。现成的商品种类很多，应用较为方便。

2. 厌氧菌的液体培养

在实验室中对厌氧菌进行液体培养时，若放入上述厌氧罐或厌氧手套箱中培养，就不必提供额外的培养措施；若单独放在有氧环境下培养，则在培养基中必须加入**巯基乙酸**（mercaptoacetic acid）、半胱氨酸、维生素 C 或疱肉（牛肉小颗粒）等有机还原剂，或加入铁丝等能显著降低氧化还原电势的无机还原剂，在此基础上，再用深层培养或同时在液面上封一层石蜡油或凡士林 - 石蜡油，则可保证培养基的**氧化还原电势**（E_h）降至 -420 ~ -150 mV，以适合严格厌氧菌的生长。

二、 生产实践中培养微生物的装置

（一）固态培养法

1. 好氧菌的曲法培养

曲是一类用麸皮、米糠等疏松的固体营养料接种、培养微生物而制成的含活菌产品。其物理特性十分有利于通气、散热和微生物的生长。成熟的曲有散曲、丸曲（小曲）和砖曲（大曲）等外形。可用作接种剂或提取酶等发酵产物。我国人民在距今 4 000 多年前，已发明制曲酿酒了。原始的曲法培养就是将麸皮、碎麦或豆饼等固态基质经蒸煮和自然接种后，薄薄地铺在培养容器表面，使微生物既可获得充足的氧气，又有利于散发热量，对真菌来说，还十分有利于产生大量孢子。**曲**（qu 或 mouldy bran）的定义可从以下表解中来理解：

$$
\text{曲的构成与功能}
\begin{cases}
\text{固体基质}
\begin{cases}
\text{提供营养源} \\
\text{有利疏松通气和散热} \\
\text{赋予曲的外形}
\end{cases} \\
\text{菌体（菌丝、孢子或细胞）：可用作"种子"} \\
\text{代谢产物}
\begin{cases}
\text{外酶类：可用作粗酶制剂} \\
\text{其他：如提取柠檬酸、赤霉素和抗生素等}
\end{cases}
\end{cases}
$$

根据制曲容器的形状和生产规模的大小，可把各种制曲方法分成瓶曲、袋曲（一般用塑料袋制曲）、盘曲（用木盘制曲）、帘子曲（用竹帘子制曲）、转鼓曲（用大型木质空心转鼓横向转动制曲）和通风曲（即厚层制曲）等。其中瓶曲、袋曲形式在目前的食用菌制种和培养中仍有广泛应用。**通风曲**是一种机械化程度和生产效率都较高的现代大规模制曲技术，在我国**酱油酿造业**中广泛应用。一般是由一个面积在 10 m² 左右的水泥曲槽组成，槽上有曲架和用适当材料编织成的筛板，其上可摊一层约 30 cm 厚的曲料，曲架下部不断通以低温、湿润的新鲜过滤空气，以此制备半无菌状态的**固体曲**（图6-14）。

2. 厌氧菌的堆积培养法

生产实践上对厌氧菌进行大规模固态培养的例子还不多见，在我国的传统**白酒生产**中，一向采用大型深层地窖对固态发酵料进行堆积式固态发酵，这对酵母菌的乙醇发酵和己酸菌的**己酸发酵**等都十分有利，因此可生产名优大曲酒（蒸馏白酒）。

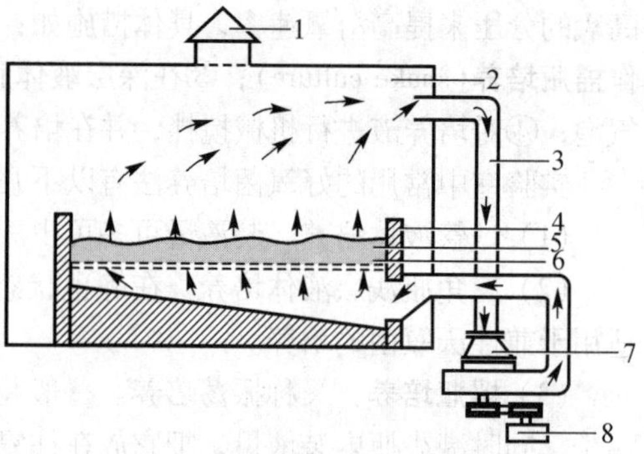

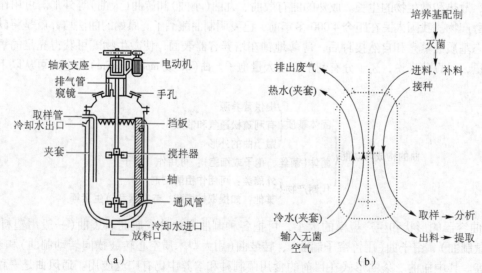

图6-14 通风曲槽结构模式图
1. 天窗，2. 曲室，3. 风道，4. 曲槽，5. 曲料，6. 篾架，7. 鼓风机，8. 电动机

（二）液体培养法

1. 好氧菌的培养

（1）**浅盘培养**（shallow pan cultivation）　这是一种用大型盘子对好氧菌进行浅层液体静止培养的方法。在早期的青霉素和柠檬酸等发酵中，均使用过这种方法，但因存在劳动强度大、生产效率低以及易污染杂菌等缺点，故未能广泛使用。

（2）**深层液体通气培养**（submerged cultivation）　这是一类应用大型发酵罐进行深层液体通气搅拌的培养技术，它的发明在微生物培养技术发展史上具有革命性的意义，并成为现代发酵工业的标志。

发酵罐（fermenter 或 fermentor）是一种最常规的**生物反应器**（bioreactor），一般是一钢质圆筒形直立容器，其底和盖为扁球形，直径与高之比一般为1:（2~2.5）。容积可大可小，大型发酵罐一般为50~500 m^3，例如生产谷氨酸和啤酒的发酵罐一般均为200~800 t，最大的为英国用于甲醇蛋白生产的巨型发酵罐，其有效容积达1 500 m^3。

发酵罐的主要作用是为微生物提供丰富、均匀的养料，良好的通气和搅拌，适宜的温度和酸碱度，并能消除泡沫和防止杂菌的污染等。为此，除了罐体有相应的各种结构（图6-15）外，还要有一套必要的附属装置。例如培养基配制系统，蒸汽灭菌系统，空气压缩和过滤系统，营养物流加系统，传感器和自动记录、调控系统，以及发酵产物的后处理系统[俗称**"下游工程"**（down-stream processing）]等。除了上述典型发酵罐作为好氧菌的深层液体培养装置外，还有各种其他形式的发酵罐、连续发酵罐和用于**固定化细胞**（immobilized cell）发酵的各种生物反应器。

图6-15 典型发酵罐的构造（a）及其运转原理（b）

2. 厌氧菌的培养

厌氧菌的大规模液体培养技术要比好氧菌的相应技术起步得早。它最初源自 19 世纪末的纯种啤酒发酵，20 世纪 20 年代，因发展无烟火药对丙酮的需求急剧增加，促使厌氧发酵罐的制造和发酵技术日趋成熟，由于厌氧菌的发酵过程不需要提供大量无菌空气，故不仅可简化发酵罐的结构和省略空气压缩、过滤等设备，还有利于增大发酵罐的培养容积。

第五节　有害微生物的控制

在我们周围的环境中生存着各种各样的微生物，其中有一部分是对人类有害的微生物。它们通过气流、水流、接触(人与人，人与动、植物，人与物，生物之间)和人工接种等方式，传播到合适的基质或生物对象上而造成种种危害。例如，食品或工农业产品的霉腐变质；实验室中的微生物，动、植物组织或细胞纯培养物的**污染**(contamination)；培养基、生化试剂、生物制品或药物的染菌、变质；发酵工业中的杂菌污染；以及人和动、植物受病原微生物的感染而患各种传染病等。对这些有害微生物必须采取有效的措施来防止、杀灭或抑制它们。

一、几个基本概念

控制有害微生物的几项措施见以下表解：

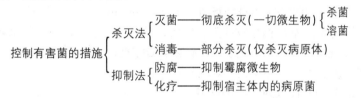

(一) 灭菌(sterilization)

采用强烈的理化因素使任何物体内外部的一切微生物永远丧失其生长繁殖能力的措施，称为**灭菌**，例如高温灭菌、辐射灭菌等。灭菌实质上还可分**杀菌**(bacteriocidation)和**溶菌**(bacteriolysis)两种，前者指菌体虽死，但形体尚存；后者则指菌体被杀死后，其细胞因发生自溶、裂解等而消失的现象(图 6-16)。

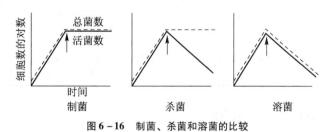

图 6-16　制菌、杀菌和溶菌的比较
当处于指数生长期时，在箭头处加入可抑制生长的某因素

(二) 消毒(disinfection)

从字义上来看，**消毒**就是消除毒害，这里的"毒害"专指传染源或致病菌。消毒是一种采用较温和的理化因素，仅杀死物体表面或内部一部分对人体或动、植物有害的病原菌，而对被消毒的对象基本无害的措施。例如一些常用的对皮肤、水果、饮用水进行药剂消毒的方法，对啤酒、牛奶、果汁和酱油等进行消毒处理的巴氏消毒法等。

（三）防腐（antisepsis）

防腐就是利用某种理化因素完全抑制霉腐微生物的生长繁殖，即通过**制菌作用**（bacteriostasis）防止食品、生物制品等发生霉腐的措施。防腐的方法很多，原理各异。①低温：利用4℃以下的各种低温（0，−20℃，−70℃，−196℃等）保藏食物、生化试剂、生物制品或菌种等。②缺氧：可采用抽真空、充氮或二氧化碳、加入**除氧剂**（deoxidizer）等方法来有效防止食品和粮食等的霉腐、变质而达到保鲜的目的，其中除氧剂的种类很多，是由主要原料铁粉再加上一定量的辅料和填充剂制成，对糕点等含水量较高的新鲜食品有良好的保鲜功能。③干燥：采用晒干、烘干或红外线干燥等方法对粮食、食品等进行干燥保藏，是最常见的防止它们霉腐的方法；此外，在密封条件下，用生石灰、无水氯化钙、五氧化二磷、氢氧化钾（或钠）或硅胶等作吸湿剂，也可很好地达到食品、药品和器材等长期防霉腐的目的。④高渗：通过**盐腌**和**糖渍**等高渗措施来保存食物，是在民间早就流传的有效防霉腐的方法。⑤高酸度：在我国具有悠久历史的泡菜，就是利用乳酸菌的厌氧发酵使新鲜蔬菜产生大量乳酸，借这种高酸度而达到抑制杂菌和防霉腐的目的。⑥高醇度：用白酒或黄酒保存食品，在我国有悠久的传统，如醉蟹、醉麸、醉笋和黄泥螺等产品，都是特色风味食品。⑦加防腐剂：在有些食品、调味品、饮料、果汁或工业器材中，可加入适量的**防腐剂**或**防霉剂**来达到防霉腐的目的，如用丙酸（0.32%）或乙二酸（0.32%）作面包等的防霉剂，用苯甲酸（0.1%）使酱油防腐，用尼泊金（Nipagin，即对羟基苯甲酸甲酯）作墨汁防腐剂，用山梨酸（0.2%）、脱氢醋酸（65×10^{-6}）作化妆品防腐剂，以及用二甲基延胡索酸（DMF）作食品、饲料的防腐剂等。

（四）化疗（chemotherapy）

化疗即**化学治疗**，是指利用具有高度**选择毒力**（selective toxicity）即对病原菌具高度毒力而对其宿主基本无毒的化学物质来抑制宿主体内病原微生物的生长繁殖，借以达到治疗该宿主传染病的一种措施。这类具有高度选择毒力、可用于化学治疗目的的化学物质称**化学治疗剂**（chemotherapeutant），包括磺胺类等化学合成药物、抗生素、生物药物素和若干中草药有效成分等。

现把上述4个概念的特点和比较列在表6-9中。

表6-9　灭菌、消毒、防腐和化疗的比较

比较项目	灭菌	消毒	防腐	化疗
处理因素	强理、化因素	理、化因素	理、化因素	化学治疗剂
处理对象	任何物体内外	生物体表，酒、乳等	有机质物体内外	宿主体内
微生物类型	一切微生物	有关病原体	一切微生物	有关病原体
对微生物作用	彻底杀灭	杀死或抑制	抑制或杀死	抑制或杀死
实例	加压蒸汽灭菌，辐射灭菌，化学杀菌剂	70%酒精消毒，巴氏消毒法	冷藏，干燥，糖渍，盐腌，缺氧，化学防腐剂	抗生素，磺胺药，生物药物素

二、物理灭菌因素的代表——高温

物理灭菌因素的种类很多，主要是高温、辐射、超声波、微波、激光和静高压等。另外，通过稀释、过滤等物理措施也能除菌。现以作用最大、最常用、最方便的高温作代表，介绍一些在实践中最常用的高温灭菌方法。

（一）高温灭菌的种类

具有杀菌效应的温度范围较广。高温的致死作用，主要是它可引起蛋白质、核酸和脂质等重要生物高分子发生降解或改变其空间结构等，从而变性或破坏。

在实践中行之有效的高温灭菌或消毒的方法主要有：

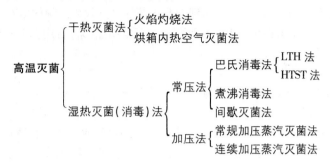

1. 干热灭菌法（dry heat sterilization）

把金属器械或洗净的玻璃器皿放入电热烘箱内，在150～170℃下维持1～2 h后，可达到彻底灭菌（包括细菌的芽孢）的目的。干热可使细胞膜破坏、蛋白质变性和原生质干燥，并可使各种细胞成分发生氧化变质。灼烧（incineration 或 combustion）是一种最彻底的干热灭菌法，但因其破坏力很强，故应用范围仅限于接种环、接种针的灭菌或带病原体的材料、动物尸体的烧毁等。

2. 湿热灭菌法（moist heat sterilization）

湿热灭菌法是一类利用高温的水或水蒸气进行灭菌的方法，通常多指用100℃以上的加压蒸汽进行灭菌。在同样的温度和相同的作用时间下，湿热灭菌法比干热灭菌法更有效，原因是湿热蒸汽不但透射力强，而且还能破坏维持蛋白质空间结构和稳定性的氢键，从而加速这一重要生命大分子物质的变性。

在湿热温度下，多数细菌和真菌的营养细胞在60℃左右处理5～10 min后即被杀死；酵母菌细胞和真菌的孢子稍耐热些，要在80℃下才被杀死；细菌的芽孢最耐热，一般要在120℃下处理12 min才被杀死（见表6-10）。

表6-10　不同微生物的湿热灭菌条件

微生物	营养细胞或病毒粒	孢子或芽孢
细菌	60～70℃，10 min	100℃，2～780 min 121℃，0.5～12 min
酵母菌	50～60℃，5 min	70～80℃，5 min
霉菌	62℃，30 min	80℃，30 min
病毒	60℃，30 min	—

湿热灭菌法的种类很多，主要有以下几类。

（1）常压法

① **巴氏消毒法**（pasteurization）：因最早由法国微生物学家**巴斯德**用于果酒消毒，故名。这是一种专用于牛奶、啤酒、果酒或酱油等不宜进行高温灭菌的液态风味食品或调料的低温消毒方法。此法可杀灭物料中的无芽孢病原菌（如牛奶中的结核分枝杆菌或沙门氏菌），又不影响其原有风味。巴氏消毒法是一种低温湿热消毒法，处理温度变化很大，一般在60～85℃下处理15 s至30 min。具体方法可分两类：第一类是经典的**低温维持法**（low temperature holding method，LTH），例如用于牛奶消毒只要在63℃下维持30min即可；第二类是较现代的**高温瞬时法**（high temperature short time 或 flush point，HTST），有时也称超高温瞬时消毒法（ultrahight temperature，UHT），用此法作牛奶消毒时只要在72～85℃下保持15 s或120～140℃下保持2～4 s即可。

② **煮沸消毒法**：采用在100℃下煮沸数分钟的方法，一般用于日常的饮用水消毒。

③ **间歇灭菌法**（fractional sterilization 或 tyndallization）：又称分段灭菌法或**丁达尔灭菌法**。适用于不耐热培养基的灭菌。方法是：将待灭菌的培养基放在80～100℃下蒸煮15～60 min，以杀灭其中所有的微生物营

养体，然后放至室温或 37 ℃ 下保温过夜，诱使其中残存的芽孢发芽，第二天再以同法蒸煮和保温过夜，如此连续重复 3 d 即可在较低的灭菌温度下同样达到彻底灭菌的良好效果。例如培养硫细菌的含硫培养基就可采用此法灭菌，因其内所含元素硫在 99 ~ 100 ℃ 下可保持正常结晶形，若用 121 ℃ 加压法灭菌，就会引起硫的熔化。

（2）加压法

1）常规**加压蒸汽灭菌法**（autoclaving）：一般称作"高压蒸汽灭菌法"，但因其压力范围甚低（仅在 1 个大气压左右），故改用"加压"两字更合适。这是一种利用高温（而非压力）进行湿热灭菌的方法，优点是操作简便、效果可靠，故被广泛使用。其原理是：将待灭菌的物件放置在盛有适量水的专用加压灭菌锅（或家用压力锅）内，盖上锅盖，并打开排气阀，通过加热煮沸，让蒸汽驱尽锅内原有的空气，然后关闭锅盖上的阀门，再继续加热，使锅内蒸汽压逐渐上升，随之温度也相应上升至 100 ℃ 以上。为达到良好的灭菌效果，一般要求温度应达到 121 ℃（压力为 1 kg/cm^2），时间维持 15 ~ 20 min。有时为防止培养基内葡萄糖等成分的破坏，也可采用在较低温度（115 ℃ 即 0.7 kg/cm^2）下维持 35 min 的方法。加压蒸汽灭菌法适合于一切微生物学实验室、医疗保健机构或发酵工厂中对培养基及多种器材或物料的灭菌。

2）连续加压蒸汽灭菌法（continuous autoclaving）：在发酵行业里俗称"连消法"。此法仅用于大型发酵厂的大批培养基灭菌。主要操作原理是让培养基在管道的流动过程中快速升温、维持和冷却，然后流进发酵罐。培养基一般加热至 135 ~ 140 ℃ 下维持 5 ~ 15 s。优点：①采用高温瞬时灭菌，既彻底地灭了菌，又有效地减少营养成分的破坏，从而提高了原料的利用率和发酵产品的质量和产量。在**抗生素发酵**中，它可比常规的"实罐灭菌"（120 ℃，30 min）提高产量 5% ~ 10%；②由于总的灭菌时间比分批灭菌法明显减少，故缩短了发酵罐的占用时间，提高了其利用率；③由于蒸汽负荷均衡，故提高了锅炉的利用效率；④适宜于自动化操作，降低了操作人员的劳动强度。

利用温度进行灭菌的定量指标有两种：①**热死时间**（thermal death time），指在某一温度下，杀死某微生物的水悬浮液群体所需的最短时间。例如，*E. coli* 在 60 ℃ 下为 10 min，*Salmonella typhi*（伤寒沙门氏菌）在 58 ℃ 下为 30 min，*Lactobacillus thermophilus*（嗜热乳杆菌）在 71 ℃ 下为 30 min 等。②**热死温度**（thermal death point），又称热死点，指在一定时间内（一般为 10 min），杀死某微生物的水悬浮液群体所需的最低温度。例如，*Agrobacterium tumefaciens*（根癌土壤杆菌）为 53 ℃，*Erwinia carotovora*（胡萝卜软腐欧文氏菌）为 48 ~ 51 ℃ 等。必须指出的是，上述两指标均与微生物悬液的体积和其 pH 相关。

以下拟介绍除菌种以外的影响加压蒸汽灭菌效果的若干外界因素。

（二）影响加压蒸汽灭菌效果的因素

1. 被灭菌物体含菌量

含菌量越高，需要的灭菌时间越长。因此，用天然原料配制的培养基所需的灭菌时间要比组合培养基所需的长。

2. 灭菌锅内空气排除程度

灭菌锅（autoclave）是靠蒸汽的温度而不是单纯靠压力来达到灭菌效果的。混有空气的蒸汽与纯蒸汽相比，其压力与温度的关系很不相同（表 6 - 11），因此，使用加压蒸汽灭菌时，必须先彻底排尽锅内的空气。检验空气是否排尽的方法有：①灭菌锅上同时装有压力表和温度计；②将待测气体引入深层冷水中，若只听到"扑扑"声而无气泡冒出，则证明蒸汽中已不含空气；③灭菌锅内加入耐热性的芽孢杆菌即 *Bacillus stearothermophilus*（嗜热脂肪芽孢杆菌），灭菌后取出培养，观察其是否能生长即可知灭菌温度是否达到；④加入适当熔点的固体试剂，经灭菌后看其是否熔化，例如可加入硫黄（熔点 115 ℃）、乙酰替苯胺（熔点 116 ℃）或脱水琥珀酸结晶（熔点 120 ℃）；等等。不过，③、④两法因不能及时知道灭菌温度，故很少采用。

表 6 – 11　空气排除度对灭菌温度的影响

压力表读数	锅内温度/℃		
kg/cm²	纯蒸汽	排除1/2空气	不排除空气
0.35	109	94	72
0.70	115	105	90
1.05	121	112	100
1.40	126	118	109
1.75	130	124	115
2.10	134	128	121

3. 灭菌对象的 pH

灭菌对象的 pH < 6.0 时，微生物易死亡；pH 在 6.0 ~ 8.0 时，微生物不易死亡。

4. 灭菌对象的体积

灭菌对象的体积大小因影响热传导速率和热容量，故会明显影响灭菌效果。在实验室工作中，在对大容量培养基灭菌时，必须注意相应延长灭菌时间。

5. 加热与散热速度

在加压灭菌时，一般只注意达到预定压力后的维持时间。事实上，由于季节的变化，或灭菌物件体积的大小，都会使"上磅"或"下磅"时间出现很大的差别，从而影响培养基成分的破坏程度，进一步影响研究工作的准确性和重复性，故应适当控制。

（三）高温对培养基成分的有害影响及其防止

1. 有害影响

在加压蒸汽灭菌的同时，高温，尤其是长时间的高温除对培养基中的淀粉成分有促进糊化和水解等有利影响外，一般会对培养基的成分带来很多不利的影响。

高温的有害影响 {
形成沉淀物 { 有机物：如多肽类沉淀 / 无机物：如磷酸盐、碳酸盐等沉淀 }
破坏营养，提高色泽 { 褐变：产生氨基糖、焦糖或黑色素 / 毒变 }
改变培养基的 pH（一般为降低 pH）
降低培养基浓度（气温低时会增加冷凝水）
}

其中产生褐变的机制主要是由氨基化合物（氨基酸、肽、蛋白质）的游离氨基与羰基化合物（糖类）的羰基间发生复杂的**梅拉特反应**（Maillard reaction）所引起，它在导致培养基褐变的同时，还降低了有关营养物成分，故应设法避免。

2. 防止方法

（1）**采用特殊加热灭菌法**　①对易破坏的含糖培养基进行灭菌时，应将糖液与其他成分作**分别灭菌**，待灭菌后再予以合并；②含 Ca^{2+} 或 Fe^{3+} 的培养基应与磷酸盐成分作分别灭菌，灭菌后再混合，这样就不易形成磷酸盐的沉淀；③对含有易被高温破坏成分（糖类等）的培养基，应进行**低压灭菌**（在 112 ℃ 即 0.57 kg/cm² 下灭菌 15 min）或间歇灭菌；④在大规模发酵工厂中，对培养基灭菌可采用连续加压蒸汽灭菌法。

（2）**过滤除菌法**　对培养液中某些不耐热的成分有时可采用过滤除菌法除菌，这可利用各种**滤器**（filter）来达到，例如**滤膜过滤装置、烧结玻璃板过滤器、石棉板过滤器**（Seitz filter）、**素烧瓷过滤棒**（Chamberland filter candle）和**硅藻土过滤棒**（Berkefeld filter candle）等。过滤除菌的缺点是无法滤除液体中的病毒和噬菌体。

美国学者已开发出一种新型纳米净水滤纸(2018)，利用夹在两层纸中间的介孔陶瓷层(16 开纸面积上隐含约 180 亿个纳米钩)，在不耗电和不需化学药物的条件下，通过自流过滤，可高效去除液体中的细菌、病毒和 Pb、As 等有害物。

（3）其他方法　在配制培养基时，为防止发生沉淀，除水分外，一般应按配方中的成分依次加入并使之溶解，此外，还可加入 0.1 g/L EDTA(乙二胺四乙酸)或 0.1 g/L NTA(氮川三乙酸)等螯合剂到培养基中，以防止金属离子发生沉淀。此外，还可用**气体灭菌剂**如氧化乙烯(即环氧乙烷)等对个别成分进行灭菌处理，然后再混入已灭过菌的其他培养基成分中。

三、化学杀菌剂、消毒剂和治疗剂

用于制菌或杀菌的化学因素很多，用途广泛，性质各异。

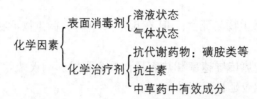

在评价表面消毒剂、化学杀菌剂、防霉剂、农药或化学治疗剂等的药效和毒性时，经常采用以下 3 种指标：①**最低抑制浓度**(minimum inhibitory concentration, MIC)，是评定某化学药物药效强弱的指标，指在一定条件下，某化学药剂完全抑制特定微生物生长时的最低浓度；②**半致死剂量**(50% lethal dose, LD_{50})，是评定某药物毒性强弱的指标，指在一定条件下，某化学药剂能杀死 50% 试验动物时的剂量；③**最低致死剂量**(minimum lethal dose, MLD)，是评定某药物毒性强弱的另一指标，指在一定条件下，某化学药物能引起试验动物群体 100% 死亡率的最低剂量。MIC 一般可用试管稀释法测定。方法是：在一排试管中，分别注入培养液和不同稀释度的化学药剂，经适当培养后，可观察其混浊度以确定其是否生长。

（一）表面消毒剂(surface disinfactant)

常用消毒剂的种类很多，它们的杀菌强度虽各不相同，但几乎都有一个共同规律，即当其处于低浓度时，往往会对微生物的生命活动起刺激作用，随着浓度的递增，就相继出现制菌和杀菌作用，因而形成一个连续的作用谱。

表面消毒剂是指对一切活细胞、病毒粒和生物大分子都有毒性，不能用作活细胞或机体内治疗用的化学药剂。它适用于消除传播媒介物上的病原体，故在传染病预防中，可有效切断疾病传播途径，以达到控制传染病流行的目的。为比较各种表面消毒剂的相对杀菌强度，学术界常采用在临床上最早使用的一种消毒剂——石炭酸(苯酚)作为比较的标准，并提出**石炭酸系数**(phenol coefficient, P. C.)这一指标，它是指在一定时间内，被试药能杀死全部**供试菌**(test organism)的最高稀释度与达到同效的石炭酸的最高稀释度之比。一般规定处理的时间为 10 min，供试菌为 *Salmonella typhi*(伤寒沙门氏菌)。例如，某甲药剂以 1∶300 的稀释度在 10 min 内杀死所有的供试菌，而达到同效的石炭酸的最高稀释度为 1∶100，则该药剂的石炭酸系数等于 3，即：

$$P. C. = \frac{300}{100} = 3$$

若干消毒剂的石炭酸系数可见表 6-12。由于化学消毒剂的种类很多(表 6-13)，杀菌机制各不相同，故石炭酸系数仅有一定的参考价值。

英国学者发现(2018)，受西方消费者欢迎的生食菠菜等新鲜农产品，虽经氯气消毒，但其上的 *Listeria* spp(李斯特氏菌)和 *Salmonella* spp(沙门氏菌)等致病菌会转变成难以检出的休眠型的"活的不可培养状态"，伺机仍可致病。

表 6-12　若干消毒剂的石炭酸系数

消毒剂名称	石炭酸系数(37℃)	
	伤寒沙门氏菌	金黄色葡萄球菌
硫柳汞	600	62.5
十六烷剂氯化吡啶鎓	228	337
六氯酚	5~15	15~40
邻苯酚	5.6(20℃)	4.0
2%碘酒	4.1~5.2(20℃)	4.1~5.2(20℃)
红汞	2.7	5.3
甲酚	2.0~2.3	2.3
来苏儿(lysol)	1.9	3.5
石炭酸(苯酚)	1	1
异丙醇	0.6	0.5
乙醇	0.04	0.04

表 6-13　若干重要表面消毒剂及其应用

类型	名称及使用含量	作用机制	应用范围
重金属盐类	0.5~1 g/L 氯化汞 2% 红汞 0.01%~0.1% 硫柳汞 1~10 g/L AgNO₃ 1~5 g/L CuSO₄	与蛋白质的巯基结合使失活 与蛋白质的巯基结合使失活 与蛋白质的巯基结合使失活 沉淀蛋白质，使其变性 与蛋白质的巯基结合使失活	非金属物品，器皿 皮肤，黏膜，小伤口 皮肤，手术部位，生物制品防腐 皮肤，滴新生儿眼睛 杀植病真菌与藻类
酚类	3%~5% 石炭酸 2% 煤酚皂(来苏儿)	蛋白质变性，损伤细胞膜 蛋白质变性，损伤细胞膜	地面，家具，器皿 皮肤
醇类	70%~75% 乙醇 60%~80% 异丙醇	蛋白质变性，损伤细胞膜，脱水，溶解类脂	皮肤，器械
酸类	5~10 mL/m³ 乙酸(熏蒸)	破坏细胞膜和蛋白质	房间消毒(防呼吸道疾病传染)
醛类	0.5%~10% 甲醛 2% 戊二醛(pH 8 左右)	破坏蛋白质氢键或氨基 破坏蛋白质氢键或氨基	物品消毒，接种箱、接种室的熏蒸 精密仪器等的消毒
气体	600 mg/L 环氧乙烷	有机物烷化，酶失活	手术器械，毛皮，食品，药物
氧化剂	1 g/L KMnO₄ 3% H₂O₂ 0.2%~0.5% 过氧乙酸 ~1 mg/L 臭氧	氧化蛋白质的活性基团 氧化蛋白质的活性基团 氧化蛋白质的活性基团 氧化蛋白质的活性基团	皮肤，尿道，水果，蔬菜 污染物件的表面 皮肤，塑料，玻璃，人造纤维 食品
卤素及化合物	0.2~0.5 mg/L 氯气 100~200 g/L 次氯酸钙 5~10 g/L 次氯酸钙 0.2%~0.5% 氯胺 4 mg/L 二氯异氰尿酸钠 30 g/L 二氯异氰尿酸钠 2.5% 碘酒	破坏细胞膜、酶、蛋白质 破坏细胞膜、酶、蛋白质 破坏细胞膜、酶、蛋白质 破坏细胞膜、酶、蛋白质 破坏细胞膜、酶、蛋白质 破坏细胞膜、酶、蛋白质 酪氨酸卤化，酶失活	饮水，游泳池水 地面，厕所 饮水，空气(喷雾)，体表 室内空气(喷雾)，表面消毒 饮水 空气(喷雾)，排泄物，分泌物 皮肤
表面活性剂	0.05%~0.1% "新洁尔灭" 0.05%~0.1% "杜灭芬"	蛋白质变性，破坏膜 蛋白质变性，破坏膜	皮肤，黏膜，手术器械 皮肤，金属，棉织品，塑料
染料	20~40 g/L 龙胆紫	与蛋白质的羧基结合	皮肤，伤口

（二）化学治疗剂

1. 抗代谢药物的代表——磺胺类药物

抗代谢药物（antimetabolite）又称**代谢拮抗物**或**代谢类似物**（metabolite analogue），是指一类在化学结构上与细胞内必要代谢物的结构相似，并可干扰正常代谢活动的化学物质。由于它们具有良好的**选择毒力**（selective toxicity），因此是一类重要的化学治疗剂。它们的种类很多，都是有机合成药物，如磺胺类、氨基叶酸、异烟肼、6-巯基腺嘌呤和5-氟代尿嘧啶等。

抗代谢药物主要有3种作用：①与正常代谢物一起共同竞争酶的活性中心，从而使微生物正常代谢所需的重要物质无法正常合成，例如磺胺类；②"假冒"正常代谢物，使微生物合成出无正常生理活性的假产物，如8-重氮鸟嘌呤取代鸟嘌呤而合成的核苷酸就会产生无正常功能的RNA；③某些抗代谢药物与某一生化合成途径的终产物的结构类似，可通过反馈调节破坏正常代谢调节机制，例如，6-巯基腺嘌呤可抑制腺嘌呤核苷酸的合成。

现以既经典又有实践重要性的抗代谢药物——**磺胺药**（sulphonamide，sulfa drug）为代表加以阐述。磺胺药是诺贝尔奖获得者德国科学家 G. Domagk 于1934年所发明。开始他发现一种红色染料"百浪多息"（prontosil，4-磺酰胺-2′,4′-二氨基偶氮苯）能治疗小白鼠因 *Streptococcus*（链球菌属）和 *Staphylococcus*（葡萄球菌属）引起的感染，但在离体条件下却无作用，后又发现"百浪多息"可治疗人的链球菌病及由链球菌引起的儿童丹毒症。不久，其他学者进一步发现"百浪多息"在体内可转化为磺胺（*p*-氨基苯磺酰胺，sulphanilamide，*p*-aminobenzene-sulphonamide），从而证实正是磺胺才是"百浪多息"中的真正制菌物质：

$$H_2N\text{—}\underset{NH_2}{\bigcirc}\text{—}N{=}N\text{—}\bigcirc\text{—}SO_2NH_2 \xrightarrow{\text{体内}} H_2N\text{—}\bigcirc\text{—}SO_2NH_2$$

此后，磺胺就成了青霉素等抗生素广泛应用前治疗多种细菌性传染病的"王牌药"，在治疗由 *Streptococcus hemolyticus*（溶血性链球菌）、*S. pneumoniae*（肺炎链球菌）、*Shigella dysenteriae*（痢疾志贺氏菌）、*Brucella*（布鲁氏菌属）、*Neisseria*（奈瑟氏球菌属）以及 *Staphylococcus aureus*（金黄色葡萄球菌）等引起的各种严重传染病中，疗效显著。

磺胺的作用机制始于1940年 Wood 和 Fildes 的研究。他们证明，磺胺的结构与细菌的一种生长因子**对氨基苯甲酸**（para-amino benzoic acid，PABA）高度相似，故是它的代谢类似物（图6-17），因此两者间会发生竞争性拮抗作用。

现已清楚，不少细菌必须由外界提供 PABA 作生长因子，以合成其代谢中不可缺少的重要辅酶——具有转移一碳基功能的四氢叶酸（THFA 或 CoF），而 PABA 就是它结构的一个组分。在 THFA 的合成过程中，两种抗代谢物——磺胺和**三甲基苄二氨嘧啶**（trimethoprim，TMP，1959年发现的一种**磺胺增效剂**）的作用部位可见图6-18。

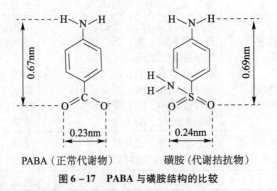

图6-17　PABA 与磺胺结构的比较

微生物学教程

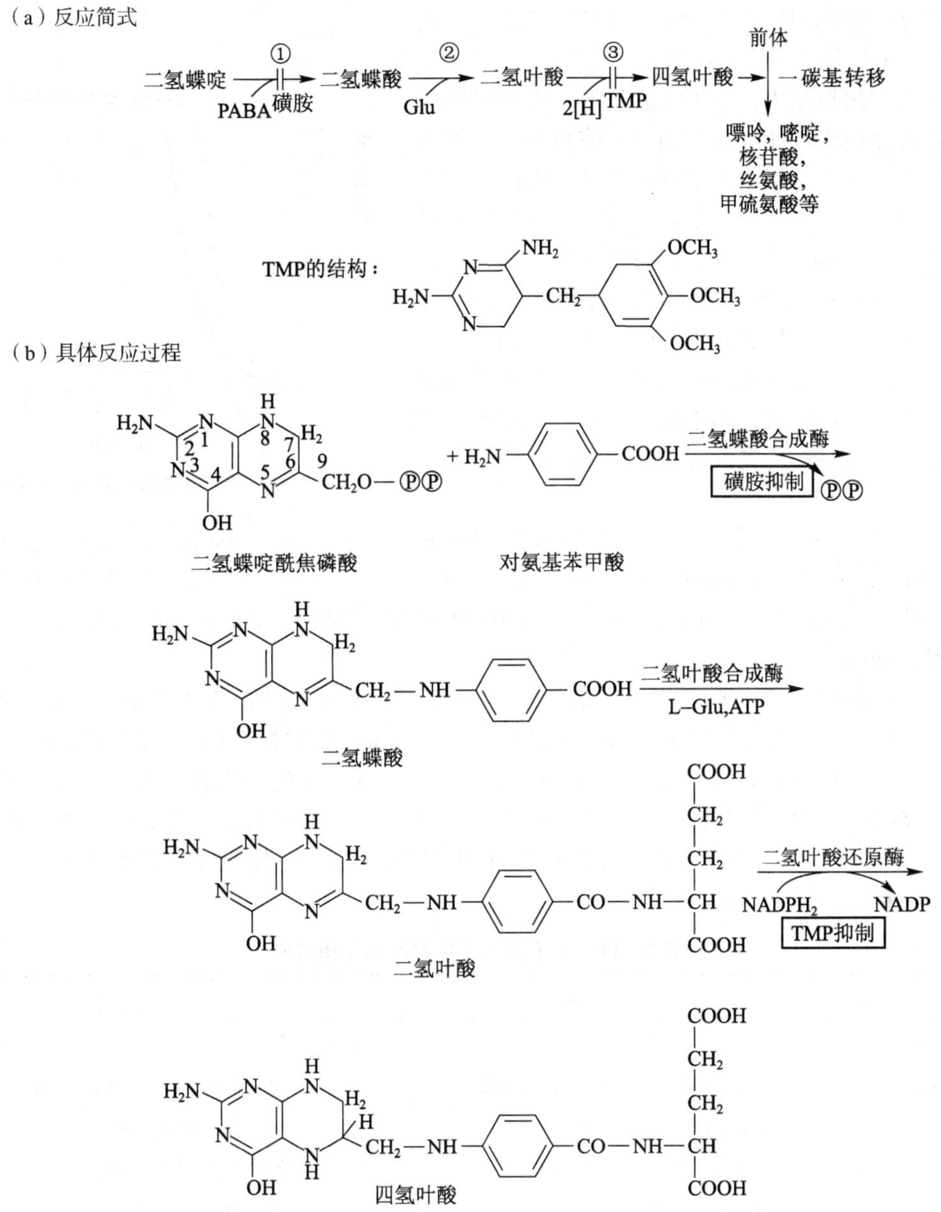

（a）反应简式

$$二氢蝶啶 \xrightarrow[\substack{PABA \\ 磺胺}]{①} 二氢蝶酸 \xrightarrow[Glu]{②} 二氢叶酸 \xrightarrow[\substack{2[H] \\ TMP}]{③} 四氢叶酸 \xrightarrow[\substack{前体 \\ 一碳基转移}]{} 嘌呤，嘧啶，核苷酸，丝氨酸，甲硫氨酸等$$

TMP的结构：

（b）具体反应过程

二氢蝶啶酰焦磷酸　　　　　对氨基苯甲酸

二氢蝶酸

二氢叶酸

四氢叶酸

图6–18　磺胺和 TMP 对 THFA 合成的影响机制
①二氢蝶酸合成酶，②二氢叶酸合成酶，③二氢叶酸还原酶。

　　图6–18表明，磺胺会抑制2–氨–4–羟–7,8–二氢蝶啶酰焦磷酸与 PABA 的缩合反应。这是因为磺胺为 PABA 的结构类似物，两者发生**竞争性拮抗作用**（competitive antagonism），即二氢蝶酸合成酶（dihydropteroic acid synthetase）会错把磺胺当作底物，结果合成了无功能的"假二氢叶酸"——2–氨–4–羟–7,8–二氢蝶酸的类似物。因此，凡能利用二氢蝶啶和 PABA 合成叶酸的细菌就无法合成叶酸，于是生长受到了抑制。另外，TMP 因能抑制二氢叶酸还原酶（dihydrofolate reductase），故使二氢叶酸无法还原成四氢叶酸，也就是增强了磺胺的抑制作用。可以说，磺胺与 TMP 在防治有关细菌性的传染病中，发挥了"双保险"的作用。

　　磺胺药具有很强的**选择毒力**（selective toxicity），其原因是：人体不存在二氢蝶酸合成酶、二氢叶酸合成酶和二氢叶酸还原酶，故不能利用外界提供的 PABA 自行合成四氢叶酸，也就是必需直接摄取现成的四氢叶酸作营养，从而对二氢蝶酸合成酶的竞争性抑制剂——磺胺不敏感。反之，对一些敏感的致病菌来说，凡存在二氢蝶酸合成酶即须以 PABA 作生长因子以自行合成四氢叶酸者，则最易受磺胺所抑制。

从上述磺胺作用机制中，还可以解释很多有关磺胺药的降效或失效现象（图 6-19）。例如，磺胺药要产生制菌效果，其浓度必须高于环境中的 PABA 浓度。因此，在伤口、烧伤等 PABA 和二氢叶酸浓度高的部位，就会解除磺胺药的抑菌效果；另外，若在存在磺胺的同时，外加一定量的PABA、二氢蝶酸、二氢叶酸、四氢叶酸或嘌呤、嘧啶、核苷酸、丝氨酸、甲硫氨酸等一碳基转移产物，也可解除其抑制；最后，上述事实还可说明，为何当某菌由磺胺敏感株突变为抗性菌株时，若不是变成缺二氢蝶酸合成酶的突变株，一般总是变成能合成大量 PABA 的突变株了。

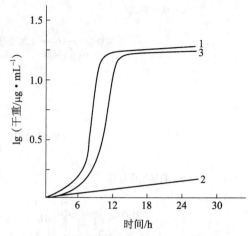

图 6-19 PABA 解除磺胺对 *E. coli* 的抑制

1. 正常生长对照（完全培养基）；2. 生长几乎全受抑制（完全培养基 +150 μg/mL 磺胺）；3. 加 PABA 可使磺胺失效（完全培养基 +0.05 μg/mL PABA）

磺胺药的种类很多，至今仍常用的有磺胺（sulfanilamide）、磺胺胍（即磺胺脒，sulfaguanidine，SG）、磺胺嘧啶（sulfadiazine，SD）、磺胺甲噁唑（sulfamethoxazole，SMZ）和磺胺二甲嘧啶（sulfamethazine）等。

2. 抗生素（antibiotics）

（1）定义 抗生素是一类由微生物或其他生物在生命活动过程中合成的次生代谢产物或其人工衍生物，它们在很低浓度时就能抑制或干扰他种生物（包括病原菌、病毒、癌细胞等）的生命活动，因而可用作优良的化学治疗剂。自从 A. Fleming 于 1929 年发现第一种广泛用于医疗上的青霉素以来，至今已找到 1 万种以上新抗生素（1984 年）和合成了 7 万多种的半合成抗生素，但真正得到临床应用的常用抗生素仅五六十种。

（2）种类、活力单位与制菌谱 抗生素及其产生菌的种类很多，其制菌谱和作用机制各异，应用范围广泛。对一些有代表性抗生素的简介可见表 6-14。

表 6-14 若干重要抗生素及其作用机制

名称及类型	作用机制	作用后果
抑制细胞壁合成		
D-环丝氨酸	抑制 *L-Ala* 变为 *D-Ala* 的消旋酶	阻止胞壁酸上肽尾的合成
万古霉素	抑制糖肽聚合物的伸长	阻止肽聚糖的合成
瑞斯托菌素	抑制糖肽聚合物的伸长	阻止肽聚糖的合成
杆菌肽	抑制糖肽聚合物的伸长	阻止肽聚糖的合成
青霉素	抑制肽尾与肽桥间的转肽作用	阻止糖肽链之间的交联
氨苄青霉素	抑制肽尾与肽桥间的转肽作用	阻止糖肽链之间的交联
头孢菌素	抑制肽尾与肽桥间的转肽作用	阻止糖肽链之间的交联
引起细胞壁降解		
溶葡球菌素	水解肽尾和分解胞壁酸-葡糖胺链	溶解葡萄球菌
干扰细胞膜功能		
短杆菌酪肽	损害细胞膜，降低呼吸作用	细胞内物质外漏
短杆菌肽	使氧化磷酸化解偶联，与膜结合	细胞内物质外漏
多黏菌素	使细胞膜上的蛋白质释放	细胞内物质外漏
抑制蛋白质合成		
链霉素	与 30S 核糖体结合	促进错译，抑制肽链延伸

名称及类型	作用机制	作用后果
新霉素	与 30S 核糖体结合	促进错译，抑制肽链延伸
卡那霉素	与 30S 核糖体结合	促进错译，抑制肽链延伸
四环素	与 30S 核糖体结合	抑制氨酰 tRNA 与核糖体结合
伊短菌素	与 30S 核糖体结合	抑制氨酰 tRNA 与核糖体结合
嘌呤霉素	与 50S 核糖体结合	引起不完整肽链的提前释放
氯霉素	与 50S 核糖体结合	抑制氨酰 tRNA 附着于核糖体
红霉素	与 50S 核糖体结合	引起构象改变
林可霉素	与 50S 核糖体结合	阻止肽键形成
抑制 DNA 合成		
狭霉素 C	抑制黄苷酸氨基酶	因阻止 GMP 合成而抑制 DNA
萘啶酮酸	作用于复制基因	切断 DNA 合成
灰黄霉素	不清楚	抑制有丝分裂中的纺锤体功能
抑制 DNA 复制		
丝裂霉素	使 DNA 的互补链相结合	抑制复制后的分离
抑制 RNA 转录		
放线菌素 D	与 DNA 中的鸟嘌呤结合	阻止依赖于 DNA 的 RNA 合成
抑制 RNA 合成		
利福平	与 RNA 聚合酶结合	阻止 RNA 合成
利福霉素	与 RNA 聚合酶结合	阻止 RNA 合成

抗生素的活力称为**效价**（titre，titer），其计量一般用"单位"（unit）表示。在青霉素研究早期，因还未获得其纯品，故无法用质量作活力单位，而只能以其生物学效应来表示，其效价称为"牛津单位"（oxford unit），后知 1 牛津单位的青霉素 G 等于 1/1.667 个质量单位（μg）。后来，在其他的抗生素研究中，一般都可很快获得化学纯品，故可方便地用质量表示其效价单位，并规定各种抗生素的 1 mg 游离碱为 1 000 单位（其不同的盐类应根据分子量大小来折算其效价）。测定效价的方法有物理学方法、化学方法和生物学方法等几种。由于生物学方法是以对**供试菌**（test organism）的制菌强度为标准，与临床应用的目的相符，且有灵敏度高、使用样品少等优点，因此被广泛使用。生物效价可用稀释法、比浊法或扩散法测定，其中以扩散法中的**管碟法**（cylinder plate method）最为常用。它是将已知浓度的标准抗生素溶液与未知浓度的试样溶液分别滴到竖置于含有标准供试菌株悬液的琼脂平板上的几个标准不锈钢小管（旧称"牛津小杯"，目前多用滤纸片取代）中，边培养边扩散，经一定时间后，测量供试菌抑制圈的直径，并与标准曲线作比较后即可测出某试样的效价。最早定出 1 单位青霉素的定义是指能对 50 mL 肉汤培养基中的 *Staphylococcus aureus* NCTC 6571（金黄色葡萄球菌的牛津菌株）供试菌株完全抑制时的最低剂量。后来知道，1 个**牛津单位**（Oxford unit）的青霉素 G 钠盐相当于 0.6 μg，故 1 mg 纯品含有 1 667 个单位。

各种抗生素有其不同的制菌范围，此即**抗菌谱**（antibiogram）。**青霉素**和**红霉素**主要抗 G^+ 细菌；**链霉素**和**新霉素**以抗 G^- 细菌为主，也抗结核分枝杆菌；**庆大霉素、万古霉素**和**头孢霉素**兼抗 G^+ 和 G^- 细菌；而**氯霉素、四环素、金霉素**和**土霉素**等因能同时抗 G^+、G^- 细菌以及立克次氏体和衣原体，故称**广谱型抗生素**（broad-spectrum antibiotic）；**放线菌酮、两性霉素 B、灰黄霉素**和**制霉菌素**对真菌有抑制作用；可是，对于病毒性感染，至今还未找到特效抗生素。

（3）半合成抗生素　随着抗生素的广泛应用，抗药性或耐药性突变株不断产生，从而使现有的抗生素逐渐失去往日的疗效。为解决这一矛盾，人们除继续筛选更新的抗生素外，从 20 世纪 60 年代起，主要采取天然抗生素的结构改造。对天然抗生素的结构进行人为改造后的抗生素，称为**半合成抗生素**(semi-synthetic antibiotic)。它们的种类极多，其中涌现出不少疗效提高、毒性降低、性质稳定和抗耐药菌的新品种，如各种半合成青霉素、头孢菌素类、四环素类、利福霉素和卡那霉素等。以半合成青霉素为例，青霉素原是一种较理想的抗生素，具有毒性低、抗菌活力高等优点，但也存在易过敏、不稳定、不能口服和易产生耐药菌株等缺点。若要对青霉素的结构进行改造，必须保存其母核即**6-氨基青霉烷酸**(6-aminopenicillanic acid，6-APA)，再对其 R 基团进行种种改造或取代。6-APA 虽是一切青霉素所共有的且不可或缺的基本结构，但它的制菌力微弱，自然发酵液中含量亦低。为了取得大量供制造半合成青霉素用的 6-APA，通常采用苄青霉素为原料，再以 *E. coli* 的**青霉素酰化酶**进行裂解后制取：

然后，将 6-APA 与各种不同的化学合成侧链进行酶法催化，就可合成各种相应的半合成青霉素，诸如**氨苄青霉素**(ampicillin)、二甲氧苄青霉素(甲氧西林，methicillin)、苯唑青霉素(苯唑西林，oxacillin)、**羧苄青霉素**(carbenicillin)、**羟苄青霉素**和氧哌嗪青霉素(piperacillin)等。现以氨苄青霉素为例：

（4）微生物的耐药性及其防治　**耐药性**(drug resistance)问题是当前微生物学和临床医学中的一个世界性热点和难点。由于抗生素的大量生产(全球日产约 500 t)和滥用，尤其在禽畜饲养和水产养殖业中的广泛应用，以及含抗生素废水的随意排放，导致各种耐药菌的不断出现和到处肆虐。

各种耐药菌可引起人类的败血症、腹泻、肺炎、尿道感染、淋病和肺结核等疾病，导致每年全球约有 70 万人死亡(其中有 23 万新生儿)。

① 耐药菌的种类：1961 年，在英国出现了耐甲氧西林的 *Staphylococcus aureus*(MRSA，耐甲氧西林金黄色葡萄球菌)，引起了人们的极大关注，称它为"超级细菌"；20 世纪 90 年代，俄罗斯等国出现了 MDR-TB(多重耐药的结核分枝杆菌)；2005 年底，南非出现了 XDR-TB(极端耐药的结核分枝杆菌)；2010 年，含 NDM-1(新德里金属 β-内酰胺酶 1 号基因)的多重耐药菌出现，如 *E. coli*、*K. pneumoniae*(肺炎克氏杆菌)等；2013 年，日本又出现 OXA-48，它是一种几乎能耐所有抗生素的 *K. pneumoniae*；等等。

常见的耐药菌多为条件致病菌，如 *K. pneumoniae*、*E. coli*、MRSA、*Pseudomonas aeruginosa*(铜绿假单胞菌，俗称"绿脓杆菌")以及 *Acinetobacter baumannii*(鲍曼氏不动杆菌)等；另有 *Neisseria meningitidis*(脑膜炎奈氏球菌)、*Salmonella* spp.(沙门氏菌)和 *Clostridium difficile*(艰难梭菌)等。

按耐药菌的耐药程度，可把它们分为三类：**多重耐药菌**(MDR)，对五类常用抗菌药物已有四类耐药；**广泛耐药菌**(PDR)，对五类常用抗菌药物全部耐药；**极端耐药菌**(XDR，或称完全耐药菌 TDR)，除对上述五类抗菌药耐药外，还耐多黏菌素。

微生物学教程

② 耐药机制：耐药性主要通过遗传途径产生，例如基因突变、遗传重组或质粒转移等（详见第七章）。微生物产生耐药性的原因如下。

a. 产生一种能使药物失去活性的酶　例如，抗青霉素或头孢霉素的菌株可产生 **β-内酰胺酶**（β-lactamase），从而使这两类抗生素的核心结构中的内酰胺键断裂而丧失活性（图6-20）。

b. 把药物作用的靶点加以修饰和改变　抗链霉素的菌株可因通过突变而使30S核糖体亚单位的P10蛋白组分改变，从而使链霉素不再与这种变异的30S亚单位结合。

c. 形成"救护途径"（salvage pathway）　即通过被药物阻断的代谢途径发生变异，变为仍能合成原来产物的新途径。如金黄色葡萄球菌和一些肠道菌的耐磺胺变异。

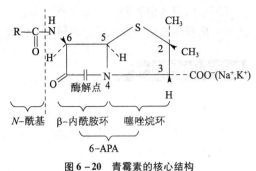

图6-20　青霉素的核心结构

d. 使药物不能透过细胞膜　包括通过酶的作用把药物改变成易外渗的衍生物，把药物变成不能进入细胞的衍生物，或改变细胞膜的透性以阻止药物进入细胞等。例如，*Streptomyces venezuelae*（委内瑞拉链霉菌）因改变细胞膜的透性而使四环素进入细胞受阻，但易于排出细胞；一些肠道细菌和铜绿假单胞菌可阻止青霉素进入细胞等。

e. 通过主动外排系统把进入细胞内的药物泵出细胞外　近年来发现，铜绿假单胞菌的多重耐药菌株除其外膜的通透性较低外，还存在主动外排系统。

③ 耐药菌的预防：首先要防止抗生素的滥用，其次是增强机体的免疫力，第三是利用微生态制剂提高机体对耐药菌的防御能力，等等。

④ 与耐药菌斗争的新策略：自20世纪40年代开创的抗生素治疗时代以来，据保守估计，已使人类平均寿命至少延长了15年。与此相伴，各种耐药性致病菌也相应发展，导致人类与病原菌间的博弈更增加了难度。以往的"神药"青霉素已不可回首，目前其治疗范围越来越小，治疗剂量已攀升到每人每日100万单位以上。因此，单从筛选新抗生素的道路已举步维艰、难以持续（表6-15）。

表6-15　抗生素的开发和耐药菌增长举例

抗生素开发		不动杆菌的耐药性	
年份	种类	年份	耐药率/%
1941—1959	47	2008	49.3
1960—1969	56	2009	52.4
1970—1979	52	2010	58.3
1980—1989	30	2011	61.4
1990—1999	26		
2001—2003	6		
2003—2012	7		

注：未含半合成抗生素。

目前正在探索的方向很多，包括对天然抗生素结构的改造，利用噬菌体、蛭弧菌裂解耐药菌，抗菌肽、抗菌酶和中草药的开发，以及新型窄谱抗生素的筛选等。在天然抗生素结构的改造方面，2018年美国学者对芳香霉素（arylomycin）进行了化学优化，获得的"G0775"能透过革兰氏阴性细菌的细胞外膜，到达细胞外膜和细胞膜间的1型信号肽酶（SPase）活性位点，抑制SPase分解蛋白质和多肽的功能。而未优化的芳香霉素则无法进入细胞外膜。因此，G0775就成了应对大多数超强耐药菌的最有前途的抗生素，主要是属于革兰氏阴性的许多致病菌，如肺炎克雷伯氏菌、铜绿假单胞菌、鲍曼氏不动杆菌和大肠埃希氏菌等。在利用噬菌体方面，2017 年也有可喜的报道：美国加州大学一医学教授因感染 MDR 鲍曼氏不动杆菌而患胰腺炎和全身感染，在紧急时刻，经配型噬菌体株的腹腔和静脉注入后，已奇迹般起死回生。在中草药研究方面，具有明显抗菌效果者很多，如黄檗、黄连、黄芩、紫花地丁、金银花、鱼腥草、板蓝根、连翘和青蒿等。在兽用抗菌肽方面，我国学者的研究工作也有重大进展。

复习思考题

1. 微生物的生长与繁殖间的关系如何？研究它们的生长繁殖有何理论与实践意义？

2. 平板菌落计数法有何优缺点？试对浇注平板法和涂布平板法作一比较。

3. 延滞期有何特点？实践上如何缩短它？

4. 指数期有何特点？处于此期的微生物有何应用？

5. 稳定期有何特点？稳定期到来的原因有哪些？

6. 试以 Helmstetter-Commings 法来说明获得微生物同步生长的方法。

7. 试根据 *E. coli* 的代时来说明夏季食物容易变质的原因，并提出其防止措施。

8. 连续培养有何优点？为何其连续时间总是有限的？

9. 试列表比较两类连续培养器——恒浊器与恒化器的特点和应用范围。

10. 什么是高密度培养？如何保证好氧菌或兼性厌氧菌获得高密度生长？

11. 试述 McCord 和 Fridovich 关于厌氧菌氧毒害的超氧化物歧化酶假说。

12. 如何用简便方法检测某微生物是否存在过氧化氢酶？

13. 在微生物的培养过程中，培养基的 pH 变化有何规律？如何合理调整以利微生物更好地生长和产生大量代谢产物？

14. 为什么说发酵罐是现代发酵工业的核心装备？它的基本构造、附属装置和运转原理如何？试用简图说明之。

15. 现代微生物学实验室中研究厌氧菌的"三大件"装备指什么？试列表比较它们的特点和优缺点。

16. 试述生产实践上有关微生物培养装置发展的几大趋势，并总结一下其中的共同规律。

17. 试列表比较灭菌、消毒、防腐和化疗的特点，并各举两三个实例加以说明。

18. 利用加压蒸汽对培养基进行灭菌时，常易导致哪些不利影响？如何防止？

19. 影响加压蒸汽灭菌的主要因素有哪些？在实践中应如何正确处理？

20. 在 −196～150 ℃的温度范围内，对微生物学工作者关系较大的代表性温度（包括生长、抑制、消毒、灭菌和菌种保藏等）有哪些？试以表解形式作一分类、排序，并分别作一简介。

21. 试以磺胺及其增效剂 TMF 为例，说明这类化学治疗剂的作用机制。

22. 抗生素对微生物的作用机制可分几类？试各举一例。

23. 试以氨苄青霉素为例，说明半合成抗生素的优点和合成原理。

24. 耐药性是如何产生的？其作用类型有几种？试各举一例。

25. 如何应对日益严重的耐药菌？

数字课程资源

📖 本章小结　　📑 重要名词

第七章　微生物的遗传变异和育种

遗传(heredity，inheritance)和变异是一切生物体最本质的属性之一。所谓**遗传**，讲的是发生在亲子间即上下代间的关系，即指上一代生物如何将自身的一整套遗传基因稳定地传递给下一代的行为或功能，它具有极其稳定(保守)的特性。在学习遗传、变异内容时，先应搞清楚以下4个基本概念：

（1）**遗传型**(genotype)　又称基因型，指某一生物个体所含有的全部遗传因子即基因组(genome)所携带的遗传信息。遗传型是一种内在的可能性或潜力，其实质是遗传物质上所负载的特定遗传信息。具有某遗传型的生物，只有在适当的环境条件下，通过其自身的代谢和发育，才能将它付诸实现，即产生自己的表型。

$$\text{遗传型} + \text{环境条件} \xrightarrow{\text{代谢，发育}} \text{表型}$$
$$\text{（可能性）} \qquad\qquad\qquad\qquad \text{（现实性）}$$

（2）**表型**(phenotype)　指某一生物体所具有的一切外表特征和内在特性的总和，是其遗传型在合适环境条件下通过代谢和发育而得到的具体体现。所以，它与遗传型不同，是一种现实性(具体性状)。

（3）**变异**(variation)　指生物体在某种外因或内因的作用下所引起的遗传物质结构或数量的改变，亦即遗传型的改变。其特点是在群体中只以极低的概率(一般为$10^{-10} \sim 10^{-5}$)出现，性状变化幅度大，且变化后的新性状是稳定的、可遗传的。

（4）**饰变**(modification)　顾名思义，饰变是指外表的修饰性改变，意即一种不涉及遗传物质结构改变而只发生在转录、翻译水平上的表型变化。其特点是整个群体中的几乎每一个体都发生同样变化；性状变化的幅度小；因其遗传物质未变，故饰变是不遗传的。例如，*Serratia marcescens*(黏质沙雷氏菌)在25 ℃下培养时，会产生深红色的灵杆菌素，它把菌落染成鲜血状(宗教中曾认为是"神显灵"，故该菌旧称"神灵色杆菌"或"灵杆菌")。可是，当培养在37 ℃下时，此菌群体中的一切个体都不产色素。如果重新降温至25 ℃，所有个体又可重新恢复产色素能力。所以，饰变是与变异有着本质区别的另一种现象。上述的*S. marcescens* 产色素能力也会因发生突变而消失，但概率极低(10^{-4})，且这种消失是不可恢复的。

微生物由于其一系列极其独特的生物学特性，而在现代遗传学、分子生物学和其他许多重要生物学基础研究中，成了学者们最热衷选用的**模式生物**(model organism)。这些独特生物学特性如：物种与代谢类型的多样性；个体的体制极其简单；营养体一般都是单倍体；易于在成分简单明确的组合培养基上大量生长繁殖；繁殖速度快；易于积累不同的中间代谢物或终产物；菌落形态的可见性与多样性；环境条件对微生物群体中各个体作用的直接性和均一性；易于形成营养缺陷型突变株和抗药性突变株；各种微生物一般都有其相应的病毒；以及存在多种处于进化过程中、富有特色的原始有性生殖方式等。

对微生物遗传规律的深入研究，不仅促进了遗传学向分子水平的发展，还促进了生物化学、分子生物学和生物工程学的飞速发展；由于它密切联系生产实践，故还为微生物和其他生物的育种工作提供了丰富的理论基础，促使育种工作从自发向着自觉、从低效转向高效、从随机转为定向、从近缘杂交朝着远缘杂交等方向发展。在宏伟的人类基因组计划(Human Genome Project，HGP)的推动下，微生物又充当了最好的模式生物——在人类基因组草图才公布之时(2000 年 6 月 26 日),已完成测序并公布的微生物数就已达 40 种左右;至 2006 年,已测序的细菌数已超过 200 种,而已测序的病毒数则已超过 1 600 种(株);截至 2010 年 11 月,已完成测序和组装的细菌、古菌、真菌的基因组达 1 324 种(株),而正在组装和研究中的基因组则有 1 642 种(株)之多。

第一节 遗传变异的物质基础

生物的遗传变异有无物质基础以及何种物质可执行遗传变异功能的问题,是生命科学中的一个重大的基础理论问题。围绕这一问题,曾有过种种推测、争论甚至长期惊心动魄的斗争。在 19 世纪末,德国学者 A. Weismann 认为生物体的物质可分体质与种质两部分,首次提出种质(遗传物质)具有稳定性和连续性,还认为种质是一种有特定分子结构的化合物。到了 20 世纪初,T. H. Morgan 提出了基因学说,进一步把搜索遗传物质的范围缩小到染色体上。通过化学分析,又进一步发现染色体是由核酸和蛋白质这两种长链状高分子组成的。由于其中的蛋白质可由千百个氨基酸单位组成,而氨基酸种类通常又达 20 多种,经过它们的不同排列组合,可演变出的不同蛋白质数目几乎可达到一个天文数字。相反,核酸一般仅由 4 种不同的核苷酸组成,它们通过排列与组合只能产生较少种类的核酸。为此,当时学术界普遍认为,决定生物遗传型的染色体和基因的活性成分非蛋白质莫属。只是到 1944 年后,由于连续利用微生物这类十分有利的生物对象设计了 3 个著名的实验,遂以确凿的事实证明了核酸尤其是 DNA 才是一切生物遗传变异的真正物质基础。

一、3 个经典实验

(一) 经典转化实验 (typical transformation experiment)

最早进行**转化**(transformation)实验的是英国学者 F. Griffith(1928 年),他以 *Streptococcus pneumoniae*(肺炎链球菌,旧称 "肺炎双球菌")作研究对象。*S. pneumoniae* 是一种球形细菌,常成双或成链排列,可使人尤其是儿童和老人患肺炎等严重传染病,也可使小鼠患败血症而死亡。它有几种不同菌株,有的具荚膜,其菌落表面光滑(smooth),故称 **S 型**,属致病菌株;另一为不形成荚膜、菌落外观粗糙(rough),称为 **R 型**,属非致病菌株。F. Griffith 作了以下 3 组实验:

(1) 动物实验

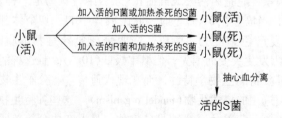

(2) 细菌培养实验

(3) S 型菌的无细胞抽提液实验

活的 R 菌 + S 菌的无细胞抽提液 ——培养皿培养——→ 长出大量 R 菌和少量 S 菌

以上实验说明，加热杀死的 S 型细菌，在其细胞内可能存在一种具有遗传转化能力的物质，它能通过某种方式进入 R 型细胞，并使 R 型细菌获得表达 S 型荚膜性状的遗传特性。

1944 年，O. T. Avery（1877—1955）、C. M. MacLeod 和 M. McCarty 从加热杀死的 *S. pneumoniae* 中提纯了几种有可能作为**转化因子**（transforming factor）的成分，并深入到离体条件下进行转化实验。

（1）从活的 S 菌中抽提各种细胞成分（DNA，蛋白质，荚膜多糖等）

（2）对各种生化组分进行转化实验

上述结果表明，只有 S 型菌株的 DNA 才能将 *S. pneumoniae* 的 R 型菌株转化为 S 型；而且，DNA 纯度越高，其转化效率也越高，直至只取用 6×10^{-8}g 的纯 DNA 时，仍保持转化活力。这就有力地说明，S 型转移给 R 型的不是遗传性状（在这里是荚膜多糖）的本身，而是以 DNA 为物质基础的遗传信息。

（二）噬菌体感染实验（phage infection experiment）

1952 年，A. D. Hershey 和 M. Chase 发表了证实 DNA 是噬菌体的遗传物质基础的著名实验——**噬菌体感染实验**。首先，他们把 *E. coli* 培养在以放射性 $^{32}PO_4^{3-}$ 或 $^{35}SO_4^{2-}$ 作为磷源或硫源的组合培养基中，从而制备出含 ^{32}P – DNA 核心的噬菌体或含 ^{35}S – 蛋白质外壳的噬菌体。接着，又作了以下两组实验（图 7 – 1）。

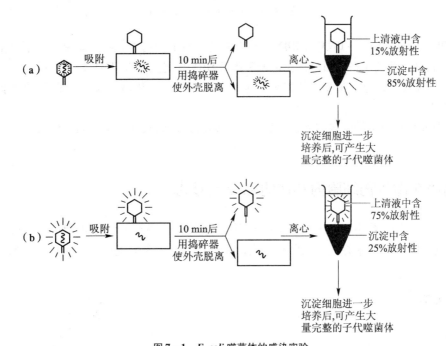

图 7 – 1 *E. coli* 噬菌体的感染实验
（a）：用含 ^{32}P – DNA 核心的噬菌体作感染；（b）：用含 ^{35}S – 蛋白质外壳的噬菌体作感染

从图 7 – 1 两组实验中可清楚地看出，在噬菌体感染过程中，其蛋白质外壳根本未进入宿主细胞。进入宿主细胞的虽只有 DNA，但却有自身的增殖、装配能力，最终会产生一大群既有 DNA 核心、又有蛋白质外壳的完整的子代噬菌体粒。这就有力地证明，在其 DNA 中，存在着包括合成蛋白质外壳在内的整套

第七章 微生物的遗传变异和育种

遗传信息。

（三）植物病毒重建实验（reconstituted plant virus experiment）

为了证明核酸是遗传物质，H. Fraenkel-Conrat（1956 年）进一步用含 RNA 的**烟草花叶病毒**（tobacco mosaic virus，TMV）进行了著名的**植物病毒重建实验**。将 TMV（有关知识详见第三章）放在一定浓度的苯酚溶液中振荡，就能将它的蛋白质外壳与 RNA 核心相分离。结果发现裸露的 RNA 也能感染烟草，并使其患典型症状，而且在病斑中还能分离到完整的 TMV 粒子。当然，由于提纯的 RNA 缺乏蛋白质衣壳的保护，所以感染频率要比正常 TMV 粒子低些。在实验中，还选用了另一株与 TMV 近缘的霍氏车前花叶病毒（Holmes ribgrass mosaic virus，HRV）。整个实验过程和结果可见图 7－2。

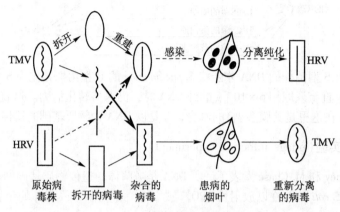

图 7－2　TMV 重建实验示意图
实与虚的粗线箭头表示遗传信息的去向

图 7－2 说明，当用由 TMV－RNA 与 HRV－衣壳重建后的杂合病毒去感染烟草时，烟叶上出现的是典型的 TMV 病斑。再从中分离出来的新病毒也是未带任何 HRV 痕迹的典型 TMV 病毒。反之，用 HRV－RNA 与 TMV－衣壳进行重建时，也可获相同的结论。这就充分证明，在 RNA 病毒中，遗传的物质基础也是核酸，只不过是 RNA 罢了。

通过这 3 个具有历史意义的经典实验，得到了一个确信无疑的共同结论：只有核酸才是负载遗传信息的真正物质基础。

二、　遗传物质在微生物细胞内存在的部位和形式

因为核酸的化学本质及其生物合成途径等的知识已在生物化学课程中作过较详细的介绍，故这里拟从 7 个水平来阐述遗传物质在细胞中存在的部位和方式，并对其中近年来倍受重视的原核生物的质粒，作较重点的介绍。

（一）7 个水平

1. 细胞水平

在细胞水平上，真核微生物和原核生物的大部分 DNA 都集中在细胞核或核区（核质体）中。在不同种微生物或同种微生物的不同细胞中，细胞核的数目常有所不同。例如，*Saccharomyces cerevisiae*（酿酒酵母）、*Aspergillus niger*（黑曲霉）、*A. nidulans*（构巢曲霉）和 *Penicillium chrysogenum*（产黄青霉）等真菌一般是单核的；另一些如 *Neurospora crassa*（粗糙脉孢菌）和 *A. oryzae*（米曲霉）是多核的；藻状菌类（真菌）和放线菌类的菌丝细胞是多核的，而其孢子则是单核的；在细菌中，杆菌细胞内大多存在两个核区，而球菌一般仅一个。

微生物学教程

2. 细胞核水平

真核生物的细胞核是有核膜包裹、形态固定的**真核**,核内的 DNA 与组蛋白结合在一起形成一种在光学显微镜下能见的**核染色体**;原核生物只有原始的无核膜包裹的呈松散状态存在的**核区**,其中的 DNA 呈环状双链结构,不与任何蛋白质相结合。不论真核生物的细胞核或原核生物细胞的核区都是该微生物遗传信息的最主要负荷者,被称为**核基因组、核染色体组**或简称**基因组**(genome)。

除核基因组外,在真核生物和原核生物的细胞质(仅酵母菌 2 μm 质粒例外地存在于核内)中,多数还存在着一类 DNA 含量少、能自主复制的核外染色体。例如,在真核细胞中就有:①**细胞质基因**,包括线粒体和叶绿体基因等,例如,*Chlorella vulgaris*(小球藻)叶绿体基因组的大小为 150 613 bp,可编码 77 种蛋白质、31 种 tRNA 和 1 种 rRNA;而 *Euglena gracilis*(细裸藻,或小眼虫)则分别为 143 170 bp、67、27 和 3;②**共生生物**,如草履虫 "放毒者"(killer)品系中的**卡巴颗粒**(Kappa particle),它是一类属于 *Caedibacter*(杀手杆菌属)的共生细菌;③**2 μm 质粒**(2 μm plasmid),又称 2 μm 环状体(2 μm circle),存在于 *S. cerevisiae*(酿酒酵母)的细胞核中,但不与核基因组整合,长 6 300 bp,每个酵母细胞核中约含 30 个 2 μm 质粒。在原核细胞中,其核外染色体统称为**质粒**(plasmid),种类很多(详后)。现把各种核外染色体分类列在以下表解中:

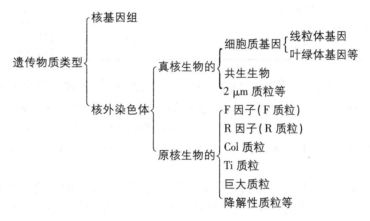

3. 染色体水平

(1)染色体数 不同生物的染色体数差别很大,包括人类在内的一批代表性真核生物和原核生物的染色体数及其基因组大小见表 7 - 1。

表 7 - 1 若干代表性真核生物和原核生物的核染色体基因组

生物名称	单倍体染色体数	基因组大小/bp
Homo sapiens(人)	23	3×10^9
Mus musculus(小鼠)	23	2.5×10^9
Oryza sativa(水稻)	12	0.43×10^9
Zea mays(玉米)	10	2.5×10^9
Drosophila melanogaster(黑腹果蝇)	4	0.18×10^9
Caenorhabditis elegans(秀丽隐杆线虫)	6(♀)或 5(♂)	0.97×10^9
Giardia lamblia(兰勃氏贾第虫)	4	12×10^6
Saccharomyces cerevisiae(酿酒酵母)	16 ~ 17	12×10^6
Agaricus bisporus(双孢蘑菇)	13	$(1.2 ~ 3.5) \times 10^6$
Aspergillus nidulans(构巢曲霉)	6 ~ 8	$(2.9 ~ 5.0) \times 10^6$

生物名称	单倍体染色体数	基因组大小／bp
A. niger(黑曲霉)	4~8	$(3.5 \sim 6.6) \times 10^6$
A. oryzae(米曲霉)	7	$(2.8 \sim 7.0) \times 10^6$
Trichoderma reesei(里氏木霉)	5~6	$(2.2 \sim 7.4) \times 10^6$
Fusarium sp.(一种镰孢菌)	6~9	$(0.4 \sim 6.5) \times 10^6$
Neurospora crassa(粗糙脉孢菌)	7	$(4.0 \sim 12.6) \times 10^6$
Candida albicans(白假丝酵母)	7~9	$(0.42 \sim 3.0) \times 10^6$
Methanococcus jannaschii(詹氏甲烷球菌)	1	1.66×10^6
Mycoplasma pneumoniae(肺炎枝原体)	1	0.81×10^6
Escherichia coli(大肠埃希氏菌)	1	4.6×10^6
Bacillus subtilis(枯草芽孢杆菌)	1	4.2×10^6
Mycobacterium tuberculosis(结核分枝杆菌)	1	4.4×10^6
Rickettsia prowazekii(普氏立克次氏体)	1	1.1×10^6
Helicobacter pylori(幽门螺杆菌)	1	1.64×10^6
Chlamydia trachomatis(沙眼衣原体)	1	1.05×10^6

真核细胞核内长链 DNA(如人类的约长 2 m)必须通过 4 级折叠才能容纳在极小的核内,一级为核小体,二级为染色质纤维(30 nm),三级为超螺旋体,四级为染色体。

真核生物细胞内一般都有多条染色体。这一自然进化结果近期已被我国学者打破。他们将酿酒酵母的 16 条染色体成功地融合成 1 条,使原来的 32 个端粒减为 2 个,结果细胞的生长、繁殖功能仍基本不变(*Nature*,2018)。

(2) 染色体倍数　指同一细胞中相同染色体的套数。如果一个细胞中只有一套染色体,就称**单倍体**(heploid)。在自然界中存在的微生物多数都是单倍体,而高等动、植物只有其生殖细胞才是单倍体;如果一个细胞中含有两套功能相同的染色体,就称**双倍体**(diploid),只有少数微生物如 *S. cerevisiae* 的营养细胞以及由两个单倍体性细胞通过接合形成的**合子**(zygote)等少数细胞才是双倍体,而高等动、植物的体细胞都是双倍体。在原核生物中,通过转化、转导或接合等过程而获得外源染色体片段时,只能形成一种不稳定的、称作**部分双倍体**的细胞。

4. 核酸水平

(1) 核酸种类　绝大多数生物的遗传物质是 DNA,只有部分病毒,包括多数植物病毒和少数噬菌体等的遗传物质才是 RNA。在真核生物中,DNA 总是与缠绕的组蛋白同时存在,而原核生物的 DNA 却是单独存在的。

(2) 核酸结构　绝大多数微生物的 DNA 是双链的,只有少数病毒,如 *E. coli* 的 ΦX174 和 fd 噬菌体等的 DNA 为单链结构;RNA 也有双链与单链之分,前者如多数真菌病毒,后者如多数 RNA 噬菌体。此外,同是双链 DNA,其存在状态有的呈环状(如原核生物和部分病毒),有的呈线状(部分病毒),而有的则呈超螺旋状(麻花状),例如细菌质粒的 DNA。

(3) DNA 长度　即基因组的大小,一般可用 bp(**碱基对**,base pair)、kb(**千碱基对**,kilo bp)和 Mb(**百万碱基对或兆碱基对**,mega bp)作单位。不同微生物基因组的大小差别很大。在全球性**人类基因组计划**的推动下,微生物充分发挥了特有的**模式生物**的作用,已成为全球基因组研究的热点,从 1995 年公布了第一个微生物——*Haemophilus influenzae*(流感嗜血杆菌)的基因组全序列以来,至 2014 年初,美国 NCBI(National Center for Biotechnology Information)已收集测序真菌 57 种,细菌 2 700 余种。现把目前所知道的若干有代表性的微生物基因组数据列在表 7-2 和表 7-3 中。

表7-2　若干古菌和真核微生物的基因组大小

微生物名称	基因组/Mb
古菌	
Methanococcus jannaschii(詹氏甲烷球菌)DSM2661	1.66
Methanobacterium thermoautotrophicum(热自养甲烷杆菌)ΔM	1.75
Pyrococcus horikoshii(掘越火球菌)OT3	1.74
Halobacterium salinarum(盐沼盐杆菌)NRC-1	2.57
Thermoplasma acidophilum(嗜酸热原体)	1.56
Thermoplasma volcanium(火山热原体)	1.58
真核微生物	
Saccharomyces cerevisiae(酿酒酵母)S288C	13.00
Schizosaccharomyces pombe(粟酒裂殖酵母)97zh	14.00
Kluyveromyces lactis(乳酸克鲁维酵母)NRRL Y-1140	10.69
Ashbya gossypii(棉阿舒囊霉)ATCC 10895	8.74
Debaryomyces hansenii(汉逊德巴利酵母)CBS767	12.22
Cryptococcus neoformans(新型隐球酵母)JEC-21	19.05
Aspergillus niger(黑曲霉)CBS 513.8	33.90
Pichia stiptis(树干毕赤酵母)CBS 6054	15.40

表7-3　若干代表性细菌的基因组大小

细菌名	基因组/Mb
Haemophilus influenzae(流感嗜血杆菌)RdKW20	1.83
Mycoplasma genitalium(生殖道枝原体)G-37	0.58
Halicobacter pylori(幽门螺杆菌)26695	1.66
Escherichia coli(大肠埃希氏菌)K-12	4.60
Bacillus subtilis(枯草芽孢杆菌)168	4.20
Mycobacterium tuberculosis(结核分枝杆菌)H37Rv	4.40
Treponema pallidum(梅毒密螺旋体)Nichols	1.14
Chlomydia trachomatis(沙眼衣原体)D/UW-3/Cx	1.05
Rickettsia prowazekii(普氏立克次氏体)Madrid E	1.10
Deinococcus radiodurans(耐辐射异常球菌)R1	3.28
Neisseria meningitidis(脑膜炎奈瑟氏球菌)MC58	2.27
Vibrio cholerae(霍乱弧菌)N16961	4.03
Pseudomonas aeruginosa(铜绿假单胞菌)PAO1	6.30
Lactococcus lactis(乳酸乳球菌)IL 1403	2.36
Staphylococcus aureus(金黄色葡萄球菌)N315	2.81
Streptococcus pneumoniae(肺炎链球菌)TIGR4	2.20
Streptococcus pyogenes(酿脓链球菌)MI	1.85
Clostridium acetobutylicum(丙酮丁醇梭菌)ATCC 824	4.10
Salmonella typhi(伤寒沙门氏菌)CT 18	4.80
Sinorhizobium meliloti(苜蓿中华根瘤菌)1021	6.70
Yersinia pestis(鼠疫耶尔森氏菌)CO-92	4.65
Bacillus cereus(蜡状芽孢杆菌)ATCC 10987	5.43
Bacillus licheniformis(地衣芽孢杆菌)ATCC 14580	4.20
Bacillus thuringiensis(苏云金芽孢杆菌)Al Hakam	5.36
Lactobacillus fermentum(发酵乳杆菌)F275	2.10
Streptomyces griseus(灰色链霉菌)NBRC 13350	8.50

5. 基因水平

基因(gene)这一名词最初(1909年)是由丹麦植物遗传学家约翰森创造的。现代概念是：基因是生物体内遗传信息的基本单位，通常指位于染色体上的一段以直线排列的核苷酸序列，它具有编码一特定功能的多肽、蛋白质或RNA(rRNA，tRNA)的功能。由众多基因可构成一染色体。一个基因的平均大小为1 000 ~ 1 500 bp，分子量约6.7×10^5。具体基因大小的差别很大，可从几十bp至上万bp。有关基因的概念和种类，历来是现代遗传学中内容最丰富和发展最活跃的一个热点。有的基因可与其他基因共用一段序列，被称作重叠基因(overlapping gene)，某些基因因含有非编码序列而称作割裂基因或断裂基因(split gene)。从基因的功能上来看，原核生物的基因是通过组成以下的调控系统而发挥其作用的：

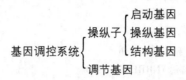

因此，原核生物的基因调控系统是由一个**操纵子**(operon)和它的**调节基因**(regulatory gene)所组成的。每一操纵子都是一个完整的转录功能单位，它又包括3种功能上密切相关的基因——结构基因(structure gene)、操纵基因(操纵区，操作子，operator)和启动基因(promoter，又称启动子或启动区)。**结构基因**是决定某一多肽链一级结构的DNA模板，它通过转录(transcription)和翻译(translation)过程来执行多肽链合成任务。**操纵基因**是位于启动基因和结构基因之间的一段核苷酸序列，它与结构基因紧密连锁在一起，能通过与**阻遏物**(repressor，即阻遏蛋白)的结合与否，控制结构基因是否转录。**启动基因**是一种依赖于DNA的RNA聚合酶所识别的核苷酸序列，它既是RNA聚合酶的结合部位，又是转录的起始位点。所以，操纵基因和启动基因既不能转录出mRNA，也不能产生任何基因产物。调节基因一般处于与操纵子有一定间隔距离(通常小于100碱基)处，它是能调节操纵子中结构基因活动的基因。调节基因能转录出自己的mRNA，并经翻译产生阻遏物，后者能识别并附着在操纵基因上。由于阻遏物和操纵基因的相互作用可使DNA双链无法分开，阻挡了RNA聚合酶沿着结构基因移动，从而关闭了它的活动。

真核生物的基因与原核生物的基因有许多不同之处(表7-4)，最明显的是真核生物的基因一般无操纵子结构，存在着大量非编码序列和重复序列，转录与翻译在细胞中有空间分隔，以及基因被许多无编码功能的**内含子**(intron)阻隔，从而使编码序列变成不连续的**外显子**(exon)状态。这类结构上断裂的基因为真核生物所特有，称为割裂基因(split gene)。近年来，学术界已开始对数量巨大、功能暂不清楚的RNA和DNA进行探索，并称它们是生命科学中的"暗物质"。

表7-4 原核生物与真核生物基因组的比较

比较项目	原核生物	真核生物
基因组大小	小	大
复制起始点数目	一般1个	多个
染色体数目	一般1个	多个
染色体组形状	环状	线状
染色体与组蛋白结合	无	有稳定的结合
核小体	无	有
基因连续性	强	差(被许多内含子分隔)
重复序列	少	多
非编码序列	少	多
操纵子结构	普遍存在	一般没有
转录、翻译部位	细胞质	在核中转录，在细胞质中翻译

在专业书刊中，基因及其表达产物(蛋白质)的名称一般都应以规范化的符号来表示，例如：①基因名称，一般都用3个小写英文字母表示，且应排成斜体(书写时可在其下划一底线)，若同一基因有不同位点，可在基因符号后加一正体大写字母或数字，如 *lacZ* 等；②基因表达产物——蛋白质的名称，一般用3个大写英文字母(或1个大写、2个小写)表示，并须用正体字；③抗性基因，一般把"抗"用大写、正体的 R 注在基因符号的右上角，如抗链霉素的基因即为"str^R"。

6. 密码子水平

遗传密码(genetic code)是指 DNA 链上决定各具体氨基酸的特定核苷酸序列。遗传密码的信息单位是**密码子**(codon)，每一密码子由3个核苷酸序列即1个**三联体**(triplet)所组成。密码子一般都用 mRNA 上3个连续核苷酸序列来表示。因为4个核苷酸按三联体的方式排列可有64种组合，不仅为20个氨基酸编码绰绰有余，而且还会出现同一氨基酸可由几个密码子编码(如决定亮氨酸的密码子就有6个)，以及不代表任何氨基酸的"无义密码子"(如 UAA、UAG 和 UGA 仅表示翻译中的终止信号)等现象。

7. 核苷酸水平

上面已讲过的只是遗传的功能单位(基因)和信息单位(密码子)，这里提出的核苷酸单位(碱基单位)则是一个最低突变单位或交换单位。在绝大多数生物的 DNA 组分中，都只含腺苷酸(AMP)、胸苷酸(TMP)、鸟苷酸(GMP)和胞苷酸(CMP)4种脱氧核苷酸。只有少数例外，例如在 *E. coli* 的 T 偶数噬菌体 DNA 中，就有少量稀有碱基——5 - 羟甲基胞嘧啶。

这里提供几个有用的数据：①每个碱基对(bp)的平均分子量约为650；②$1 \times 10^6$ 的 dsDNA 约为1.5 kb(千碱基对)或 0.5 μm(长度)；③3 nmol 碱基的质量约等于 1 μg。

从碱基对的数目来看，多数细菌的基因组为1~9 Mb(百万碱基对，兆碱基对)。例如，已公布基因组序列的最小原核生物 *Mycoplasma genitalium*(生殖道枝原体)是 0.58 Mb，较大的为 *Streptomyces coelicolor*(天蓝色链霉菌)的 8.7 Mb(2002 年)，最大的则是 *Myxococcus xanthus*(黄色黏球菌)的 9.45 Mb(2006 年)；最大的病毒即**痘苗病毒**(vaccinia)的基因组大小仅 190 kb，而 λ 噬菌体为 48 kb。

(二) 原核生物的质粒

1. 定义和特点

凡游离于原核生物核基因组以外，具有独立复制能力的小型共价闭合环状的 dsDNA 分子，即 cccDNA (circular covalently closed DNA)，就是典型的**质粒**(plasmid)。1984 年后，在 *Streptomyces coelicoler*(天蓝色链霉菌)等放线菌以及在 *Borrelia hermsii*(赫氏蜱疏螺旋体)等原核生物中，又相继发现线形质粒。质粒具有麻花状的**超螺旋结构**，大小一般为 1.5~300 kb，分子量为 $10^6 \sim 10^8$，因此，仅相当约1%核基因组的大小。质粒上携带某些核基因组上所缺少的基因，使细菌等原核生物获得了某些对其生存并非必不可少的特殊功能，例如接合、产毒、抗药、固氮、产特殊酶或降解环境毒物等功能。质粒是一种独立存在于细胞内的**复制子**(replicon)，如果其复制行为与核染色体的复制同步，称为**严紧型复制控制**(stringent replication control)，在这类细胞中，一般只含 1~3 个质粒；另一类质粒的复制与核染色体的复制不同步，称为**松弛型复制控制**(relaxed replication control)，这类细胞一般可含 10~15 个甚至更多的质粒。少数质粒可在不同菌株间转移，如 F 因子或 R 因子等，它们在通过细胞接合而发生转移时，可借滚环复制的机制在受体细胞中获得复制。含质粒的细胞在正常的培养基上受**吖啶类染料、丝裂霉素 C**、紫外线、利福平、重金属离子或高温等因子处理时，由于其复制受抑制而核染色体的复制仍继续进行，从而引起子代细胞中不带质粒，此即**质粒消除**(curing 或 elimination)。某些质粒具有与核染色体发生整合(integration)与脱离的功能，如 F 因子，这类质粒又称**附加体**(episome)。这里所说的**整合**，是指质粒(或温和噬菌体、病毒、转化因子)等小型非核染色体 DNA 插入核基因组等大型 DNA 分子中的现象。此外，质粒还有重组的功能，可在质粒与质粒间、质粒与核染色体间发生基因重组。

2. 质粒在基因工程中的应用

质粒具有许多有利于**基因工程**(gene engineering)操作的优点，例如：①分子量小，便于 DNA 的分离和

189

操作；②呈环状，使其在化学分离过程中能保持性能稳定；③有不受核基因组控制的独立复制起始点；④拷贝数多，使外源 DNA 可很快扩增；⑤存在抗药性基因等选择性标记，便于含质粒克隆的检出和选择。因此，质粒早已被广泛用于各种基因工程领域中。现今的许多**克隆载体**（cloning vector，指能完成外源 DNA 片段复制的 DNA 分子）都是用质粒改建的，如含抗性基因、多拷贝、限制性内切酶的单个酶切位点和强启动子等特性的载体等。*E. coli* 的 **pBR322 质粒**（plasmid pBR322）就是一个常用的克隆载体（图 7 – 3），其具体优点是：①体积小，仅 4 361 bp；②在宿主 *E. coli* 中稳定地维持高拷贝数（20 ~ 30 个/细胞）；③若用氯霉素抑制其宿主的蛋白质合成，则每个细胞可扩增到含 1 000 ~

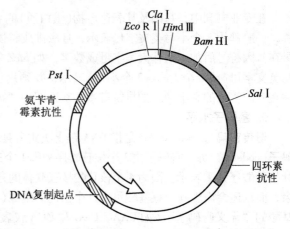

图 7 – 3 典型克隆载体——*E. coli* 的 **pBR322** 质粒的构造
箭头表示 DNA 复制的起始方向

3 000 个质粒（约占核基因组的 40%）；④分离极其容易；⑤可插入较多的外源 DNA（不超过 10 kb）；⑥结构完全清楚，各种内切核酸酶可酶解的位点可任意选用；⑦有两个选择性抗药标记（氨苄青霉素和四环素）；⑧可方便地通过转化作用导入受体细胞。

3. 质粒的分离与鉴定

质粒的分离一般可包括细胞的裂解、蛋白质和 RNA 的去除以及设法使质粒 DNA 与染色体 DNA 相分离等步骤，其中最后一步尤为关键。经分离后的质粒，可用电镜、琼脂糖或**聚丙烯酰胺凝胶电泳**（PAGE，polyacrylamide gel electrophoresis）来鉴定。若同种质粒的构象稍有不同，则其电泳迁移速度也不同，从而分离。如用已知分子量的 DNA 片段与待测分子量的 DNA 片段的电泳迁移率作比较，就可得知后者的分子量。质粒 DNA 经限制性内切核酸酶水解后，根据**凝胶电泳谱**上显示的区带数目，就可推断酶切位点的数目和测出不同区带（片段）的大小，并据此画出该质粒的**限制性酶切图谱**。当然，利用**密度梯度离心法**（density gradient centrifugation）也可进行鉴定，但方法较复杂，故很少应用。

4. 质粒的种类

大致可分 5 类，见表 7 – 5。

表 7 – 5 质粒的种类

种 类	代 表 菌
1. 接合质粒	*E. coli* 的 F 质粒；*Pseudomonas*（假单胞菌属）的 pfdm 和 K 质粒；*Vibrio cholerae*（霍乱弧菌）的 P 质粒；*Streptomyces*（链霉菌属）的 SCP 质粒
2. 抗药质粒：抗各种抗生素，抗重金属等离子（汞、镉、镍、钴、锌、砷）	肠道细菌和 *Staphylococcus*（葡萄球菌属）的 R 质粒
3. 产细菌素和抗生素质粒	肠道细菌；*Clostridium*（梭菌属）；*Streptomyces*
4. 具生理功能的质粒	
① 利用乳糖、蔗糖、尿素，固氮等	肠道细菌
② 降解辛烷、樟脑、萘、水杨酸等	*Pseudomonas*
③ 产生色素	*Erwinia*（欧文氏菌）；*Staphylococcus aureus*
④ 结瘤和共生固氮	*Rhizobium*（根瘤菌属）
5. 产毒质粒	
① 外毒素，K 抗原（荚膜抗原），内毒素	*Escherichia coli*
② 致瘤	*Agrobacterium tumefaciens*（根癌土壤杆菌）
③ 引起龋齿	*Streptococcus mutans*（变异链球菌）
④ 产凝固酶、溶血素、溶纤维蛋白酶和肠毒素	*Staphylococcus aureus*（金黄色葡萄球菌）

5. 典型质粒简介

（1）**F 质粒**（F plasmid） 又称 **F 因子**、**致育因子**（fertility factor）或**性因子**（sex factor），是 *E. coli* 等细菌决定性别并有转移能力的质粒（图 7 - 4）。大小仅 100 kb，为 cccDNA，含有与质粒复制和转移有关的许多基因，其中有近 1/3（30 kb）是 *tra* 区（转移区，transfer region，与质粒转移和性菌毛合成有关，含 28 个基因），另有 *ori*T（转移起始点）、*ori*S（复制起点）、*inc*（不相容群）、*rep*（复制功能区）、*phi*（噬菌体抑制）和一些**转座因子**（transposable element），后者可整合到宿主核染色体上的一定部位，并导致各种 Hfr 菌株的产生（详后）。

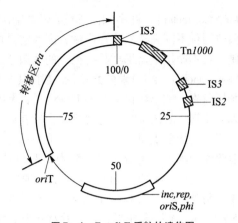

图 7 - 4 *E. coli* F 质粒的遗传图

内圈数字指 bp 数；*tra* 为转移区，*ori*T 为转移起始点，*ori*S 为复制起点，*inc* 为不相容群，*rep* 为复制功能区，*phi* 为噬菌体抑制；IS 和 Tn 为转座因子

除 *E. coli* 中存在 F 质粒外，在不少其他细菌中也可找到它，例如 *Pseudomonas*（假单胞菌属）、*Haemophilus*（嗜血杆菌属）、*Neisseria*（奈瑟氏球菌属）、*Rhizobium*（根瘤菌属）、*Staphylococcus*（葡萄球菌属）和 *Streptococcus*（链球菌属）等。

（2）**R 质粒**（R plasmid，resistance plasmid） 又称 **R 因子**（R factor）或抗性因子。1957 年，在日本经抗生素治愈的痢疾患者中，可分离到同时对许多抗生素或化学治疗剂如链霉素、氯霉素、四环素和磺胺等（多达 8 种）呈抗药性的 *Shigella dysenteriae*（痢疾志贺氏菌），接着这类抗药菌株就迅速传播至世界各地。这种抗药菌株不仅能抗多种抗生素等药物，而且还能把抗药基因传递到其他肠道细菌中，例如 *E. coli*、*Klebsiella*（克雷伯氏菌属）、*Proteus*（变形杆菌属）、*Salmonella*（沙门氏菌属）和 *Shigella*（志贺氏菌属）等。

R 质粒的种类很多，如 R1（80 kb）、R100（89.3 kb）、RP4（54 kb）和 R6（98 kb）等。一般是由两个相连的 DNA 片段组成，其一称**抗性转移因子**（resistance transfer factor，RTF），它主要含调节 DNA 复制和拷贝数的基因以及转移基因，分子量约 1.1×10^7，具有转移功能；其二为**抗性决定子**（r-determinant，又称 r 决定子），大小不很固定，分子量从几百万至 1.0×10^8 以上，无转移功能，其上含各种抗性基因，如抗青霉素、氨苄青霉素、氯霉素、链霉素、卡那霉素、汞离子和磺胺等基因。由 RTF 和 r 决定子结合而形成 R 质粒的过程见图 7 - 5。

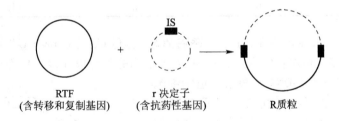

RTF（含转移和复制基因）　　　r 决定子（含抗药性基因）　　　R质粒

图 7 - 5 一种可通过接合转移的 R 质粒的形成

IS 为转座因子，由它使 RIF 和 r 决定子结合

R 质粒在细胞内的拷贝数可从 1~3 个至几十个，分属严紧型和松弛型复制控制。若是松弛型控制 R 质粒，当经氯霉素处理后，拷贝数甚至可达 2 000~3 000 个。因为 R 质粒可引起致病菌对多种抗生素的抗性，故对传染病防治等医疗实践有极大的危害；相反，若把它用作菌种筛选时的选择性标记或改造成外源基因的克隆载体，则对人类有利。

现把可在肠道细菌间转移的抗药性质粒 R100 的基因图列在图 7 - 6 中。它的转移范围包括 *E. coli*，*Klebsiella*（克雷伯氏菌属），*Proteus*（变形杆菌属），*Salmonella*（沙门氏菌属），*Shigella*（志贺氏菌属）等，但不能转移到 *Pseudomonas aeruginosa*（铜绿假单胞菌）中。

（3）**Col 质粒**（colicin plasmid，Col plasmid） 又称**大肠杆菌素质粒**或产大肠杆菌素因子（colicinogenic factor, Col factor)。许多细菌都能产生抑制或杀死其他近缘细菌或同种不同菌株的代谢产物，因为它是由质粒编码的蛋白质，且不像抗生素那样具有很广的杀菌谱，所以称为**细菌素**（bacteriocin）。细菌素种类很多，都按其产生菌来命名，如大肠杆菌素、枯草杆菌素（subtilicin）等。**大肠杆菌素**是一类由 *E. coli* 某些菌株所产生的细菌素，具有通过抑制复制、转录、翻译或能量代谢等方式而专一地杀死他种肠道菌或同种其他菌株的能力，其分子量一般为 $2.3 \times 10^4 \sim 9.0 \times 10^4$。大肠杆菌素是由 Col 质粒编码。Col 质粒种类很多（表 7-6），主要分两类，其一以 Col E1 为代表，特点是分子量小（9 kb，约 5×10^6），无接合作用，是松弛型控制、多拷贝的；另一以 Col Ib 为代表，特点是分子量大（94 kb，约 8.0×10^7），它与 F 因子相似，具有通过接合而转移的功能，属严紧型控制，只有 1~2 个拷贝。凡带 Col 质粒的菌株，因质粒本身可编码一免疫蛋白，故对大肠杆菌素有免疫作用，不受其伤害。Col E1 已被广泛用于重组 DNA 的研究和体外复制系统上。

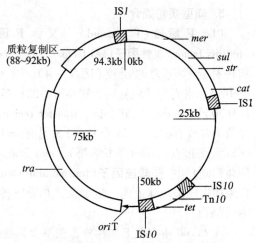

图 7-6　抗药性质粒 R100 的基因图

cat：抗氯霉素；*ori*T：接合起始点；*mer*：抗汞离子；*sul*：抗磺胺；*str*：抗链霉素；*tet*：抗四环素；*tra*：转移区；IS：插入因子；Tn：转座子；箭头处为转移起始点

表 7-6　某些 Col 质粒及其编码的大肠杆菌素的作用

质粒名	大小／kb	编码的大肠杆菌素	大肠杆菌素作用机制
1. 接合性大质粒			
Col B-K77	106	B	引起细胞膜渗漏
Col Ib-P9	94	I	引起细胞膜渗漏
Col V-B188	80	V	引起细胞膜渗漏
2. 非接合性小质粒			
Col E1-16	9	E1	引起细胞膜渗漏
Col E2-P9	8	E2	裂解 DNA
Col E3-CA38	8	E3	裂解 16S rRNA
Col K-K235	9	K	引起细胞膜渗漏

（4）**Ti 质粒**（tumor inducing plasmid）　即**诱癌质粒**或冠瘿质粒（crown gall plasmid）。*Agrobacterium tumefaciens*（根癌土壤杆菌或根癌农杆菌）从一些双子叶植物的受伤根部侵入根部细胞后，最后在其中溶解，释放出 Ti 质粒，其上的 T-DNA 片段会与植物细胞的核基因组整合，合成正常植株所没有的**冠瘿碱类**（opines），破坏控制细胞分裂的激素调节系统，从而使它转为癌细胞。如图 7-7 所示，Ti 质粒是一种 200 kb 的环状质粒，包括毒性区（*vir*）、接合转移区（*con*）、复制起始区（*ori*）和 T-DNA 区 4 部分。其中的 *vir* 区（30 kb，编码毒力因子的一些基因）和 T-DNA 区与冠瘿瘤生成有关。因 T-DNA 可携带任何外源基因整合到植物基因组中，所以它是当前**植物基因工程**中使用最广、效果最佳的克隆载体。据估计，在全世界已获成功的大量转基因植物中，约有 80% 是由 Ti 质粒介导的，除传统的双子叶植物外，还发展到用于裸子植物、单子叶植物和真菌的基因工程中。

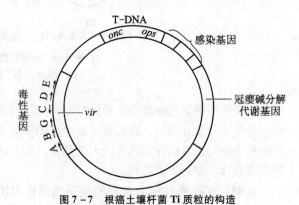

图 7-7　根癌土壤杆菌 Ti 质粒的构造

onc 为致癌基因，*ops* 为冠瘿碱合成基因，箭头指每一基因的转录方向

微生物学教程

（5）**Ri 质粒**（root inducing plasmid） *Agrobacterium rhizogenes*（发根土壤杆菌或发根农杆菌）可侵染双子叶植物的根部，并诱生大量称为毛状根的不定根。与 Ti 质粒相似，该菌侵入植物根部细胞后，会将大型 Ri 质粒（250 kb）中的一段 T-DNA 整合到宿主根部细胞的核基因组中，使之发生转化，从而这段 T-DNA 就在宿主细胞中稳定地遗传下去。由 Ri 质粒转化的根部不形成瘤，仅生出可再生新植株的毛状根。若把毛状根作离体培养，还能合成次生代谢物。在实践上，Ri 质粒已成为外源基因的良好载体，也可用作进行次生代谢产物的生产。

（6）**mega 质粒**（mega plasmid） 即**巨大质粒**，存在于 *Rhizobium*（根瘤菌属）中，其上有一系列与共生固氮相关的基因。因其分子量比一般质粒大几十倍至几百倍（分子量为 $2.0 \times 10^8 \sim 3.0 \times 10^8$），故名。

（7）**降解性质粒**（degradative plasmid） 只在 *Pseudomonas*（假单胞菌属）中发现。这类质粒可为降解一系列复杂有机物的酶编码，从而使这类细菌在污水处理、环境保护等方面发挥特有的作用。这些质粒一般按其降解底物命名，如 CAM（樟脑）质粒、OCT（辛烷）质粒、XYL（二甲苯）质粒、SAL（水杨酸）质粒、MDL（扁桃酸）质粒、NAP（萘）质粒和 TOL（甲苯）质粒等。曾有人通过遗传工程手段构建具有数种降解质粒的菌株，这种具有广谱降解能力的工程菌被称为"超级菌"。

（8）**生理功能性质粒** 如 *Clostridium acetobutylicum*（丙酮丁醇梭菌）的产丙酮丁醇质粒，广泛分布于 *Streptomyces*（链霉菌属）中的多种产抗生素质粒，*Erwinia*（欧文氏菌属）和 *Staphylococcus*（葡萄球菌属）中的产色素质粒，以及若干种肠道杆菌所具有的利用乳糖、蔗糖、尿素和固氮的质粒等。

第二节 基因突变和诱变育种

一、 基因突变

基因突变（gene mutation）简称**突变**，是变异的一类，泛指细胞内（或病毒体内）遗传物质的分子结构或数量突然发生的可遗传的变化，可自发或诱导产生。狭义的突变专指基因突变（点突变），而广义的突变则包括基因突变和染色体畸变。突变的概率一般很低（$10^{-9} \sim 10^{-6}$）。从自然界分离到的菌株一般称**野生型菌株**（wild type strain），简称野生型。野生型经突变后形成的带有新性状的菌株，称**突变株**（mutant，或突变体、突变型）。

（一）突变类型

突变的类型很多，这里拟先从筛选菌株的实用目的出发，按突变后极少数突变株的表型能否在选择培养基上迅速选出和鉴别来区分。凡能用**选择培养基**（或其他选择性培养条件）快速选择出来的突变株称**选择性突变株**（selectable mutant），反之则称为**非选择性突变株**（non-selectable mutant）。现表解如下：

```
                              ┌ 营养缺陷型（株）
              选择性突变株 ┤ 抗性突变型（株）
              │              └ 条件致死突变型（株）
突变株的表型 ┤
              │                ┌ 形态突变型（株）
              非选择性突变株 ┤ 抗原突变型（株）
                              └ 产量突变型（株）
```

1. 营养缺陷型（auxotroph）

某一野生型菌株因发生基因突变而丧失合成一种或几种生长因子、碱基或氨基酸等的能力，因而不能再在**基本培养基**（minimum medium，MM）上正常生长繁殖的变异类型，称为营养缺陷型。它们可在加有相应营养物质的基本培养基平板上筛选出。营养缺陷型突变株在遗传学、分子生物学、遗传工程和育种等工作中十分有用(详后)。

2. 抗性突变型(resistant mutant)

指野生型菌株因发生基因突变,而产生的对某化学药物、致死物理因子或噬菌体的抗性变异类型。它们可在加有相应药物、用相应物理因子处理或含噬菌体的培养基平板上筛选出。抗性突变型普遍存在,例如对一些抗生素具抗药性的菌株等。抗性突变型菌株在遗传学、分子生物学、遗传育种和遗传工程等研究中,极其重要。

3. 条件致死突变型(conditional lethal mutant)

某菌株或病毒经基因突变后,在某种条件下可正常地生长、繁殖并呈现其固有的表型,而在另一种条件下却无法生长、繁殖,这种突变类型称为条件致死突变型。

Ts 突变株即温度敏感突变株(temperature sensitive mutant,Ts mutant)是一类典型的条件致死突变株。例如:*E. coli* 的某些菌株可在 37 ℃下正常生长,却不能在 42 ℃下生长;又如,某些 T4 噬菌体突变株在 25 ℃下可感染其宿主 *E. coli*,而至 37 ℃时却不能感染等。引起 Ts 突变的原因是突变使某些重要蛋白质的结构和功能发生改变,以致在某特定温度下具有功能而在另一温度(一般为较高温度)下则无功能。

4. 形态突变型(morphological mutant)

指由突变引起的个体或菌落形态的变异,一般属非选择性突变。例如:细菌的鞭毛或荚膜的有无,霉菌或放线菌的孢子有无或颜色变化,细胞产可溶性色素的变化、菌落表面的光滑、粗糙以及噬菌斑的大小或清晰度等的突变。

5. 抗原突变型(antigenic mutant)

指由于基因突变引起的细胞抗原结构发生的变异类型,包括细胞壁缺陷变异(L 型细菌等)、荚膜或鞭毛成分变异等,一般也属非选择性突变。

6. 产量突变型(metabolite quantitative mutant)

通过基因突变而产生的在代谢产物产量上明显有别于原始菌株的突变株,称产量突变型。若产量显著高于原始菌株者,称**正变株**(plus-mutant),反之则称**负变株**(minus-mutant)。筛选高产正变株的工作对生产实践极其重要,但由于产量高低是由多个基因决定的,因此在育种实践上,只有把诱变育种与重组育种和遗传工程育种很好地结合起来,才能取得更好的效果。

(二)突变率(mutation rate)

某一细胞(或病毒体)在每一世代中发生某一性状突变的概率,称**突变率**。例如,突变率为 10^{-8} 者,即表示该细胞在 1 亿次分裂过程中,会发生 1 次突变。为方便起见,突变率可用某一单位群体在每一世代(即分裂 1 次)中产生突变株的数目来表示,例如,1 个含 10^8 个细胞的群体,当其分裂成 2×10^8 个细胞时,即可平均发生 1 次突变的突变率也是 10^{-8}。

某一基因的突变一般是独立发生的,它的突变率不影响其他基因的突变率。这表明要在同一细胞中同时发生两个或两个以上基因突变的概率是极低的,因为双重或多重基因突变的概率是各个基因突变概率的乘积,例如某一基因突变率为 10^{-8},另一为 10^{-6},则双重突变的概率仅 10^{-14}。

由于突变概率如此低,因此要测定某基因的突变率或在其中筛选出突变株就像"大海捞针",所幸的是已可成功地利用上述检出选择性突变株的手段,尤其可采用检出营养缺陷型的**回复突变株**(back mutant,reverse mutant)或**抗药性突变株**(drug resistance mutant)的方法来方便地达到目的。据测定,一般基因的自发突变率为 10^{-6},转座突变率为 10^{-4},无义突变(三联体密码中,1 对碱基的突变使原编码氨基酸的密码变成非氨基酸密码)或错义突变(编码 A 氨基酸的密码子变成编码 B 氨基酸的密码子)的突变率约 10^{-8},*E. coli* 乳糖发酵性状的突变率为 10^{-10} 等。

(三)基因突变的特点

整个生物界,因其遗传物质的本质都是相同的核酸,故显示在遗传变异特性上都遵循着共同的规律,这在基因突变的水平上尤为明显。基因突变一般有以下 7 个共同特点：①自发性——指可自发地产生各种遗传性状的突变；②不对应性——指突变性状（如抗青霉素）与引起该突变的原因（如用紫外线照射或化学诱变剂诱发）间无直接对应关系；③稀有性——通常自发突变的概率在 $10^{-6} \sim 10^{-9}$ 之间；④独立性——某基因的突变率不受他种基因突变率的影响；⑤可诱变性——自发突变的频率可因诱变剂（mutagen）的影响而大为提高（提高 $10 \sim 10^5$ 倍）；⑥稳定性——发生基因突变后产生的新遗传性状是稳定的、可遗传的；⑦可逆性——野生型菌株的某一性状既可发生**正向突变**（forword mutation），也可发生相反的**回复突变**（reverse mutation 或 back mutation）。

（四）基因突变自发性和不对应性的实验证明

在各种基因突变中，以抗性突变最为常见和易于识别。对这种抗性产生的原因在过去较长一段历史时期中，曾产生过十分激烈的争论甚至极其尖锐的斗争。一种观点认为，突变是通过生物对某特定环境（例如化学药物、抗生素和高温等）的适应而产生的，这种环境正是突变的诱因，所产生的抗性性状是与该环境因素相对应的，并认为这就是环境因素对生物体的"驯化"、"驯养"、"蒙导"或"定向变异"，这一看法很易被常人接受；另一观点则与此相反，认为抗性突变是可以自发产生的，即使诱发产生，其产生的性状与诱变因素间也是不对应的，即最终适应了的化学药物等不良因素并非诱变因素，而仅仅是一种用于筛选的环境而已。由于在变异现象后面存在着自发突变、诱发突变、诱发因素和选择条件等多因素的错综复杂关系，所以只用通常的思维就难以探究问题的真谛。从 1943 年起，几个学者通过创新思维陆续设计几个严密而巧妙的实验，主要攻克了如何检出在接触抗性因子前就已产生的自发突变菌株的难题，终于在坚实的科学基础上解决了这场纷争。由于在目前的初学者中还常易被"驯养论"所蒙蔽，故有必要在这里介绍既具有历史意义，并对培养创新思维有现实意义的这 3 个著名实验。

1. Luria 等的变量试验（fluctuation test）

1943 年，S. E. Luria 和 M. Delbrück 根据统计学的原理，设计了一个变量试验（又称波动试验或彷徨试验）（图 7 – 8）。

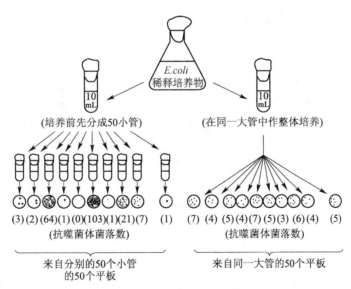

图 7 – 8　Luria 等的变量试验

该实验的要点是：取敏感于噬菌体 T1 的 *E. coli* 指数期的肉汤培养物，用新鲜培养液稀释成浓度为 10^3/mL 的细菌悬液，然后在甲、乙两试管各装 10 mL。紧接着把甲管中的菌液先分装在 50 支小试管中（每管 0.2 mL），保温 24 ～ 36 h 后，即把各小管的菌液分别倒在 50 个预先涂满 *E. coli* 噬菌体 T1 的平板上，经培养后分别计算各皿上所产生的抗噬菌体的菌落数；乙管中的 10 mL 菌不经分装先整管保温 24 ～ 36 h，然后分成

50 份分别倒在同样涂满 T1 的平板上，经同样培养后，也分别计算各皿上所产生的抗噬菌体菌落数。结果发现，在来自甲管的 50 皿中，各皿出现的抗性菌落数相差极大（图 7 - 8 左），而来自乙管的则各皿上抗性菌落数基本相同（图 7 - 8 右）。这就说明，*E. coli* 抗噬菌体性状的产生，并非由所抗的环境因素（即噬菌体 T1）诱导出来的，而是在它接触 T1 前，在某次细胞分裂过程中自发产生的。这一自发突变发生得越早，抗性菌落出现得就越多，反之则越少。噬菌体 T1 在这里仅起着淘汰原始的未突变菌株和甄别抗噬菌体突变型的作用，而决非"驯养者"的作用。利用这一方法还可计算出突变率。

2. Newcombe 的涂布试验（Newcombe experiment）

1949 年，H. B. Newcombe 在 *Nature* 杂志上发表了一篇与上述变量试验属同一观点但实验方法更为简便的涂布试验结果。他选用了简便的固体平板涂布法：先在 12 只培养皿固体培养基平板上各涂以数目相等（5×10^4）的对 T1 噬菌体敏感的 *E. coli* 细胞，经 5 h 培养，约繁殖了 12.3 代后，平板上长出大量的微菌落（约 5 100 个细胞/菌落）。取其中 6 皿直接喷上 T1 噬菌体，另 6 皿则先用灭菌后的玻棒把平板上的微菌落重新均匀涂布一遍，然后同样喷上 T1 噬菌体。经培养过夜后，计算这两组平板上形成的抗 T1 的菌落数。结果发现，在涂布过的一组中，共长出抗 T1 的菌落 353 个，要比未经涂布的一组仅 28 个菌落高得多（图 7 - 9）。这也充分证明这一抗性突变的确发生在与 T1 接触之前。噬菌体的加入只起到甄别这类自发突变是否发生，而绝不是诱发相应突变的原因。

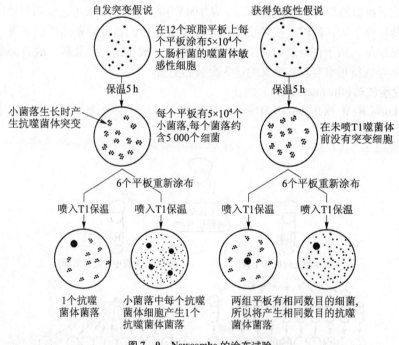

图 7 - 9 Newcombe 的涂布试验

根据上述实验结果，还能计算出 *E. coli* 抗噬菌体 T1 突变的突变率：当喷上噬菌体时，每一平板上平均约有 2.6×10^8 个细胞，在 6 个平板上，比接种时增加的细胞总数是 $6 \times (2.6 \times 10^8 - 5.1 \times 10^4) = 15.6 \times 10^8$。由于在未涂布的平板上共发现 28 个突变菌落，因此突变率应是 $28/15.6 \times 10^{-8} = 1.8 \times 10^{-8}$。这与上述 S. E. Luria 等变量试验所测得的突变率（$2 \times 10^{-8} \sim 3 \times 10^{-8}$）十分一致。

3. Lederberg 等的影印平板试验（replica plating experiment）

1952 年，J. Lederberg 夫妇发表了一篇著名论文，题为《影印平板培养法和细菌突变株的直接选择》，它以确切的事实进一步证明了微生物的抗药性突变是在接触药物前就已自发产生的，且这一突变与相应的药物毫不相干。影印平板培养法是一种通过在固体培养基表面"盖印章"的接种方式，达到在一系列培养皿平板的相同位置上出现相同遗传型菌落的接种和培养方法。Lederberg 实验的基本过程见图 7－10：把长有数百个菌落的 *E. coli* 母种培养皿倒置于包有一层灭菌丝绒布的木质圆柱体(直径应略小于培养皿平板)上，使其上均匀地沾满来自母培养皿平板上的菌落，然后通过这一"印章"把母皿上的菌落"忠实地"——接种到不同的选择培养基平板上，经培养后，对各平板相同位置上的菌落作对比后，就可选出适当的突变型菌株。此法可把母平板上 10% ~20% 数量的细菌转移到丝绒布上，并可利用这一"印章"连续接种 8 个子培养皿。因此，通过影印接种法，就可从非选择性条件下生长的微生物群体中，分离到过去只有在选择性条件下才能分离到的相应突变株。

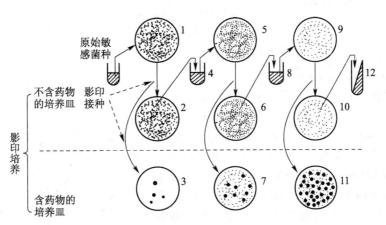

图 7－10　Lederberg 的影印平板培养法

　　图 7－10 就是利用影印平板培养法证明 *E. coli* 是如何通过自发突变产生抗链霉素突变株的实验图示。大致方法是：首先把大量对链霉素敏感的 *E. coli* K12 细胞涂布在不含链霉素的平板(1)表面，待其长出密集的小菌落后，用影印法接种到不含链霉素的平板(2)上，随即再影印到含链霉素的选择培养基平板(3)上。影印的作用是保证这 3 个平板上所长出的菌落的亲缘和相对位置保持严格的对应性。经培养后，在平板(3)上出现了个别抗链霉素菌落。对培养皿平板(2)和(3)进行比较后，就可在平板(2)的相应位置上找到平板(3)上那几个抗性菌落的"孪生兄弟"。然后把平板(2)中与此最相近部位上的菌落(实为许多小菌落)挑至不含链霉素的培养液(4)中，经培养后，再涂布在平板(5)上，并重复以上各步骤。上述(1)~(5)操作几经重复，即可做到只要涂上越来越少量的原菌液至培养皿(5)和(9)(相当于(1))上，就可出现越来越多的抗性菌落，最终甚至可以得到纯的抗性菌株细胞群。

　　由上可见，在这一实验中，原始的链霉素敏感株只要通过(1)→(2)→(4)→(5)→(6)→(8)→(9)→(10)→(12)→…的移种和选择序列，也就是说，在根本未接触过任何一点链霉素的条件下，就可筛选到大量抗链霉素的突变株。通过这一严格又巧妙、简便而科学的实验，终于使自发突变论者彻底摆脱了"驯养论"者的长期纠缠和责难，赢得了令人信服的成功。

　　影印平板培养法不仅在遗传学基础理论的研究中发挥了重要作用，而且在育种实践和其他研究中也具有重要的应用。此外，这些著名学者在实验设计和方法创新方面，采用的是最简便的方法，解决的却是十分重大的基本理论问题，这对培养青年学生的创新思维和科学精神等也有很好的借鉴意义。

(五)基因突变及其机制

　　基因突变的机制是多样性的，可以是自发的或诱发的，诱发的又可分仅影响一对碱基的**点突变**和影响一段染色体的畸变(aberration)，它们还可进一步细分，即：

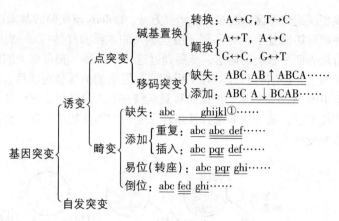

$$
\text{基因突变}\begin{cases}
\text{诱变}\begin{cases}
\text{点突变}\begin{cases}
\text{碱基置换}\begin{cases}\text{转换：A↔G, T↔C}\\\text{颠换}\begin{cases}\text{A↔T, A↔C}\\\text{G↔C, G↔T}\end{cases}\end{cases}\\
\text{移码突变}\begin{cases}\text{缺失：ABC }\underline{AB}\uparrow\text{ABCA……}\\\text{添加：ABC }\underline{A}\downarrow\text{BCAB……}\end{cases}
\end{cases}\\
\text{畸变}\begin{cases}
\text{缺失：abc }\underline{\quad\quad}\text{ ghijkl①……}\\
\text{添加}\begin{cases}\text{重复：abc }\underline{\text{abc}}\text{ def……}\\\text{插入：abc }\underline{\text{pqr}}\text{ def……}\end{cases}\\
\text{易位（转座）：abc pqr ghi……}\\
\text{倒位：abc }\underline{\text{fed}}\text{ ghi……}
\end{cases}
\end{cases}\\
\text{自发突变}
\end{cases}
$$

1. 诱发突变（induced mutation）

诱发突变简称**诱变**，是指通过人为的方法，利用物理、化学或生物因素显著提高基因自发突变频率的手段。凡具有诱变效应的任何因素，都称**诱变剂**（mutagen）。

（1）碱基的**置换**（substitution）碱基置换是染色体的微小损伤（microlesion），因它只涉及一对碱基被另一对碱基所置换，故属典型的**点突变**（point mutation）。置换又可分两个亚类：一类称**转换**（transition），即 DNA 链中一个嘌呤被另一个嘌呤或是一个嘧啶被另一个嘧啶所置换；另一类称**颠换**（transversion），即一个嘌呤被另一个嘧啶或是一个嘧啶被另一个嘌呤所置换（图 7 – 11）。

由碱基对置换而引起的密码子突变和多肽链合成的可能影响见图 7 – 12。

① 直接引起置换的诱变剂：这是一类可直接与核酸的碱基发生化学反应的化学诱变剂，在体内（*in vivo*）或离体（*in vitro*）条件下均有作用，例如亚硝酸、羟胺和各种烷化剂（alkylating agent）等，后者包括硫酸二乙酯（DES），甲基磺酸乙酯（EMS），*N* – 甲基 – *N'* – 硝基 – *N* – 亚硝基胍（NTG），*N* – 甲基 – *N* – 亚硝基脲，乙烯亚胺，环氧乙酸和氮芥等，它们可与一个或几个碱基发生生化反应，引起 DNA 复制时发生转换。能引起颠换的诱变剂很少。

② 间接引起置换的诱变剂：它们都是一些碱基类似物（base analog），如 5 – 溴尿嘧啶（5-BU），5 – 氨基尿嘧啶（5-AU），8 – 氮鸟嘌呤（8-NG），2 – 氨基嘌呤（2-AP）和 6 – 氯嘌呤（6-CP）等，其作用都是通过活细胞的代谢活动掺入到 DNA 分子中而引起的，故是间接的。

（2）**移码突变**（frame-shift mutation；phase-shift mutation）指诱变剂会使 DNA 序列中的一个或少数几个核苷酸发生增添（插入）或缺失，从而使该处后面的全部遗传密码的阅读框架发生改变，并进一步引起转录和翻译错误的一类突变。由移码突变所产生的突变株，称为**移码突变株**（frame-shift mutant）。移码突变只属于 DNA 分子的微小损伤，也是一种点突变，其结果只涉及有关基因中突变点后面的遗传密码阅读框架发生错误，因此除涉及这一基因外，并不影响突变点后其他基因的正常读码。

能引起移码突变的因素是一些**吖啶类染料**，包括原黄素、吖啶黄、吖啶橙、α – 氨基吖啶以及一系列称

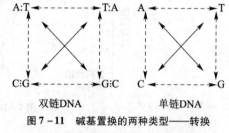

图 7 – 11　碱基置换的两种类型——转换（实线，对角线）和颠换（虚线，纵横线）

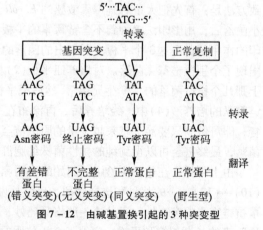

图 7 – 12　由碱基置换引起的 3 种突变型

---

① 表解中的小写英文字母，表示各染色体片段。

为"ICR"类化合物①(图7-13)。

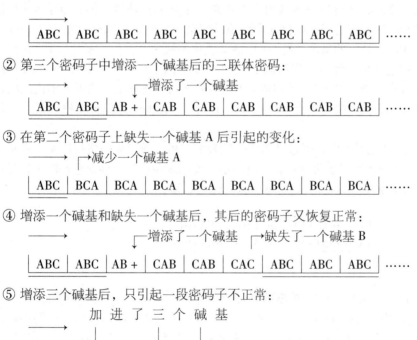

原黄素(二氨基吖啶)　　　　吖啶黄

吖啶橙　　　　　　　ICR-100

图7-13　能引起移码突变的几种代表性化合物

现把移码突变图示如下(双线部分代表正常密码子,单线部分表示不正常):

① 正常 DNA 链上的三联体密码:

| ABC | ABC | ABC | ABC | ABC | ABC | ABC | ABC | ABC | ……

② 第三个密码子中增添一个碱基后的三联体密码:

　　　　　　　　┌增添了一个碱基

| ABC | ABC | AB + | CAB | CAB | CAB | CAB | CAB | CAB | ……

③ 在第二个密码子上缺失一个碱基 A 后引起的变化:

　　　　　　┌减少一个碱基 A

| ABC | BCA | BCA | BCA | BCA | BCA | BCA | BCA | BCA | ……

④ 增添一个碱基和缺失一个碱基后,其后的密码子又恢复正常:

　　　　　　　　┌增添了一个碱基　　┌缺失了一个碱基 B

| ABC | ABC | AB + | CAB | CAB | CAC | ABC | ABC | ABC | ……

⑤ 增添三个碱基后,只引起一段密码子不正常:

加 进 了 三 个 碱 基

| ABC | AB + | CAB | + CA | B + C | ABC | ABC | ABC | ABC | ……

⑥ 如缺失三个碱基,也只引起一段密码子不正常:

　　　　　B　　　　C　　　B

| ABC | ACA | BCA | BAB | CAC | ABC | ABC | ABC | ABC | ……

---

① 由美国肿瘤研究所(Institute of Cancer Research,ICR)合成,故名。这是一些由烷化剂与吖啶类化合物相结合的化合物。

目前认为吖啶类化合物引起移码突变的机制是因为它们都是一些平面型三环分子，结构上与一个嘌呤－嘧啶对十分相似，故能嵌入两个相邻的 DNA 碱基对之间，造成双螺旋的部分解开（两个碱基对原来相距 0.34 nm，当嵌入一吖啶分子后即成 0.68 nm），从而在 DNA 复制过程中，使链上增添或缺失一个碱基，并引起移码突变。

（3）**染色体畸变**（chromosomal aberration） 某些强烈理化因子，如电离辐射（X 射线等）和烷化剂、亚硝酸等，除了能引起上述的点突变外，还会引起 DNA 分子的大损伤（macrolesion）——染色体畸变，既包括染色体结构上的缺失（deletion）、重复（duplication）、插入（insertion）、易位（translocation）和倒位（inversion），也包括染色体数目的变化。

在 20 世纪 40 年代，B. McClintock 通过对玉米粒色素斑点变异的遗传研究，发现了染色体的易位现象。1967 年以来，易位现象在 E. coli 等许多微生物以及在果蝇等一些真核生物中得到了普遍证实，并迅速成为分子遗传学研究中的一个热点。为此，McClintock 也于 1983 年荣获诺贝尔奖。DNA 序列通过非同源重组的方式，从染色体某一部位转移到同一染色体上另一部位或其他染色体上某一部位的现象，称为**转座**（transposition）。凡具有转座作用的一段 DNA 序列，称**转座因子**（transposable element，TE），包括原核生物中的**插入序列**（insertion sequence，IS）、**转座子**（transposon，Tn）和 E. coli 的 **Mu 噬菌体**等**转座噬菌体**（transposable phage）。转座因子又称**可移动基因**（moveable gene）、**可移动遗传因子**（mobile genetic element）或**跳跃基因**（jumping gene）。当一个转座因子插入到某一基因中时，就会使该基因发生**插入突变**（insertion mutation）。因 IS 不带任何可使细胞出现某种性状的基因，故引起的插入突变较为简单；而 Tn 因本身带有抗药性基因，故在引起插入突变时，还会导致该基因座上出现一个新的抗药性基因；至于 Mu 噬菌体的插入，则除了使细胞变成某相应突变型之外，还会获得溶原性特征。转座因子除能引起上述的插入突变之外，还能引起插入部位或切离部位上的染色体畸变（包括染色体的缺失、倒位或易位等）。转座作用的频率虽然仅为 $10^{-7} \sim 10^{-5}$，但它却是一种自然界所固有的"自发基因工程"或"内源性基因工程"，除了对生物体具有适应、进化等意义外，这种全新的 DNA 重组方式还对生物学中一些重大理论问题和实际问题的研究起着积极的推动作用，例如进化研究、抗药性产生机制、各种研究用突变株的获得和基因组功能的精确解读等。

转座因子有许多特点，例如：①在转座时，通过转座因子的复制，可将新形成的拷贝以非同源重组的方式转移到染色体的新部位上；②在转座因子两端各有一段一定长度的末端重复序列，它们既可以是**正向重复**（direct repeat），也可以是**反向重复**（即颠倒重复，inverted repeat），即：

TATTA……TATTA	ACTTG……CAAGT	
ATAAT……ATAAT	TGAAC……GTTCA	
正向重复	反向重复	

③每个转座因子还带有一个对转座有特异功能的**转座酶基因**（transposase gene），例如 Tn3 的转座酶基因就可编码由 1 015 个氨基酸组成的转座酶（TnPA）等。转座因子不同于质粒或噬菌体。与质粒的不同处在于转座因子不能自主地复制和独立存在于染色体外，而与噬菌体不同处则在于它不存在类似的生活史循环。

转座的过程及其中受体 DNA 中**靶序列**（target sequence）的复制过程大体如图 7-14 所示：由转座因子中基因编码的转座酶能识别受体 DNA 分子中的靶序列（3~12 bp），它可先把靶序列切成两条单链，并使转座因子的一条链与靶序列的一条链相连接，另一条链与靶序列相反一端的另一条链相连接。形成的单链缺口可经 DNA 聚合酶 I 的作用而合成，再经 DNA 连接酶的作用而缝合。于是，随着转座因子的插入就使靶序列得到了复制。

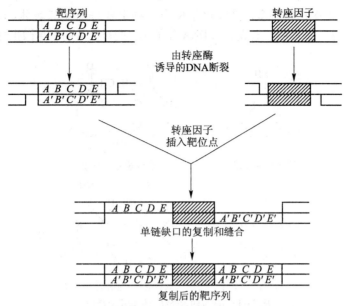

图7-14 转座因子的插入引起受体 DNA 上靶序列的复制

现将3类转座因子及其特点列在表7-7中。

表7-7 3类转座因子及其特点的比较

比较项目	IS	Tn	Mu 噬菌体
种类	单一	有复合型和 Tn 3 族2种*	Mu 等**
长度/kb	0.7~1.7(个别5.7)	2~25	39(Mu 噬菌体)
基因数	1~2个	数个~10余个	20余个
末端序列	反向重复(9~41 bp)	反向或正向重复	反向重复
抗药基因	无	有(如 amp^R)	无
存在宿主	原核生物	原核生物,真核生物(酵母菌、果蝇、哺乳动物等)	E. coli 等肠杆菌
实例	E. coli 的 IS 1~IS 5	Tn 5,Tn 10;Tn 3,Tn 21 等	E. coli 的 Mu 噬菌体

* 复合型 Tn 的两端为 IS,中间为抗药基因;Tn 3 族的两端为反向重复(IR),中间为转座酶基因和抗药基因。
** 转座噬菌体除 Mu 外,还有 D108 等。

2. 自发突变

自发突变(spontaneous mutation)是指生物体在无人工干预下自然发生的低频率突变。自发突变的原因很多,一般有:①由背景辐射和环境因素引起,例如天然的宇宙射线等。②由微生物自身有害代谢产物引起,例如过氧化氢等。③由 DNA 复制过程中碱基配对错误引起。据统计,DNA 链在每次复制中,每个碱基对错误配对的频率是 $10^{-11}~10^{-7}$,而一个基因平均约含1 000 bp,故自发突变频率约为 10^{-6}。因此,若对细菌作一般液体培养时,因其细胞浓度常可达到 10^8 个/mL,故经常会在其中产生自发突变株。④由转座因子引起的插入或缺失(indel)可诱导自发突变,这就是由我国学者提出的"Indel 诱变假说"(*NATURE*,2008)。

(六)紫外线对 DNA 的损伤及其修复

已知的 DNA 损伤类型很多,机体对其修复的方法也各异,例如光复活作用、切除修复、重组修复、SOS 修复、错配修复和无碱基修复等。发现得较早和研究得较深入的是**紫外线**(ultraviolet ray,UV)对 DNA 的损伤及其修复作用。现介绍其中的两种主要修复作用。

嘧啶对 UV 的敏感性比嘌呤强得多，其光化学反应产物主要是嘧啶二聚体(TT，TC，CC)和水合物(图 7-15)，相邻嘧啶形成二聚体后，造成局部 DNA 分子无法配对，从而引起微生物的死亡或突变。

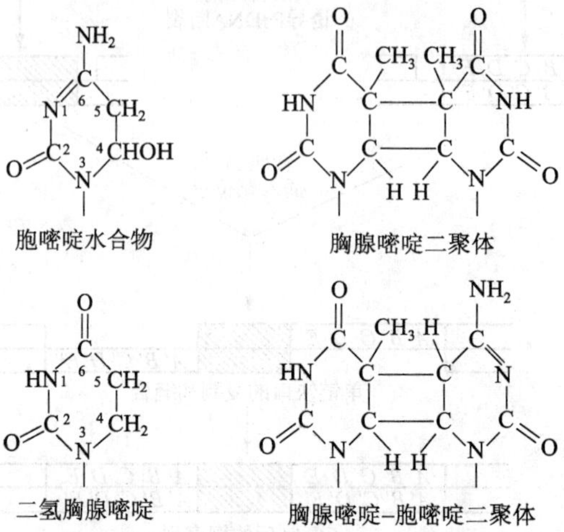

胞嘧啶水合物　　　　胸腺嘧啶二聚体

二氢胸腺嘧啶　　　胸腺嘧啶-胞嘧啶二聚体

图 7-15　嘧啶的紫外线光化学反应产物

1. 光复活作用(photoreactivation)

把经 UV 照射后的微生物立即暴露于可见光下时，就可出现明显降低其死亡率的现象，此即光复活作用。最早是 A. Kelnel(1949 年)在 *Streptomyces griseus*(灰色链霉菌)中发现的。后来，在许多微生物中都陆续得到了证实。最明显的是在 *E. coli* 实验中：

① 对照：8×10^6 个/mL *E. coli* $\xrightarrow{\text{UV}}$ 100 个/mL *E. coli*

② 试验：8×10^6 个/mL *E. coli* $\xrightarrow[\text{可见光，30 min}]{\text{UV}\quad\text{360~490 nm}}$ 2×10^6 个/mL *E. coli*

现已了解，经 UV 照射后带有嘧啶二聚体的 DNA 分子，在黑暗下会被一种光激活酶——**光解酶**(光裂合酶，photolyase)结合，这种复合物在 300~500 nm 可见光下时，其中的酶会因获得光能而激活，并使二聚体(dimer)重新分解成单体(monomer)。与此同时，光解酶也从复合物中释放出来，以便重新执行功能。光解酶是一种分子量为 5.5×10^4~6.5×10^4 的蛋白质(随菌种的不同而略有差异)，并含两个辅助因子，其一为 FADH，另一为 8-羟基脱氮核黄素或次甲基四氢叶酸。每一 *E. coli* 细胞中约含 25 个光解酶分子，而 *Bacillus subtilis*(枯草芽孢杆菌)中则不存在光解酶。由于在一般的微生物中都存在着光复活作用，所以在利用 UV 进行诱变育种等工作时，就应在红光下进行照射和后续操作，并放置在黑暗条件下培养；另外，在利用 UV 对水体进行消毒后，也应避免微生物的光复活作用。

2. 切除修复(excision repair)

是活细胞内一种用于对被 UV 等诱变剂损伤后 DNA 的修复方式之一，又称**暗修复**(dark repair)，这是一种不依赖可见光，只通过酶切作用去除嘧啶二聚体，随后重新合成一段正常 DNA 链的核酸修复方式。如图 7-16 所示，在整个修复过程中，共有 4 种酶参与：①内切核酸酶在胸腺嘧啶二聚体的 5′一侧切开一个 3′-OH 和 5′-P 的单链缺口；②外切核酸酶从 5′-P 至 3′-OH 方向切除二聚体，并扩大缺口；③DNA 聚合酶以 DNA 的另一条互补链为模板，从原有链上暴露的 3′-OH 端起逐个延长，重新合成一条缺失的 DNA 链；④通过连接酶的作用，把新合成的寡核苷酸的 3′-OH 末端与原链的 5′-P 末端

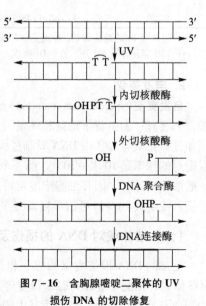

图 7-16　含胸腺嘧啶二聚体的 UV 损伤 DNA 的切除修复

相连接，从而完成了修复作用。

二、突变与育种

（一）自发突变与育种（breeding by spontaneous mutation）

1. 从生产中育种

在利用微生物进行大生产的过程中，微生物必然会以 10^{-6} 左右的突变率进行自发突变，其中有可能出现一定概率的**正突变株**（plus mutant，指生产性状优于原株的产量突变株）。这对长期在生产第一线、富于实际工作经验和善于细致观察的人们来说，是一种获得较优良生产菌株的良机，例如，有人在污染噬菌体的发酵液中，曾分离到抗噬菌体的自发突变株；有人在乙醇工厂糖化酶产生菌 *Aspergillus usamii*（宇佐美曲霉）3758 号菌株（产黑孢子）中，曾及时筛选到糖化力强、培养条件较粗放的白色孢子变种"上酒白种"；等等。

2. 定向培育优良菌株

定向培育（directive breeding）是一种利用微生物的自发突变，并采用特定的选择条件，通过对微生物群体不断移植以选育出较优良菌株的古老方法。此法在 19 世纪**巴斯德**培育低毒力的 *Bacillus anthracis*（炭疽芽孢杆菌）活菌苗时就已采用；其后，法国的 A. Calmette 和 C. Guerin 两人在培育卡介苗时也曾使用过。**卡介苗**（BCG vaccine）是牛型结核分枝杆菌的**减毒活菌苗**，可提高人体尤其是儿童对 *Mycobacterium tuberculosis*（结核分枝杆菌）的免疫力，对预防肺结核具有显著的效果。上述两学者曾把牛型结核杆菌接种在含牛胆汁和甘油的马铃薯培养基上，并以坚韧不拔的毅力前后花了 13 年工夫，连续移种了 230 多代，直至 1923 年始获成功。由于这类育种费时费力，工作被动，加之效果又很难预测，因此早已被各种现代育种技术所取代。

（二）诱变育种（breeding by induced mutation）

诱变育种是指利用物理、化学等诱变剂处理均匀而分散的微生物细胞群，在促进其突变率显著提高的基础上，采用简便、快速和高效的筛选方法，从中挑选出少数符合目的的突变株，以供科学实验或生产实践使用。在诱变育种过程中，诱变和筛选是两个主要环节，由于诱变是随机的，而筛选则是定向的，故相比之下，尤以后者更为重要。

诱变育种具有极其重要的实践意义。在当前发酵工业或其他大规模的生产实践中，很难找到在育种谱系中还未经过诱变的菌株。其中最突出的例子莫过于**青霉素生产菌株**（production strain of penicillin）*Penicillium chrysogenum*（产黄青霉）的选育历史和卓越成果了（表 7-8）。

表 7-8　通过育种等措施提高了 *P. chrysogenum* 的青霉素产量

时间	菌株	来源	发酵单位 /(U·mL^{-1})	其他
1943 年	NRRL-1951	自霉甜瓜中筛选到	120	培养基中须加玉米浆
1943 年	NRRL-1951-B25	1951 的自发突变株	250	培养基中须加玉米浆和乳糖
1943 年	NRRL-1951-B25-X1612	B25 的 X 射线诱变株	500	正式用于工业生产，但产黄色素
1945 年	NRRL-Q176	X1612 的紫外线诱变株	900	1945 年起用于生产
1947 年	WIS-47-1564	Q176 的紫外线诱变株	1 357	不产生黄色水溶性色素
1948 年	48-1372	47-1564 的紫外线诱变株	1 343	
1949 年	49-133	47-1564 的氮芥诱变株	2 230	
1951 年	51-20	49-133 的氮芥诱变株	2 521	
1953 年	53-844	48-1372 的紫外线诱变株	1 846	
1953 年	53-414	51-20 的自发突变分离株	2 580	

时间	菌株	来源	发酵单位/$(U \cdot mL^{-1})$	其他
1955 年	进一步变异株		~8 000	
1971 年	进一步变异株		~2 万	
1977 年	进一步变异株		~5 万	
目前	进一步变异株		5 万 ~10 万	

利用诱变育种,可获得供工业和实验室应用的各种菌株,前者如代谢产物的高产突变株,后者如各种抗性突变株和营养缺陷突变株(详后)等。从生产角度来看,诱变育种除能大幅度提高有用代谢产物的产量外,还有可能达到减少杂质、提高产品质量、扩大品种和简化工艺等目的。从方法上讲,它具有简便易行、条件和设备要求较低等优点,故至今仍有较广泛的应用。

1. 诱变育种的基本环节

现以较复杂的选育高产突变株为例,用表解法介绍其中的基本原理和环节:

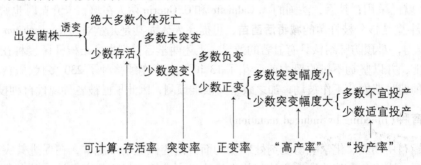

2. 诱变育种中的几个原则

(1) 选择简便有效的诱变剂 诱变剂(mutagen)的种类很多。在物理因素中,有非电离辐射类的**紫外线、激光和离子束**(ion beam,由小型加速器提供的低能离子)等,能够引起电离辐射的 **X 射线、γ 射线和快中子**等;在化学诱变剂中,主要有**烷化剂、碱基类似物和吖啶化合物**,其中的烷化剂因可与巯基、氨基和羧基等直接反应,故更易引起基因突变。最常用的烷化剂有 N – 甲基 – N' – 硝基 – N – 亚硝基胍(NTG)、甲基磺酸乙酯(EMS)、甲基亚硝基脲(NMU)、硫酸二乙酯(DES)、氮芥、乙烯亚胺和环氧乙酸等。有些化学诱变剂如氮芥、硫芥和环氧乙烷等被称为**拟辐射物质**(radiomimetic chemical),原因是它们除了能诱发点突变外,还能诱发一般只有辐射才能引起的染色体畸变这类 DNA 的大损伤。现把若干重要化学和物理诱变剂的名称及其作用机制列在表 7 – 9 中。

表 7 – 9 若干化学和物理诱变剂及其作用机制

诱变剂名称	作用机制	作用结果
辐射		
紫外线(UV)	形成嘧啶二聚体	修复时可导致错误或缺失
电离辐射(X 射线等)	形成自由基,使 DNA 链断裂	修复时可导致错误或缺失
烷化剂		
单功能(如 EMS)	在 G 上加甲基,与 T 错误配对	GC→AT
双功能(如氮芥、NTG、丝裂霉素)	DNA 链交联,DNA 酶切除误配区	引起点突变和缺失突变
与 DNA 反应的化合物		
HNO_2	使 A 和 C 脱氨	AT→GC, GC→AT

诱变剂名称	作用机制	作用结果
NH_2OH	与 C 发生反应	GC→AT
碱基类似物		
5-溴尿嘧啶	以 T 形式掺入，偶与 G 错误配对	AT→GC，偶 GC→AT
2-氨基嘌呤	以 A 形式掺入，偶与 C 错误配对	AT→GC，偶 GC→AT
嵌入性染料		
吖啶类，溴化乙锭	插入于两对碱基中	微小插入和缺失突变

由于一切生物的遗传物质都是核酸尤其是 DNA，所以，凡能改变核酸结构的因素都可影响核酸的生物学功能，例如有些化学物质会引起核酸结构损伤并对生物具有致突变、致畸变和致癌变（常简称"三致"）作用。其中的突变，既有选择性突变，也有非选择性突变；既有产量性状突变，也有非产量性状突变；既有正变，也有负变；等等。在上述各种效应中，虽然有的主要出现在人类等高级哺乳动物（如癌变）中，有的难以检出（如产量性状等非选择性突变），但根据生物化学统一性的原理，使人们有理由相信，不但"三致"的原初机制都是同样因 DNA 结构损伤而引起了突变，而且人们还可设法选用最简单的低等生物（如细菌）作模型去了解发生在复杂的高等生物（如人）体内的各种突变事件（如患癌症）的原因。其中，艾姆斯试验就是一个很好的例证。

艾姆斯试验（Ames test）是一种利用细菌营养缺陷型的回复突变来检测环境或食品中是否存在化学致癌剂的简便有效方法。该法由 B. Ames 于 20 世纪 70 年代中期所发明，故名。此法测定潜在化学致癌物是基于以下原理：*Salmonella typhimurium*（鼠伤寒沙门氏菌，图 7-17 中用 S. t. 表示）的组氨酸营养缺陷型（his^-）菌株在基本培养基[-]的平板上不能生长，如发生回复突变成原养型（his^+）后则能生长。方法大致是在含待测可疑"三致"物例如**黄曲霉毒素**（aflatoxin）、二甲氨基偶氮苯（俗名"奶油黄"）、"反应停"① 或二噁英（dioxine）② 等的试样中，加入鼠肝匀浆液，经一段时间保温后，吸入滤纸片中，然后将滤纸片放置于上述平板中央。经培养后，出现 3 种情况：①在平板上无大量菌落产生，说明试样中不含诱变剂；②在纸片周围有一抑制圈，其外周出现大量菌落，说明试样中有某种高浓度的诱变剂存在；③在纸片周围长有大量菌落，说明试样中有浓度适当的诱变剂存在（图 7-17）。在本试验中还应注意两点：第一，因许多化学物质原先并非诱变剂或致癌剂，只有在进入机体并在肝的解毒过程中，受到肝细胞中一些加氧酶（oxygenase）的作用，才形成有害的环氧化物或其他激活态化合物，故试验中先要加入鼠肝匀浆液保温；第二，所用的试验菌株除需要用营养缺陷型外，还应是 DNA 修复酶的缺陷型。当然，本试验除可用 S. t. 菌外，也可用 *E. coli* 的色氨酸缺陷型（try^-）或利用对 λ 噬菌体的诱导作用来进行。目前，艾姆斯试验已广泛用于检测食品、饮料、药物、饮水和环境等试样中的致癌物。与烦琐的动物试验相比，此法具有简便、快速（约 3d）、准确（符合率 >85%）和费用低等优点。

在选用理化因素作诱变剂时，在同样效果下，应选用最简便的因素；而在同样简便的条件下，则应选用最高效的因素。实践证明，在物理诱变剂中，尤以紫外线为最简便；而在化学诱变剂中，一般可选用公认效果较显著的"**超诱变剂**"，例如，用 NTG 处理 *Brevibacterium ammoniagenes*（产氨短杆菌）、*E. coli*、*Arthrobacter*（节杆菌属）的一些菌种以及某些放线菌时，可以做到即使未经淘汰野生型菌株，也可直接获得 12%~80% 的营养缺陷型菌株，而用一般诱变剂作处理时，则最多不会超过百分之几。因此，NTG 就是"超诱变剂"之一。

---

① "反应停"（thalidomide）是一种强烈的致畸类药物，于 1957 年最先在德国应用，主要用于缓解妇女妊娠时的呕吐等不良反应。在德、日等 17 国使用过程中，曾引起 1 万余名新生儿出现无臂的"海豹肢畸形人"，且多半死亡，故于 1962 年禁用。

② 二噁英：一类能使人致癌并严重影响生殖、免疫、内分泌和神经功能的极毒有机物，由垃圾等有机物焚烧时产生，脂溶性，无色，无味，极难降解（半衰期为 14~273 年）。1999 年 5 月在比利时生产的鸡饲料中大量出现，危害极大。

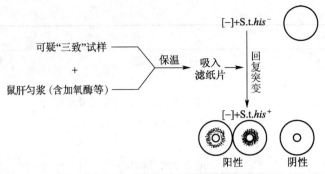

图7-17   用艾姆斯试验法检测致癌物示意图

有了合适的诱变剂，还应采用简便有效的诱变方法。使用 **UV 照射**最为方便，一般用 15 W 的 UV 灯，照射距离为 30 cm，在无可见光（只有红光）的接种室或箱体内进行。由于 UV 的绝对物理剂量很难测定，故通常选用杀菌率或照射时间作为相对剂量。在上述条件下，照射时间一般不短于 10～20 s，不长于 10～20 min，故操作十分方便。常可取 5 mL 单细胞悬液放置在直径为 6 cm 的小培养皿中，在无盖的条件下直接照射，同时用电磁搅拌棒或其他方法均匀旋转并搅动悬液。化学诱变剂的种类、浓度和处理方法尤其是终止反应的方法很多，实际工作时可参考有关书刊。这里介绍一种十分简便的方法可以试用：先在平板上涂布一层出发菌株细胞，然后在其上划区并分别放上几颗很小的化学诱变剂颗粒（也可用吸有诱变剂溶液的滤纸片代替），经保温后，可发现在颗粒周围有一透明的制菌圈，在制菌圈的边缘存在若干突变株的菌落，将它们一一制成悬浮液后，再分别涂布在琼脂平板表面，并让它长成大量的单菌落，最后，可用影印平板法或逐个检出法选出所需突变株（详后）。

（2）挑选优良的出发菌株　　出发菌株（original strain）就是用于育种的原始菌株，选用合适的出发菌株有利于提高育种效率。这项工作目前还只停留在经验阶段，例如：①最好选来自生产中的自发突变菌株；②选用具有有利于进一步研究或应用性状的菌株，如生长快、营养要求低等；③可选用已发生过其他突变的菌株，如在选育金霉素高产菌株时，发现用丧失黄色素合成能力的菌株作出发菌株比分泌黄色素者更有利于产量变异；④选用对诱变剂敏感性较高的增变变异株；等等。

（3）处理单细胞或单孢子悬液　　为使每个细胞均匀接触诱变剂并防止长出不纯菌落，就要求作诱变的菌株必须以均匀而分散的单细胞悬液状态存在。由于某些微生物细胞是多核的，即使处理其单细胞，也会出现不纯菌落；且一般 DNA 都是以双链状态存在，而诱变剂通常仅作用于某一单链的某一序列，因此，突变后的性状往往无法反映在当代的表型上，而是要通过 DNA 的复制和细胞分裂后才表现出来，于是出现了不纯菌落。这种遗传型虽已突变，但表型却要经染色体复制、分离和细胞分裂后才表现出来的现象，称为**表型延迟**（phenotype lag）。上述两类不纯菌落的存在，也是诱变育种工作中初分离的菌株经传代后会很快出现生产性状"衰退"的原因之一。鉴于以上原因，用于诱变育种的细胞应尽量选用单核细胞，如霉菌或放线菌的分生孢子或细菌的芽孢等。

（4）选用最适的诱变剂量　　各类诱变剂剂量的表示方式有所不同，如 UV 的剂量指强度与作用时间之乘积；化学诱变剂的剂量则以在一定外界条件下，诱变剂的浓度与处理时间来表示。在育种实践中，还常以杀菌率来作为诱变剂的相对剂量。

在产量性状的诱变育种中，凡在提高诱变率的基础上，既能扩大变异幅度，又能促使变异移向正变范围的剂量，就是合适的剂量（图7-18c）。

在诱变育种中有两条重要的实验曲线：①剂量存活率曲线（dose survive rate curve），是以诱变剂的剂量为横

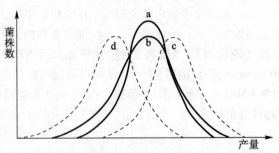

图7-18   诱变剂的剂量对产量变异的可能影响

a. 未经诱变剂处理；b. 变异幅度扩大；

c. 正变占优势；d. 负变占优势

微生物学教程

坐标，以细胞存活数的对数值为纵坐标而绘制的曲线；②**剂量－诱变率曲线**(dose mutation rate curve)，以诱变剂的剂量为横坐标，以诱变后获得的突变细胞数为纵坐标而绘制成的曲线。通过比较以上两曲线，可找到某诱变剂的剂量－存活率－诱变率三者的最佳结合点。在实际工作中，突变率往往随剂量的增高而提高，但达到一定程度后，再提高剂量反而会使突变率下降。根据 UV、X 射线和乙烯亚胺等诱变效应的研究结果，发现正变较多地出现在偏低的剂量中，而负变则较多地出现在偏高的剂量中；且在经多次诱变而提高了产量的菌株中，更容易出现负变。因此，目前在产量变异工作中，大多倾向于采用较低剂量。例如，以 UV 作诱变剂时，倾向采用相对杀菌率为 70%～75% 甚至 30%～70% 的剂量。

（5）充分利用复合处理的**协同效应**(synergism)　诱变剂的复合处理常常表现出明显的协同效应，因而对育种有利。复合处理的方法包括同一诱变剂的重复使用，两种或多种诱变剂的先后使用，以及两种或多种诱变剂同时使用等。

（6）利用和创造形态、生理与产量间的相关指标　为了确切知道某一突变株产量性状的提高程度，必须进行大量的培养、分离、分析、测定和统计工作，因此工作量十分浩大；某些形态变异虽然有着可直接、快速观察的优点，但常常与产量性状无关。如果能找到两者间的相关性，甚至设法创造两者间的相关性，则对育种效率的提高有重大意义。

利用鉴别培养基的原理或其他途径，就可有效地把原先肉眼无法观察的生理性状或产量性状转化为可见的"形态"性状。例如，在琼脂平板培养基上，通过观察和测定某突变菌落周围蛋白酶水解圈的大小、淀粉酶变色圈(用碘液显色)的大小、氨基酸显色圈(将菌落用打孔机取下后转移至滤纸上，再用茚三酮试剂显色)的大小、柠檬酸变色圈(在厚滤纸片上培养，以溴甲酚绿作指示剂)的大小、抗生素制菌圈的大小、指示菌生长圈的大小(测定生长因子产生)、纤维素酶对纤维素水解圈(用刚果红染色)的大小以及外毒素的沉淀反应圈的大小等，都是在初筛工作中创造"形态"指标以估计某突变株代谢产物量的成功事例，值得借鉴。

（7）设计**高效筛选方案**　通过诱变处理，在微生物群体中，会出现各种突变型个体，但从产量变异的角度来讲，其中绝大多数都是**负变株**(minus-mutant)。要从中把极个别的、产量提高较显著的**正变株**(plus-mutant)筛选出来，可能要比沙里淘金还难。因此，必须设计简便、高效的科学筛选方案。

在实际工作中，常把筛选工作分为初筛与复筛两步进行。前者以量为主(选留较多有生产潜力的菌株)，后者以质为主(对少量潜力大的菌株的代谢产物量作精确测定)。假定工作设备和工作量为 200 个摇瓶，为了提高工作效率，以下筛选方案很有参考价值：

第一轮：

1 个出发菌株 $\xrightarrow[\text{处理}]{\text{诱变剂}}$ 选出 200 个单孢子菌株 $\xrightarrow[(\text{每株1瓶})]{\text{初筛}}$ 选出 50 株 $\xrightarrow[(\text{每株4瓶})]{\text{复筛}}$ 选出 5 株

第二轮：

5 个出发菌株 $\xrightarrow[\text{处理}]{\text{诱变剂}}$ { 40 株 / 40 株 / 40 株 / 40 株 / 40 株 } $\xrightarrow[(\text{每株1瓶})]{\text{初筛}}$ 选出 50 株 $\xrightarrow[(\text{每株4瓶})]{\text{复筛}}$ 选出 5 株

第三轮，第四轮……(都同第二轮)

以上筛选步骤可连续进行多轮，直至获较满意的结果为止。采用此方案不仅可提高筛选效率，还可使某些眼前产量虽不高，但有发展后劲的潜在优良菌株不致遭淘汰。

（8）创造新型、高效筛选方法　对产量突变株生产性能的测定方法一般也分成初筛和复筛两个阶段。初筛以粗测为主，既可在琼脂平板上测定，也可在摇瓶培养后测定。平板法的优点是快速、简便、直观，缺点是培养皿平板上固态培养的结果并不一定能反映摇瓶或发酵罐中液体培养的结果。当然，也有十分吻合的例子，如用厚滤纸片(吸入液体培养基)法筛选柠檬酸生产菌 *Aspergillus usamii*(宇佐美曲霉)的情况下，效果很好。对产量突变株作生产性能较精确的测定常称复筛。一般用摇瓶培养方法进行，若用台式自控发酵罐进行，则效果更为理想，所获数据更有利于放大到生产型发酵罐中使用。有一种称作"琼脂块培养法"的筛选产量突变型的方法，把初筛、复筛结合在一起，构思较巧，效果较好(详后，图 7 – 19)。但是，要进一步提高筛选效率，主要还应从更高效的遗传工程育种并与电脑化、智能化的高效筛选技术相结合的方向去努力。

目前，微量高通量微生物筛选法已在欧洲等实验室采用。其基本方法是以 96 孔塑料培养板作大量培养的容器，每孔可先加入 2 mL 培养液，再用多点(12 点)接种器快速接种纯菌株，每小时约可接 4 000 个不同变异株，每天可筛选 2 万 ~ 3 万株，经适当培养后，可快速对每孔中的代谢产物进行自动检测，效率极高。

3.3 类突变株的筛选方法

(1) **产量突变株**的筛选　上面介绍的许多内容，主要都是围绕筛选较复杂的产量突变株时所用的一些通用方法。这里介绍一个具体例子。1971 年，国外报道了一种筛选**春日霉素**(kasugamycin，即"春雷霉素")生产菌时所采用的**琼脂块培养法**(agar block cultivation)，一年内曾使该抗生素产量提高了 10 倍，故有一定参考和启发作用。其要点是：把诱变后的 *Streptomyces kasugaensis*(春日链霉菌)的分生孢子悬液均匀涂布在营养琼脂平板上，待长出稀疏的小菌落后，用打孔器一一取出长有单菌落的琼脂小块，并分别把它们整齐地移入灭过菌的空培养皿内，在合适的温湿度下继续培养 4 ~ 5 d，然后把每一长满菌落的琼脂块再转移到已混有**供试菌种**(test organism)的大块琼脂平板上，以分别测定各小块的抑制圈并判断其抗生素效价，然后择优选取之。此法的关键是用打孔器取出含有一个小菌落的琼脂块并对它们作分别培养。在这种条件下，各琼脂块所含养料和接触空气面积基本相同，且产生的抗生素等代谢产物不致扩散出琼脂块外，因此测得的数据与摇瓶试验结果十分相似，而工作效率却大为提高。琼脂块培养法见图 7 – 19。

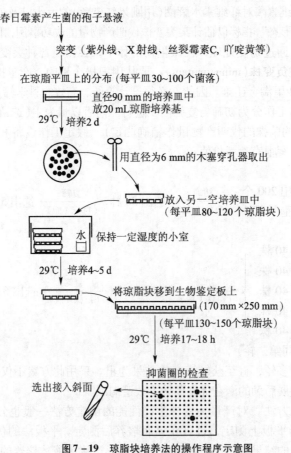

图 7 – 19　琼脂块培养法的操作程序示意图

(2) **抗药性突变株**(drug resistant mutant)的筛选　抗药性基因在科学研究和育种实践上是一种十分重要的**选择性遗传标记**(selective genetic marker)，同时，有些抗药菌株还是重要的生产菌种，因此，熟悉一下筛选抗药性突变株的方法很有必要。**梯度平板**(gradient plate)是一种含有某药物的梯度浓度的琼脂培养基平板,它由含药物的上半个斜面和不含药物的下半个斜面分两次浇合而成。梯度平板法是定向筛选抗药性突变株的一种有效方法。通过制备琼脂表面存在药物浓度梯度的平板→在其上涂布诱变处理后的细胞悬液→经培养后再从其上选取抗药性菌落等步骤,就可定向筛选到相应抗药性突变株。在筛选**抗代谢药物**的抗性菌株以取得相应代谢物的高产菌株方面,此法能达到**定向培育**(directive breeding)的效果。例如,**异烟肼**(isoniazid,商品名为"雷米封")是**吡哆醇**的**结构类似物**(analog)或代谢拮抗物(antimetabolite),即:

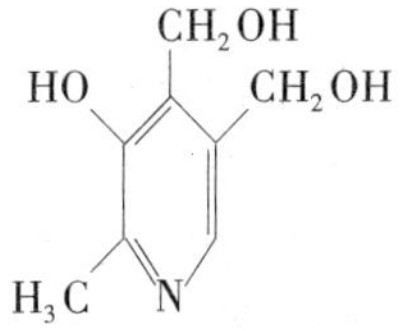

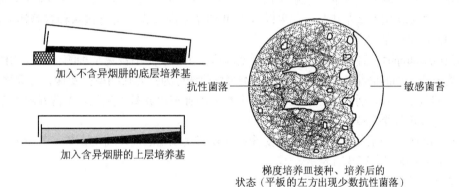

定向培育抗异烟肼的吡哆醇高产突变株的方法是:先在培养皿中加入 10 mL 融化的普通琼脂培养基,皿底斜放,待凝。再将皿放平,倒上第二层含适当浓度的异烟肼的琼脂培养基(10 mL),待凝固后,在这一具有药物浓度梯度的平板上涂以大量经诱变后的酵母菌细胞,经培养后,即可出现如图 7 - 20(右)所示的结果。根据微生物产生抗药性的原理(第六章第五节),可推测其中有可能是产生了能分解异烟肼酶类的突变株,也有可能是产生了能合成更高浓度的吡哆醇,以克服异烟肼的竞争性抑制的突变株。结果发现,多数突变株属于后者。这就说明,通过利用梯度平板法筛选抗代谢类似物突变株的手段,可达到定向培育某代谢产物高产突变株的目的。据报道,用此法曾获得了吡哆醇产量比出发菌株高 7 倍的高产酵母菌。其他类似结果可见表 7 - 10。

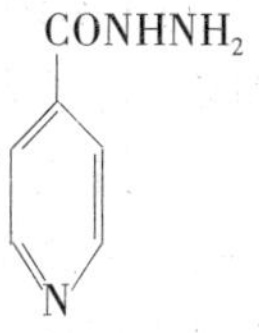

图 7 - 20　用梯度平板法定向筛选抗性突变株

表 7 - 10　用梯度平板法定向培育若干代谢产物的高产菌株

代谢产物	产生菌	抗代谢物
肌苷	*Bacillus pumilus*(短小芽孢杆菌)	8 - 氮鸟嘌呤
肌苷	*Corynebacterium* sp. (一种棒杆菌)	6 - 巯鸟嘌呤
腺嘌呤	*Salmonella typhimurium*(鼠伤寒沙门氏菌)	2,6 - 二氨基嘌呤
烟碱酸	*Chlamydomonas eugametos*(一种衣藻)	3 - 乙酰吡啶
色氨酸	*Salmonella typhi*(伤寒沙门氏菌)	6 - 甲基色氨酸
甲硫氨酸	*Escherichia coli*(大肠埃希氏菌)	乙硫氨酸
酪氨酸	*E. coli*	对氟苯丙氨酸
亮氨酸	*S. typhi*	三氟 - DL - 亮氨酸
吡咯叠氮(pyrrolnitrin)	*Pseudomonas aureofaciens*(金色假单胞菌)	6 - 氟色氨酸

（3）营养缺陷型突变株的筛选　**营养缺陷型突变株**（auxotrophic mutant）不论在生物学基础理论和应用研究上，还是在生产实践上都有极其重要的意义。在科学实验中，它们既可作为研究代谢途径和杂交（包括半知菌的准性杂交、细菌的接合和各种细胞的融合等）、转化、转导、转座等遗传规律所不可缺少的**遗传标记菌种**，也可作为氨基酸、维生素或碱基等物质**生物测定**（bioassay）中的试验菌种；在生产实践中，它们既可直接用作发酵生产氨基酸、核苷酸等有益代谢产物的菌种，也可作为对生产菌种进行杂交育种、重组育种和基因工程育种时所不可缺少的亲本遗传标志和杂交种的选择性标志。

① 与筛选营养缺陷型突变株有关的3类培养基：

基本培养基（minimal medium, MM, 符号为[-]）：仅能满足某微生物的野生型菌株生长所需要的最低成分的组合培养基，称基本培养基。不同微生物的基本培养基是很不相同的，有的成分极为简单，如培养 *E. coli* 的基本培养基中，仅含有葡萄糖、铵盐和磷、镁、钾、钠等几种无机离子；有的却极其复杂，诸如一些培养乳酸菌、酵母菌或梭菌等的基本培养基。因此，切不能错误地认为，凡基本培养基的成分均是简单的，尤其是不含生长因子的。

完全培养基（complete medium, CM, 符号为[+]）：凡可满足某微生物一切营养缺陷型菌株营养需要的天然或半组合培养基，称完全培养基。一般可在基本培养基中加入一些富含氨基酸、维生素、核苷酸和碱基之类的天然物质，如蛋白胨或酵母膏等配制而成。

补充培养基（supplemental medium, SM, 符号为[A]或[B]等）：凡只能满足相应的营养缺陷型突变株生长需要的组合或半组合培养基，称补充培养基。它是在基本培养基上再添加对某一营养缺陷型突变株所不能合成的某相应代谢物所组成，因此可专门选择相应的突变株。

② 与营养缺陷型突变有关的3类遗传型个体：

野生型（wild type）：指从自然界分离到的任何微生物在其发生人为营养缺陷突变前的原始菌株。野生型菌株应能在其相应的基本培养基上生长。如果以 A 和 B 两个基因来表示其对这两种营养物合成能力的话，则野生型菌株的遗传型应是[A^+B^+]。

营养缺陷型（auxotroph）：野生型菌株经诱变剂处理后，由于发生了丧失某种酶合成能力的突变，因而只能在加有该酶合成产物的培养基中才能生长，这类突变菌株称为营养缺陷型突变株，或简称营养缺陷型。它不能在基本培养基上生长，而只能在完全培养基或相应的补充培养基上生长。A 营养缺陷型的遗传型用[A^-B^+]来表示，而 B 营养缺陷型则可用[A^+B^-]来表示。

原养型（prototroph）：一般指营养缺陷型突变株经回复突变或重组后产生的菌株，其营养要求在表型上与野生型相同，遗传型均用[A^+B^+]表示。

现将以上3种遗传型的特点列在表7-11中。

表7-11　与营养要求有关的3种遗传型

能生长的培养基	
基本培养基[-]	完全培养基[+]或补充培养基[A]、[B]

野生型[A^+B^+] ——诱变——→

营养缺陷型[A^+B^-]或[A^-B^+]

原养型[A^+B^+] ←——回复突变或 重组——

③ 营养缺陷型的筛选方法　一般要经过诱变、淘汰野生型、检出和鉴定营养缺陷型4个环节。现分述如下：

第一步，诱变剂处理：与上述一般诱变处理相同。

第二步，淘汰野生型：在诱变后的存活个体中，营养缺陷型的比例一般较低，通常只有千分之几至百分之几。通过以下的抗生素法或菌丝过滤法就可淘汰为数众多的野生型菌株，从而达到"浓缩"极少数营养缺陷型的目的。

抗生素法：有青霉素法和制霉菌素法等数种。青霉素法适用于细菌，其原理是**青霉素**(penicillin)能抑制细菌细胞壁的生物合成，因而可杀死能正常生长繁殖的野生型细菌，但无法杀死营养缺陷型细菌，从而达到"浓缩"后者的目的。制霉菌素法则适合于真菌。**制霉菌素**(nystatin)属于大环内酯类抗生素，可与真菌细胞膜上的甾醇作用，从而引起膜的损伤。因为它只能杀死生长繁殖着的酵母菌或霉菌等真菌，故也可用于淘汰相应的野生型菌株和"浓缩"营养缺陷型菌株。

菌丝过滤法：适用于进行丝状生长的真菌和放线菌。其原理是：在基本培养基中，野生型菌株的孢子能发芽成菌丝，而营养缺陷型的孢子则不能。因此，将诱变剂处理后的大量孢子放在基本培养基上培养一段时间后，再用滤孔较大的擦镜纸过滤。如此重复数遍后，就可去除大部分野生型菌株，从而达到了"浓缩"营养缺陷型的目的。

第三步，检出缺陷型：具体方法很多。用一个培养皿即可检出的，有夹层培养法和限量补充培养法；要用两个培养皿(分别进行对照和检出)才能检出的，有逐个检出法和影印平板法，可根据实验要求和实验室具体条件加以选用。现分别介绍如下。

夹层培养法(layer plating method)：先在培养皿底部倒一薄层不含菌的基本培养基，待凝，添加一层混有经诱变剂处理菌液的基本培养基，其上再浇一薄层不含菌的基本培养基，遂成"三明治"状。经培养后，对首次出现的菌落用记号笔一一标在皿底。然后，再向皿内倒上一薄层第四层培养基——完全培养基。再经培养后，全长出形态较小的新菌落，它们多数都是营养缺陷型突变株(图7-21)。当然，若用含特定生长因子的基本培养基作第四层，就可直接分离到相应的营养缺陷型突变株。

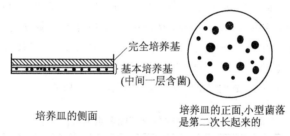

完全培养基
基本培养基
(中间一层含菌)

培养皿的侧面

培养皿的正面,小型菌落
是第二次长起来的

图7-21 夹层培养法及其结果

限量补充培养法(limited supplemental plating)：把诱变处理后的细胞接种在含有微量(<0.01%)蛋白胨的基本培养基平板上，野生型细胞就迅速长成较大的菌落，而营养缺陷型则因营养受限制故生长缓慢，只形成微小菌落。若想获得某一特定营养缺陷型突变株，只要在基本培养基上加入微量的相应物质即可。

逐个检出法(colony detection one by one)：把经诱变剂处理后的细胞群涂布在完全培养基的琼脂平板上，待长成单个菌落后，用接种针或灭过菌的牙签把这些单个菌落逐个整齐地分别接种到基本培养基平板和另一完全培养基平板上，使两个平板上的菌落位置严格对应。经培养后，如果在完全培养基平板的某一部位上长出菌落，而在基本培养基的相应位置上却不长，说明此乃营养缺陷型。

影印平板法(replica plating)：将诱变剂处理后的细胞群涂布在一完全培养基平板上，经培养后，使其长出许多菌落。然后用前面(第七章第二节)已介绍过的影印接种工具，把此平板上的全部菌落转印到另一基本培养基平板上。经培养后，比较前后两个平板上长出的菌落。如果发现在前一培养基平板上的某一部位长有菌落，而在后一平板上的相应部位却呈空白，说明这就是一个营养缺陷型突变株(图7-22)。

第四步，鉴定缺陷型：可借**生长谱法**(auxanography)进行。生长谱法是指在混有供试菌的基本培养基平板表面点加微量营养物，视某营养物的周围有否长菌来确定该供试菌的营养要求的一种快速、直观的方法。用此法鉴定营养缺陷型的操作是：把生长在完全培养液里的营养缺陷型细胞经离心和无菌水清洗后，配成适当浓度的悬液(如$10^7 \sim 10^8$个/mL)，取0.1 mL与基本培养基均匀混合后，倾注在培养皿内，待凝固、表

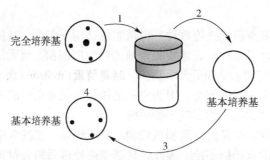

图 7-22 用影印平板法检出营养缺陷型突变株
①将完全培养基平板上的菌落转移到影印用丝绒布上；②将丝绒布上的菌落转印到
基本培养基平板上；③适温下培养；④长有菌落的基本培养基平板

面干燥后，在皿背划几个区，然后在平板上按区加上微量待鉴定缺陷型所需的营养物粉末（用滤纸片法也可），例如氨基酸、维生素、嘌呤或嘧啶碱基等。经培养后，如发现某一营养物的周围有生长圈，就说明此菌就是该营养物的缺陷型突变株。用类似方法还可测定双重或多重营养缺陷型。

第三节　基因重组和杂交育种

两个独立基因组内的遗传基因，通过一定的途径转移到一起，形成新的稳定基因组的过程，称为**基因重组**（gene recombination）或**遗传重组**（genetic recombination），简称重组。**重组**是在核酸分子水平上的一个概念，是遗传物质在分子水平上的杂交，因此，与一般在细胞水平上进行的**杂交**（hybridization）有明显区别。细胞水平上的杂交，必然包含了分子水平上的重组，例如真核微生物中的有性杂交、准性杂交、原生质体融合以及原核生物中的转化、转导、接合和原生质体融合等（表 7-12）。

表 7-12 微生物中各种基因重组形式的比较

供体和受体间的关系		重组范围			
		整套染色体		局部杂合	
		高频率	低频率	部分染色体	个别或少数基因
细胞融合或联结	性细胞	真菌的有性生殖			
	体细胞		真菌的准性生殖		
细胞间暂时沟通				细菌的接合	性导
细胞间不接触	吸收游离 DNA 片段				转化
	噬菌体携带 DNA				转导
由噬菌体提供遗传物质*	完整噬菌体				溶原转变
	噬菌体 DNA				转染

＊ 虽不属重组，但与转导和转化有某些相似处，可供比较。

基因重组是杂交育种的理论基础。由于杂交育种是选用已知性状的供体菌和受体菌作亲本，因此，不论在方向性还是自觉性方面，均比诱变育种前进了一大步；另外，利用杂交育种往往还可消除某一菌株在经历长期诱变处理后所出现的产量性状难以继续提高的障碍，因此，杂交育种是一种重要的育种手段。

一、原核生物的基因重组

原核生物的基因重组形式很多，机制较原始，其特点为：①片段性，仅一小段 DNA 序列参与重组；②单向性，即从供体菌向受体菌（或从供体基因组向受体基因组）作单方向转移；③多样性，即转移机制独特而多样，如接合、转化和转导等。以下分别介绍原核生物的 4 种主要遗传重组形式。

（一）转化（transformation）

1. 定义

受体菌（recipient cell；receptor）直接吸收**供体菌**（donor cell）的 DNA 片段而获得后者部分遗传性状的现象，称为**转化**或转化作用。通过转化方式而形成的杂种后代，称**转化子**（transformant）。转化物质可来自染色体或质粒 DNA；可来自同源或异源生物体；受体细胞可以是自然或人工感受态；转化条件可以是自然转化或人工转化。转化现象的发现（F. Griffith，1928），尤其是转化因子 DNA 本质的证实（O. T. Avery 等，1944），是现代生物学发展史上的一个重要里程碑，由此促进了分子遗传学和分子生物学的诞生和发展。

2. 转化微生物的种类

转化微生物的种类十分普遍。在原核生物中，主要有 *Streptococcus pneumoniae*（肺炎链球菌，旧称"肺炎双球菌"）、*Haemophilus*（嗜血杆菌属）、*Bacillus*（芽孢杆菌属）、*Neisseria*（奈瑟氏球菌属）、*Rhizobium*（根瘤菌属）、*Staphylococcus*（葡萄球菌属）、*Pseudomonas*（假单胞菌属）和 *Xanthomonas*（黄单胞菌属）等；在真核微生物中，如 *Saccharomyces cerevisiae*（酿酒酵母）、*Neurospora crassa*（粗糙脉孢菌）和 *Aspergillus niger*（黑曲霉）等。可是，在实验室中常用的一些属于肠道菌科的细菌，如 *E. coli* 等则很难进行转化。为克服这一不利条件，可选用有利于 DNA 透过细胞膜的 $CaCl_2$ 处理 *E. coli* 的**球状体**（sphaeroplast），以使之发生低频率的转化。此法对不易降解和能在宿主体内复制的质粒 DNA（或人工重组的质粒 DNA）导入受体菌时特别有用。有些真菌在制成**原生质体**（protoplast）后，也可实现转化。

3. 感受态（competence）

两个菌种或菌株间能否发生转化，有赖于其进化中的亲缘关系。但即使在转化频率极高的微生物中，其不同菌株间也不一定都可发生转化。研究发现，凡能发生转化者，其受体细胞必须处于感受态。**感受态**是指受体细胞最易接受外源 DNA 片段并能实现转化的一种生理状态。它虽受遗传控制，但表现却差别很大。从时间上来看，有的出现在生长的指数期后期，如 *S. pneumoniae*，有的出现在指数期末和稳定期，如 *Bacillus* 的一些种；在具有感受态的微生物中，感受态细胞所占比例和维持时间也不同，如 *Bacillus subtilis*（枯草芽孢杆菌）的感受态细胞仅占群体的 20% 左右，感受态可维持几个小时，而在 *S. pneumoniae* 和 *H. influenzae*（流感嗜血杆菌）群体中，100% 都呈感受态，但仅能维持数分钟。外界环境因子如环腺苷酸（cAMP）及 Ca^{2+} 等对感受态也有重要影响，如 cAMP 可使 *Haemophilus* 的感受态水平提高 1 万倍。

调节感受态的一类特异蛋白称**感受态因子**，它包括 3 种主要成分，即**膜相关 DNA 结合蛋白**（membrane-associated DNA binding protein）、细胞壁**自溶素**（autolysin）和几种核酸酶。

4. 转化因子（transforming factor）

转化因子的本质是离体的 DNA 片段。一般原核生物的核基因组是一条环状 DNA 长链（如在 *B. subtilis* 中长为 1 700 μm），不管在自然条件或人为条件下都极易断裂成碎片，故转化因子通常都只是 15 kb 左右的片段。若以每个基因平均含 1 kb 计，则每一转化因子平均约含 15 个基因，而事实上，转化因子进入细胞前还会被酶解成更小的片段。在不同的微生物中，转化因子的形式不同，例如，在 G⁻ 细菌 *Haemophilus* 中，细胞只吸收 dsDNA 形式的转化因子，但进入细胞后须经酶解为 ssDNA 才能与受体菌的基因组整合；而在 G⁺ 细菌 *Streptococcus* 或 *Bacillus* 中，dsDNA 的互补链必须在细胞外降解，只有 ssDNA 形式的转化因子才能进入细胞。但不管何种情况，最易与细胞表面结合的仍是 dsDNA。由于每个细胞表面能与转化因子相结合的位点有限（如 *S. pneumoniae* 约 10 个），因此从外界加入无关的 dsDNA 就可竞争并干扰转化作用。除 dsDNA 或

ssDNA外，质粒 DNA 也是良好的转化因子，但它们通常并不能与核染色体组发生重组。转化的频率通常为 0.1% ~1.0%，最高为20%。能发生转化的最低 DNA 浓度极低，为化学方法无法测出的 1×10^{-5} μg/mL（即 1×10^{-11} g/mL）。

5. 转化过程

转化过程被研究得较深入的是 G^+ 细菌 *S. pneumoniae*，其主要过程可见图7 – 23。①供体菌（str^R，即存在抗链霉素的基因标记）的 dsDNA 片段与感受态受体菌（str^S，有链霉素敏感型基因标记）细胞表面的膜连 DNA 结合蛋白相结合，其中一条链被核酸酶切开和水解，另一条进入细胞；②来自供体菌的 ssDNA 片段与细胞内的感受态特异的 ssDNA 结合蛋白相结合，并使 ssDNA 进入细胞，随即在 RecA 蛋白的介导下与受体菌核染色体上的同源区段配对、重组，形成一小段杂合 DNA 区段（heterozygous region）；③受体菌染色体组进行复制，于是杂合区也同时得到复制；④细胞分裂后，形成一个转化子（str^R）和一个仍保持受体菌原来基因型（str^S）的子代。

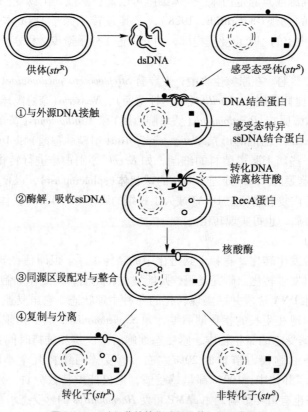

图7 – 23　G^+ 细菌的转化过程及其机制示意图

6. 转染（transfection）

转染指用提纯的病毒核酸（DNA 或 RNA）去感染其宿主细胞或其原生质体，可增殖出一群正常病毒后代的现象。从表面上看，转染似乎与转化相似，但实质上两者的区别十分明显。因为作为转染的病毒核酸，绝不是作为供体基因的功能，被感染的宿主也绝不是能形成转化子的受体菌。

（二）转导（transduction）

通过**缺陷噬菌体**（defective phage）的媒介，把供体细胞中的小片段 DNA 携带到受体细胞中，通过交换与整合，使后者获得前者部分遗传性状的现象，称为**转导**。由转导作用而获得部分新性状的重组细胞，称为**转导子**（transductant）。转导现象由诺贝尔奖获得者 J. Lederberg 等首先在 *Salmonella typhimurium*（鼠伤寒沙门

微生物学教程

氏菌)中发现(1952年),以后又在许多原核生物中陆续发现,例如 *E. coli*、*Bacillus*、*Proteus*(变形杆菌属)、*Pseudomonas*(假单胞菌属)、*Shigella*(志贺氏菌属)、*Staphylococcus*、*Vibrio*(弧菌属)和 *Rhizobium*(根瘤菌属)等。转导现象在自然界较为普遍,它在低等生物进化过程中很可能是一种产生新基因组合的重要方式。转导的种类有以下几种。

1. 普遍转导(generalized transduction)

通过极少数完全缺陷噬菌体对供体菌基因组上任何小片段 DNA 进行"误包",而将其遗传性状传递给受体菌的现象,称为**普遍转导**。一般用温和噬菌体作为普遍转导的媒介。普遍转导又可分为以下两种:

(1)**完全普遍转导** 简称**普遍转导**或**完全转导**(complete transduction)。以 *S. typhimurium* 为例,若用野生型菌株作供体菌,营养缺陷型突变株作受体菌,P22 噬菌体作转导媒介(agency),则当 P22 在供体菌内增殖时,宿主的核染色体组发生断裂,待噬菌体成熟与进行包装之际,有 $10^{-8} \sim 10^{-6}$ 个噬菌体的衣壳把与噬菌体头部 DNA 核心大小相仿的一小段供体菌 DNA(P22 约可包装核染色体组的1%)误包装,形成了一个不含 P22 自身 DNA 的完全缺陷噬菌体,此即**转导颗粒**(transducing particle)。当供体菌裂解时,若把少量裂解物与大量的受体菌接触,务必使其**感染复数**(multiplicity of infection,MOI)小于1,这时,这一完全缺陷噬菌体就可把外源 DNA 片段导入受体细胞内。在这种情况下,由于每一受体细胞至多感染了一个完全缺陷噬菌体,故细胞不可能被溶原化,也不显示其对噬菌体的免疫性,更不会发生裂解和产生正常的噬菌体后代;还由于导入的外源 DNA 片段可与受体细胞核染色体组上的同源区段配对,再通过双交换而整合到染色体组上,从而使后者成为一个遗传性状稳定的重组体,称作**普遍转导子**(图7-24和图7-25)。

除 *S. typhimurium* 的 P22 噬菌体外,*E. coli* 的 P1 噬菌体和 *Bacillus subtilis* 的 PBS1 和 SP10 噬菌体等都能进行完全普遍转导。

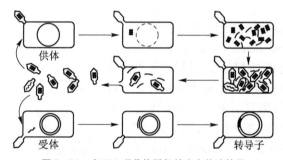

图7-24 由 P22 噬菌体引起的完全普遍转导

图7-25 外源 dsDNA 片段经双交换形成一稳定转导子示意图

(2)**流产普遍转导** 简称**流产转导**(abortive transduction)。经转导噬菌体的媒介而获得了供体菌 DNA 片段的受体菌,如果这段外源 DNA 在其内既不进行交换、整合和复制,也不迅速消失,而仅表现稳定的转录、翻译和性状表达,这一现象就称流产转导。受体菌在发生流产转导并进行细胞分裂后,只能将这段外源 DNA 分配到一个子细胞中,另一个子细胞仅获得外源基因经转录、翻译而形成的少量酶,因此,会在表型上仍轻微地表现出供体菌的某一特征,且每经过一次分裂,就受到一次"稀释"(图7-26)。所以,能在选择培养基平板上形成一个微小菌落(即其中只有一个细胞是转导子)就成了流产转导的特征。

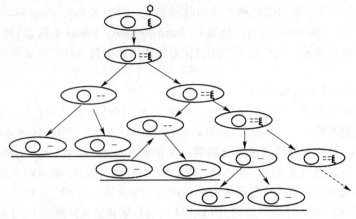

图 7 - 26　流产转导示意图

2. 局限转导(specialized transduction, restricted transduction)

局限转导指通过部分缺陷的**温和噬菌体**(temprate phage)把供体菌的少数特定基因携带到受体菌中,并与后者的基因组整合、重组,形成局限转导子的现象。最初于 1954 年在 *E. coli* K12 中发现。特点是:①只局限于传递供体菌核染色体上的个别特定基因,一般为噬菌体整合位点两侧的基因;②该特定基因由部分缺陷的温和噬菌体携带;③**缺陷噬菌体**的形成方式是由于它在脱离宿主核染色体的过程中,发生低频率($\sim 10^{-5}$)的**误切**(不正常切离,abnormal excesion)或由于双重溶原菌的裂解而形成(详后);④局限转导噬菌体的产生要通过 UV 等因素对溶原菌的诱导并引起裂解后才产生。*E. coli* 的 λ 噬菌体和 Φ80 噬菌体具有局限转导的能力。

根据转导子出现频率的高低可把局限转导分为两类。

(1) **低频转导**(low frequency transduction, LFT)　指通过一般溶原菌释放的噬菌体所进行的转导,因其只能形成极少数($10^{-6} \sim 10^{-4}$)转导子,故称低频转导。以 *E. coli* 的 λ 噬菌体为例,当这一温和噬菌体感染其宿主后,噬菌体的环状 DNA 打开,以线状形式整合到宿主核染色体的特定位点上,同时使之溶原化和获得对同种噬菌体的免疫性。如果该溶原菌因诱导而进入裂解性生活史时,就有极少数($\sim 10^{-5}$)的**前噬菌体**(prophage)因发生不正常切离而把插入位点两侧之一的宿主核染色体组上的少数基因连接到噬菌体 DNA 上(同时噬菌体也留下相对应长度 DNA 给宿主)。通过噬菌体衣壳对这段特殊 DNA 片段的误包,就形成了具有局限转导能力的部分缺陷噬菌体(图 7 - 27)。在 *E. coli* K12 中,λ 前噬菌体整合位点两侧分别为发酵半乳糖的 *gal* 基因和合成生物素的 *bio* 基因,因此,形成的缺陷噬菌体只可能是 λ_{dgal}(或 λ_{dg},指带有供体菌 *gal* 基因的 λ 缺陷噬菌体,其中的"d"表示缺陷"defective")或 λ_{dbio}(带有供体菌 *bio* 基因的 λ 缺陷噬菌体)。它们没有正常 λ 噬菌体所具有的致宿主溶原化的能力;当它感染宿主并整合在宿主核基因组上时,可形成一个获得了供体菌的 *gal* 或 *bio* 基因的**局限转导子**(specialized transductant)。

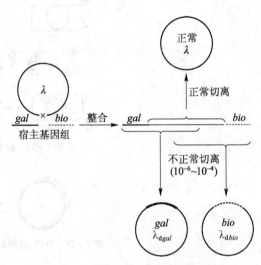

图 7 - 27　低频转导(LFT)裂解物的形成

由于核染色体组进行不正常切离的频率极低,因此在其裂解物中所含的部分缺陷噬菌体的比例也极低($10^{-6} \sim 10^{-4}$)。这种含有极少数局限转导噬菌体的裂解物称为**低频转导裂解物**(LFT lysate)。若 LFT 裂解物在低 MOI(**感染复数**)条件下感染其宿主,就可获得极少量的局限转导子。

(2) **高频转导**(high frequency transduction, HFT)　在局限转导中,若对双重溶原菌进行诱导,就会产生含 50% 左右的局限转导噬菌体的**高频转导裂解物**(HFT lysate),用这种裂解物去转导受体菌,就可获得高达

50%左右的转导子，故称这种转导为高频转导。例如，当以不能发酵乳糖的 *E. coli gal⁻* 作受体菌，用高 MOI 的 LFT 裂解物进行感染时，则凡感染有 λ$_{dgal}$ 噬菌体的任一细胞，几乎都同时感染有正常 λ 噬菌体。这时，λ$_{dgal}$ 与 λ 可同时整合在一个受体菌的核染色体组上，这种同时感染有正常噬菌体和缺陷噬菌体的受体菌就称**双重溶原菌**（double lysogen）。当双重溶原菌受 UV 等因素诱导而复制噬菌体时，其中正常 λ 噬菌体的基因可补偿缺陷噬菌体 λ$_{dgal}$ 的不足，因而两者同样获得了复制。这种存在于双重溶原菌中的正常噬菌体就被称作**辅助噬菌体**（helper phage）。所以，由双重溶原菌所产生的裂解物，因含有等量的 λ 噬菌体和 λ$_{dgal}$ 缺陷噬菌体粒子，具有高频率的转导功能，故称**高频转导裂解物**（HFT lysate）。如果用低 MOI 的 HFT 裂解物去感染另一 *E. coli gal⁻*（不能发酵半乳糖）受体菌，就可高频率（~50%）地把后者转导成能发酵半乳糖的 *E. coli gal⁺* 转导子。这种转导，称高频转导。

3. 溶原性转换（lysogenic conversion）

当正常的温和噬菌体感染其宿主而使其发生溶原化时，因噬菌体基因整合到宿主的核基因组上，而使宿主获得了除免疫性外的新遗传性状的现象，称溶原性转换。这是一种表面上与上述的局限转导相似，但本质上却截然不同的特殊遗传现象。原因是：①这是一种不携带任何外源基因的正常噬菌体；②是噬菌体的基因而不是供体菌的基因提供了宿主的新性状；③新性状是宿主细胞溶原化时的表型，而不是经遗传重组形成的稳定转导子；④获得的性状可随噬菌体的消失而同时消失。

溶原性转换的典型例子是 *Corynebacterium diphtheriae*（白喉棒杆菌）不产白喉毒素的菌株，它在被 β **温和噬菌体**感染而发生溶原化时，就会变成产毒的致病菌株。其他例子如，*Clostridium botulinum*（肉毒梭菌）经特定温和噬菌体感染后，就会产生 C 型或 D 型肉毒毒素；*Salmenella anatum*（鸭沙门氏菌）在经 ε^{15} 噬菌体感染而溶原化时，细胞表面的多糖结构会发生相应的变化；我国学者也发现，在 *Streptomyces erythraeus*（红霉素链霉菌）中，其 P4 温和噬菌体也有溶原性转换活性，由它决定了宿主的红霉素的生物合成和形成气生菌丝的能力。因为溶原化现象在从自然界中分离到的野生型菌株中较普遍存在，因此可以相信，溶原性转换在微生物自然进化中有一定的作用。

（三）接合（conjugation）

1. 定义

供体菌（"雄性"）通过性菌毛与受体菌（"雌性"）直接接触，把 F 质粒或其携带的不同长度的核基因组片段传递给后者，使后者获得若干新遗传性状的现象，称为**接合**。通过接合而获得新遗传性状的受体细胞，称**接合子**（conjugant）。由于在细菌和放线菌等原核生物中出现基因重组的频率极低（如 *E. coli* K12 约 10^{-6}），而且重组子（recombinant）的形态指标不明显，故有关细菌的重组或杂交工作一直很难开展。直到 J. Lederberg 和 E. L. Tatum（1946 年）建立用 *E. coli* 的两株**营养缺陷型突变株**在基本培养基上是否生长来检验重组子存在的方法后，才奠定了方法学上的基础。此法也是目前微生物遗传学和分子遗传学中最基本的和极为重要的研究方法之一（图 7-28）。

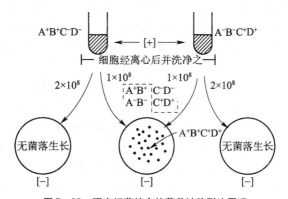

图 7-28　研究细菌接合的营养缺陷型法原理

第七章　微生物的遗传变异和育种

2. 能进行接合的微生物种类

主要在细菌和放线菌中存在。在细菌中，G⁻细菌尤为普遍，如 *E. coli*、*Salmonella*、*Shigella*、*Klebsiella*（克雷伯氏菌属）、*Serratia*（沙雷氏菌属）、*Vibrio*（弧菌属）、*Azotobacter*（固氮菌属）和 *Pseudomonas*（假单胞菌属）等；放线菌中，以 *Streptomyces*（链霉菌属）和 *Nocardia*（诺卡氏菌属）最为常见，其中研究得最为详细的是 *S. coelicolor*（天蓝色链霉菌）。此外，接合还可发生在不同属的一些菌种间，如 *E. coli* 与 *Salmonella typhimurium* 间或 *Salmonella* 与 *Shigella dysenteriae*（痢疾志贺氏菌）间。在所有对象中，接合现象研究得最多、了解得最清楚的当推 *E. coli*。*E. coli* 是有性别分化的，决定性别的是其中的 **F 质粒**（即 F 因子，见本章第一节），它是一种属于**附加体**（episome）性质的质粒，即既可在细胞内独立存在，也可整合到核染色体组上；它既可经接合而获得，也可通过**吖啶类化合物**、**溴化乙锭**或**丝裂霉素**等的处理而从细胞中消除（这些因子可抑制 F 质粒的复制）；它既是合成性菌毛基因的载体，也是决定细菌性别的物质基础。

3. *E. coli* 的 4 种接合型菌株

根据 F 质粒在细胞内的存在方式，可把 *E. coli* 分成 4 种不同接合型菌株（图 7－29）。

（1）**F⁺菌株** 即"雄性"菌株，指细胞内存在一至几个 F 质粒，并在细胞表面着生一至几条性菌毛的菌株。当 F⁺菌株与 F⁻菌株（无 F 质粒，无性菌毛）接触时，通过性菌毛的沟通和收缩，F 质粒由 F⁺菌株转移至 F⁻菌株中，同时 F⁺菌株中的 F 质粒也获得复制，使两者都成为 F⁺菌株。这种通过接合而转性别的频率几近 100%，其具体过程为：

① 在 F 质粒的一条 DNA 单链特定位点上产生裂口。

② 以"**滚环模型**"（rolling circle model）方式复制 F 质粒：在断裂的单链（B）逐步解开的同时，留存的环状单链（A）边滚动、边以自身作模板合成一互补单链（A′）。同时，含裂口的单链（B）以 5′端为先导，以线形方式经过性菌毛而转移到 F⁻菌株中。

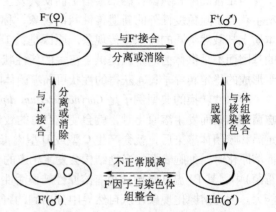

图 7－29 F 质粒的 4 种存在方式及相互关系

③ 在 F⁻中，线形外源 DNA 单链（B）合成互补双链（B-B′），经环化后，形成新的 F 质粒，于是，完成了 F⁻至 F⁺的转变。

（2）**F⁻菌株** 即"雌性"菌株，指与 F⁺菌株相对应的、细胞中无 F 质粒、细胞表面也无性菌毛的菌株。它可通过与 F⁺菌株或 F′菌株的接合而接受供体菌的 F 质粒或 F′质粒，从而使自己转变成"雄性"菌株；也可通过接合接受来自 Hfr 菌株的一部分或一整套核基因组 DNA。如果是后一种情况，则它在获得一系列 Hfr 菌株遗传性的同时，还获得了处于转移染色体末端的 F 因子，从而使自己从原来的"雌性"变成了"雄性"，不过这种情况极为罕见。F⁻较为少见，据统计，从自然界分离到的 2 000 个 *E. coli* 菌株中，F⁻仅占 30% 左右。

（3）**Hfr 菌株**（高频重组菌株，high freguency recombination strain） 20 世纪 50 年代初，由 J. Lederberg 实验室的学者所发现。在 Hfr 菌株细胞中，因 F 质粒已从游离态转变成在核染色体组特定位点上的整合态，故 Hfr 菌株与 F⁻菌株相结合后，发生基因重组的频率要比单纯用 F⁺与 F⁻接合后的频率高出数百倍，故名。当 Hfr 与 F⁻菌株接合时，Hfr 的染色体双链中的一条单链在 F 质粒处断裂，由环状变成线状，F 质粒中与性别有关的基因位于单链染色体末端。整段单链线状 DNA 以 5′端引导，等速地通过性菌毛转移至 F⁻细胞中。在毫无外界干扰的情况下，这一转移过程约需 100 min。在实际转移过程中，这么长的线状单链 DNA 常发生断裂，以致越是位于 Hfr 染色体前端的基因，进入 F⁻细胞的概率就越高，其性状在接合子中出现的时间也就越早，反之亦然。由于 F 质粒上决定性别的基因位于线状 DNA 的末端，能进入 F⁻细胞的机会极少，故在 Hfr 与 F⁻接合中，F⁻转变为 F⁺的频率极低，而其他遗传性状的重组频率却很高。

Hfr 菌株的染色体向 F⁻菌株的转移过程与上述的 F 质粒自 F⁺转移至 F⁻基本相同，都是按滚环模型来进行的。所不同的是，进入 F⁻菌株的单链染色体片段经双链化后，形成**部分合子**（merozygote，即半合子），然后两者的同源区段配对，经双交换后，才发生遗传重组(图7-30)。

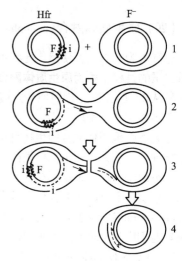

从图7-30可知，接合过程一般可分为：①Hfr与F⁻细胞配对；②通过性菌毛使两个细胞直接接触，并形成接合管；Hfr的染色体在起始子(i)部位开始复制，至F质粒插入的部位才告结束；供体DNA的一条单链通过性菌毛进入受体细胞；③发生接合中断，F⁻成了一个部分双倍体，在那里，供体细胞(Hfr)的单链DNA片段合成了另一条互补的DNA链；④外源双链DNA片段与受体菌(F⁻)的染色体DNA双链间进行双交换，从而产生了稳定的接合子。

由于在接合中的DNA转移过程有着稳定的速度和严格的顺序性，所以，人们可在实验室中每隔一定时间方便地用**接合中断器**或组织捣碎机等措施，使接合中断，获得一批接收到Hfr菌株不同遗传性状的F⁻接合子。根据这一原理，利用F质粒可正向或反向插入宿主核染色体组的不同部位(有插入序列处)的特点，构建几株有不同整合位点的Hfr菌株，使其与F⁻菌株接合，并在不同时间使接合中断，最后根据F⁻中出现Hfr菌株中各种性状的时间早晚(用min表示)，就可画出一张比较完整的**环状染色体图**(chromosome

图7-30　Hfr与F⁻菌株间的接合中断试验
图中的F质粒用波线表示，虚线表示新合成的DNA单链，双环表示细菌的核染色体组

map)。这就是由E. Wollman和F. Jacob(1955年)首创的**接合中断法**(interrupted mating experiment)的基本原理。同时，原核生物染色体的环状特性也是从这里开始认识的(图7-31)。此法对早期 *E. coli* 染色体上的基因定位曾发挥了很大的作用。

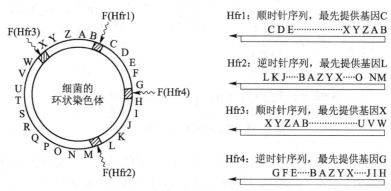

图7-31　接合中断实验中不同Hfr菌株来源示意图
左：环状染色体上可供F质粒正、反向插入的部位；右：不同Hfr菌株所呈现的先后基因序列

（4）**F′菌株**　当Hfr菌株细胞内的F质粒因不正常切离而脱离核染色体组时，可重新形成游离的、但携带整合位点邻近一小段核染色体基因的特殊F质粒，**称F′质粒**或**F′因子**。这种情况与λ_d形成的机制十分相似。凡携带F′质粒的菌株，称为**初生F′菌株**(primary F′-strain)，其遗传性状介于F⁺与Hfr菌株之间；通过F′菌株与F⁻菌株的接合，可使后者也成为F′菌株，这就是**次生F′菌株**(secondary F′-strain)，它既获得了F质粒，同时又获得了来自初生F′菌株的若干原属Hfr菌株的遗传性状，故它是一个**部分双倍体**(图7-32)。以F′质粒来传递供体基因的方式，称为**F质粒转导**或**F因子转导**(F-duction)、**性导**(sexduction)或F质粒媒介的转导(F-mediated transduction)。与上述构建不同Hfr菌株相似的是，因为F质粒可整合在 *E. coli* 核染色体组的不同位置上，故可分离到一系列不同的F′质粒，从而也可用于绘制**细菌的染色体图**。

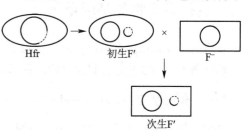

图7-32　初生F′菌株和次生F′菌株的由来

（四）原生质体融合（protoplast fusion）

通过人为的方法，使遗传性状不同的两个细胞的原生质体进行融合，借以获得兼有双亲遗传性状的稳定重组子的过程，称为**原生质体融合**。由此法获得的重组子，称为**融合子**（fusant）。原核生物原生质体融合研究是从20世纪70年代后期才发展起来的一种育种新技术，是继转化、转导和接合之后才发现的一种较有效的遗传物质转移手段。

能进行原生质体融合的生物种类极为广泛，不仅包括原核生物中的细菌和放线菌，而且还包括各种真核生物细胞，例如，属于真核类微生物的酵母菌、霉菌和蕈菌，各种高等植物细胞，至于各种动物和人体的细胞更由于它们本来就不存在阻碍原生质体进行融合的细胞壁，因此就较容易发生原生质体融合。

原生质体融合的主要操作步骤是：先选择两株有特殊价值、并带有选择性遗传标记的细胞作为**亲本菌株**（parent strain）置于高渗溶液中，用适当的**脱壁酶**（如细菌和放线菌可用**溶菌酶**等处理，真菌可用**蜗牛消化酶**或其他相应酶处理）去除细胞壁，再将形成的**原生质体**（包括球状体）进行离心聚集，加入促融合剂PEG（聚乙二醇，polyethylene glycol）或借电脉冲等因素促进融合，然后用等渗溶液稀释，再涂在能促使它再生细胞壁和进行细胞分裂的**基本培养基**平板上。待形成菌落后，再通过**影印平板法**（replica plating），把它接种到各种**选择培养基**（selective medium）平板上，检验它们是否为稳定的融合子，最后再测定其有关生物学性状或生产性能（图7-33）。

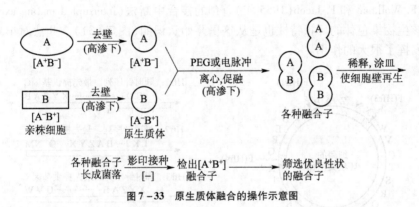

图7-33 原生质体融合的操作示意图

当前，有关在育种工作中应用原生质体融合的研究甚多，成绩显著，在某些例子中，其重组频率已达到10^{-1}，而诱变育种一般仅为10^{-6}；此外，除同种的不同菌株间或种间能进行融合外，还发展到属间、科间甚至更远缘的微生物或高等生物细胞间的融合，并借此获得生产性状更为优良的新物种。例如，国内有报道用 *Saccharomyces cerevisiae*（酿酒酵母）与 *Kluyveromyces*（克鲁维酵母属）进行属间原生质体融合，已获得在45℃下能进行乙醇生产的高温融合子，其产酒率达7.4%。此外，近年来在原生质体融合育种中还出现用加热或UV灭活的原生质体作一方甚至两方亲本参与融合，此法大大简化了制备遗传标记亲本的烦琐的准备工作，颇有创意。

二、 真核微生物的基因重组

在真核微生物中，基因重组的方式很多，主要有有性杂交、准性杂交、原生质体融合和遗传转化等，由于后两者与原核生物中已讨论过的内容基本相同，故这里仅介绍一下有性杂交和准性杂交。

（一）有性杂交（sexual hybridization）

杂交是指在细胞水平上进行的一种遗传重组方式。**有性杂交**，一般指不同遗传型的两性细胞间发生的接合和随之进行的染色体重组，进而产生新遗传型后代的一种育种技术。凡能产生有性孢子的酵母菌、霉菌和蕈菌，原则上都可应用与高等动、植物杂交育种相似的有性杂交方法进行育种。现仅以工业上和基因工程中应用甚广的真核微生物 Saccharomyces cerevisiae 为例来加以介绍。

S. cerevisiae 有其完整的生活史（图2-8）。从自然界分离到的，或在工业生产中应用的菌株，一般都是双倍体细胞。把不同生产性状的甲、乙两个亲本菌株（双倍体）分别接种到含醋酸钠或其他**产孢子培养基**斜面上（见第二章），使其产生**子囊**，经过减数分裂后，在每一子囊内会形成4个**子囊孢子**（单倍体）。用蒸馏水洗下子囊，用机械法（加硅藻土和石蜡油后在匀浆管中研磨）或酶法（用**蜗牛消化酶**等处理）破坏子囊，再行离心，然后把获得的子囊孢子涂布平板，就可以得到由单倍体细胞组成的菌落。把来自不同亲本、不同性别的单倍体细胞通过离心等方式使之密集地接触，就有更多的机会出现种种双倍体的有性杂交后代。它们与单倍体细胞有明显的差别，易于识别（表7-13）。在这些双倍体杂交子代中，通过筛选，就可选到优良性状的杂种。

表7-13　S. cerevisiae 的双倍体和单倍体细胞的比较

比较项目	双倍体	单倍体
细胞	大，椭圆形	小，球形
菌落	大，形态均一	小，形态变化较大
液体培养	繁殖较快，细胞较分散	繁殖较慢，细胞常聚集成团
在产孢子培养基上	会形成子囊	不形成子囊

在生产实践上利用**有性杂交**培育优良微生物菌株的实例很多。例如，用于乙醇发酵的酵母菌和用于面包发酵的酵母虽同属 S. cerevisiae 一个种，但菌株间的差异很大，表现在前者产乙醇率高，而对麦芽糖和葡萄糖的发酵力弱，后者则正好相反。通过杂交，就可育出既能高产乙醇，又对麦芽糖和葡萄糖有很强发酵能力的优良杂种菌株，同时发酵后的残余菌体还可综合利用作为面包厂和家用发面酵母的优良菌种。

（二）准性杂交（parasexual hybridization）

1. 定义

要了解准性杂交，先要介绍一下什么是**准性生殖**（parasexual reproduction，parasexuality）。顾名思义，**准性生殖**是一种类似于有性生殖，但比它更为原始的两性生殖方式，这是一种在同种不同菌株的体细胞间发生的融合，它可不借减数分裂而导致低频率基因重组并产生重组子。因此，可以认为准性生殖是在自然条件下，真核微生物体细胞间的一种自发性的原生质体融合现象。它在某些真菌尤其在还未发现有性生殖的**半知菌类**（Fungi Imperfecti）如 Aspergillus nidulans（构巢曲霉）中最为常见。

2. 准性生殖过程（图7-34）

（1）**菌丝联结**（anastomosis）　它发生于一些形态上没有区别、但在遗传型上却有差别的同种不同菌株的体细胞（单倍体）间。菌丝联结的发生频率是极低的。

（2）形成**异核体**（heterocaryon）　两个遗传型有差异的体细胞经菌丝联结后，先发生**质配**（plasmogamy），使两个单倍体核集中到同一细胞中，于是形成了双相的异核体。异核体能独立生活。

（3）**核融合**（nuclear fusion）　或称**核配**（caryogamy），指在异核体中的两个细胞核在某种条件下，低频率地产生双倍体杂合子核的现象。如在 A. nidulans 或 A. oryzae（米曲霉）中，核融合的频率为 $10^{-7} \sim 10^{-5}$。某些理化因素如樟

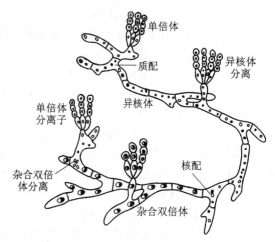

图7-34　半知菌的准性生殖示意图

单倍体
质配
异核体分离
单倍体分离子
异核体
杂合双倍体分离
核配
杂合双倍体

脑蒸汽、UV 或高温等处理，均可提高核融合的频率。

（4）体细胞交换和单倍体化　　体细胞交换（somatic crossing-over）即体细胞中染色体间的交换，也称**有丝分裂交换**（mitotic crossing-over）。上述**双倍体杂合子**（diploid heterozygote）的遗传性状极不稳定，在其进行有丝分裂过程中，其中极少数核内的染色体会发生交换和单倍体化，从而形成了极个别的具有新性状的**单倍体杂合子**（haploid heterozygote）。如果对双倍体杂合子用 UV、γ 射线或氮芥等进行处理，就会促进染色体断裂、畸变或导致染色体在两个子细胞中分配不均，因而有可能产生各种不同性状组合的单倍体杂合子。

从表 7 – 14 中，可看出准性生殖与有性生殖的主要区别。

表 7 – 14　准性生殖和有性生殖的比较

比较项目	准性生殖	有性生殖
参与接合的亲本细胞	形态相同的体细胞	形态或生理上有分化的性细胞
独立生活的异核体阶段	有	无
接合后双倍体的细胞形态	与单倍体基本相同	与单倍体明显不同
双倍体变为单倍体的途径	有丝分裂	减数分裂
接合发生的概率	偶然发现，概率低	正常出现，概率高

3. 准性杂交育种（breeding by parasexuality）

准性生殖对一些没有有性生殖过程但有重要生产价值的半知菌类育种工作来说，提供了一个杂交育种的手段。国内在**灰黄霉素生产菌**（production strain of griseofulvin）——*Penicillium urticae*（荨麻青霉）的育种中，曾借用准性杂交的方法取得了较好的成效。其主要原理见图 7 – 35。

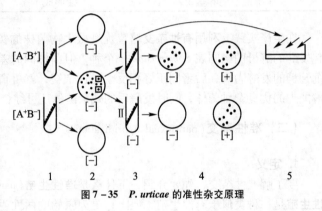

图 7 – 35　*P. urticae* 的准性杂交原理

（1）选择亲本　　即选择来自不同菌株的合适的营养缺陷型作为准性杂交的亲本。由于在 *P. urticae* 等不产生有性孢子的霉菌中，只有在极个别的体细胞间才发生菌丝联结，而且联结后的细胞在形态上并无显著的特征，因此，与研究细菌的接合一样，必须借助于营养缺陷型这类绝好的选择性标记作为准性杂交亲本的筛选指标，例如在图 7 – 33 中的［A⁻B⁺］和［A⁺B⁻］。

（2）强制异合　　即用人为的方法强制两个营养缺陷型的亲本菌株形成互补的异核体。方法是把两菌株所产分生孢子（10⁶ ~ 10⁷）相互混匀，用**基本培养基**［ – ］倾注培养皿平板，同时对各亲本菌株的分生孢子也各倒一［ – ］平板以作对照。经培养后，若前者只长出 10 余个菌落，而后者完全不长，即认为是正常的结果。这时，前者就是异核体或杂合二倍体菌落。

（3）移单菌落　　将平板上长出的单菌落移种到基本培养基［ – ］的斜面上。

（4）验稳定性　　指设法检验获得的菌株究竟是一种不稳定的异核体，还是稳定的杂合二倍体。方法是先从斜面上洗下孢子，用基本培养基［ – ］倾注夹层平板，经培养后，其上再倒一层**完全培养基**［ + ］。如在［ – ］上不出现或仅出现少数菌落，而加了［ + ］后却出现了大量菌落，则它便是一个不稳定的异核体（图 7 – 35 中的 Ⅱ）；相反，如在［ – ］上出现多数菌落，而加上一层［ + ］后，菌落仍无显著增多，则它就是一个稳定的**杂合二倍体菌株**（图 7 – 35 中的 Ⅰ）。在实际工作中，发现多数菌株都属于不稳定的异核体。

（5）促进变异　　把上述稳定菌株所产生的分生孢子用紫外线、γ 射线或氮芥等理化因子进行处理，以促使其发生染色体交换、染色体在子细胞中分配不均、染色体缺失或畸变以及发生点突变等变化，从而使分离后的杂交子代（单倍体杂合子）进一步增加新性状变异的可能性。

（6）选出良种 在上述工作的基础上，再通过一系列生产性状的测定，就有可能筛选到较优良的准性杂交菌株。

第四节　基因工程

科学家的理性探索和微生物的育种实践推动着微生物遗传变异基本理论的研究，而对遗传本质的日益深入认识又大大地促进了遗传育种实践的发展。科学和技术、理论和实践间的这种依存关系，在微生物遗传育种领域中获得了最充分的证实。从 19 世纪巴斯德时代起，在微生物学者仅初步认识微生物存在自发突变现象的阶段，育种工作只能停留在从生产中选和搞些初级的"定向培育"等工作；1927 年，当发现 X 射线能诱发生物体基因突变，以后又发现紫外线等物理因素的诱变作用后，就很快被用于早期的**青霉素生产菌种** *Penicillium chrysogenum*（产黄青霉）的育种工作中，并取得了显著成效；1946 年，当发现了化学诱变剂的诱变作用，并初步研究其作用规律后，就在生产实践中掀起了利用化学诱变剂进行诱变育种的热潮；几乎在同一时期，由于对真核微生物有性杂交、准性生殖和对原核微生物各种基因重组规律的认识，推动了杂交育种工作的开展；步入 20 世纪 50 年代后，由于对遗传物质本质的深刻认识，以及对它们的存在形式、转移方式及其功能等问题的深入研究，促进了分子遗传学的迅速发展，由此引起了 20 世纪 70 年代开始的、在遗传育种观念与技术上具有革命性的基因工程的诞生和飞速发展。

1972 年，D. Jackson、R. Symons 和 P. Berg 成功地构建了基因工程中必需的可携带外源基因的质粒载体。1973 年，S. R. Cohen 和 H. W. Boyer 等首次完成用人工操作在体外进行质粒重组，并通过转化使其携带的外源基因在 *E. coli* 中获得成功表达，由此标志了一项革命性的新技术——基因工程正式诞生了。

一、基因工程的定义

基因工程（gene engineering；gene technology）又称**遗传工程**（genetic engineering），是指人们利用分子生物学的理论和技术，自觉设计、操纵、改造和重建细胞的遗传核心——基因组，从而使生物体的遗传性状发生定向变异，以最大限度地满足人类活动的需要。这是一种自觉的、可人为操纵的体外 DNA 重组技术，是一种可达到超远缘杂交的育种技术，更是一种前景宽广、正在迅速发展的定向育种新技术。

二、基因工程的基本操作

基本操作包括目的基因（即外源基因或供体基因）的取得，载体系统的选择，目的基因与载体重组体的构建，重组载体导入受体细胞，"工程菌"或"工程细胞株"的表达、检测以及实验室和一系列生产性试验等。其主要原理见图 7-36。

（一）目的基因的取得

取得具生产意义的**目的基因**主要有 3 条途径：①从适当的供体生物包括微生物、动物或植物中提取；②通过**反转录酶**（reverse transcriptase）的作用，由 mRNA 合成 cDNA（complementary DNA，即互补 DNA）；③由化学合成方法合成有特定功能的目的基因。

（二）优良载体的选择

优良的**载体**（vector）必须具备几个条件：①是一个分子量较小、结构清楚、具有自我复制能力的**复制子**（replicon）；②能在受体细胞内大量扩增；③载体上最好只有一个限制性内切核酸酶的切口，使目的基因能固定地整合到载体 DNA 的一定位置上；④其上必须有一种**选择性遗传标记**，以便及时高效地选择出"工程

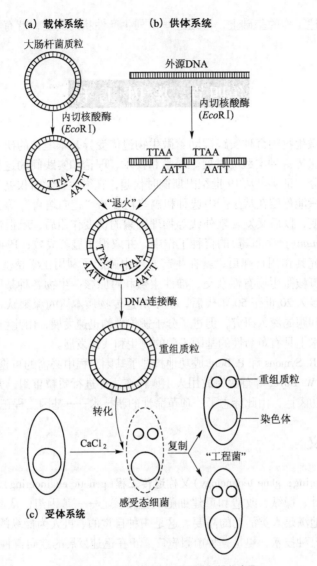

(a) 载体系统

大肠杆菌质粒

(b) 供体系统

外源DNA

内切核酸酶
(*Eco*R I)

内切核酸酶
(*Eco*R I)

TTAA   TTAA
AATT   AATT

TTAA
AATT

"退火"

TTAA AATT
AATT TTAA

DNA连接酶

重组质粒

转化

重组质粒
染色体

CaCl₂

复制

"工程菌"

感受态细菌

(c) 受体系统

图 7 – 36　基因工程的主要原理与操作步骤

菌"或"工程细胞"。目前具备上述条件者，对原核受体细胞来说，主要是**松弛型细菌质粒**、**λ 噬菌体**和**黏粒**（λ 噬菌体与质粒的嵌合体）；对真核细胞受体来说，在动物方面，主要有 **SV40 病毒**，而在植物方面，主要是 **Ti 质粒**。此外，还有酵母人工染色体（YAC）和细菌人工染色体（BAC）。

（三）目的基因与载体 DNA 的体外重组

采用**限制性内切核酸酶**（restriction endonuclease）的处理或人为地在 DNA 的 3'端接上 polyA 和 polyT，就可使参与重组的两个 DNA 分子产生"榫头"和"卯眼"似的互补**黏性末端**（cohesive end）。然后把两者放在 5～6 ℃下温和地"**退火**"（annealing）。由于每一种限制性内切核酸酶所切断的双链 DNA 片段的黏性末端都有相同的核苷酸组分，所以当两者相混时，凡与黏性末端上碱基互补的片段，就会因氢键的作用而彼此吸引，重新形成双链。这时，在外加**连接酶**（ligase）的作用下，目的基因就与载体 DNA 进行共价结合（"缝补"），形成一个完整的、有复制能力的环状**重组载体**或称**嵌合体**（chimaera）。

（四）重组载体导入受体细胞

上述由体外操纵手续构建成的重组载体，只有通过转化等途径将它导入受体细胞中，才能使其中的目

的基因获得扩增和表达。受体细胞种类极多，最初以原核生物为主，如 *E. coli* 和 *Bacillus subtilis*（枯草芽孢杆菌），后来发展到真核微生物如 *Saccharomyces cerevisiae*（酿酒酵母）以及各种高等动、植物的细胞株、组织，目前正在向各种大生物扩展，如转基因动物和转基因植物等。

把重组载体导入受体细胞有多种途径，如质粒可用转化法，噬菌体或病毒可用感染法，DNA 片段可用基因枪法和花粉管道法等。现以转化法为例：在一般情况下，*E. coli* 既不存在感受态，也不能发生转化，可是，它又是一个遗传背景极其清楚、各项优势明显的**模式生物**甚至称得上是一个"明星生物"，故是一个极其重要的**遗传工程受体菌**。为此，学者们经过研究，终于发现 $CaCl_2$ 能促进 *E. coli* 对质粒 DNA 或 λ – DNA 的吸收，从而发展出目前常用的利用 $CaCl_2$ 进行 *E. coli* 转化的方法。采用此法，一种最广泛使用的 **pBR322 质粒**（松弛型，具有四环素和氨苄青霉素抗性基因标记，并具有一些便于应用的限制性内切核酸酶酶切位点，图 7 – 3）的转化率可达到 $10^5 \sim 10^7$ 转化子/μg DNA。

（五）重组受体细胞的筛选和鉴定

（六）"工程菌"或"工程细胞"的大规模培养

三、 基因工程的应用

（一）在生产多肽类药物、疫苗中的应用

这类基因工程药物的生产是当前基因工程最重要的应用领域，进展迅速。例如有抗肿瘤、抗病毒功能的**干扰素**（interferon）、**白细胞介素**（interleukin）等；用于治疗心血管系统疾病的有**尿激酶原**、组织型**溶纤蛋白酶原激活因子**、**链激酶**、**葡激酶**以及**抗凝血因子**等；用于预防传染病的如**乙型肝炎疫苗**、**腹泻疫苗**和**口蹄疫疫苗**等；用于人体生理调节的有**胰岛素**、**人生长激素**（hGH）和其他生长激素等。

基因工程药物的生产途径至今已经历了 4 个阶段：①细菌基因工程，如用 *E. coli* 等细菌作受体菌在不同类型的发酵罐中进行工业化生产；②酵母菌等真核微生物细胞的基因工程，如用酵母菌细胞作受体菌，在发酵罐等生物反应器中大量表达外源基因的多肽类生产性状；③哺乳动物细胞基因工程，如用哺乳动物细胞作受体菌，然后参考微生物发酵的方式在复杂的生物反应器中进行工业化生产；④**转基因动物**（transgenic animal）或**转基因植物**（transgenic plant）基因工程，即以活的动、植物整体代替机械的发酵罐生产稀有、名贵的医用活性肽，这是当前国际基因工程的新潮流，如牛、羊的"乳腺生物反应器"，"鸡卵生物反应器"，哺乳动物的"膀胱生物反应器"，"家蚕生物反应器"，"种子生物反应器"，"果实生物反应器"，"块茎生物反应器"（马铃薯等），"水稻胚乳细胞生物反应器"，以及"香蕉口服疫苗"等。

（二）改造传统工业发酵菌种

由传统工业发酵菌种生产的发酵产品数量大、应用广，对全球经济影响十分巨大，例如抗生素、氨基酸、有机酸、酶制剂、醇类和维生素（尤其是 V_C）等。这类菌种基本上都经过长期的诱变或重组育种，生产性能很难再会大幅度提高。要打破这一局面，必须使用基因工程手段。目前在氨基酸、酶制剂等领域已有大量成功的例子。例如，我国已完成利用遗传工程菌生产 L – 甲硫氨酸、中药丹参中有效成分和异丁醇等试验；国外也有用转基因酵母发酵木糖生产乙醇，以及合成紫杉醇、青蒿素药物等。

（三）动、植物特性的基因工程改良

用基因工程改造动物品质的主要重点是上述以生产**多肽类药物**（peptide pharmaceutical）为主的转基因动物。转基因植物的种类极多，重点主要为：①转抗病虫害基因，如转 *Bacillus thuringiensis*（苏云金杆菌，Bt）δ 毒素基因的抗虫棉花；②利用嗜极菌的特殊功能基因，用于抗逆境植物品种的培育，包括抗旱、涝、寒、盐或碱等；③高产、优质品种的培育，例如高蛋白、高必需氨基酸、高必需脂肪酸和高维生素的品种，如

欧洲已育成富含维生素 A 和铁的转基因水稻等；④生产药用多肽或可降解塑料等优良品种，后者如能生产 PHB（聚羟基丁酸）的油菜品种已培育成功；⑤培育适应商品化的既易保鲜、贮存，又有外形、色泽和口味好的水果新品种；⑥转固氮、结瘤、分解植酸、纤维素或木质素相关酶的基因，或能提高光合作用效率等基因的新品种；等等。据统计，美国投入田间的转基因植物品种已达 2 700 多个（1999 年），我国已有 22 种（2000 年）；美国已批准种植含人体蛋白（人乳中常见的溶菌酶、乳铁蛋白和人血清蛋白）的药用转基因水稻（2007 年）；全球转基因作物的种植面积已由 1996 年的 170 万公顷发展到 2016 年的 1.85 亿公顷（相当于 24.02 亿 m^2）；全球已有 29 个国家（2011 年）种植了几十种转基因植物，尤以美国、巴西、阿根廷、加拿大和印度居多，我国已位居第六（2014 年）。凡此种种，足见这项工作势头之旺、前景之诱人。

（四）在环境保护中的应用

在环境保护方面，利用基因工程可培育同时能分解多种有毒物质的遗传工程菌。例如，1975 年，有人把降解芳烃、萜烃和多环芳烃的质粒转移到能降解烃的 *Pseudomonas* sp.（一种假单胞菌）中，获得了能同时降解 4 种烃类的"超级菌"，它能把原油中的 2/3 的烃分解掉。这类新型遗传工程菌在防治污染、保护环境方面有很大潜力，据报道，利用自然菌种分解海面浮油污染要花费一年以上时间，而利用"超级菌"却只要几个小时即可。

广泛使用生物农药以代替毒性大、对环境污染严重的化学农药是未来农药发展的方向。近年来，我国学者采用基因重组和克隆等手段，已研制了兼具苏云金杆菌和昆虫杆状病毒优点的新型基因工程病毒杀虫剂，还成功重组出有蝎毒基因的棉铃虫病毒杀虫剂（2001 年），它们都具有高效、无公害等特点，堪称是生物农药领域中的一大创新。

（五）基因武器必须高度警惕

基因武器（gene weapon）属第三代生物武器，包括高致病力的病原体、耐药菌以及基因武器等。由于它具有制造成本低、杀伤力强、持续时间长、使用方法简便、施放手段多样以及保密性强和难防难治等特点，有可能被某些国家用作战争或恐怖活动的手段，故应提高警惕、严加防范。［另参见第九章第一节之二（一）］

总之，从 20 世纪 70 年代初就在国际范围内兴起的基因工程，其实质主要是创造了一种能利用微生物或微生物化的动、植物细胞的优越体制和种种优良的生物学特性，来高效地表达生物界中几乎一切物种的优良遗传性状的最佳实验手段。微生物本身和微生物学在基因工程中的重要性是极其明显，甚至是无法取代的，从以下 5 个方面就可得到充分的证实：①**载体**——能充当目的基因载体的，若不是微生物本身（如病毒、噬菌体），就是微生物细胞的一部分构造（如细菌和酵母菌中的质粒）；②**工具酶**——被誉为基因工程中不可或缺的"解剖刀"和"缝衣针"的千余种特异工具酶，几乎均来自微生物；③**受体**——作为基因工程中的受体细胞，被大量使用的主要还是具有优越体制、容易培养和能高效表达目的基因各种性状的微生物细胞和微生物化的高等动、植物单细胞株；④**微生物工程**——作为基因工程的直接成果仅提供了一个良种细胞（"工程菌"或"工程细胞株"），而要它们进一步发挥其应有的巨大经济效益、社会效益或生态效益，就必须让它们大量生长繁殖和发挥生物化学转化作用，这就必须通过微生物工程（或发酵工程）的协助才能实现；⑤目的基因的主要供体——尽管基因工程中外源基因的供体生物可以是任何生物对象，但由于微生物在其代谢多样性和遗传多样性等方面具有的独特优势，尤其是**嗜极菌**（extremophile，即生长于极端条件下的微生物，详见第八章）的重要基因优势，因此，微生物将永远是一个最重要的外源基因供体库。

四、 CRISPR 与基因编辑

生命科学进入 21 世纪后，在基因组学和合成生物学等学科的带动下，人类长期以来在遗传育种领域中的一个"奢望"几近实现。这就是 2012 年在美国等地出现的 CRISPR/Cas9 基因编辑技术。形象地说，从此遗传育种专家已可设计一种备有精密"导航仪"和"基因魔剪"的分子机器人，让它进到活细胞内，对目标基因作定点切除、修剪或添加等"编辑"工作，从而简便快速地获得各种优质、高产或抗病的生物新品种。

（一）CRISPR 简介

CRISPR 全名为成簇有规律间隔的回文重复序列（clustered regularly interspaced short palindromic repeat），又称 **CRISPR/Cas 系统**，是广泛存在于原核生物染色体上的一种串联重复 DNA 序列，它具有清除外来有害核酸（病毒、质粒等）的特殊免疫系统。细菌或古菌可利用这些基因序列对外敌"存档"，以便伺机反击。

1987 年，日本学者 Ishino 等在 *E. coli* K12 的碱性磷酸酶基因附近发现一种串联间隔的重复序列。后许多学者发现它广泛存在于原核生物中，称为 SRSR（short regularly spaced repeat）。2002 年，荷兰学者 R. Jansen 重新把它称为 CRISPR。2012 年，E. Charpentier、J. Doudna 和 V. Siksnys 等多个学者通过各自努力，共同创建了 CRISPR/Cas 9 基因编辑技术。CRISPR 免疫系统由以下 3 部分组成。

1. CRISPR 相关基因

CRISPR 相关基因（CRISPR associated gene）位于 DNA 双链上，为由一些高度保守的同向重复序列（repeat，21 ~ 48 bp）和间隔序列（spacer，26 ~ 72 bp）构成的 R – S 结构。有不同亚型，由重复序列、前导序列和 *cas* 基因共同决定。细菌可利用它来记住曾攻击过自己的各种外源 DNA——把外源 DNA 作为新的间隔序列，整合到自己的基因组中。当遇同种病毒再次入侵时，经 crRNA 定位和 Cas 蛋白剪切，即可达到免疫保护效果。在基因编辑技术中，间隔序列可作为外源基因的定点剪切和插入位点。

2. crRNA

crRNA（CRISPR derived RNA）也称向导 RNA（guide RNA，gRNA）或单链向导 RNA（sgRNA），即上述间隔序列的转录产物。crRNA 通过碱基配对与 traRNA（反向活化 RNA，trans activating RNA）相结合，形成的 tracrRNA 复合物可引导 Cas 9 到与 crRNA 配对的双链 DNA 的靶点上，以完成特异性识别和剪切功能。在基因编辑技术中，traRNA 和 crRNA 可进行人工设计和合成。

3. Cas 蛋白

Cas 蛋白（CRISPR associated protein）是一类双链核酸酶，具多种亚型。由位于 CRISPR 基因附近的 *cas* 基因编码，一旦激活，即可经转录、翻译后形成 Cas 蛋白。它具有剪切靶标 DNA 的功能，俗称"分子剪刀"。通过 Cas 剪切，既可敲除不需要的基因，也可将新基因插入到新间隔中，故有人比喻它具有"Word"软件中"查找和替换"功能，或似一把多功能的"魔剪"。在基因编辑中常用的 Cas 9，来自 *Streptococcus pyogenes*（酿脓链球菌）的 *cas* 9 基因，尤其适合哺乳动物和人体细胞的基因编辑工作。

（二）CRISPR 免疫功能的三阶段

在讲述 CRISPR/Cas 9 基因编辑技术前，应先了解 CRISPR 免疫的原理及其 3 个阶段。

（1）适应阶段　通过 CRISPR 相关基因把外源 DNA 的同源片段插入至前导序列与第一段重复序列间，经复制后，形成一新 R – S 单元，以作记忆留存。

（2）表达阶段　按图 7 – 37 的前三步进行。首先，细菌染色体上的 CRISPR 基因区经转录和翻译，形成一条 crRNA 前体链；接着它被 Cas 剪切成许多 crRNA 片段；最后，crRNA 与 Cas 相结合，形成有向导功能的 Cas – crRNA 复合体，执行寻找 DNA 链上靶标的功能。

（3）干扰阶段　crRNA 作为 Cas – crRNA 的向导，待找到目标位点后，与外源 DNA 的前间隔序列发生互补配对，再进行定点剪切或添加等操作。

（三）基因编辑

基因编辑（gene editing）是一类人为定点改造生物基因组的新技术。方法很多，从早期的基因打靶法、寡聚 DNA – RNA 介导修复法，到后来的锌指内切核酸酶法（ZFN，zinc – finger nuclease）、类转录激活因子效

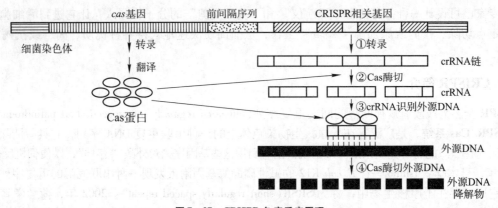

图 7-37 CRISPR 免疫反应原理

应物核酸酶法(TALAN, transcription activator – like effector nuclease)和 CRISPR/Cas 9 等。

CRISPR/Cas 9 是一种建立在上述细菌和古菌的 CRISPR 免疫机制基础上的第三代基因编辑技术。它利用 crRNA 作向导,借助 Cas 9 对目的基因的特定位点进行剪切、添加等精确操作,达到对活细胞的基因组进行简便、快速、高效改造的目的。自 2012 年出现至今,已受到学术界的广泛重视,取得了不少成绩。当然,这项新技术也不可能完美无缺,例如,如何防止"脱靶"(因改变了非目的基因而造成不良后果)以及有关伦理学等问题。

CRISPR/Cas 9 的技术要点见图 7-38。先设计并合成 crRNA 和 tracrRNA,使之与 Cas 9 形成复合物,然后用显微注射器注入待"编辑"的活细胞中。经 crRNA 引导,复合物便整合到双链 DNA 的靶标上,随即由 Cas 9 打开 DNA 双链,对目的基因作定点剪切、修改、替换或添加,从而使原有基因组得到精确的改造和优化。

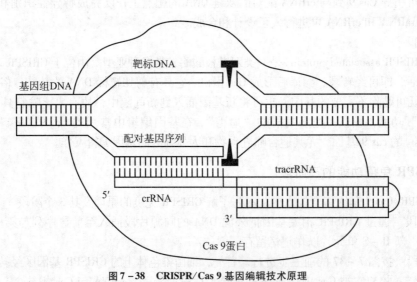

图 7-38 CRISPR/Cas 9 基因编辑技术原理

第五节 菌种的衰退、复壮和保藏

在科学研究和生产实践中,必然会遇到菌种的衰退、复壮和保藏等问题,这都涉及一系列有关遗传、变异等的基本知识和理论,因此,有必要放在本章中加以讨论。

一、菌种的衰退与复壮

在生物进化的历史长河中，遗传性的变异是绝对的，而其稳定性却是相对的；在变异中，退化性的变异是大量的，而进化性的变异却是个别的。在自然条件下，个别的适应性变异通过自然选择就可保存和发展，最后成为进化的方向；在人为条件下，人们也可通过人工选择法去有意识地筛选出个别的**正变体**(plus mutant)，并用于生产实践中。相反，如不自觉、认真地去进行人工选择，大量的自发突变株就会随之泛滥，最后导致菌种的衰退。长期接触菌种的工作人员都有一个深刻的体会，即如果对菌种工作任其自然、放任自流，不进行纯化、复壮和育种，则菌种就会对你进行"惩罚"，反映到生产上就会出现持续的低产、不稳产。这说明菌种的生产性状也是不进则退的。

衰退(degeneration)是指某纯种微生物群体中的个别个体由于发生自发突变，而使该物种原有的一系列生物学性状发生衰退性的量变或质变的现象。具体表现有：①原有形态性状变得不典型了，例如，*Bacillus thuringiensis*(苏云金杆菌)的芽孢和伴孢晶体变小甚至丧失等；②生长速度变慢，产生的孢子变少，如 *Streptomyces microflavus*(细黄链霉菌)"5406"在平板培养基上菌苔变薄、生长缓慢、不再产生典型而丰富的橘红色分生孢子层，有时甚至只长些浅绿色的基内菌丝；③代谢产物生产能力下降，即出现**负变**(minus mutation)，这种情况极其普遍，例如 *Gibberella fujikuroi*(藤仓赤霉)产赤霉素能力的明显下降等；④致病菌对宿主侵染力的下降，例如 *B. thuringiensis* 或 *Beauveria bassiana*(白僵菌)对其宿主的致病力减弱或消失等；⑤对外界不良条件包括低温、高温或噬菌体侵染等抵抗能力的下降；等等。

菌种的衰退是发生在微生物细胞群中一个由量变到质变的逐步演化过程。开始时，在一个大群体中仅个别细胞发生**自发突变**(一般均为负变)，这时如不及时发现并采取有效措施，而仍一味地移种、传代，则群体中这种负变个体的比例就逐步增大，最后会发展成为优势群体，从而使整个群体表现出严重的衰退。所以，开始时的"纯"菌株，实际上早已包含着一定程度的不纯因素，同样，到了后来，整个群体虽已"衰退"，但也是不纯的，即其中仍有少数尚未衰退的个体存在其中。在了解菌种衰退的实质后，就有可能提出防止衰退和进行菌种复壮的对策了。

狭义的**复壮**(rejuvenation)仅是一种消极的措施，指的是在菌种已发生衰退的情况下，通过纯种分离和测定典型性状、生产性能等指标，从已衰退的群体中筛选出少数尚未退化的个体，以达到恢复原菌株固有性状的相应措施；而广义的复壮则应是一项积极的措施，即在菌种的典型特征或生产性状尚未衰退前，就经常有意识地采取纯种分离和生产性状的测定工作，以期从中选择到自发的正变个体。

(一) 衰退的防止

1. 控制传代次数

意即尽量避免不必要的移种和传代，并将必要的传代降低到最低限度，以减少细胞分裂过程中所产生的自发突变概率($10^{-9} \sim 10^{-8}$)。为此，任何较重要的菌种，都应采用一套相应的良好菌种保藏方法(详后)。

2. 创造良好的培养条件

在实践中，有人发现若创造一个适合原种的生长条件，就可在一定程度上防止菌种衰退。例如，在赤霉素生产菌 *G. fujikuroi* 的培养基中，加入糖蜜、天冬酰胺、谷氨酰胺、5′-核苷酸或甘露醇等丰富营养物时，有防止衰退效果；在培养 *Aspergillus terricola*(栖土曲霉)3.942 时，发现温度从 $28 \sim 30\ \text{℃}$ 提高到 $33 \sim 34\ \text{℃}$ 时，可防止产孢子能力的衰退。

3. 利用不易衰退的细胞传代

在放线菌和霉菌中，由于其菌丝细胞常含几个细胞核，甚至是由异核体组成的，因此若用菌丝接种就易出现**离异**(dissociation)或衰退，而孢子一般是单核的，用于接种，就不会发生这类现象。在实践上，若用灭过菌的棉团轻巧地对放线菌进行斜面移种，就可避免菌丝接入。另外，有些霉菌(*A. nidulans* 等)如用其分生孢子传代易于衰退，而改用其子囊孢子接种，则能避免退化。

4. 采用有效的菌种保藏方法

在用于工业生产的菌种中，重要的性状大多属于数量性状，而这类性状恰是最易衰退的。有些如**链霉素产生菌** *Streptomyces griseus*（灰色链霉菌）的菌种保藏即使是采用干燥或冷冻干燥保藏等较好的方法，还是会出现这类情况。这说明有必要研究和采用更为理想的菌种保藏方法。

（二）菌种的复壮

1. 纯种分离法（pure culture isolation）

前已述及，在衰退菌种的细胞群中，一般还存在着仍保持原有典型性状的个体。通过纯种分离法，设法把这种细胞挑选出来即可达到复壮的效果。纯种分离方法极多，大体可分两类，一类较粗放，可达到"菌落纯"水平（pure culture in colony lever）；另一类较精细，可达到"**菌株纯**"的水平（pure culture in strain lever），现表解如下：

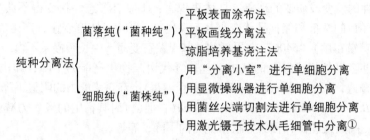

2. 通过宿主体内复壮

对于因长期在人工培养基上移种传代而衰退的病原菌，可接种到相应的昆虫或动、植物宿主体中，通过这种特殊的活的"选择培养基"一至多次选择，就可从典型的病灶部位分离到恢复原始毒力的复壮菌株。例如，经长期人工培养的 *Bacillus thuringiensis* 会发生毒力减退和杀虫效率降低等衰退现象。这时，就可将已衰退的菌株去感染菜青虫等的幼虫，然后再从最早、最严重罹病的虫体内重新分离出产毒菌株。

3. 淘汰已衰退的个体

有人发现，若对 *S. microflavus* "5406" 农用抗生菌的分生孢子采用 –30 ~ –10 ℃的低温处理 5～7d，使其死亡率达到80%左右。结果会在抗低温的存活个体中留下未退化的个体，从而达到了复壮的效果。

以上综合了一些在实践中曾收到一定成效的防止菌种衰退和达到复壮的某些经验。但应指出的是，在使用这些措施之前，还得仔细分析和判断一下具体的菌种究竟是发生了衰退，还是属于一般性的饰变或污染。

二、 菌种的保藏

菌种（culture, stock culture）是一种极其重要和珍贵的生物资源，**菌种保藏**（culture preservation, conservation, maintenance）是指通过适当方法使微生物能长期存活，并保持原种的生物学性状稳定不变的一类措施，这是一项十分重要的基础性工作。菌种保藏机构的任务是在广泛收集实验室和生产用菌种、菌株、病毒毒株（有时还包括动、植物的细胞株和微生物质粒等）的基础上，将它们长期保藏，使之不死、不衰、不污、不乱，以达到便于研究、交换和使用等目的。为此，在国际上一些较发达的国家都设有若干国家级的菌种保藏机构。资料显示，在全球的 78 个国家和地区中，建有 673 个菌种保藏中心，共有约 150 万株菌株。例如，**中国普通微生物菌种保藏管理中心**（CGMCC），中国科学院微生物研究所微生物资源中心（IM-CAS-BRC），**中国典型培养物保藏中心**（CCTCC），**美国典型菌种保藏中心**（ATCC），美国北部地区研究实验室（NRRL），荷兰的霉菌中心保藏所（CBS），英国的国家典型菌种保藏所（NCTC），俄罗斯科学院微生物生化、生

---

① 激光镊子技术（laser tweezers technique）：在倒置显微镜上装有一台强聚焦红外激光器和一个显微操作器。待分离的混杂细胞流经毛细管时，可利用激光"镊住"目标细胞，然后折断毛细管就可获得该单个细胞。

理研究所菌种保藏中心(VKM)以及日本的大阪发酵研究所(IFO)等都是有关国家的代表性菌种保藏机构。

系统的菌种保藏工作是19世纪末和20世纪初才开始的,最早为捷克学者F. Kral系统地收集的菌种;1914年,Rogers首创**冷冻干燥保藏法**(lyophilization,freeze-drying);1925年,美国成立国际著名的ATCC(American Type Culture Collection),当时收藏有2 000个不同菌株;1960年,ATCC试用液氮法保藏菌种(liquid nitrogen cryo-preservation),影响很大;我国已故微生物学家方心芳院士于1952年在北京建立了全国第一个菌种保藏机构——菌种保藏委员会。

用于长期保藏的原始菌种称保藏菌种或原种(stock culture)。菌种保藏的具体方法很多,原理却大同小异。首先应挑选**典型菌种**或**典型培养物**(type culture)的优良纯种,最好保藏它们的分生孢子、芽孢等休眠体;其次,还要创造一个有利于它们长期休眠的良好环境条件,诸如干燥、低温、缺氧、避光、缺乏营养以及添加保护剂或酸度中和剂等。干燥和低温是菌种保藏中的最重要因素。据试验,微生物生长温度的低限约在-30℃,而酶促反应低限在-140℃,因此,低温必须与干燥结合,才具有良好的保藏效果。细胞体积大小和细胞壁的有无对低温的反应不同,一般体积越大越敏感,无壁者比有壁者敏感。这是因为细胞内的水分在低温下会形成破坏细胞结构的冰晶。速冻可减少冰晶的产生。菌种冷冻保藏前后的降温与升温速度对不同生物影响不同,操作前应予以注意。在实践中,发现在相当大的范围内,较低的温度更有利于保藏,如**液氮**(-196℃)比**干冰**(-70℃)好,-70℃比-20℃好,比0℃或4℃更好。冷冻时的介质对细胞损伤与否关系极大,例如0.5 mol/L左右的**甘油**或二甲基亚砜(dimethyl sulfoxide,DMSO)可透入细胞,并通过降低强烈的脱水作用而保护细胞;**海藻糖**、**脱脂牛奶**、人血白蛋白、糊精或聚乙烯吡咯烷酮(polyvinylpyr-rolidone,PVP)等均可通过与细胞表面结合的方式防止细胞膜的冻伤。

一种良好的菌种保藏方法,首先应保持原菌优良性状长期稳定,同时还应考虑方法的通用性、操作的简便性和设备的普及性。具体的方法很多,现把多种方法按类排列后作一综合性表解,以便读后有一全面了解。

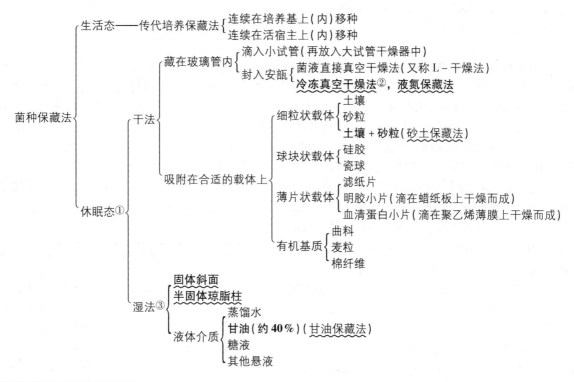

---

① 凡采用休眠态的微生物保藏时,不管用其中的何种方法,均可作常温保藏,也可用低温保藏(如12℃、4℃、0、-20℃、-75℃、-196℃等)。一般温度越低则保藏效果越好。如果同时采用避光保存,则效果更佳。

② 用波曲线表示的方法,为最常用的保藏法。

③ 在湿法保藏中,如采用覆盖一层无菌石蜡油,或试管口用橡皮塞密封等方法来隔绝氧气,或彻底驱除氧气,则效果更好。

现把微生物学实验室和生产实践中最常用的 7 种菌种保藏法列于表 7–15 中。

在以上 7 种保藏法中，被各大菌种保藏单位普遍选用的主要有以下两种。

（1）**冷冻干燥保藏法**（lyophilization, freeze-drying） 是一种有效的菌种保藏方法。它集中了低温、干燥、缺氧和加保护剂等多种有利菌种保藏条件于一身，可达到长期保藏菌种的效果（一般保藏期为 5 ~ 15 年或 10 ~ 30 年）。通常包括以下主要操作：将微生物细胞或孢子混悬于适当的保护剂（如 20% 脱脂牛奶或血清）中，使成 10^8/mL 浓度，取 0.1 mL 至灭菌安瓿管中，随即放在干冰（固态 CO_2）乙醇溶液（–70 ℃）中速冻，然后在加有强力干燥剂（PO_5 或无水 $CaCl_2$）的容器中用真空泵抽 1d 左右，使其中冰水升华，最后熔封管口，置 4 ℃ 左右长期保藏。本法具有适用的菌种多、保藏期长和存活率高等优点；缺点是设备较贵，操作较烦琐。

表 7–15　7 种常用菌种保藏方法的比较

方法	主要措施	适宜菌种	保藏期	评价
冰箱保藏法（斜面）	低温（4 ℃）	各大类	1 ~ 6 个月	简便
冰箱保藏法（半固体）	低温（4 ℃），避氧	细菌，酵母菌	6 ~ 12 个月	简便
石蜡油封藏法*	低温（4 ℃），阻氧	各大类**	1 ~ 2 年	简便
甘油悬液保藏法	低温（–70 ℃），保护剂（15% ~ 50% 甘油）	细菌，酵母菌	约 10 年	较简便
砂土保藏法	干燥，无营养	产孢子的微生物	1 ~ 10 年	简便有效
冷冻干燥保藏法	干燥，低温，无氧，有保护剂	各大类	>5 ~ 15 年	繁而高效
液氮超低温保藏法	超低温（–196 ℃），有保护剂	各大类	>15 年	繁而高效

　*　用斜面或半固体穿刺培养物均可，一般置 4 ℃ 下。

　**　对石油发酵微生物不适宜。

（2）**液氮超低温保藏法**（cryo-preservation by liquid nitrogen） 是一种高效的菌种保藏方法。主要操作是把微生物细胞混悬于含保护剂（20% 甘油，10% DMSO 等）的液体培养基中（也可把含菌琼脂块直接浸入含保护剂的培养液中），分装入耐低温的安瓿管中后，作缓慢预冷，然后移至液氮罐中的液相（–196 ℃）或气相（–156 ℃）作长期超低温保藏。本法的优点是保藏期长（15 年以上）且适合保藏各类微生物，尤其适宜于保存难以用冷冻干燥保藏法保藏的微生物，如枝原体、衣原体、不产孢子的真菌、微藻和原生动物等，缺点是需要液氮罐等特殊设备，且管理费用高、操作较复杂、分发不便等。

在国际上最有代表性的美国 ATCC 中，长期以来仅选择两种最有效的方法保藏所有菌种，这就是**冷冻干燥保藏法和液氮保藏法**，两者结合既可最大限度减少不必要的传代次数，又不影响随时分发给全球用户，效果甚佳。中国普通微生物菌种保藏管理中心（China General Microbiological Culture Collection Center, CGMCC）所属 7 个保藏中心的保藏量目前为全球第二（2016 年有 5 700 种共 5 万余株各种微生物），现采用 3 种保藏法（斜面传代法、冷冻干燥保藏法和液氮保藏法）进行保藏。

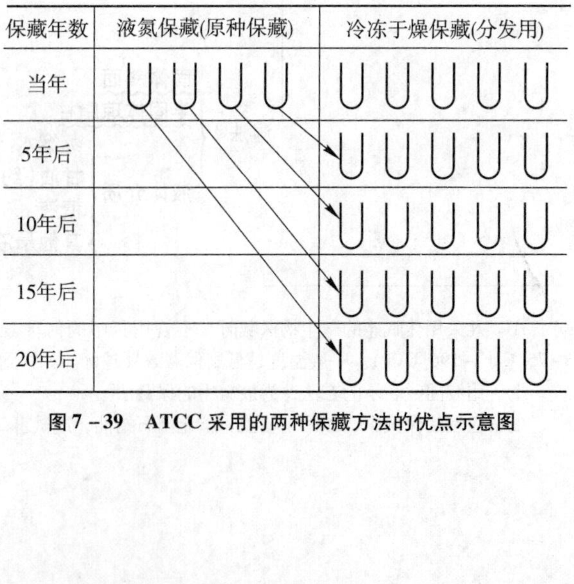

图 7–39 中所表示的两种保藏法结合使用的原理是：当菌种保藏单位收到合适的纯种时，先将原种制成若干管液氮菌种作为长期保藏用菌种，然后再制一批冷冻干燥保藏菌种作为用户分发用。约经 5 年后，假定第一代（原种）的冷冻干燥保藏菌种已分发完毕，就再打开一支液氮保藏原种制备大量冷冻保藏菌种，

图 7–39　ATCC 采用的两种保藏方法的优点示意图

这样下去，至少在 20 年内，凡获得该菌种的用户，至多只是原种的第二代，从而保证了保藏菌种与分发菌种的高质量标准。

复习思考题

1. 历史上证明核酸是遗传物质基础的经典实验有几个？实验者是谁？工作发表在何时？分别用何种模式菌种？各有何重要意义？（试以表格形式回答。）

2. 试图示并简要说明 Griffith 的转化实验。

3. 试图示并简要说明 Avery 等人的转化实验。

4. 试图示并简要说明 Hershey 等人的噬菌体感染实验。

5. 试图示并简要说明 Fraenkel–Conrat 的植物病毒重建实验。

6. 为何证明核酸是生物遗传物质基础的 3 个经典实验都不约而同地选择微生物，尤其是病毒作为其模式生物？

7. 试用表格或表解形式对遗传物质在细胞中存在的 7 个水平作一简明的介绍。

8. 质粒有何特点？主要的质粒可分几类？各有哪些理论或实际意义？（可用表格形式比较。）

9. E. coli 的 pBR322 质粒有何特点？它在基因工程中有何重要性？

10. 什么是 Luria 的变量试验？试图示其过程并指出该实验的关键创新点。

11. 什么是 Newcomb 的涂布试验？试图示其实验过程并指出该实验的关键创新点。

12. 什么是 Lederberg 等的影印培养试验？试指出该实验的关键创新点。此法在微生物学研究中还有什么应用？

13. 诱变育种的基本步骤有哪些？关键是什么？何故？

14. 试述用 Ames 法检测微量致癌、致突变、致畸变物质的理论依据、方法要点和优缺点。

15. 举例说明在微生物诱变育种工作中，采用高效筛选方案和方法的重要性。

16. 什么是微量高通量微生物筛选法？试分析此法的创新点在何处。

17. 什么是琼脂块培养法？这种设计思路有何创新之处？

18. 试以梯度平板法来说明定向培育抗药性菌株的原理，并说明为何不能把定向培育说成是"定向变异"。

19. 试用表解法概括一下筛选营养缺陷型菌株的主要步骤和方法。

20. 抗生素法和菌丝过滤法为何能"浓缩"营养缺陷型菌株？

21. 试简述转化的基本过程。

22. 试比较 E. coli 的 F⁺、F⁻、F′ 和 Hfr 4 个菌株的特点，并图示它们间的相互联系。

23. 为什么用接合中断法可以绘制 E. coli 的环状染色体图？

24. 用原生质体融合法进行微生物育种有何优点？该法的基本操作步骤如何？

25. 试列表比较原核微生物的转化、转导、接合和原生质体融合的异同。

26. 试列表比较 LFT 和 HFT 的异同。

27. 酿酒酵母的有性杂交是如何操作的？

28. 什么叫准性生殖？试以荨麻青霉为例，说明利用准性生殖进行半知菌类真菌杂交育种的一般操作。

29. 基因工程的基本操作过程是怎样的？试用简图表示并简要说明之。

30. 为什么说微生物是基因工程中的"宠儿"？

31. 什么是 CRISPR？什么是 CRISPR/Cas 9？简述基因编辑的原理。

32. 菌种衰退的原因是什么？如何对衰退的菌种进行复壮？如何区别菌种究竟是衰退，还是发生污染或饰变？

33. "ATCC"是一个什么组织？目前它用于菌种保藏的方法有哪几种？为什么？

34. 冷冻干燥保藏法的主要操作步骤是什么？该法的优缺点如何？

35. 试述液氮超低温保藏法的主要操作过程，并指出该法的优缺点。

数字课程资源

📖 本章小结   📋 重要名词

第八章 微生物的生态

　　在以上各章中，已讨论了纯种微生物在人为条件下的各种生命活动规律，而本章所讨论的则主要是在自然条件下微生物群体的生活状态及其生命活动规律(当然，其中的许多研究方法还得借助于纯培养)。**生态学**(ecology)是一门研究生态系统的结构及其与环境系统间相互作用规律的科学，**微生物生态学**(microbial ecology)是生态学的一个分支，它的研究对象是微生物生态系统的结构及其与周围生物和非生物环境系统间相互作用的规律。

　　在生命科学研究领域中，从宏观到微观一般可分 10 个层次：**生物圈**(biosphere)、**生态系统**(ecosystem)、**群落**(community)、**种群**(population)、个体(individual)、器官(organ)、组织(tissue)、细胞(cell)、细胞器(organelle)和分子(molecule)，其中前 4 个客观层次都是生态学的研究范围。

　　研究微生物的生态规律有着重要的理论意义和实践价值。例如，研究微生物的分布规律有利于发掘丰富的菌种资源，推动进化、分类的研究和开发应用；研究微生物与他种生物间的相互关系，有助于开发新的微生物农药、微生物肥料和微生态制剂，并为发展混菌发酵、生态农业以及积极防治人和动、植物的病虫害提供理论依据；研究微生物在自然界物质循环中的作用，有助于阐明地质演变和生物进化中的许多机制，也可为探矿、冶金、提高土壤肥力、治理环境污染、开发生物能源和促进大自然的生态平衡等提供科学的基础。此外，在当前人类社会中，生态学理论还是协调国际、国家、地区间各种关系和制定重大政策的重要依据。

第一节　微生物在自然界中的分布与菌种资源的开发

一、 微生物在自然界中的分布

　　在人体、动植物、土壤、水体或大气等特定生态单元(biotope)中，分布或生活着无数不同种类的**微生物群落**(microbiota)。在微生物群落中，所有成员及其遗传信息和生命功能的集合体，称为**微生物组**(microbiome)。

(一) 土壤和地层中的微生物

　　由于**土壤**具备了各种微生物生长发育所需要的营养、水分、空气、酸碱度、渗透压和温度等条件，所以成了微生物生活的良好环境。可以说，土壤是微生物的"天然培养基"，也是它们的"大本营"，对人类来说，则是最丰富的菌种资源库。

　　尽管土壤的类型众多，其中各种微生物的含量变化很大，但一般来说，在每克耕作层土壤中，各种微生物含量之比大体有一个 10 倍系列的递减规律：

细菌(~10^8) > 放线菌(~10^7,孢子) > 霉菌(~10^6,孢子) > 酵母菌(~10^5) > 藻类(~10^4) > 原生动物(~10^3)

由此可知,土壤中所含的微生物数量很大,尤以细菌居多。据估计,在每亩耕作层土壤中,约有霉菌150 kg、细菌75 kg、原生动物15 kg、藻类7.5 kg、酵母菌7.5 kg。通过这些微生物旺盛的代谢活动,可明显改善土壤的物理结构和提高它的肥力。

值得注意的是,在深层土壤和岩层中也有微生物生存着。被称为"中华地学瑰宝"的江苏连云港市郊有一个钻探直径为20 cm、深5 158 m的"亚洲第一井"。在其500 m以下的泥浆和岩石中,通过分子克隆和微生物的培养后,均发现有大量微生物的存在。在泥浆中,每克含1亿~10亿个高温、厌氧的化能自养菌;在岩石中,每克含1 000~10 000个化能自养菌。还发现其中的细菌可分5个大类,古菌可分6~7个大类(其中4~5类为新发现)。类似情况在世界各地都有发现。例如,在美国科罗拉多州的3 km地层(90 ℃)下曾发现存在"地狱杆菌"(1997年);有学者发现在400 m深的岩石中,可分离到以H_2作能源、以CO_2作碳源的自养菌——产乙酸细菌(每克含100~1 000万个),并认为,平均在4 km深、80 ℃的地层中,总可分离到各种化能自养微生物。这类地层深处微生物,都是人类未来潜在和可贵的微生物种质资源。

还应重视的是,随着人类活动的加剧,包括人和动植物的流动、迁移、贸易和排污等,使土壤产生污染、退化、"过劳",亟待减压提质。

(二)水体中的微生物

因水体中所含有机物、无机物、氧、毒物以及光照、酸碱度、温度、水压、流速、渗透压和生物群体等的明显差别,可把水体分成许多类型,各种水体又有其相应的微生物区系(flora)。

1. 不同水体中的微生物种类

(1)淡水型水体的微生物 地球表面约有2/3面积被水体覆盖,水的总贮量约有13.6亿 km³,但淡水量只占其中的2.53%。绝大部分(约90%)的淡水都以雪山、冰原或深层地下水等人类难以利用的形式存在。在江、河、湖和水库等的淡水中,若按其中有机物含量的多少及其与微生物的关系,还可分为两类,即:①清水型水生微生物——存在于有机物含量低的水体中,以化能自养微生物和光能自养微生物为主,如硫细菌、铁细菌、衣细菌、蓝细菌和光合细菌等。少量异养微生物也可生长,但都属于只在低浓度(1~15 mg C/L)的有机质的培养基上就可正常生长的**贫营养细菌**(或**寡营养细菌**, oligotrophic bacteria),例如,*Agromonas oligotrophica*(寡养土壤单胞菌)就可在 <1 mg C/L 的培养基上正常生长。②腐败型水生微生物——在含有大量外来有机物的水体中生长,例如流经城、镇的河水,下水道污水,富营养化的湖水等。由于在流入大量有机物的同时还夹带入大量腐生细菌,所以引起腐败型水生微生物和原生动物大量繁殖,每毫升含菌量可达到10^7~10^8个,它们中主要是各种肠道杆菌、芽孢杆菌、弧菌和螺菌等。

在较深的湖泊或水库等淡水生境中,因光线、溶氧和温度等的差异,微生物呈明显的垂直分布带:①沿岸区(littoral zone)或浅水区(limnetic zone),此处因阳光充足和溶氧量大,故适宜蓝细菌、光合藻类和好氧性微生物,如 *Pseudomonas*、*Cytophaga*(噬纤维菌属)、*Caulobacter*(柄杆菌属)和 *Hyphomicrobium*(生丝微菌属)的生长;②深水区(profundal zone),此区因光线微弱、溶氧量少和硫化氢含量较高等原因,故只有一些厌氧光合细菌(紫色和绿色硫细菌)和若干兼性厌氧菌可以生长;③湖底区(benthic zone),这里由严重缺氧的污泥组成,只有一些厌氧菌才能生长,例如 *Desulfovibrio*(脱硫弧菌属)、产甲烷菌类(methanogens)和 *Clostridium*(梭菌)等。

(2)海水型水体的微生物 海洋是地球上最大的水体,咸水占地球总水量的97.5%。一般海水的含盐量为3%左右,所以海洋中土著微生物必须生活在含盐量为2%~4%的环境中,尤以3.3%~3.5%为最适盐度。海水中的土著微生物种类主要是一些藻类以及细菌中的 *Bacillus*(芽孢杆菌属)、*Pseudomonas*(假单胞菌属)、*Vibrio*(弧菌属)和一些发光细菌等。此外,海洋中还存在数量约为细菌10倍的病毒(主要是噬菌体)。从海洋表面至11 034 m深海沟以及其海底软泥层中都有微生物生活着,估计微生物种类有500万~1 000万种。

海洋微生物的垂直分布带更为明显，原因是海洋的平均深度即达 4 km，最深处为 11 km。从海平面到海底依次可分 4 区：①透光区（euphotic zone），此处光线充足，水温高，适合多种海洋微生物生长；②无光区（aphotic zone），在海平面 25 m 以下直至 200 m 间，有一些微生物活动着；③深海区（bathy pelage zone），位于 200～6 000 m 深处，特点是黑暗、寒冷（平均约 3 ℃）和高压，只有少量微生物存在；④深渊区（hadal zone），特点是黑暗、寒冷和超高压，只有极少数耐压菌才能生长。

尽管深渊区的面积只占海底总面积的 1%～2%，但其高深度却构成了独特的深渊海洋生态系统。全球已发现的深渊区达 46 个（计有 33 条海沟和 13 条海槽），尤以太平洋居多，其中的马里亚纳海沟的深度更为全球之最。因超高静水压、缺乏阳光和有机物等极端环境因素，过去被认为是生命的禁区。近年来，除不断发现有种类丰富、数量庞大的动物和底栖生物外，还发现存在丰度、多样性和代谢活性都非常高的微生物世界。

数量庞大、种类繁多的海洋微生物，是海洋生态系统的主体，也是海洋生物量和生产力的主要贡献者；它们主宰着整个海洋中碳和其他营养元素的生物地质化学循环，对改善大气质量和调节气候也有一定的作用。因此，人类应加强对海洋微生物的研究、开发和保护。

2. 水体的自净作用（self cleaning）

在自然水体尤其是快速流动、氧气充足的水体中，存在着水体对有机或无机污染物的自净作用。这种"流水不腐"的实质，主要是生物学和生物化学的作用，包括好氧菌对有机物的降解作用，原生动物对细菌的吞噬作用，噬菌体对宿主的裂解作用，藻类对无机元素的吸收利用，以及浮游动物和一系列后生动物通过食物链对有机物的摄取和浓缩作用等。

3. 饮用水的微生物学标准

我国对**饮用水**（drinking water）的微生物种类和数量都有严格规定。在城市供水的发展史上，采用严格的过滤和用氯消毒对防止多种肠道传染病的传播曾起着极其明显的作用。良好的饮用水，其细菌总数应 <100 个/mL，当 >500 个/mL 时就不宜作饮用水了。检验饮用水的微生物种类主要采用以 *E. coli* 为代表的**大肠菌群数**[①]为指标的**大肠菌群试验**（coliform test）。因为这类细菌是温血动物肠道中的正常菌群，数量极多，用它作指标可以灵敏地推断该水源是否曾与动物粪便接触以及污染程度如何。由此即可避免直接去计算出数量极少的肠道传染病（霍乱、伤寒、痢疾等）病原体所带来的难题。我国卫生部门规定的饮用水标准是：1 mL 自来水中的细菌总数不可超过 100 个（37 ℃，培养 24 h），而 1 000 mL 自来水中的大肠菌群数则不能超过 3 个（37 ℃，48 h）。大肠菌群数的测定通常可用**滤膜培养法**（见第四章第三节）在选择培养基和鉴别培养基上进行，然后数出其上所长的菌落数。此外，从 2007 年 7 月 1 日起，我国卫生部门又开始实施一项重要的饮用水卫生标准——要求饮水中可引起人体肝损伤和肝癌的**微囊蓝细菌毒素**（microcystin）含量不能超过 1 μg/L。

（三）空气中的微生物

空气中并不含微生物生长繁殖所必需的营养物、充足的水分和其他条件，相反，日光中的紫外线还有强烈的杀菌作用，因此，它不宜于微生物的生存。然而，空气中还是含有一定数量来自土壤、生物和水体等的微生物，它是以尘埃、微粒等方式由气流带来的。有人通过对雾霾成分进行 DNA 测序，发现其中竟含有约 1 300 种微生物。因此，凡含尘埃越多或越贴近地面的空气，其中的微生物含量就越高。在医院及公共场所的空气中，病原菌特别是耐药菌的种类多、数量大，对免疫力低下的人群十分有害。

空气中微生物以气溶胶（aerosol）的形式存在，它是动、植物病害的传播，发酵工业中的污染以及工农业产品的霉腐等的重要根源。含有微生物细胞、孢子或病毒粒的气溶胶称为**生物气溶胶**（bioaerosol），它不但与传染病的传染相关，而且还与生物恐怖和生物战相关。近年来，发现一些通风系统特别是中央空调系

[①] 大肠菌群（coliform）指任何可发酵乳糖产酸产气的 G⁻、杆状、无芽孢、兼性厌氧的肠道细菌，典型代表是 *E. coli*，也包括 *Enterobacter aerogenes*（产气肠杆菌）、*Citrobacter*（柠檬酸杆菌属）和 *Klebsiella pneumoniae*（肺炎克氏杆菌）等。

统常是许多传染病的传染源（如军团菌病、SARS 等），应特别注意。通过减少菌源、尘埃源以及采用空气过滤、灭菌（如用 200 ~ 400 nm 的 UV 照射，甲醛熏蒸）等措施，可降低空气中微生物的数量。

（四）工农业产品上的微生物

1. 工业产品的霉腐

大量的工业产品都是直接或间接用动、植物作原料制成的，例如木制品、纤维制品、革裘制品、橡胶制品、油漆、卷烟、感光材料、化妆品和中成药等，它们含有微生物生长需要的各种营养物，因此，不但其上分布着大量的、种类各异的微生物，且一旦遇适宜的温、湿度时，还会大量生长繁殖，引起严重的霉腐、变质；有些工业产品虽是用无机材料制造的，例如光学镜头、钢缆、地下管道和金属材料等，也可被多种微生物所破坏；此外，各种电讯器材、感光和录音、录像材料，以及文物（如兵马俑、敦煌壁画）、书画、生物标本等都可被相应的微生物所损害。这些，都会给工农业生产、国防、医疗保健、科研和文化事业等带来严重的后果。

研究各种工农业产品上有害微生物的分布、种类、霉腐机制及其防治方法的微生物学分支，称为**霉腐微生物学**（biodeteriorative microbiology）。各种材料和工农业产品因受气候、物理、化学或生物因素的作用而发生变质、破坏的现象，称为**材料劣化**（material deterioration），其中以微生物引起的材料劣化最为严重，称为**生物劣化**（biodeterioration），包括：①**霉变**（mildew, mouldness），指由霉菌引起的劣化；②**腐朽**（decay），泛指在好氧条件下，微生物酶解木质素和纤维素等物质而使材料的力学性质严重下降的现象，最常见的是担子菌类引起的木材或木制品的腐朽；③**腐烂**（腐败，putrefaction, rot），主要指含水量较高的产品经细菌生长、繁殖后所引起的变软、发臭性的劣化；④**腐蚀**（corrosion），主要指由硫酸盐还原细菌、铁细菌或硫细菌引起的金属材料的侵蚀、破坏性劣化。

全球每年因微生物对材料的霉腐而引起的损失是极其巨大又难以确切估计的，因此，有人称之为"菌灾"。防止工业产品霉腐的方法很多，其原则是：①尽量减少产品上的微生物本底数（background）；②通过良好的包装，让产品存放于不利于微生物生长繁殖的条件（如低温、干燥、无氧等）下；③在产品的生产、加工、包装、储运、销售等环节中，始终保持无菌、无尘和不利于微生物生长、繁殖的条件。

在实践中，**防霉剂**（antifungal agent）的筛选、研究和应用十分重要。在工业用**防霉剂的筛选**中，一般可选用 8 种霉菌作为模式试验菌种，包括 *Aspergillus niger*（黑曲霉）、*A. terreus*（土曲霉）、*Aureobasidium pullulans*（出芽短梗霉）、*Paecilomyces varioti*（宛氏拟青霉）、*Penicillium fumiculosum*（绳状青霉）、*P. ochrochloron*（赭绿青霉）、*Scopulariopsis brevicaulis*（短柄帚霉）和 *Trichoderma viride*（绿色木霉）。

2. 食品上的微生物

食品是用营养丰富的动、植物或微生物等原料经过加工后的制成品，种类极多（见以下表解）。因在其加工、包装、运输、贮藏和销售过程中，不可能做到严格的灭菌和无菌操作，因此会含有或污染有各种微生物，它们在合适的温、湿度条件下，就会迅速生长繁殖，引起食品变质、霉腐甚至产生各种毒素。为防止食品的霉腐，除在加工、包装过程中严格消灭其中的有害微生物外，还可在食品中添加少量无害的**防腐剂**，如苯甲酸钠、山梨酸、脱氢乙酸、维生素 K_3、丙酸、二甲酸钾、二甲基延胡索酸（富马酸二甲酯）或**乳链菌肽**（乳酸链球菌素，nisin）等。保藏方法也很重要，尤其应采用低温、干燥（对某些食品）以及在密封条件下用**除氧剂**（deoxidizer）或充以 CO_2、N_2 等措施来达到。其中于 1804 年前后由法国厨师 N. Appert 发明的**罐藏法**（canning）是食品保藏的好方法。在此后一个多世纪的时间里，在食品领域中的另一重大成果是食品的辐射灭菌法（radappertization）。它以 ^{60}Co 为 γ 射线的放射源，利用其强烈的穿透力引起含水食品发生电离，其产生的过氧化物可使微生物细胞中的生物大分子发生氧化，丧失功能。对肉类产品一般可用 45 ~ 56 kGy[①]的辐射强度。若对牛奶等食品采用"冷链"方法操作，即保证运输、保藏、营销、消费等全过程都在低温下进行的话，也可有效延长保藏时间。

---

① Gy（戈瑞，Gray）：辐射的吸收剂量单位，每一 Gy 单位等于 1 kg 物质吸收 1 J 能量；1 Gy = 100 rad（拉德）。

$$\text{食品腐败微生物} \begin{cases} \text{水果、蔬菜} \begin{cases} \text{细菌：假单胞菌属，棒杆菌属，欧文氏菌属等} \\ \text{真菌：曲霉属，青霉属，根霉属，地霉属，葡萄孢霉属，枝孢霉属，链格孢霉属，各种酵母菌等} \end{cases} \\ \text{肉类、水产品} \begin{cases} \text{细菌：气单胞菌属，假单胞菌属，不动杆菌属，微球菌属，无色杆菌属，葡萄球菌属，} \\ \qquad\quad \text{变形杆菌属，埃希氏菌属，沙门氏菌属，弯曲杆菌属，李斯特氏菌属等} \\ \text{真菌：毛霉属，根霉属，青霉属，地霉属，枝孢霉属，假丝酵母属，红酵母属等} \end{cases} \\ \text{牛奶——细菌：链球菌属，乳杆菌属，乳球菌属，明串珠菌属，假单胞菌属，变形杆菌属等} \\ \text{高糖食品} \begin{cases} \text{细菌：芽孢杆菌属，梭菌属，黄杆菌属等} \\ \text{真菌：酵母属，色串孢属，青霉菌属等} \end{cases} \end{cases}$$

3. 农产品上的微生物

粮食、蔬菜和水果等各种农产品上存在着大量的微生物，由此引起的霉腐以及使人和动、植物中毒，其危害极大。据估计，每年全球因霉变而损失的粮食就达总产量的3%左右。我国粮食每年因病虫害损失高达总产量的8.8%（2005年），蔬菜和水果因霉烂而受到的损失约占全行业损失的30%。引起粮食、饲料霉变的微生物以 *Aspergillus*（曲霉属）、*Penicillium*（青霉属）和 *Fusarium*（镰孢霉属）的真菌为主，而其中有些是可产生致癌的真菌毒素的种类。

真菌毒素（mycotoxin）是一类由真菌产生的、可使人或动物致病（或致癌）的毒素，一般存在于食物和饲料中。在目前已知的大约9万种真菌中，有200多种可产生300余种真菌毒素，其中14种能致癌。由 *A.flavus*（黄曲霉）部分菌株产生的**黄曲霉毒素**（aflatoxin，AFT）和 *Fusarium tricinctum*（三隔镰孢菌）产生的**单端孢烯族毒素**（trichothecene）T2 更是强烈的致癌剂。AFT 是于1960年因英国东南部的农村相继出现10万只火鸡死于一种病因不明的"火鸡 X 病"后才被发现的。经研究，证明从巴西进口的花生饼粉中污染有大量 *A.flavus*，由它所分泌的 AFT 才是**火鸡 X 病**的祸根。AFT 广泛分布于花生、玉米和大米（"红变米"、"黄变米"）等粮食及其加工品上，严重霉变者则含量很高。AFT 至少有20种衍生物，毒性以 B_1、B_2、G_1、G_2 和 M_1、M_2 最强。其中 B_1 的毒性超过 KCN 约10倍，致癌性则比公认的三大致癌物还强得多，例如，比二甲基偶氮苯即"奶油黄"强900倍，比二甲基亚硝胺强75倍，比3,4-苯并芘强数倍。AFT 能耐280 ℃高温，在205 ℃高温下也只能破坏65%，故一旦被污染就极难去除。实验证明，仅在一颗发霉严重的玉米上，就含40 μg AFT，它足以使2羽雏鸭死亡；若对大鼠日投5 μg AFT，即可在一个月内发生肝癌。为此从1966年起，联合国和世界各国卫生部门都严格规定了食品和饲料中 B_1 的最高允许量，目前有些国家甚至提出"不许检出"的更严格的要求[①]。AFT 已被 WHO 列为 Ⅰ 级致癌物（1993）。在我国，消化系统癌症的发病率一直居高不下，且占了十大癌症（肺癌＞肝癌＞胃癌＞食管癌＞结肠癌＞血癌＞子宫颈癌＞鼻咽癌＞乳腺癌＞膀胱癌）前5位中的4位，其中肝癌的发病率更比欧美各国高5～10倍，新发病人数每年达34万，占全球总数的53.1%（2009年），某些高发地区（江苏的启东、广西的扶绥等）尤甚。在上海，恶性肿瘤已成为继心脑血管病后的第二位死因，其中大肠癌（含结肠癌和直肠癌）发病增速最快，已从原第六升至第二（2012）；此外，我国还是胃癌的高发国家，发病率（31.28/10万）和死亡率（22.04/10万）均高，每年发病数和死亡数均约占全球之半（2018）。这就提示微生物学工作者要带头认识和宣传"癌从口入"、"防癌必先防霉"和少吃"腌、腊、熏、炸"食品的重要性。

不是所有 *A.flavus* 的菌株都产 AFT。从我国17个省市的粮油产品上分离的1 660株 *A.flavus* 中，产毒株占58%。

AFT 并不直接致癌，它要在人或动物体内经代谢活化后才引起致癌作用。AFT 先与肝内的细胞色素 P_{450} 酶系作用，产生 AFT-8,9-环氧化物，它可与肝 DNA 和人血白蛋白共价结合形成加合物，但主要与 DNA 分子的鸟嘌呤 N-7 位结合，形成 AFT-N^7-鸟嘌呤（图8-1），由此引起抑癌基因 *p53* 的突变，最终导致肝癌发生。

---

① 联合国 WHO 等规定：B_1（μg/kg）1966年为＜30，1970年为＜20，1975年为＜15。我国有关机构则规定玉米、花生制品＜20，大米、食油＜10，豆类和发酵食品＜5，婴儿食品＜0.5。

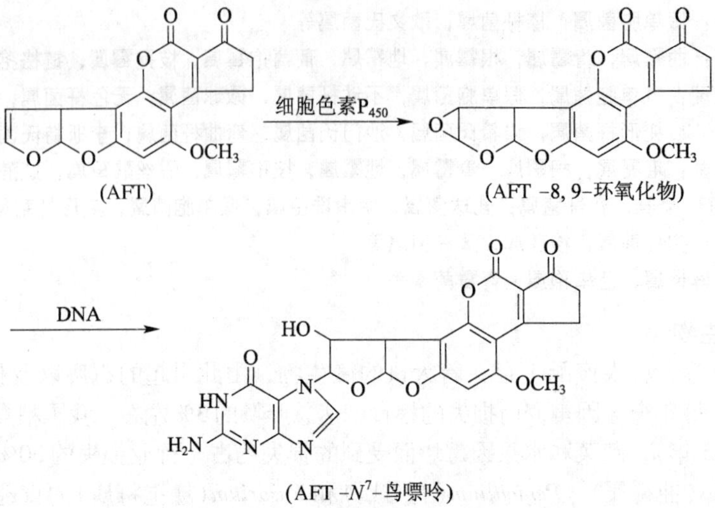

图 8 −1　黄曲霉毒素的构造及其对 DNA 的作用

（五）极端环境下的微生物

在自然界中，存在着一些绝大多数生物都无法生存的极端环境，诸如高温、低温、高酸、高碱、高盐、高毒、高渗、高压、干旱或高辐射强度等环境。凡依赖于这些极端环境才能正常生长繁殖的微生物，称为**嗜极菌**或**极端微生物**（extremophile）。嗜热菌的研究始于 1967 年美国学者 T. D. Brock 从沸热泉中首次分离到超嗜热菌。至 2008 年，全球已分离到 80 多种超嗜热菌和 200 多种嗜极菌。由于它们在细胞构造、生命活动（生理、生化、遗传等）和种系进化上的突出特性，不仅在生命起源、生命极限和生命本质等基础理论研究上有着重要的意义，而且在新型生物质能源和资源等生物产业的实际应用上有着巨大的潜力。因此，近年来备受世界各国学者们的重视，从 1997 年起，还出版了国际性的学术刊物 *Extremophiles—Life Under Extreme Conditions*（《嗜极菌——极端条件下的生命》）。

1. 嗜热微生物（thermophile）

简称嗜热菌，主要指**嗜热细菌**，它们广泛分布在草堆、厩肥、煤堆、温泉、火山地、地热区土壤以及海底火山口附近。嗜热菌还可细分为 5 类：

嗜热菌
- 耐热菌（thermotolerant bacteria）：最高 45 ~ 55 ℃，最低 < 30 ℃
- 兼性嗜热菌（facultative thermophile）：最高 50 ~ 65 ℃，最低 < 30 ℃
- 专性嗜热菌（obligately thermophile）：最适 65 ~ 70 ℃，最低 42 ℃
- 极端嗜热菌（extremothermophile）：最高 > 70 ℃，最适 > 65 ℃，最低 > 40 ℃
- 超嗜热菌（hyperthermophile）：最高 113 ℃，最适 80 ~ 110 ℃，最低 ~ 55 ℃

从 20 世纪 60 年代以来，截止到 1997 年已分离到 20 多属共 50 余种嗜热菌。其中最著名的是 20 世纪 60 年代末从美国怀俄明州黄石国家公园的温泉中分离到的 *Thermus aquaticus*（水生栖热菌 "*Taq*"，能在 80 ℃下生长），以及其他在深海火山口附近分离到的 *Pyrolobous fumarii*（烟孔火叶菌，最适生长温度为 105 ℃，最高为 113 ℃，低于 90 ℃ 即停止生长）和 *Pyrococcus furiosus*（激烈火球菌 "*Pfu*"，最适生长温度为 100 ℃）。近年来，由 "*Pfu*" 产生的 DNA 聚合酶已取代了曾名噪一时的 "*Taq*" 酶，并使分子生物学中广泛用于 DNA 分子体外扩增的 **PCR 技术**[（PCR technique）聚合酶链反应技术] 又向前迈进了一大步。2003 年，美国学者曾报道了一种最高生长温度达 121 ℃ 的极端嗜热厌氧古菌。2008 年，日本学者又报道了可利用 H_2 和 CO_2，能在 123 ℃ 高温下生长的古菌 *Methanopyrus kandleri*（坎氏甲烷嗜热菌）。

```
                  ┌ ~ 60 ℃：Geobacillus stearothemophilus（嗜热脂肪地芽孢杆菌）  1960 年代
           细菌 ┤ ~ 75 ℃：Thermus aquaticus（水生栖热菌）              ~ 1974
                  └ ~ 95 ℃：Aquifax pyrophilus（嗜火产液菌）            ~ 1992
嗜热菌和
超嗜热菌           ┌ ~ 84 ℃：Sulfolobus acidocaldarius（嗜酸热硫化叶菌）    ~ 1979
                  │ ~ 99 ℃：Thermoproteus tenax（附着热变形菌）          ~ 1989
           古菌 ┤ ~ 111 ℃：Pyrodictium occultum（隐蔽火网菌）          ~ 1994
                  │ ~ 116 ℃：Pyrolobus fumari（烟孔火叶菌）             ~ 2002
                  │ ~ 121 ℃："Strain 121"（121 菌株）                ~ 2003
                  └ ~ 123 ℃：Methanopyrus kandleri（坎氏甲烷嗜热菌）     ~ 2008
```

从表 8-1 和表 8-2 中可以看到，不同生物的最高生长温度一般有以下规律：①原核生物高于真核生物；②在原核生物中，古菌高于真细菌；③非光能营养细菌高于光能营养细菌；④单细胞生物高于多细胞生物；⑤构造简单的低等生物高于构造复杂的高等生物。有关嗜热作用的分子机制可从表 8-3 中得到初步了解。

表 8-1　微生物和动、植物最高生长温度的比较

生物种类		最高生长温度/ ℃
真细菌	光能营养菌	
	蓝细菌	55 ~ 70（特殊 74）
	紫色细菌	45 ~ 60
	绿色细菌	40 ~ 73
	G⁺ 细菌	
	Bacillus（芽孢杆菌属）	50 ~ 70
	Clostridium（梭菌属）	50 ~ 75
	乳酸菌	50 ~ 65
	放线菌	55 ~ 75
	其他细菌	
	Thiobacillus（硫杆菌属）	50 ~ 60
	螺旋体	54
	Desulfotomaculum（脱硫肠状菌属）	37 ~ 55
	G⁻ 好氧菌	50 ~ 75
	G⁻ 厌氧菌	50 ~ 75
	Thermotoga（栖热袍菌属）	55 ~ 90
	Thermus（栖热菌属）	60 ~ 80
古菌	产甲烷菌	45 ~ 110
	硫依赖性超嗜热菌	60 ~ 113
	Thermoplasma（热原体属）	37 ~ 60
真核微生物	原生动物	56
	藻类	55 ~ 60
	真菌	60 ~ 62
植物	维管束植物	45
	藓类	50
动物	鱼和其他水生脊椎动物	38
	昆虫	45 ~ 50
	甲壳动物	49 ~ 50

表 8 – 2   若干超嗜热古菌的特点

属名及种数	形态	DNA 的 (G + C) mol%	生长温度/℃ 最低	生长温度/℃ 最适	生长温度/℃ 最高	最适 pH
陆地火山分离物						
Sulfolobus(硫化叶菌属) 4	裂叶状	37	55	75 ~ 85	87	2 ~ 3
Acidianus(酸菌属) 2	球状	31	65	85 ~ 90	95	2
Thermoproteus(热变形菌属) 2	杆状	56	60	88	96	6
Thermofilum(热丝菌属) 2	杆状	57	60	88	96	5.5
Desulfurococcus(硫还原球菌属) 2	球状	51	60	85	93	6
Desulfurolobus(硫还原叶菌属) 1	裂叶状	32	65	80	87	2.5
Pyrobaculum(火棒菌属) 2	杆状	46	74	100	102	6
Methanothermus(甲烷栖热菌属) 2	杆状	33	60	83 ~ 88	97	6 ~ 7
海底火山分离物						
Pyrodictium(火网菌属) 3	盘状，有附丝	62	82	105	113	6
Pyrococcus(火球菌属) 2	球状	38	70	100	106	6 ~ 8
Thermodiscus(热盘菌属) 1	盘状	49	75	90	98	5.5
Staphylothermus(葡萄嗜热菌属) 1	球状，成簇	35	65	92	98	6 ~ 7
Thermococcus(热球菌属) 3	球状	38 ~ 57	70	88	98	6 ~ 7
Methanopyrus(甲烷嗜热菌属) 1	杆状	60	85	100	110	6.5
Archaeoglobus(古球菌属) 2	球状	46	64	83	95	7

表 8 – 3   嗜热菌和常温菌若干特点的比较

比较项目	嗜热菌	常温菌
细胞膜的耐热性	高	低
细胞膜的层次	单分子层(类脂疏水端共价交联后形成)	双分子层
细胞膜成分	甘油 D 型，其 C_2、C_3 分子上接 20C 植烷	甘油 D 型，其 C_2、C_3 分子上主要接不饱和脂肪酸
DNA 的(G + C)mol% 值	较高(平均 53.2%)	较低(平均 44.9%)
DNA 的氢键数	较多	较少
DNA 螺距	较短	较长
核糖体耐热性	较高	较低
tRNA 的热稳定性	较强	较弱
tRNA 的周转率	较高	较低
酶的耐热性	较高	较低
酶的稳定离子(Ca^{2+}、Zn^{2+}、K^+)	含量较高	含量较低
酶中特定氨基酸(Arg、Pro、Leu 等)	含量较高	含量较低

　　嗜热菌在生产实践和科学研究中有着广阔的应用前景，这是因为嗜热菌具有生长速率高、代谢活动强、产物/细胞的质量比高和培养时不怕杂菌污染等优点，特别是由其产生的**嗜极酶**(extreme enzyme)因作用温度高、热稳定性好、对化学变性剂的抗性强、高底物浓度、低黏稠度、低污染率以及在中温受体生物中表达的产物易于纯化等突出优点，已在 PCR 等科研和厌氧高温乙醇发酵等应用领域中发挥着越来

越重要的作用。现把几种**嗜热菌**(thermophile)和**中温菌**(mesophile)所产生的**耐热酶**的作用温度和热稳定性列在表 8-4 中。

表 8-4　若干嗜热菌和中温菌所产耐热酶的比较

产生菌		酶名称	热稳定性	
			酶活性半衰期/min	温度/℃
嗜热菌	*Desulfurococcus* sp.（一种脱硫球菌）	碱性蛋白酶	7.5	105
	Thermus aquaticus（水生栖热菌）	中性蛋白酶，DNA 聚合酶	15，40	95，95
	Pyrococcus furiosus（激烈火球菌）	α 淀粉酶，转化酶	240，48 h	100，95
	Thermococcus litoralis	DNA 聚合酶	95	100
中温菌	*Penicillium cyaneofulvum*（蓝棕青霉）	碱性蛋白酶	10	59
	Aspergillus niger（黑曲霉）	酸性蛋白酶	60	61
	Bacillus subtilis（枯草芽孢杆菌）	α 淀粉酶	30	65

2. 嗜冷微生物（psychrophile）

又称**嗜冷菌**，指一类最适生长温度低于 15 ℃、最高生长温度低于 20 ℃和最低生长温度在 0 ℃以下的细菌、真菌和藻类等微生物，如 *Bacillus psychrophilus*（嗜冷芽孢杆菌）和 *Chlamydomonas nivalis*（雪衣藻）等。部分虽能在 0 ℃下生长，但其最适生长温度为 20 ~ 40 ℃的微生物，则只能称**耐冷微生物**（psychrotolerant），如 *Pseudomonas fluorescens*（荧光假单胞菌）和 *Listeria monocytogenes*（单核细胞增生李斯特氏菌）等。嗜冷微生物主要分布在极地、深海、高山、冰窖和冷藏库等处。海洋深度在 100 m 以下，终年温度恒定在 2 ~ 3 ℃的区域，生活着典型的嗜冷菌（兼嗜压菌）。由于嗜冷菌遇 20 ℃以上的温度即死亡，故从采样、分离直到整个研究过程必须在低温下进行，因此，对其深入研究较少。其嗜冷机制主要是细胞膜含有大量不饱和脂肪酸，以保证在低温下膜的流动性和通透性。嗜冷菌是低温保藏食品发生腐败的主要原因。因其酶在低温下具有较高活性，故可开发低温下作用的酶制剂，如洗涤剂用的蛋白酶等。

3. 嗜酸微生物（acidophile）

只能生活在低 pH（<4）条件下，在中性 pH 下即死亡的微生物称嗜酸微生物或**嗜酸菌**。少数种类还可生活在 pH < 2 的环境中。许多真菌和细菌可生长在 pH 5 以下的环境中，少数甚至可生长在 pH 2 中，但因为在中性 pH 下也能生活，故只能归属于**耐酸微生物**（acidtolerant）。专性嗜酸微生物是一些真细菌和古菌，前者如 *Acidithiobacillus*（酸硫杆菌属），后者如 *Sulfolobus*（硫化叶菌属）、*Thermoplasma*（热原体属）和 *Ferroplasma oxidophilus*（嗜酸铁原体，生活在黄铁矿排出的 pH 接近 0 的废水中）等。*Thermoplasma acidophilum*（嗜酸热原体）能生长在 pH 0.5 的酸性条件下，它的基因组的全序列已正式于 2000 年 9 月公布（1.7 Mb）。另一种嗜酸菌 *Picrophilus oshimae*（大岛嗜苦菌）也能生长在 pH 0.5 的条件下。

嗜酸微生物的细胞内 pH 仍接近中性，各种酶的最适 pH 也在中性附近。它的嗜酸机制可能是细胞壁和细胞膜具有排阻外来 H$^+$ 和从细胞中排出 H$^+$ 的能力，且它们的细胞壁和细胞膜还需高 H$^+$ 浓度才能维持其正常结构。嗜酸菌可用于铜等金属的湿法冶炼（见本章第三节）、煤的脱硫等和重金属污染土壤的治理实践。

4. 嗜碱微生物（alkaliphile 或 alkalophile）

能专性生活在 pH 8 ~ 11 的碱性条件下而不能生活在中性条件下的微生物，称嗜碱微生物，简称**嗜碱菌**。它们一般存在于碱性盐湖和碳酸盐含量高的土壤中。多数嗜碱菌为 *Bacillus*（芽孢杆菌属），有些极端嗜碱菌同时也是嗜盐菌，它们属于古菌类。常见的嗜碱菌如 *Bacillus alkalophilus*（嗜碱芽孢杆菌）、*Bac. firmus*（坚强芽孢杆菌）、*Clostridium pasteurii*（巴斯德梭菌）、*Exiguobacterium aurantiacum*（金橙黄微小杆菌）、*Natronobacterium*（嗜盐碱杆菌属）、*Thermomicrobium roseum*（玫瑰色热微菌）和 *Ectothiorhodospira abdelmalekii*（阿氏外硫红螺菌）等。嗜碱菌的一些蛋白酶、脂肪酶和纤维素酶等已被广泛开发并可添加在**洗涤剂**中。嗜碱菌的细胞质也在中性范围，有关嗜碱性的生理生化机制目前还很不清楚。

5. 嗜盐微生物（halophile）

必须在高盐浓度下才能生长的微生物，称为嗜盐微生物，包括许多细菌和少数藻类，因细菌尤其是古菌为嗜盐微生物的主体，故又称**嗜盐菌**。一般性的海洋微生物长期栖居在 0.2～0.5 mol/L NaCl 的海洋环境中，仅属于低度嗜盐菌；中度嗜盐菌可生活在 0.5～2.5 mol/L NaCl 中；而必须生活在 2.5～5.2 mol/L NaCl 中的嗜盐菌，就称**极端嗜盐菌**，例如 *Halobacterium*（盐杆菌属）的有些种甚至能生长在饱和 NaCl 溶液（5.5 mol/L）中；若既能在高盐度环境下生活，又能在低盐度环境下正常生活的微生物，只能称为**耐盐微生物**（halotolerant）。嗜盐微生物通常分布于盐湖（如死海）、晒盐场和腌制海产品等处。我国是一个多盐湖的国家，有 1 000 多个盐湖，总面积达 4.1 万 km²。嗜盐微生物除嗜盐细菌外，还有光合细菌 *Ectothiorhodospira*（外硫红螺菌属）和真核藻 *Dunaliella*（杜氏藻属）等。至今已记载的极端嗜盐**古菌**有 6 属（共 15 个种），即 *Halobacterium*、*Halococcus*（盐球菌属）、*Haloferax*（富盐菌属）、*Haloarcula*（盐盒菌属）、*Natronobacterium*（嗜盐碱杆菌属）和 *Natronococcus*（嗜盐碱球菌属）。有关嗜盐菌的紫膜构造、光合磷酸化机制及其理论意义和应用前景等内容见第五章第一节。

6. 嗜压微生物（barophile）

必须生长在高静水压环境中的微生物称嗜压微生物，因它们均为原核生物，故也可称**嗜压菌**。嗜压菌可细分为 3 类（表 8-5）。

表 8-5　3 类嗜压菌及其生长静水压（大气压数*）

类型	最低生长压	最适生长压	最高生长压
耐压菌	未测	1～100	500
嗜压菌	1	400～500	700
极端嗜压菌	400	700～800	1 035

* 1 atm = 101 kPa。

嗜压微生物普遍生活在深海区，少数生活在油井深处。海洋是地球表面最广大的生境，在海平面以下 300 m 之内有各种生物在活动，尤其在 25 m 以内的透光区；在 300～1 000 m 处尚能找到部分生物；而约占海洋面积 75% 的 1 000 m 以下的深海区，因处于低温（~2 ℃）、高压和低营养条件下，故仅有极少量的嗜压菌兼嗜冷菌在生活着。在深度为 10 500 m、海洋最深处的太平洋马里亚纳海沟中还可分离到极端嗜压菌。嗜压菌的研究难度极大，因采样、分离、研究等全过程均须在特制的高压容器中进行，故有关研究的进展较缓慢。

有些嗜压菌因具有产酸、产气（H_2、CO_2、CH_4 等）、增压以及产表面活性剂、乳化剂和聚合物等特点，故可用于石油的深度开采中。

7. 耐辐射微生物（radioresistant microorganism）

与上述 6 类嗜极菌不同的是，耐辐射微生物对辐射这一不良环境因素仅有抗性（resistance）或耐受性（tolerance），而不能有"嗜好"。微生物的抗辐射能力明显高于高等动、植物。以抗 X 射线为例，病毒高于细菌，细菌高于藻类，但原生动物往往有较高的抗性。1956 年首次从经高剂量辐射灭菌后发生腐败的肉罐头中分离到的 *Deinococcus radiodurans*（耐辐射异常球菌）是至今所知道的抗辐射能力最强的生物。该菌呈粉红色，G⁺、无芽孢、不运动，细胞球状，直径 1.5～3.5 μm，它的最大特点是具有高度抗辐射能力，例如其 R1 菌株的抗 γ 射线能力是 *E. coli* B/r 菌株的 200 倍（6 000 Gy：30 Gy），而其抗 UV 的能力则是 B/r 菌株的 20 倍（600 J/m²：30 J/m²）。据知，R1 菌株的抗 γ 射线能力最高可达 18 000 Gy（是人耐辐射能力的 3 000 余倍）甚至更高，而 5 000 Gy 剂量则对其无甚影响。由于 *D. radiodurans* 在研究生物抗辐射和 DNA 修复机制中的重要性，故对它全基因组序列的研究十分重视，并已于 1999 年破译（全长 3.28 Mb）。表 8-6 为若干微生物耐辐射能力的比较。

表 8-6　各种微生物的耐辐射能力

类别	微生物名称	辐射剂量 D_{10}*/Gy
G⁺细菌		
	Clostridium botulinum(肉毒梭菌)	3 300
	Clostridium tetani(破伤风梭菌)	2 400
	Bacillus subtilis(枯草芽孢杆菌)	600
	Lactobacillus brevis(短乳杆菌)	1 200
	Deinococcus radiodurans(耐辐射异常球菌)	2 200
G⁻细菌		
	Salmonella typhimurium(鼠伤寒沙门氏菌)	200
真菌		
	Aspergillus niger(黑曲霉)	500
	Saccharomyces cerevisiae(酿酒酵母)	500
病毒		
	口蹄疫病毒	13 000
	柯萨奇病毒	4 500
参照物		
	酶的钝化失活	2 万~5 万
	杀虫效应	1 000~5 000

　*D_{10}：降低原初种群数或生物活性 10 倍时所需辐射剂量。辐射灭菌剂量一般要求 12 D_{10}，对肉毒梭菌为 39 600 Gy，鼠伤寒沙门氏菌为 2 400 Gy（人类在 10 Gy 辐射时即死亡）。

（六）生物体内外的正常菌群

1. 人体的正常菌群(normal micro-flora)

在人体内外部生活着为数众多的微生物种类，其数量更是惊人，高达 10^{14} 个，约为人体总细胞数的 10 倍。最新研究显示，在人体表面 27 个部位分布着 4 200 多种微生物(*SCIENCE*，2009)。生活在健康动物各部位、数量大、种类较稳定、一般能发挥有益作用的微生物种群，称为**正常菌群**。正常菌群之间，正常菌群与其宿主之间，以及正常菌群与周围其他因子之间，都存在着种种密切关系，这就是微生态关系。人体正常菌群的研究起始于 1885 年，当时奥地利儿科医生 T. Escherich 在慕尼黑的一所儿童医院中，首次从尿布上分离到著名的菌种——*Escherichia coli*。1977 年，德国学者 Volker Rush 最早提出**微生态学** (microecology)的概念，旨在从细胞和分子水平上研究微观层次上的生态学规律，其任务为：①研究正常菌群的本质及其与宿主间的相互关系；②阐明微生态平衡与失调的机制；③指导微生态制剂的研制，以用于调整人体的微生态平衡。人体共有五大**微生态系统**(microecosystem)，包括消化道、呼吸道、泌尿生殖道、口腔和皮肤，其中尤以消化道最引人注目。据报道，在胃、肠中的微生物数量占了人体总携带量的 78.7%。

在一般情况下，正常菌群与人体保持着一个十分和谐的平衡状态，在菌群内部各微生物间也相互制约，维持稳定、有序的相互关系，这就是**微生态平衡**(microeubiosis, microecological balance)。以人体肠道为例，在那里经常生活着 500~1 000 种不同的微生物，有 160 种是几乎人人都含的优势菌种，总数可达 10 万亿至数百万亿个，粪便干重的 1/3 左右即为细菌。**厌氧菌**(anaerobes)是肠道正常菌群的主体（约占 99%），尤其是其中的 *Bacteroides* spp.（拟杆菌类）、*Bifidobacterium* spp.（双歧杆菌类）和 *Lactobacillus* spp.（乳杆菌类）等更是优势菌群(表 8-7)。

表 8-7　人体消化道内含物中若干代表菌的分布和数量　　　　　　　　单位：个·g^{-1}

菌属	胃	空肠	回肠	结肠	粪便
Bacteroides	0	3.2×10^2	3.2×10^3	10^8	3.2×10^{10}
Bifidobacterium	0	2.0×10^2	10^4	10^7	3.2×10^{10}
Lactobacillus	0	10	0	3.2×10^6	10^4
Enterobacter（肠杆菌属）	0	0	2.0×10^3	10^7	10^6
Enterococcus（肠球菌属）	0	0	2.0×10^2	10^7	3.2×10^3
Clostridium（梭菌属）	0	0	0	0	10^3
Veillonella（韦荣氏菌属）	0	0	0	10^3	10^3
酵母菌	0	10	2.0×10^2	0	10

　　肠道正常菌群对宿主具有很多有益作用，包括排阻、抑制外来致病菌，提供维生素等营养，产生淀粉酶、蛋白酶等有助消化的酶类，分解有毒或致癌物质（亚硝胺等），产生有机酸、降低肠道 pH 和促进肠道蠕动，刺激机体的免疫系统并提高其免疫力，以及存在一定程度的固氮作用[已证明 *Klebsiella pneumoniae*（肺炎克雷伯氏菌）可补充以甜薯为主食的新几内亚人的蛋白质营养]等。

　　肠道正常菌群与人体之间是一种十分重要又极其复杂的共生关系。目前学术界已着手从基因组水平上深入研究两者间的关系及其对人体多种疾病（如肥胖症、冠心病、糖尿病、结肠癌等慢性病）的影响。可以认为，人体内同时存在着两个基因组，其一是从父母那里遗传下来的人体基因组，它约编码 2.5 万个基因，另一则是出生后才入驻人体，尤其是肠道内 1 000 种左右的正常菌群——共生微生物群的总基因组，即**宏基因组**（metagenomic）或"元基因组"，其中包含约330 万个编码基因（约为人体基因的 150 倍），揭示其中的奥秘将可为人类防治多种慢性病、"富贵病"作出自己应有的贡献。

　　正常菌群的微生态平衡是相对的、可变的和有条件的。一旦宿主的防御功能减弱、正常菌群生长部位改变或长期服用抗生素等制菌药物后，就会引起**正常菌群失调**（dysmicroflora，microdysbiosis）。这时，原先某些不致病的正常菌群成员，如 *E. coli*、*Bacteroides fragilis*（脆弱拟杆菌）、*Candida albicans*（白假丝酵母，旧称"白色念珠菌"）就趁机转移或大量繁殖，成了致病菌。这类特殊的致病菌即称**条件致病菌**（opportunist pathogen），由它们引起的感染，称为**内源感染**（endogenous infection）。例如，大肠中数量最多的 *Bacteroides* spp. 在外科手术后，若消毒不当就会引起腹膜炎。

　　为调整和治疗因肠道等部位微生态失调而引起的疾病，从 20 世纪 70 年代起，就有人提出采用微生态制剂或益生菌剂的措施以恢复微生态平衡的设想。**微生态制剂**（microecologic，microecological modulator）是依据微生态学理论而制成的含有有益菌的活菌制剂，其功能在于维持宿主的微生态平衡、调整宿主的微生态失调并兼其他确切的保健功能。微生态制剂主要有益生菌剂和益生元两类：①**益生菌剂**（probiotic）：该名词是 1974 年由 R. B. Parker 正式提出，实际上成了微生态制剂的代名词，通常是指一类分离自正常菌群，以高含量活菌为主体，一般以口服或黏膜途径投入，有助于改善宿主特定部位微生态平衡并兼有若干其他有益生理活性的生物制剂。用于生产益生菌剂的优良菌种主要是属于**严格厌氧菌类**的 *Bifidobacterium* spp.、属于**耐氧性厌氧菌类**的 *Lactobacillus* spp. 和属于**兼性厌氧球菌类**的 *Enterococcus* spp.（肠球菌类）等。例如用得最多的是 *B. bifidum*（两歧双歧杆菌）、*B. longum*（长双歧杆菌）、*B. adolescentis*（青春双歧杆菌）、*B. infantis*（婴儿双歧杆菌）和 *B. breve*（短双歧杆菌）；*L. acidophilus*（嗜酸乳杆菌）、*L. plantarum*（植物乳杆菌）、*L. brevis*（短乳杆菌）、*L. casei*（甘酪乳杆菌）和 *L. delbrueckii* subsp *bulgaricus*（德氏乳杆菌保加利亚亚种，旧称"保加利亚乳杆菌"）；*Enterococcus faecalis*（粪肠球菌，旧称"粪链球菌"）、*Lactococcus lactis* subsp. *lactis*（乳酸乳球菌乳亚种）和 *Streptococcus salivarius* subsp. *thermophilus*（唾液链球菌嗜热亚种，旧称"嗜热链球菌"）等。这些菌种已被制成冻干菌粉、活菌胶囊或微胶囊形式的药剂或保健品并出售；口服液形式的产品因不利于有益菌的存活，故难以保证发挥其微生态调节作用。②**益生元**（prebiotic）：又称**双歧因子**（bifidus factor），由英国学

微生物学教程

者 G. E. Gibson 于 1995 年提出，专指一类人体不能消化吸收的低聚糖类食物成分，如寡果糖、寡半乳糖、菊粉、寡异麦芽糖和寡木糖等。它们进入大肠后，可被其中的双歧杆菌、乳酸菌等消化吸收，促进了这类有益菌的增殖和产生对宿主健康有益的物质，进而发挥调节肠道的微生态平衡和其他保健作用。

调节肠道微生态失调的另一种方法，是近年来发展较快的**粪菌移植**（FMT，fecal microbiota transplant），指把健康人粪便中的功能菌群移植到患者的肠道中，协助后者重建具有正常功能的肠道菌群，以达到治病的目的。所用菌群可来自异体或自体（早年或手术前保存的）。英国一研究所已分离出 6 种肠道细菌制成混合制剂用于粪菌移植（2012）。

2. 无菌动物与悉生生物

凡在其体内外不存在任何正常菌群的动物，称为**无菌动物**（germ-free animal）。它是在无菌条件下，将剖腹产的哺乳动物（鼠、兔、猴、猪、羊等）或特别孵育的禽类、斑马鱼、果蝇等实验动物，放在无菌培养器中进行精心培养而成。无菌动物最初起始于 1928 年。用无菌动物进行实验，可排除正常菌群的干扰，从而使人们可以更深入、更精确地研究动物的免疫、营养、代谢、衰老和疾病等科学问题。用同样的原理和合适的方法，也可获得供研究用的无菌植物。

凡已人为地接种上某种或某些已知纯微生物的无菌动物或植物，称为**悉生生物**（gnotobiota），意即"已知其上所含微生物群的大生物"。研究悉生生物的学科称**悉生生物学**（gnotobiology）或**悉生学**（gnotobiotic）。最早提出悉生生物学观点的是微生物学奠基人巴斯德，他于 1885 年时就认为，"如果在动物体内没有肠道细菌的话，则它们的生命是不可能维持下去的。"由此可见，每一高等动、植物的正常个体，实际上都是它们与微生物在一起的一个共生复合体。

通过悉生生物的研究，发现了无菌动物的免疫功能十分低下：有关器官萎缩；营养要求更高（如需维生素 K）；对 *Bacillus subtilis*（枯草芽孢杆菌）等一些非致病菌也易感染并能致病；等等。

3. 根际微生物和附生微生物

（1）**根际微生物**（rhizosphere microorganism） 又称根圈微生物。生活在根系邻近土壤，依赖根系的分泌物、外渗物和脱落细胞而生长，一般对植物发挥有益作用的正常菌群，称为根际微生物。它们多数为 G⁻ 细菌，如 *Pseudomonas*（假单胞菌属）、*Agrobacterium*（土壤杆菌属）、*Achromobacter*（无色杆菌属）和 *Arthrobacter*（节杆菌属）等。

（2）**附生微生物**（epibiotic microorganism；epibiont） 生活在植物地上部分表面，主要以植物外渗物质或分泌物质为营养的微生物，称附生微生物，主要为**叶面微生物**（phyllospheric microorganism）。鲜叶表面一般含 10^6 个/g 细菌，还有少量酵母菌和霉菌，放线菌则很少。附生微生物具有促进植物发育（如固氮等）、提高种子品质等有益作用，也可能引起植物腐烂甚至致病等有害作用。一些蔬菜、牧草和果实等表面存在的乳酸菌、酵母菌等附生微生物，在泡菜和酸菜的腌制、饲料的青贮以及果酒酿造时，还起着天然接种剂的作用。

（七）人类活动对微生物生态分布的影响

当前，一场由人类推动、规模巨大、速度超常、影响深远，却看不见的微生物的全球大迁移，正在迅猛地展开。主要有以下三方面。

（1）由污水排放引起 全球约有 36 万 km² 耕地依赖城镇污水进行灌溉，而污水中约 80% 是未经处理或未作深度处理的。其中含有的多种微生物，特别是一些耐药菌就会富集或随农产品流转到全球各地。

（2）由人类旅游、迁移或动、植物的转运引起 据报道，人和家畜、家禽所含的微生物生物量，约为陆地野生哺乳动物和鸟类的 35 倍。而由于交通的便捷等原因，人类每年仅旅游一项，就超过 121 亿人次，从而大大促进了肠道微生物的全球大迁移，其中包含了多种耐药菌的迁移。

（3）由巨大的物流、贸易引起 由于运送土、沙、石以及各种农牧产品、工业产品等贸易活动之需，无数万吨轮来往频繁，因其压舱水的排放引起的微生物全球大迁移已日益严重，据估计，仅美国港口，每年就有约 1 亿 t 来自世界多地的压舱水在排放，而压舱水中就含有数量巨大的各地微生物。

以上各类影响若不加重视，将会对人类当代和后代带来种种不利影响，因此必须及早研究有关问题，如微生物大迁移对全球生态系统的影响，对人类生活和健康的影响，对物种分布和灭绝的影响，以及对生物地球化学的影响，等等。

二、 菌种资源的开发

据《国际微生物学会联盟通讯》(*IUMS News*)有关专家于 1995 年的估计，全球有 50 万～600 万种微生物，而已被研究和记载过的还不到 5%，包括 3 500 种细菌、90 000 种真菌、100 000 种藻类和原生动物以及 4 000 种病毒等共 20 万种，若再增补近 20 余年来新发现的大量新种(约 2 000 种/年)，这是何等丰富和有开发潜力的**生物资源**！

土壤是最丰富的**微生物资源库**(microbial resource pool)，动、植物体上的正常微生物区系也是重要的菌种来源，而各种极端环境更是开发有特种功能微生物的潜在"富矿"。

在自然菌样中筛选较理想的生产菌种是一件极其细致和艰辛的工作，历史上对抗生素研究作过杰出贡献的著名微生物学家 S. A. Waksman 在回顾其筛选**链霉素生产菌**(production strain of streptomycin)的经历时，更是达到"万里挑一"的地步。当前，借助于先进的科学理论和自动化的实验设备，菌种筛选效率已大为提高，但其一般步骤仍为：采集菌样→富集培养→纯种分离→性能测定→菌种保藏(其原理和操作概要可参考第四、六、七章有关内容)。

第二节　微生物与生物环境间的关系

生物间的相互关系是既多样又复杂的。如果对甲、乙两种生物间的种种关系作一剖析，则理论上不外乎有以下 9 种类型：

① 既利甲又利乙(++)：例如共生(symbiosis)、互利共栖(mutualism)、互养共栖(syntrophism)和协同共栖(synergism)等。

② 利甲而损乙(+-)：例如寄生(parasitism)、捕食(predation)和拮抗(antagonism)等。

③ 利甲而不损乙(+0)：例如偏利共栖(commensalism)、卫星状共栖(satellitism)和互生(metabiosis，或称代谢共栖、半共生)。

④ 不损甲而利乙(0+)：例同③。

⑤ 既不损甲也不损乙，既不利甲也不利乙(0 0)：例如中性共栖(neutralism，即无关共栖)。

⑥ 不利甲而损乙(0-)：例如偏害共栖(amensalism)。

⑦ 损甲而利乙(-+)：例同②。

⑧ 损甲而不利乙(-0)：例同⑥。

⑨ 既损甲又损乙(--)：例如竞争共栖(competition)。

以下就微生物间和微生物与他种生物间最典型和重要的 5 种相互关系作一简介。

一、 互生

两种可独立生活的生物，当它们在一起时，通过各自的代谢活动而有利于对方，或偏利于一方的相互关系，称为**互生**(metabiosis，即代谢共栖)，这是一种"可分可合，合比分好"的松散的相互关系。

(一) 微生物间的互生

在土壤微生物中，互生关系十分普遍。例如，好氧性自生固氮菌与纤维素分解菌生活在一起时，后者分解纤维素的产物有机酸可为前者提供固氮时的营养，而前者则向后者提供氮素营养物。

（二）微生物与植物的互生——植物内生菌

植物内生菌（plant endophyte）是一类主要生活在植物体内，但不与植物一起形成一特殊组织结构的微生物。它们与植物间不仅存在互生关系，有的还存在共生、拮抗或寄生等多种复杂关系，可以是组成型（永久）关系，也可以是诱导型（周期性）关系。植物内生菌的主要成员是细菌和真菌。它们可以从根部表皮或侧根发生处的裂隙进入根部，并随根部的发育、分化而进入中柱等组织，在细胞间隙或细胞内进行生长、繁殖和代谢活动，分泌多种有一定生理功能的次生代谢物。

植物内生细菌的种类很多，如长在水稻根部并能固氮的 *Azospirillum brasilense*（巴西固氮螺菌）等；长在甘蔗、水稻、高粱、玉米根部进行固氮的 *Herbaspirillum seropedicae*（织片草螺菌）；长在卡拉草（巴基斯坦沼泽地的先锋植物）内的 *Azoarcus indigens*（需求固氮弧菌）；以及生长在洋葱中的 *Burkholderia cepacia*（洋葱伯克霍尔德氏菌）等。*B. cepacia* 与宿主的关系多样，除促生长外，还可协助其抵抗某些病原菌，也会引起洋葱腐烂，最令人惊异的是，它还是人体胆囊纤维化症的病原菌——这是至今发现的首个人和植物共患病的病原菌。

植物内生真菌多属子囊菌类，它们与植物宿主间一般发生互生作用。例如，*Acremonium cognophiatum*（支顶孢霉）与牛尾草（在欧美广泛种植的牧草）互生，可使宿主更耐旱、利用氮素营养能力更强而达到增产的效果；又如，长在禾本科植物上的 *Claviceps purpurea*（麦角菌）产生的麦角碱类有毒物质可防宿主被食草动物食用（动物食用后会患蹒跚病）等。

植物内生菌因其种类多和发现较迟而还未深入发掘研究和开发。它们与植物的关系除上述的固氮、抗病、增产等生理作用外，还会产生众多与人类关系密切的有生物活性的次生代谢物，这是人类发展工、农业特别是医药事业的潜在宝库，例如已发现许多内生菌可产生抗生素、抗癌药、生物碱、植物生长激素和酶类等。近年来，人们对生长在紫杉树皮中的多种能产生重要抗癌物质——**紫杉醇**（taxol）的内生真菌产生了浓厚的兴趣，这种有利于植物抗病的物质对人类却有重大的应用前景。其中 *Taxomyces andreanae*（安氏紫杉霉）具有很强的产紫杉醇能力，正在被药物界和发酵工业界视为取代从紫杉树皮（资源极其紧缺）提取紫杉醇落后工艺的必然方向。

（三）人体肠道中正常菌群与人的互生

这是微生物与人体互生的例子，详细内容见本章第一节。

（四）互生现象与发酵工业中的混菌培养

混菌培养又称**混合培养**（mixed cultivation，mixed culture），有时也称**混合发酵**（mixed fermentation），这是一种在深入研究微生物**纯培养**（pure culture）基础上的人工"微生物生态工程"，指将两种或数种微生物混在一起培养，以获得更好效果的培养方法。最常见的是酸奶制作，它利用 *Lactobacillus delbruikii* subsp. *bulgaricus*（德氏乳杆菌保加利亚亚种，旧称"保加利亚乳杆菌"）和 *Streptococcus salivarius* subsp. *thermophilus*（唾液链球菌嗜热亚种，旧称"嗜热链球菌"）作混合培养，以获得色、香、味、形和营养价值俱佳的大众化营养食品；又例如，一种具有我国特色的**"二步发酵法生产维生素 C"**（two stage fermentation of vitamin C）的先进工艺，也是混菌发酵法的一个很好例证（图 8 - 2）。

维生素 C 是一种重要药物，自 1935 年由德国学者 Reichstein 发明了由葡萄糖作原料的莱氏法即**一步发酵法**（指反应中只有一步由微生物发酵，其余各步包括酮化、氧化、转化均为化学反应）以来，直至 20 世纪 70 年代，才由我国学者作了重大改进，发明了**二步发酵法**（指反应中有两步由微生物发酵，其余各步仍为化学转化反应），目前我国维生素 C 产量已占全世界产量的 95% 左右（2017）。在图 8 - 2 中，反应②均为细菌转化，即由 *Acetobacter suboxydans*（弱氧化醋杆菌）或 *Gluconobacter melanogenes*（生黑葡糖酸杆菌）等细菌参与完成，而取代莱氏法反应③的二步发酵法④，则用了混菌发酵法，即利用 *G. oxydans*（氧化葡糖酸杆菌）和

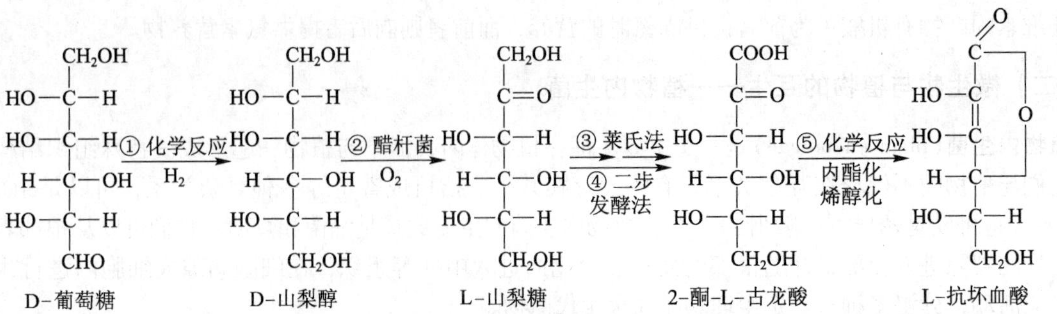

图 8-2　莱氏法和二步发酵法生产维生素 C 的原理

Pseudomonas striata（条纹假单胞菌）或其他细菌如 *Bacillus megaterium*（巨大芽孢杆菌）等的协同参与才完成的。试验证明，如单用 *G. oxydans* 进行发酵，则不仅它的生长很差，且产生 2-酮-L-古龙酸的能力微弱；而单用 *P. striata* 时，则根本不产酸；反之，若把两个菌株作混菌发酵时，就能将 L-山梨糖不断转化成维生素 C 的前体——2-酮-L-古龙酸。二步发酵法的优点很多，包括用生物氧化取代了化学氧化；省略了酮化反应，节约了易燃、易爆和剧毒的化工原料，从而减少污染、改善劳动条件和提高了安全生产水平；降低工业用粮、减少工序和设备，缩短了生产周期，从而使生产工艺、产量迅速领先于全球。混菌培养除**联合混菌培养**（指双菌同时培养）外，还有**序列混菌培养**（甲、乙两菌先后培养）、**共固定化细胞混菌培养**（甲、乙两菌混在一起制成固定化细胞）和**混合固定化细胞混菌培养**（甲、乙两菌先分别制成固定化细胞，然后两者混合培养）等多种形式。

二、共生

共生（symbiosis）是指两种生物共居在一起，相互分工合作、相依为命，甚至形成独特结构、达到难分难解、合二为一的极其紧密的一种相互关系。

（一）微生物间的共生

最典型的例子是由菌藻共生或菌菌共生的**地衣**（lichen）。前者是真菌（一般为子囊菌）与绿藻共生，后者是真菌与蓝细菌（旧称蓝绿藻或蓝藻）共生。其中的绿藻或蓝细菌进行光合作用，为真菌提供有机养料，而真菌则以其产生的有机酸分解岩石，从而为藻类或蓝细菌提供矿质元素。最近，美国学者通过基因测序后发现，全球主要的 52 个地衣属中，都含有第二种真菌与其共生，改变了自 1867 年以来关于地衣仅两种生物共生的常识。据研究，新发现的真菌是一类属于担子菌门的酵母菌。

（二）微生物与植物间的共生

1. 根瘤菌与植物间的共生

根瘤菌与植物间的共生包括大家熟知的各种根瘤菌与豆科植物间的共生以及非豆科植物（桤木属、杨梅属、美洲茶属等）与 *Frankia*（弗兰克氏菌属）放线菌的共生等。

2. 菌根菌与植物

在自然界中，经历 5 亿多年的进化，大部分植物都长有**菌根**（mycorrhiza），它是真菌与植物的根系形成的一类特殊共生体，具有改善植物营养、调节植物代谢和增强植物抗病能力等功能。有些植物，如兰科植物的种子若无菌根菌的共生就不会发芽，杜鹃科植物的幼苗若无菌根菌的共生就不能存活。菌根有外生菌根和内生菌根两大类，后者又可分为 6 个主要亚型，但以丛枝状菌根最为重要。

（1）**外生菌根**（ectomycorrhiza）　存在于 30 余科植物的一些种、属中，尤其以木本的乔、灌木居多，例如松科等。能形成外生菌根的真菌主要是担子菌，其次是子囊菌，它们一般可与多种宿主共生。外生菌根的主要特征是菌丝在宿主根表生长繁殖，交织成致密的网套状构造，称作**菌套**（mantle），以发挥类似根毛的作用；另一特征是菌套内层的一些菌丝可透过根的表皮进入皮层组织，把外皮层细胞逐一包围起来，以增加两者间的接触和物质交换面积，这种特殊的菌丝结构称为**哈蒂氏网**（Hartig net）。

（2）**丛枝状菌根**（arbuscular mycorrhiza，AM）　是一种最常见和最重要的内生菌根（endomycorrhiza）。丛枝状菌根虽是内生菌根，但在根外也能形成一层松散的菌丝网，当其穿过根的表皮而进入皮层细胞间或细胞内时，即可在皮层中随处延伸，形成内生菌丝。内生菌丝可在皮层细胞内连续发生双叉分枝，由此产生的灌木状构造称为**丛枝**（arbuscule）。少数丛枝状菌根菌的菌丝末端膨大，形成**泡囊**（vesicle）。因此，丛枝状菌根又称**泡囊－丛枝状菌根**（vesicular-arbuscular mycorrhiza，VAM）。在自然界中，约80%的陆生植物包括大量的栽培植物（小麦、玉米、棉花、烟草、大豆、苜蓿、三叶草、甘蔗、马铃薯、番茄、苹果、柑橘和葡萄等）具有AM，它是由**内囊霉科**（Endogonaceae）中部分真菌（6个属）与高等植物根部间形成的一种共生体系。目前这类真菌已可在植物细胞培养物中生长，但还不能在人工培养基上生长繁殖。

（三）微生物与动物间的共生

1. 微生物与昆虫的共生

在白蚁、蟑螂等昆虫的肠道中有大量的细菌和原生动物与其共生。以白蚁为例，其后肠中至少生活着100种细菌和原生动物（其中30多种已作过鉴定），数量极大（每毫升肠液中含细菌$10^7 \sim 10^{11}$个，原生动物每毫升为10^6个），例如白蚁消化道中的披发虫（*Trichonympha* sp.）就是一种多鞭毛类原生动物。它们可在厌氧条件下分解纤维素供白蚁营养，而微生物则可获得稳定的营养和其他生活条件。这类仅生活在宿主细胞外的共生生物，称**外共生生物**（ectosymbiont）。另一类是**内共生生物**（endosymbiont），这类微生物生活在蟑螂、蝉、蚜虫和象鼻虫等许多昆虫的细胞内，可为它们提供B族维生素等成分或促进它们大量繁殖。例如，2007年曾有人发现一种生活在大豆田中的臭蝽（*Megacopta punctatissima*），其内脏中的共生微生物可促使宿主在自然条件下产下多达数百万枚卵，如果去除该共生微生物，就可引起产卵量直线下降。这对防治该种害虫提供了十分有益的启示。

近期发现了一个既有理论意义、又有应用前景的共生现象（*Science*，2008）：以木材为唯一食物来源的白蚁，存在着大、中、小生物间的三重共生关系——由白蚁提供木质纤维，其肠道内的原生动物协助消化纤维素，而原生动物体内的共生细菌则通过生物固氮向前两个宿主提供氨基酸营养物。其中的共生细菌为*Pseudotrichonympha grasii*（格氏假披发虫共生菌）。新近还发现另一类三重共生现象：一种水蜡虫体内生活着的共生小细菌（*Tremblaya* sp.），在其体内还生活着一种更小基因组的共生体——*Moranella* sp.（*Cell*，2013）。

2. 瘤胃微生物与反刍动物的共生

牛、羊、鹿、骆驼和长颈鹿等属于**反刍动物**，它们一般都有由瘤胃、网胃（蜂巢胃）、瓣胃和皱胃4部分组成复杂的反刍胃，通过与**瘤胃微生物**（rumen microflora）的共生，它们才可消化植物的纤维素和果胶等成分。其中，反刍动物为瘤胃微生物提供纤维素和无机盐等养料、水分、合适的温度和pH以及良好的搅拌和无氧环境，而瘤胃微生物则协助其把纤维素分解成有机酸（乙酸、丙酸和丁酸等）以供瘤胃吸收，同时，由此产生的大量菌体蛋白通过皱胃的消化而为反刍动物提供充足的蛋白质养料（占蛋白质需要量的40% ~ 90%）。因此，反刍动物的消化道酷似一个高效的天然发酵罐。

牛瘤胃的容积可达100 L以上，其中约生长着200种细菌、24属原生动物和6属厌氧真菌，且数量极大（每克内含物中细菌达$10^9 \sim 10^{13}$个，以纤毛虫为主的厌氧原生动物每克内含物中达$10^4 \sim 10^6$个）。荷兰和美国等的学者发现，若在牛饲料中添加1.3% ~ 1.5%的磷酸脲，可促进瘤胃微生物的生长繁殖，从而达到增奶8% ~ 10%、增重5% ~ 10%、降低饲料消耗3% ~ 5%和提高经济效益12% ~ 12.5%的显著作用。现把瘤胃微生物与反刍动物间共生的主要原理综合在图8-3中。

发生在瘤胃中的生化反应总式可归结为：

$$57.5\ 葡萄糖 \longrightarrow 65\ 乙酸 + 20\ 丙酸 + 15\ 丁酸 + 60\ CO_2 + 35 CH_4 + 25 H_2O$$

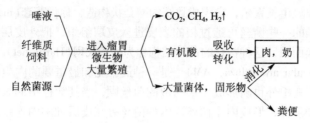

图 8 - 3　反刍动物与瘤胃微生物间的共生原理

活跃在瘤胃中强烈分解纤维素的微生物主要是一些厌氧菌，例如产生周质酶的 *Fibrobacter succinogenes*（产琥珀酸丝状杆菌）、产外酶的 *Ruminococcus albus*（白色瘤胃球菌）以及 *Butyrivibrio fibrisolvens*（溶纤维丁酸弧菌）和 *Clostridium lochheadii*（洛氏梭菌）等。此外，在瘤胃中还存在多种厌氧真菌，它们可协助消化除纤维素以外的多糖物质，包括木质素、半纤维素和果胶，常见的如 *Neocollimastix hyricyensis*（胡里希考玛脂霉）等。瘤胃中的厌氧原生动物除能部分水解纤维素外，还可控制细菌数量。

三、寄生

寄生（parasitism）一般指一种小型生物生活在另一种较大型生物的体内（包括细胞内）或体表，从中夺取营养并进行生长繁殖，同时使后者蒙受损害甚至被杀死的一种相互关系。前者称为**寄生物**（parasite），后者则称作**宿主**或**寄主**（host）。寄生又可分为细胞内寄生和细胞外寄生，或专性寄生和兼性寄生等数种。

（一）微生物间的寄生

微生物间寄生的典型例子是噬菌体与其宿主菌的关系（见第三章）。1962 年，H. Stolp 等人发现了小型细菌寄生在大型细菌中的独特寄生现象，从而引起了学术界的巨大兴趣。小细菌称为**蛭弧菌**（*Bdellovibrio*，"bdello" 有 "蚂蟥" 或 "吸血者" 的意思），至今已知有 3 个种，其中研究得较详细的是 *B. bacteriovorus*（食菌蛭弧菌）。此菌的细胞呈弧状，G^-，大小为 $(0.25 \sim 0.4)\ \mu m \times (0.8 \sim 1.2)\ \mu m$，一端为单生鞭毛，专性好氧；不能利用葡萄糖产能，可氧化氨基酸和乙酸产能（通过 TCA 循环）；可培养在含酵母膏和蛋白胨的天然培养基中；广泛分布于土壤、污水甚至海水中；其寄生对象都是 G^- 细菌，尤其是一些肠杆菌和假单胞菌，例如 *E. coli*、*Pseudomonas phaseolicola*（栖菜豆假单胞菌）和 *Xanthomonas oryzae*（稻白叶枯黄单胞菌）等。

蛭弧菌的生活史：通过高速运动，细胞的一端与宿主细胞壁接触，凭其快速旋转（> 100 周/s）和分泌水解酶类，即可穿入宿主的周质空间内；然后鞭毛脱落，分泌消化酶，逐步把宿主的原生质作为自己的营养，这时已死亡的宿主细胞开始膨胀成圆球状，称为**蛭质体**（bdelloplast），其中的蛭弧菌细胞不断延长、分裂、繁殖，待新个体一一长出鞭毛后，就破壁而出，并重新寄生新的宿主细胞（图 8 - 4）。整个生活史需 $2.5 \sim 4.0$ h。通常每个 *E. coli* 细胞可释放 $5 \sim 6$ 个蛭弧菌，而大型细菌如 *Aquaspirillum* sp.（一种水螺菌）则可释放 $20 \sim 30$ 个蛭弧菌。若在宿主菌的平板菌苔上滴加土壤或污水的滤液后，可在其上形成特殊的 "噬菌斑"，它与由噬菌体形成的噬菌斑不同处是，由蛭弧菌形成的 "噬菌斑" 会不断扩大，且可呈现一定的颜色。

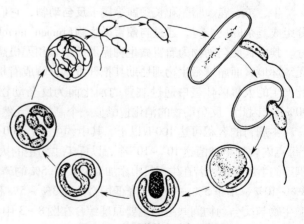

图 8 - 4　蛭弧菌的生活史示意图

蛭弧菌的发现，不但在细菌间找到了寄生的实例，而且为医疗保健和农作物的生物防治提供了一条新的可能途径。

（二）微生物与植物间的寄生

微生物寄生于植物的例子是极其普遍的，各种植物病原微生物（又称病原体或病原菌，pathogen）都是寄生物，它们以真菌和病毒居多，细菌相对较少。按寄生的程度来分，凡必须从活的植物细胞或组织中获取其所需营养物才能生存者，称为**专性寄生物**（obligate parasite），例如真菌中的 *Erysiphe*（白粉菌属）、*Peronospora*（霜霉属）以及全部植物病毒等；另一类是除寄生生活外，还可生活在死亡植物上或人工配制的培养基中，这就是**兼性寄生物**（facultative parasite）。由植物病原菌引起的植物病害，对人类危害极大，应采取各种手段进行防治。

（三）微生物与动物间的寄生

寄生于动物的微生物即为动物**病原微生物**（pathogen），种类极多，包括各种病毒、细菌、真菌和原生动物等。其中最重要和研究得较深入的是人体和高等动物的病原微生物（详见第九章）；另一类是寄生于有害动物尤其是多数昆虫的病原微生物，包括细菌、病毒和真菌等，可用于制成**微生物杀虫剂**（microbial pesticide）或**生物农药**（biopesticide），例如用 *Bacillus thuringiensis*（苏云金杆菌）制成的**细菌杀虫剂**（bacterial pesticide），以 *Beauveria bassiana*（球孢白僵菌）制成的**真菌杀虫剂**（fungal pesticide）和以各种病毒**多角体**制成的**病毒杀虫剂**（virus pesticide）等。有关细菌和病毒杀虫剂内容已在第一、三章作过介绍。真菌是重要的杀虫微生物来源之一，已发现的杀虫真菌有 700 余种（2008 年），真菌杀虫剂的优点很多，例如宿主范围广，害虫不易产生抗性，以及除直接杀死害虫外，还可降低其繁殖能力和行动能力（易被天敌捕杀）等。当然，寄生于昆虫的真菌也有可形成名贵中药的，如产于青藏高原的 *Cordyceps sinensis*（**冬虫夏草**）即为一例。

四、 拮抗

拮抗又称**抗生**（antagonism），指由某种生物所产生的特定代谢产物可抑制他种生物的生长发育甚至杀死它们的一种相互关系。在一般情况下，拮抗通常指微生物间产生抗生素之类物质而行使的"损人利己的化学战术"。在制作民间食品**泡菜**（pickle）和牲畜的**青贮饲料**（ensilage）过程中，也存在着拮抗关系：在密封容器中，当好氧和兼性厌氧菌消耗了其中的残存氧气后，就为各种**乳酸细菌**包括 *Lactobacillus plantarum*（植物乳杆菌）、*L. brevis*（短乳杆菌）、*Leuconostoc mesenteroides*（肠膜状明串球菌）和 *Pediococcus pantosaceus*（戊糖片球菌）等厌氧菌的生长、繁殖创造了良好的条件。通过它们产生的乳酸对其他腐败菌的拮抗作用才保证了泡菜或青贮饲料的风味、质量和良好的保藏性能。

由拮抗性微生物产生的抑制或杀死他种生物的**抗生素**（antibiotic），是最典型并与人类关系最密切的拮抗作用。截至 2002 年年底，在已发现微生物的 22 500 种次生代谢物中，抗生素就占了 16 500 种（放线菌 8 700 种，真菌 4 900 种，细菌 2 900 种）。在众多的抗生素中，有一部分属农用抗生素，它们具有高效、安全、廉价和可降解等优点，是农药发展的重要方向。井冈霉素、阿维菌素、春日霉素、庆丰霉素和灭瘟素等已在农作物和森林病虫害防治中发挥了较好的作用，由我国首创的申嗪霉素在抗植物真菌性枯萎病方面已获显著疗效（2008 年）。现有的抗癌药中，约有一半直接或间接来自于微生物，如阿霉素、卡里奇霉素和博安霉素等。有关抗生素的较详细内容可见第六章第五节。

五、 捕食

捕食又称**猎食**（predatism，predation），一般指一种大型的生物直接捕捉、吞食另一种小型生物以满足其营养需要的相互关系。微生物间的捕食关系主要是原生动物捕食细菌和藻类，它是**水体生态系统**中**食物链**的基本环节，在**污水净化**中也有重要作用。另有一类是由**捕食性真菌**例如 *Arthrobotrys oligospora*（少孢节丛孢菌）等利用菌环、菌套巧妙地捕食**土壤线虫**的例子，它对**生物防治**具有一定的意义。

第三节 微生物的地球化学作用

　　自然界蕴藏着极其丰富的元素贮备。原始地球上所含的主要元素有 O、Si、Mg、S、Na、Ca、Fe、Al、P、H、C、Cl、F 和 N 等，大自然对于生命世界来说，可比喻为一个庞大无比的"元素银行"。随着地球上生命的起源和不断繁荣发展，"元素银行"中为构建生物体所必需的 20 种左右常用元素就会逐步被"借用"直至"借空"，从而使它无法继续运转，因而生物界亦将不再有任何生机，届时将出现美国女海洋生物学家和著名科普作家 R. 卡逊（1907—1964）在其不朽名著《寂静的春天》（R. Carson：*Silent Spring*，1962）中所描述的因大量使用化学杀虫剂而可能导致的可怕情景。因此，自然法则要求任何生物个体在其短暂的一生中，只能充当一个向"元素银行"暂借所需元素的临时"客户"，而绝不允许它永久霸占。在大自然这一铁的法则中，微生物实际上扮演了一个不可或缺的"逼债者"（即分解者或还原者）的作用。任何地方，一旦阻碍了微生物的生命活动，那里就会失去**生态平衡**（ecological balance），就会出现"寂静的春天"。可以认为，整个生物圈要获得繁荣昌盛和发展，其最主要的能量来源是太阳，而其元素来源则主要依赖于由微生物所推动的**生物地球化学循环**（biogeochemical cycle）。

　　自地球形成至今约 45 亿年的历程中，发生了化学进化与生物学进化两大阶段，它们又各可分 3 个小阶段。在**生物学进化**的 38 亿 ~ 41 亿年的 3 个小阶段中，以微生物为主体的**分解者**（decomposer，reductor）是始终不可缺少的一方，以植物为主体的**生产者**（producer）其次，而以动物为主体的**消费者**（consumer）则最迟形成。

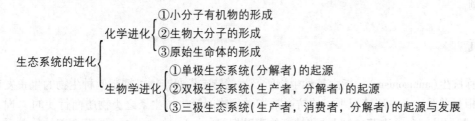

一、碳素循环

　　碳元素是组成生物体各种有机物中最主要的组分，它约占有机物干重的 50%。自然界中碳元素以多种形式存在着，包括周转极快的大气中的 CO_2、溶于水中的 CO_2（H_2CO_3、HCO_3^- 和 CO_3^{2-}）和有机物（死或活的生物）中的碳（见表解，据 *PNAS*，2018），此外，还有贮量极大、很少参与周转的岩石（石灰石、大理石）和化石燃料（煤、石油、天然气等）中的碳，据估计，全球总碳量达 76×10^{15} t 之多。

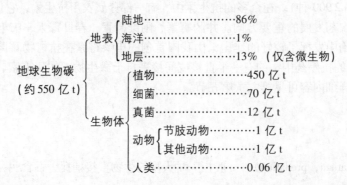

碳素循环（carbon cycle）可见图 8 - 5，其中微生物发挥着最大的作用。大气中低含量的 CO_2 只够绿色植物和微生物进行约 20 年光合作用之需。由于微生物的降解作用、呼吸作用、发酵作用或甲烷形成作用，就可使光合作用形成的有机物（图 8 - 5 中的 "CH_2O"）尽快分解、矿化和释放，从而使生物圈处于一种良好的**碳平衡**的环境中。据估计，地球上 90% 以上有机物的**矿化作用**都是由细菌和真菌完成的，而海洋中的光合微生物能吸收人类排放的 40% CO_2。

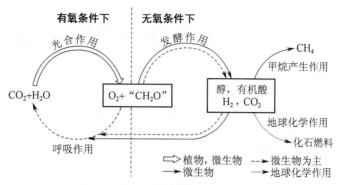

图 8 - 5　碳、氢、氧元素在自然界的循环

当今全球范围的碳素循环问题，已从一个生态学领域的一学术问题迅速提升到一个全人类都高度关注的重大社会问题。它的确关系到人类能否制止正在发展的全球气候变暖、生态恶化以及如何保证全人类和谐相处和经济、社会持续发展等许多根本问题。自从 18 世纪中叶英国开展产业革命以来，随着煤炭、石油和天然气类化石燃料的大量消耗（仅 20 世纪就消耗煤炭 2 650 亿 t，石油 1 420 亿 t），大气中 CO_2 浓度已从 1750 年的 0.028%（280 ppm）上升至 2017 年的 0.041%（410 ppm），达到 80 万年以来的最高水平，由此引起的温室效应导致了全球变暖和生态恶化等一系列威胁人类正常生存的严重问题。

从 2003 年英国发布能源问题白皮书《我们能源的未来：创建低碳经济》以后，低碳能源、低碳经济等一系列冠以 "低碳" 的新名词不断涌现，如低碳产业、低碳技术、低碳发展、低碳社会、低碳城市和低碳生活等，其总目标是要求全人类都应尽快从传统的 "高碳" 生产和生活方式转变为理性的 "低碳" 生产和生活方式，努力达到低能耗、低排放、低污染和可循环的要求，尽快改变人类长期以来对碳基能源的过度依赖，积极降低人类社会对温室气体（CO_2、CH_4 等）的排放，以使人类社会和经济的运转始终处在可持续发展的良性状态下。

二、　氮素循环

由于氮元素在整个生物界中的重要性，故自然界中**氮素循环**（nitrogen cycle）极其重要。氮素循环指不同分子形式中的氮元素，在生态系统和地球生物化学循环中的地位及其转化规律。从图 8 - 6 中可以看出，在氮素循环的 8 个环节中，有 6 个只能通过微生物才能进行，特别是为整个生物圈开辟氮素营养源的**生物固氮作用**，更属原核生物的 "专利"，因此，可以认为微生物是自然界氮素循环中的核心生物。

氮元素及其化合物的种类和化合价为：$R - NH_2$（-3）、NH_3（-3）、N_2（0）、N_2O（+1）、NO（+2）、NO_2^-（+3）、NO_2（+4）和 NO_3^-（+5），主要形式有氨和铵盐、亚硝酸盐、硝酸盐、有机含氮物和气态氮 5 类。其中前 3 类呈高度水溶性，是植物和大部分微生物的良好氮素营养，但自然界存在量过去认为仅占 8%（存在于岩石圈的基岩中），近期美国学者虽证明存在量高达 26%，但必须通过长期自然风化待形成土壤后，才能少量释放（*Science*，2018）；第四类是各种活的或死的含氮有机物，在自然界含量也很少，它必须通过微生物的分解才能重新被绿色植物等所利用；第五类即气态氮是自然界最为丰富的氮元素库，全球蕴藏量达 10^{13} t，可是，只有极少数的原核固氮生物才能利用它。

现对图 8 - 6 中的 8 类反应作一简单介绍。

255

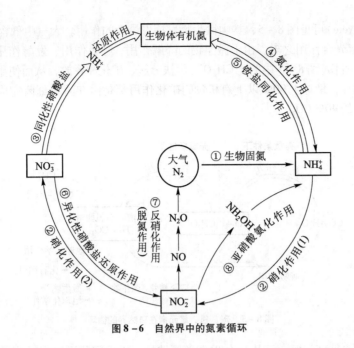

图8-6 自然界中的氮素循环

（1）**生物固氮**（biological nitrogen fixation） 生物固氮为地球上整个生物圈中一切生物提供了最重要的氮素营养源。据估计，全球年固氮量约为 2.4×10^8 t，其中约85%是生物固氮。在生物固氮中，60%由陆生固氮生物完成，各种豆科植物尤为重要（表8-8），40%由海洋固氮生物完成。有关固氮微生物的种类和固氮生化机制，可参见第五章第三节。

表8-8 不同豆科植物在每个栽培季节的固氮量

豆科植物名称	固氮量/（kg·hm²）
具喙田菁	60~800
三叶草	45~670
木本豆类	80~500
豌豆	50~500
苜蓿	90~340
大豆	60~300

（2）**硝化作用**（nitrification） 氨态氮经**硝化细菌**（nitrifying bacteria）的氧化，转变为硝酸态氮的过程，称硝化作用。此反应必须在通气良好、pH接近中性的土壤或水体中才能进行。硝化作用分两阶段：①氨氧化为亚硝酸，由一群化能自养菌**亚硝化细菌**（nitrosobacteria）引起，如 *Nitrosomonas*（亚硝化单胞菌属）等；②亚硝酸氧化为硝酸，由一群化能自养菌**硝酸化细菌**（nitrobacteria）引起，例如 *Nitrobacter*（硝化杆菌属）等。硝化作用在自然界氮素循环中是不可缺少的一环，但对农业生产并无多大利益，主要是硝酸盐比铵盐水溶性强，极易随雨水流入江、河、湖、海中，它不仅大大降低肥料的利用率（硝酸盐氮肥一般利用率仅40%），而且会引起水体的**富营养化**（eutrophication），进而导致"**水华**"或"**赤潮**"等严重污染事件的发生（详后）。土壤中硝化作用可用化学药剂硝吡啉（nitrapyrin，即2-氯-6-三氯甲基吡啶）去抑制。

（3）**同化性硝酸盐还原作用**（assimilatory nitrate reduction） 指硝酸盐被生物体还原成铵盐并进一步合成各种含氮有机物的过程。所有绿色植物、多数真菌和部分原核生物都能进行此反应。

（4）**氨化作用**（ammonification） 指含氮有机物经微生物的分解而产生氨的作用，可在通气或不通气条件下进行。含氮有机物主要是蛋白质、尿素、尿酸、核酸和几丁质等。许多好氧菌如 *Bacillus* spp.（多种芽

微生物学教程

孢杆菌）、*Proteus vulgaris*（普通变形杆菌）、*Pseudomonas fluorescens*（荧光假单胞菌）和一些厌氧菌如 *Clostridium* spp.（多种梭菌）等都具有强烈的氨化作用能力。氨化作用对于为提供农作物氮素营养十分重要。

（5）**铵盐同化作用**（assimilation of ammonium）　以铵盐作营养，合成氨基酸、蛋白质和核酸等有机含氮物的作用，称铵盐同化作用，一切绿色植物和许多微生物都有此能力。

（6）**异化性硝酸盐还原作用**（dissimilatory nitrate reduction）　指硝酸离子充作呼吸链（电子传递链）末端的电子受体而被还原为亚硝酸的作用。能进行这种反应的都是一些微生物，尤其是兼性厌氧菌（详见第五章第一节的厌氧呼吸和硝酸盐呼吸）。

（7）**反硝化作用**（denitrification）　又称**脱氮作用**，指硝酸盐转化为气态氮化物（N_2 和 N_2O）的作用。由于它一般发生在 pH 为中性至微碱性的厌氧条件下，所以多见于淹水土壤或死水塘中。在无氧条件下，催化硝酸盐异化性还原作用并引起反硝化作用的一系列还原酶都呈现去阻遏作用。一些化能异养微生物和化能自养微生物可进行反硝化作用，例如 *Bacillus licheniformis*（地衣芽孢杆菌）、*Paracoccus denitrificans*（脱氮副球菌）、*Thiobacillus denitrificans*（脱氮硫杆菌）和若干 *Pseudomonas*（假单胞菌属）的菌种等。反硝化作用会引起土壤中氮肥严重损失（可占施入化肥量的 3/4 左右），因此对农业生产十分不利。

（8）**亚硝酸氨化作用**　指亚硝酸通过异化性还原经羟胺转变成氨的作用。*Aeromonas* spp.（一些气单胞菌）、*Bacillus* spp.（一些芽孢杆菌）和 *Enterobacter* spp.（一些肠杆菌）等可进行此类反应。

三、　硫素循环与细菌沥滤

（一）硫素循环（sulfur cycle）

硫是构成生命物质所必需的元素。在生物体内，一般 C：N：S≈100：10：1。自然界中蕴藏着丰富的硫，其中**硫素循环**方式与氮素相似，每个环节都有相应的微生物群参与（图8–7）。

（1）**同化性硫酸盐还原作用**　指硫酸盐经还原后，最终以巯基形式固定在蛋白质等成分中。可由植物和微生物引起。

（2）**脱硫作用**（desulfurization）　指在无氧条件下，通过一些腐败微生物的作用，把生物体中蛋白质等含硫有机物中的硫分解成 H_2S 等含硫气体的作用。

（3）**硫化作用**（sulfur oxidation）　即硫的氧化作用。指 H_2S 或 S^0 被微生物氧化成硫或硫酸的作用，如好氧菌 *Beggiatoa*（贝日阿托氏菌属）和 *Thiobacillus*（硫杆菌属），以及光合厌氧菌 *Chlorobium*（绿菌属）和 *Chromatium*（着色菌属）等能进行此反应（参见第五章第一节）。

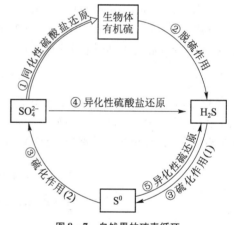

图8–7　自然界的硫素循环
双线表示植物与微生物共同参与的反应，
单线表示仅微生物参与的反应

（4）**异化性硫酸盐还原作用**　指硫酸作为厌氧菌呼吸链（电子传递链）的末端电子受体而被还原为亚硫酸或 H_2S 的作用（另见第五章第一节的硫酸盐呼吸），*Desulfovibrio*（脱硫弧菌属）等和 *Desulfobacter*（脱硫菌属）能进行此反应。

（5）**异化性硫还原作用**　指硫还原成 H_2S 的作用，可由 *Desulfuromonas*（脱硫单胞菌属）和一些超嗜热古菌等引起。

微生物不仅在自然界硫元素的循环中发挥了巨大作用，而且还与硫矿的形成，地下金属管道、舰船和建筑物基础的腐蚀，铜、铀等金属的细菌沥滤，以及农业生产等都有密切的关系。在农业生产上，微生物硫化作用产生的硫酸，不仅是植物的硫素营养源，而且还有助于磷、钾等营养元素的溶出和利用。当然，在通气不良的土壤中发生硫酸盐还原时，产生的 H_2S 会引起水稻烂根等毒害，应予以防止。

（二）细菌沥滤（bacterial leaching）

细菌沥滤又称**细菌浸矿**或**细菌冶金**（bacterial metallurgy）。在我国宋朝，江西等地已有自发地应用细菌沥滤技术生产过铜的记载。现代细菌沥滤技术是在1947年后才发展起来的。其原理是利用化能自养细菌对金属矿物中的硫或硫化物进行氧化，使它不断生产和再生酸性浸矿剂，并让低品位矿石中的铜等金属以硫酸铜等形式不断溶解出来，然后再采用电动序较低的铁等金属粉末进行置换，以此获取铜等有色金属或稀有金属（图8-8）。

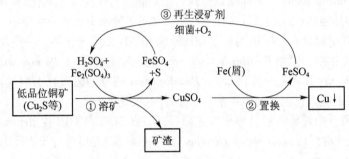

图8-8　铜矿的细菌沥滤原理

从图8-8可知，在铜矿的细菌沥滤中，有3个环节：

（1）溶矿　不同的铜矿石经粉碎后，通过浸矿剂 $Fe_2(SO_4)_3$ 或 H_2SO_4 的作用，产生了大量的 $CuSO_4$。

① 黄铜矿：$CuFeS_2 + 2Fe_2(SO_4)_3 + 2H_2O + 3O_2 \longrightarrow CuSO_4 + 5FeSO_4 + 2H_2SO_4$

② 赤铜矿：$Cu_2O + Fe_2(SO_4)_3 + H_2SO_4 \longrightarrow 2CuSO_4 + FeSO_4 + H_2O$

③ 辉铜矿：$Cu_2S + 2Fe_2(SO_4)_3 \longrightarrow 2CuSO_4 + 4FeSO_4 + S$

（2）置换　此反应纯属电化学中的置换反应，一般采用铁屑置换出"海绵铜"，待进一步加工：

$$CuSO_4 + Fe \longrightarrow FeSO_4 + Cu \downarrow$$

（3）再生浸矿剂　这是细菌沥滤中的关键工艺。由好氧性的**化能自养细菌**——*Acidithiobacillus ferrooxidans*（氧化亚铁酸硫杆菌）[旧称 *Thiobacillus ferrooxidans*（氧化亚铁硫杆菌）或 *Leptospirillum ferrooxidans*（铁氧化钩端螺菌）]生产和再生浸矿剂 $Fe_2(SO_4)_3$ 和 H_2SO_4，其反应式为：

$$① \quad 4FeSO_4 + 2H_2SO_4 + O_2 \xrightarrow{\text{Af菌}} 2Fe_2(SO_4)_3 + 2H_2O$$

$$② \quad 2S + 3O_2 + 2H_2O \xrightarrow{\text{Af菌}} 2H_2SO_4$$

细菌沥滤特别适合于次生硫化矿和氧化矿的浸取，其浸取率可达70%～80%，也适合于锰、镍、锌、钴和钼等硫化矿物或铀和金等若干稀有元素的提取。其优点是投资少、成本低、操作简便、污染少以及规模可大可小，尤其适合于贫矿、废矿、尾矿或火冶矿渣中金属的浸出；缺点是周期长、矿种有限以及不适宜高寒地带使用等。

四、磷素循环

磷在一切生物遗传信息载体（DNA）、生物膜以及生物能量转换和贮存物质（ATP等）的组成中不可缺少，所以，它是一切生命物质中的核心元素。然而，在生物圈中，以磷酸形式存在的生物可利用的磷元素却十分稀缺。在农业生产中，作为**肥料三要素**之一的磷，在长期施用单一氮肥的土壤中，也是最短缺的"瓶颈"元素之一。因此，掌握磷元素的转化规律，对指导农业生产有很大的意义。

由于磷元素及其化合物没有气态形式，且磷无价态的变化，故**磷素循环**（phosphorus cycle）即**磷的地球**

微生物学教程

化学循环较其他元素简单，属于一种典型的沉积循环。它的3个主要转化环节为：

（1）不溶性无机磷的可溶化　土壤或岩石中的不溶性磷化物主要是磷酸钙[$Ca_3(PO_4)_2$，$CaHPO_4$，$Ca(H_2PO_4)_2$]和磷灰石[主要成分为$Ca_5(PO_4)_3 \cdot (F，Cl)$]；由微生物对有机磷化物分解后产生的磷酸，在土壤中也极易形成难溶性的钙、镁或铝盐。在微生物代谢过程中产生的各种酸，包括多种细菌和真菌产生的有机酸，以及一些化能自养细菌如硫化细菌和硝化细菌产生的硫酸和硝酸，都可促使无机磷化物的溶解。因此，在农业生产中，还可利用上述菌种与磷矿粉的混合物制成细菌磷肥。

（2）可溶性无机磷的有机化　此即各类生物对无机磷的同化作用。在施用过量磷肥的土壤中，会因雨水的冲刷而使磷元素随水流至江、河、湖、海中；在城镇居民中，大量使用含磷洗涤剂也会使周边地区水体磷元素超标。当水体中可溶性磷酸盐的浓度过高时，会造成水体的**富营养化**（eutrophication），这时如氮素营养适宜，就促使蓝细菌、绿藻和原生动物等大量繁殖，并由此引起湖水中的"**水华**"或海水中的"**赤潮**"等大面积的环境污染事故。在含磷洗涤剂中的三聚磷酸钠(STPP)对水体有效磷的贡献率高达50%以上，它可被藻类等水生生物很快吸收利用，故是水体富营养化的主要原因。

（3）有机磷的矿化　生物体中的有机磷化物进入土壤后，通过微生物的转化、合成，最后主要以**植酸盐**（phytate，又称植素或肌醇六磷酸）、核酸及其衍生物和磷脂3种形式存在。它们经各种腐生微生物分解后，形成植物可利用的可溶性无机磷化物。此外，近年来还发现海洋底部蕴藏着地球上最丰富的有机磷（主要是DNA）贮藏库，经微生物分解后，可为海洋浮游植物提供其所需磷的47%之巨。这类微生物包括 *Bacillus* spp.（一些芽孢杆菌）、*Streptomyces* spp.（一些链霉菌）、*Aspergillus* spp.（一些曲霉）和 *Penicillium* spp.（一些青霉）等。有一株 *Bac. megaterium* var. *phosphaticum*（解磷巨大芽孢杆菌），因能有效分解核酸和卵磷脂等有机磷化物，故早已被制成**磷细菌肥料**应用于农业的增产上了。此外，我国年产秸秆和畜禽粪便等含磷有机废弃物约34亿t，内含磷约225万t，通过微生物的矿化作用，可作为良好的有机肥料。

第四节　微生物与环境保护

在当代，随着人类工农业生产的高速发展和全球人口的急速增长，使人类赖以生存的自然环境发生严重恶化。自20世纪50年代在一些工业发达国家最先出现的各种环境污染事件以来，逐步向发展中国家蔓延，并从城市到乡村再入山区，形势十分严峻。据世界银行统计，在工业领域，仅钢铁、炼油、食品、化工、造纸、有色金属和水泥7个行业，就产生了全球大气和水体中约90%的污染物。当人类在不断付出沉重甚至惨痛的代价后，才逐步意识到，只有靠全人类共同行动，坚定地走保护生态和可持续发展的道路，才是拯救人类唯一家园——地球的必然途径。

人们对环境问题的认识也先后经历过逐步深化的4个阶段：治理"三废"→消除公害→环境保护→走可持续发展之路。**环境污染**（environmental pollution）是指土壤或水体等生态系统的结构和功能遭受外来有害因素的破坏而丧失自然平衡的能力，进而导致其中物质流、能量流不能正常运转的现象。

一、水体的污染——富营养化

江河、湖泊、湿地等自然水体，尤其是那些快速流动、溶氧量高的水体，对投入其中的少量有机或无机污染物具有很强的自体净化能力，此即**自净作用**（self-purification，self-cleaning）。其原因除物理性的沉淀、扩散、稀释和化学性的氧化作用外，起关键作用的是生物学和生物化学作用，包括好氧细菌对有机物的降解和分解作用，原生动物对细菌的吞噬作用，噬菌体对细菌的裂解作用，细菌糖被（荚膜等黏性物质）对污染物的吸附、沉降作用，藻类和水生植物的光合作用，以及各种浮游动物、节肢动物和鱼类等食物链的摄食作用等。这就是"流水不腐"的内在机制。可是，一旦水体发生富营养化或其他严重污染事故，这种自净作用就遭到破坏。例如，农作物对化肥的实际利用率都较低，氮肥为30%~35%，磷肥当季利用率不足

20%，钾肥利用率约50%，而我国化肥用量却居全球各国之首，是全球平均用量的3.4倍(2015年总用量为5 416万t)，大量的化肥流向河流、湖泊和海洋，成了水体富营养化的主要来源。

富营养化(eutrophication)是指水体中因氮、磷等元素含量过高而导致水体表层蓝细菌和藻类过度生长繁殖的现象。这时，下层水体不仅缺光少氧，而且因大量死藻被细菌分解而进一步造成缺氧和有毒的环境。水华和赤潮就是由水体的富营养化而造成的两类典型的水污染现象。

水华(water bloom)指发生在池、河、江、湖或水库等淡水水体中因富营养化而引起的藻类过度繁殖的自然现象。在温暖季节，当因不合理施用化肥、使用大量含磷洗涤剂等而使水体中的 P/N 比达到 Redfield 氏常数(1/45～1/8.2，平均值为1/16)或无机氮含量达到300 mg/m³、总磷量达到20 mg/m³ 时，水体中的蓝细菌和浮游藻类就会迅速增殖，从而在水面上形成一薄层由蓝绿色的藻体和泡沫组成的水华。水华中常见的蓝细菌有 *Microcystis*(微囊蓝细菌属)、*Anabaena*(鱼腥蓝细菌属)和 *Aphanizomenon*(束丝蓝细菌属)等；常见的绿藻有 *Chlamydomonas*(衣藻属)、*Euglena*(裸藻属)和多种硅藻等。其中许多种类会产生对鱼、虾、软体动物和人、畜等有害的毒素，特别是蓝细菌毒素(又称蓝藻毒素)等。

赤潮(red tide)指发生在河口、港湾或浅海等咸水区的水体，因富营养化而导致其中的蓝细菌、浮游植物和原生动物的暴发性增殖、聚集，进而产生毒素，引发水体呈现红、棕色等异常的有害自然现象。近年来，我国沿海的赤潮频繁出现，以每10年3倍的速度递增，每年都有特大赤潮(面积大于1 000 km²)出现。例如，2008年我国就发生过68次赤潮，累计面积超过1.3万 km²。赤潮生物有260余种，以蓝细菌、绿藻和原生动物居多，如*Microcystis aeruginosa*(铜绿色微囊蓝细菌)、*Aphanizomenon* spp.(一些束丝蓝细菌)、棕囊藻、米氏凯伦藻、拟菱形藻、亚历山大藻、甲藻以及夜光虫、腰鞭毛虫等。其中约有70种产毒素，如**微囊蓝细菌毒素**(microcystin)、短裸甲藻毒素和软骨藻酸等。这类毒素对渔业、海产养殖业和多种海洋哺乳动物(海狮、海豚、海牛等)的生存有严重危害。

只有强化"防重于治"的观念和制订切实有效的预防措施才能防止赤潮和水华的发生，如禁用含磷洗涤剂，少施和科学地施用化肥，扩大与根瘤菌共生的固氮作物的栽种面积等。我国年耗化肥量大(2014年已超5 000万t，约占全球的30%)，利用率低(约30%)，已造成了水体的大面积污染。这种状态须尽快纠正、严加防范。值得一提的是，我国学者于2009年报道了一项全新的用"生物浮岛"技术来防止水体富营养化的方法。所谓人工生物浮岛，就是把陆生喜水植物移植到人工制作的浮床上栽培，其上生长的植物不仅可吸收水体中丰富的氮、磷等营养元素，还能抑制藻类生长以及为农民增加收入和为城镇提供丰富的农产品供应。此外，还应积极研究抑制和消除赤潮生物及其毒素的方法，例如英国学者于2009年已报道有10种细菌能分解蓝细菌毒素，如 *Athrobacter* sp.(一种节杆菌)、*Brevibacterium* sp.(一种短杆菌)和 *Rhodococcus* sp.(一种红球菌)等；韩国学者则发现(2006年)有一种海洋微生物产生的灵菌红素(prodigiosin)在极低浓度(亿分之一)和短时间(1 h)内即可杀死赤潮中的许多微生物。

二、 用微生物治理污染

(一) 污水处理(sewege treatment)

严格地说来，废水(waste water)是经家庭或工、农业生产过程中使用过的含有大量有机物或无机物的下水，而污水(sewege)则是指受人畜粪便污染过的废水。但事实上由于两者难分难解，故通称污水。污水的种类很多，包括生活污水、农牧业污水、工业有机污水(如屠宰、造纸、淀粉加工、豆制品生产、发酵厂污水)和工业有毒污水(如电镀、炼焦、石油、农药、化工、印染、制革和炸药生产污水等)。当前世界各国的大城市、大河和湖泊等的污染程度极其严重，例如，我国每年排出的污水约717亿t(2005年)，其中2/3以上未经处理就直接排入江、河、湖、海，从而导致七大河流(长江、黄河、松花江、珠江、辽河、海河、淮河)和三大湖泊(太湖、巢湖、滇池)的严重污染。在工业有毒污水中，其所含的农药、炸药、多氯联苯(PCB)、多环芳烃(PAHs)、酚、氰、丙烯腈和重金属离子等都属剧毒物质或"三致"(致癌、致畸变、致突变)物质，若不加处理，则社会后果极其严重。在各种污水处理方法中，最根本、有效、简便、价廉的方法就是微生物处理法(又称生化处理法)。

1. 用微生物处理污水的原理

$$污水(高 BOD) \xrightarrow[O_2]{多种微生物群} 分层 \begin{cases} \rightarrow 气体:CO_2,NH_3,H_2S,CH_4,CO,H_2 \text{ 等} \uparrow \\ \rightarrow 清水:含 SO_4^{2-}、NO_3^-、PO_4^{3-} \text{ 等无机离子} \\ \rightarrow 残渣 \xrightarrow{厌氧发酵} \begin{cases} \rightarrow 沼气(能源) \\ \rightarrow 废渣(有机肥、填埋、焚烧等) \end{cases} \end{cases}$$

用微生物处理污水的过程,实质上就是在污水处理装置这一小型人工生态系统内,利用不同生理、生化功能微生物间的代谢协同作用而进行的一种物质循环过程。当高 BOD 的污水进入该系统后,其中自然菌群(或接种部分人工特选菌种)在充分供氧条件下,相应于污水这种特殊"选择培养基"的性质和成分,随着时间的推移,发生着有规律的**微生物群演替**(community succession),待系统稳定后,即成了一个良好的混菌连续培养器。它可保证污水中的各种有机物或毒物不断发生降解、分解、氧化、转化或吸附、沉降,从而达到消除污染和分层的处理效果——气体自然逸出,低 BOD 的处理水重新流入河道,而残留的少量固态废渣(活性污泥或脱落的生物被膜)则可进一步通过厌氧发酵(即污泥消化或沼气发酵)产生沼气燃料和有机肥供人们利用。我国城市污泥有效处置率还低于20%(2014 年),多用于堆肥和填埋。

在污水处理中应该熟悉的几个常用名词有:

(1) **BOD**(biochemical oxygen demand) 即"**生化需氧量**"或"**生化耗氧量**",又称**生物需氧量**,是水中有机物含量的一个间接指标。一般指在 1 L 污水或待测水样中所含的一部分易氧化的有机物,当微生物对其氧化、分解时,所消耗的水中溶解氧质量(其单位为 mg/L)。BOD 的测定条件一般规定在 20 ℃下 5 昼夜,故常用 BOD_5(5 日生化需氧量)符号表示。我国对地面水环境质量标准的规定为:一级水 BOD_5 值 <1 mg/L,二级水 <3 mg/L,三级水 <4 mg/L,若 >10 mg/L,表示该水已严重污染,鱼类无法生存。

(2) **COD**(chemical oxygen demand) 即**化学需氧量**,是表示水体中有机物含量的一个简便的间接指标,指 1 L 污水中所含的有机物在用强氧化剂将它氧化后,所消耗氧的质量(单位为 mg/L)。常用的化学氧化剂有 $K_2Cr_2O_7$ 或 $KMnO_4$,但前者的氧化力更强,能使水体中80% ~ 100%的有机物迅速氧化,故被优先选用,由此测得的 COD 值应标以"COD_{Cr}"。此法较测 BOD 更为快速简便。同一水样其 BOD_5 和 COD 值并不相等,但它们间有一定的比例关系。

(3) **TOD**(total oxygen demand) 即**总需氧量**,指污水中能被氧化的物质(主要是有机物)在高温下燃烧变成稳定氧化物时所需的氧量。TOD 是评价某水质的综合指标之一,与测 BOD 或 COD 相比,具有快速、重现性好等优点,但需用灵敏的检测仪器作测定。

(4) **DO**(dissolved oxygen) 即**溶解氧量**,指溶于水体中的分子态氧,是评价水质优劣的重要指标。DO 值大小是水体能否进行自净作用的关键。天然水的 DO 值一般为 5 ~ 10 mg/L。我国规定地面水水质的合格标准为 DO >4 mg/L。

(5) **SS**(suspend solid) 即**悬浮物含量**,指污水中不溶性固态物质的含量。

(6) **TOC**(total organic carbon) 即**总有机碳含量**,指水体内所含有机物中的全部有机碳的量。可通过把水样中的所有有机物全部氧化成 CO_2 和 H_2O,然后测定生成 CO_2 的量来计算。

2. 用于污水处理的特种微生物

在自然界中,广泛存在着能分解特定污染物的微生物,若能对它们进行分离、选育并进行遗传改造,就可获得能治理特定污染物的高效菌种。例如,①分解**氰**:有能产生氰水解酶的 *Nocardia* spp.(一些诺卡氏菌)、*Pseudomonas* spp.(一些假单胞菌)、*Fusarium solani*(腐皮镰孢霉)和 *Trichoderma lignorum*(木素木霉)等菌种;②分解**丙烯腈**:有 *N. corallina*(珊瑚诺卡氏菌)等菌种;③分解**多氯联苯**(PCB):有 *Rhodotorula* spp.(一些红酵母)、*Pseudomonas* spp. 和 *Achromobacter* spp.(一些无色杆菌)等菌种;④分解多环芳烃类物质(PAHs,蒽、菲等):有 *Alcaligenes* spp.(一些产碱菌)、*Pseudomonas* spp.、*Corynebacterium* spp.(一些棒杆菌)和 *Nocardia* spp.

261

等菌种；⑤分解炸药成分：可分解三硝基甲苯(TNT)者有 *Citrobacter* spp.（一些柠檬酸杆菌）、*Enterobacter* spp.（一些肠肝菌）和 *Pseudomonas* spp. 等，而可分解黑索金(RDX)的则有 *Corynebacterium* spp. 等菌种；⑥分解芳香族磺酸盐：有 *Ps. putida*（恶臭假单胞菌）等菌种；⑦分解1－苯基－十一烷磺酸盐(ABS)：有 *Bacillus* spp.（一些芽孢杆菌）等菌种；⑧分解聚乙烯醇(PVA)：有 *Enterobacter asburiae*（阿氏肠杆菌）、*Bacillus* sp.（一种芽孢杆菌）和 *Pseudomonas* sp. 等菌种；⑨烃分解菌：据估计，全球年流入海洋的石油约有130万t，有报道(2006年)称，已从海洋中分离到一种具有强解烃能力的细菌——*Alcanivorax bokumensis*，并已对其基因组进行了测序(3.1 Mb)；⑩分解二噁英的微生物：二噁英是一类剧毒的持久性有机污染物，美国在越战期间大量使用的落叶剂（"橙剂"）中就含有二噁英成分。据报道，2007年我国台湾学者在台南安顺厂遭二噁英污染过的土壤中已分离到其有效分解细菌。

有一类物质称为**外生物质**或**异生物质**(xenobiotic)，是指一些天然条件下并不存在的由人工合成的化学物质，例如一些杀虫剂、杀菌剂和除草剂等（多达1 000余种）。其中有许多易被各种细菌或真菌降解；有些则须添加一些有机物作初级能源后才能降解，这一现象称为**共代谢**(co-metabolism)；而还有一些则很难降解，因此被称为**顽拗物**或**难降解化合物**(recalcitrant compound)。

上述这两类物质，目前都归入**持久性有机污染物**(POP, protracted organic pollutant)的范围。POP 是一类具有环境持久性（极难降解）、生物累积性（可通过食物链进行传递和累积）、高生物学毒性和长距离迁移性的人工合成有机污染物，目前发现的已有20余种，主要是各种氯代有机物、溴代有机物和氟代有机物，如有机氯农药、多氯联苯、多溴联苯醚和二噁英等，我国农业上曾大量使用过的 DDT 和六六六等杀虫剂，都属 POP。

3. 污水处理的方法和装置

污水处理方法和具体装置很多，现从能量的角度加以分类：

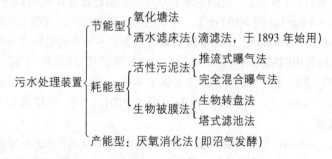

以下仅举使用较多的两类代表性装置加以简介。

（1）**完全混合曝气法**(completely mixed aeration process)　又称**表面加速曝气法**(surface accelerative aeration process)，是一种利用活性污泥处理污水的方法。**活性污泥**(activated sludge)指一种由活细菌、原生动物和其他微生物群聚集在一起组成的凝絮团，在污水处理中具有很强的吸附、分解有机物或毒物的能力。其中的细菌有 *Zoogloea ramigera*（生枝动胶菌）、*Sphaerotilus natans*（浮游球衣菌）和 *Pseudomonas* spp. 等；原生动物则以 *Carchesium* spp.（一些独缩虫）、*Opercularia* spp.（一些盖纤虫）和 *Vorlicella* spp.（一些钟虫）为主。活性污泥对生活污水的 BOD_5 去除率可达95%左右。完全混合曝气法的装置如图8-9。其运转过程是：将污水与一定量的回流污泥（作接种用）混合后流入曝气池，在通气翼轮或压缩空气分布管不断充气、搅拌下，与池内正在处理的污水充分混合并得到良好的稀释，于是污水中的有机物和毒物就被活性污泥中的好氧微生物群所降解、氧化或吸附，微生物群也同时获得了营养并进行生长繁殖。经一段滞留时间后，多余的水经溢流方式连续流入一旁或外围的沉淀池。在沉淀池中，由于没

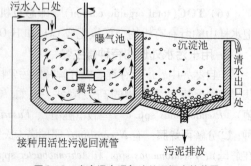

图8-9　完全混合曝气法处理污水的装置

有通气和搅拌，故在处理后的清水不断溢出沉淀池的同时，活性污泥团纷纷沉入池底，待积集到一定程度时，再进行污泥排放。污泥可进一步作**厌氧消化**(anaerobic digestion)处理。

此法实际上是一个利用多种天然微生物进行**混菌培养**(mixed cultivation)的**连续培养器**(continuous fermentor)。为保证它顺利运转，还应保持适宜的温度($20 \sim 40 \, ℃$)和配制合理的营养物浓度(一般BOD_5：N：P = 100：5：1)。如果污水中具有某种特定的有毒物质，最好再补充接种具有相应分解能力的优良菌种。

（2）**生物转盘法**(biological rotating disc process，rotating biological contactor)　这是一种适合土地面积紧张的大城市内利用生物被膜处理污水的方法。**生物被膜**(biofilm)是指生长在潮湿、通气的固体表面上的一层由多种活微生物构成的黏滑、暗色菌膜，能氧化、分解污水中的有机物或某些有毒物质。生物转盘一般是由一组质轻、耐腐蚀和易于挂膜的塑料圆板以一定间隔串接在同一横轴上而成。每片圆盘的下半部都浸没在盛满污水的半圆柱形槽中，上半部则敞露在空气中，整个生物转盘由电动机缓缓驱动(图8-10)。在运转初期，污水槽中的水流十分缓慢，目的是使每一盘片上长好一层生物被膜，称为"挂膜"。此后，污水流速可适当增快，这时，随着圆盘的不停转动，污水中的有机物和毒物就会被生物被膜上的微生物所吸附、充氧、氧化和分解，从而使流经的污水得到净化。随着时间的推移，盘片上的生物被膜也会不断生长、加厚、老化和脱落，然后又长出新的生物被膜。转盘上的生物也以表层的好氧细菌为主，例如 *Bacillus* spp. 和 *Pseudomonas* spp. 等，另有多种原生动物，如植鞭毛虫、纤毛虫和吸管虫等。生物转盘法适合处理BOD_5为$20 \sim 50 \, mg/L$的低浓度污水。优点为节能、BOD去除率高、管理维护简单、污泥产量少、出水的BOD低和节约土地等。

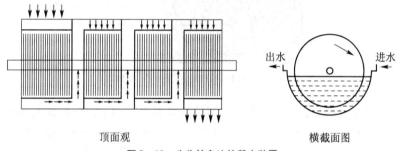

顶面观　　　　　　　　　横截面图

图8-10　生物转盘法的基本装置

（3）**厌氧污泥消化器**(anoxic sludge digester)　一种适合在无氧条件下，对高浓度($BOD_5 \geq 2\,000$)的污水进行微生物处理的连续或半连续生物反应器，俗称沼气发酵罐(池)，通常为大型钢质罐体。在我国广大农村推广的半埋入地下的小型沼气发酵罐，通常用塑料或玻璃钢制成。厌氧污泥消化器适合处理养牛(猪)场粪便、屠宰厂或发酵厂污水、一级污水处理后的活性污泥等高BOD_5污水。其构造如图8-11所示：污水从罐的左侧流入后，其中的有机物或毒物等经$2 \sim 4$周时间就被罐内活性污泥中的多种微生物群所分解、氧化、转化或吸附，并达到良好的分层效果——最上层为甲烷和CO_2构成的可燃气，接着为一薄层浮渣，其下为低BOD的清液层(流出后即称"中水"，可流入河道)，再下为含多种微生物的活性污泥层，最下层为可用作肥料的稳定态污泥层。

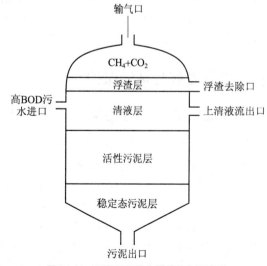

图8-11　厌氧污泥消化器的结构示意图

（二）固体有机垃圾的微生物处理

随着世界各国城市化进程的加速，困扰着现代化大城市的难题之一的城市垃圾处理问题日益加剧。据报道，2016 年，我国年固体废弃物超过 100 亿 t，其中畜禽和养殖业废弃物占 40 亿 t，农作物秸秆约 10 亿 t，一般工业废弃物约 33 亿 t，建筑垃圾约 18 亿 t，大中城市生活垃圾约 2 亿 t。从理论上讲，"世界上没有真正的垃圾，而只有放错位置的资源"，但世界各国目前处理固体垃圾的方法还普遍停留在填埋、焚烧和堆肥这 3 种传统处理方法上，今后发展的方向应做到"五化"——减量化、无害化、资源化、产业化和社会化。在城市垃圾中，大量的是餐厨垃圾，例如，估计我国仅城市就年产这类垃圾 6 000 万 t，上海市约 40 万 t。近年来，我国若干大城市正在推行一种利用好氧性高温微生物对餐厨垃圾（含动、植物残体的厨余）甚至人和动物粪便进行快速分解的新方法，采用的设备为**有机垃圾好氧生物反应器**（aero-bioreactor for organic garbage）。其结构如图 8 – 12 所示。

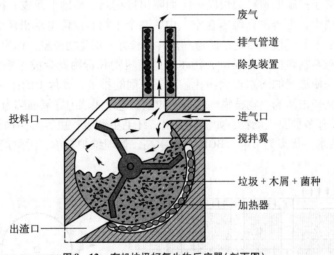

图 8 – 12　有机垃圾好氧生物反应器（剖面图）

由图可知，有机垃圾自投料口进入后，在一组慢速搅拌翼的带动下，与腔体内拌有多种活性菌种的木屑等粉状介质充分混合（接种）。此搅拌翼按要求作间歇搅拌。在 40～60 ℃和不断通入新鲜空气的条件下，由于以 *Bacillus* spp.（多种芽孢杆菌）为主体的各种活性菌种协同作用的结果，有机垃圾被迅速分解，大部分形成 H_2O、CO_2、NH_3 和 H_2S 等气体，它们经高温、溶入水中或合适微生物进一步除臭后，随时逸出至大气中。该装置在每日投料的情况下，一般只需 3～6 个月去除一次残渣（可作优质肥料），便可较好地达到有机垃圾处理中的减量化、无害化和资源化的要求。

三、 沼气发酵与环境保护

（一）沼气发酵的重要意义

据估计，地球上绿色植物通过光合作用每年约可合成 2 000 亿 t（干重）有机物，相当于全球总耗能量的 10～20 倍，但目前利用率还很低（<3%）。这些有机物通过不同途径满足了几乎一切生物生存所需要的 C、H、O 元素和能量。由光合作用直接或间接地把日光能转化成的有机物，包括植物、动物和微生物体以及它们的加工产物和残余物在内的一切有机物，称为**生物物质**，简称**生物质**（biomass，另译"生物量"）。在地球表面存在的各种生物质中，虽然微生物占了一半，但在人们的视野中最常见的却是植物秸秆、动植物残体和畜禽粪便等形体较大的实物。这类生物质资源是人类赖以生存和发展的**可再生资源**（renewable resource）或永续资源，若能科学地加以利用，必将更好地造福于人类。我国的秸秆资源、禽畜粪便加上林产品加工残余物、城镇厨余和人粪等，生物质蕴藏量极大。可是，在生物质利用方面，却存在两种截然不同的观念和方式。第一类是传统的一步利用即燃烧的方式，它是贮存在有机物中化学能释放的一种"短路"反应，虽能快速释放其中蕴藏的化学能，但能效极低（仅可利用约 10% 热能），另外仅产生少量肥效单一的草木灰

而已。久而久之，它会引起当地土壤因缺乏有机质的补充而降低肥力，并破坏土壤的团粒结构和引起土地沙化、水土流失等一系列恶果。第二类是对生物质作科学的多层次梯级式利用方式，即先把秸秆等生物质加以粉碎，供牛、羊等食草动物作饲料，产生肉、奶和畜制品，而其粪便则可用于沼气发酵，提供优质能源，做到了充分的物尽其用。通过这种多层次深度利用，可把蕴藏在生物质中的约90%的化学能得到充分利用，同时经沼气发酵后的残渣还是良好的有机肥料或饲料、饵料添加剂。这种利用方式的关键是沼气发酵，只有通过它的媒介，才能把生物质中蕴藏的饲料、燃料、肥料和培养料的功能得到充分发挥，由此形成的"动物饲养—沼气发酵—作物栽培"［如"羊（牛、猪）—沼—菜（桑、果、稻）"等］或"动物饲养—沼气发酵—食用菌栽培—作物栽培"等的生态农业模式，可大大地促进农村经济的发展和传统观念的更新，还可达到保护森林、改良土壤、提高肥力、降低病虫害和改善生态环境等效果。因此，沼气发酵是一项利国利民、惠及后代、促进农业良性循环和可持续发展的农业生态工程。据统计，目前我国农村已有小型家用沼气池3 100万个和大中型沼气罐26 600个（2008年），发展势头很好。据测算，一座8 m³ 的沼气池，每年可产385 m³ 沼气和20 t以上的沼肥，相当于节煤0.5 t（或节柴1.2 t，或节电45.5 kW·h）和节化肥0.2 t，从而可使农民获得显著增收节支和提高生活水平的效果。

近年来，在我国北方地区创造和部分推广的"三合一"生态温室的农业生产模式，就是上述思路结合当地农业生产实际而发展起来的一种新的生态农业探索。其主要内容是：在日光温室或塑料大棚这类人工生态系统内，把种植、养殖、粪便处理和沼气利用各环节科学地组合起来，使作物生产、饲料消费和废弃物利用几个环节之间进行循环，产生最高的经济效益和生态效益。"三合一"生态温室是由塑料薄膜大温室、太阳能暖圈和建于暖圈下的沼气发酵池3部分组成（也有在其中再建一厕所而成的"四合一"模式）。"三合一"生态温室的关键设施是其中的沼气池，由它可把农村废弃生物质转化成可贵的沼气燃料和良好的有机肥兼补充 CO_2，并可消除养殖业对环境造成的严重影响。这类生态农业的创举，对我国特别是北方和西部地区农业生产的发展，将会产生巨大的推动作用。

（二）沼气发酵的3个阶段

沼气（marsh gas，swamp gas）又称生物气（biogas），是一种混合可燃气，主要成分是甲烷，另有部分 CO_2 和少量的 H_2、N_2 等气体。甲烷是一种严重的温室气体，它无色、无嗅、无毒、低密度（约为空气的55%）、难溶于水，可燃。1 m³ 沼气产热量约为33 857 J。**沼气发酵**又称**甲烷形成作用**（methanogenesis），其生物化学本质是：产甲烷菌（methanogen）在无氧条件下，利用 H_2 还原 CO_2 等碳源营养物，借以产生能量、细胞物质和代谢废物（CH_4）的生理过程。在发酵罐（池）中，甲烷的形成是多种不同生理特性的微生物群协同作用的共同结果，可分3个阶段（图8-13）。

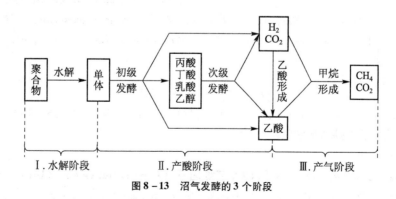

图8-13　沼气发酵的3个阶段

（1）水解阶段　由多种兼性厌氧和专性厌氧的发酵性细菌把污泥、污水（也包括自然条件下的水底淤泥或牛羊等瘤胃内食料）中的各类聚合物（纤维素、多糖、蛋白质、脂肪、核酸等）进行酶解，变成相应单体的过程。例如，可把淀粉或纤维素水解成单糖，并进而形成丙酮酸；把蛋白质水解成氨基酸，并进一步形成有机酸和氨；把脂质水解成脂肪酸和甘油，并进而形成丙酸、丁酸、琥珀酸、乙酸、氢气和二氧化碳；把核酸水解成嘌呤、嘧啶和戊糖等。参与本阶段的微生物包括一些专性厌氧菌如 *Clostridium*（梭菌属）、*Bacteroides*（拟杆菌属）、*Butyrivibrio*（丁酸弧菌属）、*Eubacterium*（真杆菌属）和 *Bifidobacterium*（双歧杆菌属）等，兼性厌氧菌如 *Streptococcus*（链球菌属）和一些肠道杆菌等。

（2）产酸阶段　由3部分构成：①初级发酵作用——由多种厌氧性发酵细菌参与，可把单糖、氨基酸、脂肪酸等单体化合物发酵后形成丙酸、丁酸、乳酸、琥珀酸、乙醇、氢气和二氧化碳；②次级发酵作用——由氧化脂肪酸产氢细菌群把初级发酵作用产生的各种有机酸进一步分解成乙酸、氢气和二氧化碳，这群细菌都是一些与产甲烷菌进行互生的**共养菌**（syntroph），如 *Syntrophomonas wolfei*（沃氏共养单胞菌）和 *Syntrophus gentianae*（龙胆共养菌）；③乙酸形成作用——此反应由一些同型乙酸产生菌进行。这类生理群的微生物，都是一些专性厌氧的兼性化能自养菌，它们既可借化能异养方式发酵糖类生活（产生乙酸），也可进行化能自养即以 H_2 作能源和还原 CO_2 的化能自养方式生活（也产生乙酸），如 *Clostridium aceticum*（醋酸梭菌）和 *Acetobacter woodii*（伍氏醋酸杆菌）等。它们都利用厌氧乙酰 – CoA 途径固定 CO_2，把一分子 CO_2 还原成乙酸的甲基，另一分子 CO_2 还原为乙酸的羧基（见第五章第三节）。

（3）产气阶段　本阶段由两群不同生理特性的产甲烷菌将一碳化合物（CO_2 等）、氢气和乙酸转化成甲烷和 CO_2，此即**甲烷形成作用**。其一为氧化氢的产甲烷菌群，它们把 H_2 和 CO_2 等一碳化合物（甲醇、甲酸、甲基胺、CO）转化为 CH_4；另一群为裂解乙酸的产甲烷菌群，它们通过裂解乙酸产生 CH_4。

（三）甲烷形成的生化途径

1. 产甲烷菌简介

产甲烷菌（methanogen）是一类必须生活在严格无氧生境下的古菌类。它们能以 H_2 还原 CO_2 等一碳化合物来获得自身所需要的能量和细胞物质，产生代谢废物 CH_4。种类很多，它们在形态和生理特性上呈现明显的多样性，例如，细胞形态有球状、短杆状、长杆状、螺旋状、扁平状和丝状等；革兰氏染色反应有阳性、阴性和不定性；生长所需碳源主要为 CO_2，此外还有约 10 种，包括一碳化合物（CO、甲酸、甲醇、甲胺等）、二碳化合物（乙酸、二甲胺）和三碳化合物（三甲胺、丙酮酸）；氮源一般为 NH_4^+，但多数种类还能利用氨基酸，故培养时若加入少量酵母膏、蛋白胨就能促使它们更好地生长；有的种类如 *Methanobrevibacter ruminatium*（瘤胃甲烷短杆菌）还需要加入辅酶 M 作为生长因子等。

随着对产甲烷菌研究的不断深入，产甲烷菌的种数也节节上升：1956 年为 8 种，1979 年 13 种，1990 年 55 种，2000 年 99 种。按 *Bergey's Manual of Systematic Bacteriology*（2nd ed, 2001）（《伯杰氏系统细菌学手册》，第 2 版，第 1 卷）记载，产甲烷菌的分类地位属于古菌域，共有 1 门（广古菌门）、3 纲（甲烷杆菌纲、甲烷球菌纲、甲烷微菌纲）、4 目、9 科、27 属。其中重要的代表属如 *Methanobacterium*（甲烷杆菌属）、*Methanobrevibacter*（甲烷短杆菌属）、*Methanococcus*（甲烷球菌属）、*Methanomicrobium*（甲烷微菌属）、*Methanolobus*（甲烷叶菌属）、*Methanospirillum*（甲烷螺菌属）、*Methanohalophilus*（甲烷嗜盐菌属）和 *Methanosarcina*（甲烷八叠球菌属）等。

甲烷形成过程的总反应式为：

$$CO_2 + 4H_2 \longrightarrow CH_4 + 2H_2O$$

经过无数学者的不懈努力，至今对上述过程的生化反应细节已基本搞清（图 8 – 14）。

2. 参与甲烷形成反应的独特辅酶（图8–15）

（1）作 C_1 载体的辅酶

①**甲烷呋喃**（methanofuran, MF）：又称 **CO_2 还原因子**（CO_2 reduction factor，CDR），于 1982 年发现。是一种低分子量的辅酶，由酚、谷氨酸、二羧基脂肪酸和呋喃环 4 种分子结合而成。参与甲烷形成反应的第一步，即把 CO_2 还原为甲酰基水平，并与呋喃的氨基侧链结合，再转移到第二个辅酶上。

②**甲烷蝶呤**（methanopterin, MP）：又称 F_{342} 因子，于 1978 年发现。是一种含蝶呤环的产甲烷菌辅酶，在 342 nm 处呈现一浅蓝色荧光。其主要成分是叶酸。是 C_1 载体，可使甲酰基（—CHO）还原为甲基（—CH_3）。

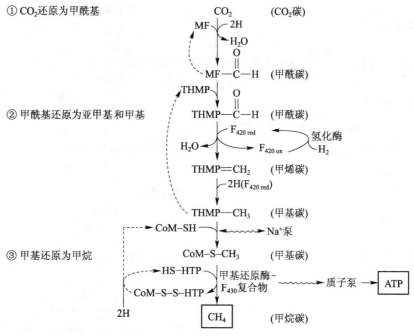

① CO_2还原为甲酰基

CO_2　　(CO₂碳)

② 甲酰基还原为亚甲基和甲基

③ 甲基还原为甲烷

MF ⤵ 2H
↓ H₂O
O
‖
MF—C—H　　(甲酰碳)
THMP ⤵
O
‖
THMP—C—H　　(甲酰碳)
F₄₂₀ red ⤵ ← 氢化酶
H₂O ← F₄₂₀ ox ← H₂
THMP=CH₂　　(甲烯碳)
↓ 2H(F₄₂₀ red)
THMP—CH₃　　(甲基碳)
CoM—SH ↓ ⤵ Na⁺泵
CoM—S—CH₃　　(甲基碳)
HS—HTP 甲基还原酶－
CoM—S—S—HTP F₄₃₀复合物 ⤳ 质子泵 → ATP
2H CH₄　　(甲烷碳)

图 8-14　从 CO_2 还原至 CH_4 的生化反应途径

在菌体内，以还原态活性四氢蝶呤(tetrahydromethanopterin，THMP)的形式存在。

③ **辅酶 M**(coenzyme M，CoM)：即 2-巯基乙烷磺酸(2-mercaptoethanesulfonic acid)，于 1971 年发现，是已知辅酶中分子量最小者，酸性强，在 260 nm 处有吸收峰，但不发荧光。在甲烷形成的最终反应步骤中，充作甲基的载体，并经甲基还原酶－F₄₃₀复合物的催化将甲基转化为甲烷。CoM 的化学结构虽很简单，但在甲基还原酶的反应中却有高度的专一性，它的许多结构类似物均无生物活性，其中的溴乙烷磺酸(BES，Br—CH₂—CH₂—SO₃H)是产甲烷作用的抑制剂(使用浓度一般为 5×10^{-4} mol/L)，即使在10^{-6} mol/L时，也可抑制该酶的 50% 活性，从而抑制产甲烷菌的生长，故它在研究天然生境下产甲烷菌生态规律中有一定的应用；同时，已有借此反应以利用高浓度有机废水(BOD≥20 g/L 的乳清废水、屠宰废水或玉米加工废水等)生产己酸等有机酸的应用性研究报道。

④ **辅酶 F₄₃₀**(coenzyme F₄₃₀)：一种黄色、可溶性、含四吡咯结构的化合物，作用与 CoM 相似，以甲基还原酶复合物的一部分而参与产甲烷作用的最终反应。F₄₃₀的吸收光谱为 430 nm，但与 F₄₂₀不同，它无荧光发生。因 F₄₃₀的结构中有 Ni，所以在培养产甲烷菌时，应加入微量元素 Ni。

（2）参与氧化还原反应的辅酶

① **辅酶 F₄₂₀**(coenzyme F₄₂₀)：是一种黄素衍生物，其化学结构类似于一般黄素辅酶 FMN。氧化型 F₄₂₀的吸收光谱为 420 nm，可产生蓝绿色荧光，当呈还原态时，则荧光消失。这一特性在产甲烷菌的初步鉴定中十分有用。其生理功能是在低氧化还原电势下作双电子载体，另外，它还有电子供体的作用。在产甲烷菌中，F₄₂₀可作为不同酶的辅酶，如氢化酶和NADP⁺还原酶等。

② **辅酶 HS-HTP**：又称辅酶 B(CoB)，即 7-巯基庚酰基丝氨酸磷酸(7-mercaptoheptanoyl threonine phosphate)，与维生素中泛酸的结构相似，在甲烷形成的最终反应步骤中作为甲基还原酶的电子供体。通过 CoM 对 HS-HTP 的还原，可使甲烷形成过程产生能量。

3. 甲烷形成中的主要反应

从图 8-14 中可以看到在甲烷形成中有以下几个主要反应：

（1）CO_2 的甲酰化　　CO_2 被 MF 激活并随之还原成甲酰基。

（2）从甲酰基至亚甲基和甲基　　甲酰基从 MF 转移到 MP，接着通过脱水和还原步骤后，分别达到亚甲基和甲基水平。

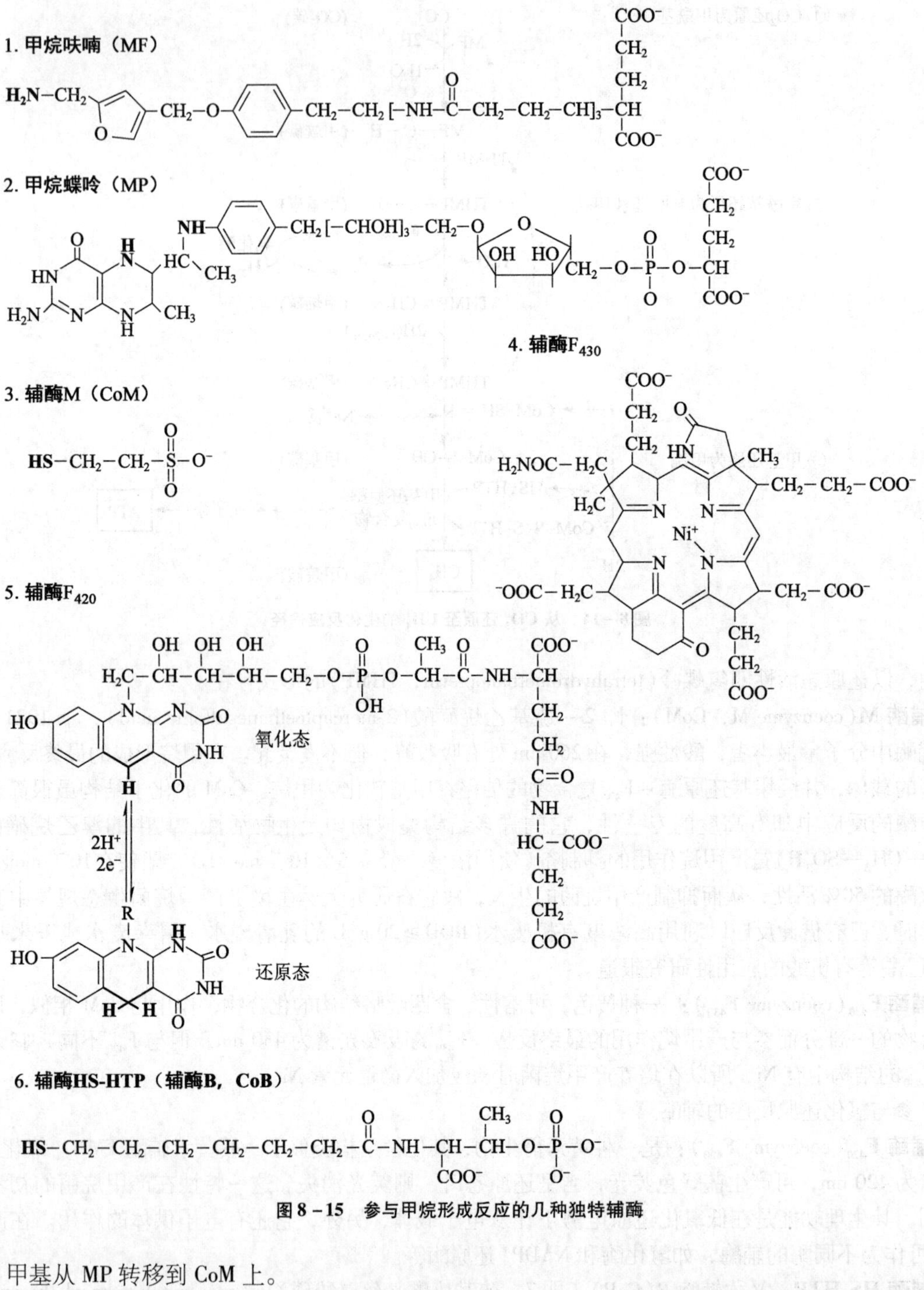

1. 甲烷呋喃（MF）

2. 甲烷蝶呤（MP）

4. 辅酶F_{430}

3. 辅酶M（CoM）

5. 辅酶F_{420}

氧化态

$2H^+$
$2e^-$

还原态

6. 辅酶HS-HTP（辅酶B，CoB）

图 8 – 15   参与甲烷形成反应的几种独特辅酶

（3）甲基从 MP 转移到 CoM 上。

（4）甲基还原为甲烷   甲基 – CoM 经甲基还原酶系还原为 CH_4。反应中 HS – HTP 作为电子供体，而 F_{430} 则作为甲基还原酶复合物的一部分而参与其中。

（5）产能反应   在甲烷形成途径中，仅最后一步反应产能。目前已知道的机制是：在由甲基还原酶 – F_{430} 复合物催化 CoM – S – CH_3 产生 CH_4 过程中，还须有 HS – HTP 的参与，因此，在形成 CH_4 的同时还产生了 CoM – S – S – HTP。后者在异二硫化物还原酶（heterodisulfide reductase）的催化下，可把来自还原型 F_{420} 或 H_2 的电子传递给 CoM – S – S – HTP，但把质子 H^+ 逐出至细胞膜的外侧，由此造成的跨膜质子动势推动了 ATP 合酶合成 ATP；与此同时，经 ATP 合酶流入的质子可使带负电荷的 CoM – S – S – HTP 重新还原成

CoM – SH 和 HS – HTP（图 8 – 16）。

4. 甲烷形成作用与细胞物质的生物合成

上面已介绍了产甲烷菌在严格厌氧条件下，通过 CO_2 被 H_2 还原而形成甲烷和产生能量的一系列生化反应。这里则要介绍产甲烷菌是如何通过自养生活方式把 CO_2 和 H_2 合成细胞物质的。由图 8 – 17 可知，产甲烷菌在其长期进化过程中，早已把甲烷形成作用这一产能机制与生物合成反应紧密连接，通过两者各提供一个碳原子的方式而获得了对合成一切细胞物质所必需的关键性二碳化合物——乙酰 – CoA。

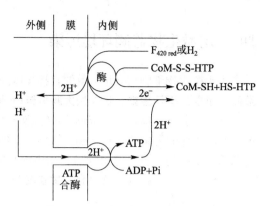

图 8 – 16　甲烷形成途径中的产能反应
图中圆圈内的酶代表异二硫化物还原酶

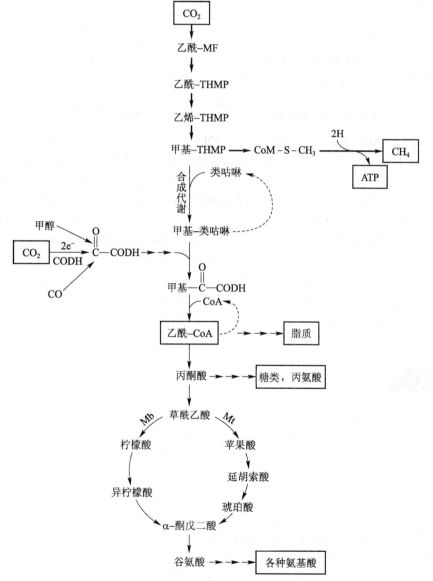

图 8 – 17　两种自养产甲烷菌的甲烷形成（产能代谢）与生物合成两途径的联系
粗线箭头表示甲烷形成途径；CODH：可把 CO_2 还原为 CO 的一氧化碳脱氢酶；类咕啉：可作为 C_1 载体的类咕啉蛋白；Mb：*Methanobacterium barkeri*（巴氏甲烷杆菌）；Mt：*M. thermoautotrophicum*（嗜热自养甲烷杆菌）

四、 用微生物监测环境污染

由于微生物细胞与环境接触的直接性以及微生物对其反应的多样性和敏感性，使微生物成为**环境污染监测**中重要的**指示生物**，例如用**大肠菌群**（coliform）的数量作为水体质量的指标（见本章第一节"水体中的微生物"）；用 *Salmonella typhimurium*（鼠伤寒沙门氏菌）的组氨酸缺陷突变株的回复突变即**艾姆斯试验**（Ames test）检测水体的污染状况和食品、饮料、药物中是否含有"三致"（致癌变、致畸变、致突变）毒物（见第七章第二节中的"突变与育种"）；微生物的生长、繁殖量和其他生理、生化反应也是鉴定微生物生存的环境质量优劣的常用指标，其中利用**生物发光**（bioluminescence）监测环境污染是一个既灵敏又有特色的方法，现对其作一简介。

发光细菌（luminescent bacteria）是一类 G⁻、长有极生鞭毛的杆菌或弧菌，兼性厌氧，在有氧条件下能发出波长为 475～505 nm 的荧光。多数为海水型（至今已记载的 18 种发光细菌中，淡水型仅 2 种）。当死亡的海鱼在 10～20 ℃ 下保存 1～2 d 时，其体表可长出发光细菌的菌落或成片菌苔，在暗室中肉眼可见，并可从中分离它们。发光细菌多数属于 *Photobacterium*（发光杆菌属）和 *Vibrio*（弧菌属）。

生物发光的生化反应是 NADH₂ 中的 [H] 先传递给黄素蛋白以形成 FMNH₂，然后其中的 [H] 不经过呼吸链而直接转移给分子氧，能量以光能形式释放。其反应为：

$$FMNH_2 + O_2 + RCHO \xrightarrow{\text{萤光素酶}} FMN + RCOOH + H_2O + 光$$

因此，除初级电子供体 NADH₂ 外，发光反应还须提供 FMN、长链脂族醛（RCHO，一般为十二烷醛）、O₂ 和**萤光素酶**（luciferase）这 4 个条件。在发光细菌中，单个或较稀的细胞群不发荧光，只有当细胞达到一定浓度尤其是形成菌落或菌苔时才会发光。经研究，发现细菌合成萤光素酶是通过一种独特的称作**自诱导**（autoinduction）的方式进行的，即在发光细菌生长时，会分泌一种**自诱导物**（autoinducer）至周围环境中，当浓度达到临界点时，就会开启编码萤光素酶的发光基因 *lux* 操纵子，从而诱导自身合成萤光素酶。研究发现，在 *Vibrio fischeri*（费氏弧菌）中，自诱导物就是 *N*-β-酮基己酰基同型丝氨酸内酯（*N*-β-ketocaproylhomoserine lactone）。

细菌发光的强度受环境中氧浓度、毒物种类及其含量等的影响，只要用灵敏的光电测定仪器就可方便地检测试样的污染程度或毒物的毒性强弱。试验中一般采用咸水型发光细菌 *Photobacterium phosphereum*（明亮发光杆菌）作为试验菌种。近年来，我国学者利用从青海湖裸鲤（鳇鱼）身上分离出的一株 *Vibrio qinghaiensis*（青海弧菌）作试验菌，成功地制成了简便、快速、廉价和有特色的淡水型发光细菌冻干菌粉产品，它经加入复苏液作几分钟活化后，半小时内即可测得水质的污染数据，十分方便。

复习思考题

1. 为什么说土壤是人类最丰富的菌种资源库？如何从中筛选所需要的菌种？
2. 试讨论空气、灰尘、微生物和微生物学间的相互关系。
3. 在检验饮用水的质量时，为何要选用大肠菌群数作为主要指标？我国卫生部门对此有何规定？
4. 食品为何易发生霉腐？如何预防？
5. 什么是嗜热菌？它们在理论和实践中有何重要性？
6. 什么是食品的辐射灭菌法？其原理如何？
7. 试讨论"防癌必先防霉"口号的科学依据及其在实际生活中的案例。
8. 现有一种只含大量死乳酸菌的口服保健液，能否称它为"微生态口服液"？为什么？
9. 人类的哪些活动对微生物全球大迁移有影响？如何防范？
10. 从理论上讲，在甲、乙两种生物间有可能发生哪些相互关系？试各举一例说明之。
11. 试以维生素 C 的二步发酵法为例，说明微生物间的互生关系在混菌发酵中的应用，并讨论其发展前景。

12. 试分析瘤胃微生物与反刍动物间的共生关系。

13. 白蚁肠道中的"三重共生关系"是怎么回事？这一现象有何理论与实践的重要性？

14. 试图示并简介微生物在自然界碳素循环中的作用。

15. 什么是低碳经济？试讨论微生物在低碳经济中如何发挥作用。

16. 为何说微生物在自然界氮素循环中起着关键的作用？

17. 试述氧化亚铁酸硫杆菌（*Acidthiobacillus ferrooxidans*）在细菌沥滤中的作用。

18. 良好的水体为何具有自体净化能力？如何使水体保持其高度自净能力？

19. 为何说在各种污水处理方法中，最根本、最有效、最廉价的手段是借助于微生物的生化处理法？

20. 试图示并简介用完全混合曝气法处理污水的原理和主要操作。

21. 试图示并简介用生物转盘法处理污水的基本原理和主要操作。

22. 试图示并简介厌氧污泥消化器的工作原理。

23. 试图示并简介用好氧生物反应器处理有机垃圾的原理，并讨论此法的优缺点。

24. 为什么说只有用沼气发酵的手段才有可能充分发挥秸秆、禽畜粪等生物质中所蕴藏的饲料、能量和肥料3个功能的最大潜力？

25. 什么是产甲烷菌？试介绍其基本生物学特性和最新的分类状况。

26. 沼气发酵可分几个阶段？各阶段有何特点？有何微生物参与？试讨论利用污水生产氢和有机酸的可能途径。

27. 试用生态学原理来讨论"三合一"生态温室的科学性和优点。

28. 试图示甲烷形成的生化途径，并说出其主要反应和产能特点。

29. 甲烷形成作用与细胞物质生物合成是如何连接的？试写出其生化途径。

30. 生物发光的机制是什么？发光细菌在监测环境污染中有何作用？其优点如何？

数字课程资源

📖 本章小结　　📋 重要名词

第九章　传染与免疫

　　传染与免疫是代表了病原微生物与其宿主相互关系的两个方面，这是上一章中关于寄生关系内容的进一步深化。传染与免疫的规律，是人类诊断、预防和治疗各种传染病的理论基础；免疫学方法因其高度特异性和灵敏度（有些可达到 $10^{-12} \sim 10^{-9}$ g 水平），不但可用于基础理论研究中对众多生物大分子的定性、定量和定位，而且对多种疾病的诊断、法医检验、生化测定、医疗保健、生物制品生产、肿瘤防治、定向药物的研制和反生物战等多项实际应用都有极其重要的作用。

第一节　传　　染

一、传染与传染病

　　生物体在一定条件下，由体内或体外的致病因素引起的一系列复杂且有特征性的病理状态，即称**疾病**（disease）。按病因来分，疾病可分非传染性疾病和传染性疾病两大类，前者如遗传性疾病、生理代谢性疾病、大多数癌症、中毒、机械性创伤以及由生态环境引起的地方病等；而后者则指由微生物等生物性病原体引起的可传播和流行的疾病。凡能引起传染病的生物，均称**病原体**（pathogen，细菌、真菌性病原体也称病原菌或致病菌），目前人类最严重的病原体多为病毒。据统计，已知侵害人类的病原体多达 1 709 种（2000年）。毒蘑菇、麦角菌和黄曲霉等因其毒素而间接引起人类疾病的微生物，不属于病原体。

　　传染（infection）又称感染或侵染，指外源或内源性病原体在突破其易感宿主的三道防线（机械屏障、非特异性免疫和特异性免疫）后，在宿主的特定部位定居、生长、繁殖，产生特殊酶和毒素，进而引起一系列病理、生理性反应的过程。若病原体在宿主体内长期维持潜伏状态或亚临床的传染状态，则不致发生传染病；相反，当客观条件有利于病原体的大量繁殖并产生有害酶和毒素时，就导致其宿主发生传染病。因此，**传染病**（infectious disease，communicable disease，contagious disease）是一类由活病原体的大量繁殖所引起，可从某一宿主的个体直接或间接传播到同种或异种宿主的疾病。其特点是：有特异的病原体；有传染性；宿主能产生免疫性；有流行病学规律；可防可控。急性和流行性强的传染病，在我国古代称为瘟疫（温疫）。

　　传染病的种类很多，在已发现的大量人和动物传染病中，由我国学者首先分离和鉴定的病原体仅 2 种（沙眼衣原体和腹泻轮状病毒）。至今，传染病已成为全人类死亡的第二位病因，且其中大部分属于**人畜共患病**（zoonosis），即人和脊椎动物由同一种病原体引起的、在流行病学上密切相关的一类传染病。至今已知的人畜共患病已有296种。在人类的传染病中，有60%以上来自动物，较严重的有鼠疫、狂犬病、炭疽病等89种。历史上一般为5~10年才出现一种**新发传染病**（emerging infectious disease），可是近年来却已加速至每年一种或一种以上。从1979年10月WHO（世界卫生组织）宣布地球上已消灭了天花起，曾有不少人乐观地认为，随着更多、更好的新抗生素和疫苗的发现和广泛应用，人类将会很快地消灭和控制各类传染病。可是，严峻的客观事实恰好与此相反，不但原来已被控制的不少传染病因其病原体产生耐药性变异等原因而变为**"再现传染病"**（re-emerging infectious disease），如流感、结核病和霍乱等，更令人不安的是，近40年来，因人类大肆破坏野生动物栖息地，"地球村"人口通过旅游等方式发生大规模快捷流动，大量饲养宠物，捕杀、贩卖、食用野生动物，以及候鸟迁徙等原因，导致了大量新发传染病的出现，如艾滋病、疯牛病、O-157大肠埃希氏菌腹泻病、埃博拉热、人感染高致病性禽流感、SARS（传染性非典型肺炎）、甲型H1N1流感和2015年底在南美出现的寨卡病等。它们的出现，往往令人猝不及防，常引起全球性极其严重的社会影响。据统计，从1972年起的40年中，全球约有40种新病原体被陆续发现，其中人和动物共患病占了新发传染病的70%。当前，传染病仍是人类死亡的主因，在发展中国家尤为明显。据WHO和美国CDC（疾病控制中心）的统计，2012年全球死亡人数约5 600万，其中近1 800万（32%）由传染病引起。占死亡首位的是呼吸道感染（31%），其后为腹泻（15%）、结核病（15%）、艾滋病（13%）、疟疾（6%）、麻疹（3%）、细菌性脑膜炎（2%）、百日咳（2%）、破伤风（1%）、病毒性肝炎（1%）以及其他传染病（11%）。事实说明，当前，传染病的性质已发生历史性转折，从以往的细菌病原体为主（鼠疫、霍乱、伤寒等），逐渐转向以病毒病原体为主（流感、艾滋病、乙肝等），从贫穷卫生型向生态扰乱型转变。于是有人颇为感叹地提出"传染病在古代是坟场，在近代是战场，在当代则是考场"这种值得人深思的论点。

自2003年SARS出现后的10年中，我国卫生部已将1992年法定（《中华人民共和国传染病防治法实施办法》）的35种传染病增加了4种（SARS、传染性禽流感、甲型H1N1流感和H7N9禽流感），成了39种（表9-1）。

表9-1 我国39种法定传染病目录（2013）

甲类（2种）
　　鼠疫，霍乱

乙类（26种）
　　传染性非典型肺炎（SARS），艾滋病，病毒性肝炎，脊髓灰质炎，人感染高致病性禽流感H5N1，麻疹，流行性出血热，狂犬病，流行性乙型脑炎，登革热，炭疽，细菌性和阿米巴痢疾，肺结核，伤寒和副伤寒，流行性脑脊髓膜炎，百日咳，白喉，新生儿破伤风，猩红热，布鲁氏病，淋病，梅毒，钩端螺旋体病，血吸虫病，疟疾，H7N9禽流感

丙类（11种）
　　流行性感冒，流行性腮腺炎，风疹，急性出血性结膜炎，麻风病，流行性和地方性斑疹伤寒，黑热病，包虫病，丝虫病，传染性腹泻病（除霍乱、细菌性和阿米巴痢疾、伤寒和副伤寒外），甲型H1N1流感

二、 决定传染结局的三大因素

（一）病原体

病原体的数量、致病特性和侵入方式是决定传染结局中的最主要因素。细菌、病毒、真菌和原生动物等不同病原体的致病特性差别很大，例如，细菌会通过产生各种侵袭性酶类、外毒素和内毒素等物质危害宿主，病毒会通过杀细胞传染、稳定传染和整合传染等方式危害宿主，而真菌则通过致病性、条件致病性、变态反应和产真菌毒素等方式危害宿主。现以**细菌性病原体**（bacterial pathogen）为例，介绍其毒力、侵入数量和侵入门径三者在引起传染病中的作用。

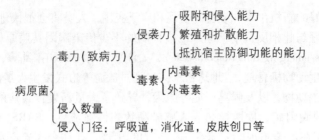

1. 毒力(virulence，virulence factor)

又称**致病力**(pathogenicity)，表示病原体对宿主致病能力的强弱。对细菌性病原体来说，毒力就是菌体对宿主体表的吸附，向体内侵入，在体内定居、生长和繁殖，向周围组织的扩散蔓延，对宿主防御功能的抵抗，以及产生损害宿主的毒素等一系列能力的总和。毒力测定法有：①半数致死量(LD_{50})，能引起 50% 实验动物死亡的细菌量或毒素量；②半数感染量(ID_{50})，能引起 50% 实验动物感染的细菌量或毒素量。不同的细菌其毒力组成有很大的差别，现把构成毒力诸因素归结为侵袭力和毒素两方面。

（1）**侵袭力**(invastiveness)　指病原体所具有的突破宿主防御功能、侵入机体并在其中定居、生长繁殖和实现蔓延扩散的能力，包括以下 3 种能力。

① 吸附和侵入能力：如 *Salmonella* spp.（若干沙门氏菌）和 *Vibrio* spp.（若干弧菌）等生活在人体肠道的致病菌可通过其菌毛而吸附在肠道上皮上，*Neisseria gonorrhoeae*（淋病奈瑟氏球菌）的菌毛可使其牢牢吸附于尿道黏膜的上皮表面等。吸附后，有的病原体仅在原处生长繁殖并引起疾病，如 *Vibrio cholerae*（霍乱弧菌）；有的侵入细胞内生长、产毒，并杀死细胞、产生溃疡，如 *Shigella dysenteriae*（痢疾志贺氏菌）；有的则通过黏膜上皮细胞或细胞间质，侵入表层下部组织或血液中进一步扩散，如由 *Streptococcus haemolyticus*（溶血链球菌）引起的化脓性感染等。**菌毛**(fimbria)在吸附中起着主要的作用，例如，在已知的 160 种不同血清型的 *E. coli* 中，绝大多数都是只生活在大肠中与宿主互生的无毒正常菌群，只有 O – 157 等极少数菌株才可黏附在小肠黏膜上并能产生肠毒素和引起腹泻。研究表明，后者在细胞表面具有特殊的**菌毛蛋白——定居因子抗原**(colonization factor antigen，CFA)。

② 繁殖和扩散能力：不同的病原体有不同的繁殖、扩散能力，但主要都是通过产生一些特殊酶完成的，例如：

透明质酸酶(hyaluronidase)：旧称"**扩散因子**"(spreading factor)，可水解机体结缔组织中的透明质酸，引起组织松散、通透性增加，有利于病原体迅速扩散，因而可发展成全身性感染。*Streptococcus*（链球菌属）、*Staphylococcus*（葡萄球菌属）和 *Clostridium*（梭菌属）的若干种可产此酶。

胶原酶(collagenase)：又称 κ 毒素，能水解胶原蛋白(collagen)以利于病原体在组织中扩散。引起气性坏疽的病原菌——*Clostridium perfringens*（产气荚膜梭菌）等可产此酶。

血浆凝固酶(coagulase)：能使血浆加速凝固成纤维蛋白屏障，以保护病原体免受宿主吞噬细胞的吞噬和抗体的攻击作用。部分可引起疖子和丘疹的 *Staphylococcus aureus*（金黄色葡萄球菌）菌株可产此酶。

链激酶(streptokinase)：又称血纤维蛋白溶酶(fibrinolysin)，能激活血纤维蛋白溶酶原(胞浆素原)，使之变成血纤维蛋白溶酶(胞浆素)，再由后者把血浆中的纤维蛋白凝块水解，从而有利于病原体在组织中扩散。*Streptococcus haemolyticus*（溶血链球菌）和 *S. pyogenes*（酿脓链球菌）可产此酶。在医疗实践上，高纯度的细菌链激酶已被用于治疗急性血栓栓塞性疾病，如心肌梗死、肺栓塞以及深部静脉血栓疾病等。

卵磷脂酶(lecithinase)：又称 α 毒素，可水解各种组织的细胞，尤其是红细胞。如 *C. perfringens* 的毒力和蛇毒主要都由此酶引起。

③ 抵抗宿主防御功能的能力：种类很多，如一些产荚膜、微荚膜细菌的抗白细胞吞噬能力；一些 *Streptococcus* spp. 可产生溶血素(haemolysin)去抑制白细胞的趋化性；一些 *Staphylococcus* spp. 可产生 A 蛋白，它与调理素(抗体 IgG)相结合后，可抑制白细胞对已调理细菌的吞噬；痢疾志贺氏菌可通过抑制宿主肠道上皮抗菌肽基因的转录而有利于自己的大量繁殖；等等。

（2）**毒素**（toxin） 细菌毒素可分外毒素和内毒素两个大类。

① **外毒素**（exotoxin）：指在病原细菌生长过程中不断向外界环境分泌的一类毒性蛋白质，有的属于酶，有的属于酶原，有的属于毒蛋白（表9-2）。

表9-2 外毒素与内毒素的比较

比较项目	外 毒 素	内 毒 素
产生菌	G⁺细菌为主	G⁻细菌
化学成分	蛋白质	脂多糖（LPS）
释放时间	活菌随时分泌	死菌溶解后释放
致病类型	不同外毒素不同	不同病原菌的内毒素作用基本相同
抗原性	完全抗原，抗原性强	不完全抗原，抗原性弱或无
毒性	强*	弱
引起宿主发烧	不明显	明显
制成类毒素	能	不能
热稳定性	60～100℃半小时即破坏	耐热性强
存在状态	细胞外，游离态	结合在细胞壁上
举例	白喉毒素，破伤风毒素，肉毒毒素，链球菌红疹毒素，葡萄球菌肠毒素，霍乱弧菌肠毒素，大肠杆菌肠毒素，志贺氏痢疾杆菌肠毒素等	沙门氏菌、志贺氏菌、奈瑟氏球菌和大肠埃希氏菌等G⁻细菌所产生的内毒素

* 1 mg 肉毒毒素可杀死 2 000 万只小鼠；1 mg 破伤风毒素可杀死 100 万只小鼠；1 mg 白喉毒素可杀死 1 000 只豚鼠。

1986 年，加拿大一女外科医师在给患者注射肉毒毒素以治疗眼肌痉挛时，意外发现病人脸部皱纹消失，遂与其皮肤科大夫合作研究 A 型肉毒毒素的美容作用，并于 1992 年成功后推广，不久即风靡世界。

若用 0.3%～0.4% 甲醛溶液对外毒素进行脱毒处理，可获得失去毒性但仍保留其原有免疫原性（抗原性）的生物制品，称作**类毒素**（toxoid）。将其注射机体后，可使机体产生对相应外毒素具有免疫性的抗体（**抗毒素**）。常用的类毒素有**白喉类毒素**、**破伤风类毒素**和**肉毒类毒素**等。

外毒素 ──脱毒──→ 类毒素 ──免疫动物──→ 抗毒素
（极毒抗原）（0.3%～0.4%甲醛）（无毒抗原） （抗毒抗体）

② **内毒素**（endotoxin）：是 G⁻细菌细胞壁外层的组分之一，其化学成分是**脂多糖**（LPS）。因它在活细胞中不分泌到体外，仅在细菌死亡后自溶或人工裂解时才释放，故称内毒素（见第一章）。若将内毒素注射到温血动物或人体内后，会刺激宿主细胞释放内源性的**热源质**（pyrogen），通过它对大脑控温中心的作用，就会引起动物发高烧。与外毒素相比，内毒素的毒性较低，例如，它对实验鼠的 LD_{50} 为每鼠 200～400 μg，而外毒素——肉毒毒素则每鼠仅 25 pg（1 pg ＝ 10^{-12} g ＝ 10^{-6} μg）。因此，内毒素的毒性比肉毒毒素低了 1 000 万倍！

由于内毒素具有生物毒性，又有极强的化学稳定性（在 250℃下干热灭菌 2 h 才完全灭活），因此，在生物制品、抗生素、葡萄糖液和无菌水等注射用药中，都严格限制其存在。但在脑膜炎的诊断中，则要检出脑脊液中是否有内毒素（即 G⁻细菌的指示物）的存在。为此，需要一种内毒素的灵敏检出法。以往曾用家兔发热试验法检测，但因此法既费时（2～3d）、费工、费钱，又灵敏度较低（~2 ng/mL，1 ng ＝ 10^{-9} g），故从 1968 年起，已逐步被一种更专一、简便、快速（1 h）和灵敏（10～20 pg/mL）的**鲎试剂法**（limulus assay）即**鲎变形细胞溶解物试验法**（limulus amoebocyte lysate test，LAL test）所取代。

鲎俗称"马蹄蟹"，是一类属于节肢动物门、螯肢亚门、肢口纲、剑尾目、鲎科的无脊椎动物，是已有3亿年历史的"活化石"。全世界现存种有3属5种，如 *Limulus polyphemus*（美洲鲎）和产于我国浙江以南浅海中的 *Tachypleus tridentatus*（东方鲎或中国鲎）。鲎具有开放性血管系统，每只可采血 100～300 mL，其血清呈蓝色，内含血蓝蛋白和外源**凝集素**（lectin）。鲎血中仅含一种变形细胞，其裂解产物可与 G⁻ 细菌的内毒素（LPS）和**脂磷壁酸**（膜磷壁酸）等发生特异性和高灵敏度的凝胶化反应。其作用机制是：

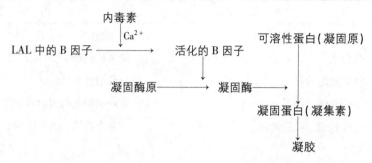

鲎试剂法已被广泛用于临床诊断，药品、生物制品和血制品检验，食品卫生监测以及科学研究等许多领域中。

2. 侵入数量

因不同致病菌的毒力和生长、繁殖条件的差别，故使其宿主致病所需的个体数量也不同。例如，*Salmonella typhi*（伤寒沙门氏菌）的感染剂量为 $10^8 \sim 10^9$ 个/宿主；*Vibrio cholerae*（霍乱弧菌）约为 10^6 个/宿主；*Shigella dysenteriae*（痢疾志贺氏菌）为 7 个/宿主；*Yersinia pestis*（鼠疫耶尔森氏菌）只要几个细胞即可致某一易感宿主患鼠疫；诺瓦克病毒只要 20 个病毒粒即可使人致病，等等。这些数字，对卫生、防疫、医务、食品工作者和家庭卫生无疑提供了一个警示。例如，为减少病菌数量和传染机会，在进家门、食前和便后用肥皂洗手被认为是最廉价和有效的方法。

3. 侵入门径（entry point）

病原体要侵入宿主体内实现其寄生生活，除了上述的毒力和数量外，还必须有一合适的侵入易感宿主的门径。

（1）消化道　消化道是各种病原体侵入人和动物宿主最常见的门径。"病从口入"的病原体极多，如 *S. typhi*、*Sh. dysenteriae*、*V. cholerae*、*V. parahemolyticus*（副溶血弧菌）、*E. coli* O-157、*Listeria monocytogenes*（单核细胞增生李斯特氏菌）、*Helicobacter pylori*（幽门螺杆菌，简称"Hp"）以及甲型肝炎病毒和脊髓灰质炎病毒等。值得指出的是，在上述传染病中，有一类是 1983 年才由澳大利亚学者 B. Mashal 和 R. Warren（获 2005 年诺贝尔奖）发现并引起全球重视的严重传染病——由 Hp 引起的传染性胃病。我国在国际上属 Hp 高传染国家，比美国高 30%。在我国无症状的幼儿和儿童中，感染率高达 50% 以上，成人竟达 70% 以上，而在患胃病的人群中，感染率高达 90%！1994 年，WHO 已认定 Hp 是胃癌的最危险的致病因素，它可引发慢性胃炎、胃溃疡、十二指肠溃疡和胃癌等 10 种胃病和 6 种其他疾病，被称为"感染王"。它的严重性超过外源性致癌因素黄曲霉毒素和亚硝酸盐。由于其传染途径是经过口腔，因此在我国传统的不分食、不消毒的饮食方式下，就容易造成家庭传染、人群传染和"逆向传染"（医治痊愈后又重新传染）等严重后果。目前已可通过检测抗体、胃窥镜观察和呼气试验法进行诊断，其中后者是一种简便、快速、无痛、无伤、特异、灵敏的检测 Hp 的方法，其原理是：被检者喝少量含 ¹³C 同位素的尿素——¹³CO(NH₂)₂，经胃中的 Hp 产生的脲酶分解后，产生 ¹³CO₂ 至肺部排出，然后用灵敏的检测仪测定 ¹³C。Hp 引起的胃病可用抗生素和我国学者发明的口服重组 Hp 疫苗（2007 年）治疗。常用的治疗方法是抑酸剂加抗生素，如克拉红霉素、羟氨苄青霉素、甲硝唑、四环素和痢特灵等。

（2）呼吸道　对呼吸道有特异亲和力的病原体有 *Mycobacterium tuberculosis*（结核分枝杆菌）、*Legionella pneumoniae*（嗜肺军团菌）、*Pneumococcus pneumoniae*（肺炎肺炎球菌）、*Corynebacterium diphtheriae*（白喉棒杆菌）、*Bordetella pertusis*（百日咳博德特氏菌）、*Neisseria meningitidis*（脑膜炎奈瑟氏球菌）、*Haemophilus influenzae*(流感嗜血菌)、*Mycoplasma pneumoniae*(肺炎枝原体)和流行性感冒病毒等。

(3) 皮肤创口 经浅部皮肤创伤包括烫伤和不洁手术而侵入的有 *Staphylococcus aureus*(金黄色葡萄球菌)、*Streptococcus pyogenes*(酿脓链球菌)和 *Pseudomonas aeruginosa*(铜绿假单胞菌)等；经深部创伤而侵入的是厌氧芽孢菌如 *Clostridium tetani*(破伤风梭菌)和 *C. perfringens*(产气荚膜梭菌)等；此外，还有 *Bacillus anthracis*(炭疽芽孢杆菌)可通过皮肤侵入，再经循环系统的运转而在体内四处扩散；*Rickettsia rickettsii*(立氏立克次氏体)通过蜱类叮咬而由皮肤侵入，使人患**落基山斑疹伤寒**；**狂犬病毒**则是通过疯狗咬伤而从创口传入体内的；而**乙型肝炎病毒**则来自唾液、精液、阴道分泌物和月经等，然后通过食物、餐具、玩具或创伤、注射、手术、针刺、剃刀等媒介，经皮肤或黏膜而侵入细胞，并通过血流直至肝。值得指出的是，我国是一个"乙肝大国"，已有 7 亿人感染过乙型肝炎病毒，有 1.3 亿人携带乙型肝炎表面抗原，其中约有 3 000 万名慢性肝炎患者将死于各种肝病，形势十分严峻。

(4) 泌尿生殖道 *Neisseria gonorrhoea*(淋病奈瑟氏球菌)和 *Treponema pallidum*(苍白密螺旋体，又称梅毒密螺旋体)是分别引起淋病和梅毒类性病的病原体，它们是通过泌尿生殖道侵害人体的。近年来，不但原有的性病仍在全球蔓延，而且新的性病又在扩大，侵入门径也相应扩大，因此，医务界已把原来的"**性病**"(sex disease)改称为"**性传播疾病**"(sex transmited disease，STD)，包括由 **HIV**(human immunodeficiency virus，**人类免疫缺陷病毒**)引起的**艾滋病**(acquired immunodeficiency syndrome，AIDS，即**获得性免疫缺陷综合征**)、衣原体性病(近期瑞典学者发现易导致子宫癌)、生殖器念珠菌病、阴道棒杆菌病和嗜血杆菌性阴道炎等多种"第二代性病"。其中艾滋病已被称作"世纪瘟疫"或"黄色妖魔"，通过不洁的性行为、输血、吸毒(通过静脉注射传染)和母婴传染等在世界各地广为传播。它自 20 世纪 80 年代初在美国发现以来，感染人数逐年猛增。按 WHO 2018 年 8 月统计，2017 年全球艾滋病的感染者已达 3 690 万人，2016 年死亡者达 100 万。我国各省、市、自治区均有发现，2017 年有感染者和患者约 65 万人。只有广泛宣传、严加防范，才有可能阻止它的蔓延和发展。现将 21 世纪以来，全球 HIV 携带者及治疗情况列在表 9 – 3 中。

表 9 – 3 21 世纪全球 HIV 携带者及受治疗者数

年份	HIV 携带者/万人	受治疗者/万人
2000	2 890	77
2005	3 180	220
2010	3 330	750
2013	3 520	1 300
2014	3 590	1 500
2015	3 670	1 700
2016	3 670	1 950
2017	3 690	2 170

自 WHO 资料(2018)。

(5) 其他途径 有些病原体可通过多种途径侵害其宿主，例如 *Mycobacterium tuberculosis* 或 *Bacillus anthracis*(炭疽芽孢杆菌)除通过以上主要途径侵染其宿主外，还可通过多种途径侵害宿主，并引起相应部位或全身性疾病；有些病毒病如艾滋病、疱疹、乙型肝炎等的病原体还可通过胎盘、产道等途径由母亲传给婴儿，称为**垂直传播途径**(vertical transmission)。上述的 *B. anthracis* 因可通过皮肤、呼吸道和消化道 3 种途径引起人畜共患的严重炭疽病，在美国"9·11 事件"(2001 年 9 月 11 日)发生后，已被少数国际恐怖分子企图用作生物武器。这种行径受到了全世界正义力量的严重关注和强烈谴责。

在这里有必要介绍一些有关生物武器及其预防的知识。**生物武器**(biological weapon)是一类由生物战剂及其施放装置组成的既隐蔽又有大规模杀伤力的武器。生物战剂主要由病原性细菌、病毒、真菌和生物毒素等构成，因早期的生物武器多局限在使用病原细菌，故称为细菌武器。利用生物武器进行的战争行为，称生物战或细菌战。生物战的发动者都是妄图通过隐蔽手段散布烈性生物战剂，造成严重传染病的暴发和流行，导致被害者失能、心理恐慌、残伤或死亡，进而引发社会混乱和动荡，以便达到其罪恶的军事目的。在20世纪30年代末至40年代初，日本军国主义分子尤其是臭名昭著的"731"部队曾在我国东北哈尔滨等地大规模研制生物武器，并在我国浙江、湖南等省市多次施放鼠疫、霍乱等烈性病原菌，残害大量和平居民，受害人数达9 085人。生物武器一般具有以下特点：①病原体的毒性强，对人员的伤亡率高；②受害范围广、时间长；③潜伏期较长；④环境因素影响大，除少数生物战剂（如炭疽芽孢杆菌）对不良环境有强抵抗力外，多数十分敏感；⑤难以侦察和及时发现；⑥对非生命器物（建筑物、武器、装备等）无害；⑦容易制造、保存、运输、投放和撒播。至今已发现的可用于制造生物武器的病原体和生物毒素有70种以上，包括13种细菌，4种立克次氏体，1种枝原体，25种病毒，2种真菌，3种原生动物，多种基因重组病毒、细菌以及一些细菌毒素和真菌毒素。根据生物武器的社会危害程度可把它们分为甲、乙、丙3级，其中属于甲级的是传播快、死亡率高、危害大的种类，例如天花病毒、炭疽芽孢杆菌（*Bacillus anthracis*）、鼠疫耶尔森氏菌（*Yersinia pestis*）、肉毒毒素和T2毒素等。由于生物武器既可采用军事手段大规模地施放，也可被某些集团或个人用作生物恐怖活动恶意投放，故其潜在危险性巨大，且难以预测和监控。生物武器的施放方式多样，通常由飞机喷洒气溶胶、投掷特制细菌弹、由媒介生物（鼠、蚤、蚊、蝇等）或杂物（羽毛、食品、传单等）撒播以及由派遣特务分子秘密潜入投放（信件、邮包、水源、食物、通风管网）等。生物战剂通常可经呼吸道、消化道以及皮肤、黏膜或创口进入机体，引起各种急、慢性病症并导致重大伤亡。对付生物武器的主要指导思想是以防为主、有备无患。要积极研究生物武器防护原理和技术方法，包括生物战剂的微量快速检测，防治药物和免疫制品的研制、生产和储备等。一旦发现疫情，必须迅速动员广大医务人员和群众，严密封锁疫区，边消毒边组织病员的隔离、抢救和治疗等工作，以尽量控制疫源、减少损失。

（二）宿主的免疫力

同种生物的不同个体，当它们与同样的病原体接触后，有的患病，而有的却安然无恙，其原因在于不同个体间的免疫力不同。所谓**免疫**或称**免疫性**、**免疫力**（immunity），经典的概念是指机体免除传染性疾病的能力。随着免疫学的飞速发展，免疫的概念已变得更为丰富和全面了。现代免疫概念认为，免疫是机体识别和排除抗原性异物的一种保护性功能，在正常条件下，它对机体有利；在异常条件下，也可损害机体。具体地说，免疫功能包括：①**免疫防御**（immunologic defence）；②**免疫稳定**（immunologic homeostasis）；③**免疫监视**（immunologic serveillance）。

免疫功能
- 免疫防御
  - 正常：防御病原体的侵害和中和其毒素（抗传染免疫）
  - 异常：反应过高时，引起变态反应或免疫缺陷征
- 免疫稳定
  - 正常：清除体内自然衰老或损伤的细胞，进行免疫调节
  - 异常：识别紊乱，导致自身免疫病的发生
- 免疫监视
  - 正常：某些免疫细胞发现并清除突变的癌细胞
  - 异常：功能失调时，导致癌症或持续性感染的发生

在这里，先把宿主免疫力的各个方面作一表解形式的概括（详细内容见本章第二、三节）：

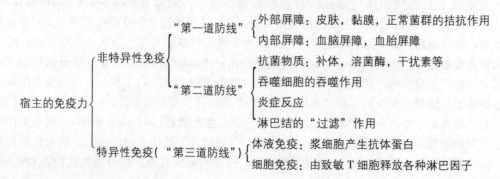

宿主的免疫力
- 非特异性免疫
  - "第一道防线"
    - 外部屏障：皮肤，黏膜，正常菌群的拮抗作用
    - 内部屏障：血脑屏障，血胎屏障
  - "第二道防线"
    - 抗菌物质：补体，溶菌酶，干扰素等
    - 吞噬细胞的吞噬作用
    - 炎症反应
    - 淋巴结的"过滤"作用
- 特异性免疫（"第三道防线"）
  - 体液免疫：浆细胞产生抗体蛋白
  - 细胞免疫：由致敏T细胞释放各种淋巴因子

（三）环境因素

传染的发生与发展除取决于上述的病原体的毒力、数量、侵入门径和宿主的免疫力外，还取决于对以上因素都有影响的环境因素。良好的环境因素有助于提高机体的免疫力，也有助于限制、消灭自然疫源和控制病原体的传播，因而可以防止传染病的发生或流行。现把诸环境因素表解如下：

$$
环境因素\begin{cases} 宿主环境\begin{cases} 先天：遗传素质，年龄等 \\ 后天：营养、精神、内分泌状态，药物、针灸、电离辐射等的影响，体育锻炼等 \end{cases} \\ 外界环境\begin{cases} 自然环境：气候，季节，温度，湿度，地理环境等 \\ 社会环境：社会制度，居住环境，医疗环境等 \end{cases} \end{cases}
$$

在环境因素中，值得重视的是**医院感染**（nosocomial infection，又称医院内感染）。在常人心目中医院是一个十分洁净的无污染环境。可是，据我国卫生部对 134 所医院的 80 万名患者的调查（1993 年）发现，住院患者在医院内受感染的概率高达 9.7%，传播途径包括空气、厕所、浴室、卧具、注射器、导管、穿刺工具、手术器具以及电话、电钮和各种把手、把柄、手机、电脑键盘或领带等；病种主要为下呼吸道感染（占 30%）、泌尿道感染（占 19%）、手术后创口感染（占 14%）、胃肠道感染（占 12%）以及新生儿感染等，而 95% 的病原菌属于耐药性**条件致病菌**（opportunist pathogen），尤其是 *S. aureus* 的 MRSA（耐甲氧西林金黄色葡萄球菌）、*E. coli*、*P. aeruginosa* 和 *Acinetobacter baumanii*（鲍曼氏不动杆菌）。这一情况，值得多方面的关注和改善。另外，纸币因流通率高，常污染有大量条件致病菌（1 元以下平均含 1 800 万个细菌/张），值得重视。

三、 传染的 3 种可能结局

病原菌侵入其宿主后，病原菌、宿主与环境三方面力量的对比或影响的大小决定着传染的结局。结局不外乎有下列 3 种。

（一）隐性传染（inapparent infection）

如果宿主的免疫力很强，而病原菌的毒力相对较弱，数量又较少，传染后只引起宿主的轻微损害，且很快就将病原体彻底消灭，因而基本上不出现临床症状者，称为**隐性传染**。

（二）带菌状态（carrier state）

如果病原菌与宿主双方都有一定的优势，但病原体仅被限制于某一局部且无法大量繁殖，两者长期处于相持的状态，就称**带菌状态**。这种长期处于带菌状态的宿主，称为**带菌者**（carrier）。在隐性传染或传染病痊愈后，宿主常会成为带菌者，如不注意，就成为该传染病的传染源，十分危险。这种情况在伤寒、白喉等传染病中时有发生。"伤寒玛丽"（Typhoid Mary）的历史必须引以为戒。"伤寒玛丽"真名 Mary Mallon，是美国的一位女厨师，1906 年，受雇于一名银行职员家作厨师，不到 3 星期就使全家包括保姆在内的 11 人中的 6 人患了伤寒，而当地却没有任何人患此病。经检验，她是一个健康的带菌者，在粪便中连续排出 *Salmonella typhi*（伤寒沙门氏菌）。后经仔细研究，证实从 1890—1906 年在美国纽约有 7 个家庭多达 28 个伤寒患者都是由她传染的。后把她在一孤岛上隔离 5 年后，此事已被人们遗忘。可是，至 1915 年，纽约妇产科医院又暴发了伤寒病（25 人感染，其中 2 人死亡），经查，其传染源仍是"伤寒玛丽"，不过这次是她为了重操旧业而化名为"布朗夫人"干的。于是，她被重新隔离，直至 1938 年因中风而去世。

（三）显性传染（apparent infection）

如果宿主的免疫力较低，或入侵病原体的毒力较强、数量较多，病原体很快在体内繁殖并产生大量有毒产物，使宿主的细胞和组织蒙受严重损害，生理功能异常，于是就出现了一系列临床症状，这就是**显性**

279

传染或**传染病**。

按发病时间的长短可把显性传染分为**急性传染**(acute infection)和**慢性传染**(chronic infection)两种，前者的病程仅数日至数周，如流行性脑膜炎和霍乱等；后者的病程则可长达数月、数年至数十年，如结核病、麻风病、艾滋病和克雅氏病等。

按发病部位的不同，显性感染又可分为**局部感染**(local infection)和**全身感染**(systemic infection)两种，按性质和严重程度的不同，可把它们分成4类：

(1) **毒血症**(toxemia) 病原体被限制在宿主的局部病灶，只有其所产毒素才进入血流而引起全身性症状者，称为毒血症，如白喉、破伤风等症。

(2) **菌血症**(bacteremia) 病原体由宿主局部的原发病灶侵入血流后传播至远处组织，但未在血流中大量繁殖的传染病，称为菌血症，例如伤寒的早期。

(3) **败血症**(septicemia) 病原体侵入宿主的血流并在其中大量繁殖，造成宿主严重损伤和全身性中毒症状者，称为败血症。例如 *Pseudomonas aeruginosa*(铜绿假单胞菌，旧称"绿脓杆菌")常可引起败血症。

(4) **脓毒血症**(pyemia) 一些化脓性细菌在引起宿主的败血症的同时，又在其许多脏器(肺、肝、脑、肾、皮下组织等)中引起化脓性病灶者，称为脓毒血症，例如 *Staphylococcus aureus*(金黄色葡萄球菌)就可引起脓毒血症。

第二节 非特异性免疫

免疫(immunity)指生物体的免疫系统对一切外来异物或抗原进行非特异或特异性识别，进而实现排斥、清除它们的功能。

凡在生物长期进化过程中形成，属于先天即有、相对稳定、无特殊针对性的对付病原体的天然抵抗能力，称为**非特异性免疫**(nonspecific immunity)也称**先天免疫**(innate immunity)或**自然免疫**(natural immunity)。对人和高等动物来说，非特异性免疫主要由宿主的屏障结构、吞噬细胞的吞噬功能、正常组织和体液中的抗菌物质以及有保护性的炎症反应等4方面组成。应注意的是，非特异性免疫与特异性免疫只是为了学习方便而区分的，事实上它们之间联系密切，有时还是密不可分的，例如巨噬细胞的功能就是一例。

一、 表皮和屏障结构

(一) 皮肤与黏膜

这是宿主对病原体的"第一道防线"或"机械防线"，其作用有3种：①机械性阻挡和排除作用；②化学物质的抗菌作用，如汗腺分泌的乳酸、皮脂腺分泌的脂肪酸、胃黏膜分泌的胃酸(pH 在 2 左右)以及泪腺、唾液腺、乳腺和呼吸道黏膜分泌的溶菌酶等，都有制菌或杀菌作用；③正常菌群的拮抗作用(见第八章)。

(二) 屏障结构(barrier structure)

1. 血脑屏障(blood-brain barrier)

血脑屏障为一种可阻挡病原体及其有毒产物或某些药物从血流透入脑组织或脑脊液的非专有解剖构造，具有保护中枢神经系统的功能，主要由软脑膜、脉络丛、脑血管及星状胶质细胞组成。婴幼儿因血脑屏障未发育完善，故易患脑膜炎或乙型脑炎等传染病。

2. 血胎屏障(blood-embryo barrier)

由母体子宫内膜的底蜕膜和胎儿的绒毛膜共同组成。当它发育成熟(约妊娠 3 个月后)，具有保证母子间物质交换和防止母体内的病原体侵入胎儿的功能。

微生物学教程

（三）正常菌群

存在于机体表面和与外界相通腔道中的正常菌群，是维护机体健康的非特异性免疫组成之一。分布于肠道、皮肤、泌尿生殖道中的正常菌群，因其数量较大、种类较多和功能较明显，尤为重要。它们通过占位效应、竞争营养物和形成生长抑制物等，抑制外来病原体，例如产生大肠杆菌素和有机酸等。正常菌群易受抗生素等制菌药物以及不良饮食或生活习惯的干扰或破坏，引起诸如耐药性金黄色葡萄球菌肠炎等菌群失调症。

二、吞噬细胞及其吞噬作用

当病原体一旦突破"第一道防线"即表皮和屏障结构后，就会遇到宿主非特异性防御系统中的"第二道防线"的抵抗，吞噬细胞的吞噬作用就是其中重要的一环。

人体的血细胞通常由**红细胞**（erythrocyte，420 万 ~ 620 万/mL）、**白细胞**（leukocyte，4 500 ~ 11 000 个/mL）和**血小板**（blood platelet，15 万 ~ 40 万/mL）3 部分组成。其中尤以白细胞的种类为最多，它们担负着各种非特异和特异的免疫功能，因此被誉为机体的"白色卫士"（表解及图 9 – 1）。

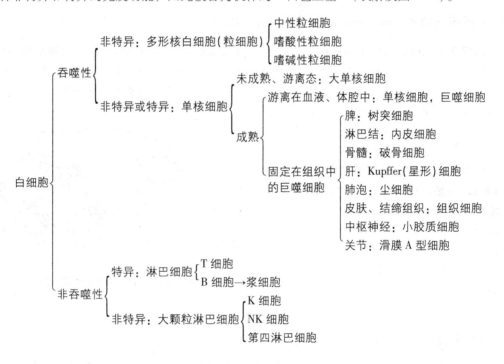

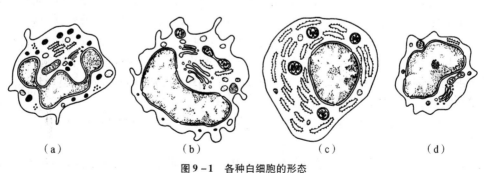

图 9 – 1　各种白细胞的形态
（a）中性粒细胞；（b）单核细胞；（c）浆细胞；（d）淋巴细胞

281

这里先介绍三种主要的**吞噬细胞**（phagocyte），它们都是存在于血液、体液或组织中，能进行变形虫状运动，并能识别、吞噬、杀死和消化病原体或其产物等异常抗原的白细胞，即多形核白细胞、巨噬细胞和树突细胞。后两类细胞不仅有重要的非特异性免疫功能，而且是连接非特异性免疫与特异性免疫间的桥梁。

各种吞噬细胞都具备一个对病原体的识别系统，借此可及时启动免疫应答反应。该识别系统的关键成分称作**模式识别分子**（PRM，pattern-recognition molecule），这是一种结合在吞噬细胞细胞膜上的蛋白，能识别病原体表面的特定结构成分——**病原体相关分子模式**（PAMP，pathogen-associated molecular pattern）。

PRMs 于 1996 年由法国学者 J. Hoffmann 首先在果蝇中发现，称 Toll 受体，后美国学者 B. Beutler 于 1998 年在小鼠和人体吞噬细胞上也发现了能识别特异 PAMP 的蛋白，**故称 Toll 样受体**（TLR，Toll-like receptor），它在免疫应答中起着感应器的作用。TLR 的种类很多，如 TLR4 可识别各种 G^- 细菌细胞壁表面的 LPS，可诱导各种针对 G^- 致病细菌的免疫功能；其他的 TLR 则可识别另外多种 PAMP 成分等。

吞噬细胞的 PRM 与病原体的 PAMP 的相互识别，启动了信号转导过程，激活了吞噬细胞，增强了它的吞噬和分解活动，并产生多种可杀死病原体的毒性氧产物，如过氧化氢、超氧阴离子自由基、羟自由基、单线态氧、次氯酸和一氧化氮等。与此同时，吞噬细胞的耗氧速率迅速增高，从而引起了呼吸爆发（respiratory burst）现象。

（一）多形核白细胞（polymorphonuclear leukocyte，PMN）

多形核白细胞又称**粒细胞**（granulocyte），是一类有分节状细胞核、细胞质内含大量**溶酶体**（lysosome）颗粒的白细胞，形状较小（直径 10～15 μm），运动力强（40 μm/min），在骨髓中形成，寿命短（半衰期为6～7 h），存在于血流和骨髓中。在其溶酶体中含有杀菌物质和酶类，诸如过氧化氢酶、溶菌酶、蛋白酶、磷酸酶、核酸酶和脂肪酶等。PMN 可从血流和骨髓部位大量转移到急性感染部位，它们可以穿越血管壁，并发挥其对外来异物的吞噬功能。多形核白细胞有 3 类：**中性粒细胞**（neutrophil）、**嗜碱性粒细胞**（basophil）和**嗜酸性粒细胞**（即**嗜伊红粒细胞**，eosinophil），其中中性粒细胞最为重要，因为它的数量占 3 种粒细胞中的 90%，占白细胞总数的 40%～75%，在人血中含量为 2 500～7 500 个/mm³。吞噬作用一般在血管壁或血纤蛋白凝块表面进行，其吞噬过程可见图 9 – 2。

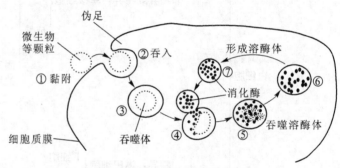

图 9 – 2 多形核白细胞的吞噬作用

（二）巨噬细胞（macrophage，Mφ）

巨噬细胞是一类存在于血液、淋巴、淋巴结、脾、腹水和多种组织中的大型单核细胞（直径为 10～20 μm），寿命长，可作变形虫状运动，对异物有吞噬、胞饮、抗原加工和递呈功能。在体外培养时，具有黏附于玻璃、塑料表面和吸收锥虫蓝（trypanblue）等特性。从细胞核的形状、数目和细胞内含较少溶酶体等特征来看，就易与多形核白细胞相区分。巨噬细胞起源于骨髓干细胞，即：**骨髓干细胞**（bone marrow stem cell）→**单核母细胞**（monoblast）→**原单核细胞**（protomonocyte）→**单核细胞**（monocyte）→**巨噬细胞**。固定在不同组织中的巨噬细胞有不同的名称（见表解）。

早期曾认为巨噬细胞仅在机体的非特异免疫中起作用，后来才发现它在特异免疫中也有极其重要的作用。其主要功能有：

（1）吞噬和杀菌作用　与上述中性粒细胞相仿（图 9 – 2），吞噬细胞可通过多种胞内酶和胞外酶，杀灭、消化被吞入的病原体和异物，包括清除体内衰老、损伤或死亡的细胞。在激活的 T 细胞或其某些产物如巨噬细胞活化因子(MAF)的作用下，巨噬细胞 Mφ 激活，这时，它产生激活前所没有的非特异性的抗病原菌活性，例如，可杀死摄入于细胞内的 *Listeria monocytogenes*（单核细胞增生李斯特氏菌）、*Trypanosoma cruzi*（克鲁氏锥体虫）和 *Mycobacterium* spp.（若干分枝杆菌）等。

（2）抗原递呈作用　巨噬细胞是一种**抗原递呈细胞**（antibody presentation cell，APC），它可通过吞噬、处理及传递 3 个步骤，对外来抗原物质进行加工，以适应激活淋巴细胞的需要，这就是 Mφ 等细胞的**抗原递呈作用**（antigen presentation）。通过 Mφ 表面黏多糖的吸附等方式，可与颗粒性抗原相结合，其中约 90% 被吞噬、分解成无抗原性的氨基酸和低聚肽，未被分解的约 10% 主要是抗原决定簇成分，它可与 Mφ 中的 MHC（主要组织相容性复合物）抗原结合成复合体，较长期地留存在细胞膜上，并可将它传递给 T 淋巴细胞，引起获得性免疫应答过程 [见图 9 – 3，另可详见第三节、三、（二）]。

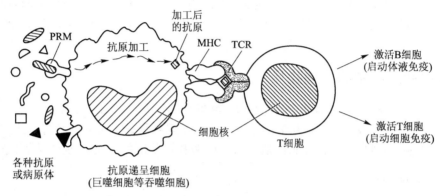

图 9 – 3　吞噬细胞在天然免疫和获得性免疫中的作用
PRM：模式识别分子；MHC：主要组织相容性复合物；TCR：T 细胞受体
注：图内各构造的大小和数量不成比例

（3）免疫调节作用　Mφ 除上述抗原递呈作用外，还可在外来抗原刺激下，分泌多种可溶性生物活性物质，借此来调节免疫功能，包括激活淋巴细胞、杀伤癌细胞、促进炎症反应或加强吞噬细胞的吞噬、消化作用等。这类活性物质种类很多，例如**白细胞介素 – 1**（interleukin-1，IL-1）、**纤连蛋白**（fibronectin）、**前列腺素**（prostaglandin）、**淋巴细胞激活因子**（LAF）、**遗传相关巨噬细胞因子**（GRE）、**非特异巨噬细胞因子**（NMF）、**绵羊红细胞溶解因子**、**肿瘤抗原识别因子**（RF）、**α 或 β 干扰素**、**肿瘤坏死因子**（TNF）、酸性水解酶类、中性蛋白酶类和溶菌酶等。

（4）抗癌作用　激活后的 Mφ 可通过非吞噬性的细胞毒作用，非特异性地抑制或杀伤癌细胞，也可协同特异性抗体或致敏 T 细胞产生的特异性细胞因子抑制或杀伤癌细胞。实验证明，**卡介苗**（BCG vaccine）、*Corynebacterium parvum*（小棒杆菌）、云芝糖肽（PSP）等多糖类物质和一些中药等可提高 Mφ 的数量和吞噬力，因而有助于癌症的辅助治疗。

（三）树突细胞（dendritic cell）

树突细胞是一种来自骨髓、固定于淋巴结和脾中，外形呈树突状，具有吞噬能力和抗原递呈作用的白细胞。由单核细胞分化后形成，它与巨噬细胞共同组成最重要的激发获得性免疫应答的免疫细胞。

树突细胞由加拿大学者 R. Stainman 于 1973 年发现（由此获 2011 年诺贝尔奖）。它具有应对外来抗原刺激的天然免疫，并启动获得性免疫反应的互动机制，故是介于两类免疫反应间的桥梁。一旦遇外来病原体等"异己"抗原后，即进行吞噬和酶解，并将其中有效成分递呈至细胞表面，用于激发 T 淋巴细胞，进而启动一系列获得性免疫功能，包括合成抗体、激活自然杀伤细胞、杀灭病原体和被感染的细胞等。

三、 炎症反应

炎症（inflammation）是机体对病原体的侵入或其他损伤的一种保护性反应，在相应部位出现红、肿、热、痛和功能障碍，是炎症的五大病理性特征。

广泛存在于人类和高等动物体内的白细胞、红细胞、血小板、**组胺**（histamine）和 **5 – 羟色胺**（serotonin，5-HT，5-hydroxy tryptamin）在发炎早期有着重要的作用。炎症既是一种病理过程，又是一种防御病原体入侵的积极的免疫反应，原因是：①可动员大量吞噬细胞聚集在炎症部位；②血流的加速使血液中抗菌因子和抗体发生局部浓缩；③死亡的宿主细胞堆集可释放一部分抗菌物质；④炎症中心部位氧浓度的下降和乳酸浓度的提高，可抑制多种病原体的生长；⑤炎症部位体温的升高可降低某些病原体的繁殖速度；⑥炎症引起的升温（"发烧"）有助于白细胞穿过微静脉血管壁进入淋巴组织，加速免疫应答，以便与细菌等病原体进行更好的斗争。

四、 正常体液或组织中的抗菌物质

在正常体液和组织中含有多种抗菌物质，如补体、溶菌酶、乙型溶素、α 和 β 干扰素、吞噬细胞杀菌素、组蛋白、白细胞介素、血小板素、正铁血红素、精素、精胺碱和**乳铁蛋白**（lactoferrin）等，它们一般不能直接杀灭病原体，而是配合免疫细胞、抗体或其他防御因子，使之发挥较强的免疫功能。现择要介绍其中两类。

（一）补体（complement）

补体实为一补体系统，是指存在于正常人体或高等动物血清中的一组非特异性血清蛋白（主要成分是 β 球蛋白）。在免疫反应中，由于它具有能扩大和增强抗体的"补助"功能，故称补体。至今已知它约有 30 种成分，但其中最主要的有 9 种，分别标以 C1 ~ C9（C 即为补体"complement"的缩写）。补体的本质是一类酶原，能被任何抗原 – 抗体的复合物激活，激活后的补体就能参与破坏或清除已被抗体结合的抗原或细胞，发挥其**溶胞作用**（cytolysis）、病毒灭活、促进吞噬细胞的吞噬和释放组胺等免疫功能。补体的性质不很稳定，只要在室温下放上几天或在 56 ℃下放置 10 min 左右即可失活。补体由巨噬细胞、肠道上皮细胞及肝、脾细胞所产生。在实验室中，通常豚鼠血是补体的方便来源，而红细胞的溶胞作用则是补体功能的灵敏指标。

由抗原 – 抗体复合物激活补体的过程是一系列较复杂的酶促级联反应，按补体激活物质及激活反应顺序的不同，可分 3 条途径，即经典途径（classical pathway，CP）、凝集素途径（lectin pathway，LP）和替换途径（alternative pathway，AP）。

（二）干扰素（interferon，IFN）

A. Isaacs 等于 1957 年在研究流感病毒时，发现先感染动物细胞的一种病毒，会对后感染该细胞的另一种病毒产生抑制，这就是**病毒干扰**（virus interference）现象。

干扰素是高等动物细胞在病毒或 dsRNA 等干扰素诱生剂的刺激下，所产生的一种具有高活性、广谱抗病毒等功能的特异性糖蛋白，分子量很小（约 2.0×10^4）。它除能抑制病毒在细胞中的增殖外，还具有免疫调节作用（包括增强 Mϕ 的吞噬作用、增强 NK 细胞和 T 细胞的活力）和对癌细胞的杀伤作用等，因此可用于病毒病和癌症的治疗。

目前已知的干扰素有 4 类，即 IFN-α（白细胞干扰素或 I 型干扰素，由感染病毒的 B 细胞产生，含 166 个氨基酸，无糖基化）、IFN-β（成纤维细胞干扰素或 I 型干扰素，由被病毒诱导的成纤维细胞或内皮型细胞产生，含 166 个氨基酸，是糖基化的二聚体）、IFN-γ（免疫干扰素或 II 型干扰素，由 T 淋巴细胞产生，单体含 146 个氨基酸，一般为糖基化的四聚体，有不同于 α 和 β 干扰素的受体）和 IFN-ω。当动物细胞受病毒或其 RNA 传染时，会产生以抗病毒活性为主的 IFN-α 和 IFN-β，而当受其他干扰素诱生剂刺激时，则产生以免疫调节作用为主的 IFN-γ。

IFN 虽有广谱抗病毒的特性，但受宿主种属特异性的限制。例如，只有人细胞产生的干扰素才能保护人细胞免受各种病毒的感染；由鸡产生的抵抗流感病毒的干扰素，可抑制鸡身上包括流感病毒在内的多种病毒的感染，却很难或根本不能用于抑制人或其他动物抵抗流感病毒的感染。

除了各种病毒、灭活病毒和病毒 RNA 等能诱导细胞产生干扰素外，还有许多物质具有同样功能，它们都可称作**干扰素诱生剂**（interferon inducer），包括人工合成的 dsRNA（poly I∶C，即聚肌苷∶胞苷），可在细胞内繁殖的微生物（立克次氏体、衣原体、枝原体、细菌等）、微生物产物（LPS、真菌多糖等）、多聚化合物、**植物血凝素**（phytohaemagglutinin，PHA）、伴刀豆球蛋白 A（cocanavalin A，ConA）、葡萄球菌肠毒素 A 和卡那霉素等。

干扰素的诱导过程和作用机制可见图 9-4。总的过程为：病毒侵染人或动物细胞甲后，在其中复制并产生 dsRNA，由它再诱导产生干扰素 RNA，进一步翻译出 IFN。这时，宿主细胞甲死亡。所产生的 IFN 对同种细胞乙上的相应受体有极高的亲和力，两者结合后，可刺激该细胞合成**抗病毒蛋白**（antiviral protein，AVP）或称**翻译抑制蛋白**（translation inhibitory protein，TIP）。这种 AVP 与侵染病毒的 dsRNA 发生复合后，活化了 AVP，由活化的 AVP 降解病毒 mRNA。其结果阻止了病毒衣壳蛋白的翻译，于是抑制了病毒的正常增殖。

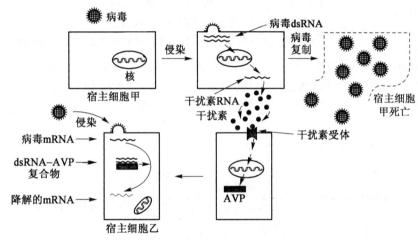

图 9-4 干扰素的诱生及其作用示意图

由上述介绍可知，干扰素也可理解为是一类由脊椎动物细胞所产生的、防御外来有害物质尤其是"有害核酸"入侵的生理活性产物，是一类与一般免疫系统有分工的特殊免疫系统。两者不同的是，**干扰素系统**是以细胞为单位，并没有组织水平和细胞水平上的大量严格分化；干扰素诱生剂与一般的抗原物质不同，主要是双链核苷酸，其反应产物是干扰素，而不是一般的抗体；以及诱生剂与产物（干扰素）之间无特异性的结合反应；等等。

干扰素诱生剂虽很多，但因其多有毒性或抗原性，故无法用于临床。从相关细胞中提取的外源性干扰素具有毒性低、同种间无抗原性、反复注射而无耐受现象以及起效速度快等优点，所以很快被用于临床治疗相应的疾病。干扰素的制备方法很多，如 IFN-α 可以通过人外周血白细胞或可以通过可人工繁殖的淋巴细胞——Namalwa 和 Ball-1[1] 大量繁殖，再经**仙台病毒**诱生后提取；IFN-β 则可用人成纤维细胞经微载体等大规模培养后，用聚肌苷∶胞苷诱生，再经环己亚胺诱导后提取；而 IFN-γ 则可用人外周血白细胞经 T 细胞有丝分裂素诱生后提取。从 20 世纪 80 年代起，国内外已成功地用 *E. coli* 和 *Saccharomyces cerevisiae*（酿酒酵母）的**基因工程菌**大规模生产各种 IFN，在治疗流行性感冒、带状疱疹、乙型肝炎、黑色素瘤和若干癌症中已证明有较好的疗效。

---

[1] Namalwa 细胞：分离自一个 Burkkitt 淋巴瘤患者，能在人工条件下长期悬浮培养；Ball-1 细胞：分离自一个急性 B 淋巴细胞性白血病患者，也可在人工条件下长期悬浮培养。

第三节 特异性免疫

特异性免疫(specific immunity) 也称**获得性免疫**(acquired immunity) 或适应性免疫(adaptive immunity), 是相对于上述非特异性免疫而言的, 其主要功能是识别非自身和自身的抗原物质, 并对它产生免疫应答, 从而保证机体内环境的稳定状态。特点为: ①是生物个体在其后天活动中接触了相应的抗原而获得的, 故又称获得的特异性免疫(acquired specific immunity); ②其产物与相应的刺激物(抗原)之间是特异的; ③包括**体液免疫系统**[humoral immunity, 即抗体介导免疫(antibody-mediated immunity)]和**细胞免疫**(cellular immunity, 即细胞介导免疫——cell-mediated immunity); ④特异性免疫在同种生物的不同个体间或同一个体在不同条件下有着明显的差别。

特异性免疫可通过自动或被动两种方式获得:

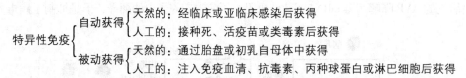

$$\text{特异性免疫} \begin{cases} \text{自动获得} \begin{cases} \text{天然的: 经临床或亚临床感染后获得} \\ \text{人工的: 接种死、活疫苗或类毒素后获得} \end{cases} \\ \text{被动获得} \begin{cases} \text{天然的: 通过胎盘或初乳自母体中获得} \\ \text{人工的: 注入免疫血清、抗毒素、丙种球蛋白或淋巴细胞后获得} \end{cases} \end{cases}$$

免疫应答(immune response) 是指一类发生在活生物体内的特异性免疫的系列反应过程。这是一个从抗原的刺激开始, 经过抗原特异性淋巴细胞对抗原的识别(感应), 使淋巴细胞发生活化、增殖、分化等一系列变化, 最终表现出相应的体液免疫或(和)细胞免疫效应。能识别异己、具特异性和记忆性是免疫应答的3个突出特点。

免疫应答的具体类型和反应过程可见图9-5。

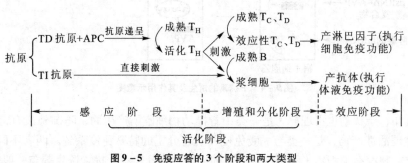

图9-5 免疫应答的3个阶段和两大类型
各英文简写的含义见正文说明

从图9-5可见, 免疫应答过程可分3个阶段, 即感应阶段(inductive stage)、增殖和分化阶段(proliferative and differentiation stage)以及效应阶段(effective stage); 根据参与的免疫活性细胞的种类和功能的不同, 免疫应答又可分为细胞免疫和体液免疫两类。**细胞免疫**指机体在抗原刺激下, 一类小淋巴细胞(依赖胸腺的T细胞)发生增殖、分化, 进而直接攻击靶细胞或间接地释放一些淋巴因子的免疫作用; 而**体液免疫**则指机体受抗原刺激后, 来源于骨髓的一类小淋巴细胞(B细胞)进行增殖并分化为浆细胞, 由它合成抗体并释放到体液中以发挥其免疫作用。图9-5的 **TD抗原**即胸腺依赖性抗原(thymus-dependent antigen), 包括血细胞、血清成分、细菌细胞和其他可溶性蛋白等在内的多数抗原, 它需要**抗原递呈细胞**(antigen presenting cell, APC, 又称辅佐细胞 "AC" ——accessory cell)递呈抗原, 促使成熟的 T_H(辅助性T细胞, T helper)转化成活化的 T_H 后才能刺激 T_C(细胞毒T细胞, cytotoxic T cell)和 T_D(迟发型超敏T细胞, 即 T_{DTH}——delayed type hypersensitivity T cell)产生淋巴因子(执行细胞免疫功能), 以及刺激成熟的B细胞转变成浆细胞后产生抗体(执行体液免疫功能)。具体地说, APC就是指任何能与TD抗原相结合, 经摄取、加工后递呈给特种T淋巴细胞并使之激活的免疫细胞。APC 包括单核细胞、巨噬细胞、树突细胞(dendritic cell)、朗氏细胞(Langerhan's cell)、枯否氏细胞(Kupffer cell)和 B 细胞等。**TI 抗原**即**非胸腺依赖性抗原**(thymus-independent antigen),指它在刺激机体产生抗体时,不需要 T 细胞辅助的抗原或对 T 细胞依赖程度很低的抗原,包括一些多糖类、脂质和核酸类抗原,例如细菌荚膜多糖、LPS 或聚鞭毛蛋白等,它们一般仅引起机体产生体液免疫中的初次应答(见后),而不引起再次应答。

特异性免疫是由相应的免疫系统来执行其功能的,包括免疫器官、免疫细胞和免疫分子 3 个层次,现分述于后。

一、 免疫器官

(一)中枢免疫器官(central immune organ)

中枢免疫器官又称一级淋巴器官(primary lymphatic organ),是免疫细胞发生、分化和成熟的部位。

1. 骨髓(bone marrow)

骨髓是形成各类淋巴细胞、巨噬细胞和血细胞的部位。骨髓中的多能干细胞(multipotential stem cell)具有很强的分化能力,可分化出:①**髓样干细胞**(myeloid stem cell)即髓样前体细胞,由它发育成红细胞系、粒细胞系、单核细胞系和巨噬细胞系等;②**淋巴样干细胞**(lymphoid stem cell)即淋巴样前体细胞,可发育成淋巴细胞,再通过胸腺或法氏囊(或类囊器官)衍化成 T 细胞或 B 细胞,最后定位于外周免疫组织(图 9-6)。一般认为,人类或哺乳动物的骨髓是 B 细胞的成熟部位。

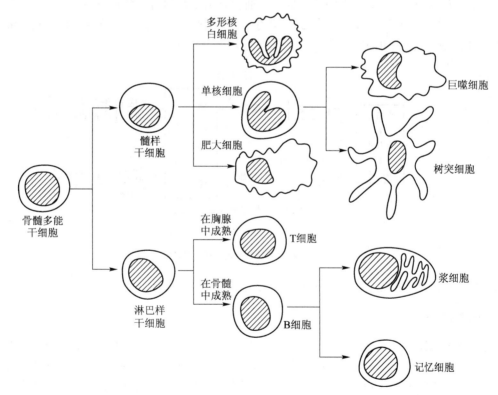

图 9-6 几种主要免疫应答细胞的起源

2. 胸腺(thymus,thymus gland)

人和哺乳动物的胸腺位于胸腔的前纵隔,紧贴在气管和大血管之前,由左右两大叶组成,它是 T 细胞分化和成熟的场所。T 细胞的成熟主要通过胸腺中的网状上皮细胞所分泌的**胸腺素**(thymosin)和**胸腺生成素**

(thymopoietin)等多种胸腺因子和胸腺微环境的共同作用而完成。

3. 法氏囊(bursa of Fabricius)

法氏囊为鸟类所特有，形如囊状，由于其位于泄殖腔的后上方，故又称腔上囊。它是一个促使鸟类B细胞分化、发育以发挥其体液免疫功能的中枢淋巴器官，相当于人和哺乳动物骨髓的功能。

（二）外周免疫器官(peripheral immune organ)

外周免疫器官主要是脾和淋巴结。由中枢免疫器官产生的T、B淋巴细胞至外周免疫器官定居，在遇抗原刺激后，它们就开始增殖，并进一步分化为致敏淋巴细胞或产生抗体的浆细胞，以分别执行其细胞免疫或体液免疫功能。

二、 免疫细胞及其在免疫应答中的作用

免疫细胞(immunocyte)泛指一切具有非特异性和特异性免疫功能的细胞，包括各类淋巴细胞(T、B、NK和K细胞等)、粒细胞、单核细胞和各种类型的巨噬细胞等。**免疫活性细胞**(immunologically competent cell)则仅指能特异地识别抗原，即能接受抗原的刺激，并随后进行分化、增殖和产生抗体或淋巴因子，以发挥特异性免疫应答的一群细胞，主要指T细胞和B细胞。因单核细胞和巨噬细胞在非特异和特异性免疫中都发挥作用，故也可列入免疫活性细胞内。

免疫活性细胞均来源于骨髓中的**多能干细胞**(multipotential stem cell，即造血干细胞——hemopoietic stem cell)。在人或哺乳动物个体发育胚胎期的第三周，干细胞就出现在卵黄囊的血岛内，以后(第六周至出生前)出现在肝中，出生后的5个月直至成年期则主要存在于骨髓部位，然后转入胸腺、法氏囊或继续在骨髓中分化为T或B细胞，以发挥相应的细胞免疫或体液免疫功能(图9-7)。

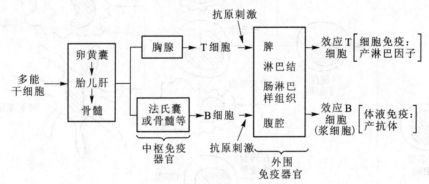

图9-7　T和B淋巴细胞的来源及其功能

以下选择免疫细胞中的4类主要淋巴细胞加以介绍。

（一） T细胞(T cell)

T细胞即**T淋巴细胞**(T lymphocyte)，是一类参与特异性免疫应答的小淋巴细胞，主要执行细胞免疫功能，包括细胞介导的细胞毒作用和迟发型超敏反应，也参与抗体的形成和炎症反应等。在高等动物成体中，T细胞起源于骨髓，待转移到胸腺中分化、成熟后，再分布到外周淋巴器官和外周血液中。因此，T细胞又称**胸腺依赖型淋巴细胞**(thymus dependent lymphocyte)。自卵黄囊、胎儿肝和骨髓产生的T细胞的干细胞，称作**胸腺前细胞**(prothymocyte)，而经过胸腺保育并分化成熟的T细胞，就称**胸腺后细胞**(post-thymocyte)。在这一系列分化过程中，T细胞的表面标志(包括受体和抗原)及功能发生了一系列的变化和整合。T细胞定位于周围淋巴结的副皮质区及脾白髓部分，并可经血液、组织和淋巴不断释放到外周血循环流中。当受到抗原刺激后，T细胞会进一步分化、增殖，以发挥其特异性的细胞免疫功能。

T 细胞表面有其独特的**表面标志**(surface marker)，包括**表面受体**和**表面抗原**两类。表面受体如**绵羊红细胞受体**(E 受体，erythrocyte receptor)和**丝裂原受体**(mitogen receptor)等。**E 受体**指 T 细胞上能与绵羊红细胞相结合的受体，可使周围的绵羊红细胞结合在其周围而形成一玫瑰花状物。利用这一原理可检测外周血中 T 细胞的数目及其比例，这种试验就称 **E 花结试验**或 **E 玫瑰花环试验**(E-rosette test)。在正常人血中，T 细胞占总淋巴细胞数的 60% ~ 70%。**丝裂原**(mitogen)则是指在体外条件下，能与淋巴细胞表面的相应受体结合并刺激淋巴细胞的一类物质，它可促使淋巴细胞合成 DNA 和进行有丝分裂，因而使其转化为**淋巴母细胞**(lymphoblast)，例如菜豆的**植物血凝素**(PHA)，刀豆的**伴刀豆球蛋白 A**(concanavalin A，ConA，即伴刀豆凝集素 A)，以及抗胸腺细胞球蛋白(ATG)、葡萄球菌 A 蛋白(SpA，SAC)和美洲商陆丝裂原(PWN)等。

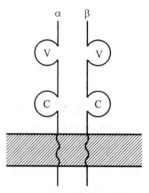

图 9-8 T 细胞表面抗原受体
(TCR)的分子结构
V 为多肽链的可变区；C 为恒定区

T 细胞的表面抗原是第二类表面标志，实际上就是 T 细胞的抗原受体，或简称 **T 细胞受体**(T-cell receptor，TCR)，这是一种伸出于 T 细胞表面的抗原特异受体蛋白，性质为跨膜蛋白，每个细胞表面可有数千个，它是 T 细胞执行复杂和精确的识别抗原性异物的物质基础之一。它的特点是不能直接识别天然抗原，而只能识别经 APC 加工后递呈的抗原。T 细胞的表面抗原受体主要由 α 和 β 两条多肽链组成，每条链都有一可变功能区(V)和一恒定功能区(C)，与 Ig 的 Fab 片段(详后)相似，镶嵌在细胞膜内(图 9-8)；此外，还有 Fc 受体和补体受体等结构。

根据 T 细胞的发育阶段、表面标志和 T 细胞免疫功能的不同，可把它分为若干亚群(subset)，例如，根据 T 细胞表面抗原受体蛋白的分化群或分化簇(cluster of differentiation，CD)的不同，可把分化成熟的 T 细胞分为 CD4$^+$和 CD8$^+$两大类(至 2007 年已知有 130 余种)；又如，根据 T 细胞功能的不同，又可将它分为辅助性 T 细胞、抑制性 T 细胞、迟发型超敏 T 细胞、细胞毒 T 细胞、反抑制性 T 细胞和诱导性 T 细胞 6 类，其中主要的 4 类可见以下表解。

主要 T 细胞亚群
$\begin{cases} T_R \begin{cases} T_H：促使 B 细胞活化成浆细胞以产生抗体(CD4^+亚群) \\ T_S：抑制 T_H、T_C 和 B 细胞活性(CD8^+亚群) \end{cases} \\ T_E \begin{cases} T_D：遇抗原后释放淋巴因子，引起迟发型超敏反应(CD4^+亚群) \\ T_C：杀死带抗原的靶细胞(CD8^+亚群) \end{cases} \end{cases}$

1. T 细胞的功能主要亚群

(1) 调节性 T 细胞(T regulator，T_R)

① **辅助性 T 细胞**(T helper，T_H) 属 CD4$^+$T 细胞亚群，在体液免疫中发挥作用，主要功能是辅助 B 细胞，促使其活化和产生抗体。由 TD 抗原刺激 B 细胞产抗体时，必须有 T_H 的参与。T_H 可与 TD 抗原的蛋白质载体成分结合，释放出非特异性细胞因子，而 B 细胞则可与 TD 的半抗原部分结合，在 T_H 产生的非特异性细胞因子的协助下，B 细胞被激活、增殖，并转化为能分泌抗体的浆细胞(plasma cell)。人的 T_H 占外周血 T 细胞量的 40% ~ 60%。

根据产生的细胞因子种类和功能的差异，T_H 还可分为两类：T_H1 能分泌 IL-2、IFN-α 和 IFN-γ 等细胞因子，能活化巨噬细胞和激活细胞免疫反应；T_H2 能分泌 IL-4、IL-5 和 IL-10 等细胞因子，并能激活 B 细胞引起体液免疫反应。图 9-9 即为 T_H2 细胞与 B 细胞间的相互作用和进一步形成浆细胞以产生抗体的示意图(图中各构造的大小和数量不成比例)。在图中可见，B 细胞起着抗原递呈细胞(APC)的作用。它首先利用细胞表面的抗原特异球蛋白去识别抗原，经过加工，B 细胞就借 MHC-Ⅱ 蛋白将抗原递呈给 T_H2 细胞，然后由 T_H2 把信息发给同一 B 细胞并促进其增生和分化成浆细胞和记忆细胞，由浆细胞产生抗体以发挥体液免疫的功能，而记忆细胞则可长期存活，以后一旦遇到同一抗原的刺激，即可发生再次免疫反应，并快速分化为浆细胞。

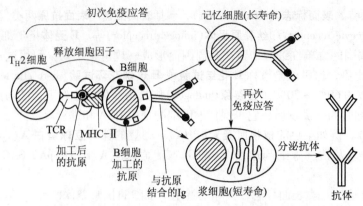

图9-9 T_H2细胞与B细胞间的相互作用和抗体产生示意图

② **抑制性T细胞**(T suppressor，T_s) 属CD8$^+$T细胞亚群，可抑制T_H、T_c和B细胞的功能，由它控制淋巴细胞的增殖。

(2) **效应性T细胞**(T effector，T_E)

① **迟发型超敏T细胞**(T_{DTH}) 简称迟发型T细胞(T_D)，属CD4$^+$T细胞亚群，在细胞介导的免疫中发挥作用。T_{DTH}在抗原的刺激下，可被活化、增殖并释放多种**细胞因子**，它们可在机体的局部引起以单核细胞浸润为主的炎症，这就是**迟发型超敏反应**(DTH)，并以此来消除由 *Mycobacterium tuberculosis*(结核分枝杆菌)、*Brucella sp.*(布鲁氏菌)和 *Clostridium tetani*(破伤风梭菌)等病原菌所引起的慢性感染或胞内感染，此外，T_{DTH}在肿瘤免疫、移植细胞排斥反应和自身免疫病中也有重要作用。

由T_{DTH}释放的细胞因子种类很多。它们须在特异性抗原刺激下释放，但细胞因子的作用一般是无特异性的，亦即不是直接针对抗原而是针对靶细胞的。

② **细胞毒T细胞**(cytotoxic T cell，T_c)又称杀伤性T细胞(T killer cell，cytolytic T cell)，属于TD8$^+$T细胞亚群，在细胞介导免疫中发挥作用。T_c通过识别嵌埋在 MHC-I蛋白中的异种抗原而能特异地溶解携带T_c抗原的靶细胞，例如肿瘤细胞、移植细胞或受病原体感染的宿主组织细胞等。

其过程为：T_c表面的TCR通过抗原-MHC-I蛋白与靶细胞接触，然后T_c释放细胞中的颗粒体和其中的**穿孔蛋白**(perferin)、**粒酶**(granzyme)至靶细胞中，进而导致其发生凋亡(图9-10)。T_c在外周血T淋巴细胞中约占50%。

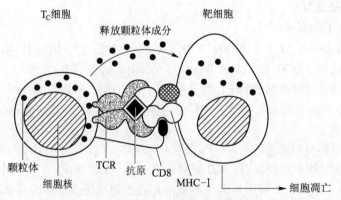

图9-10 T_c细胞功能的示意图

2. 细胞因子

细胞因子(cytokine)曾称**淋巴因子**(lymphokine)。目前已把仅由淋巴细胞产生的细胞因子归为淋巴因子，它只是细胞因子中的一类。细胞因子是一类存在于人和高等动物体中的、由白细胞和其他细胞合成的异源性蛋白或糖蛋白，一般以小分子分泌物形式释放，可结合在靶细胞的特异受体上。细胞因子可使细胞间的各种信使分子连成一动态网络，借以发挥其激活和调节免疫系统的多种功能，以便对外来的病原体感染或抗原性异物迅速作出免疫应答和其他生理反应。

细胞因子与内分泌激素在性质和功能上全然不同：①细胞因子可由多种细胞产生，并可作用于不同的细胞；②主要对邻近的靶细胞起作用；③功能多样；④不同种的细胞因子有时可有相同功能；⑤有的细胞因子具有丝裂原(mitogen)的功能。

细胞因子通常由白细胞产生，也可由血管的上皮细胞、内皮细胞和成纤维细胞等产生。种类很多，已知者已超过 100 种。包括：①**细胞化学因子**(chemokine)，通常指一些相对分子质量较小($8 \times 10^3 \sim 10 \times 10^3$)的分泌蛋白，可由单核细胞、巨噬细胞、成纤维细胞、T 细胞、上皮细胞和内皮细胞产生。具有细胞的化学吸引剂功能，即可通过化学方式吸引、动员吞噬细胞和 T 细胞迅速进入机体的感染和炎症部位，以对外来抗原物质(细菌及其产物，病毒等)产生免疫应答，如吸引吞噬细胞和 T 细胞至感染部位，刺激炎症反应，强化特异性免疫应答等。细胞化学因子的种类约有 40 种(2006 年)，如 IL-8 和 MCP-1(巨噬细胞化学吸引蛋白 -1)。②**白细胞介素**(interleukins，IL)，是一类介导淋巴细胞间相互作用的细胞因子，种类已超过 20 种(2000 年)，主要由白细胞产生。③**细胞毒因子**(cytotoxic factor)，如**肿瘤坏死因子**(tumor necrosis factor，TNF)等。④集落刺激因子(colony stimulating factor，CSF)。⑤促生长因子(growth factor)，如 T 细胞生长因子(TCGF)等。⑥干扰素(IFN)。

现把若干重要的细胞因子和细胞化学因子的特点列在表 9-4 中。

表 9-4　若干细胞因子和细胞化学因子的特点

名称	产生细胞	主要靶细胞	效果
细胞因子			
IL-1	单核细胞	T_H	激活
IL-2	激活的 T 细胞	T 细胞	生长，分化
IL-3	T_H1	造血干细胞	生长因子
IL-4	T_H2	B 细胞	IgG1 和 IgE 合成
IL-5	T_H2	B 细胞	IgA 合成
IL-10	T_H2	T_H1	抑制 T_H1
IL-12	巨噬细胞，树突细胞	T_H1，NK 细胞	分化，激活
IFN-α	白细胞	正常细胞	抗病毒
IFN-γ	T_H1	巨噬细胞	激活
GM-CSF	T_H1	髓样细胞	分化为粒细胞、单核细胞
TCGF-β	T_H1 和 T_H2	巨噬细胞	抑制激活
TNF-α	T_H1，巨噬细胞，NK 细胞	巨噬细胞	激活
TNF-β	T_H1	巨噬细胞	激活
细胞化学因子			
IL-8	巨噬细胞，成纤维细胞，角质形成细胞	中性粒细胞，T 细胞	吸引剂和激活剂
MCP-1	巨噬细胞，成纤维细胞，角质形成细胞	巨噬细胞，T 细胞	吸引剂和激活剂

注：IL 为白细胞介素，GM-CSF 为粒细胞 - 巨噬细胞集落刺激因子，TCGF 为 T 细胞生长因子，TNF 为肿瘤坏死因子，MCP 为巨噬细胞化学吸引剂蛋白。

（二）B 细胞(B cell)

B 细胞即 B 淋巴细胞(B lymphocyte)，一种在细胞膜表面带有自己合成的免疫球蛋白(也称膜抗体)表面受体、产生免疫球蛋白和向 T 细胞递呈抗原的淋巴细胞。骨髓中的多能干细胞通过淋巴干细胞再分化为前 B

细胞，前 B 细胞在哺乳动物的骨髓中或在鸟类的腔上囊中进一步分化、成熟为 B 细胞，因此 B 细胞又称**骨髓依赖性淋巴细胞**（bone marrow dependent lymphocyte）或**囊依赖性淋巴细胞**（bursa dependent lymphocyte）。成熟的 B 细胞当遇到外来病原细菌或病毒等有害抗原物质侵袭时，它就会通过膜表面免疫球蛋白 SmIg 与相应抗原发生特异性结合，并在抗原刺激下使自身激活，进一步发生克隆分化，形成能分泌抗体的浆细胞和具有记忆功能的 B 细胞（详后）。这种由 B 细胞分泌抗体而介导的免疫应答，就称为**体液免疫**（humoral immunity）。B 细胞与上述 T 细胞有许多不同之处，两者的比较可见表 9 – 5。

表 9 – 5 B 细胞与 T 细胞的比较

比较项目	T 细胞	B 细胞
来源	骨髓	骨髓
成熟部位	胸腺	骨髓
寿命	数月至数年	或长（数月至数年）或短（数天至数周）
运动性	运动性强	运动性差
抗原受体	T 细胞受体（TCR）	补体受体和 SmIg
增殖和分化	在抗原刺激后发生增殖	在抗原刺激后发生增殖，并分化为浆细胞和记忆细胞
产物	合成并释放各种淋巴因子	合成并释放抗体（Ig）
E（红细胞）受体	有	无
CD 抗原	CD3，CD4/CD8	CD20，CD19
IgG-Fc 受体	少	多
免疫功能	细胞免疫，免疫调节	体液免疫，递呈抗原
其他功能	引起迟发型超敏反应（T_D），协助 B 细胞产 Ig（T_H），在细胞介导免疫中杀伤靶细胞（T_C），控制免疫应答（T_S）	
主要分布	胸腺、胸导管、血液、淋巴结	脾、骨髓、肠道集合淋巴结

1．B 细胞和表面受体

B 细胞与 T 细胞的外形虽相同，但两者膜和表面结构即表面标志却有差异，包括丝裂原受体、抗原受体、补体受体和 Fc（抗体的可结晶片段）受体等都有所不同。已知作为识别抗原性异物的 B 细胞膜表面的抗原受体，是一类镶嵌于膜脂质双分子层中的**膜表面免疫球蛋白**（surface membrane immunoglobulin，SmIg），其主要成分是单体的 IgM 和 IgD。因此，SmIg 既是某相应抗原的一个特异性受体，又是一个具有免疫球蛋白抗原决定簇的表面抗原，能与相应的抗抗体进行特异性结合。根据这一原理，就可用检出 SmIg 的免疫荧光法来鉴定 B 细胞。

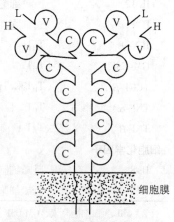

图 9 – 11 B 细胞表面抗原 IgM 的分子结构

2．B 细胞的表面抗原

B 细胞的表面抗原即上述的 B 细胞抗原受体 SmIg。随着 B 细胞分化程度的深入，细胞膜表面依次出现与膜结合的单体 IgM（图 9 – 11）和 IgD。

3．B 细胞的亚群

B 细胞亚群的分类方法较多，至今仍无公认的。一般把 B 细胞产生抗体时是否需 T 细胞的辅助分成两亚群，其中的 B-1 为 T 细胞非依赖性亚群，它只有初级免疫应答反应（产 IgM），而无次级免疫应答反应；B-2 则为 T 细胞依赖性亚群，必须在 T 细胞的辅助下才产生 IgG 和 IgM 等抗体，有次级免疫应答反应（详后）。

292

（三）第三淋巴细胞

1. NK 细胞

即**自然杀伤细胞**(natural killer cell)，因其细胞质中有嗜天青颗粒，且细胞较大，故也称大颗粒淋巴细胞(large granular lymphocyte，LGL)。其细胞核呈肾形，并有显著的凹痕，细胞质内有几个大型线粒体。NK细胞是天然免疫系统中的关键组成部分，是与T、B淋巴细胞相互并列的第三类群免疫细胞，它可在无抗体、无补体或无抗原致敏即非特异方式的情况下利用穿孔蛋白和粒酶去杀伤某些肿瘤细胞、被病毒感染的细胞、较大的病原体(如真菌和寄生虫)以及同种异体移植的器官和组织等，但不伤及正常细胞。NK细胞在机体内分布较广，是机体抗肿瘤的第一道防线(属非特异性免疫)。NK细胞起源于骨髓干细胞，然后分布于脾和外周血中，数量可占淋巴细胞总数的5%～10%。

2. K 细胞

即**杀伤细胞**(killer cell)，是一类与NK细胞相似的大颗粒淋巴细胞。通过IgG分子中的Fc片段与K细胞表面的Fc受体的结合，可触发K细胞的杀伤活性，故它能专一地但非特异地杀伤被IgG所覆盖的靶细胞。由于这种杀伤作用要以特异性的抗体作媒介，故被称作**抗体依赖性细胞介导的细胞毒作用**(antibody-dependent cell-mediated cytotoxity，ADCC)。K细胞有很高的ADCC效应，它可在微量特异性抗体的环境中发挥对靶细胞的杀伤作用，包括可对不易被吞噬的寄生虫等较大型的病原体、恶性肿瘤细胞、受病毒感染的宿主细胞或对同种组织或器官移植物发挥杀伤作用。

（四）第四淋巴细胞

20世纪90年代，日本学者发现一种同时具备T细胞和NK细胞特征的淋巴细胞，称为**NKT细胞**。这是继T细胞、B细胞、NK细胞和K细胞之后的第四类淋巴细胞。在每个人的体内，都存在有少量具有自身免疫性的T_{DTH}细胞，它有时会对自身组织产生攻击性，并导致自身免疫病，如全身性红斑狼疮、皮肤和内脏硬化症、慢性风湿性关节炎以及口舌眼球干燥综合征等。研究已证明NKT细胞可抑制这些自身免疫病。此外，它还有抑制癌症转移和延缓人体衰老等作用。

三、 免疫分子及其在体液免疫中的作用

免疫分子(immunomolecule)主要指抗原及抗体，是现代分子免疫学的主要研究对象。现代免疫学实质上就是**分子免疫学**，其前沿研究课题主要包括免疫特异性的分子基础、免疫多样性的分子遗传学本质、免疫应答的机制以及区分"自身"和"异己"分子的原理等。自从19世纪末德国学者Emil von Behring发现抗体以来，历经K. Landsteiner(1917年)对抗原特性的研究，N. Jerne和M. Burnet(20世纪50年代末)对抗体形成克隆选择学说的提出，R. R. Porter和G. Edelman(20世纪60年代)对抗体分子及其酶解片段分子结构的研究，G. Kohler和C. Milstein(1975年)创造了获得单克隆抗体的淋巴细胞杂交瘤技术，以及利根川进(1980年)提出的抗体结构多样性的基因结构理论等的几个重大发展阶段，使得免疫分子的研究已成为现代免疫学甚至可以说是现代生命科学中发展最快、影响最大的领域之一。

免疫分子的种类很多，其中有些具有结构和进化上的同源性(图9-12)，现择其主要的进行表解并阐述于下。

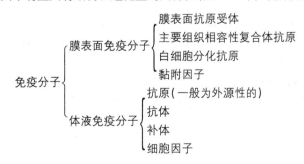

① **膜表面抗原受体**：如前所述，T 细胞和 B 细胞表面都存在膜表面抗原受体，它们能识别相应的抗原并相互结合，以启动特异性免疫应答。

② **主要组织相容性复合体抗原**：组织相容性(histocompatibility)是指在不同高等动物个体间进行组织或器官移植时，供体与受体双方彼此可接受的程度。这类代表个体组织特异性的抗原，是一类特殊的细胞表面蛋白，被称作**组织相容性抗原**(histocompatibility antigen)，它是由称作**主要组织相容性复合体**(major histocompatibility complex，MHC)这类位于染色体(人的第 6 对，小鼠的第 17 对)上的一组具有高度多态性、含有多个基因座并紧密连锁的基因群所编码的蛋白质。每个位点上的基因可编码一种抗原成分，其表达产物可以分布在细胞膜上，也可以可溶性状态存在于血液或体液中，它们是机体的自身标志性分子，参与 T 细胞识别相应抗原以及免疫应答中各类免疫细胞间的相互作用，还可限制 NK 细胞不致误伤自身组织，故是机体免疫系统中识别"自身"或"异己"分子的重要分子基础。为此，还可认为 MHC 是一组重要的免疫应答基因。不同生物中的 MHC 有不同的名称。根据人体 MHC 抗原的分布、结构和功能，已把这类抗原分为 MHC-Ⅰ和 MHC-Ⅱ两类。

MHC-Ⅰ抗原即 MHC-Ⅰ蛋白。它是存在于一切脊椎动物有核细胞表面的抗原递呈蛋白，其功能是递呈肽抗原(8～10 个氨基酸)至 T_C 细胞上。当它遇到外源肽抗原时，T_C 细胞就立即把含此外源肽抗原的细胞作为靶子，并破坏它。MHC-Ⅰ蛋白由 2 条多肽链组成，埋藏在细胞膜中的一条称 α 链，它由 *MHC* 基因编码；另一条较小的称 β-2 微蛋白(β_2m)，不是由 *MHC* 基因编码。MHC-Ⅱ蛋白是一类只存在于抗原递呈细胞(巨噬细胞、树突细胞、B 细胞等)表面的抗原递呈蛋白，这类细胞因具有 MHC-Ⅱ蛋白才使自己获得了 APC(抗原递呈细胞)的功能。通过 MHC-Ⅱ蛋白的介导，APC 就能把肽抗原(10～>20 个氨基酸)递呈给 T_H 细胞，从而刺激机体发生炎症反应和免疫应答反应。有关 MHC-Ⅰ蛋白和 MHC-Ⅱ蛋白的结构和功能可见图 9 – 12 和图 9 – 13。

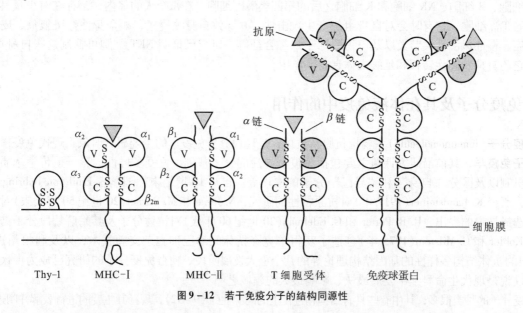

图 9 – 12　若干免疫分子的结构同源性

③ **白细胞分化抗原**(cluster of differentiation，CD)：前已提及，它是各类白细胞表达其不同发育分化阶段所特有的膜表面分子，种类极多，迄今已知的就有近 200 种(分别标以 CD1、CD2、…)。CD 具有参与细胞活化、介导细胞迁移等多种功能。

④ **黏附分子**(adhesion molecule，AM)：是广泛分布于免疫细胞和非免疫细胞表面，介导细胞间、细胞与基质间相互接触和结合的分子，具有参与活化信号转导、细胞迁移或炎症反应等功能。

⑤ 抗体(详见后)。

⑥ 补体(见本章第二节)。

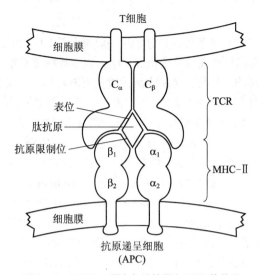

图 9 – 13　MHC-Ⅱ蛋白与肽抗原和 TCR 的关系
抗原限制位(agretope)：指抗原与 MHC-Ⅱ蛋白的特异结合位点

⑦ 细胞因子(见前)。

⑧ 抗原(详见后)。

以下仅对最重要的免疫分子——抗原和抗体作一较详尽的介绍。

(一) 抗原

1. 基本概念

抗原(antigen，Ag)是一类能诱导机体发生免疫应答并能与相应抗体或 T 淋巴细胞受体发生特异性免疫反应的大分子物质。抗原又称**免疫原**(immunogen)。抗原一般应同时具备两个特性：①**免疫原性**(immunogenicity)，又称**抗原性**(antigenicity)，指能刺激机体产生免疫应答能力的特性；②**免疫反应性**(immunoreactivity)，或称**反应原性**(reactinogenicity)，指能与免疫应答的产物发生特异反应的特性。凡同时具有免疫原性和免疫反应性的抗原，就是**完全抗原**(complete antigen)，包括大多数常见的抗原，例如多数蛋白质、细菌细胞、细菌外毒素、病毒体和动物血清等；凡缺乏免疫原性而有免疫反应性的抗原物质，称为**半抗原**(hapten)或**不完全抗原**(incomplete antigen)，例如大多数多糖、类脂、核酸及其降解物以及某些药物(如青霉素在水溶液中分解产生的**青霉烯酸和青霉噻唑**等)等，因其无免疫原性，故不能刺激机体产生免疫应答，但当它们与适当的**蛋白载体**(protein carrier)如甲基化牛血清白蛋白(MBSA)相结合后，就兼有了免疫原性，由此刺激机体产生的抗体，就可与该半抗原发生特异结合(图 9 – 14)。可以认为，半抗原实为一**抗原决定簇**(antigenic determinant)。

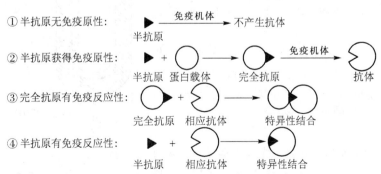

图 9 – 14　半抗原免疫原性的获得及其免疫反应性

2. 免疫原性的物质基础

（1）**分子量大**　大分子是抗原的首要条件，其分子量一般都大于 1.0×10^4，凡小于 4.0×10^3 者，一般不具免疫原性。在这一范围内，一般免疫原性还与分子量成正比。但少数物质例外，如明胶（gelatine）的分子量虽高达 1.0×10^5，但因其中缺乏含苯环的氨基酸，又易降解，故免疫原性很弱；又如，**胰岛素**（insuline）的分子量虽仅为 5 734，但因其氨基酸成分和肽链结构较复杂，也具有免疫原性；再如，由人工合成的分子量仅为 4.0×10^2 的物质，因其由苯基丰富的 3 个酪氨酸和 1 个 p – 偶氮苯砷酸盐组成，居然也出现了免疫原性。

（2）**分子结构复杂**　在构成生物体的各类大分子中，蛋白质的免疫原性最强，其次是若干复杂多糖，再次是核酸（一般仅作半抗原），而类脂的免疫原性最差。在蛋白质中，一般又以含大量芳香氨基酸尤其含酪氨酸者的免疫原性最强。某些原先免疫原性很弱的胶原蛋白（collagen），若使其与酪氨酸结合，也可增强免疫原性。多糖中，只有少数复杂多糖例如 *Streptococcus pneumoniae*（肺炎链球菌）的荚膜多糖等才具有免疫原性。此外，各种生物大分子的免疫原性强弱还与其构象（conformation）和易接近性（accessibility）有关。前者可决定该抗原分子上的特殊化学基团即抗原决定簇与淋巴细胞表面的抗原受体能否密切吻合；后者则指抗原决定簇与淋巴细胞表面的抗原受体接触的难易程度。某些结构较简单、抗原性较弱的物质，若采用高岭土或氢氧化铝等吸附剂使其聚集成较"复杂"的表面结构，也可达到增强免疫原性的目的。

（3）**异物性**（foreignness）　指某抗原的理化性质与其所刺激的机体的自身物质理化性质间的差异程度。在正常情况下，机体的自身物质或细胞不能刺激自体的免疫系统发生免疫应答，因此，一般的抗原都必须是异种或至少是异体的物质。种属关系越远，其组织结构间的差异越大，则免疫原性越强。但是，异物性并非仅体外物质专有，例如，眼球中的晶状体蛋白就是一种自身的淋巴细胞从未接触过的物质；再如，自身物质由于受外伤、感染、电离辐射或药物的影响而发生变化，也可成为"异己"物质即**自身抗原**（autoantigen），由此可引起自身免疫系统发生免疫应答，最终导致**自身免疫病**（autoimmune disease）。对异物的识别功能，是高等动物在个体发育过程中通过淋巴细胞与抗原的接触而形成的一种"非己则异"的免疫识别功能。凡在胚胎期淋巴细胞所接触过的物质，即被当作"自身"物质，否则就属"异己"物质。

3. 抗原决定簇（antigenic determinant）

又称**抗原表位**（epitope），指位于抗原表面可决定抗原特异性的特定化学基团，亦即指构成抗原的免疫原性所必需的最少亚单位数。由于抗原决定簇的存在，使抗原能与相应淋巴细胞上的抗原受体发生特异结合，从而可激活淋巴细胞而引起免疫应答。一个抗原的表面可存在一至多种不同的抗原决定簇，由此产生了一至多种相应的特异性。抗原决定簇的分子很小，大体相当于相应抗体的结合部位，一般由 5～7 个氨基酸、单糖或核苷酸残基组成。凡能与抗体相结合的抗原决定簇的总数，称为**抗原结合价**（antigenic valence）。大多数抗原的抗原结合价是多价的，例如，甲状腺球蛋白为 40，牛血清白蛋白为 18，鸡蛋清为 10 等；少数抗原是单价的，如 *S. pneumoniae*（肺炎链球菌）荚膜多糖水解后形成的简单半抗原等。

4. 两类半抗原

（1）**复合半抗原**　复合半抗原无免疫原性但具免疫反应性，能在试管中与相应抗体发生特异性结合并产生可见反应。例如细菌的荚膜多糖等。

（2）**简单半抗原**　或称阻抑半抗原，它既无免疫原性也无免疫反应性，但能与抗体发生不可见的结合，其结果可阻止抗体再与相应的完全抗原或复合半抗原相结合的可见反应，例如 *S. pneumoniae* 荚膜多糖的水解产物等。

5. 细菌的抗原

细菌是一类重要的病原体，其化学成分极其复杂，故每种细菌的细胞都是一个包含多种抗原成分的复合体（图 9 – 15）。

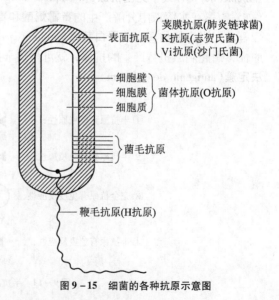

图 9 – 15　细菌的各种抗原示意图

（1）**表面抗原**（surface antigen） 指包围在细菌细胞壁外层的抗原，主要是荚膜或微荚膜抗原。根据菌种或结构的不同，表面抗原还有几种习惯名称，例如 *S. pneumoniae* 的表面抗原称**荚膜抗原**，*E. coli*、*Shigella dysenteriae*（痢疾志贺氏菌）的表面抗原称荚膜抗原或 **K 抗原**（K 为德文荚膜"kapsel"之缩写）；而 *Salmonella typhi*（伤寒沙门氏菌）的表面抗原则称为 **Vi 抗原**（Vi 来自英文 virulence，即"毒力"的意思）。

（2）**菌体抗原**（somatic antigen） 指存在于细胞壁、细胞膜与细胞质上的抗原。菌体抗原在过去曾被称为"O 抗原"，O 即德文"Ohne Hauch"，意即某菌因缺失鞭毛而不能运动从而菌落不能蔓延的意思。目前 **O 抗原**已专指 G$^-$细菌尤其是一些肠道 G$^-$细菌表面的耐热、抗乙醇的脂多糖－蛋白抗原。若按 *E. coli* 的 O 抗原对其分类，已发现有 150 多种血清型。

（3）**鞭毛抗原** 指存在于鞭毛上的抗原，即鞭毛蛋白抗原，又称 **H 抗原**（H 为德文"Hauch"，意即菌落在培养基表面会蔓延的，说明这是有鞭毛、会运动的细菌）。

（4）**菌毛抗原** 由细菌细胞表面的菌毛蛋白所形成的抗原。

（5）**外毒素和类毒素** 细菌的**外毒素**（exotoxin）一般都是抗原性很强的蛋白质。**类毒素**（toxoid）则是外毒素经甲醛脱毒后对动物无毒、但仍保留强免疫原性的蛋白质。类毒素可免疫宿主动物以制取相应的抗体（俗称**抗毒素**——antitoxin），用以治疗相应的细菌毒素中毒症，例如白喉抗毒素和破伤风抗毒素等。

6. 共同抗原与交叉反应

在一个同时存在有多种抗原的复杂抗原系统，例如细菌细胞中，只有该系统自身特有的抗原，称**特异性抗原**（specific antigen）；而为多种复杂抗原系统所共有的抗原，则称**共同抗原**（common antigen，又称**类属抗原**"group antigen"或**交叉反应抗原**"cross-reacting antigen"）。一种细菌的细胞通常同时含有上述两类抗原，故能刺激机体同时产生两类相应的抗体。

为简化起见，以下以甲、乙两种细菌且每种菌只限两种抗原来进行分析。如甲菌含 A、B 两种抗原，故可刺激机体产生含 a、b 两种抗体的抗血清。当甲菌与其自身抗血清接触时，可发生很强的反应。又如乙菌含 A、C 两抗原，故可刺激机体产生含 a、c 两种抗体的抗血清。当乙菌与其自身抗血清相遇时，也会发生很强的血清学反应。如果使甲菌的菌体（含 A、B 抗原）与乙菌的抗血清（含 a、c 抗体）相接触，由于甲、乙两菌有共同抗原 A，所以甲菌的 A 抗原可与乙菌抗血清中的 a 抗体发生较弱的反应，反之亦然。这类由于甲、乙两菌存在共同抗原而引起甲菌抗原（或抗体）与乙菌的抗体（或抗原）间发生较弱的免疫反应的现象，称为**交叉反应**（cross reaction）（图 9-16a）。在制备诊断用的单价特异抗血清时，常利用交叉反应的原理把某一多价特异抗血清与其共同抗原反应，再把此抗原、抗体复合物去除，就可去除其中的共同抗体，这就称**吸收反应**（absorption），如果所用的共同抗原是颗粒状的，则称**凝集吸收反应**（agglutination absorption）（图 9-16b）。

7. TD 抗原与 TI 抗原

见本节前言部分。

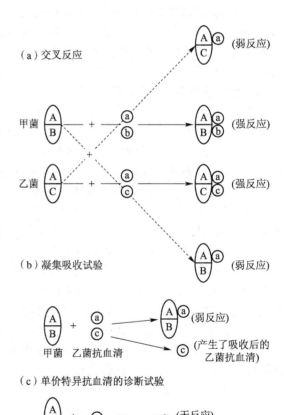

图 9-16 交叉反应、凝集吸收反应和单价特异抗血清的诊断试验

（二）抗体

1. 概述

抗体（antibody，Ab）是高等动物体在抗原物质的刺激下，由浆细胞产生的一类能与相应抗原在体内外发生特异结合的免疫球蛋白。抗体的 5 个特点是：①仅由鱼类以上脊椎动物的浆细胞所产生；②必须有相应抗原物质刺激免疫细胞后才能产生；③能与相应的抗原发生特异性、非共价和可逆的结合；④其化学本质是一类具有体液免疫功能的可溶性球蛋白；⑤因抗体是蛋白质，故既具抗体功能也可作抗原去刺激异种生物产生相应的抗体，这就是**抗抗体**（antiantibody）。自 1890 年 E. von Behring 和北里柴三郎将白喉毒素接种入动物体内，并在其血清中发现能中和白喉毒素毒性的第一个抗体"白喉抗毒素"以来，抗体曾被冠以多种名称，包括杀菌素、溶菌素和 γ 球蛋白（丙种球蛋白）等，直到 1968 年和 1972 年，世界卫生组织（WHO）等才决定，凡具有抗体活性以及与抗体有关的各种球蛋白，统称为**免疫球蛋白**（immunoglobulin，Ig），因此，免疫球蛋白几乎成了抗体的同义词（比抗体的含义稍广些）。目前，纯化后的 Ig 已分为 5 类，其统一名称为 IgG、IgA、IgM、IgD 和 IgE。

在动物进化的漫长历程中，特异性体液免疫系统中的抗体较晚出现。无脊椎动物不能合成抗体，仅利用非特异的天然**凝集素**（lectin）、吞噬细胞或炎症反应去消除外来抗原物质。待进化到脊椎动物后，就逐步出现种种抗体，例如，鱼类一般具有 IgM，两栖类具有 IgM 和 IgG，鸟类中一般有 IgM、IgG 和 IgA，进化到哺乳动物后，家兔中仅有 IgM、IgG 和 IgA，其余多数种类已具有 IgG、IgA、IgM 和 IgE 4 类，而人和鼠类则同时具有 5 类完整的 Ig。

2. 免疫球蛋白的化学结构

在正常的人体和高等动物的血清中，存在着大量的免疫球蛋白，但从化学结构上来看，它们都是极其不均一或呈高度异质性（heterogeneity）的，亦即是一类**多克隆抗体**（polyclonal antibody）。因此，从理论上来说，在**单克隆抗体**（monoclonal antibody，McAb，详后）技术突破之前，要深入分析 Ig 的一级结构，似乎是不可能的。但是，事实上 R. Porter 和 G. Edelman 早在 1962 年就提出了 Ig 的 "Y" 形四链结构模型，至 1969 年，G. Edelman 又首次完成了抗体分子（IgG1）一级结构的测定（图 9 - 17）。其中的原因是，20 世纪 50 年代以后，由于蛋白质分离纯化技术的进步，尤其是发现了在浆细胞恶性增殖而引起的**多发性骨髓瘤**（multiple myeloma）和**巨球蛋白血症**患者的血中，存在着大量（约占血清 Ig 的 95%）的与正常抗体结构相似且均一的 Ig 后，为 Ig 的结构分析提供了一份理想的实验材料。

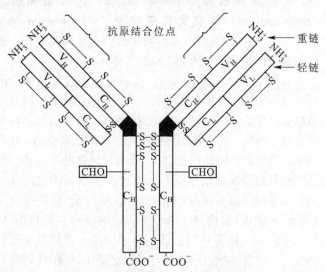

图 9 - 17　免疫球蛋白 IgG1 结构的模式图

从图 9 - 17 可以看出，典型的 Ig 分子是由一长一短的两对多肽链对称排列而成的一个 "Y" 形分子。近对称轴的一对较长的肽链，称为**重链**或 **H 链**（heavy chain），外侧一对较短的肽链，称为**轻链**或 **L 链**（light chain）。占重链 1/4 或轻链 1/2 长度的一段区域，称**可变区**或 **V 区**（variable region），因为这一区域内的氨基酸序列是可变的[1]；占重链 3/4 或轻链 1/2 长度的一段区域，则称**恒定区**或 **C 区**（constant region），因为这一区域内氨基酸序列是恒定的。轻、重链间和重、重链间分别由二硫键（—S—S—）相连接。在重链的居中处

---

[1]　在轻链或重链的可变区中，实质上还各存在 3 个相互隔离的**超变区**（hypervariable region），它们是真正与抗原结合的部位。超变区由 D 基因编码。

约有30个氨基酸残基组成了一个能使Ig分子自由曲折的区段，称作**铰链区**（hinge region）。该处因含有较多的脯氨酸，故富有弹性。另外，在Ig的V区端是肽链的氨基末端，称N端；而相反的一端即为肽链的羧基端，称C端。此外，重链上还有结合糖（"CHO"）的部位，所以，Ig是一类糖蛋白。

以上已描述了Ig分子的基本结构，并对其中的链、端、区等几个主要特征作了介绍，以下则进一步介绍Ig的类、型、数（氨基酸数）、段（酶解片段）、体（单、双、三和五体）、价（抗原结合价）、功能区和构象等一些其他特征。

（1）Ig的类别（classe）和亚类（subclasse）　根据重链的血清学类型、分子量大小（亚基数）和糖含量的不同，可把抗体分成数类，例如人的抗体就可分成IgG、IgA、IgM、IgD和IgE 5类。这是因为，它们重链的血清学类型可分别分为γ、α、μ、δ和ε 5种类型。在这5类中，再按其重链构造上的变化又可分为多个亚类，例如人类的IgG就可分为IgG1、IgG2、IgG3和IgG4这4个亚类，它们间除了重链间的免疫原性有所不同（分别为γ_1、γ_2、γ_3和γ_4）外，其重链间的二硫键数目和位置也各不相同（见后）。另外，IgA和IgM的重链也至少存在两个亚类。决定亚类血清学反应专一性的抗原决定簇都位于Ig重链恒定区的Fc片段上。从量上来说，IgG是血清中最重要的免疫球蛋白，其中的IgG1占IgG总量的70%，IgG2为16%，IgG3为10%，IgG4为4%。

（2）Ig的型别（type）和亚型（subtype）　Ig的型别是按其轻链的血清学类型来区分的，5类Ig只有λ和κ两种型别。因此，同一物种的各类Ig又各自可因其所含轻链的型别而分为两型。例如，在人类的IgG的轻链中，一般κ型占70%，λ型占30%。如果再按轻链可变区氨基酸序列差异的不同，还可把上述两型别进一步划分为数个亚型。例如人类的κ型有3个亚型，λ型有5个亚型等。

（3）Ig肽链的氨基酸数　不同的Ig及其亚类所含的氨基酸残基数是有差别的。一般地说，轻链的氨基酸残基数在220个左右（分子量为$2.2\times10^4\sim2.4\times10^4$），重链则是轻链的两倍，约440个氨基酸残基（分子量为$5.0\times10^4\sim7.5\times10^4$）。对初学者来说，不妨可按以下表解的数字去记忆。

$$
\text{Ig 单体所含氨基酸数}
\begin{cases}
\text{约含 110 个氨基酸}
\begin{cases}
\text{轻链的 V 区}\\
\text{轻链的 C 区}\\
\text{重链的 V 区}
\end{cases}\\
\text{约含 220 个氨基酸：轻链}\\
\text{约含 330 个氨基酸：重链的 C 区}\\
\text{约含 440 个氨基酸：重链}
\end{cases}
$$

现以G. Edelman（1969年）测定的IgG1（Eu）为例：其重链含446个氨基酸，轻链含214个，共计1 320个，包含19 996个原子。分子量为1.5×10^5，比胰岛素大25倍。从其N端起，轻链的V区占108个氨基酸，自109～214处为其C区。重链的V区约占114个氨基酸，其余3/4左右均为C区。据测定，在其他的Ig中，IgA和IgD（单体）的氨基酸数与IgG接近，而IgM和IgE（单体）的氨基酸数则比IgG要多。

（4）IgG的酶解和化学分解片段　IgG分子是由两轻、两重4条多肽链凭借若干二硫键连接而成的一种"Y"形分子。若用**巯基试剂**（mercapto-reagent）和两种蛋白酶对其作化学分解和酶解，就可产生10余种不同大小、构造、性质和免疫功能的小片段（图9-18，图9-19）。

① **木瓜蛋白酶**（papain，Pap）的酶解片段：通过Pap水解，IgG1可产生两个相同的抗原结合片段（antigen binding fragment，Fab）和一个可结晶片段（fragment crystalisable，Fc，指在冷藏时可形成结晶）。在Fc上还结合有糖基。Fc在Pap的继续作用下，还可产生更小的肽，称为Fc′。如用Pap对已用巯基乙醇处理过的单股重链进

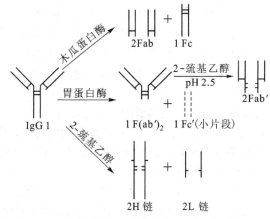

图9-18　经蛋白酶和巯基乙醇分解后的IgG1片段

行水解，就可产生一段具可变区和一小段恒定区的片段，称为 Fd。从功能上看，Fab 仍能与相应抗原作特异性结合，而 Fc 则具有固定补体的作用。

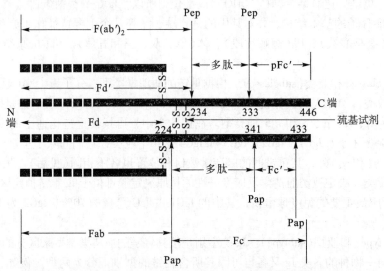

图 9 – 19　木瓜蛋白酶(Pap)和胃蛋白酶(Pep)对 IgG1 的水解点及其产物
图中的数字指自 N 端开始的氨基酸序号

② **胃蛋白酶**(pepsin，Pep)的酶解片段：Pep 可将 IgG1 水解成大小不同的两个片段。大片段是由两个二硫键连接的 Fab 双体，故称 F(ab')₂，它具有 Fab 的功能，但却有两个抗原结合价，且肽链稍长(注有 "'" 号)。小片段是与 Fc 相似但分子长度略短的重链片段，在 Pep 的继续作用下，也可进一步水解成更小的 pFc'片段。同理，若用 Pep 对单股重链进行水解，则还可获得一个包含有可变区和一段恒定区的重链片段，此即 Fd'(Fd'比 Fd 多 10 个氨基酸)。

③ **巯基试剂的分解产物**：当 IgG1 在 pH 2.5 的酸性条件下用**巯基乙醇**(mercaptoethanol)处理后，可使两条重链间的二硫键还原，于是 IgG1 就分解成两个对称的半分子。若进一步用尿素或氯酸胍等处理，则此半分子又可进一步分解为一重链和一轻链，同时也就丧失了与抗原结合的能力。这时，如再用碘乙酸酰胺、碘乙酸等烷化剂使肽链上的 SH 基团烷基化，则可防止已还原的巯基间重新形成二硫键，从而使重链与轻链始终保持在游离态。另外，若将 F(ab')₂ 用巯基试剂处理，则可产生 2 个 Fab'片段。

(5) **Ig 的二硫键数**　由图 9 – 17 可知，IgG1 有 12 个链内二硫键和 4 个链间二硫键，但不同的 IgG 亚类是不同的。IgG 分子上有 12 ~ 16 个链内二硫键(每条轻链上有 2 ~ 3 个，重链上有 4 ~ 5 个)以及 2 ~ 11 个重链间二硫键(例如，人的 IgG1 = 2，IgG2 = 4，IgG3 = 5，IgG4 = 2)。

(6) **Ig 的体**　有单体、双体和五体等。

① 单体：由一个 "Y" 形分子组成的 Ig，称为单体，例如 IgG、IgD 和 IgE 等。

② 双体：由两个 "Y" 形分子组成的 Ig，称为双体。例如，IgA 在人的血清中主要以单体的形式存在，称为**血清型 IgA** 或 7S IgA。而在唾液、泪液、乳汁(尤其是初乳)、胃肠分泌液、呼吸道和泌尿生殖道的黏液等分泌液中，则以双体占优势，故称双体为**分泌型 IgA** 或 11S IgA。双体 IgA 是由两个单体通过称为 **J 链**(joining chain)即**连接链**的肽相连接的。J 链是一种酸性糖蛋白，分子量为 1.5×10^4，其作用主要是促使单体聚合。在双体上还有一由糖蛋白构成的**分泌片**(secretory piece)，其分子量为 6.0×10^4，由上皮细胞产生，功能是保护 IgA 免受分泌液中所含的蛋白酶水解。分泌片既可以以非共价键形式与 IgA 连接，亦可以以游离状态存在(图 9 – 20)。

③ 五体：由 5 个 "Y" 形分子聚合成的星状 Ig，称为**五体**或**五聚体**(pentamer)。其每一单体的重链恒定区都是由 4 个功能区组成，而上述 IgG 的相应恒定区却只有 3 个功能区。5 个单体间由二硫键结合在一起。它有 10 个抗原结合价。分子量高达 9.0×10^5，故又称**巨球蛋白**(macroglobulin)。分子中也有一个 J 链短肽。

微生物学教程

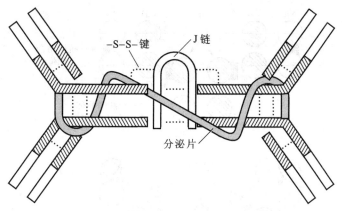

图 9 - 20 人类分泌型 IgA（双体）的构造

在人体的血清中，IgM 占总 Ig 的 5% ～ 10%，在抗细菌性免疫应答中发挥作用。IgM 的五体结构见图 9 - 21。

（7）Ig 的抗原结合价 **抗原结合价**（valency）指每个 Ig 分子上能与**抗原决定簇**相结合部位的数目。一条轻链的 V 区和一条重链的 V 区合在一起可组成一个抗原结合价，这可比作一副钳子只有当两个夹口同时存在时才能牢牢夹住一个物件那样。由此就可知道 Fab 是 1 价的，F(ab')$_2$ 是 2 价的，Fd、Fd' 和 Fc 等片段是零价的，Ig 的单体是 2 价的，双体是 4 价的，至于 IgM 这种五体，从理论上来判断应是 10 价的，然而，实验测定数据却只有 5 价，只是对小分子半抗原显示 10 价。一个合理的解释就是：当 IgM 与大分子抗原结合时，由于空间位置的拥挤，使每对结合价只能发挥一半的作用。

（8）Ig 的**功能区**（domain） 功能区又称**辖区**，是指 Ig 的结构单元，一般呈成对状排列。在重、轻

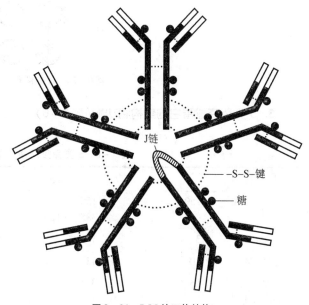

图 9 - 21 IgM 的五体结构

链之间，约每 110 个氨基酸链形成一个功能区，每区都有一个内部二硫键相连（图 9 - 17）。Ig 分子可看作是一个较松散连接的结构单元群。一个 Fab 片段有两对功能区，Fc 片段则有 2 ～ 3 对功能区。Fab 片段的 C$_L$ 和 V$_L$ 功能区来自一条完整的轻链，而 C$_H$1 和 V$_H$ 则来自 N 端起的半条重链，这 4 个功能区共同组成一个抗原的结合部位。由于不同抗体的 V$_L$ 和 V$_H$ 的几个特殊部位（如 N 端起的第 20、50 和 90 位）即"**高变区**"或**互补决定区**（complementary determining region，CDR）上的氨基酸种类变化极大，从而使不同抗体有可能与成千上万种的抗原进行相应的特异结合。

（9）Ig 的构象 在电子显微镜下，游离的 Ig 分子不能产生清晰的图像，只有当它与 2 价的半抗原交联成不大的复合物时才能产生清晰的图像。据研究，这是因 Ig 分子在与抗原结合前发生了构象改变所致，即它从相对松散的结构变为较致密的折叠形式。形象地说，在此前后分子形状已从"T"形改变成"Y"形了（图 9 - 22）。Ig 分子在未与抗原结合时，分子呈"T"形；当 Fab 片段与抗原相结合后，通过柔软的**铰链区**的弯曲，就成了"Y"形。这时，使原先处于隐蔽状态的**补体结合部位**暴露了出来，并启动一系列与补体有关的免疫应答。因此，还可把 Ig 分子理解成一个"开关"，它可开动或关闭若干免疫反应。

301

第九章　传染与免疫

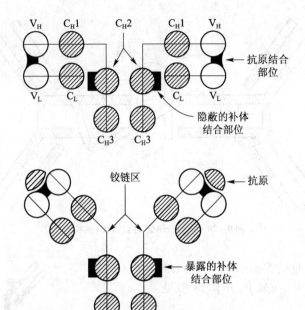

图 9-22　Ig 的构象从 "T" 形转变为 "Y" 形

3. 5 类免疫球蛋白的结构和功能(表 9-6)

表 9-6　5 类免疫球蛋白的特性、分布和免疫学功能

比较项目	IgG	IgA	IgM	IgD	IgE
分子量/×10³	150	150(单体) 385(双体)	970(五体) 175(单体)	180	190
含糖量/%	3	10	12	18	12
含量比/%	80	13	6	1	0.002
在血清中含量/(mg·mL⁻¹)	13.5	3.5	1.5	0.03	0.000 05
半衰期/d	23	6	5	2.8	2.3
抗原结合位点	2	2 或 4(双体)	10	2	2
出现时间	出生后 3 个月	出生后 4~6 个月	胚胎期末	较晚	较晚
通过血胎屏障	能	不能	不能	不能	不能
分布	血液,淋巴	唾液、初乳等分泌物,血清,细胞液	血液,淋巴,B 淋巴细胞表面受体(单体形式)	血液,淋巴,B 淋巴细胞表面	血液,淋巴,肥大细胞表面
免疫功能	中和细菌毒素,抗细菌,抗病毒,与补体的结合力弱	抗细菌,抗病毒;黏膜等局部免疫	溶菌,溶血,与补体结合力强,用于机体的早期防御	不明	参与变态反应,抗寄生虫感染
其他	又称调理素,有 4 个亚类(IgG1 ~ IgG4)	重要的循环性抗体	免疫接种后最先出现,补体激活力强	微弱的循环性抗体	参与过敏性反应,C_H4 含有肥大细胞结合片段

4. 产抗体细胞的激活和抗体的形成

胸腺依赖型抗体（TD antibody）的产生一般必须同时有3种细胞的参与：①**抗原递呈细胞**（APC）——主要是**巨噬细胞**（Mφ），Mφ虽无特异识别抗原的功能，却能有效地摄取、处理、递呈抗原和激活T细胞；②**T细胞**——在抗体形成过程中能特异地识别抗原，辅助B细胞，促使B细胞活化和进一步分化成**浆细胞**以产生抗体；③**B细胞**——是产生抗体的效应细胞，也有特异识别抗原的功能。由此可知，抗体的产生不仅是抗原与免疫细胞间相互识别的过程，而且还与免疫细胞间的相互识别和它们的活化、增殖和分化有关。

（1）巨噬细胞的**抗原递呈作用**（antigen presentation） Mφ对抗原无特异性识别作用，但它是一个黏性细胞，可有效粘牢、吞噬和吞饮外来的抗原。Mφ中的溶酶体在其中一些水解酶（包括蛋白酶、核酸酶、脂酶和溶菌酶等）的作用下，把细胞内吞噬外来抗原的**吞噬体**（phagosome，即内吞体endosome）中的大颗粒抗原降解，再经浓缩等加工步骤后，提高了该抗原的免疫原性，经进一步与细胞内的HMC抗原相结合后，转移到细胞表面，供T细胞识别。这时，Mφ已成为被抗原激活的Mφ（antigen pulsed Mφ，Ag-Mφ），它可通过直接表面接触或释放淋巴因子（Mφ因子）的方式激活淋巴细胞。Mφ因子指由Ag-Mφ合成和分泌的多种**单核细胞因子**（monokine），包括能促进淋巴细胞活化和分裂的**遗传限制因子**（genetic restricted factor，GRF，即遗传相关巨噬细胞因子）、**非抗原特异性Mφ因子**（nonspecific Mφ factor，NMF）和**白细胞介素–1**等。

（2）T细胞对B细胞的激活 T细胞通过TCR（T细胞受体）接受由Mφ递呈的抗原-MHC复合物，在Mφ上的MHC-Ⅱ分子可与T_H细胞表面的CD4分子发生特异作用，从而把抗原递呈给T_H。通过抗原介导的接触，使T_H细胞释放了白细胞介素，由它再激发相应克隆B细胞的分裂，从而形成B细胞克隆。

（3）浆细胞产生抗体 被T_H激活的B细胞克隆通过进一步的分化，会产生两种细胞——浆细胞和记忆细胞。**浆细胞**（plasma cell）的形态较大、寿命较短（小于1周），是分泌抗体的细胞（图9-23）；**记忆细胞**（memory cell）则是一种形态较小、寿命较长（一年以上）的细胞，它在遇到原初抗原的再次刺激时，会迅速转变成浆细胞并分泌抗体。这就是以下即将介绍的当机体第二次接受与第一次同样抗原注射时，会引起特征性的再次免疫应答和**免疫记忆**（immunological memory）的原因。抗体是在浆细胞的粗面内质网中合成的，在那里，多肽的合成由不同的多聚核糖体参与，并分别翻译成L链和H链，接着转运至光面内质网直至高尔基体，在此过程中，逐步完成多肽链的装配和糖基的修饰，最后以"出芽"的方式产生许多充满抗体的小泡，待小泡转移到细胞膜上并与膜发生融合后，就可释放抗体到细胞外。

5. 机体产抗体的两次应答规律

凡能产生抗体的高等动物（包括人类），当注入抗原物质（指TD抗原）进行免疫时，都有着共同的产生抗体的规律，即存在**初次免疫应答**（primary immune response）和**再次免疫应答**（secondary immune response）或称**强化免疫应答**（booster immune response，booster immunization）两个阶段。初次应答指首次用适量抗原注射动物后，须经一段较长的潜伏期即待免疫活性细胞进行增殖、分化后，才能在血

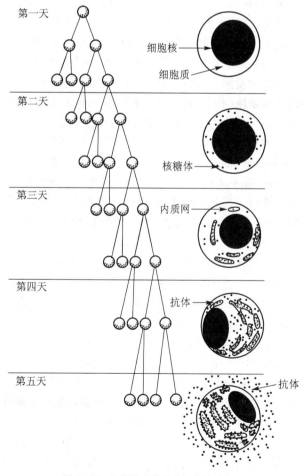

第一天

细胞核
细胞质

第二天

核糖体

第三天

内质网

第四天

抗体

第五天

抗体

图9-23 B细胞分化为浆细胞的过程

流中检出抗体，这种抗体多为 IgM，**滴度**（titre，即效价）低，维持时间短，且很快会下降；再次应答则指在初次应答后的抗体下降期再次注射同种抗原进行免疫时，会出现一个潜伏期明显缩短、抗体以 IgG 为主、滴度高、维持时间长的阶段（图 9－24）。

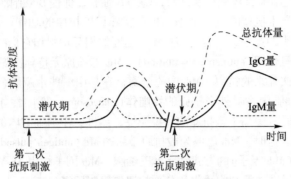

图 9－24　初次免疫应答和再次免疫应答的特征

6. 抗体形成的机制

（1）抗体形成的克隆选择学说　有关抗体的多样性及其形成的机制问题，历来是免疫学领域中的一个受广泛注意的基本理论问题。自 1900 年以来，曾出现过多种学说，但经过实践检验，目前只有其中的克隆选择学说才获得学术界的承认。**克隆选择学说**（clonal selection theory）是于 1957 年由澳大利亚学者 F. M. Burnet 提出的，其要点为：①在能产生抗体的高等动物体内，天生存在着大量具有不同抗原受体的免疫细胞克隆（例如每个成人体内约有 10^{12} 个），每个克隆产生特异抗体的能力并不决定于外来抗原物质，而是决定于其固有的、在接触该抗原前就已存在的遗传基因。②某一特定抗原一旦进入机体，就可与相应淋巴细胞表面上唯一的与其相应的特异性受体发生结合，由此就从无数克隆中选择出一个与之相对应的克隆。这一结合发挥了类似"扳机"的作用，促使这一克隆发生活化、增殖和分化，最终变成能分泌大量相应抗体的**浆细胞**（约 2 000 个 Ab／浆细胞·min）和少量暂停分化的免疫**记忆 B 细胞**。后者在再次与相应抗原接触时，也可成熟为浆细胞。③当生物处于胚胎期时，其免疫系统的发育还不完善，这时，某一淋巴细胞克隆若接触相应抗原（不论外来抗原或自身抗原），则它就被消除或受抑制，如属后者，就形成一个**禁忌克隆**（forbidden clone），它们对机体自身抗原物质不发生免疫应答，即处于自然耐受状态，这就称**免疫耐受性**（immunological tolerance）的原因。④禁忌克隆可复活或发生突变，从而又可成为能与自身抗原成分起免疫应答的克隆。最新实验证明，记忆 B 细胞的"记忆力"是极其惊人的。例如，对 1918 年前出生，2008 年已达 91～101 岁的 8 名老人进行免疫测定后发现，其中 7 人的 B 细胞依然可产生抗 1918 年那场"西班牙大流感"的抗体。

克隆选择学说的优点在于其能很好解释获得性免疫的三大特点——识别、记忆和自身禁忌，因此，是当前得到广泛承认的学说。但也不能解释所有的免疫现象，包括有时一纯细胞株能产生两种以上的特异抗体；强弱两抗原同时注入机体时，前者可抑制后者；以及同一抗原能产生多类或多型 Ig 等现象。有关克隆选择学说的形象化解释见图 9－25。

（2）**抗体多样性**（antibody diversity）的分子生物学机制　抗体分子呈现多样性（多达数十亿种！）的原因，是免疫学上一直受到关注的重大基础理论问题。长期以来，已提出过多种学说。1976 年，由利根川进（Susumu Tonegawa）等人用实验证明编码抗体可变区和恒定区的基因呈现分离状态，并在 B 细胞分化和成熟过程中不断进行重排等重大发现后，才使**体细胞突变学说**（somatic mutation theory）获得了有力支持。因此，利根川进获得了 1987 年诺贝尔生理学或医学奖。

归纳起来，利根川进在前人工作的基础上，阐明了以下几个主要问题（图 9－26）：①编码 L 链 V 区的基因是由 V_L 序列（约编码 98 个氨基酸残基）和 J 序列（J 即"连接"的意思，约编码 13 个氨基酸残基）组成，编码 L 链 C 区的基因称 C 序列。②编码 H 链 V 区的基因除 V_H 和 J 序列外，在它们之间还存在一个 D 区 [D

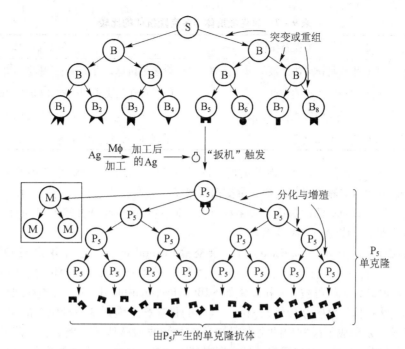

图 9 – 25 Burnet 的克隆选择学说图示

S 为骨髓干细胞，B 为 B 细胞，$B_1 \sim B_8$ 指代 $B_1 \sim B_8$ 克隆(实际上每个人存在 $10^{10} \sim 10^{12}$ 个克隆)，
P_5 为 B_5 经抗原 "Ag" 触发后转化成的浆细胞，Mφ 为巨噬细胞，M 为暂停分化的记忆细胞

即多样性(diversity)之意]，H 链的 C 区则由 C_H 序列所编码。③在胚胎期的细胞中，编码 L 链 V 区的 V 和 J 基因间离得很远，而在成体的 B 细胞中，V 和 J 可连在一起，但它们与 C_L 序列间仍被**内含子**(intron，即无编码功能的 DNA 序列，约 1 250 bp)隔开。只有当整个 DNA 链被转录成 mRNA 后，内含子才被切除。H 链基因的组装方式与 L 链相似。④V 序列有数百种不同类型，J、D 和 C 基因也有多种，因此，L 链 V-J 基因间的组合或 H 链 V-D-J 基因间的组合是极其多样的。再加上任何 L 链的基因又可与任何 H 链的基因发生组合，因此为抗体分子结构的多样性提供了充分的可能性。⑤V 除与 J 发生连接外，偶尔亦可与另一种 V 发生误接，从而又增加了抗体蛋白的多样性。如果再加上上述各个序列中所发生的基因突变，就为抗体分子结构的多样性又增加了新的源泉。

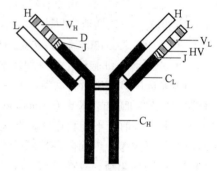

图 9 – 26 编码抗体分子的 V、J、D 和 C 基因序列示意图

HV 为超变区，其余见正文

7. 单克隆抗体与淋巴细胞杂交瘤技术

(1) **单克隆抗体**(monoclonal antibody，McAb)**的定义** 指由一纯系 B 淋巴细胞克隆经分化、增殖后的浆细胞所产生的成分单一、特异性单一的免疫球蛋白分子。在正常机体内，由于 B 细胞遗传型多样性的存在，以及它们接触环境中多种抗原的可能性，所以用常规技术免疫动物制备的"特异性抗血清"，实际上只是特异性较差、滴度(效价)较低、产量有限、不能精确重复和难以进行严格质量控制的**多克隆抗体**。这种情况与早期工业发酵中的非纯种发酵相似。只有通过淋巴细胞杂交瘤的技术，才能获得真正的单克隆抗体。有关单克隆抗体与多克隆抗体的比较可见表 9 – 7。

(2) **淋巴细胞杂交瘤技术**(lymphocyte hybridoma technique) 利用淋巴细胞杂交瘤产生单克隆抗体的技术创建于 1975 年，这是生命科学和基础医学研究领域中一次具有重大革命意义的创举。为此，主持该项研究的德国学者 G. Köhler 和阿根廷裔英国学者 C. Milstein 与另一位杰出的丹麦免疫学家 M. K. Jerne 一起，荣获了 1984 年的诺贝尔生理学或医学奖。

表9-7　单克隆抗体与多克隆抗体的比较

项目	单克隆抗体	多克隆抗体
抗原识别能力	只识别一种抗原决定簇的单一抗体	含多种抗体，可识别一种抗原上的许多抗原决定簇
同存抗体类型	只存在单一类型的抗体	同时存在几类不同的抗体(IgG、IgM 等)
对抗原的纯度要求	可用不纯抗原制成特异抗体	只能用高纯抗原才能制成特异抗体
实验重现性	实验有高度重现性	重现性差，标准化难

建立淋巴细胞杂交瘤技术是生产 McAb 的前提。这一技术的建立，其意义可与 19 世纪 80 年代初的**科赫学派**建立细菌**纯种分离**和**纯培养技术**相比拟。**杂交瘤技术**是建立在克隆选择学说这一重大基本理论基础上，并集细胞融合方法、骨髓瘤细胞株的制备、微生物营养缺陷型的获得和选择培养基原理在动物细胞培养中的应用等多种实验技术于一体的一项高技术。

淋巴细胞杂交瘤(lymphocyte hybridoma) 简称**杂交瘤**(hybridoma)，是由 **B 淋巴细胞和骨髓瘤细胞**(myeloma cell)两者融合而成的一种既能在体内外大量增殖，又能分泌大量 McAb 的杂种细胞。其中的 B 淋巴细胞最初取自小鼠的脾，它虽可被外来抗原例如 SRBC(sheep red blood cell，绵羊红细胞)所激活并产生相应的特异抗体，却无法在体外繁殖和传代，相反，其中的骨髓瘤细胞则是一种癌变的浆细胞，又称多发性骨髓瘤，它可自发或诱发形成。最常用的诱发因子是矿物油或塑料片等，例如，以降植烷(4 - 甲基 - 15 烷)注入小鼠腹腔，约经 4 个月即可出现瘤，且诱瘤率高达 50% ~ 60%。这种骨髓瘤的单克隆不仅具有快速增殖能力，而且能产生大量匀质、单克隆性质的任何免疫球蛋白，只是绝大部分都不能与抗原进行特异结合。若把上述两种性质的细胞作亲本，使其融合成一个新的即淋巴细胞杂交瘤细胞，则既可兼两亲本的优点于一身，又可消除各自原有缺点，获得了既能产生单一抗体又能进行长期增殖这两种可贵特性的杂种细胞。

淋巴细胞杂交瘤的制备方法见图 9 - 27。

① 选择亲本细胞株：第一种亲本细胞——骨髓瘤细胞必须事先选用 HGPRT 酶(次黄嘌呤 – 鸟嘌呤磷酸核糖基转移酶)缺陷型细胞或 TK 酶(thymidine kinase，胸苷激酶)缺陷型细胞，因前者不能利用外源性次黄嘌呤来合成自身核酸中所需要的嘌呤，而内源性嘌呤和嘧啶的合成又被 Apr(氨基蝶呤)所阻断，故在 HAT 培养基(次黄嘌呤 – 氨基蝶呤 – 胸苷培养基)上就会死亡；而后者则可阻断 dTMP 的合成，故也可使亲本骨髓瘤细胞因不能在 HAT 培养基上合成核酸而死亡。第二种亲本细胞——B 淋巴细胞是用 SRBC 先免疫小鼠，待其在脾内形成激活的 B 淋巴细胞后，再取出脾，制成 B 细胞悬液。

② 混合双亲细胞：将 B 淋巴细胞与骨髓瘤细胞以 2:1 至 10:1 的比例混合。

③ 促进两者融合：早期的融合剂为**仙台病毒**(Sendai virus, *Parainfluenza virus* 1 或 Hemagglutinating virus of Japan, "HVJ")，近年来多用 PEG(分子量在 1 000 ~ 4 000)。

④ 淘汰未融合的亲本：把经促融处理的细胞分装在塑料板的微孔内，在 HAT 选择培养液中培养 2 周左右，结果未经融合的亲本细胞因不能合成核酸而死亡。存活的杂交后融合子经产物鉴定，选出优良的 McAb 产生株。

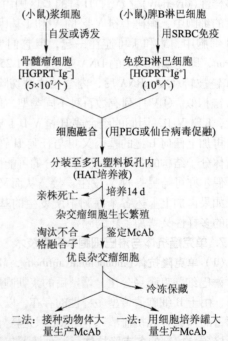

图 9 - 27　淋巴细胞杂交瘤的制备方法和 McAb 的生产
HGPRT 为 hypoxanthine-guanine phosphoribosyl transfer-ase, 次黄嘌呤 – 鸟嘌呤磷酸核糖基转移酶；Ig 为免疫球蛋白；PEG 为 polyethylene glycol, 聚乙二醇；HAT 为 hypoxanthine-aminopterine-thymidine medium, 次黄嘌呤 – 氨基蝶呤 – 胸苷培养基；McAb 为 monoclonal antibody, 单克隆抗体

⑤ 杂交瘤的扩大培养：优良淋巴细胞杂交瘤细胞株可通过注射到动物体内增殖，也可在组织培养瓶或新型的**细胞培养罐**（cytostat）进行扩大培养。在 McAb 大规模的生产方法中，有的用体内 - 体外混合法，将体外的杂交瘤培养室与小牛的胸导管相连，不断供氧并使之循环，可达到每头每天产 5 g；有的用体外法，即利用新型装有搅拌器或气泡搅拌装置的 1 000 L 细胞培养罐或中空纤维超滤系统（在纤维管内通血清，在管外培养杂交瘤细胞）等大量培养装置。今后，最理想且廉价的方法就是利用转基因动物或植物大量生产 McAb，据报道，此法已在美国初步成功（2006 年）。

⑥ 单克隆抗体的改造：以上介绍的仅是以 G. Köhler 等在 20 世纪 70 年代研制的第一代鼠源 McAb 为代表的典型例子。随着研究、应用日益广泛和深入，人们发现鼠源 McAb 在人体中应用时有很多缺点，例如易从循环系统中清除，难以激发宿主的免疫防御系统，以及引发人体产生**抗鼠抗体**（human antimouse antibody，HAMA）。目前已可通过遗传工程的手段改造杂交瘤的抗体基因，从而生产含鼠抗体的 Fab 和人抗体的 Fc 片段的人 - 鼠**嵌合抗体**（chimeric antibody）或人 - 兔嵌合抗体等；利用烟草等转基因植物生产 McAb 也已成功；此外，生产理想的真正可用于人体的人源单克隆抗体也正在研究之中。

（3）单克隆抗体的应用　目前，已有大量的化合物和病原体被制备成 McAb，包括一些多肽激素、肿瘤标记、细胞因子和多种病原体的 McAb 等，它们有着广泛的用途。现简介如下。

① McAb 在基础研究中的应用：具均质分子的 McAb 为深入研究 Ig 的一级结构和高级结构提供了理想的实验材料，为研究 Ig 的生物合成的遗传机制和代谢调控创造了必要条件，为研究抗原与抗体的结合机制提供了可靠的模型；此外，还可制成荧光抗体探针，借以对生物大分子进行精确定位等。有一种利用 McAb 的特异性进行生物大分子分离、纯化的**免疫磁珠**（immunomagnetic bead）技术，是一丹麦学者于 1977 年提出的。其主要原理是利用外面包裹着 McAb 的直径仅 1～2 μm 的磁性微珠，对溶液中相应的生物大分子进行特异结合，然后再用磁铁收集磁珠，就可把所需大分子或细胞（微生物、动物细胞、癌细胞、细胞器、蛋白质、多糖、DNA、RNA 等）从混合液中迅速、高效分离出来。据报道（2006 年），瑞士学者已用此法对鼻腔或皮肤等处的 MRSA（抗甲氧西林的金黄色葡萄球菌）进行快速检测，效率提高 10 倍（检测时间从 72 h 缩短至 7.2 h），有利于降低医院内的感染。目前国内外已有商品形式的免疫磁珠面世。

② 在实践中的应用：因为 McAb 具有特异性强、敏感性高、重复性和稳定性好等优点，可用于精确地诊断疾病或提供抗病毒病等的高效治疗剂；用 McAb 制成的固相**亲和层析**系统可用于提纯相应的抗原；若用 McAb 制备"药物导弹"则可用作治疗肿瘤等的靶向药物。这项研究正在全球学术界积极展开。"**药物导弹**"的学名为抗体靶向药物或**免疫毒素**（immunotoxin，IT），是由抗肿瘤 McAb 或细胞因子等与某毒素偶联，通过 McAb 或细胞因子可特异地将毒素导向肿瘤细胞等的靶部位，以达到毒杀肿瘤细胞而少损伤正常细胞的功效，因此也被形象地称作"**生物导弹**"（biomissile）。可用作毒素的物质有生物毒素、药物或放射性核素等 3 类，如**白喉毒素**、**绿脓杆菌外毒素**、**蓖麻毒蛋白**（ricin）、**蛇毒蛋白**、**相思子蛋白**（abrin）、氨可呤、阿霉素、苯丁酸氮芥、正定霉素、博莱霉素、长春碱酰胺和丝裂霉素等。目前，经动物试验有治疗效果的肿瘤已有很多，包括大肠癌、黑色素瘤、卵巢癌、肺癌、宫颈癌和乳腺癌等，人体临床试验也正在积极进行中。据报道（2007 年），我国学者已用 McAb 导向药物美妥昔（利卡汀）对 3 名晚期肝癌患者进行临床治疗试验，取得了较好的疗效。2015 年，我国首个单抗中试基地在福建建成，年产单抗蛋白 3 t，为肿瘤治疗创造了良好条件。

第四节　免疫学方法及其应用

传统的免疫学方法仅局限于用体液免疫产生的抗体与各种抗原在体外进行反应，因所用抗体均采自免疫后的血清，故称作**血清学反应**（serological reaction）。现代免疫学方法既包括体液免疫，又包括细胞免疫的各种方法，并发展出**免疫诊断学**（immunodiagnostics）和免疫学检测等分支技术学科，它们在疾病诊断、法医和基础理论等的研究和应用中，都有重要的作用。本节拟介绍一些重要的血清学反应和免疫标记技术及其应用。

一、 抗原、抗体反应的一般规律

（1）特异性　抗原决定簇和抗体分子 V 区间的各种分子引力和立体构象是它们间特异性的物质基础。这种高度特异性是各种血清学反应及其应用的理论依据。

（2）可逆性　抗原抗体间的结合仅是一种物理结合，故在一定条件下是可逆的。

（3）定比性　抗原物质表面的**抗原决定簇**数目一般较多，故属多价的；而抗体一般仅以 Ig 单体形式存在，故是双价的。所以，只有当两者比例合适时，才会出现可见反应（图9-28a）。

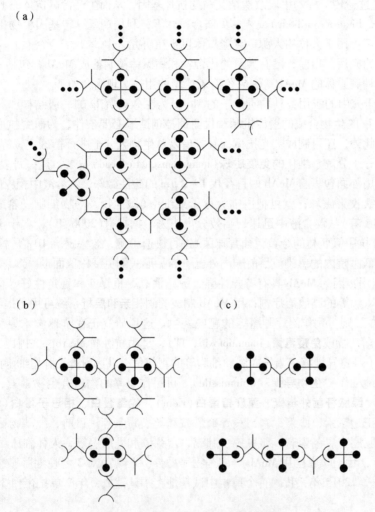

图9-28　抗原、抗体的比例与结合的关系
（a）两者比例适合时形成网络；（b）抗体过量时仅形成可溶性复合物；
（c）抗原过量时仅形成可溶性复合物

（4）阶段性　抗原与抗体的反应一般有两个明显的阶段，第一阶段的特点是时间短（一般仅数秒），不可见；第二阶段的时间长（从数分钟至数小时或数天），可见。第二阶段的出现受多种因子影响，如抗原抗体的比例、pH、温度、电解质和补体等。两个阶段间并无严格的界限。

（5）条件依赖性　抗原与抗体反应的最佳条件一般为 pH 为 6~8，温度为 37~45 ℃，适当振荡，以及用生理盐水作电解质等。

微生物学教程

二、 抗原、抗体间的主要反应

抗原与抗体间主要有8类反应(表9-8)。

表9-8 抗原与抗体间的各种反应

抗原种类	所需辅助因子	发生的反应
可溶性抗原	无	沉淀
细胞或颗粒抗原	无	凝集
鞭毛	无	固定或凝集
细菌细胞	补体	溶菌或杀菌
细菌细胞	吞噬细胞 + 补体	吞噬(调理*)
红细胞	补体	溶血
细菌外毒素	无	毒素被中和
病毒体	无	病毒被钝化

* 调理(opsonization):指抗体(调理素)与细菌表面的抗原结合后,促进吞噬细胞吞噬的作用。

这些反应可被设计成各种特异性强、灵敏度高、反应迅速并可用于临床诊断和科学研究的许多免疫诊断分析技术(表9-9)。

表9-9 若干免疫诊断分析法的灵敏度

方　　法	灵敏度*/(μg · mL^{-1})
凝集反应	
直接法	0.4
间接法	0.08
沉淀反应	
在液体中	24～160
在凝胶中(双向免疫扩散)	24～160
放射免疫分析(RIA)	0.000 8～0.008
酶联免疫吸附分析法(ELISA)	0.000 8～0.008
免疫荧光分析法	8.0

* 灵敏度:指当存在抗原条件下,出现正反应所需的最低抗体量。

以下择要对4种主要抗原与抗体间的反应作一介绍。

(一)凝集反应(agglutination)

颗粒性抗原(完整的细菌细胞或血细胞等)与相应的抗体在合适的条件下反应并出现肉眼可见的凝集团现象,称**凝集反应**或**直接凝集反应**(direct agglutination)。用于此反应中的抗原又称**凝集原**(agglutinogen),抗体则称**凝集素**。在作凝集反应试验时,一般都应稀释抗体(即抗血清),以使其与抗原有一合适比例。原因是抗原的体积较大,其上的抗原决定簇相对较少。

具体方法很多:①直接法,包括玻片法和试管法等,例如诊断伤寒或副伤寒症的试管定量试验——**肥达氏试验**(Widal test),**菌种鉴定**或定型中的**玻片凝集试验**等;②间接法,典型的**间接凝集试验**(indirect agglutination test)又称**被动凝集反应**(passive agglutination),其基本原理是将可溶性抗原吸附到适当载体上,使其成为人工的"颗粒性抗原",从而也会产生凝集反应而可用肉眼检出(图9-29)。可用作载体的材料有人和动物的红细胞、活性炭或白陶土颗粒,以及聚苯乙烯乳胶微球等。适用此法测定的对象有抗细菌抗体、病毒抗体、*Leptospira*(钩端螺旋体属)抗体以及*Treponema pallidum*(梅毒螺旋体,又称苍白密螺旋体)抗体等。用同样原理,还可把抗体吸附于红细胞等颗粒上,以检出相应的抗原,这就是反相间接凝集试验,例如用于血液中HBsAg(乙型肝炎表面抗原)、甲胎蛋白和钩端螺旋体的诊断等。

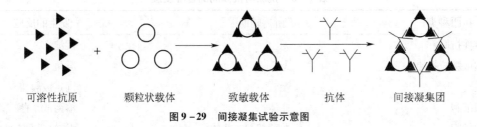

可溶性抗原　　　颗粒状载体　　　致敏载体　　　抗体　　　间接凝集团

图9-29　间接凝集试验示意图

(二)沉淀反应(precipitation)

可溶性抗原与其相应的抗体在合适的比例和适当的条件下反应,并出现肉眼可见的沉淀物现象,称为**沉淀反应**。用于此反应中的抗原又称**沉淀原**(precipitonogen),抗体又称**沉淀素**(precipitin)。常见的可溶性抗原如蛋白质、多糖或类脂溶液,血清,细菌抽提液和组织浸出液等。作沉淀反应时,为使抗原与抗体间达到最合适的比例,一般先要稀释抗原,原因是可溶性抗原的分子小,其抗原决定簇的相对数较高。用于沉淀反应的具体方法很多,现择要简介如下。

1. 测沉淀反应的经典方法

(1) **环状沉淀反应**(ring precipitation)　简称**环状试验**(ring test),是一种试管法。先在小口径试管内加入已知抗血清(抗体),然后仔细地将已稀释好的待检抗原加在抗血清层之上,务必使两层界限分明。数分钟后,若界面上出现白色沉淀环者,为阳性。此法可用于抗原的定性,如法医学上鉴定血迹,食品卫生上鉴定肉的种类,以及作病畜炭疽病检验的 **Ascoli 氏试验**(Ascoli's test)或媒介昆虫的嗜血种类的检验等。

Ascoli 氏试验又称 Ascoli 氏热沉淀素试验(Ascoli's thermoprecipitin test),是一种用于检测皮革和动物制品中是否含有 *Bacillus anthracis*(炭疽芽孢杆菌)抗原的血清沉淀试验。试样先用热盐水抽提,再把抽提液滴到已加有相应抗血清(抗体)的小试管中作环状试验,凡在两液体界面上出现白色沉淀环者,即为阳性反应。

(2) **絮状沉淀反应**(flocculation precipitation)　简称**絮状反应**。把抗原与相应抗体在试管内或凹玻片上混匀,经一段时间后,凡出现肉眼可见的絮状沉淀颗粒者,即为阳性反应。例如诊断梅毒的**康氏试验**(Kahn test)和测定抗毒素的**絮状沉淀单位**(flocculation unit)等都用本法。

2. 测沉淀反应的现代方法

沉淀反应的用途极广,因此各种新方法不断涌现。现代方法的共同原理是让抗原与抗体在半固体凝胶介质中作相对方向的自由扩散或在电场中进行电泳,由于反应物的分子大小、形状和电荷的不同,导致两者的扩散或泳动速度的差异,于是会在合适的比例处形成特异的沉淀带。这类方法具有灵敏度高、分辨力强等优点。主要方法有:

(1) **单向琼脂扩散法**(simple agar diffusion)　又称**单向免疫扩散法**(radial immuno-diffusion)。将抗原溶液滴加在混有抗体的琼脂介质小孔中,抗原经扩散后,可在小孔周围适当位置形成一沉淀环,根据环的面积可进行抗原的定量测定。

(2) **双向琼脂扩散法**(double agar diffusion)　又称 **Ouchterlony 法**或**双向免疫扩散法**(double immuno-diffusion)。将抗原、抗体分别滴加在琼脂介质的不同小孔中,使它们作相对方向扩散,结果在两孔间合适的部位会形成呈现不同特征的沉淀线。此法灵敏度较差,工作时间较长(18~24 h),但对进行抗原分析有益。从图9-30中可见,根据沉淀线形状可知抗原间是否存在着共同的抗原决定簇:①两个抗原的抗原决

微生物学教程

定簇完全相同时，两沉淀线完全融合（图9-30a）；②两个抗原无共同抗原决定簇，但抗血清中存在针对两种抗原的抗体时，出现两条互不干扰、呈交叉状的沉淀线（图9-30b）；③两个抗原只有部分抗原决定簇相同，另有其他抗原决定簇的存在，于是出现沉淀线在后者一方形成一突出的小刺状（图9-30c）。

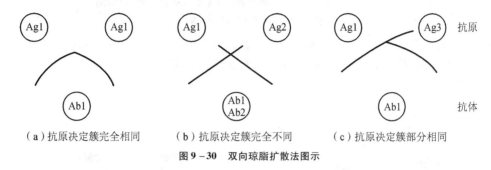

（a）抗原决定簇完全相同　　（b）抗原决定簇完全不同　　（c）抗原决定簇部分相同

图9-30　双向琼脂扩散法图示

（3）**对流免疫电泳法**（counter immuno-electrophoresis，CIE）　是一种将双向琼脂扩散法与电泳技术相结合的免疫学方法。其原理是：抗原与抗体分别置于凝胶板电场负、正极附近的小孔中，通电后，抗原向正极移动，而抗体则向负极移动，结果在两孔间合适的抗原、抗体浓度处会形成一条沉淀线。此法具有速度快、灵敏度较高等优点，可用于**乙型肝炎表面抗原**（HBsAg）和**甲种胎儿蛋白**（简称甲胎蛋白 α-fetoprotein，AFP 或 αFP）等的检测。**AFP 检测**是原发性肝癌早期诊断的一种有效方法，具体检测方法很多，可根据条件选用，其中尤以后面要介绍的放射免疫测定法为最灵敏且检出率高（表9-10）。

（4）**火箭电泳法**（rocket electrophoresis）　是一种将单向琼脂扩散法与电泳技术相结合的免疫学方法。在已混有抗体的琼脂凝胶板上挖一小孔，向孔内滴加抗原并进行电泳，结果会沿着电泳方向形成火箭形沉淀线。沉淀线的高度与抗原含量成正比，可用于 AFP 等定量测定。

（5）**双向免疫电泳法**（two dimentional immuno-electrophoresis）　是一种将火箭电泳与血清免疫电泳相结合的方法。先将血清用电泳分离出各成分，然后切下凝胶板转移至另一已加有抗血清的凝胶上，进入垂直方向的第二次电泳，形成呈连续火箭样的沉淀线（图9-31）。

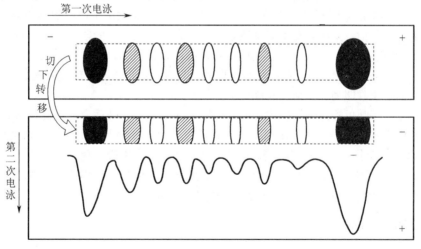

图9-31　双向免疫电泳法

（三）补体结合试验（complement fixation test，CFT）

补体结合试验是一种有补体参与，并以绵羊红细胞和溶血素（红细胞的特异抗体）是否发生溶血反应作指示的高度灵敏的测定抗原与抗体间特异性反应的免疫学方法。其中共有2个系统和5种成分参与反应：

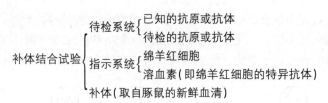

补体结合试验 {
待检系统 {
已知的抗原或抗体
待检的抗原或抗体
}
指示系统 {
绵羊红细胞
溶血素(即绵羊红细胞的特异抗体)
}
补体(取自豚鼠的新鲜血清)
}

本反应的基本原理是：①补体可与任何抗原和抗体的复合物相结合；②指示系统如遇还未被抗原和抗体复合物所结合的游离补体，就会出现肉眼易见的**溶血反应**(hemolytic reaction)。其原理和基本操作可形象地表示在图9-32中。

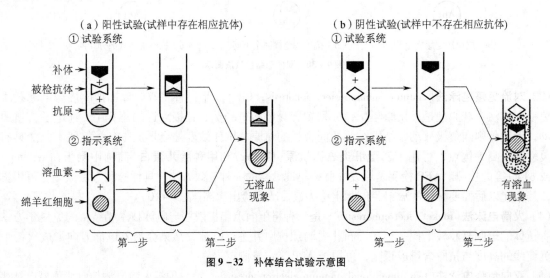

图9-32 补体结合试验示意图

从图9-32中可看出，若在试验系统(试管)中先加入抗原，再加入含有抗体的试样，就会立即形成抗原与抗体结合后的复合物。这时如加入**补体**(新鲜的豚鼠血清)，则因补体可与任何抗原、抗体复合物相结合，故形成抗原、抗体与补体三者的复合物。这时，如再加入含有**绵羊红细胞**和**溶血素**的指示系统，因其中的红细胞(抗原)已与溶血素(抗体)发生特异结合，而这一新复合物由于得不到游离补体，因而红细胞不发生溶血反应。因此，凡指示系统未发生溶血现象者，即为补体结合试验阳性，亦即说明试样中存在着待验证的抗体(也可试验有否抗原)。反之，若在该试验系统中缺乏抗体，则补体就会以游离状态存在。这时如加入指示系统，则此补体就可与绵羊红细胞和溶血素的复合物结合成三者的复合物，从而使红细胞破裂，于是出现可见的溶血现象，即为补体结合试验阴性。

本试验的优点是：①既可检测未知抗体，也可检测未知抗原；②既适合作沉淀反应，也适合作凝集反应；③尤其适宜检出微量抗原与抗体间出现的肉眼看不见的反应，因此可提高一般血清学反应的灵敏度。其缺点是操作复杂、影响因素较多。本试验可用于检测梅毒(称**华氏试验**或瓦色曼试验，即 Wasserman test)、Ig、Ig 的 L 链、抗 DNA 抗体、抗血小板抗体、乙型肝炎表面抗原(HBsAg)，对若干病毒病(虫媒病毒、埃可病毒)的分型，以及对某些病毒病和**钩端螺旋体病**(leptospirosis)的诊断等。

(四)中和试验(neutralization test)

由特异性抗体抑制相应抗原的生物学活性的反应，称为**中和试验**。属于本试验中有生物学活性的抗原包括细菌外毒素的毒性、酶的催化活性和病毒的感染性等。在临床诊断中，测定**风湿病**患者体内是否存在**抗链球菌 O 抗体**的反应，就是利用中和试验来进行的。

三、 免疫标记技术

上述各项技术，一般均局限于几类经典的抗原与抗体间的血清学反应。现代免疫学技术［又称**免疫测定**（immunoassay，IA）］发展极快，其内容已扩大到许多方面，包括**免疫标记技术**（immunolabelling technique）、**免疫定位分析**（immunolocalization）、**免疫亲和层析**（immunoaffinity chromatography）和**免疫生物传感器技术**（immunobiosensor technique）等，其中尤其以免疫标记技术的发展最快、应用最广。免疫标记技术是将抗原或抗体用荧光素、酶、放射性同位素或电子致密物质等小分子加以标记，借以提高其灵敏度和便于检出的一类新技术。其优点是特异性强，灵敏度高，应用范围广，反应速度快，容易观察；既可用于定性、定量分析，又可用于分子定位等工作，目前正在向简便化和自动化方向发展。以下介绍几类主要的免疫标记技术。

（一）免疫荧光技术（immunofluorescens technique）

免疫荧光技术又称荧光抗体法（fluorescent antibody technique，FAT），一种把结合有荧光素的荧光抗体与相应的抗原进行反应，借以提高免疫反应灵敏度和适合于显微镜观察的免疫标记技术。常用的荧光素有**异硫氰酸荧光素**（fluorescein isothiocyanate，FITC）、**罗丹明**（rhodamine）等，它们可与 Ig 中赖氨酸的氨基结合，在蓝紫光的激发下，可分别发出鲜明的黄绿色和玫瑰红色荧光。后又发展了一种更好的荧光素即**二氯三嗪基氨基荧光素**（dichlorotriazinyl aminofluorescein，DTAF）。近年来更有用镧系稀土元素包括铕离子（Eu^{3+}）和铽离子（Tb^{3+}）等取代荧光素去标记抗体，进一步明显提高了本法的灵敏度和特异性。免疫荧光技术已被广泛用于疾病快速诊断和各种生物学研究工作中。

（二）免疫酶技术（immunoenzymatic technique）

免疫酶技术又称**酶免疫测定法**（enzyme immunoassay）。一种利用酶作标记的抗体或抗抗体以进行抗原、抗体反应的高灵敏度的免疫标记技术。其原理与免疫荧光技术相似，所不同的只是用酶代替荧光素作标记，以及用酶的特殊底物处理标本来显示酶标记的抗体。由于酶的催化作用，使原来无色的底物通过水解、氧化或还原反应而显示出颜色。此法优点是：①由于是产色反应，故可用普通显微镜观察结果；②标本经酶标记的抗体染色后，还可用其他染料复染，以显示细胞的形态构造；③标本可长久保存、随时查看；④特异性强；⑤灵敏度高。用于此法中的标记酶应具备以下特点：①纯度高、特异性强、稳定性和溶解度好；②测定方法简单、敏感、快速；③与底物作用后会呈现颜色；④与抗体交联后仍保持酶活性。最常用的标记酶是**辣根过氧化物酶**（horseradish peroxidase，HRP），它是一种糖蛋白，主要成分是酶蛋白和铁卟啉，分子量为 4.0×10^4，底物为**二苯基联苯胺**（diaminobenzidine，DAB）。DAB 经水解后可产棕褐色沉淀物，故可用目测或比色法测定。此外，还可用**碱性磷酸酶**（alkaline phosphatase，AP）、**脲酶**（urease）和 **β - D - 半乳糖苷酶**（β-D-galactosidase）等。此法可用于组织切片、细胞培养标本等组织或细胞抗原的定性、定位，也可用于可溶性抗原或抗体的测定。具体方法很多，现择要介绍如下。

1. 酶联免疫吸附法（enzyme linked immunosorbant assay，ELISA）

简称**酶标法**，是一种把抗原、抗体反应的特异性与酶和底物反应的特异性以及灵敏性相结合起来的免疫酶技术。其中的酶与已知的抗原或抗体交联，可形成酶标抗原或抗体。反应与否以及反应物的量可借加入该酶的无色底物是否被酶解而产生色素或色素的形成量来测定。一般把抗原或抗体吸附在聚苯乙烯固相载体上进行反应。此法被广泛用于检测各种抗原或抗体。

（1）双抗体夹心法（double antibody sandwich method，sandwich ELISA） 这是一种测定待测样本中是否含抗原的方法，步骤为：①将含已知抗体的抗血清吸附在**微量滴定板**（microtiter plate，**聚苯乙烯酶标板**，有 96 孔）上的小孔内，洗涤一次；②加待测抗原，如两者是特异的，则发生结合，然后把多余抗体洗除；③加入与待测抗原特异结合的酶联抗体（或称第二抗体，secondary antibody），使形成"夹心"；④加入该酶的底物后，若见到有色酶解产物产生，则说明在孔壁上存在相应的抗原（图 9 - 33a）。

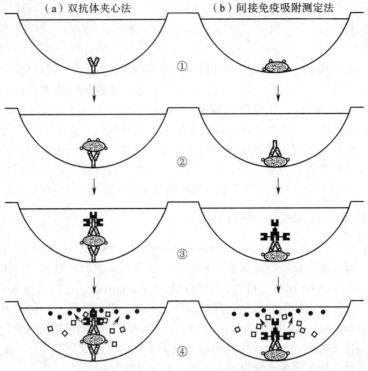

（a）双抗体夹心法　　　　　　　（b）间接免疫吸附测定法

①

②

③

④

图 9 – 33　双抗体夹心法和间接酶联吸附法原理
图中小方块为酶的底物，黑色圆点为有色酶解产物

（2）**间接免疫吸附测定法**（indirect immunosorbant assay，indirect ELISA）　一种用酶联抗抗体（抗人 γ 球蛋白抗体）来检测血清中是否含特定抗体的酶联免疫吸附法，步骤为：①将已知抗原吸附在微量滴定板的小孔内，用缓冲液洗涤 3 次；②加待检抗血清，如其中含特异抗体，则与抗原发生特异结合，随即用缓冲液洗涤 3 次，洗去多余抗体；③加入酶联**抗抗体**（抗人 γ 球蛋白抗体），使它与已吸附的抗原和抗体的复合物相结合，再洗 3 次，以除去未吸附的酶联抗抗体；④加入该酶的底物，使底物分解并产生颜色，待终止反应后，依底物颜色深浅，即可知样品中的抗体含量（图 9 – 33b）。

（3）**斑点酶免疫吸附法**（dot-ELISA）　以上的 ELISA 都是在液相中进行酶底物的显色反应的，其产物均为可溶性有色化合物，故也可用分光光度法测其含量。dot-ELISA 是一种在固相薄膜上进行、酶解后产生斑点状非水溶性色素的高灵敏度的酶联免疫吸附法。通常使用的薄膜为硝酸纤维薄膜，酶为碱性磷酸酶，酶解底物为氮蓝四唑。本法在原理上与以上两法相同，方法上的不同处是：①用**硝酸纤维薄膜**取代上述微量滴定板；②最终显色反应是用不溶于水的有色沉淀物，例如，碱性磷酸酶的底物不能用对硝基酚磷酸盐（p-nitrophenyl phosphate，pNPP），而要用**氮蓝四唑**（nitroblue tetrazolium，NBT）等。最终可从薄膜上沉淀物颜色的有无或多少确定结果。此法的优点是灵敏度高（比普通 ELISA 高 10 ~ 100 倍），与放射免疫测定法相当。

2. **酶标记免疫定位**（enzyme-labelling immunolocalization）

（1）**免疫组织化学**（immuno-histochemistry）　又称**酶标免疫组织化学**，其原理与上述 dot-ELISA 相同，不同处仅用组织切片或细胞样品代替固相抗原。

（2）**免疫印迹**（immunoblot 或 Western blot）　又称蛋白质印迹，一种高特异和高分辨率分析蛋白质的免疫学技术。几种分子量不同的蛋白质（抗原）先经 **SDS-PAGE** 凝胶电泳①分离出不同的条带，再转印至硝酸纤维薄膜上，然后用酶或同位素标记的抗体对条带进行显色（或放射自显影）和鉴定。此法兼有 SDS-PAGE 的高分辨率和免疫反应的高特异性等优点，常用于检测不同基因所表达的各种微量蛋白质抗原。

---

① SDS-PAGE：十二烷基硫酸钠 – 聚丙烯酰胺凝胶电泳（sodium dodecyl sulfate-polyacrylamide gel electrophoresis）。

微生物学教程

（三）放射免疫测定法（radioimmuno-assay，RIA）

放射免疫测定法是一类利用放射性同位素标记的抗原或抗体来检测相应抗体或抗原的高灵敏度免疫分析方法。此法兼有高灵敏度（达 10^{-9}g 或 10^{-12}g）和高特异性等优点。常用的同位素有 ^{125}I、^{131}I、^{3}H、^{35}S 等。放射性强度可用液体闪烁仪（用于溶液）或 X 射线胶片自显影（用于固相）计出。本法广泛用于激素、核酸、病毒抗原或肿瘤抗原等微量物质的测定。若用于检测**原发性肝癌**早期诊断的甲胎蛋白（AFP），则灵敏度极高（表 9 – 10）。

表 9 – 10　几种甲胎蛋白检测法的比较

方　　法	灵敏度/(ng·mL^{-1})	所需时间/h	阳性符合率/%
双向琼脂扩散法	2 000 ~ 3 000	24	~ 70
对流免疫电泳法	300 ~ 500	2	~ 80
火箭电泳法	20 ~ 30	24 ~ 48	~ 90
反向间接血凝法	10 ~ 25	1	~ 90
放射免疫测定法	10	2	> 90

（四）免疫电镜技术（immuno-electron microscopy，IEM）

免疫电镜技术是一种采用电子致密物质标记的抗体与其相应抗原发生特异性结合后，借电镜检出这一标记复合物的免疫学技术。例如，**辣根过氧化物酶**和**铁蛋白**等可作为标记抗体的电子致密物质。检出对象包括细菌、病毒或动植物细胞的超薄切片等。近年来又进一步发展出用**胶体金**（colloidal gold）或金、银的微粒来对抗体进行标记，以进行细胞表面标志定位、免疫细胞亚群计数或白血病分型等。免疫电镜技术大大提高了电镜观察的特异性、高分辨率和对生物大分子的定位能力。

（五）发光免疫测定法（luminescent immuno-assay，LIA）

发光免疫测定法是一种把**化学发光**（chemiluminescence）或**生物发光**（bioluminescence）反应与免疫测定相结合而获得的高灵敏度免疫学分析方法。发光反应一般均为氧化反应。化学发光剂如**荧光醇**（luminol）、**异荧光醇**（isoluminol）、**吖啶酯**（acridine ester）或光泽精（lucigenin，硝酸 – 双 N – 甲基吖啶）等，生物发光剂如**萤光素**（luciferin）等。此法的优点是：①可定量检测抗原或抗体；②灵敏度高（约比酶免疫技术高 1 000 倍）；③试剂稳定，无毒；④检测操作简便、快速（0.5 h 至数小时）。

（六）VirScan 法

这是一种由美国学者研发的、可检测一滴血中多种病毒抗体的新方法（*Science*，2015）。原理是：当人体被病毒感染后，就会产生相应的特异性抗体，即使痊愈和病毒已消除，仍可持续产生数年至数十年。VirScan 法有一提供大量病毒蛋白片段的程序库，其中每一片段都代表能被抗体识别的某一病毒组分。当把这些蛋白片段加入到一滴待测血样中后，其中的抗体就会吸附与其相匹配的特定病毒片段。通过分离抗体并分析该特异片段，即可确定被测样本所含的病毒种类（试样中达 10 ~ 84 种）和以往的感染史。目前该法测定范围可达所有能感染人的 206 种病毒，且费用较低（25 美元/次）。

第五节　生物制品及其应用

免疫接种（immunization）又称**接种**（vaccination），是指用人工方法把失活或低毒的病原体或其产物接入机体，以刺激其免疫系统对相应病原体或其有毒产物产生保护性免疫力。在人工免疫中，可作为预防、治疗和诊断用的来自生物体的各种制剂，都称**生物制品**（biologic product）。生物制品可以是特异性的**抗原**（疫苗、菌苗、类毒素）、**抗体**（治疗用血清、诊断用血清、免疫球蛋白、单克隆抗体等）、**细胞免疫制剂**，也可以是各种非特异性的**免疫调节剂**（immunoregulative preparation）。

如前所述，人工免疫有**人工自动免疫**（artificial active immunization）和**人工被动免疫**（artificial passive immunization）两类，现列表（表 9 – 11）和介绍如下。

表 9 – 11　两类人工免疫的比较

比较项目	人工自动免疫	人工被动免疫
输入物	抗原（疫苗、类毒素等）	抗体（现成的）
免疫力出现时间	较慢（需 1～4 周）	立即
免疫力维持时间	较长（数月至数年）	较短（2 周～数月）
免疫记忆	有	无
对免疫系统作用	激活	不明显
主要用途	传染病的预防	传染病的治疗或应急预防

一、 人工自动免疫类生物制品

人工自动免疫类生物制品是一类专用于预防传染病的生物制品。在传染病的各类预防手段中，免疫预防是一类较方便、经济和有效的措施。1979 年 10 月，WHO 已正式宣布全球消灭了**天花**，紧接着就是人类争取在近年内消灭**脊髓灰质炎、麻疹**和**狂犬病**等的宏伟目标。在动物传染病的防控工作中，我国政府制订了一个 24 字的方针——"加强领导，密切配合，依靠科学，依法防治，群防群控，果断处置"。从历史发展来看，免疫防治对人类的健康和进步已作出过难以估量的贡献，而且将会发挥其不可取代的重大贡献。目前世界各国常用的一些疫苗概况可见表 9 – 12。

表 9 – 12　预防传染病的若干常用疫苗

传染病名称	使用的疫苗
细菌性传染病	
白喉	类毒素
破伤风	类毒素
百日咳	死菌体（*Bordetella pertussis*）
伤寒	死菌体（*Salmonella typhi*）
副伤寒	死菌体（*Salmonella paratyphi*）
霍乱	死菌体或其抽提物（*Vibrio cholerae*）
鼠疫	死菌体或其抽提物（*Yersinia pestis*）
肺结核	减毒株"卡介苗"（*Mycobacterium tuberculosis*，BCG）
脑膜炎	纯化后的多糖（*Neisseria meningitidis*）
肺炎（细菌性）	纯化后的多糖（*Streptococcus pneumoniae*）
斑疹伤寒	死菌体（*Rickettsia prowazekii*）
脑膜炎（肺炎嗜血杆菌引起）	多糖蛋白结合疫苗
胃溃疡等	口服重组 Hp 活菌苗

传染病名称	使用的疫苗
炭疽	类毒素，减毒株
病毒性传染病	
黄热病	减毒株
麻疹	减毒株
流行性腮腺炎	减毒株
风疹	减毒株
脊髓灰质炎	减毒株(Sabin 疫苗)或灭活病毒(Salk 疫苗)
流行性感冒	灭活病毒
狂犬病	灭活病毒(人用)或减毒株(狗或兽用)
乙型肝炎	重组 DNA 疫苗或灭活病毒
甲型肝炎	重组 DNA 疫苗
水痘	减毒株

我国卫生部在 2007 年以前作全民免疫规划接种的为"五苗防七病"，其中的"五苗"为卡介苗、麻疹活疫苗、脊灰减毒疫苗、百白破三联疫苗和乙肝疫苗，"七病"相应为结核病、麻疹、脊髓灰质炎、百日咳、白喉、破伤风和乙型肝炎。从 2008 年起，又新增了"七苗防八病"，其中的"七苗"为甲肝减毒活疫苗、流脑疫苗、乙脑减毒活疫苗、麻腮风联合疫苗以及重点地区和重点人群接种的出血热双价纯化疫苗、炭疽减毒活疫苗和钩体灭活疫苗，而相应的"八病"则为甲型肝炎、流行性脑脊髓膜炎、流行性乙型脑炎、风疹、流行性腮腺炎、出血热、炭疽和钩端螺旋体病。人乳头状病毒(HPV)是引起妇女宫颈癌的病原体。全球首个 HPV 疫苗始于 2006 年。已知 HPV 有 130 多种亚型，其中 15 种可引起宫颈癌。目前使用的二价疫苗含 16、18 亚型，预防率达 70%；四价疫苗又增加了 6 和 11 亚型，提高了防生殖器湿疣功能；九价疫苗则再增加了 31、33、45、52 和 58 亚型，预防率可达 90%。

(一) 常规疫苗

1. 疫苗(vaccine)

用于预防传染病的抗原制剂称为疫苗。通常用钝化、弱化或无害的病原体或其产物制成，用以刺激机体产生保护性免疫力，以预防或控制传染病的流行。广义的疫苗包括菌苗和疫苗两类生物制品；狭义的疫苗仅指用病毒、立克次氏体或螺旋体等微生物制成的生物制品，而**菌苗**(bacterin)则仅指用细菌制成的生物制品。疫苗又可分活疫苗和死疫苗两类。

(1) **活疫苗**(live vaccine)　指用人工育种的方法使病原体减毒或从自然界筛选某病原体的无毒株或微毒株所制成的活微生物制剂，有时称**减毒活疫苗**(attenuated vaccine)，如**卡介苗**(Bacille Calmette-Guerin, BCG)、鼠疫菌苗、脊髓灰质炎疫苗和甲型肝炎疫苗等。活疫苗的优点是进入机体后能继续繁殖，故一般接种剂量低，作用持久(一般 3~5 年)、可靠，缺点是不易保存，有时还会发生增毒变异[①]。若要同时接种多种疫苗，为节省人力、物力、时间和减轻患者痛苦，可制成混合的**多联多价疫苗**，如含有 4 种减毒活疫苗的"麻疹、腮腺炎、风疹、脊髓灰质炎**四联疫苗**"等。

(2) **死疫苗**(dead vaccine)　用理、化因子杀死病原体，但仍保留原有免疫原性的疫苗，称死疫苗。例如百日咳、伤寒、副伤寒、霍乱、炭疽、流行性脑脊髓膜炎、流行性乙型脑炎、乙型肝炎血源疫苗、森林

---

① 减毒活疫苗偶尔也会发生增强毒性的变异，因此使用时应注意。例如，据 *Nature*(2001 年 1 月)报道，脊髓灰质炎减毒口服疫苗曾于 2000 年夏在美洲加勒比海地区(海地)发生增毒变异，并引起了此病暴发(8 例)。

脑炎、钩端螺旋体病、斑疹伤寒、狂犬病和流行性感冒的死疫苗等。死疫苗的优点是使用安全，保存容易；缺点是使用剂量较大，须多次接种，免疫效果持续时间短（数月至 1 年），有时还会引起机体发热、全身或局部肿痛等副作用。常用的有"伤寒、副伤寒甲、乙三联菌苗"等。

2. 类毒素（toxoid）

如前所述，类毒素系细菌的外毒素经甲醛脱毒后仍保留原有免疫原性的预防用生物制品。目前已使用精制的吸附类毒素，它是将类毒素吸附在明矾或磷酸铝等佐剂（adjuvant）上，以延缓它在体内的吸收、延长作用时间和增强免疫效果。常用的类毒素有**破伤风类毒素**和**白喉类毒素**等，它们常与**百日咳死菌苗**一起，制成"**百－白－破**"三联制剂使用。此外，由 *Vibrio cholerae*（霍乱弧菌）、*Shigella dysenteriae*（痢疾志贺氏菌）、*Staphylococcus aureus*（金黄色葡萄球菌）和 *E. coli* 的一些菌株产生的**肠毒素**（enterotoxin）经甲醛脱毒后，也可制成类毒素和进一步制成**抗毒素**。

3. 自身疫苗（autovaccine，autogenous vaccine）

又称自体疫苗，指从病人自身病灶中分离出来的病原体所制成的死疫苗。例如，由葡萄球菌引起的反复发作的慢性化脓性感染，或由大肠埃希氏菌引起的尿路感染等疾病，当用抗生素治疗无效时，就可设法从其自身病灶中分离病原菌，待制成死疫苗并作多次皮下注射后，有可能治愈该病。

（二）新型疫苗

1. 亚单位疫苗（subunit vaccine）

一种既保留病原体中有效免疫原成分，又去除其无效或有害成分的化学纯品疫苗。例如，只含流感病毒血凝素、神经氨酸酶成分的**流感亚单位疫苗**；只含腺病毒衣壳的**腺病毒亚单位疫苗**；用乙型肝炎病毒表面抗原制成的"**乙肝**"**亚单位疫苗**；用 *E. coli* 菌毛制成的**大肠埃希氏菌亚单位疫苗**；用霍乱毒素 B 亚单位制成的**霍乱毒素 B 亚单位疫苗**；用狂犬病毒主要抗原黏附在脂质体上制成的**狂犬病毒免疫体**（*Rabies virus immunosome*）亚单位疫苗；以及**麻疹病毒亚单位疫苗**等。

2. 化学疫苗（chemical vaccine）

用化学方法提取病原体中有效免疫成分制成的化学纯品疫苗，其成分一般比亚单位疫苗更为简单。例如 *Streptococcus pneumoniae*（肺炎链球菌）的**荚膜多糖**或 *Neisseria meningitidis*（脑膜炎奈氏球菌）的荚膜多糖都可制成**多糖化学疫苗**。

3. 多肽疫苗（polypeptide vaccine）

又称**化学合成疫苗**，指用人工合成的高免疫原性多肽片段制成的疫苗，称多肽疫苗。例如，**乙型肝炎表面抗原**（HBsAg）的各种合成肽段、**白喉毒素**的 14 肽以及**流感病毒血凝素**的 18 肽等。

4. 基因工程疫苗（genetically engineered vaccine，engineering vaccine）

又称 **DNA 重组疫苗**（DNA recombinant vaccine）。一类利用基因工程操作构建重组基因序列，并用它表达的免疫原性较强、无毒性的多肽制成的疫苗。例如：①**乙型肝炎基因工程疫苗**就是由编码 HBsAg 的基因插入 *Saccharomyces cerevisiae*（酿酒酵母）基因组而表达的产物；②用大肠埃希氏菌表达口蹄疫病毒的衣壳蛋白基因生产**口蹄疫病毒疫苗**（仅含衣壳蛋白）；③在一种病毒中添加另一病毒基因，构建对两种病毒病都有免疫力的重组病毒疫苗，如同时能抗禽痘和新城疫的重组病毒疫苗等；④去除病原体的产毒基因而保留其免疫应答能力，以构建重组减毒活疫苗；等等。

5. DNA 疫苗（DNA vaccine）

又称**核酸疫苗**或**基因疫苗**（genetic vaccine），指一种用编码抗原的基因制成的疫苗。1990 年 J. Wolff 等人在作小鼠基因治疗研究时，偶然发现用裸露的 DNA 直接注入肌肉，也可使免疫细胞产生抗体及细胞免疫因子。这种将一段编码抗原的基因直接注射给病人，利用病人自身细胞作"疫苗工厂"，不断进行转录、翻译和制造抗原，并进一步刺激机体发生相应保护性免疫应答的科学发现，为新疫苗的设计开辟了一个新纪元。例如流感病毒核蛋白 DNA 疫苗和丙型肝炎病毒核心抗原 DNA 疫苗等。DNA 疫苗的优点：①制备容易，只须克隆 DNA 即可；②稳定性强，可长期保存（干粉）；③DNA 提纯容易；④同一质粒或病毒载体上可插入多个疫苗基因片段，故一次注射可获得对多种疾病的免疫力；⑤免疫期长；⑥安全、稳定；⑦为治疗癌症和其他疑难疾病提供了新的可能。其缺点是必须注入较大剂量的 DNA 才可克服免疫效率较低的困难。我国首个预防 H5 亚型禽流感的 DNA 疫苗已于 2018 年试制成功。

6. 抗独特型抗体疫苗（anti-idiotype antibody vaccine）

位于抗体分子可变区中高变区的抗原决定簇，称为**独特型决定簇**或简称**独特型**（idiotype），它代表一个抗体分子独特的遗传型。抗体的成分是糖蛋白，故又可作良好的抗原，由它刺激机体产生的抗体就是**抗抗体**或抗独特型抗体。用这种抗独特型抗体作疫苗代替最初抗原，具有以下优点：①克服抗原物质难以获得的困难；②克服目标分子或病原物自身免疫原性较弱的不利条件；③避免使用有害或危险的病原体抗原；④取代蛋白质以外的抗原；等等。用此法已制成抗寄生虫 *Trepanosoma rhodesiense*（罗德西亚锥体虫）和抗 *Eimeria tenella* 等抗独特型抗体疫苗，前者可抗人类的昏睡病，后者可抗人类的球虫病。

二、人工被动免疫类生物制品

这是一类专用于免疫治疗的生物制品，可分以下两大类。

（一）特异性免疫治疗剂

特异性免疫治疗剂一般为**抗血清**（antiserum）或称免疫血清（immune serum），这是一类机体经人工免疫后产生的含某种主要抗体的血清。主要有以下 4 类。

1. 抗毒素（antitoxin）

一类用类毒素多次注射马等大型动物，待其产生大量特异性抗体后，经采血、分离血清并经浓缩、纯化后制成的生物制品。主要用于治疗由细菌外毒素引起的疾病，也可用于应急预防，如**破伤风抗毒素、白喉抗毒素、肉毒抗毒素和气性坏疽多价抗毒素**等。用毒蛇咬伤也可用**毒蛇抗毒素**来治疗。抗毒素最早由德国细菌学家贝林（Emil von Behring，1854—1917，1901 年诺贝尔奖获得者）于 1890 年发现。当时，他把患白喉康复羊的血清，注射到一个患白喉而生命垂危的儿童体中，使其获救。从此，抗毒素就成了重要的免疫治疗剂。

2. 抗病毒血清（antiviral serum）

一类用病毒作抗原去免疫动物后，取其含抗体的血清制成的精制治疗用生物制品。由于当前还缺乏能治疗病毒病的有效药物，故在某些病毒感染的早期或潜伏期时，如儿童腺病毒病、狂犬病和乙型脑炎等，可采用相应的抗病毒血清进行治疗。

3. 抗菌血清（antibacterial serum）

20 世纪 30 年代前在磺胺药和抗生素还未应用时，抗菌血清曾用于治疗肺炎、鼠疫、百日咳和炭疽等细菌性传染病。目前仅在少数情况下还在使用，如治疗由耐药性 *Pseudomonas aeruginosa*（铜绿假单胞菌，俗称"绿脓杆菌"）菌株引起的疾病。

4. 免疫球蛋白制剂

（1）血浆**丙种球蛋白**（γ-globulin）　由健康人的血浆中提取，主要含 IgG 和 IgM，属精制的多价抗体，可抗多种病原体及其有毒产物，用于对麻疹、脊髓灰质炎和甲型肝炎等多种病毒病的潜伏期治疗或应急预防。

（2）**胎盘球蛋白**（placental globulin）　是一种从健康产妇的胎盘中提取的免疫球蛋白精制品，主要含 IgG，其作用与上述血浆丙种球蛋白相同。

（3）**单克隆抗体**（monoclonal antibody，McAb）　有关单克隆抗体的一般原理，制备方法和应用已在本章第三节中介绍过。它的研究和应用发展很快，目前已从第一代（指直接由杂交瘤分泌的 McAb）、第二代（指利用细胞杂交和基因工程技术制备的 McAb）发展到了第三代（指利用抗体库技术可筛选出针对任何抗原的McAb），其中属于第二代的单克隆抗体有**嵌合抗体**（chimeric antibody，由小鼠 Ig 的 V 区与人 Ig 的 C 区经重组 DNA 技术合成）和**双功能抗体**（bifunctional antibody，又称**双特异性抗体**，指 Ig 的两臂可同时与不同抗原相结合的抗体），它们比一般 McAb 有更多的优点。目前第四代单克隆抗体时代已到来，这就是利用转基因动物或植物大量生产人用的 McAb。由于此法生产的产品价廉物美，必将促进"抗体药物时代"的快速到来。据报道，在 2006 年全世界上市的 23 个重要药物中，抗体药物就占了 7 个。

（二）非特异性免疫治疗剂——免疫调节剂

免疫调节剂（immunoregulative preparation）是一类能增强、促进和调节免疫功能的非特异性生物制品。它对治疗免疫功能低下、某些继发性免疫缺陷症和某些恶性肿瘤等疾病，具有一定的作用；但对免疫功能正常的人，却不起作用。其主要机制是通过非特异性方式增强 T、B 淋巴细胞的反应性，或促进巨噬细胞的活性，也可以激活补体或诱导干扰素的产生。现简介其若干常见种类。

1. **转移因子**（transfer factor，TF）

一种由淋巴细胞产生的低分子核苷酸和多肽的复合物，无免疫原性，有种属特异性。分为两类：①特异性 TF——自某种疾病康复者或治愈者的淋巴细胞中提取，能把供者的某一特定细胞免疫能力特异地转移给受者；②非特异性 TF——从健康人的淋巴细胞中提取，可非特异地增强机体的细胞免疫功能，促进干扰素的释放，刺激 T 细胞的增殖，并使它产生各种介导细胞免疫的介质，如移动抑制因子等。TF 已被用于治疗麻疹后肺炎、单纯疱疹和带状疱疹等病毒性疾病；播散性念珠菌（白假丝酵母）病、球孢子菌病和组织胞浆病等真菌性疾病；以及原发性肝癌、白血病和肺癌等恶性肿瘤；等等。

2. **白细胞介素-2**（interleukin-2，IL-2）

旧名胸腺细胞刺激因子（TST）或 **T 细胞生长因子**（TCGF），是一种由活化 T 细胞产生的多效能淋巴因子，具有促进 T 细胞、B 细胞和 NK 细胞的增生、分化，增强效应细胞的活性，诱导干扰素的产生，进行免疫调节，以及促使 T_C 细胞的前身分化为成熟 T_C 细胞以发挥抗病毒和抗肿瘤作用等多种功能。目前已可用遗传工程和生物工程手段进行产业化生产。

3. **胸腺素**（thymosin）

一种从牛、羊或猪的胸腺中提取的可溶性多肽，具有促进 T 细胞分化、成熟以及增强 T 细胞免疫功能的作用。可用于治疗细胞免疫功能缺陷或低下等疾病，如先天性或获得性 T 细胞缺陷症、艾滋病、某些自身免疫病、肿瘤以及由于免疫缺陷而引起的病毒感染等病症。

4. **细胞毒性 T 细胞**（cytotoxic T cell，T_C）

又称**杀伤性 T 淋巴细胞**（cytolytic T lymphocyte，T killer cell，CTL），一种在病毒性感染和肿瘤性疾病中能杀伤带抗原的靶细胞的效应性淋巴细胞，是宿主清除病原因子的主要力量。由于在疾病发展过程中，宿主 T_C 细胞的增殖常落后于病情的发展，故及时输入外源性抗原特异的 T_C，有助于疾病的治疗。目前，T_C 的来源尚待研究。

5. **卡介苗**（BCG）

前已述及，它是一种历史悠久、由牛型结核分枝杆菌制成、预防肺结核病的优良**减毒活菌苗**。近年来发现它还有许多非特异性的免疫调节功能，包括激活体内巨噬细胞等多种免疫细胞，增强 T 细胞和 B 细胞的功能，刺激 NK 细胞的活性，促进造血细胞生成，引起某些肿瘤坏死，阻止肿瘤转移，以及消除机体对肿瘤抗原的耐受性等。因此，目前已用卡介苗作为许多肿瘤的辅助治疗剂，包括黑色素瘤、急性白血病、肺癌、淋巴瘤、结肠（或直肠）癌、膀胱癌和乳腺癌等。

6. **小棒杆菌**（*Corynebacterium parvum*）

小棒杆菌经加热或用甲醛处理后的死细胞可激活巨噬细胞、增强其吞噬和细胞毒性作用。动物实验证明，如用作口服或局部注射，对实验性肿瘤包括肉瘤、乳腺癌、白血病和肝癌的治疗有一定作用。缺点是副作用较严重。

7. **干扰素**（interferon，IFN）

有关 IFN 的一般内容见本章第二节介绍。其中的 γ-干扰素主要由 T 细胞受抗原或诱生物刺激而产生，故又称**免疫干扰素**。它不仅有广谱性抑制病毒和某些细胞分裂的作用，而且还有非特异性**免疫调节剂**的作用，故已被用于治疗多种肿瘤病毒病、一般病毒病和若干肿瘤等疾病。自 1979 年通过基因工程手段获得 IFN - β 以来，随后，IFN - α(1980 年)、IFN - γ(1982 年)和 IFN - ω(1992 年)都已在 *E. coli* 或 *Saccharomyces cerevisiae*(酿酒酵母)中表达成功，许多产品已大规模生产，这为治疗有关疾病提供了良好的条件。

复习思考题

1. 细菌、病毒和真菌三大类病原体对人和动物的致病力有何显著的差别？

2. 决定传染结局的三大因素是什么？简述三者间的相互关系。

3. 什么是人畜共患病？它有何重要性？试举两例加以说明。

4. 什么是幽门螺杆菌？它对人类的健康有何危害？如何检测它？如何预防它的危害？

5. 从幽门螺杆菌的初步发现到马歇尔等人获 2005 年诺贝尔奖一事，对我们有何启示？

6. 当前人类面临的传染病形势如何？它是怎样形成的？试讨论人类能否在 21 世纪消灭或控制传染病，并说明理由。

7. 试举例并分析带菌状态与传染病流行的关系。

8. "伤寒玛丽"是谁？她的故事对我们有何有益启示？

9. 生物武器是什么？它有哪些特点？如何防止生物恐怖和生物战？

10. 用鲎试剂法测定内毒素的原理是什么？用此法代替家兔法测内毒素(热原质)有何优点？

11. 试对人体中的各种血细胞列一简明的表解。

12. 试分析巨噬细胞在机体的非特异性免疫和特异性免疫应答中的重要作用。

13. 干扰素有几类？它对病毒抑制的机制是怎样的？

14. 试对干扰素系统和抗体系统作一对比分析。

15. 试对补体与抗体作一简明的比较。

16. 什么是免疫应答？由 TD 抗原和 TI 抗原引起的免疫应答反应有何不同？试加以说明。

17. 按功能分，T 细胞可分几个亚群？它们的免疫功能各有何特点？

18. B 细胞表面标志有哪些？它们与 T 细胞的表面标志有何不同？

19. 什么是细胞因子？它可分几大类？试举出 3 个有代表性的细胞因子名称。

20. T 细胞的表面标志有哪些？试简介之。

21. 试列表比较 T 细胞与 B 细胞的主要区别。

22. 什么是免疫分子？试以 MHC 蛋白为例作图，说明它在免疫应答中的功能。

23. 具有哪些特点的生物分子才能作为抗原？

24. 20 世纪 60 年代初，在单克隆抗体技术发明前，学者们是如何获得纯 Ig 并得以研究其一级结构的？

25. 试从链、端、区、类、数(氨基酸残基数)、键(二硫键数)、价、片(片段)、体(单、双、多体)、型和构型等角度，来描述 Ig 的结构(附简图)。

26. 试图示 Ig 的下列片段，并分别说明其特点和制备方法：Fd，Fd′，Fab，F(ab′)$_2$，Fab′，Fc，Fc′，pFc，Ig 半分子，游离 L 链，游离 H 链。

27. 试列表比较 5 类 Ig 的名称、主要特点和功能。

28. 产生 TD 抗体需要何种免疫细胞参与？试说明其过程。

29. 什么是 Burnet 抗体形成的克隆选择学说？试图示并简要说明之。

30. 试简介利根川进关于抗体结构多样性的遗传机制。

31. 何谓淋巴细胞杂交瘤？如何制备？有何用途？

32. 试从淋巴细胞杂交瘤的发明来讨论科学与技术之间的相互关系。

33. 如何才能获得单克隆抗体？它有何理论与实际应用？如何才能获得价廉物美的单克隆抗体？

34. 试述免疫学方法在生命科学基础理论研究和传染病等疾病的诊断、预防和治疗中的重要意义。

35. 血清学反应的一般规律有哪些？试一一加以简介。

36. 补体结合试验的基本原理是什么？它有何优缺点？

37. 免疫标记技术有何优点？有哪些代表性免疫标记技术？试举一例剖析之。

38. 我国目前法定的全民接种疫苗有几种？它们能预防几种传染病？

39. 现代沉淀反应技术有哪些重要拓展？试举两例简介并图示之。

40. 当前疫苗研究的发展趋势如何？从天花在地球上被消灭一事，讨论人工自动免疫技术的历史贡献和未来发展前景。

41. 试比较单克隆抗体与多克隆抗体的不同处。

数字课程资源

📖 本章小结　　📄 重要名词

第十章　微生物的分类和鉴定

截至 2017 年，已记载的**生物种数**为 175 万种，其中微生物约为 20 万种①。对微生物来说，这一数字还在急剧地扩大着。在如此纷繁的物种多样性面前，微生物学工作者只有在充分掌握分类学知识和理论的基础上，先对如此庞大的微生物类群有一个清晰的轮廓，才有可能对它们开展分类、鉴定和命名等工作。

现代的**微生物分类学**(microbial taxonomy)，已从原有的按微生物表型进行分类的经典分类学发展到按它们的亲缘关系和进化规律进行分类的**微生物系统学**(microbial systematics)阶段。分类学的具体任务有 3 个，即**分类**(classification)、**鉴定**(identification)和**命名**(nomenclature)。具体地说，分类的任务是解决从个别到一般或从具体到抽象的问题，亦即通过收集大量描述有关个体的文献资料，经过科学的归纳和理性的思考，整理成一个科学的分类系统。鉴定的任务与分类恰恰相反，它是一个从一般到特殊或从抽象到具体的过程，亦即通过详细观察和描述一个未知名称纯种微生物的各种性状特征，然后查找现有的分类系统，以达到对其知类、辨名的目的。命名的任务是为一种新发现的微生物确定一个新学名，亦即当你详细观察和描述某一具体菌种或病毒后，经过认真查找现有的权威性分类鉴定手册，发现这是一个以往从未记载过的新种，这时，就得按微生物的国际命名法规给予一个新的学名。由此看来，分类是一项宏观的战略性工作，鉴定是一项微观的战术性工作，而命名则是一项开拓性的创新工作。

第一节　通用分类单元

一、种以上的系统分类单元

(一) 7 级分类单元

分类单元(taxon，复数 taxa；category)又称分类单位或分类阶元，指在分类系统中的任何一级分类群。种以上的系统分类单元自上而下可依次分成 7 级：

界 Kingdom(拉：Regnum)

门 Phylum(拉：Phylum)或 Division(拉：Divisio)

纲 Class(拉：Classis)

目 Order(拉：Ordo)

---

① 据 A. T. Bull 等(*Ann. Rev. Microbiol.*，1992)的统计，已记载的微生物总数为 149 560 种，是估计总种数(183 万)的 8.17%；而据《国际微生物学会联盟通讯》(*IUMS News*，1995)的报道，已记载过的微生物总数约 20 万种，只是估计总种数(500 万 ~ 600 万)的 3.3% ~ 4.0%。

科 Family(拉：Familia)

属 Genus(拉：Genus)

种 Species(拉：Species)

在以上 7 个主要级别中，当必要时，各级都可补充若干辅助单元，包括加上"亚"、"超"或添上"族"等（表 10 - 1）。而在界以上，也常出现更高的分类单元名称，例如"域"（Domain）等。

表 10 - 1　各级分类单元及其词尾

分类单元	细菌	真菌	病毒	原生动物	藻类
门	—	-mycota	—	-a	-phyta
亚门	—	-mycotina	—	-a	-phytina
超纲*	—	—	—	-a	—
纲	—	-mycetes	—	-ea	-phyceae
亚纲	—	-mycetidae	—	-ia	-phycidae
超目**	—	—	—	-idea	—
目	-ales	-ales	—	-ida	-ales
亚目	-ineae	-ineae	—	-ina	-ineae
超科***	—	—	—	-oidea	—
科	-aceae	-aceae	-viridae	-idae	-aceae
亚科	-oideae	-oideae	-virinae	-inae	-oideae
族****	-eae	-eae	—	-ini	-eae
亚族	-inae	-inae	—	—	-inae
属			-virus		

* Superclass；** Superorder；*** Superfamily；**** Tribe。

（二）种的概念

在微生物尤其在原核生物中，种的定义是很难下的，因此，至今还找不到一个公认的、明确的种的定义。这是因为，微生物与高等生物不同，在高等生物中可用于定义种的几个主要性状，在微生物中是无法使用的，例如，有关可交配的标准就因为微生物特别是原核生物很少存在有性繁殖而行不通；有关形态学的标准也因大多数原核生物的细胞形态过于简单而难以用于种的划分；等等。这种情况，在权威性的《**伯杰氏鉴定细菌学手册**》（*Bergey's Manual of Determinative Bacteriology*）的前 9 版中，从许多重要属所包含的种数大起大落的变化就可知道一般。这也说明，在目前条件下，种的确定还不能完全做到建立在微生物的遗传本质和分子进化等科学基础上，而不得不带有很多人为的因素，包括分类学家的思想倾向，重要新技术是否具备，以及研究对象在生产实践上或学术研究上的重要性等。最为明显的例子是 *Streptomyces*（链霉菌属）：它在《伯杰氏手册》第 5 版（1939 年）时还未作记载，可是，随着 20 世纪 40 年代起抗生素重要性的日益突出和链霉素等抗生素的研究和广泛应用，在以后各版中，种数先是迅速扩大，后又大幅度归并（1989 年为 142 种），接着再次扩大（2000 年记载的有效种为 509 种）。

我们认为，微生物的**种**（species，单复数同词，又译物种）是一个基本分类单元，它是一大群表型特征高度相似、亲缘关系极其接近、与同属内的其他物种有着明显差异的菌株的总称。在微生物中，一个种只能用该种内的一个**典型菌株**（type strain）当作它的具体代表，故此典型菌株就成了该种的**模式种**（type species）或模式活标本。例如，在 *Bifidobacterium bifidum*（两歧双歧杆菌）的大量菌株中，只有"ATCC 29521"菌株才是模式种。这就说明，在微生物学中，"种"还只是一个抽象的概念，具有该种的许多典型性状的模式菌株才是具体的"种"。

随着分子生物学技术在微生物分类学中的应用，以及**微生物基因组学**（microbial genomics）的飞速发展，有可能把微生物的种的划分和菌种鉴定建立在基因组的精确基础上。例如，从20世纪70年代起，曾提出过把杂交率大于70%作为原核生物种的指标；1980年前后，C. Woese也建议把16S rRNA序列相似度大于97%作为原核生物种的指标；等等。与此同时，今后还要解决如何处理大量历史遗产和便于实际应用等许多复杂问题。

在讨论种的定义时，还要介绍一下新种的概念。**新种**（species nova，sp. nov或nov sp.）是指最新权威性的分类、鉴定手册中从未记载过的一种新分离并鉴定过的微生物。当发现者按《国际命名法规》① 对它命名并在规定的学术刊物上发表时，应在其学名后附上"sp. nov"符号。例如，当初由我国学者自行筛选到的谷氨酸发酵新菌种在正式发表时，就标为"*Corynebacterium pekinense* sp. nov AS 1.299"（北京棒杆菌 AS 1.299，新种）和"*C. crenatum* sp. nov AS 1.542"（钝齿棒杆菌 AS 1.542，新种）等。在新种发表前，其模式菌株的培养物就应存放在一个永久性的可靠的菌种保藏机构中，并允许研究人员取得该菌种。

（三）种的分类地位举例

为使初学者了解系统分类单元的具体涵义，现将分别代表3个分类域（Domain，在《伯杰氏手册》②（第1版）中仍称"界"）的3个物种列举在表10-2中。

表10-2　3种代表性微生物的分类地位

单元	詹氏甲烷球菌*	大肠埃希氏菌（俗称"大肠杆菌"）	八孢裂殖酵母
界	古菌界（域）（Archaea）	细菌界（域）（Bacteria）	菌物界（Fungi）
门	广古菌门（Euryarchaeota）	变形细菌门****（Protobacteria）	真菌门（Eumycota）
亚门（组）	产甲烷菌组**（Methanogens）	γ变形细菌组（γ-Protobacteria）	子囊菌亚门（Ascomycotina）
纲	甲烷球菌纲（Methanococci）	发酵细菌纲（Zymobacteria）	半子囊菌纲（Hemiascomycetes）
目	甲烷球菌目（Methanococcales）	肠杆菌目（Enterobacteriales）	内孢霉目（Endomycetales）
科	甲烷球菌科（Methanococcaceae）	肠杆菌科（Enterobacteriaceae）	内孢霉科（Endomycetaceae）
属	甲烷球菌属（*Methanococcus*）	埃希氏菌属（*Escherichia*）	裂殖酵母属（*Schizosaccharomyces*）
种	詹氏甲烷球菌（*M. jannaschii*）	大肠埃希氏菌（*E. coli*）	八孢裂殖酵母（*S. octosporus*）
分类系统	《伯杰氏手册》（2001年）***	《伯杰氏手册》（2001年）	《Ainsworth 词典》（1983年）*****

　*　人类第一个测定基因组的古菌代表（1996年）；

　**　"组"（Section），在此相当于亚门；

　***　*Bergey's Manual of Systematic Bacteriology*（2nd ed）（简称《伯杰氏手册》，2001年），本资料引自 *Brock Biology of Microorganisms*（9th ed，2000）中的有关预报；

　****　《伯杰氏手册》（2001年）中的新名词，相当于 G⁻ 细菌；

　*****　Hawksworth D L，*et al*，*Ainsworth and Bisby's Dictionary of Fungi*（7th ed），1983

二、学名

每一种微生物都有一个自己的专门名称。名称分两类，一是地区性的俗名（common name，vernacular name），具有大众化和简明等优点，但往往含义不够确切，易于重复，尤其不便于国际间的学术交流，如

---

① 不同大类的微生物有不同的国际法规。例如，原核生物的命名可参考"拉帕杰. 国际细菌命名法规（第一届国际细菌学大会通过. 陶天申，译. 北京：科学出版社，1989。

② 为《伯杰氏系统细菌学手册》（*Bergey's Manual of Systematic Bacteriology*）的缩写。

"结核杆菌"（tubercle bacillus）是 *Mycobacterium tuberculosis*（结核分枝杆菌）的俗名，"红色面包霉"是 *Neurospora crassa*（粗糙脉孢菌）的俗名等；二是**学名**（scientific name），它是某一菌种的科学名称，是按"国际命名法规"进行命名并受国际学术界公认的通用正式名称。一个微生物学或生物学工作者，必须牢记一批常用、常见的微生物学名，这不仅因为它们是国际上通用的微生物名称，而且可以在阅读文献和听取各种学术报告时，通过自己熟悉的学名的启示，立即可联想起有关该菌的一系列生物学知识和实践应用等知识，从而提高自己的接受能力和业务水平。

物种的学名是用拉丁词或拉丁化的词组成的。在一般的出版物中，学名应排斜体字，在书写材料中，应在学名之下划一横线，以表示它应是斜体字母。对于非细胞生物的病毒，其学名与书写规则还有些不同（见第三章）。学名的表示方法分双名法与三名法两种。

（一）双名法（binominal nomenclature）

双名法指一个物种的学名由前面一个**属名**（generic name）和后面一个**种名加词**（specific epithet）两部分组成。属名的词首须大写，种名加词的字首须小写（包括由人名或地名等专用名词衍生的）。出现在分类学文献中的学名，在上述两部分之后还应加写 3 项内容，即首次定名人（正体字，用括号括住）、现名定名人（正体字）和现名的定名年份。如在一般书刊中出现学名时，则不必写上后 3 项内容。双名法的简明涵义及实例为：

$$学名 = 属名 + 种名加词 + （首次定名人） + 现名定名人 + 现名定名年份$$

排斜体字 ————— 排正体字（一般省略）

例 1. 大肠埃希氏菌（俗称"大肠杆菌"）

Escherichia coli（Migula）Castellani *et* Chalmers 1919

例 2. 枯草芽孢杆菌（简称"枯草杆菌"）

Bacillus subtilis（Ehrenberg）Cohn 1872

例 3. 结核分枝杆菌

Mycobacterium tuberculosis（Zopf）Lehmann *et* Newmann 1896

例 4. 丙酮丁醇梭菌

Clostridium acetobutylicum McCoy，Fred，Peterson *et* Hastings 1926

例 5. 两歧双歧杆菌

Bifidobacterium bifidum（Tissier）Orla-Jensen 1924

（二）三名法（trinominal nomenclature）

当某种微生物是一个亚种（subspecies，简称"subsp"）或变种（variety，简称"var"，是亚种的同义词）时，学名就应按**三名法**拼写，即：

$$学名 = 属名 + 种名加词 + 符号 subsp 或 var + 亚种或变种名的加词$$

排斜体 ——— 排正体（可省略）——— 排斜体（不可省略）

例 1. 苏云金芽孢杆菌蜡螟亚种（或称"蜡螟苏云金芽孢杆菌"）

Bacillus thuringiensis（subsp）*galleria*

例 2. 酿酒酵母椭圆变种（椭圆酿酒酵母）

Saccharomyces cerevisiae（var）*ellipsoideus*

例 3. 脆弱拟杆菌卵形亚种（卵形脆弱拟杆菌）

Bacteroides fragilis（subsp）*ovatus*

（三）有关学名的其他知识

1. 属名

属名是一个表示该微生物主要特征的名词或用作名词的形容词，单数，第一个字母应大写。其词源可来自拉丁词、希腊词或其他拉丁化的外来词，也有以组合的方式拼成。例如 *Lactobacillus*（乳杆菌属）就是由两个拉丁词的词干组成，*Flavobacterium*（黄杆菌属）是由拉丁词和希腊词的词干混合组成，而 *Shigella*（志贺氏菌属）则由拉丁化的日本姓氏组成。

当前后有两个或更多的学名连排在一起时，若它们的属名相同，则后面的一个或几个属名可缩写成一个、两个或三个字母，在其后加上一个点。例如 *Bacillus*（芽孢杆菌属）可缩写成 "*B.*" 或 "*Bac.*"，*Pseudomonas*（假单胞菌属）可缩写成 "*P.*" 或 "*Ps.*"，*Aspergillus*（曲霉属）可缩写成 "*A.*" 或 "*Asp.*" 等。

2. 种名加词

种名加词又称种加词，它代表一个物种的次要特征。与属名一样，种名加词也由拉丁词、希腊词或拉丁化的外来词所组成。字首一律小写。可由形容词或名词组成，如果是形容词，要求其性与属名一致，如 *Staphylococcus aureus*（金黄色葡萄球菌）中，属名与种加词均为阳性词。

在实际工作中，经常遇到自己已经筛选到一株或一批有用菌种，它的属名虽很易确定，但菌种的最后鉴定还未结束，在这时若要进行学术交流或发表论文，其学名中的种的加词可以暂时先用 "*sp.*"（正体，species 单数的缩写）或 "*spp.*"（正体，species 复数的缩写）来代替，例如，"*Bacillus sp.*" 可译为 "一种芽孢杆菌"，而 "*Bacillus spp.*" 则可译为 "若干种芽孢杆菌" 或 "一批芽孢杆菌" 等。

3. 学名的发音

按规定，学名均应按拉丁字母发音规则发音。但事实上，英、美等国的学者经常按自己的语种来发音，且影响颇大。为帮助初学者尽快掌握一些常见微生物学名的发音，笔者特综合几本美国教科书上的有关材料，整理出国际音标注音放于本书数字课程中。

三、 种以下的几个分类名词

种以下的分类单元很多，它们的提出和使用均不受"国际命名法规"的限制。

（一）亚种（subspecies，subsp.，ssp.）

亚种是进一步细分种时所用的单元，一般指除某一明显而稳定的特征外，其余鉴定特征都与模式种相同的种。其命名方法按上述"三名法"处理。

（二）变种（variety，var.）

变种是亚种的同义词，故在《国际细菌命名法规》中已不主张再用这一名词。

（三）型（form）

曾用作菌株的同义词，现已废除，仅作若干变异型的后缀，如**生物变异型**（biovar）、**形态变异型**（morphovar）、**致病变异型**（pathovar）、**噬菌变异型**（phagovar）和**血清变异型**（serovar）等。

（四）菌株（strain）

菌株又称**品系**（在非细胞型的病毒中则称**毒株**或**株**），它表示任何由一个独立分离的单细胞（或单个病毒粒）繁殖而成的纯遗传型群体及其一切后代。因此，一种微生物的每一不同来源的**纯培养物**或**纯分离物**均可称为某菌种的一个菌株。由此可知：①菌株实为一个物种内遗传多态性的客观反映，几乎是无数的；②菌株这一名词所强调的是遗传型纯的谱系；③菌株与**克隆**（即无性繁殖系）的概念相同；④在同一菌种的不同菌株间，作为鉴定用的一些主要性状上虽个个相同，但不作为鉴定用的一些"小"性状却可有很大差异，尤其是一些生化性状、代谢产物（抗生素、酶等）的产量性状等；⑤菌株实际上是某一微生物达到**遗传型纯**的标志，因此，一旦某菌发生自发或人工变异后，均应标以新的菌株名称；⑥当我们在进行**菌种保藏**、筛选或科学研究时，在进行学术交流或发表学术论文时，在利用菌种进行生产时，以及在索取或寄送菌种时，都必须在菌种后标出该菌株的名称；⑦菌株的名称可随意确定，一般可用字母加编号表示（字母多表示实验室、产地或特征等的名称，编号则表示序号等数字），例如：

例1. **大肠埃希氏菌**的两个菌株

Escherichia coli K12（最常用的 *E. coli* 菌株，1921 年分离自美国加利福尼亚州一白喉恢复患者的粪便；基因组已于 1997 年发表）

E. coli O-157：H7（致病性 *E. coli*，O 与 H 代表其抗原特征；基因组已于 2001 年发表）

例2. **枯草芽孢杆菌**的两个菌株

Bacillus subtilis AS 1.398（**蛋白酶生产菌**，"AS" 为中国科学院 "Academia Sinica" 的拉丁文缩写）

B. subtilis BF 7658（**α淀粉酶生产菌种**；"BF" 代表 "北纺"，即 "北京纺织工业局科学研究所" 的缩写）

例3. **产黄青霉**的一个菌株

Penicillium chrysogenum NRRL-Q176（**早年青霉素生产菌株**，后因产黄色素而被淘汰；"NRRL" 为 "美国农业部北方研究利用发展部实验室" 的缩写）

例4. **两歧双歧杆菌**的一个模式菌株

Bifidobacterium bifidum ATCC 29521（"ATCC" 为**美国典型菌种保藏中心** "American Type Culture Collection" 的缩写）

前已述及，**模式菌株**是一个种的具体活标本，故极重要。它必须是该菌种的活培养物，是由一个被指定为命名的模式菌株传代而来，理应是与原初的描述完全一致的纯培养物。当原初菌株已丧失时，也可选用一个新的模式菌株。最后，还得提示一下，初学者应了解菌株（strain）、菌落（colony）、菌苔（microbial lawn）、斜面（slunt）、菌种（culture，培养物）、克隆（clone）、分离物（isolate）或纯培养物（pure culture）等各名词之间的联系及其区分。

第二节　微生物在生物界的地位

一、 生物的界级分类学说

据最新资料（*PNAS*，2015），地球上生命起源于 41 亿年前（以前认为是 38 亿年前）。对生物究竟应分几界的问题，在人类发展的历史上存在着一个由浅入深、由简至繁、由低级至高级、由个体至分子水平的认识过程。总的说来，在人类发现微生物并对它们进行较深入的研究之前，只能把一切生物简单地分成似乎截然不同的两大界——动物界和植物界；从 19 世纪中期起，随着人们对微生物认识的逐步深化，生物的分界就历经三界、四界、五界甚至六界等过程，最后又提出了一个崭新的"三域"学说（图 10-1）。

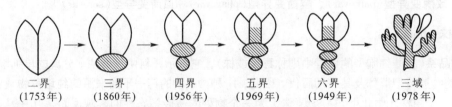

二界　　　三界　　　四界　　　五界　　　六界　　　三域
(1753年)　(1860年)　(1956年)　(1969年)　(1949年)　(1978年)

图 10-1　生物界级学说发展的示意图
阴影部分指微生物，详细说明见正文

（一）两界系统

对整个生命世界首先分成两界的文字记载，最早出现在距今两千余年前我国的《周礼·地官》和《考工记》等典籍中：

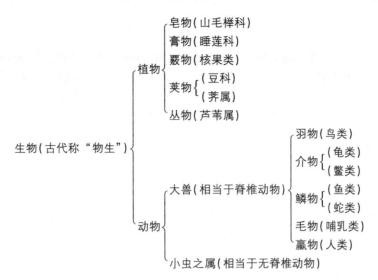

在国外，亚里士多德于公元前4世纪时也提出过生物可分动和植物的观点。真正科学地叙述**两界系统**的学者是瑞典博物学家林奈（Carl von Linné，拉丁名为 Carrolus Linnaeus，1707—1778），他在其名著《植物种志》（1753年）中首先提出了动物界和植物界的两界系统。

（二）三界系统

随着人类微生物知识的日益丰富，德国著名动物学家、进化论学者 E. H. Haeckel（1834—1919）于1866年建议在动物界和植物界之外，应加上一个由低等生物组成的第三界——原生生物界（Protista），它主要由一些单细胞生物及无核类（Monera）组成。在此之前，Hogg（1860年）也提出过设立一个原始生物界（Protoctista）的建议。在20世纪早期，也有几个学者支持**三界系统**，但内容不尽相同，例如 Conard（1939年）提议第三界称为菌物界（Mycetalia，包括真菌和细菌），Dodson（1971年）则建议称菌界（Mychota，包括病毒、细菌和蓝细菌）等。

（三）四界系统

Copeland 在1938年时就提出过生物可分四界即**四界系统**的设想，至1956年时更臻成熟。这四界为：植物界、动物界（除原生动物外）、原始生物界（原生动物、真菌、部分藻类）和菌界（细菌、蓝细菌）。此后，Whittaker（1959年）和 Leedale（1974年）等人又提出了改进意见，前者把动物界和植物界以外的两界称为菌物界和原生生物界，后者则把动物界、植物界、真菌界以外的生物称为原核生物界（Monera）。

（四）五界系统

1969年，R. H. Whittaker 在 *Science* 杂志上发表了一篇《生物界级分类的新观点》的著名论文，影响很大。他的**五界学说**可用图表示（图10-2）：纵向显示从原核生物到真核单细胞生物再到真核多细胞生物的三个进化阶段，横向则显示**光合式营养**（photosynthesis）、**吸收式营养**（absorption）和**摄食式营养**（ingestion）三大进化方向。五界系统包括**动物界**（Animalia）、**植物界**（Plantae）、**原生生物界**（Protista，包括原生动物、单细

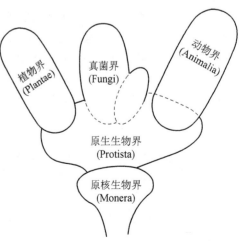

图10-2 R. H. Whittaker 的五界系统示意图

329

胞藻类和黏菌等）、**真菌界**（Fungi）和**原核生物界**（Monera，包括细菌、蓝细菌等）。

（五）六界系统

Jahn 等于 1949 年曾提出**六界系统**，包括后生动物界（Metazoa）、后生植物界（Metaphyta）、真菌界、原生生物界、原核生物界和**病毒界**（Archetista）；我国学者王大耜等（1977 年）也提出过六界的设想，即在上述 Whittaker 五界系统的基础上再加上一个病毒界（Vira）；1996 年，美国的 P. H. Raven 等则提出包括动物界、植物界、原生生物界、真菌界、**真细菌界**和**古细菌界**的六界系统。

（六）三总界五界系统

我国学者陈世骧等（1979 年）曾建议生物应分为三总界和五界，即按生物历史发展的 3 个不同阶段分总界，再按生理、生态特性的差别来分界。

Ⅰ. 非细胞总界（Superkingdom Acytonia）

Ⅱ. 原核总界（Superkingdom Procaryota）

    1. 细菌界（Kingdom Mycomonera）

    2. 蓝细菌界（Kingdom Phycomonera）

Ⅲ. 真核总界（Superkingdom Eucaryota）

    3. 植物界（Kingdom Plantae）

    4. 真菌界（Kingdom Fungi）

    5. 动物界（Kingdom Animalia）

此系统中，把非细胞的病毒也作为一个总界，并认为它比原核生物更原始，这种看法似乎不尽合理。至今各种界级分类学说中多数都未明确病毒的地位，说明这还是一个使学术界感到十分困惑的难题。

二、 三域学说及其发展

20 世纪 70 年代末由于美国伊利诺斯大学的 C. R. Woese（伍斯）等人对大量微生物和其他生物进行 16S rRNA 和 18S rRNA 的寡核苷酸测序，并比较其同源性水平后，提出了一个与以往各种界级分类不同的新系统，称为**三域学说**（three domain theory）。"域"是一个比界（Kingdom）更高的界级分类单元，过去曾称**原界**（Urkingdom）。三个域指的是**细菌域**（Bacteria，以前称"真细菌域"Eubacteria）、**古菌域**（Archaea，以前称"古细菌域"Archaebacteria）和**真核生物域**（Eukarya）。由此可见，它与以往其他系统的最大差别是把原核生物分成了两个有明显区别的域，并与真核生物一起构成整个生命世界的三个域。

目前三域学说已获国际学术界的基本肯定，它综合了美国女学者 L. Margulis（1938—2011）于 1967 年提出的真核生物起源的**连续内共生学说**（successive endosymbiotic theory，SET）的精髓，认为现今一切生物都由一种共同远祖（universal ancestor）进化而来，它原是一种小细胞，先分化出细菌和古菌这两类原核生物，后来在古菌分支上的细胞丧失了细胞壁后，发展成以变形虫状较大型、有真核的细胞形式出现，它先、后吞噬了 α 变形菌（α-Proteobacteria，相当于 G⁻ 细菌）和蓝细菌，并进一步发生了**内共生**（endosymbiosis），从而两者进化成与宿主细胞难分难解的细胞器——线粒体和叶绿体，于是，宿主最终也就发展成了各类真核生物（图 10-3）。

关于真核生物的内共生起源，主要有以下五个证据：①真核生物的线粒体和叶绿体中都含有 DNA；②真核细胞的细胞核中，含有细菌的基因；③线粒体和叶绿体中的核糖体为细菌和古菌所特有的 70S 类型；④能抑制细菌蛋白质合成的抗生素——链霉素，也可抑制线粒体和叶绿体的蛋白质合成；⑤一些厌氧性真核生物细胞内缺乏线粒体，但存在与线粒体相似的氢化酶体，其内也含有与细菌相关的 DNA 和核糖体。

在三域学说中，古菌域是新建立的一个大类，曾被称作"第三生物"。近年来，因古菌在进化理论、分子生物学、生理特性和实践上的重要性，所以受到学术界的极大关注，已记载的种类就有300余种，它们都是一些能在与地球早期严酷自然环境相似的极端条件下生存的微生物——**嗜极菌**（extremophile），包括嗜热菌、嗜酸嗜热菌、嗜压菌、产甲烷菌和嗜盐菌等（图10–4）。

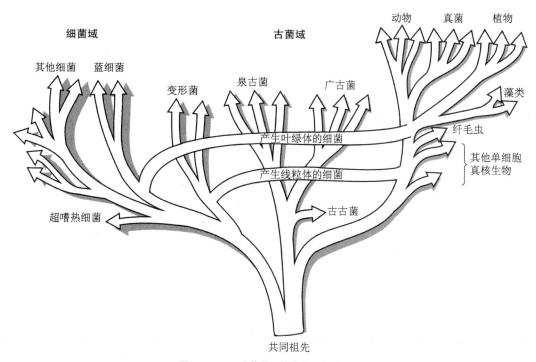

图10 – 3　三域学说及其生物进化谱系树

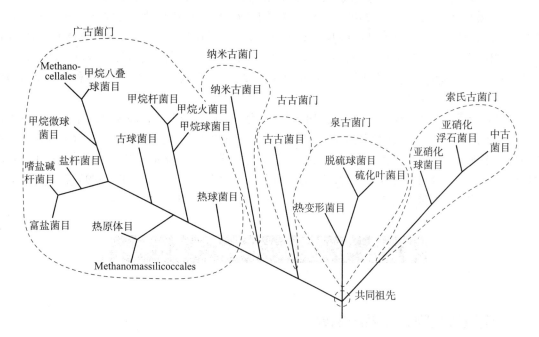

图10 – 4　古菌域五个门的谱系树

古菌域的五个门：广古菌门（Euryarchaeota）、纳米古菌门（Nanoarchaeota）、古古菌门（Korarchaeota）、泉古菌门（Crenarchaeota）、索氏古菌门（Thaumarchaeota）

331

现将三域生物主要特点的比较列在表10-3中。

表10-3　细菌、古菌与真核生物若干重要特性的比较

比较项目	细菌	古菌	真核生物
核膜	无	无	有
细胞壁中胞壁酸	有	无	无
膜脂结构	由酯键连接	由醚键连接	由酯键连接
核糖体	70S	70S	80S
起始子 tRNA	甲酰甲硫氨酸	甲硫氨酸	甲硫氨酸
操纵子	有	有	无
mRNA 的帽化和 polyA 尾	无	无	有
二羟尿嘧啶	一般有	无(仅一个例外)	一般有
质粒	有	有	罕见
核糖体对白喉毒素	不敏感	敏感	敏感
RNA 聚合酶	一种(含 4 个亚基)	几种(每种含 8~12 个亚基)	3 种(每种含 12~14 个亚基)
对氯霉素、链霉素、卡那霉素	敏感	不敏感	不敏感
对茴香霉素	不敏感	敏感	敏感
对多烯类抗生素	不敏感(枝原体例外)	不敏感	敏感
产甲烷	不能	部分能	不能
化能自养	部分能	部分能	不能
生物固氮	部分能	部分能	不能
叶绿素光合作用	部分有	无	有
80℃以上生活	少数能	较多能	不能

近年来,三域学说已遇到了一些挑战。自人类对第一个微生物 *Haemophilus influenzae*(流感嗜血杆菌)的基因组完成测序(1995 年)以来,至 2010 年,已公布了 1 000 余种(株)微生物基因组的序列(未含病毒)。通过这些资料的比较分析,有些学者已对 C. R. Woese 的学说提出了质疑,主要认为 16S rRNA 或 18S rRNA 的分子进化很难代表整个基因组的分子进化;其次是已知有许多真核生物(包括酿酒酵母和许多高等动、植物)的基因组和它们表达的功能蛋白更接近于细菌而并非接近于古菌等。因此,随着各种生物全基因组序列的公布,三域学说还会遇到许多新的挑战。

从以上介绍的各种生物界级分类学说发展的历史来看,不论哪个系统,除早已确立的动物界和植物界之外,其余各界都是随着人类对微生物的深入研究和获得新的发现后才提出来的。这就充分说明,人类对微生物的认识水平是生物界级分类的核心,微生物在所有界级中,具有最宽的领域。若按由 L. Margulis 提出的真核生物进化的**连续内共生学说**来看,即使是表面上与微生物无直接关系的动物界和植物界,实质上在其每一细胞中都始终携带着远古微生物的"影子"——线粒体和(或)叶绿体。

第三节　各大类微生物的分类系统纲要

一、 伯杰氏原核生物分类系统纲要

1.《伯杰氏手册》简介

原核生物包括古菌与细菌两个域,其中古菌域至今已记载过289种,细菌域为6 740种(2001年)。要编

制一部原核生物的分类手册，是一件学术意义十分重大，同时艰难且工作量极其浩大的基础性工作。在整个 20 世纪中，能全面概括原核生物分类体系的权威著作比较稀少，如 19 世纪末德国 Lehmann 和 Neumann 的《细菌分类图说》（1896 年，德文，第 7 版英译本为 1927 年）；美国的《伯杰氏鉴定细菌学手册》（1923 年第 1 版，后一直再版至今）；前苏联 Н. А. Красильников（克拉西尔尼可夫）的《细菌与放线菌的鉴定》（1949 年，中文版为 1957 年）；法国 A. R. Prévot 的《细菌分类学》（法文，1961 年）；以及由 M. P. Starr 等编写的详尽介绍原核生物的生境、分离和鉴定等内容的大型手册《原核生物》（*The Prokaryotes*，1981 年第 1 版，分 2 卷出版；1992 年第 2 版，分 4 卷出版）；等等。由于原核生物分类研究的快速发展、分子遗传学等新技术的普遍应用和文献信息量的剧增，上述各著作中，只有以集国际学术界的权威学者不间断地集体修订为特色的《伯杰氏手册》，才有可能脱颖而出一枝独秀。它已先后修订出版了 11 个版本，客观上成了各国微生物分类学界公认的一本经典佳作，甚至有人称它为细菌分类学的"圣经"。该手册最早成书于 1923 年，第 1 版名为《伯杰氏鉴定细菌学手册》（*Bergey's Manual of Determinative Bacteriology*），主要编者为美国学者 D. H. Bergey 等人。此后，由其他学者不断修订，从 1974 年的第 8 版起，编写队伍进一步国际化和扩大化，至 1994 年已出至第 9 版。另外，由于（G + C）mol% 测定、核酸杂交和 16S rRNA 寡核苷酸序列测定等新技术和新指标的引入，使原核生物分类从以往以表型、实用性鉴定指标为主的旧体系向鉴定遗传型的系统进化分类新体系逐渐转变，于是，从 20 世纪 80 年代初起，该手册组织了国际上 20 余国的 300 多位专家，合作编写了 4 卷本的新手册，书名改为《伯杰氏系统细菌学手册》（简称《伯杰氏手册》），并于 1984 年至 1989 年间分 4 卷陆续出版。此书是目前国际上最为流行的实用版本。《伯杰氏手册》的第 2 版已从 2001 年起分成 5 卷陆续发行（2001 年出版第 1 卷，2005 年第 2 卷，2007 年第 3～5 卷），现把该版本的最新分类体系简介如下。

2. 《伯杰氏手册》提要

《伯杰氏手册》分为 5 卷出版，内容极其丰富，这里拟用最少的篇幅把该手册中的原核生物分类系统浓缩在表 10 - 4 和表 10 - 5 中。手册把原核生物分为**古菌域**（Archaeota）和**细菌域**（Bacteria，过去曾称"真细菌界"Eubacteria）两域，它们分属于 C. R. Woese 三域学说中的两个域。**古菌域**共包括 2 门、9 纲、13 目、23 科和 79 属，共有 289 个种；而**细菌域**则包括 25 门、34 纲、78 目、230 科和 1 227 属，共有 6 740 个种。因此，至今所记载过的整个原核生物共有 7 029 种。

表 10 - 4　古菌域（Archaeota）的主要分类单元举例

门	纲	目	代表科
A I . 泉古菌门 （Crenarchaeota）	I . 热变形菌纲 （Thermoprotei）	I . 热变形菌目 （Thermoproteales）	I . 热变形菌科 （Thermoproteaceae）
		II . Caldiphaerales	I . Caldiphaeraceae
		III . 硫还原球菌目 （Desulfurococcales）	I . 硫还原球菌科 （Desulfurococcaceae）
		IV . 硫化叶菌目 （Sulfolobales）	I . 硫化叶菌科 （Sulfolobaceae）
A II . 广古菌门 （Euryarchaeota）	I . 甲烷杆菌纲 （Methanobacteria）	I . 甲烷杆菌目 （Methanobacteriales）	I . 甲烷杆菌科 （Methanobacteriaceae）
	II . 甲烷球菌纲 （Methanococci）	I . 甲烷球菌目 （Methanococcales）	I . 甲烷球菌科 （Methanococcaceae）
	III . 甲烷微菌纲 （Methanomicrobia）	I . 甲烷微菌目 （Methanomicrobiales）	I . 甲烷微菌科 （Methanomicrobiaceae）
		II . 甲烷八叠球菌目 （Methanosarcinales）	II . 甲烷八叠球菌科 （Methanosarcinaceae）
	IV . 盐杆菌纲 （Halobacteria）	I . 盐杆菌目 （Halobacteriales）	I . 盐杆菌科 （Halobacteriaceae）

第十章　微生物的分类和鉴定

门	纲	目	代表科
	V. 热原体纲 （Thermoplasmata）	I. 热原体目 （Thermoplasmatales）	I. 热原体科 （Thermoplasmataceae）
	VI. 热球菌纲 （Thermococci）	I. 热球菌目 （Thermococcales）	I. 热球菌科 （Thermococcaceae）
	VII. 古球菌纲 （Archaeoglobi）	I. 古球菌目 （Archaeoglobales）	I. 古球菌科 （Archaeoglobaceae）
	VIII. 甲烷火菌纲 （Methanopyri）	I. 甲烷火菌目 （Methanopyrales）	I. 甲烷火菌科 （Methanopyraceae）

表 10-5　细菌域（Bacteria）的分类简表

门	纲	目	代表科
BI. 产液菌门 （Aquificae）	I. 产液菌纲 （Aquificae）	I. 产液菌目 （Aquificales）	I. 产液菌科 （Aquificaceae）
BII. 热袍菌门 （Thermotogae）	I. 热袍菌纲 （Thermotogae）	I. 热袍菌目 （Thermotogales）	I. 热袍菌科 （Thermotogaceae）
BIII. 热脱硫杆菌门 （Thermodesulfobacteria）	I. 热脱硫杆菌纲 （Thermodesulfobacteria）	I. 热脱硫杆菌目 （Thermodesulfobacteriales）	I. 热脱硫杆菌科 （Thermodesulfobacteriaceae）
BIV. 异常球菌-栖热菌门 （Deinococcus-Thermus）	I. 异常球菌纲 （Deinococcus）	I. 异常球菌目 （Deinococcales） II. 栖热菌目 （Thermales）	I. 异常球菌科 （Deinococcaceae） I. 栖热菌科 （Thermaceae）
BV. 产金色菌门 （Chrysiogenetes）	I. 产金色菌纲 （Chrysiogenetes）	I. 产金色菌目 （Chrysiogenales）	I. 产金色菌科 （Chrysiogenaceae）
BVI. 绿屈挠菌门 （Chloroflexi）	I. 绿屈挠菌纲 （Chloroflexi） II. Anaerolienae	I. 绿屈挠菌目 （Chloroflexales） II. Anaerolienales	I. 绿屈挠菌科 （Chloroflexaceae） I. Anaerolienaceae
BVII. 热微菌门 （Thermomicrobia）	I. 热微菌纲 （Thermomicrobia）	I. 热微菌目 （Thermomicrobiales）	I. 热微菌科 （Thermomicrobiaceae）
BVIII. 硝化刺菌门 （Nitrospirae）	I. 硝化刺菌纲 （Nitrospira）	I. 硝化刺菌目 （Nitrospirales）	I. 硝化刺菌科 （Nitrospiraceae）
BIX. 脱铁杆菌门 （Deferribacteres）	I. 脱铁杆菌纲 （Deferribacteres）	I. 脱铁杆菌目 （Deferribacterales）	I. 脱铁杆菌科 （Deferribacteraceae）
BX. 蓝细菌门 （Cyanobacteria）	I. 蓝细菌纲 （Cyanobacteria）	亚组 I（无亚组名） 亚组 II（无亚组名）	I.（无科名）有 14 个形态属，如黏杆蓝细菌属（Gloeobacter）、聚球蓝细菌属（Synechococcus）等 I.（无科名）有 4 个形态属 II.（无科名）有 3 个形态属，如宽球蓝细菌属（Pleurocapsa）等

门	纲	目	代表科
		亚组Ⅲ（无亚组名）	Ⅰ.（无科名）有 16 个形态属，如鞘丝蓝细菌属(*Lyngbya*)、颤蓝细菌属(*Oscillatoria*)、螺旋蓝细菌属(*Spirulina*)等
		亚组Ⅳ（无亚组名）	Ⅰ.（无科名）有9个形态属，如鱼腥蓝细菌属(*Anabaena*)、念珠蓝细菌属(*Nostoc*)等
		亚组Ⅴ（无亚组名）	Ⅰ.（无科名）有6个形态属，如飞氏蓝细菌属(*Fischerella*)等
BⅪ. 绿菌门 (Chlorobi)	Ⅰ. 绿菌纲 (Chlorobia)	Ⅰ. 绿菌目 (Chlorobiales)	Ⅰ. 绿菌科 (Chlorobiaceae)
BⅫ. 变形菌门 (Proteobacteria)	Ⅰ. α-变形菌纲 (α-Proteobacteria)	Ⅰ. 红螺菌目 (Rhodospirillales)	Ⅰ. 红螺菌科 (Rhodospirillaceae)
			Ⅱ. 醋酸菌科 (Acetobacteraceae)
		Ⅱ. 立克次氏体目 (Rickettsiales)	Ⅰ. 立克次氏体科 (Rickettsiaceae)
		Ⅲ. 红杆菌目 (Rhodobacteriales)	Ⅰ. 红杆菌科 (Rhodobacteriaceae)
		Ⅳ. 鞘氨醇单胞菌目 (Sphingomonadales)	Ⅰ. 鞘氨醇单胞菌科 (Sphingomonadaceae)
		Ⅴ. 柄杆菌目 (Caulobacterales)	Ⅰ. 柄杆菌科 (Caulobacteraceae)
		Ⅵ. 根瘤菌目 (Rhizobiales)	Ⅰ. 根瘤菌科 (Rhizobiaceae)
			Ⅳ. 布鲁氏菌科 (Brucellaceae)
			Ⅶ. 拜叶林克氏菌科 (Beijerinckiaceae)
			Ⅷ. 慢生根瘤菌科 (Bradyrhizobiaceae)
			Ⅸ. 生丝微菌科 (Hyphomicrobiaceae)
	Ⅱ. β-变形菌纲 (β-Proteobacteria)	Ⅰ. 伯克霍尔德氏菌目 (Burkholderiales)	Ⅰ. 伯克霍尔德氏菌科 (Burkholderiaceae)
			Ⅱ. 产碱菌科 (Alcaligenaceae)
		Ⅱ. 嗜氢菌目 (Hydrogenophilales)	Ⅰ. 嗜氢菌科 (Hydrogenophilaceae)
		Ⅲ. 嗜甲基菌目 (Methylophilales)	Ⅰ. 嗜甲基菌科 (Methylophilaceae)
		Ⅳ. 奈瑟氏球菌目 (Neisseriales)	Ⅰ. 奈瑟氏球菌科 (Neisseriaceae)
		Ⅴ. 亚硝化单胞菌目 (Natrosomonadales)	Ⅰ. 亚硝化单胞菌科 (Natrosomonadaceae)
			Ⅱ. 螺菌科 (Spirillaceae)

门	纲	目	代表科
		Ⅵ. 红环菌目 （Rhodocyclales） Ⅶ. Procabacteriales	Ⅰ. 红环菌科 （Rhodocyclaceae） Ⅰ. Procabacteriaceae
	Ⅲ. γ-变形菌纲 （γ-Proteobacteria）	Ⅰ. 着色菌目 （Chromatiales） Ⅱ. 酸硫杆菌目 （Acidithiobacillales） Ⅲ. 黄单胞菌目 （Xanthomonadales） Ⅳ. 心杆菌目 （Cardiobacteriales） Ⅴ. 硫丝菌目 （Thiotrichales） Ⅵ. 军团菌目 （Legionellales） Ⅶ. 甲基球菌目 （Methylococcales） Ⅷ. 海洋螺菌目 （Oceanospirillales） Ⅸ. 假单胞菌目 （Pseudomonadales） Ⅹ. 交替单胞菌目 （Alteromonadales） Ⅺ. 弧菌目 （Vibrionales） Ⅻ. 气单胞菌目 （Aeromonadales） ⅩⅢ. 肠杆菌目 （Enterobacteriales） ⅩⅣ. 巴斯德氏菌目 （Pasteurellales）	Ⅰ. 着色菌科 （Chromatiaceae） Ⅰ. 酸硫杆菌科 （Acidithiobacillaceae） Ⅰ. 黄单胞菌科 （Xanthomonadaceae） Ⅰ. 心杆菌科 （Cardiobacteriaceae） Ⅰ. 硫丝菌科 （Thiotrichaceae） Ⅰ. 军团菌科 （Legionellaceae） Ⅰ. 甲基球菌科 （Methylococcaceae） Ⅰ. 海洋螺菌科 （Oceanospirillaceae） Ⅳ. 盐单胞菌科 （Halomonadaceae） Ⅰ. 假单胞菌科 （Pseudomonadaceae） Ⅰ. 交替单胞菌科 （Alteromonadaceae） Ⅰ. 弧菌科 （Vibrionaceae） Ⅰ. 气单胞菌科 （Aeromonadaceae） Ⅰ. 肠杆菌科 （Enterobacteriaceae） Ⅰ. 巴斯德氏菌科 （Pasteurellaceae）
	Ⅳ. δ-变形菌纲 （δ-Proteobacteria）	Ⅰ. 硫还原菌目 （Desulfurellales） Ⅱ. 脱硫弧菌目 （Desulfovibrionales） Ⅲ. 脱硫杆菌目 （Desulfobacteriales） Ⅳ. Desulfarcales Ⅴ. 脱硫单胞菌目 （Desulfuromonales） Ⅵ. 互营杆菌目 （Syntrophobacterales） Ⅶ. 蛭弧菌目 （Bdellovibrionales） Ⅷ. 黏细菌目 （Myxococcales）	Ⅰ. 硫还原菌科 （Desulfurellaceae） Ⅰ. 脱硫弧菌科 （Desulfovibrionaceae） Ⅰ. 脱硫杆菌科 （Desulfobacteriaceae） Ⅰ. Desulfarculaceae Ⅰ. 脱硫单胞菌科 （Desulfuromonaceae） Ⅰ. 互营杆菌科 （Syntrophobacteraceae） Ⅰ. 蛭弧菌科 （Bdellovibrionaceae） Ⅰ. 黏细菌科 （Myxococcaceae）

门	纲	目	代表科
	V. ε-变形菌纲 (ε-Proteobacteria)	I. 弯曲杆菌目 (Campylobacterales)	I. 弯曲杆菌科 (Campylobacteraceae)
BXⅢ. 厚壁菌门 (Firmicutes)	I. 梭菌纲 (Clostridia)	I. 梭菌目 (Clostridiales)	I. 梭菌科 (Clostridiaceae) Ⅲ. 消化链球菌科 (Peptostreptococcaceae) Ⅳ. 真杆菌科 (Eubacteriaceae) V. 消化球菌科 (Peptococcaceae)
		Ⅱ. 热厌氧杆菌目 (Thermoanaerobacteriales)	I. 热厌氧杆菌科 (Thermoanaerobacteriaceae)
		Ⅲ. 盐厌氧菌目 (Haloanaerobiales)	I. 盐厌氧菌科 (Heloanaerobiaceae)
	Ⅱ. 柔膜菌纲 (Mollicutes)	I. 枝原体目 (Mycoplasmatales)	I. 枝原体科 (Mycoplasmataceae)
		Ⅱ. 昆虫枝原体目 (Entomoplasmatales)	I. 昆虫枝原体科 (Entomoplasmataceae) Ⅱ. 螺原体科 (Spiroplasmataceae)
		Ⅲ. 无胆甾原体目 (Acholeplasmatales)	I. 无胆甾原体科 (Acholeplasmataceae)
		Ⅳ. 厌氧枝原体目 (Anaeroplasmatales)	I. 厌氧枝原体科 (Anaeroplasmataceae)
	Ⅲ. 芽孢杆菌纲 (Bacilli)	I. 芽孢杆菌目 (Bacillales)	I. 芽孢杆菌科 (Bacillaceae) Ⅷ. 葡萄球菌科 (Staphylococcaceae) Ⅸ. 高温放线菌科 (Thermoactinomycetaceae)
		Ⅱ. 乳杆菌目 (Lactobacillales)	I. 乳杆菌科 (Lactobacillaceae) Ⅳ. 肠球菌科 (Enterococcaceae) V. 明串珠菌科 (Leuconostoccaceae) Ⅵ. 链球菌科 (Streptococcaceae)
BXⅣ. 放线细菌门 (Actinobacteria)	I. 放线细菌纲 (Actinobacteria)		
	亚纲 I. 酸微菌亚纲 (Acidimicrobidae)	I. 酸微菌目 (Acidimicrobiales)	I. 酸微菌科 (Acidimicrobiaceae)
	亚纲 Ⅱ. 红色杆菌亚纲 (Rubrobacteridae)	I. 红色杆菌目 (Rubrobacteriales)	I. 红色杆菌科 (Rubrobacteraceae)
	亚纲 Ⅲ. 科里氏杆菌亚纲 (Coriobacteridae)	I. 科里氏杆菌目 (Coriobacteriales)	I. 科里氏杆菌科 (Coriobacteriaceae)

门	纲	目	代表科
	亚纲Ⅳ. 球杆菌亚纲 （Sphaerobacteridae）	Ⅰ. 球杆菌目 （Sphaerobacterales）	Ⅰ. 球杆菌科 （Sphaerobacteraceae）
	亚纲Ⅴ. 放线细菌亚纲 （Actinobacteria）	Ⅰ. 放线菌目 （Actinomycetales）	○放线菌科 （Actinomycetaceae） ○短杆菌科 （Brevibacteriaceae） ○纤维单胞菌科 （Cellulomonadaceae） ○棒杆菌科 （Corynebacteraceae） ○分枝杆菌科 （Mycobacteriaceae） ○诺卡氏菌科 （Nocardiaceae） ○小单孢菌科 （Micromonosporaceae） ○丙酸菌科 （Propionibacteriaceae） ○链霉菌科 （Streptomycetaceae） ○链孢囊菌科 （Streptosporangiaceae） ○高温单孢菌科 （Thermomonosporaceae） ○弗兰克氏菌科 （Frankiaceae）
		Ⅱ. 双歧杆菌目 （Bifidobacteriales）	Ⅰ. 双歧杆菌科 （Bifidobacteriaceae）
BⅩⅤ. 浮霉状菌门 （Planctomycetes）	Ⅰ. 浮霉状菌纲 （Planctomycetacia）	Ⅰ. 浮霉状菌目 （Planctomycetales）	Ⅰ. 浮霉状菌科 （Planctomycetaceae）
BⅩⅥ. 衣原体门 （Chlamydiae）	Ⅰ. 衣原体纲 （Chlamydiae）	Ⅰ. 衣原体目 （Chlamydiales）	Ⅰ. 衣原体科 （Chlamydiaceae）
BⅩⅦ. 螺旋体门 （Spirochaetes）	Ⅰ. 螺旋体纲 （Spirochaetes）	Ⅰ. 螺旋体目 （Spirochaetales）	Ⅰ. 螺旋体科 （Spirochaetaceae） Ⅲ. 钩端螺旋体科 （Leptospiraceae）
BⅩⅧ. 丝状杆菌门 （Fibrobacteres）	Ⅰ. 丝状杆菌纲 （Fibrobacteres）	Ⅰ. 丝状杆菌目 （Fibrobacterales）	Ⅰ. 丝状杆菌科 （Fibrobacteraceae）
BⅩⅨ. 酸杆菌门 （Acidobacteria）	Ⅰ. 酸杆菌纲 （Acidobacteria）	Ⅰ. 酸杆菌目 （Acidobacteriales）	Ⅰ. 酸杆菌科 （Acidobacteriaceae）
BⅩⅩ. 拟杆菌门 （Bacteroidetes）	Ⅰ. 拟杆菌纲 （Bacteroidates）	Ⅰ. 拟杆菌目 （Bacteroidales）	Ⅰ. 拟杆菌科 （Bacteroidaceae）
	Ⅱ. 黄杆菌纲 （Flavobacteria）	Ⅱ. 黄杆菌目 （Flavobacteriales）	Ⅱ. 黄杆菌科 （Flavobacteriaceae）

二、 Ainsworth 等人的菌物分类系统纲要

在第二章中，已介绍过我国学术界于 20 世纪 90 年代初起，提出了以"菌物"代替过去用得极其普遍但含义不够确切的"真菌"的建议，并获菌物学者们的认同。目前认为，菌物与真菌两者间的关系是：

$$菌物界（Mycetalia，即广义的 Fungi）\begin{cases} 黏菌门（Myxomycota） \\ 假菌门（Chromista，指卵菌类） \\ 真菌门（Eumycota；True Fungi，即狭义的 Fungi） \end{cases}$$

据 A. T. Bull 等（1992 年）的估计，在地球上生存的菌物约有 150 万种之多，而目前已记载的只有 97 861 种（2008）。至今全球每年仍以发现约 2 000 个新种的速度在递增着。面对如此众多的菌物，自 1729 年 Micheli 首次对它们进行分类以来，有代表性的菌物分类系统不下 10 余个，例如 G. W. Martin（1950 年）、R. H. Whittaker（1969 年）、G. C. Ainsworth（1966 年）、Margulis（1974 年）、Leedale（1974 年）、J. E. Smith（1975 年）和 C. J. Alexopoulos（1979 年）的分类系统等。目前得到学术界较广泛采用的是 1973 年正式发表，后载于 Ainsworth《安·贝氏菌物词典》第 7 版（1983 年）的分类系统①，它把真菌界分成黏菌门和真菌门，后者又分成 5 个亚门。

需要说明的是，即使为 Ainsworth 系统，它的每一个版本也是有明显变化的，特别是 1995 年出版的第 8 版《安·贝氏菌物词典》中，又把菌物列入**真核生物域**（Domain Eukaryota）的 3 个界中，其原因主要是当前对真菌的起源、演化等基本理论问题还在不断探索之中。据最新研究（*NATURE*, 2006），通过跟踪近 200 种真菌的 6 个基因区域，发现真菌早期演化的共同祖先是一种有鞭毛、类似变形虫的寄生生物，与目前寄生在水生真菌和藻类上的 *Rozella allomycis*（异水霉罗兹壶菌）较接近。现把该词典 7、8、9、10 版的分类系统表解如下。

第 7 版（1983 年）：

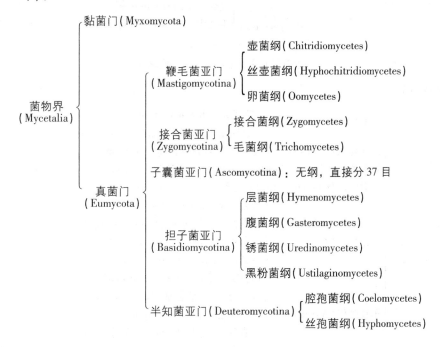

---

① Hawksworth D L *et al. Ainsworth and Bisby's Dictionary of Fungi*(7th ed)，1983（中译名为《安·贝氏菌物词典》第 7 版）。

第 8 版(1995 年):

真核生物域
(Domain Eukaryota)
- 原生动物界
(Kingdom Protozoa)
  - 集孢黏菌门 (Acrasiomycota)
  - 网柄黏菌门 (Dictyosteliomycota)
  - 黏菌门 (Myxomycota)
  - 肿根菌门 (Plasmodiophoromycota)
- 假菌界
(Kingdom Chromista)
  - 丝壶菌门 (Hyphochitriomycota)
  - 网黏菌门 (Labyrinthulomycota)
  - 卵菌门 (Oomycota)
- 真菌界
(Kingdom Fungi)
  - 子囊菌门 (Ascomycota)
  - 担子菌门 (Basidiomycota)
  - 壶菌门 (Chytridiomycota)
  - 接合菌门 (Zygomycota)
  - 有丝孢真菌类 (Mitosporic Fungi)

第 9 版(2001 年):

真菌界
(Kingdom Fungi)
- 子囊菌门
(Ascomycota)
  - 子囊菌纲 (Ascomycetes)
  - 酵母菌纲 (Saccharomycetes)
  - 裂殖酵母纲 (Schizosaccharomycetes)
  - 外囊菌纲 (Taphrinomycetes)
  - 新乳霉纲 (Neolectomycetes)
  - 肺囊霉纲 (Pneumocystidomycetes)
- 担子菌门
(Basidiomycota)
  - 担子菌纲 (Basidiomycetes)
  - 锈菌纲 (Uridiniomycetes)
  - 黑粉菌纲 (Ustilaginomycetes)
- 接合菌门
(Zygomycota)
  - 接合菌纲 (Zygomycetes)
  - 毛菌纲 (Trichomycetes)
- 壶菌门 (Chytridiomycota)
- 无性型真菌类 (Anamorphic Fungi)

第 10 版(2008 年):

真菌界
(Fungi)
- 壶菌门 (Chytridiomycota)
  - 壶菌纲 (Chytridiomycetes)
  - 单毛壶菌纲 (Monoblepharidomycetes)
- 芽枝霉门 (Blastocladiomycota): 芽枝霉纲 (Blastocladiomycetes)
- 新美鞭菌门 (Neocallimastigomycota): 新美鞭菌纲 (Neocallimastigomycetes)
- 球囊菌门 (Glomeromycota): 球囊菌纲 (Glomeromycetes)
- 接合菌门 (Zygomycota)
  - 接合菌纲 (Zygomycetes)
  - 虫霉菌亚门 (Entomophthoromycotina)
  - 梳霉菌亚门 (Kickxellomycotina)
  - 毛霉菌亚门 (Mucoromycotina)
  - 捕虫霉菌亚门 (Zoopagomycotina)
- 子囊菌门 (Ascomycota)
  - 盘菌亚门 (子囊菌亚门, Pezezomycotina)
  - 酵母菌亚门 (Saccharomycotina)
  - 外囊菌亚门 (Taphrinomycotina)
- 担子菌门 (Basidiomycota)
  - 伞菌亚门 (Agaricomycotina)
  - 柄锈菌亚门 (Pucciniomycotina)
  - 黑粉菌亚门 (Ustilaginomycotina)
  - 节担菌纲 (Wallemiomycetes)

第四节 微生物分类鉴定的方法

微生物的分类和鉴定虽有不同的目的，但在工作中使用的方法和技术却关系密切，不能截然分开。

通常可把微生物的分类鉴定方法分成 5 个不同水平：①细胞的形态和习性水平，例如用经典的研究方法，观察微生物的形态特征、运动性、酶反应、营养要求、生长条件、代谢特性、致病性、抗原性和生态学特性等；②细胞组分化学水平，包括细胞壁、脂质、醌类和光合色素等成分的分析，所用的技术除常规技术外，还使用红外光谱、气相色谱、高效液相色谱（HPLC）和质谱分析等新技术；③蛋白质水平，包括氨基酸序列分析、凝胶电泳和各种免疫标记技术等；④核酸水平，包括（G + C）mol% 值的测定，核酸分子杂交，16S rRNA 或 18S rRNA 寡核苷酸序列分析，重要基因序列分析和全基因组测序等；⑤数学统计学或计算生物学水平。在微生物分类学发展的早期，主要的分类、鉴定指标尚局限于利用常规方法鉴定微生物细胞的形态、构造和习性等表型特征水平上，这可称为经典的分类鉴定方法；从 20 世纪 60 年代起，后 4 个水平的分类鉴定理论和方法开始发展，特别是**化学分类学**（chemotaxonomy，chemotaxosystematics）和**数值分类学**（numerical taxonomy）等现代分类鉴定方法的发展，不但为探索微生物的自然分类打下了坚实的基础，也为微生物的精确鉴定开创了一个新的局面。

一、 微生物分类鉴定中的经典方法

菌种鉴定工作是任何微生物学实验室经常会遇到的一项基础性工作。不论鉴定哪一类微生物，其工作步骤都离不开以下 3 项：①获得该微生物的**纯培养物**；②测定一系列必要的鉴定指标；③查找权威性的菌种鉴定手册。

不同的微生物往往有自己不同的重点鉴定指标。例如，在鉴定形态特征较丰富、细胞体积较大的真菌等微生物时，常以其形态特征为主要指标；在鉴定放线菌和酵母菌时，往往形态特征与生理特征兼用；而在鉴定形态特征较缺乏的细菌时，则须使用较多的生理、生化和遗传等指标；在鉴定属于非细胞生物类的病毒时，除使用电子显微镜和各种生化、免疫等技术外，还要使用致病性等一些独特的指标和方法。

（一）经典的鉴定指标

在对各种细胞型微生物进行鉴定工作中，经典的表型指标很多，这些指标是微生物鉴定中最常用、最方便和最重要的数据，也是任何现代化的分类鉴定方法的基本依据。现用表解的形式对此加以概括，以使读者有一简明、系统的知识。

经典鉴定指标
- 形态
  - 个体：细胞形态、大小、排列、运动性、特殊构造、细胞内含物和染色反应等
  - 群体：菌落形态，在半固体或液体培养基中的生长状态
- 生理、生化反应
  - 营养要求：能源、碳源、氮源、生长因子等
  - 酶：产酶种类和反应特性等
  - 代谢产物：种类、产量、颜色和显色反应等
  - 对药物的敏感性
- 生态特性：生长温度，与氧、pH、渗透压的关系，宿主种类，与宿主的关系等
- 生活史，有性生殖情况
- 血清学反应
- 对噬菌体的敏感性
- 其他

(二) 微生物的微型、简便、快速或自动化鉴定技术

从以上罗列的微生物鉴定指标(这些还不是具体的指标)中即可知道，若应用常规的方法，对某一未知纯培养物进行鉴定，则不仅工作量十分浩大，而且对技术熟练度的要求也很高。为此，一般微生物工作者常视菌种鉴定工作为畏途。这也促进了微生物分类鉴定工作者改革传统鉴定技术的种种尝试，由此出现了多种简便、快速、微量或自动化的鉴定技术，它们不但有利于普及菌种鉴定技术，而且还大大提高了工作效率，这对急诊患者和安全部门相关突发事件的准确判断尤为重要。国内外都有系列化、标准化和商品化的鉴定系统出售。较有代表性的如鉴定各种细菌用的"API"系统、"Enterotube"系统和"Biolog"全自动和手动系统等，现作一简介。

1. API 细菌数值鉴定系统(API system)

这是一种能同时测定 20 项以上生化指标，因而可用作快速鉴定细菌的长形卡片(API/ATB，24 cm × 4.5 cm，法国生物－梅里埃集团生产)，其上整齐地排列着 20 个塑料小管，管内加有适量糖类等生化反应底物的干粉(有标签标明)和反应产物的显色剂。每份产品都有薄膜覆盖，保证无杂菌污染。使用时，先打开附有的一小瓶无菌基本培养基(液体)，用于稀释待鉴定的纯菌落或菌苔。实验时，先把制成的浓度适中的细菌悬液吸入无菌滴管中，待撕开覆盖膜后，一一加入到每个小管中(每管约加 0.1 mL)。一般经 24 ~ 48 h 保温后，即可看出每个小管是否发生显色反应，并将结果记录在相应的表格中，再加上若干补充指标，包括细胞形态、大小、运动性、产色素、溶血性，过氧化氢酶、芽孢有无和革兰氏染色反应等后，就可按规定对结果进行编码、查检索表，最后获得该菌种的鉴定结果。多年来，此系统已为国际有关实验室普遍选用。适用于 API 系统鉴定的细菌范围极广，使用前，可根据自己鉴定对象去选购相应系列的产品(目前有 16 种，例如，API－20E、API－20NE、API－ZYM、API－50CH、API－50CHL，以及 API－20A 等)。肠道菌鉴定可用"API-20E"("20"表示试管数，"E"表示肠道细菌)；厌氧菌可用"API-20A"("A"表示厌氧菌，故接种后应放入厌氧罐中培养)；等等(图 10－5)。

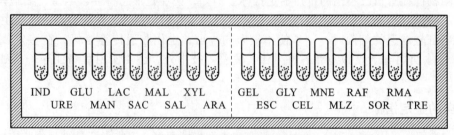

API-20A(用于厌氧菌鉴定)

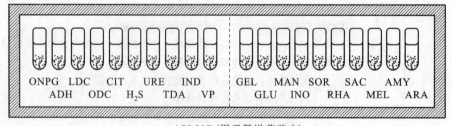

API-20E(用于肠道菌鉴定)

图 10－5 API-20 型细菌数值鉴定系统(卡)

2. "Enterotube"系统

又称肠管系统，由 8 ~ 12 个分隔小室的划艇形塑料管制成，面上有塑料薄膜覆盖，可防杂菌污染。每一小室中灌有能鉴别不同生化反应的固体培养基(摆成斜面状)，所有小室间都有一孔，由一条接种用金属丝纵贯其中，接种丝的两端突出在塑料管外，使用前有塑料帽遮盖着。当鉴定一未知菌时，先把两端塑料

微生物学教程

帽旋下，抽出接种丝，用一端的接种丝蘸取待检菌落，接着在另一端拉出接种丝，然后再恢复原位，以使每个小室的培养基都接上菌种。培养后，按与上述"API"系统类似的手续记录、编码和鉴定菌种。由美国"Roche"公司生产的"Enterotube"系统的构造见图10-6。

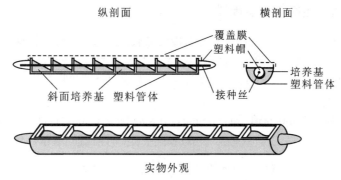

图10-6 "Enterotube"细菌鉴定管示意图

3. "Biolog" 全自动和手动细菌鉴定系统

这是一种由美国安普科技中心（ATC US）所生产的仪器。此系统的商品化，开创了细菌鉴定史上新的一页。特点是自动化、快速（4～24 h）、高效和应用范围广。据介绍，它的新版"6.01"目前已可鉴定2 100余种常见和不常见的微生物，包括几乎全部人类病原菌，各种动、植物病原菌以及部分与环境有关的细菌等。在这些微生物中，计有G⁻细菌524种，G⁺细菌357种，厌氧菌361种；另外，还有酵母菌等267种和丝状真菌619种。此系统适用于动、植物检疫，临床和兽医的检验，食品、饮水卫生的监控，药物生产，环境保护，发酵过程控制，生物工程研究，以及土壤学、生态学和其他研究工作等。"Biolog"鉴定系统中的关键部件是一块有96孔的细菌培养板，其中95孔中各加有氧化还原指示剂和不同的发酵性碳源的培养基干粉，另一孔为清水对照。鉴定前，先把待检纯种制成适当浓度的悬液，再吸入一个有8个头子的接种器中，接着用接种器按12下即可接种完96孔菌液。在37 ℃下培养4～24 h后，把此培养板放进检测室用分光光度计检测，再通过计算机自动统计即可鉴定该样品属何种微生物了。

4. 细菌和病毒的灵敏快速鉴定法

传统的细菌和病毒的鉴定，一般都采用直接分离、培养和鉴定步骤，其手续较烦琐、花费时间过长（1～3 d），这对许多工作带来不利。近年来，一些设计思路新颖、方法巧妙、既灵敏又快速的鉴定方法陆续问世，针对病原菌的工作尤显重要。这对医疗诊断（及时挽救危重患者）、食品检验、作物防病、环境检测以及防止生物恐怖等工作都有极其重要的现实意义。

（1）生物芯片法 由芬兰学者报道的细菌或病毒的快速鉴定法（2009年），可分3步操作：①提取样品中的DNA；②PCR扩增；③用生物芯片快速鉴定菌种。上述操作每步需20～90 min，整个过程不超过3 h。可贵的是，该法还可同时鉴定64个试样。

（2）免疫传感器法 这是一种由美国学者发明的"能像温度计一样容易操作"的灵敏快速鉴定法。其原理是：当溶液中的病原细菌与传感器表面的特异抗体接触后，会通过改变传感器的振动频率而被及时检出，其灵敏度高达4个细胞/mL。据知，该传感器是一根5 mm长、1 mm宽的玻璃丝束，其上涂有病原体特异抗体。束的一端连接压电陶瓷元件（能使机械能与电能互转），通电后，压电陶瓷会令玻璃丝束发生强烈振动，这时如遇溶液中有相应病原体细胞与之结合，就会改变其振动频率，从而获知某细菌的存在。实验已用 *E. coli* 取得成功，计划还将对 *Bacillus anthracis*（炭疽芽孢杆菌）等病原细菌进行检测。

（3）激光散射仪法 美国学者用激光散射仪对培养数小时的细菌微小菌落进行鉴定（2006年）。他们采用激光束轰击菌落，使其散射出类似人体指纹状的图案，再通过成像分析已可快速鉴别食品中 *Listeria*（李斯特氏菌属）的6种有害细菌，准确率可达90%。

二、 微生物分类鉴定中的现代方法

（一）通过核酸分析鉴定微生物遗传型

DNA 是除少数 RNA 病毒以外的一切微生物的遗传信息载体。每一种微生物均有其自己特有的、稳定的 DNA 即基因组的成分和结构，不同种微生物间基因组序列的差异程度代表着它们之间亲缘关系的远近、疏密。因此，测定每种微生物 DNA 的若干代表性数据，对微生物的分类和鉴定工作至关重要。

1. DNA 碱基比例的测定

DNA 碱基比例是指 **(G + C) mol%** 值（guanine plus cytosine base mole percent），简称"**GC 比**"（GC ratio）或 GC 值（GC value），它表示 DNA 分子中鸟嘌呤（G）和胞嘧啶（C）所占的摩尔百分比值，即

$$(G + C)\,mol\% = \frac{G + C}{A + T + G + C} \times 100\%$$

这是目前发表任何微生物新种时所必须具有的重要指标。各大类生物 GC 比的范围不同，有的很宽，如细菌；有的很窄，如动物（图 10 - 7）。

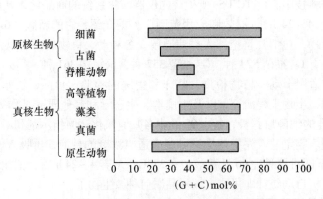

图 10 - 7　各大类生物 (G + C) mol% 值范围的比较

通过测定多种生物的 GC 比后，可以发现以下几个特点：①亲缘关系相近的种，其基因组的核苷酸序列相近，故两者的 GC 比也接近，例如，*Streptomyces*（链霉菌属）中的 500 余个种的 GC 比都在 65% ~74% 的范围；反之，GC 比相近的两个种，它们的亲缘关系则不一定都很接近，原因是核苷酸的序列可差别很大，例如，*Saccharomyces cerevisiae*（酿酒酵母）、*Bacillus subtilis*（枯草芽孢杆菌）和 *Homo sapiens*（人类）的 GC 比是十分接近的。②GC 比差距很大的两种微生物，它们的亲缘关系必然较远，例如 *Actinomyces bovis*（牛型放线菌，63%）、*E. coli*（51%）和 *Nocardia farcinica*（鼻疽诺卡氏菌，71%）。③GC 比是建立新分类单元时的可靠指标。据测定，GC 比相差低于 2% 时，没有分类学上的意义；种内各菌株间的差别在 2.5% ~4.0% 间；若相差在 5% 以上时，就可认为属于不同的种了；假如差距超过 10%，一般就可以认为是不同的属了。例如，原来已建立的 *Spirillum*（螺菌属），当后来测其 GC 比指标后，发现数值范围过宽（38% ~66%），故在 1984 年的《系统手册》中，就把此属分成 3 个属——*Spirillum*（GC 比为 38%）、*Oceanspirillum*（海洋螺菌属，为 42% ~51%）和 *Aquaspirillum*（水生螺菌属，为 49% ~66%）。

测定 DNA 中 GC 比的方法很多，其中的**解链温度**（melting temperature，T_m，即熔解温度或热变性温度）法因具有操作简便、重复性好等优点，故最为常用。其原理为：在 DNA 双链的碱基对组成中，AT 间仅形成两个氢键，结合较弱，而 GC 间可形成 3 个氢键，结合较牢。天然的双链 DNA 在一定的离子强度和 pH 下逐步加热变性时，随着碱基对间氢键的不断打开，天然的互补双螺旋就逐步变为单链状态，从而导致核苷酸中碱基的陆续暴露，于是在 260 nm 处紫外吸收值明显增高，从而出现了增色反应。一旦双链完全变成单链，

微生物学教程

紫外吸收就停止增加。这种由增色效应而反映出来的打开氢键的 DNA 热变性过程，是在一个狭窄的温度范围内完成的。在此过程中，紫外吸收增高的中点值所对应的温度，即为 T_m 值。由于打开 GC 对之间 3 个氢键所需温度较高，故根据某 DNA 样品的 T_m 值就可计算出 G-C 对的绝对含量。GC 比高的 DNA，其 T_m 值也高。

2. 核酸分子杂交法(hybridization of nucleic acid)

按碱基的互补配对原理，用人工方法对两条不同来源的单链核酸进行**复性**[renaturation, 即**退火**(annealing)]，以重新构建一条新的**杂合双链核酸**的技术，称为核酸杂交。此法可用于 DNA-DNA、DNA-rRNA 和 rRNA-rRNA 分子间的杂交。核酸杂交法是测定核酸分子同源程度和不同物种间亲缘关系的有效手段。

某一物种 DNA 碱基的排列顺序是其长期进化的历史在分子水平上的记录，它是比上述 GC 比更细致和更精确的遗传性状指标。亲缘关系越近的微生物，其碱基序列也越接近，反之亦然。一般认为，若两菌间 GC 比相差 1%，则碱基序列的共同区域就约减少 9%；若 GC 比相差 10% 以上，则两者的共同序列就极少了。若有一群 GC 比范围在 5% 以内的菌株，要鉴定它们是否都属同一个物种，就必须通过 DNA-DNA 间的分子杂交。

DNA-DNA 分子杂交的基本原理见图 10 – 8。根据双链 DNA(dsDNA)分子解链的可逆性和碱基配对的专一性，将不同来源的待测 DNA 在体外分别加热使其解链成单链 DNA(ssDNA)，然后在合适条件下再混合，使其复性并形成杂合的 dsDNA，最后再测定其间的杂交百分率。

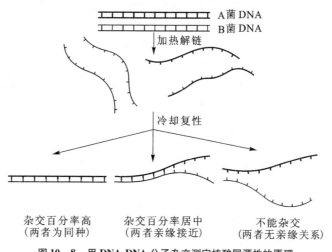

图 10 – 8　用 DNA-DNA 分子杂交测定核酸同源性的原理

DNA-DNA 分子杂交的具体方法很多，常用的**固相杂交法**(直接法)是把待测菌株的 dsDNA 先解链成 ssDNA，把它固定在**硝酸纤维素滤膜**或琼脂等固相支持物上，然后把它挂到含有经同位素标记、酶切并解链过的参照菌株的 ssDNA 液中，在适宜的条件下，让它们在膜上复性，重新配对成新的 dsDNA。再洗去膜上未结合的标记 DNA 片段后，最终测定留在膜上杂合 DNA 的放射性强度。最后，以参照菌株自身复性的 dsDNA 的放射性强度值为 100%，计算出被测菌株与参照菌株杂合 DNA 的相对放射强度值，此即其间的同源性(homology)或相似性程度。核酸杂交技术对有争议的种的界定和确定新种有着重要的作用，一般认为，DNA-DNA 杂交同源性超过 60% 的菌株可以是同种，同源性超过 70% 者是同一亚种，而同源性在20% ~ 60%范围内时，则属于同一个属。

3. rRNA 寡核苷酸编目(oligonucleotide catalog)分析

一种通过测定原核或真核细胞中最稳定的 rRNA 寡核苷酸序列同源性程度，以确定不同生物间的亲缘关系和进化谱系的方法。rRNA 寡核苷酸编目分析自 20 世纪 70 年代初起，经美国学者 C. R. Woese 等的广泛应用，已对数百种原核生物的 16S rRNA 和真核生物的 18S rRNA 的核苷酸序列进行了广泛的测定，据此他就提出了著名的"**三域学说**"。在约 38 亿年漫长的生物进化历史中，由于 rRNA 始终执行着相同的生理功能，因此其核苷酸序列的变化要比 DNA 中的相应变化慢得多和保守得多。例如，各种细菌 rRNA 中的 GC 比都在 53% 左右。因此，rRNA 甚至被人称作细胞中的"活化石"。

选用 16S rRNA 或 18S rRNA 作生物进化和系统分类研究有以下几个优点：①它们普遍存在于一切细胞内，不论是原核生物和真核生物，因此可比较它们在进化中的相互关系；②它们的生理功能既重要又恒定；③在细胞中的含量较高，较易提取；④编码 rRNA 的基因十分稳定；⑤rRNA 的某些核苷酸序列非常保守，虽经 30 余亿年的进化历程仍能保持其原初状态；⑥分子量适中，例如，在原核生物 rRNA 所含的 3 种 rRNA 即 23S rRNA、16S rRNA 和 5S rRNA 中，其核苷酸数分别约为 2 900、1 540 和 120 个；而在真核生物 rRNA 所含的 3 种 rRNA 即 28S rRNA、18S rRNA 和 5.8S rRNA 中，其核苷酸数分别约为 4 200、2 300 和 160 个。尤其是 16S rRNA 和 18S rRNA 不但核苷酸数适中，而且信息量大、易于分析，故成了理想的研究材料。原核生物 16S rRNA 的模式结构见图 10-9。

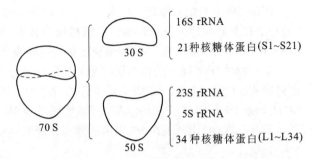

图 10-9　原核生物的核糖体构造和组分模式图

16S rRNA 或 18S rRNA 寡核苷酸编目分析所依据的基本原理是：用一种 RNA 酶水解 rRNA 后，可产生一系列寡核苷酸片段，两种或两株微生物的亲缘关系越近，则其所产生的寡核苷酸片段的序列也越接近，反之亦然。实验方法大体是：将事先用 ^{32}P 标记的被测菌株 rRNA 提纯，用可专一地水解 G 上 3′端磷酸酯键的 **T1 RNA酶**进行水解，于是产生一系列以 G 为末端的长度不一的寡核苷酸片段，接着把它们进行双向电泳分离，再用**放射自显影**技术获得 rRNA 寡核苷酸群的**指纹图谱**（finger print），以此确定不同长度寡核苷酸斑点在电泳图谱上的位置，然后将图谱中链长在 6 个核苷酸以上的寡核苷酸作序列分析，把获得的结果按不同长度进行编目、列表。通过比较、计算和分析，就可定量地知道各被测菌株间的亲缘关系。

通过 T1 RNA 酶的水解，一般可使 rRNA 形成 1~20 个核苷酸单位的寡核苷酸片段。如果形象地把只含一个核苷酸的片段称为"字母"的话，则含两个以上核苷酸的片段就成了"单词"。这里要求只选择含 6 个"字母"以上的"单词"才一一测其核苷酸序列，并把测得的结果编成一部小"辞典"。有了这本小"辞典"，两个菌株 rRNA 的相似性就可通过查阅"辞典"来作比较。比较的具体方法是计算两菌株间寡核苷酸间的**缔合系数**（associated coefficient）或相关系数 S_{AB} 值：

$$S_{AB} = \frac{2N_{AB}}{N_A + N_B}$$

上式中，N_{AB} 是 A、B 两被测菌株所共有的"单词"中的"字母"数，而 N_A 和 N_B 则是两个菌株分别具有的"单词"中的"字母"数。根据 S_{AB} 值进行数值分析后，就可推知其间的亲缘关系。

从以上的简介中可以看出，用 rRNA 寡核苷酸编目分析的方法是一项工作量大、实验条件复杂和操作要求极其严格的分子生物学分析技术。例如，*E. coli* 的 16S rRNA 含有 1 542 个核苷酸，用 T1 RNA 酶可水解成 550~600 个大小不同的片段，其中四核苷酸有 52 个，六核苷酸有 22 个，后者均匀地分布在整个 rRNA 分子中。尽管如此，rRNA 寡核苷酸分析技术仍因其意义重大而被许多学者采用。例如，C. R. Woese 等不仅由此提出了生物界级分类中的**"三域学说"**，并且还对三域中各大类群的进化途径绘制了谱系图，现把细菌域（Domain of Bacteria，旧称"Domain of Eubacteria"即真细菌域）中的各大类代表间的亲缘关系表述在图 10-10 中。

在图 10-10 中的细菌进化谱系树显示有 18 大群（实际存在的超过 40 群）：

（1）产液菌属（*Aquifex*）及其近缘

（2）热脱硫杆菌属（*Thermodesulfobacter*）

（3）热袍菌属（*Thermotoga*）

（4）绿色非硫细菌类（green nonsulfur bacteria）

（5）奇异球菌类（Deinococci）

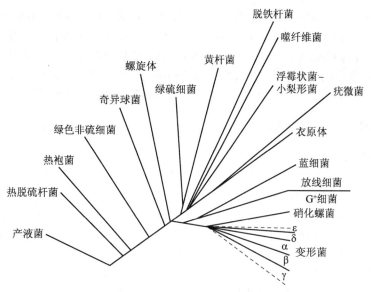

图 10 - 10 建立在 16S rRNA 序列基础上的细菌进化谱系树

（6）螺旋体类（Spirochetes）

（7）绿硫细菌类（green sulfur bacteria）

（8）黄杆菌属（*Flavobacterium*）

（9）脱铁杆菌属（*Deferribacter*）

（10）噬纤维菌属（*Cytophaga*）

（11）浮霉状菌属 – 小梨形菌属（*Planctomyces – Pirella*）

（12）疣微菌属（*Verrucomicrobium*）

（13）衣原体属（*Chlamydia*）

（14）蓝细菌类（Cyanobacteria）

（15）放线细菌类（Actinobacteria）

（16）革兰氏阳性细菌类（Gram positive bacteria），分 2 群

（17）硝化螺菌属（*Nitrospira*）

（18）变形菌类（Proteobacteria），分 5 群

上述的 16S rRNA 寡核苷酸编目分析法由于所获信息量较少（～30%）以及计算中容易引起误差等原因，限制了它的应用。自 20 世纪 80 年代末以来，已发展出较先进的 rRNA 全序列分析方法来克服上述的不足。

4. 微生物全基因组序列的测定

对微生物的全基因组进行测序，是当前国际生命科学领域中掌握某微生物全部遗传信息的最佳途径。从 1990 年起，在**人类基因组计划**（Human Genome Project，HGP）强有力的推动下，**微生物全基因组测序**一马当先，自 1995 年首次报道 *Haemophilus influenzae* Rd KW20（流感嗜血杆菌）的基因组图谱以来，进展极快，在 2000 年的一年中，几乎每个月都有新的纪录出现。据报道，至 2012 年中期，全世界已完成测序的微生物数就达 5 343 种（株），其中包括病毒 2 971 种、古菌 140 种、细菌 2 189 种、真菌 43 种；另有在测中的 11 272 种（株），包括病毒 179 种、古菌 116 种、细菌 10 407 种和真菌 570 种。从应用领域来看，基本上集中在对人类健康关系重大的致病菌方面，同时兼顾进化等基础理论研究中的模式微生物和特殊生理类型并有明显应用前景的嗜热菌等特种微生物，此外，与发酵工业、农业有关的微生物也不少。在我国，已对 *Thermoanaerobacter tengcongensis*（腾冲热厌氧杆菌，分离自云南腾冲热泉）、*Shigella flexneri*（弗氏志贺氏菌）、*Leptospira interrogans*（问号钩端螺旋体）、*Staphylococcus epidermidis*（表皮葡萄球菌）、*Penicillium chrysogenum*（产黄青霉）和 *Cordyceps sinensis*（冬虫夏草）等多种微生物进行全基因组测序。截至 2014 年底，全世界已完成测序的微生物数已超 1.4 万株。2019 年 5 月，据美国能源部网站的资料，已测序的细菌已达 15 566 株，古菌也有 558 株。2018 年 11 月 1 日，一批著名的遗传学家在伦敦启动了一项宏伟的"地球生物基因组计划"，打算在未来 10 年内，筹集 47 亿美元，对全世界约 150 万种真核生物的基因组进行测序，其中包括大量的真核微生物——真菌和原生动物。当前这种争测微生物基因组的热闹形势，与本书绪论中所描述的 19 世纪 80 年代微生物纯培养技术突破后，在全球范围掀起的一场寻找病原菌的**"黄金时期"**，十分相似。

（二）细胞化学成分用作鉴定指标

1. 细胞壁的化学成分

原核生物细胞壁成分的分析，对菌种鉴定有一定的作用，例如，根据不同细菌和放线菌的肽聚糖分子中肽尾第三位氨基酸的种类、肽桥的结构以及与邻近肽尾交联的位置，就可把它们分成 5 类：①第三位为内消旋二氨基庚二酸（meso-DAP）、与邻近肽尾以 3-4 交联者，如 *Nocardia*（诺卡氏菌属）和 *Lactobacillus*（乳杆菌属）中的某些种；②第三位为赖氨酸（Lys），与邻近肽尾以 3-4 交联者，如 *Streptococcus*（链球菌属）、*Staphylococcus*（葡萄球菌属）和 *Bifidobacterium*（双歧杆菌属）中的某些种；③第三位为 L-DAP，与邻近肽尾以 3-4 交联者，如 *Streptomyces*（链霉菌属）中的某些种；④第三位为 L－鸟氨酸（L-Orn），与邻近肽尾以 3-4 交联者，如 *Bifidobacterium* 和 *Lactobacillus* 属中的某些种；⑤第三位氨基酸的种类不固定，肽桥由一含两个氨基的碱性氨基酸组成，它位于甲链第二位的 D-Glu 与乙链第四位的 D-Ala 的羧基间者，如 *Arthrobacter*（节杆菌属）和 *Corynebacterium*（棒杆菌属）中的某些种。

2. 全细胞水解液的糖型

放线菌全细胞水解液可分 4 类主要糖型：①阿拉伯糖、半乳糖，如 *Nocardia*；②马杜拉糖，如 *Actinomadura*（马杜拉放线菌属）；③无糖，如 *Thermoactinomyces*（高温放线菌属）；④木糖、阿拉伯糖，如 *Micromonospora*（小单孢菌属）。

3. 磷酸类脂成分的分析

位于细菌、放线菌细胞膜上的磷酸类脂成分，在不同属中有所不同，可用作鉴别属的指标。

4. 枝菌酸（mycolic acid）的分析

Nocardia、*Mycobacterium*（分枝杆菌属）和 *Corynebacterium* 3 属称"诺卡氏菌形放线菌"，它们在形态、构造和细胞壁成分上难以区分，但三者所含枝菌酸的碳链长度差别明显，分别是 80、50 和 30 个碳原子，故可用于分属。

5. 醌类的分析

原核生物有的含**甲基萘醌**（menaquinone，即**维生素 K**），有的含**泛醌**（ubiquinone，即**辅酶 Q**），它们在放线菌鉴定上有一定的价值。

6. 气相色谱技术用于微生物鉴定

气相色谱技术（gas chromatography，GC）可分析微生物细胞和代谢产物中的脂肪酸和醇类等成分，对**厌氧菌**等的鉴定十分有用。

（三）数值分类法（numerical taxonomy）

又称**统计分类法**（taxonometrics），是一种依据数值分析的原理，借助现代电子计算机技术对拟分类的微生物对象按大量表型性状的相似性程度进行统计、归类的方法。数值分类的原理是约在 200 年前与林奈同代人 M. Adanson（1727—1806 年，法国植物学家）提出来的，直到 1957 年，由于电子计算机技术的迅速发展，这一古老的思想才有可能变为现实，因此，**数值分类学**又称**电子计算机分类学**（computer taxonomy）。现代数值分类学是从 1957 年由英国学者 P. H. A. Sneath 在研究细菌分类时开始的。

在工作开始时，必须先准备一批待研究的菌株和有关典型菌种的菌株，它们被当作 OTU（**操作分类单位**，operational taxonomic unit）。由于数值分类中的相关系数 S_{sm}（简单匹配相关系数，simple matching coefficient）或 S_j（Jaccard 相似系数，Jaccard's similarity coefficient）是以被研究菌株间共同特征的相关性为基础的，

微生物学教程

因此要求用50个以上、甚至几百个特征进行比较，且所用特征越多，所得结果就越精确。在比较不同的菌株时，都要采用一套共同的可比特征，包括形态、生理、生化、遗传、生态和免疫学等特征。分类工作的基本步骤为：

（1）计算两菌株间的**相关系数**　有以下两种计算方式：

$$①S_{sm} = \frac{a+d}{a+b+c+d} \qquad ②S_{j} = \frac{a}{a+b+c}$$

上式中，a 为两菌株均呈正反应的性状数，b 为菌株甲呈正反应而乙呈负反应的性状数，c 为菌株甲呈负反应而乙呈正反应的性状数，d 为两菌株均呈负反应的性状数。从式中可知，S_{sm} 值既包含正反应性状，也包含负反应性状，而 S_{j} 则仅包含正反应性状，而不包含负反应性状。

（2）列出**相似度矩阵**（similarity matrix）　对所研究的各个菌株都按配对方式计算出它们的相关系数后，可把所得数据填入相似度矩阵中（图10－11a）。为便于观察，应将该矩阵按相关系数高低重新排列（图10－11b）。

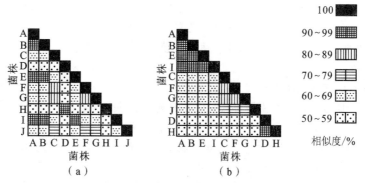

图10－11　10个细菌菌株的相似度矩阵

（3）将矩阵图转换成**树状谱**（dendrogram）　矩阵图转换成树状谱后，可以为按数值关系判断分类谱系提供更直观的材料（图10－12）。图中垂直的虚线表示各菌株相似度的水平，它可用作属与种这两个不同层次的分类单位。顺便应指出的是，由于数值分类法是按大量生物表型特征的总相似性进行分类的，故其结果不可能直接反映系统发育的自然规律，因此，由数值分类法获得的类群只能称为**表元**（phenon）或**表观群**（phenotic group），而不能当作严格的分类单元（taxon）。

以上已简介了数值分类法的基本原理与主要工作步骤，现将它与传统分类方法作一比较（表10－6）。

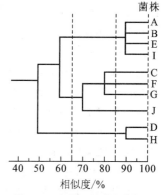

图10－12　显示10株细菌相似关系的树状谱

表10－6　数值分类法与传统分类法的比较

比较项目	传统分类法	数值分类法
分类原则	所用特征有主次之分	所用特征不分主次
鉴定项目	较少	大量（50～100以上）
数据整理	人工统计	电子计算机运算
检索方法	使用双歧检索表	根据相关系数大小
确定种属	主要特征相同者为同属，次要特征相同者为同种	相关系数小者为同属，相关系数大者为同种

1. 微生物分类学担负着哪三项具体任务？试分析其中的联系。

2. 目前人类已记载过的微生物有多少种？约占自然界客观存在的百分之几？估计今后有可能新发现的是哪些新类型？为什么？

3. 种以上的系统分类单元有哪几级？各级的中、英、拉丁词怎么写？试举一具体菌种按 7 级分类系统编排一下。

4. 什么是域（domain）？它的来历如何？

5. 什么是微生物的种？试述种、模式种与模式菌株间的关系。

6. 什么是新种？如何表达一个微生物的新种？

7. 什么是学名？用双名法和三名法表达学名有何差别？为什么说每个微生物学和生命科学工作者都必须熟记一批常见微生物的学名？你在本课程学习结束时能熟记多少章后的重要学名？

8. 何谓菌株？它如何表达？正确理解菌株的意义有何重要性？

9. 菌株、品系、毒株、无性繁殖系、克隆、菌落、菌苔、斜面培养物、分离物、纯培养物和菌种等各名词间有何联系或区别？

10. 何谓五界系统？它有何优缺点？

11. 何谓三域学说？提出此学说的依据何在？它在目前还存在何种挑战？

12. 什么是真核生物起源的连续内共生学说？试讨论能否用现代遗传工程、细胞工程或合成生物学的方法，构建一种全新的，既含线粒体和叶绿体，又含"固氮体"的内共生"合成生物"的可能性。

13. 试比较古菌、细菌与真核生物间的主要差别。

14. 什么是《伯杰氏手册》？试简述 2001—2007 年最新出版的 5 卷本《伯杰氏系统细菌学手册》（第 2 版）的主要轮廓。

15. 从《伯杰氏手册》大半个世纪来的书名、内容、篇幅和作者队伍等的变化，来谈谈你对微生物分类学的现状和前景的认识。

16. Ainsworth 等人的《安·贝氏菌物词典》（1983，第 7 版）对菌物分类的"两门五亚门"系统的内容是什么？第 8 版（1995 年）、第 9 版（2001 年）和第 10 版（2008）又有哪些重大变动？

17. 用于微生物鉴定的经典指标有哪些？随着新的物理化学和分子生物学技术在微生物鉴定中的应用，经典的分类指标会被淘汰吗？何故？

18. 现代微生物鉴定技术的发展趋势如何？试举例加以说明。

19. 何谓（G + C）mol% 值？它在微生物分类鉴定中有何重要性？

20. 何谓核酸分子杂交法？它在微生物的分类鉴定中有何应用？

21. 试述 16S rRNA 寡核苷酸测序技术的原理、优点和简明操作步骤，并说明它在生物学基础理论研究中的重要意义。

22. 什么叫数值分类法？试简述其工作原理和工作方法。

23. 试述全基因组测序在微生物分类学研究中的重要性。

24. 试熟记下列一些最基本的微生物学名或属名（有 * 者应优先记住）：

（1）细菌

① Anabaena（鱼腥蓝细菌属）

② Azotobacter chroococcum（褐球固氮菌）

③ Bacillus subtilis*［枯草（芽孢）杆菌］

④ B. thuringiensis*（苏云金芽孢杆菌）

⑤ Bacteroides fragilis（脆弱拟杆菌）

⑥ *Bifidobacterium bifidum**（两歧双歧杆菌）

⑦ *Clostridium tetani*（破伤风梭菌）

⑧ *Escherichia coli**（大肠埃希氏菌，俗称"大肠杆菌"）

⑨ *Helicobacter pylori**（幽门螺杆菌）

⑩ *Lactobacillus acidophilus**（嗜酸乳杆菌）

⑪ *L. plantarum*（植物乳杆菌）

⑫ *Mycobacterium tuberculosis**（结核分枝杆菌）

⑬ *Pseudomonas aeruginosa**（铜绿假单胞菌，俗称"绿脓杆菌"）

⑭ *Rhizobium**（根瘤菌属）

⑮ *Salmonella typhi**（伤寒沙门氏菌）

⑯ *Shigella dysenteriae**（痢疾志贺氏菌）

⑰ *Spirulina*（螺旋蓝细菌，俗称"螺旋藻"）

⑱ *Staphylococcus aureus**（金黄色葡萄球菌）

⑲ *Streptococcus pneumoniae**（肺炎链球菌）

⑳ *Acidithiobacillus ferrooxidans*（氧化亚铁酸硫杆菌）

㉑ *Vibrio cholerae**（霍乱弧菌）

（2）古菌

① *Halobacterium*（盐杆菌属）

② *Methanobacterium*（甲烷杆菌属）

③ *Methanococcus jannaschii*（詹氏甲烷球菌）

④ *Thermoplasma acidophilum*（嗜酸热原体）

（3）放线菌

① *Actinomyces*（放线菌属）

② *Frankia*（弗兰克氏菌属）

③ *Nocardia*（诺卡氏菌属）

④ *Micromonospora*（小单孢菌属）

⑤ *Streptomyces griseus**（灰色链霉菌）

⑥ *S. coelicolor**（天蓝色链霉菌）

（4）酵母菌

① *Candida utilis**（产朊假丝酵母）

② *Rhodotorula glutinis*（黏红酵母）

③ *Saccharomyces cerevisiae**（酿酒酵母）

（5）霉菌

① *Aspergillus flavus**（黄曲霉）

② *A. niger**（黑曲霉）

③ *Fusarium*（镰孢霉属）

④ *Geotrichum candidum*（白地霉）

⑤ *Gibberella fujikuroi*（藤仓赤霉）

⑥ *Mucor*（毛霉属）

⑦ *Neurospora crassa**（粗糙脉孢菌，俗称"红色面包霉"）

⑧ *Penicillium chrysogenum**（产黄青霉）

⑨ *Rhizopus oryzae**（米根霉）

⑩ *Trichoderma viride*（绿色木霉）

⑪ *Agaricus bisporus*（双孢蘑菇）

数字课程资源

📖 本章小结　　　📄 重要名词　　　📖 常见微生物的学名及其音标

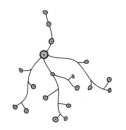

结束语　微生物学的展望

从前面的绪论到第十章的介绍中，读者已对微生物学的过去和现状有了较详细的了解。在本书结束前，若再介绍一下本学科的将来（发展趋势或展望），就比较圆满了。但是，由于过去和现状都是一些"定格"了的事实，故相对容易写，而"将来"则须发挥作者的资料积累和一定的想象力，因而会出现见仁见智、各显神通的结果。为了有利于提高读者对微生物学的兴趣，有利于对已学知识的融会贯通，有利于对有关问题开展讨论，有利于培养和锻炼战略思维能力，以及有利于达到"展望的多样性"，作者十分愿意在此先发挥一下抛砖引玉的作用。

以下拟从五个方面阐述微生物学的展望。

一、　微生物在解决人类面临的五大危机中的作用

人类社会的发展，在经历了采猎经济、农牧经济和工贸经济阶段后，正沿着信息经济并向着生物经济的大方向稳步迈进。作为未来生命科学工作者和开拓者的青年学子们，一个可让我们发挥自己的聪明才智、大显身手的新时代，正在等待和迎接着我们！

20世纪对人类来说是一个极不平凡的世纪。若站在历史的角度并以生态为本的观点加以深刻反思，则人类在这个世纪中有意或无意地犯下了后果极其严重的错误：上半世纪是恣意地破坏地球（其罪魁祸首是帝国主义发动的两次侵略战争）；下半世纪则是贪婪地掠夺地球，其结果导致目前越来越显出严重后果的各种生态灾难——森林减少、水土流失、洪涝不断、荒漠化严重、温室效应、雪线上升和物种濒危等。反思人类在对待自然的过程中，曾经历过畏惧、崇拜和藐视3个阶段，现在则是尝到藐视苦果的时候了。亡羊补牢，未为迟也。这就要求从现在起，人们应本着高度的自觉性迅速转入第四个阶段——尊重或敬畏自然，包括积极树立"低碳"观念和采用多种"低碳"生产和生活方式（如低碳能源、低碳经济、低碳产业、低碳技术、低碳城市和低碳生活等），自觉保护环境和恢复自18世纪中叶英国产业革命以来所破坏的生态环境等重大任务，让人类在唯一的家园——地球母亲的怀抱中，重新学习与大自然和谐相处，以全面实现可持续发展的全球性宏大战略目标。

当前，人类社会正面临着粮食危机、能源短缺、资源耗竭、生态恶化和人口剧增等五大危机。在人类进入21世纪时，必须面对的全球性战略抉择就是如何解决原有的从依赖有限的矿物能源和资源时代（烃时代或碳氢时代）稳步过渡到利用可再生的生物质能源和资源的新时代（糖时代或碳氢氧时代），并由此要求人们去克服一系列前所未遇的新问题。由于微生物细胞不仅是一个高比面值、强生化转化能力、高产低耗和能自我复制、高速生长繁殖的精巧生命系统，而且还具有物种、代谢、遗传和生态类型多样性等一系列独特优势，使得它在解决人类面临的各种危机和发展生物经济中恰逢其时，可发挥其他方法所无法替代的独特作用。现分述如下。

353

（一）微生物与粮食增产

"民以食为天"，粮食生产是全人类生存中的头等大事。微生物在提高土壤肥力、改进作物特性、促进粮食增产、防治粮食作物病虫害、防止粮食霉腐，在粮食深度加工、转化、增值，以及把作物秸秆转化为饲料、饵料、蔬菜（食用菌）等方面，都是可以大有作为的。

（二）微生物与生物质能源开发

能源是人类社会维持正常生存和发展的最重要保证。近两百多年以来，随着英国的产业革命把人类带进工贸社会至今，人类开发和消耗了大量的煤炭、石油和天然气这类化石能源，地球上积累了数亿年至数十亿年才形成的矿物能源不久即将告罄。有资料显示，目前全球已探明可供开采的化石能源还剩7 528亿t（油当量），其中石油为1 686亿t，天然气177万亿 m³，原煤8 524亿t；目前化石能源的稳态保障年限分别为石油45年，天然气60年，煤炭150年。从能源战略角度看来，人类的终极能源必然是核能（裂变能，尤其是聚变能），可是，它离现实应用还很遥远，于是，在化石能源时代与核能时代间必然要经历一段相当长的过渡阶段，这就是充分利用一切可再生能源，包括水能、太阳能、风能、生物质能、地热能、潮汐能的"高科技自然能阶段"。例如，我国学者近期提出了一个称作"液态阳光"的战略设想（2018），打算利用自然界中取之不尽、用之不竭的太阳能、二氧化碳和水，合成稳定、高能量、可储存、易运送的绿色醇类燃料，以逐步取代日益短缺的化石能源。与微生物学工作者直接有关的就是其中的生物能（bio-energy）或**生物质能**（biomass-energy）和生物质燃料。地球上存在着极其丰富的生物质资源，有人估计，全球每年经光合作用合成的生物质约有2 000亿t，相当于人类年耗能量的10倍，而目前仅利用了其中的7%左右。利用微生物的**生物炼制**（bio-refinary）技术，可将生物质（尤其是非粮生物质或秸秆纤维等草基生物质）原料转化成丰富的生物能，其中由微生物发酵产生的液态生物质燃料如乙醇和丁醇等将是最优良的石油替代品，而主要用禽畜粪便和植物秸秆生产的气态生物质燃料（沼气、氢气），则是天然气的绝佳替代品。此外，将 *Xanthomonas sp.*（黄单胞菌）产生的黄原胶溶液或把耐高温、产气力强的厌氧菌连同培养料一起注入老油田，以提高石油采收率，或研制微生物电池等，都是微生物能源领域一些正在应用或研究开发的内容。

用微生物发酵法生产生物质能源有许多优点：①在产能的同时还兼有物质生产的可贵作用，因而可较好地取代石油原料；②可促进工农业间协调，改善农村的经济条件和生态环境；③生产过程是可循环的，有利于环境保护；④自然界中存在着极其丰富的生物质原料，广义的包括全球每年由光合作用合成的大量生物质，狭义的主要是大量的秸秆（我国年产约7亿t）、工农业生产的有机残余物和人畜粪便；⑤生物质原料除可再生外，还可逐年增量，以利扩大再生产；等等。利用资源丰富的植物生物质的关键，在于寻找能产生水解力强、耐高温的纤维素酶和木质素酶的微生物。2013 年，美国学者曾分离到一株厌氧细菌 *Caldicellulosiruptor bescii*（贝氏热解纤维菌），可在80 ℃下、5 d 内分解植物纤维素和木质素。

（三）微生物与资源开发

当前，全球化学工业对矿物资源尤其石油存在着高度的依赖性，长此以往将无法后继。据报道，目前以石油为原料的化工产品多达3 000 余种，全球化学工业总产值的80%由石油化工提供。这种状况必须尽快改变。微生物发酵工程由于其固有的特性，最适合承担人类社会从石油经济转向生物经济的战略转型的任务。这种建立在"可增量的循环型资源"即生物质原料基础上的新型绿色生物化工，除原料来源广之外，还具有产物种类多、能源消耗低、反应条件温和、环境污染少和经济效益高等优势，是把"黄色化工"改造成"绿色化工"必然趋势中的主力军。今后，除了要进一步发展传统的生物基化工产品如乙醇、丙酮、丁醇、乙酸、甘油、异丙醇、甲乙酮、柠檬酸、乳酸、苹果酸、反丁烯二酸和甲叉丁二酸等产品外，还要发展新型的生物基化工产品，如水杨酸、乌头酸、丙烯酸、己二酸、丙烯酸胺、癸二酸、长链二元酸、长链二元醇、γ-亚麻酸油、聚乳酸（PLA）和聚羟丁酸（PHB）等。用微生物沥滤工艺对铜等金属矿藏的深度开发以及金、铀的提炼极其适用，今后必将获得深入研究并继续在生产实践中发挥其独特的作用。

（四）微生物与环境保护

环境保护和对已污染环境的**生物修复**（bioremediation）是 21 世纪全球性的一项重要任务，微生物可在其中发挥不可取代的重大作用。例如：①利用微生物肥料、杀虫剂或农用抗生素来取代严重污染环境或不可降解的化学肥料或农药；②利用微生物生产 PHB、PHA、PLA（聚乳酸或"玉米塑料"）以制造易降解的医用塑料、快餐盒等制品，从而减少"白色污染"；③利用微生物具有的强烈降解、氧化、生物转化（biotransformation，bioconversion）等生化活性来净化生活污水、生活有机垃圾、有毒工业废水或海洋石油污染；④利用工程菌如 *Saccharomyces cerevisiae*（酿酒酵母）生产磷酸三酯酶以用于消除有机磷农药的污染；⑤利用敏感微生物作指示菌，以检测环境的污染度，如利用艾姆斯法检测"三致"（致癌变、致突变、致畸变）物质（第七章），利用 EMB 培养基检测饮用水等样品中的大肠菌群数（第四章），或利用发光细菌来检测水源或环境的污染度（第八章）等。

（五）微生物与人类健康

微生物与人口的数量和体质有着密切的关系。由病原体引起的各种传染病始终是人类挥之不去的凶恶敌人。近 30 年来，新出现的传染病约 40 种，其中一半左右为病毒病，因而有人认为"传染病在古代是坟场，在近代是战场，在当代是考场"。人类对自身和动、植物传染病的防治研究，始终是推动微生物学发展的主要动力。微生物与人类健康的关系是多方面的，例如：①利用微生物或其细胞组分可制成菌苗、疫苗或类毒素等生物制品；②由微生物的代谢产物可生产抗生素、维生素、医用酶制剂和氨基酸输液等大量生化药物；③由遗传工程菌生产胰岛素、白细胞介素、干扰素、链激酶和人生长激素等新型高效的多肽类药物；④由微生物的生物转化活性生产调节人类生殖机能等的甾体激素类药物；⑤用药用真菌和其他真菌可生产生物碱和真菌类药物；⑥用益生菌生产具有肠道等微生态系统调节功能和保健功能的益生菌剂（probiotics）；⑦用各种微生物、微生物产物或微生物学、免疫学方法诊断多种疾病；等等。无怪乎有人估计，自从 18 世纪末 E. Jenner 发明种痘以来，人类的平均寿命至少提高了 10 岁（从发明前的 18 岁提高至 40 岁），而青霉素等大批抗生素的广泛应用又至少提高 10 岁（平均寿命提高到 65 岁）。正像诺贝尔奖获得者 J. Lederberg 所说，"同人类争夺地球统治权的唯一竞争者就是病毒"，因此在 21 世纪及以后，人类决不能有丝毫的自满或懈怠，而必须全神贯注地准备与新、老病原微生物进行艰苦的攻坚战和持久战。

二、 现代微生物学的特点及其发展趋势

（一）研究工作向着纵深方向和分子水平发展

从 20 世纪的中后期起，由于分子生物学的迅猛发展，推动和引领着整个生命科学研究都向着分子水平飞速发展。以世纪之交的人类基因组计划（HGP）为动力，大大促进了一系列与此相关的分子微生物学新学科的诞生，如微生物基因组学（microbial genomics）、微生物信息学（microbial informatics）、微生物分子进化学（microbial molecular evolution）、微生物功能基因组学（microbial functional genomics）、微生物结构生物学（microbial structural biology）、微生物蛋白质组学（microbial proteomics）、微生物代谢组学（microbial metabolomics）、**微生物组学**（microbiomics）和合成微生物学（synthetic microbiology）等。以致有学者认为，现代生物学实验室已从以往进行的"湿实验"——在实验台前以操作试管、培养皿、移液管和凝胶板为主的实验，悄然转变为坐在电脑桌前拨弄字键和处理数据为主的"干实验"了。

（二）基础研究不断深入，一批新学科、潜学科正在形成

除上述分子生物学类的学科外，另一批属于基础性的新学科正在形成，例如厌氧微生物学、嗜热菌生

物学、嗜极菌生物学、古菌学、亚病毒学和固氮遗传学等。

（三）学科间的渗透、交叉和融合，形成了新的边缘学科

在学科的分化发展中，各学科间的相互渗透、交叉和融合，总是起着新学科"生长点"的作用。这种学科间的互补、"杂交"或借鉴作用，不仅容易产生一系列新概念、新理论和新技术，而且还会形成一系列具有旺盛生命力的新型边缘学科或交叉学科（图11-1）。具有说服力的数据是，在全球影响最大的百年诺贝尔奖（自然科学）的获奖项目中，交叉学科获奖者共达41.02%，在20世纪的后25年中，这一比例更提高到47.4%（45/95）。当前在国际范围内大力倡导的"Bio-X"、"Med-X"（X泛指数学、物理学、化学、工程科学或信息科学等学科）就是这种趋势的新发展，在微生物学领域中，也应顺应这一潮流，自觉地、有意识地发展"Microbio-X"等交叉学科。

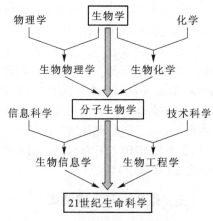

图11-1 学科间的交叉、融合是生命科学发展的主要动力

从本世纪初才开始发展起来的一门影响日益增大的新交叉学科就是**合成生物学**（synthetic biology），它由分子生物学、基因组学、信息科学和工程技术交叉融合而成。特点是将工程学的系统设计模式运用到生物零件、组件、反应系统或生物个体的设计中，通过"从零开始"进行人工设计或改造、重建，创建出自然界中从未存在过的具有独特生理功能的新生物，借以解决困扰人类社会的能源、材料、化工、医药、农业和环保问题。目前的研究重点还处于较简单的病毒、细菌基因组和枝原体的合成上，例如，2002年合成了脊髓灰质炎病毒（约7 400 bp），2003年合成了ΦX174噬菌体（5 400 bp），2005年重建了曾于1918年流行于全球的流感病毒即"西班牙病毒"，以及美国学者Smith等于2008年对*Mycoplasma genitalium*（生殖道枝原体）的基因组（582 790 bp）进行人工全合成，并于2009年8月成功地将该基因组转入同一菌种细胞内，获得了具有生存能力的新菌株，等等。最有里程碑意义的进展是，C. J. Venter等人于2010年5月20日在*SCIENCE*上发表了一篇论文（Creation of bacterial cell controlled by a chemically synthesized genome），宣布已成功构建了一个称作"辛西亚"（Synthia，后称"Syn 1.0"）的人工生命体。这是一种以化学方法全合成的*Mycoplasma mycoides*（蕈状枝原体）的基因组（1.08×10^6 bp）作供体，移植到另一种去除基因组的枝原体——*M. copricolum*（山羊枝原体）空细胞作受体而获得的含901个基因、能正常生长、繁殖的新生命体——"辛西亚蕈状枝原体"。2016年，又合成出最小细菌"Syn 3.0"（仅含473个基因）。2017年，我国学者已合成了4条酿酒酵母染色体。2018年8月初，*Nature*报道了我国学者在合成生物学领域的重大成果——在国际上首次人工创建了功能完整的单染色体真核酿酒酵母（原来有16条染色体）。由于合成生物学的重要性，故它被认为是今后"改变世界的十大新技术之一"。

（四）新技术、新方法在微生物学发展中的广泛应用

"工欲善其事，必先利其器"。新技术、新方法、新仪器和新装备是科学发现的前提之一，也是科学发展的有力保障。仪器是认识世界和进行科学研究的工具，而机器则是改造世界和进行技术革新的工具。有人统计，在历年诺贝尔自然科学奖项中，在物理学和化学奖中，约有1/4是方法上的突破；此外，有68.4%的物理学奖、74.6%的化学奖和90%的生理学或医学奖是借助于各种独创的科学仪器而完成的。现代的方法、技术、仪器和装备的发展，为微生物学的研究提供了无比优越的客观条件，例如，电子显微镜技术、电泳技术、层析技术、质谱技术、超离心技术、同位素示踪技术、电子计算机技术、免疫学技术、蛋白质和核酸的高通量测序技术、PCR技术、分子克隆技术、荧光标记技术、传感器技术、免疫标记技术、X射线衍射技术、同步辐射和核磁共振技术、单细胞体系、单分子荧光成像技术以及DNA条形码等微量快速微生物鉴定技术，等等。现代分析测试仪器则是有着快速、灵敏、微型、便携、数字化、智能化或高度

微生物学教程

自动化的特点。通过这类新技术、新仪器的广泛应用，已把微生物学的研究从原有的静态、定性、离体、大样本为主的描述性研究，逐步提高到动态、定量、定序、定位、定立体构象、原位、实时、超痕量和小样本化的机理性研究的新水平。

值得高度重视的是，随着基因测序的快速发展，在方法技术中最有代表性的测序技术也得到了飞速的改进，从而使这类工作的效率迅速提高。例如，从 1990 年起实施的人类基因组计划，原定约需 15 年时间和 30 亿美元的经费，由于在此期间的技术进步，至 2003 年公布结果时仅花了 13 年时间和 4.37 亿美元；4 年后，对第二个对象完成测序时，花了更短时间和仅 1 亿美元的经费；稍后，另一批学者对 J. Watson 个人的基因组测序只用了 4 个月和低于 150 万美元，而目前则已缩短为 6 周和跌至 10 万～30 万美元的水平（2009 年）。2012 年第三代基因测序仪问世后，测序时间已缩短至 1 d，成本仅约 1 000 美元，至 2017 年，又下降至约 100 美元。由此可知，研究方法、技术和仪器装备的进步对基因组学的研究具有何等重要的意义，而以基因组学为代表的一批新的"组学"和功能基因组学、生物信息学的研究，又必将引领生命科学获得更辉煌的发展。

（五）向着复合生态系统和宏观范围拓宽

微生物学除了向纵深方向和分子水平研究微生物生命活动的规律外，另一个方向就是向宏观的、各种复合生态系统发展的趋势，从而形成了许多有关新学科，如资源微生物学、海洋微生物生态学、宇宙微生物学、热带真菌学、人体微生态学、植物微生态学、感染微生态学和嗜极菌生态学等。

（六）一大批应用性高技术微生物学分科正在孕育和形成

微生物学是一门高度扎根于生产实践的学科。当代应用微生物学所包括的分支学科越来越多，它们一般具有 3 个特点：①交叉性强。例如微生物进化工程学、细菌冶金学、微生物生态工程学、工业生物技术、生物炼制（或生物质炼制）、生物质能源、生物转化和生物基化学品制造等。②自觉性强。当前，在分子生物学理论和技术的带动下，很多应用性生物学科都在朝向目的性强、自觉度高、可控性强和工效高的方向发展，由此产生了一批以"工程"为名的新学科出现，例如微生物的基因工程、细胞工程、生化工程、酶工程、蛋白质工程、代谢途径工程和抗体工程等。③覆盖面广。从大的方向来看，微生物的应用领域包括工业、农业、医学、环保和国防等领域，从细的方面看，每个大领域又可分成许多分支领域，也就分化出许多相应的应用性分支学科，例如，仅与医学有关的就有病原微生物学、药用微生物学、诊断微生物学、医用抗生素学、农用抗生素学、鱼病学、药用真菌学、真菌毒素学、人畜共患病原微生物学、微生物生物防治学、人体微生态学、动物微生态学、植物微生态学、感染微生态学、微生态制剂学、生物战剂的预防和反生物恐怖等。

三、 微生物在"生命科学世纪"中的作用

至今，"21 世纪是生命科学世纪"[①] 的观点已得到了全世界政界和科技界众多有识之士的广泛认同。其实只要注意一下近年来每年年终评出的全球十大科技新闻中有关生命科学内容总是占一半以上的事实，就可知道当前生命科学在当今世界上的地位了。这里还可用更多的事实和数据来加以说明：①在国际学术界具有重要影响的《科学文献索引》（*Science Citation Index*，*SCI*）所收录的 4 700 余种最有代表性的科技期刊中，生命科学类在数量上虽只占 28.6%，但在影响因子（impact factor，IF）最高的 10 种刊物中，除 *Nature* 和 *Science* 为综合性刊物外，其余 8 种都属生命科学类；若从前 20 位来看，生命科学类就高占 17 位；从前 50 位来看，生命科学类也占 86% 之多。②在美国科学院 2 217 名院士（1999 年，含名誉院士与外籍院士；2018

[①] 也有称"21 世纪是生物学世纪"。生命科学是理论性的生物科学与应用性的生物技术两大学科群合在一起的总称，其特点是以生命体为自己的研究和应用对象，包括生物学及其各分支学科以及医学、农学、生物工程学和环境生物学等。

年为 2 382 名)中，生命科学类高达 1 112 名，占 50.2%；在美国科学院 25 类学科中，有 14 类是生命科学或与之密切相关的学科；在全球自然科学论文中，仅生物学与医学的论文就占 48.9%，而生物技术类的专利也占世界专利总量的 30%。③在科研经费分配方面，世界各国越来越重视对生命科学领域的支持。世界主要发达国家在政府的科技预算中，除国防开支以外，投入生命科学研究与开发的经费都达到或接近科技总投入的半数之多，例如，美国在这方面的开支超过 50%。④以工业生物技术为代表的现代生物产业正受到世界各国的高度重视，其三大支柱是生物质能源、生物质材料和生物基化学品。例如，当前美国最大的工业即是现代生物制药工业。数据表明，近年来全球生物产业的销售额几乎每 5 年翻一番，其增长速度是全球经济平均增长率的 10 倍。⑤当前国际科学界和社会上出现的许多新名词中，与生命科学有关的术语有很大影响，有的已广泛流行至许多大众媒体甚至日常用语中，诸如基因、基因组、克隆、干细胞、转基因以及生态、生物工程、生物质燃料和生物多样性等。

从本质上来说，21 世纪之所以成为生命科学世纪，还存在以下 4 个深刻的原因：①由物质运动发展从简单到复杂的规律所决定。物质运动一般都遵循机械运动—物理运动—化学运动—生命运动—思维运动的规律发展，复杂、高级的运动形式必须建立在简单、低级的运动形式的基础之上。人们对各种运动的认识过程也是遵循着从简单到复杂的不断深化过程进行的。时至 21 世纪，由各方面提供的条件才使人类有可能对自然规律的认识深入到生命运动机制的崭新阶段。②由**生物多样性**(biodiversity)及对其认识的长期性、艰巨性的特点所决定。对于地球上到底有多少物种，至今还是一个未知数。不同学者有过种种不同的估计与推测，其数量从 300 万~1 亿种应有尽有，但较多的还是认为在 1 000 万~5 000 万种之间，而现今已记载过的仅为 180 万种左右，由此可见今后有关任务之艰巨。可以肯定，目前人类对生物多样性的认识还处于低级阶段，今后的发现将是极其迷人的。这种生物多样性是一座巨大的"金矿"，它是当前和未来的人类赖以生存和发展最主要的物质基础。③由当代人类面临的五大危机的性质及其解决的迫切性以及实现人类社会可持续发展的长远战略目标所决定。④由其他学科对发展生命科学作出的贡献，进而实现生命科学对其实行"反馈"、"反哺"、"回敬"或"报效"的规律所决定。

在生命科学世纪中，微生物学将起着极其重要和独特的作用。在自然科学中，如果说生命科学正处于"朝阳科学"阶段的话，则微生物学只能认为还处在"晨曦科学"阶段；如果说微生物学是一座"富矿"的话，则目前还只是一座"刚剥去一层表土的富矿"。这是因为，微生物世界存在着高度的物种、代谢、遗传和生态类型的多样性——**微生物多样性**(microbial diversity)，由此构成了微生物资源的丰富性，并决定了对它的研究、开发、利用的必要性和长期性。

人类对微生物资源的研究、开发工作还只能说刚开始。根据多方面估计，目前已研究和记载的微生物种数，最多只占地球上实际存在量的 5% 左右(3% ~ 5%)，其余 95% 左右的种类主要存在于土壤、深海、热泉、热带雨林(尤其是高大树冠)、地层深处以及各种动植物(尤其是人类接触少和未接触者)体内外等处。例如，德国学者经 3 年努力，仅在 700 ~ 6 000 m 深的海洋中即发现了 700 多种新的海洋微生物；2004年，美国学者在大西洋就发现了 148 种新微生物。许多学者共同认为，仅海洋微生物的种类就可能多达1 000 万种；又如，有的学者用非培养的分子生物学方法对土壤、温泉中的微生物种类进行调查，发现当前无法在实验室中培养的微生物种类高达 99%，即实际上存在于土壤中的微生物种类比以往所知道的要高出100 倍之多(约 100 万个物种/g)，而其中的 99% 就是**"活的不可培养状态的细菌"**(viable but non-culturable state of bacteria)，有人称之为"暗微生物"。有学者估计，地球上约有 380 万种真菌，但当前每年仅约 2 000种能获得鉴定和发表，至今已鉴定的真菌总数仅为 14.4 万种(2018)。即使在已记载过的少数微生物中，已被人类开发、利用的种类也是少得可怜(少于 1%)。例如，对最易观察和相对容易研究的具有大型子实体的微生物——蕈菌，在其 30 多属约 2 000 种可食用种类中，作过开发研究的也只占 1% 左右。一个称作"全球病毒组项目"的大型国际合作计划，已从 2018 年起对约 100 万株病毒开展清查，估计其中约有半数可能侵染人类。

四、 大力开展我国微生物学研究

由于历史、文化和经济滞后等原因，目前我国微生物学的总体状况离国际先进水平还存在明显的差距。作为中华民族的子孙，人人都有责任和义务为使我国科技水平在不太长的历史时期内赶上或超过国际水平而不懈奋斗。每位微生物学工作者在其自己业务领域中自然责无旁贷。

当前，广大科技工作者的工作条件已得到了明显的改善，正需要我们发挥高昂的科学精神，虚心学习国际先进经验，充分发扬自主创新能力，善于结合具体国情，在有限条件下"有所为和有所不为"，集中主要人力和物力，优先攻占一些既具有我国特色和一定基础，又具有明显的学术效益、经济效益、社会效益甚至还包括生态效益在内的课题作为突破口，努力做到突破一点，带动一片，再逐步辐射，扩大战果和影响。在有条件的领域，还必须有摆脱常规、采用"跨越创新"的战略思想，尽快走到国际同行的前列中去。只要能持之以恒、长期坚持，就会积小胜为大胜，从量变发展到质变，希冀以尽快的速度彻底改变历史留给我们的落后包袱。

具体的领域和主攻方向很广，可选择的重点各不相同，一般可考虑：①具有我国特色的菌种资源的调查开发，以带动微生物分类学、基因组学和进化理论的研究；②具有重要意义和应用前景的微生物的遗传学、基因组学、分子育种技术和真核微生物，如酵母菌的合成生物学理论和方法学的研究，尤其应着重能源微生物的研究；③重要工业菌种例如生产生物质燃料和生物基化工产品的菌种的代谢生理和发酵工程的研究；④微生物代谢产物的多样性及其开发、利用的研究，其中尤其应关注能形成新型生物产业的微生物代谢产物的种类，包括生产生物质能源、生物质材料以及生物基化学品和生物质药物的重要菌种；⑤不同生态条件下微生物间和微生物与宿主间相互关系及其实际应用的研究。近期由中国科学院微生物研究所牵头的"微生物组计划"（2018—2019），从5个重点来建设我国微生物组的数据库和资源库，就是一个很好的开端；⑥严重危害人类或动植物的新发、再现传染病的病原体（尤其是病毒）的致病机制和基因组的研究，以及有关疾病的流行规律及其快速有效的诊断、防治方法的研究；⑦重要微生物学研究方法、技术和实验仪器的研究；⑧重要微生物学专著、教科书、刊物、科普著作的出版、翻译和国际交流；等等。

五、 学好微生物学，推动人类进步

通过本课程的系统学习，读者们一定会深刻地认识到，微生物是自然界中一支数量无比庞大、种类极其多样、作用十分神奇的改造世界的"队伍"。可是，它们作用的大小，对人类是有利抑或有害，以及其利害的程度，主要还是取决于人们对其生命活动规律的认识和掌握的水平。科学是人类认知客观世界不竭的长河，技术是人类对自己生存和发展方式的不倦创造，亦即科学是认识世界的有效手段，而技术是改造世界的有力武器，因此，两者构成了人类社会最重要的生产力。科技兴则民族兴，科技强则国家强。其中，基础研究尤为重要，因为它是社会发展的原动力。无数历史事实生动、有力地证明，自从人类认识微生物并掌握其生命活动规律后，就可能使原来对人类有利的微生物变得更有利，无利者变得有利，小利者变为大利，有害者变为小害、无害甚至有利，进而推动人类社会的进步。因此，学好微生物学，熟悉微生物生命活动的规律，掌握微生物学实验方法和技术，并进一步运用这些知识和技能去兴利除害、造福人类和推动社会的进步，这就是学习微生物学的根本目的！

附录 谈谈"评教八率"

周德庆

我的一生主要精力投入在教学工作中。我爱学生、热爱教学并专注于教学。在任职的 40 年中，曾为本科生、硕士生、大专生、中专生、广播电视生和进修生等开设过 10 余门的各种微生物学课程。在长期的教学工作中，不仅扩大和提高了自己的专业素养，提升了阅读、口头表达和写作能力，还促进了我对教学方法和教学思想的不少思考和改进，写了不少教学文章。较有代表性的是在退休前写的，如对 40 年教学工作所作的"四字经验"——《知技力情——提高讲课质量四要素》。退休后，又参加了不少教学工作，如担任教学督导，参加检查性听课，承担教学拜师结对活动，开设专题讲座，参加各类教学评估，以及担任外校教学领导工作等。在这些丰富多彩的教学活动中，又收获了许多新的体会，特别是对如何更好、更客观、更科学地评价教师（包括自身）的课堂教学效果和教学水平有了进一步的认识。现将这些体会整理成八个指标，简称"评教八率"，以《谈谈"评教八率"》为题与同行交流，也供有兴趣的教师在教学工作中有所参考。

任何教师，在其日常的教学活动中，都应时时注意教课的实效，借以提升自己的学养和教学能力。通常，通过领导、同行或学生参加的教学评估活动，即"他评"的形式，最为常见。但我认为一个自觉性较高的老师，似应多开展些"自评"，以利更好地鞭策自己，有利于找差距、促进步。而在他评或自评中，可利用以下"八率"作为较客观的指标。

一、吸引率

学生对某门课、某堂课或某位教师的向往或热衷程度，就构成了教学的吸引率，因此，吸引率应成为某课教学效果高低的前提之一。吸引率是由课程的重要性、声誉、任课教师的人格魅力、教学内容的丰富性，以及学生学习的自觉性和兴趣等多方面因素决定的。

通过某课程的选修人数、学生进入教室迟早、前排座位满座率、上课时学生的专注度和满意度以及课堂气氛等，都可客观地评定某课程的吸引率。

二、记忆率

教师在教学过程中阐述的内容，例如基本概念、基本理论、基本知识和基本技能等，能否在全体或多数学生脑海中留下深刻的记忆，应该是考评教师教学工作成绩的一项最主要的指标。

记忆率首先应关注全班学生群体的总记忆率，它可以通过在某堂课下课前现场发一测试卷看看学生对这堂课的大纲、主要概念、重点内容复述的量和质来测试，但这种测试只反映了头脑中的短期记忆率。一个优秀的教师，更应注重学生们的长久记忆率，即经过若干年后，看看有多少学生对你讲解过的课程中，还有哪些精彩话语、主要内容、重要概念或基本架构有所记忆或运用。好的教师，总会让自己教过的学生在其记忆中留下许多美好的回忆，有时甚至确立了他们终生的事业方向，并因此对社会和国家作出了重大贡献。相反，也有不少教师上课无激情，讲解平铺直叙甚至目中无人、照本宣科，造成学生不仅短期记忆率很低，长期记忆率更无从谈起，以致若干年后，学生根本记不起曾经学过该门课，甚至连任课老师的姓名、印象也遗忘了。因此，在教学评估中，评定记忆率是一项极其重要的指标，只是它的考核方法，尤其是长期记忆率如何考核，还有待研究。

要提高学生的课堂记忆率，必先提高教师的教学工作责任心和业务能力，其中科学的教学方法和技艺尤为重要，例如启发式教学法、小班讨论法、设问征答法、多媒体演示法、师生互动法、信息网络化教学法（包括图示、表解、表格等表达方式）、示范操作法以及声情并茂法等。

三、互动率

课堂教学中的各种互动，十分重要，主要表现在师生互动、生生互动和人境互动。互动反映的是一种良好的课堂生态环境。实践证明，这类互动对提高教学质量有显著的功效，这也是为什么小班课的教学效果一般总比大班课好，实体教学一般总比广播电视教学好的主要原因。

在教学互动中，不仅可让教师更好地发挥其原有的教学主导作用，而且还会倒逼他们教得更好，每个学生也有机会发挥其专长，在某一问题中发挥其主导作用。这有利于强化每位同学的责任感、积极性和创造性，由此活跃了课堂气氛，进而提高了教学效果。

教学互动的方法很多，每位教师和学生都可发挥各自的创造性。例如，采用抑扬顿挫的语音，对重点内容运用重复、强化的口气；优雅得体的肢体动作，落落大方的步态；精美切题的 PPT 课件；巧妙幽默的比喻；走到学生中间随手抓问；在学生间展开讨论或学术辩论；到野外、现场或实验室进行教学；以及请学生上讲台担任小老师；等等。

四、欢快率

在宁静严肃的课堂教学中，若处于主导作用的教师能信手拈来、随时穿插一些可令人开怀乃至捧腹的切题内容，对活跃学习气氛、加深所学内容的理解和记忆往往十分有益。这就要求教师在备课时多一点心眼，平时也应多积累一些生活感悟、科普知识和艺术修养。

当然，课堂上的欢快率决不是越高越好，一般每节课不应超过二三次。关键在于内容必须密切联系讲课的主题，例如可选择一些浅显有趣、形象生动并能引人入胜的内容，诸如生动的比喻、历史典故、名人轶事、科普新闻和生活趣事等。

五、亲和率

一个对学科、学生和课堂怀有深厚感情的教师，必然是一位事业重于职业、育人重于教书的人，他与学生的关系总是平等相处、亦师亦友和良师益友。这就是师生间表达亲和率的基础。凡亲和率较高的教师，一定是有教无类的，他们对学习成绩优秀的或欠佳的学生，对家境殷实的或出身贫寒的学生，对善于言谈的或拘谨内向的学生，都能一视同仁、关怀备至。这种师生关系就像生活在一个和谐的大家庭中一样，既有利于提高学习的积极性，也有利于他们的身心健康成长。由此可以理解，为何师生间的亲和率也应作为评教的一项必要指标。

六、发表率

凡是能热心于教学工作，长期钻研和改进教学方法的教师，就会经常虚心地学习他人的教学经验和不断总结自己在教学实践中的收获和感悟，也喜欢与同行进行交流和研讨。待时机成熟时，就会及时整理成文章予以发表。发表率较高的教师，一般总是教学水平较高的教师，也是对学术界贡献较大的教师。因此，发表率在教师的教学评估中必须给予应有的重视。

七、迟到率

这里是指学生的迟到率。在我的长期教学实践中，发现凡是某堂课，特别是安排在上下午的第一节课，常常有学生迟到的现象。一般地讲，凡学生迟到率较低的课，是他们较重视的课。低迟到率是提高教学质量的基本条件，因此，教师、学生和教学管理部门，都有责任去降低学生的迟到率。

八、缺课率

在当前的教学活动中，由于普遍使用了电脑和多媒体课件等高科技手段，教学效果有了一定程度的提高。但对基础课教学而言，若过分依赖于这类工具，也易滋长某些教师勤于制作PPT，甚至巧取拷贝而疏于脚踏实地进行认真备课的好学风、好传统。利用PPT进行教学确有许多优势，但若使用不当，也会带来不少副作用，如弱化师生互动；因可重复使用而削弱教师备课或脱稿讲课的积极性；学生看得懂却印象不深；

内容易彩色化、碎片化、快餐化；笔记不易记，不想记；以及平时少复习，考试前只要利用U盘拷贝一下，再临时死记硬背一通即易满足及格线的心理价位；等等。

所以，基础课教学中不可过份依赖这类"新式武器"，否则会把教师的注意力转移到教学的外在形式而忽视它的内在实质，例如，上课时过多注意眼前的电脑屏幕和手上的鼠标，而忽视台下学生的眼神、情绪和心态，以致把以往的"照本宣科"旧疾升级为当今的"照屏宣科"的新症。在这种背景下，不少学生在听课时显得思想不集中，人在心不在，喜欢选坐后排干别的事，有的干脆缺课，等等。因此，这种新状态必须引起师生和教学管理部门的注意。这就是要把缺课率也纳入"评教八率"的重要原因。

在上述"八率"中，每位教师应力争提高前六率和降低后二率；另外，这八率也不是等同的，应根据重要性给予不同的权重。有人认为教师的教育工作是一种"良心活"，意即上课不仅应有教书层面的高素养（如学识、能力、专长等），更应有育人层面上的高标准（如精神、思想、品德、文化等），我想，上述"八率"就包含了教书与育人两个层面上的各项具体要求。

可以相信，若一个教师能经常思考"评教八率"，时时通过自评来对照自己，就不仅能顺利通过各种各样的他评，而且还会使自己的教学思想、教学自觉性、教学热情、教学能力和师生关系等方面得到不断的提升，进而从以教师为职业的"教书匠"提升为以教育为事业的优秀教师，并有可能成为一个对教育事业有创见、有作为和有贡献的教育家。

原载复旦大学《校史通讯》第 128 期，2018

参考书目

[1] 周德庆. 微生物学教程. 3 版. 北京：高等教育出版社，2011.

[2] 沈萍，陈向东. 微生物学. 8 版. 北京：高等教育出版社，2016.

[3] 黄秀梨，辛明秀. 微生物学. 3 版. 北京：高等教育出版社，2009.

[4] 杨文博，李明春. 微生物学. 北京：高等教育出版社，2010.

[5] 林稚兰，罗大珍. 微生物学. 北京：北京大学出版社，2011.

[6] 杨苏声，周俊初. 微生物生物学. 北京：科学出版社，2004.

[7] 李明春，刁虎欣. 微生物学原理与应用. 北京：科学出版社，2011.

[8] 蔡信之，黄君红. 微生物学. 3 版. 北京：科学出版社，2011.

[9] 袁生. 微生物学. 北京：高等教育出版社，2009.

[10] 闵航. 微生物学. 北京：高等教育出版社，2011.

[11] 刘志恒. 现代微生物学. 2 版. 北京：科学出版社，2008.

[12] 李阜棣，胡正嘉. 微生物学. 6 版. 北京：中国农业出版社，2007.

[13] 宋大康. 微生物学史及其对生命科学的贡献，北京：中国农业大学出版社，2009.

[14] 李颖，关国华. 微生物生理学. 北京：科学出版社，2013.

[15] 盛祖嘉. 微生物遗传学. 3 版. 北京：科学出版社，2007.

[16] 诸葛健，李华钟. 微生物学. 2 版. 北京：科学出版社，2009.

[17] 李阜棣. 土壤微生物学. 北京：中国农业出版社，1996.

[18] 陆承平. 兽医微生物学. 4 版. 北京：中国农业出版社，2007.

[19] 周群英，王士芬. 环境工程微生物学. 3 版. 北京：高等教育出版社，2008.

[20] 乐毅全，王士芬. 环境微生物学. 3 版. 北京：化学工业出版社，2019.

[21] 邢来君，李明春. 真菌细胞生物学. 北京：科学出版社，2013.

[22] 邢来君，李明春. 普通真菌学. 2 版. 北京：高等教育出版社，2010.

[23] 陈代杰. 微生物药物学. 北京：化学工业出版社，2007.

[24] 东秀珠，蔡妙英. 常见细菌系统鉴定手册，北京：科学出版社，2001.

[25] 中国科学技术协会主编，中国微生物学会编著. 微生物学学科发展报告(2009—2010). 北京：中国科学技术出版社，2010.

[26] 喻子牛，邵宗泽，孙明. 中国微生物基因组研究. 北京：科学出版社，2012.

[27] 邓子新，喻子牛. 微生物基因组学及合成生物学进展. 北京：科学出版社，2014.

[28] 日本 NHK "基因组编辑" 采访组. 基因魔剪——改造生命的新技术. 谢严莉，译. 杭州：浙江大学出版社，2017.

[29] 李凯，沈钧康，卢光明. 基因编辑. 北京：人民卫生出版社，2016.

[30] 德赛尔，帕金斯. 欢迎走进微生物组——解密人类 "第二基因组" 的神秘世界. 张磊，杨俊杰，盖中涛，译. 北京：清华大学出版社，2018.

[31] 曹军卫，沈萍，李朝阳．嗜极微生物．武汉：武汉大学出版社，2004.

[32] 爱泼斯坦．未培养微生物．刘巍峰，陈冠军，译．济南：山东大学出版社，2010.

[33] 张刚．乳酸细菌——基础、技术和应用．北京：化学工业出版社，2007.

[34] 焦瑞身．微生物工程．北京：化学工业出版社，2003.

[35] 周孟津，张榕林，蔺金印．沼气实用技术．北京：化学工业出版社，2004.

[36] 徐德强，王英明，周德庆．微生物学实验教程．4版．北京：高等教育出版社，2019.

[37] 谢正旸，吴艳芳．现代微生物培养基和试剂手册．福州：福建科学技术出版社，1994.

[38] 第二届微生物学名词审定委员会．微生物学名词2012．2版．北京：科学出版社，2012.

[39] 周德庆，徐士菊．微生物学词典．天津：天津科学技术出版社，2005.

[40] 辛格尔顿，赛恩斯伯利．英汉微生物学和分子生物学词典．3版．马清钧，石成华，译．北京：化学工业出版社，2008.

[41] 杨瑞馥，陶天申，方呈祥，等．细菌名称双解及分类词典．北京：化学工业出版社，2011.

[42] 张奠宙，庚镇城．科学家大辞典．上海：上海辞书出版社，2000.

[43] 高等学校试题库研究组(王喜忠主编，徐长法、周德庆副主编)．高等学校生物学试题库——生物化学和微生物学卷(光盘版)．北京：高等教育出版社，1999.

[44] 肖敏，沈萍．微生物学学习指导与习题解析．2版．北京：高等教育出版社，2014.

[45] 周德庆，徐士菊．微生物学．精要·题解·测试．北京：化学工业出版社，2007.

[46] Madigan M T, Bender K S, Buckley D H, et al. Brock Biology of Microorganisms. 15th ed. New York：Pearson Education，2018.

[47] 马迪根．Brock 微生物生物学：11 版．李明春，杨文博，译．北京：科学出版社，2009.

[48] Talaro K P, Chess B. Fundations in Microbiology(影印版)：8 版．北京：高等教育出版社，2013.

[49] J. M. Willey *et al*. Prescott's Principles of Microbiology(影印版)，北京：高等教育出版社，2009.

[50] Prescott L M, Herley J P, Klein D A. 微生物学：5 版．沈萍，彭珍荣，译．北京：高等教育出版社，2003.

[51] Schaechter M. The Desk Encyclopedia of Microbiology. 高福，谭华荣，黄力，等译．北京：科学出版社，2006.

[52] 阿喀莫．微生物学．林稚兰，宋怡玲，洪龙，等，译．北京：科学出版社，2002.

[53] 尼克林，格雷米－库克，基林顿．微生物学：2 版．林稚兰，译．北京：科学出版社，2004.

[54] Baker S, Nicklin J, Khan N, et al. 微生物学：3 版．李明春，杨文博，译．北京：科学出版社，2010.

[55] 布莱克．微生物学原理与探索：6 版．蔡谨，译．北京：化学工业出版社，2008.

[56] Moat A G, Foster J W, Spector MP. 微生物生理学：4 版．李颖，文莹，关国华，译．北京：高等教育出版社，2009.

[57] Schaechtor M. Eukaryotic Microbes. 北京：科学出版社，2012.

[58] Singleton P, Sainsbury D. Dictionary of Microbiology and Molecular Biology. 3rd ed. New York：John Wiley & Sons，2006.

[59] 其他：国内外相关网站和报刊杂志上的重要科技进展，如《微生物学报》、《微生物学通报》、《中国科学报》、*Nature*、*Sience*、*Cell* 和 *PNAS* 等。

微生物学教程

索 引

微生物学教程

郑重声明

高等教育出版社依法对本书享有专有出版权。任何未经许可的复制、销售行为均违反《中华人民共和国著作权法》,其行为人将承担相应的民事责任和行政责任;构成犯罪的,将被依法追究刑事责任。为了维护市场秩序,保护读者的合法权益,避免读者误用盗版书造成不良后果,我社将配合行政执法部门和司法机关对违法犯罪的单位和个人进行严厉打击。社会各界人士如发现上述侵权行为,希望及时举报,我社将奖励举报有功人员。

反盗版举报电话   (010)58581999   58582371

反盗版举报邮箱   dd@hep.com.cn

通信地址   北京市西城区德外大街4号   高等教育出版社法律事务部

邮政编码   100120

读者意见反馈

为收集对教材的意见建议,进一步完善教材编写并做好服务工作,读者可将对本教材的意见建议通过如下渠道反馈至我社。

咨询电话   400-810-0598

反馈邮箱   gjdzfwb@pub.hep.cn

通信地址   北京市朝阳区惠新东街4号富盛大厦1座
           高等教育出版社总编辑办公室

邮政编码   100029

防伪查询说明

用户购书后刮开封底防伪涂层,使用手机微信等软件扫描二维码,会跳转至防伪查询网页,获得所购图书详细信息。

防伪客服电话   (010)58582300